“十二五”国家重点图书出版规划项目 · 新能源技术丛书

晶体硅太阳电池制造工艺原理

第2版

◆ 陈哲良 郑志东 编著

電子工業出版社
Publishing House of Electronics Industry
北京 · BEIJING

内 容 简 介

本书系统介绍了晶体硅太阳电池制造工艺原理，主要内容包括：绪论，太阳能用多晶硅生产工艺，太阳电池用硅晶体生长工艺，硅片多线切割及测试，硅片的清洗和制绒，掺杂制备 pn 结，硅片表面和边缘刻蚀，减反射膜/钝化膜制备与激光消融开孔，电极的丝网印刷、烧结和载流子注入退火，高转换效率晶体硅太阳电池，太阳电池组件，太阳电池及其组件的测试。本书附录介绍了太阳电池的光致衰减现象及椭理论，以及双面太阳电池/组件的光电性能测试。

本书适合从事太阳电池制造的工程技术人员阅读使用，也可作为高等学校相关专业的教学用书。

图书在版编目（CIP）数据

晶体硅太阳电池制造工艺原理/陈哲艮，郑志东编著．—2 版．—北京：电子工业出版社，2023.1
（新能源技术丛书）
ISBN 978-7-121-44668-9

Ⅰ．①晶…　Ⅱ．①陈…　②郑…　Ⅲ．①硅太阳能电池-制造　Ⅳ．①TM914.4

中国版本图书馆 CIP 数据核字（2022）第 236514 号

责任编辑：张　剑（zhang@phei.com.cn）
印　　刷：北京七彩京通数码快印有限公司
装　　订：北京七彩京通数码快印有限公司
出版发行：电子工业出版社
　　　　　北京市海淀区万寿路 173 信箱　邮编　100036
开　　本：787×1 092　1/16　印张：24.5　字数：627 千字　彩插：1
版　　次：2017 年 3 月第 1 版
　　　　　2023 年 1 月第 2 版
印　　次：2023 年 6 月第 2 次印刷
定　　价：138.00 元

凡所购买电子工业出版社图书有缺损问题，请向购买书店调换。若书店售缺，请与本社发行部联系，联系及邮购电话：（010）88254888，88258888。
质量投诉请发邮件至 zlts@phei.com.cn，盗版侵权举报请发邮件至 dbqq@phei.com.cn。
本书咨询联系方式：zhang@phei.com.cn。

前　言

近年来，随着我国光伏产业新政策的实施，晶体硅太阳电池的生产技术发生了很大的变化。现有的太阳电池生产企业的体量一般都比较大，在成本有效的前提下，只要太阳电池转换效率略有提升，相关企业都将获得巨大的收益。

现在，主流太阳电池的结构已从传统的背场（BSF）太阳电池发展为 PERC 太阳电池（有人称其为“第 2 代太阳电池”），并在向 TOP-Con 太阳电池过渡，目前新建的太阳电池生产线基本上都会生产 TOP-Con 太阳电池。另外，还有多种高效太阳电池正在快速跟进（如 HJT 太阳电池、MWT 太阳电池、IBC 太阳电池、钙钛矿/硅叠层太阳电池等），以及由这些新型结构组合而成的太阳电池（如由 HJT 和 IBC 结合形成的 HBC 电池），这些太阳电池各有所长。随着主流太阳电池结构的变化，各种新型高效电池相继产业化，加之年产量的不断扩大，太阳电池转换效率趋近极限，促使相关技术不断革新。在这些新技术中，大尺寸硅片、黑硅表面刻蚀、选择性发射极激光掺杂、Al_2O_3钝化膜 ALD 沉积、激光消融开孔、多主栅（MBB）设计、细栅无结网版印刷、衰减恢复的注入载流子退火工艺、双面太阳电池/组件、叠瓦太阳电池组件、半片太阳电池组件，以及圆形互连条、具有不同性能的背板、POE 胶膜材料等，均已实现产业化。这些新技术在本书第 1 版出版时，多数还处于研发阶段，有的甚至还未出现，在这一版中我们补充了这些新的技术内容。另外，这一版还介绍了太阳电池的稳定性、可靠性和外观等方面的性能要求和试验方法。

本书共 12 章，分为 5 部分：第 1 章为绪论；第 2～4 章介绍太阳能用多晶硅生产工艺、太阳电池用硅晶体生长工艺、硅片多线切割及测试；第 5～10 章介绍太阳电池制造工艺，内容包括硅片的清洗和制绒，掺杂制备 pn 结，硅片表面和边缘刻蚀，减反射膜/钝化膜制备与激光消融开孔，电极的丝网印刷、烧结和载流子注入退火，高转换效率晶体硅太阳电池；第 11 章介绍太阳电池组件；第 12 章介绍太阳电池及其组件的测试。

此外，本书增设了两个附录。其中：附录 A 讨论了太阳电池的光致衰减（LID）问题。光致衰减的改善对 PERC 太阳电池尤为重要，目前虽有一些解决方法（例如：注入载流子退火光致衰减恢复技术；降低硅原材料中杂质含量；等等），但是光致衰减机理尚不明朗，而机理研究有助于工艺参数的确定。为此，附录 A 中重点介绍了一种目前相对比较完善的斯图伊（Stuey）桶理论。附录 B 介绍的是双面太阳电池/组件的检测方法，双面光伏器件的测试具有特殊性，这里介绍了几种目前行业中正在采用的方法，它们各具特色，供读者在生产实践中参考。

本书由陈哲艮、郑志东编著。其中：郑志东高级工程师编写了第 2～4 章，陈哲艮编写了第 1 章、第 5～12 章、附录 A 和附录 B；全书由陈哲艮统稿。郑志东高级工程师在太阳电池硅材料、硅晶体生长和硅片制备领域工作多年，有很深的学术造诣和丰富的实践经验。

在本书再版撰写过程中，得到了浙江正泰新能源开发有限公司新能源技术研究院王仕鹏院长、研发部何胜总监以及丰明璋、杜振星工程师等的帮助，他们仔细审阅并修改了工艺实例。另外还要感谢浙江晶盛机电股份有限公司副总经理朱亮博士在修订硅棒拉制工艺部分时给予的帮助，以及电子工业出版社张剑编审对本书的再版提供的指导和帮助。

由于作者水平和写作时间有限，书中难免存在疏漏和错误之处，敬请读者批评指正。

陈哲良
2022 年 8 月于西子湖畔

第 1 版前言

这是一本关于晶体硅太阳电池及其组件制造工艺原理方面的书，既可作为从事实际工作的技术人员和工程师的参考书，也可作为高等学校光伏专业学生的教学参考书，为读者提供太阳电池制造技术方面的基本专业知识。

本书的内容选择用晶体硅材料制造的太阳电池是因为现在晶体硅太阳电池的生产量仍占所有太阳电池总产量的90%以上。

本书第 1 章为绪论；其余内容分为三部分：第一部分（第 2 ～ 4 章）介绍多晶硅原材料的制造原理、硅晶体的生长和硅片切割的工艺及原理；第二部分（第 5 ～ 11 章）不仅介绍太阳电池及其组件的制造工艺，还介绍了新颖的高效太阳电池以及我国太阳电池的最新发展；第三部分（第 12 章）介绍太阳电池及其组件的质量标准和检测方法。由于本书介绍的是制造工艺及工艺原理，所以每章内容基本是相对独立的，读者可以根据需要选择性地阅读。

本书撰写的制造工艺原理离不开工艺本身。近 10 年来，晶体硅太阳电池的工艺和设备改进可称得上日新月异，而且即使是同一种工艺路线，不同制造厂商的工艺参数也各不相同，因此本书只能以列举实例的形式表述制造工艺。工艺原理涉及的学科范围很广，因此本书内容为众多同行智慧的结晶。

本书第一部分邀请郑志东高级工程师撰写。郑志东高级工程师现任浙江向日葵光能科技股份有限公司的副总经理，在太阳电池用多晶硅原材料和硅片制备方面有很深的学术造诣和20 余年实际工作经验。

本书第二、三部分的撰写得到了很多专家的帮助。首先感谢天合光能股份有限公司光伏科学与技术国家重点实验室的冯志强博士及其团队中的陈奕峰博士、徐建美和熊震博士，他们审阅了初稿，并提出许多有益的建议；感谢日地太阳能电力股份有限公司的周体副总经理和浙江鸿禧能源股份有限公司的时利工程师审阅了工艺实例。

感谢我的多年科研工作合作伙伴金步平研究员，他仔细校阅了本书的第二、三部分。感谢电子工业出版社策划编辑张剑和责任编辑苏颖杰对本书撰写及出版提供的帮助，确保了本书的出版质量。

由于写作时间和作者水平有限，书中难免存在疏漏和错误之处，敬请读者批评指正。

陈哲良

目　　录

第 1 章　绪论 …… 1
1.1　光伏效应 …… 1
1.2　阳光资源 …… 2
1.3　太阳能光伏发电系统 …… 3
1.3.1　太阳能光伏发电系统的结构 …… 3
1.3.2　分布式光伏发电系统 …… 8
1.3.3　微电网系统 …… 8
1.3.4　大型光伏电站 …… 9
1.4　晶体硅太阳电池和组件的制造 …… 9
参考文献 …… 13
第 2 章　太阳能用多晶硅生产工艺 …… 14
2.1　西门子法 …… 14
2.2　硅烷法 …… 19
2.3　流化床法 …… 23
2.4　冶金法 …… 26
参考文献 …… 28
第 3 章　太阳电池用硅晶体生长工艺 …… 29
3.1　直拉单晶硅 …… 29
3.1.1　直拉单晶炉 …… 30
3.1.2　直拉单晶工艺 …… 36
3.1.3　直拉单晶的影响因素 …… 42
3.1.4　杂质的引入、分布和掺杂 …… 45
3.2　铸造多晶硅 …… 47
3.2.1　多晶硅铸造技术 …… 48
3.2.2　定向凝固多晶硅铸锭炉 …… 50
3.2.3　多晶硅铸锭炉热场数学模型 …… 52
3.2.4　多晶硅铸造生长工艺 …… 56
3.2.5　铸造多晶硅生长的影响因素 …… 58
3.2.6　准单晶硅和高效多晶硅 …… 59
3.2.7　多晶硅铸锭用坩埚 …… 64
参考文献 …… 66

第4章　硅片多线切割及测试 …… 68
4.1　硅片多线切割 …… 69
4.2　硅晶体性能及测试 …… 74
4.2.1　涡流法电阻率检测 …… 74
4.2.2　硅块少子寿命测试 …… 75
4.2.3　硅块红外探伤 …… 77
4.2.4　无接触硅片厚度测试 …… 78
4.2.5　硅片分选 …… 79
4.2.6　晶体硅中的氧 …… 81
4.2.7　晶体硅中的碳 …… 85
4.2.8　晶体硅中的金属杂质及影响 …… 86
4.2.9　位错和缺陷 …… 88
参考文献 …… 90
第5章　硅片的清洗和制绒 …… 92
5.1　硅片的选择 …… 92
5.2　硅片清洗 …… 93
5.2.1　硅片表面的沾污源 …… 93
5.2.2　化学清洗原理 …… 94
5.2.3　物理清洗原理 …… 105
5.2.4　硅片及器具的清洗 …… 106
5.3　硅片腐蚀减薄 …… 108
5.4　硅片绒面制备 …… 109
5.4.1　碱腐蚀单晶硅片制绒 …… 110
5.4.2　酸腐蚀多晶硅片制绒 …… 115
5.4.3　硅片制绒质量检验 …… 125
5.5　硅片制绒新技术 …… 126
参考文献 …… 128
第6章　掺杂制备pn结 …… 129
6.1　扩散法掺杂制备pn结 …… 129
6.1.1　扩散现象 …… 129
6.1.2　扩散层杂质浓度分布 …… 132
6.1.3　两步扩散法制结原理 …… 135
6.1.4　固-固扩散制结原理 …… 137
6.1.5　扩散制结的质量参数 …… 138
6.1.6　扩散制结条件的选择 …… 142
6.1.7　p型硅片的磷扩散制结工艺 …… 148
6.1.8　扩散制结的质量检测 …… 155
6.2　离子注入掺杂制结 …… 162
6.2.1　离子注入掺杂的原理 …… 163

6.2.2 注入离子的离子分布 …… 164
6.2.3 注入离子的离子阻滞 …… 165
6.2.4 离子注入的沟道效应 …… 166
6.2.5 离子注入损伤与退火 …… 167
6.2.6 离子注入掺杂制结工艺 …… 169
参考文献 …… 170
第7章 硅片表面和边缘刻蚀 …… 172
7.1 干法刻蚀边缘扩散层 …… 172
7.1.1 等离子体刻蚀 …… 172
7.1.2 激光边缘刻蚀隔离 …… 175
7.2 湿法刻蚀表面磷硅玻璃 …… 177
7.3 湿法刻蚀扩散层 …… 178
7.3.1 湿法刻蚀扩散层原理 …… 178
7.3.2 硅片漂浮方式湿法刻蚀 …… 179
7.3.3 滚轮携液方式的湿法刻蚀 …… 184
7.4 硅片周边表面刻蚀后的质量检查 …… 187
参考文献 …… 189
第8章 减反射膜/钝化膜制备与激光消融开孔 …… 190
8.1 减反射膜的减反射原理 …… 190
8.2 氮化硅减反射薄膜 …… 192
8.2.1 氮化硅减反射薄膜沉积方法 …… 192
8.2.2 氮化硅膜的热处理 …… 200
8.2.3 双层减反射膜 …… 202
8.3 太阳电池的表面钝化技术 …… 203
8.4 Al_2O_3减反射/钝化膜 …… 204
8.5 激光消融开孔 …… 211
参考文献 …… 212
第9章 电极的丝网印刷、烧结和载流子注入退火 …… 214
9.1 电极的丝网印刷 …… 215
9.1.1 丝网印刷金属浆料的作用 …… 216
9.1.2 丝网印刷用材料、工具和设备 …… 218
9.1.3 电极的丝网印刷工艺 …… 225
9.1.4 金属栅线电极的高宽比及其测试方法 …… 229
9.1.5 PERC太阳电池的电极设计 …… 230
9.1.6 多主栅（MBB）太阳电池的主栅电极设计及其银浆用量 …… 231
9.1.7 无网结网版丝印技术 …… 232
9.2 电极浆料烧结 …… 234
9.2.1 电极浆料烧结机理 …… 235
9.2.2 电极浆料烧结设备及工艺 …… 237

9.2.3 电极浆料烧结质量要求 …… 239
9.3 恢复太阳电池效率的载流子注入退火 …… 240
9.4 太阳电池质量检测 …… 242
参考文献 …… 244
第10章 高转换效率晶体硅太阳电池 …… 246
10.1 硅基异质结（SHJ）太阳电池 …… 246
10.2 选择性发射极太阳电池 …… 248
10.3 浅结密栅太阳电池 …… 258
10.4 钝化发射极和背接触（PERC）太阳电池 …… 259
10.5 PERL和PERT结构太阳电池 …… 263
10.6 黑硅太阳电池 …… 265
10.7 叉指式背接触（IBC）太阳电池 …… 269
10.8 薄氧化层钝化接触（TOP-Con）太阳电池 …… 270
10.9 金属穿孔卷绕（MWT）太阳电池 …… 272
10.10 双面太阳电池及组件 …… 274
10.10.1 PERC双面太阳电池及组件 …… 274
10.10.2 PERT双面太阳电池及组件 …… 276
参考文献 …… 279
第11章 太阳电池组件 …… 282
11.1 太阳电池的串联和并联 …… 282
11.2 太阳电池组件的结构 …… 284
11.3 太阳电池组件的封装材料 …… 285
11.4 太阳电池组件的封装工艺 …… 290
11.5 太阳电池组件的电位诱发衰减（PID）效应 …… 295
11.6 半片太阳电池组件 …… 296
11.7 叠瓦太阳电池组件 …… 298
11.8 双面玻璃封装太阳电池组件 …… 300
11.9 金属背板太阳电池组件 …… 301
11.10 特种太阳电池组件 …… 302
11.11 太阳电池组件的性能测试 …… 303
参考文献 …… 303
第12章 太阳电池及其组件的测试 …… 304
12.1 太阳辐射的基本特性 …… 304
12.2 太阳模拟器 …… 306
12.3 太阳电池测试 …… 311
12.3.1 光电性能测试 …… 311
12.3.2 其他性能测试 …… 321
12.4 太阳电池组件测试 …… 323
12.4.1 太阳电池组件的光电性能测试 …… 323

12.4.2　太阳电池组件的设计鉴定和定型 …… 326
12.4.3　太阳电池组件的安全鉴定 …… 343
12.4.4　太阳电池组件的其他试验 …… 347
12.4.5　太阳电池组件的可靠性测试 …… 349
12.5　太阳电池组件的室外测试 …… 349
12.6　太阳电池和组件的诊断测试 …… 351
12.6.1　电致发光（EL）测试 …… 351
12.6.2　光诱导电流（LBIC）测试 …… 353
12.6.3　其他诊断测试方法 …… 361
12.6.4　诊断测试性能分析举例 …… 367
12.7　太阳电池和组件的认证 …… 369
参考文献 …… 369
附录 A　太阳电池的光致衰减现象及桶理论 …… 371
附录 B　双面太阳电池/组件的光电性能测试 …… 375

第1章　绪　　论

1.1 光伏效应

很多情况下，物质吸收入射光后，光子的能量会将电子激发到高能级，处于高能态的受激电子通常会很快回到基态。但是有两种情况例外，一种情况是光照射金属时，波长足够短的光会激发金属中的电子，电子获得足够的能量后从金属表面逸出，这种物理现象称为光电效应。爱因斯坦用量子论提出了 $E=h\nu$，成功地解释了光电效应现象，并因此于1921年获得诺贝尔物理学奖。当给利用光电效应制作的光电管接通外部的电源时，光照射后负载上就会有电流流过。另一种情况是在具有 pn 结的半导体中，电子受激后形成电子-空穴对，在内建电场作用下，电子在返回基态前会与空穴分离，进入导带，在半导体中 pn 结的两端形成电势差，这种现象称为光生伏打效应（简称光伏效应），若接通外部电路就能驱动负载。光电效应和光伏效应如图 1-1 所示。

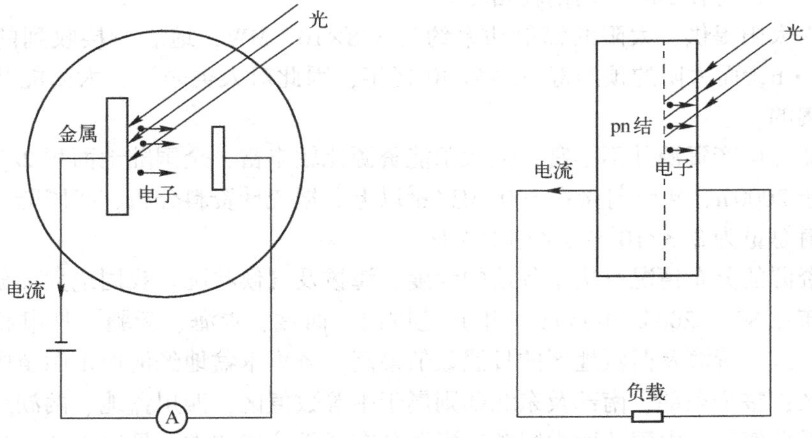

（a）光电效应　　（b）光伏效应

图 1-1　光电效应和光伏效应

光伏效应在1839年由法国物理学家亚历山大·埃德蒙·贝克勒尔（Alexandre-Edmond Becquerel）首先发现。他发现电解液中镀银的白金电极之间在光照下会产生光生电压。

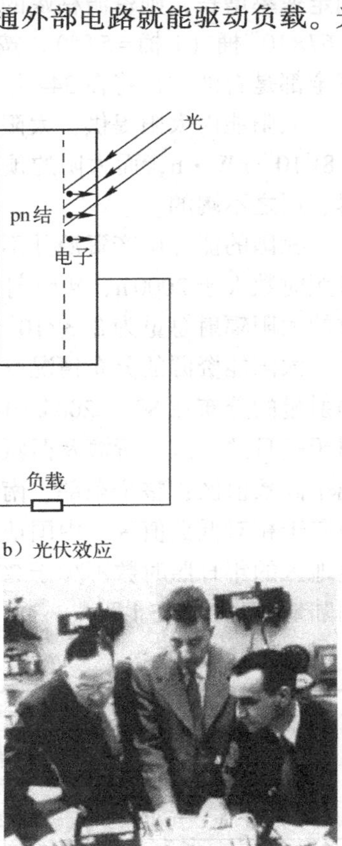
皮尔森（左）、切宾（中）、富勒（右）

图 1-2　晶体硅太阳电池发明人

1953 年，美国贝尔实验室研究人员达里尔·切宾（Daryl Chapin）、加尔文·富勒（Calvin Fuller）和吉拉德·皮尔森（Gerald Pearson）三位科学家在对 Si 材料的研究中发现，在光照下 Si 会产生光伏效应，并研制成转换效率为

4.5%的单晶硅太阳电池，几个月后该转换效率提高到 6%，从此开始了阳光发电能源的开发和应用历程。1958 年，美国和苏联相继将太阳电池应用于航天工程，将其作为人造卫星电源。自 20 世纪 70 年代以来，国内外许多科研人员做了大量的理论研究工作。[1]

1.2 阳光资源

1956 年，壳牌石油公司的哈伯特（M. King Hubbert）提出了著名的资源枯竭预测模型[2]（即哈伯特–高斯模型），并预测了石油生产的曲线，后来又进一步提出了多峰哈伯特模型。

哈伯特认为有限资源的寿命服从高斯曲线，通常用误差函数或正态曲线来描述，即

$$R(t)=R_{\mathrm{m}}\mathrm{e}^{\frac{-(t-t_0)^2}{2s^2}} \tag{1-1}$$

式中，$R(t)$表示在 t 时刻的消耗率，t_0 表示初始时间，R_{m}表示最大消耗率，s 表示曲线的形状因子。

除了哈伯特模型，还有其他关于能源资源消耗的预测模型。尽管各种模型预测的出现曲线峰值的年份有所不同，但差异并不太大。有限资源总是会消耗殆尽的，如果资源的消耗按固定速率增长，则资源枯竭的速度是十分惊人的。例如，1970 年全世界石油的消耗总量为 1.67×10^{10}桶（1 桶$=5\ \mathrm{ft}^3$），按 1890—1970 年间的平均消耗增长速率 7%计算，即使整个地球全都是石油，也将在 344 年内消耗殆尽。[3]

太阳能由太阳提供，太阳的辐射功率约为 3.8×10^{20} MW，地表所接收到的太阳能约为 1.8×10^{18} kW · h，而太阳的预测寿命约为 40 亿年，因此对人类来说，太阳能几乎是取之不尽、用之不竭的。

我国的能源矿产资源并不丰富，但太阳能资源比较丰富，全国陆地面积 2/3 以上地区年日照时数大于 2000 h，年辐射量在 5000 MJ/m^{2}以上。据统计资料分析，我国陆地面积每年接收的太阳辐射总量为 3.3×10^3～8.4×10^3 MJ/m^2。

太阳能资源的分布情况取决于各地的纬度、海拔及气候状况。我国绝大部分地区全年总辐射量的分布在 80～200 kcal/(cm^2 · 年）范围内。西藏、青海、新疆、甘肃和宁夏等地区属于高日照地区。青海及西藏地区的日照数值最高，塔里木盆地经河西走廊至内蒙古高原也属于高数值区；整个东部、南部及东北部则属于中等数值区；四川盆地、两湖地区、秦巴山地属于相对低数值区。中国地面太阳辐射资源分布通常分成四类，见表 1-1。其中，Ⅰ、Ⅱ类地区的年日照时数不少于 2200 h。太阳能资源丰富（年日照时数多于 2200 h）的地区占全国陆地面积的 2/3 以上。

表 1-1　中国地面太阳辐射资源分布

资源区	等级	年总辐射量（MJ/m^2）
Ⅰ	最丰富带	6700～8370
Ⅱ	很丰富带	5400～6700
Ⅲ	较丰富带	4200～5400
Ⅳ	一般	<4200

注：通常以全年总辐射量来表示，单位为 MJ/(m^2 · 年)、kcal/(cm^2 · 年)、kW · h/(cm^2 · 年)或全年日照总时数。1 kW · h＝3.6 MJ，1 cal＝4.184 J。

1.3 太阳能光伏发电系统

太阳能光伏发电系统是直接将太阳能转化为直流电能或交流电能的光伏电源或光伏电站[4]，其输出功率从数瓦至数百兆瓦不等。

1.3.1 太阳能光伏发电系统的结构

太阳能光伏发电系统由太阳电池/组件、控制器、逆变器和储能装置（蓄电池组）等部件组成。太阳能光伏发电系统的基本构成框图如图 1-3 所示。

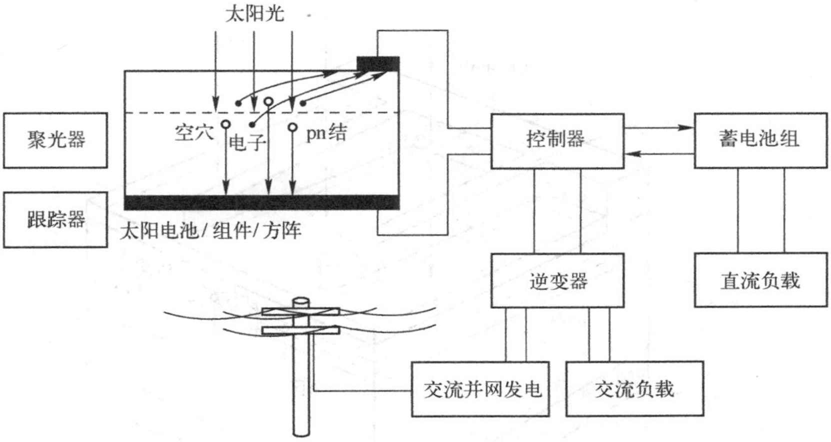

图 1-3 太阳能光伏发电系统的基本构成框图

1. 太阳电池和太阳电池组件

太阳电池的作用是直接将太阳能转换成电能，其工作原理基于半导体 pn 结的光伏效应。太阳能单体电池的电压较低（约 0.7 V）、电流较小，实际使用时须要将单体电池按要求串/并联，形成太阳电池组件（也称光伏组件），用于构成光伏电源。太阳电池组件按用户的负载需求（电压、功率）再进行串/并联就构成了太阳电池方阵，用于形成光伏电站，如图 1-4 所示。

（a）太阳电池 （b）太阳电池组件 （c）太阳电池方阵

图 1-4 太阳电池、太阳电池组件和太阳电池方阵

1）太阳电池

（1）基本结构。现在用量最大的太阳电池是晶体硅太阳电池，占全球装机用量的90%以上。晶体硅分为单晶硅和多晶硅两种。晶体硅太阳电池的基本结构：在p型硅片上扩散进磷杂质形成的厚度约为0.5μm的n^+型扩散层，与p型基底构成pn结，结区附近的区域为耗尽区。扩散层的表面沉积了一层减反射膜，在扩散层表面通过丝网印刷并烧结一层栅状金属电极。栅状电极又分主栅电极和副栅电极，可以透过绝大部分入射光。栅状电极又称顶电极。在太阳电池背面通过丝网印刷并烧结一层金属电极，称之为背电极。太阳电池基本结构示意图如图1-5所示。

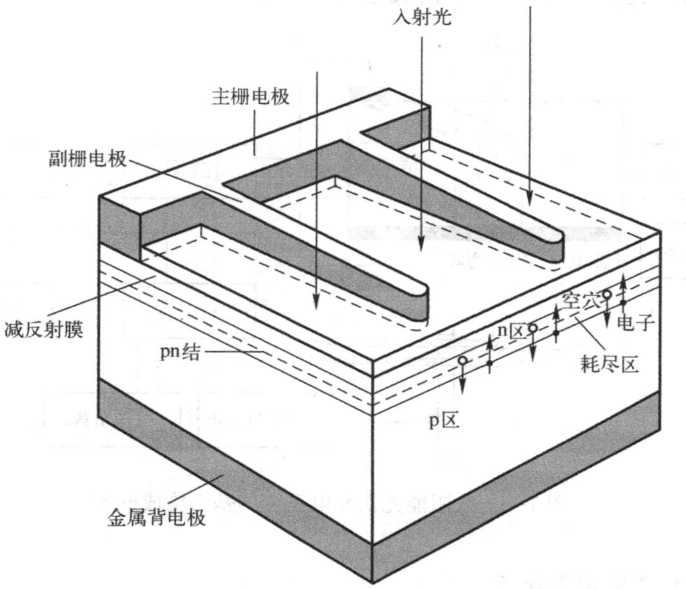

图1-5　太阳电池基本结构示意图

为了提高太阳电池光电转换效率，科研人员对太阳电池结构做了多方面的改进。在目前普遍采用的太阳电池结构中，正面发射极和背面接触均设置钝化层，并用激光对背钝化层开出分离的接触孔，使太阳电池基区能与背电极有良好的电接触。这类电池称为钝化发射极和背接触（PERC）太阳电池（简称背钝化太阳电池），其结构示意图如图1-6所示。

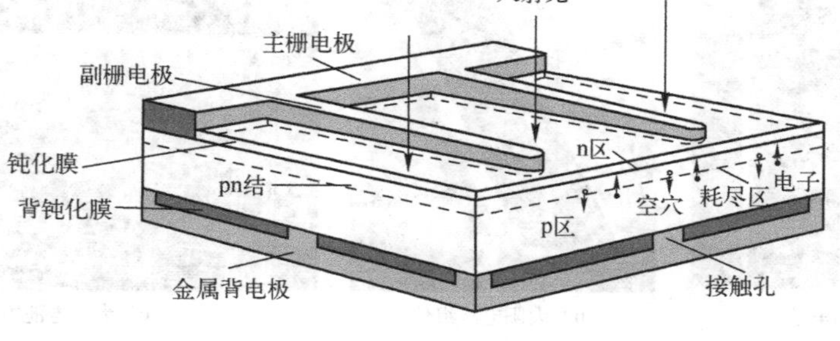

图1-6　PERC太阳电池结构示意图

（2）工作原理。当太阳电池被照射时，光透过减反射膜进入硅晶体中，能量大于硅晶体禁带宽度的光子在 n 区、耗尽区和 p 区中激发出光生电子–空穴对。进入耗尽区以及在耗尽区内产生的光生电子–空穴对，将立即被内建电场分离，光生电子进入 n 区，光生空穴进入 p 区。在 n 区中，扩散到 pn 结边界的光生空穴受到内建电场作用作漂移运动，越过耗尽区进入 p 区，光生电子则被留在 n 区。同样，p 区中的光生电子先扩散、后漂移而进入 n 区，光生空穴留在 p 区。于是 pn 结两侧积累了正、负电荷，产生了光生电压。当接上外电路和负载时，就会在负载上流过光电流获得电能。

显然，光生空穴和电子在移动过程中遇到晶格缺陷或杂质等复合中心时会被复合，从而减少光电流输出，降低光电转换效率。PERC 太阳电池在正面和背面设置钝化层就是为了饱和硅表面的悬挂键等缺陷，同时利用膜层表面电荷所产生的电场，驱离接近表面的光生载流子，减少其相遇复合的机会，即产生场效应钝化作用。

有光照时，硅太阳电池在短路状态下形成的光电流称为短路电流 I_{sc}，在开路状态下电池两端形成的电压称为开路电压 U_{oc}。短路电流随入射光的光强增加呈线性上升；开路电压随光强增加呈指数上升，在强光下趋于饱和。

当太阳电池在光照下接通负载时，光生电流流经负载，并在负载两端建立起端电压。

（3）等效电路。太阳电池在稳定光照下的工作情况可用等效电路表述。图 1–7 所示为太阳电池单二极管等效电路图。它由以下元器件构成：能稳定产生光电流 I_L 的电流源，处于正偏压下的二极管 VD，与 VD 并联的电阻 R_{sh}、电容 C_f，以及与输出端串联的电阻 R_s。光电流 I_L 提供二极管的正向电流 $I_D = I_0[e^{eU/(AkT)}-1]$、旁路电流 I_{sh} 和负载电流 I。其中：A 为二极管曲线因子；k 为玻耳兹曼常量；T 为温度。

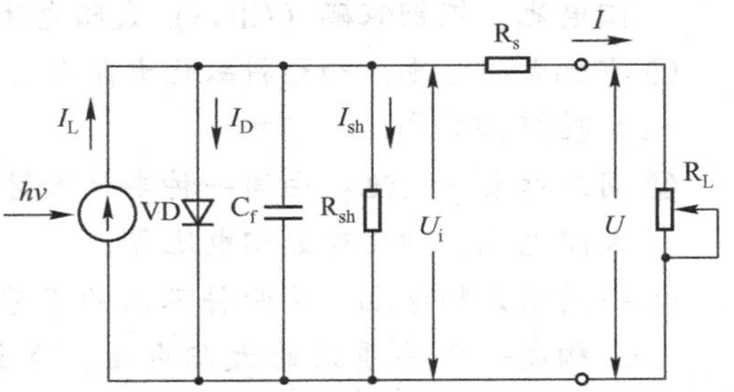

图 1–7 太阳电池单二极管等效电路图

（4）电池的输出功率。当流经负载的电流为 I、负载两端的端电压为 U 时，根据太阳电池的等效电路可得到电流 I 和输出功率 P 的表达式：

$$I = I_L - I_D - I_{sh} = I_L - I_0[e^{e(U-IR_s)/(AkT)}-1] - \frac{I(R_s+R_L)}{R_{sh}} \tag{1-2}$$

$$P = I^2 R_L = \left\{I_L - I_0[e^{e(U-IR_s)/(AkT)}-1] - \frac{I(R_s+R_L)}{R_{sh}}\right\}^2 R_L \tag{1-3}$$

式中，I_0为反向饱和电流。

在光照情况下，当负载 R_L从 0 变到 ∞ 时，可绘出如图 1–8（a）所示的太阳电池的电流–电压关系曲线，调节 R_L可获得最大功率点 P_m，此时对应的电流和电压称为最佳工作电流 I_m和最佳工作电压 U_m。根据式（1–2）还可绘制出太阳电池的输出功率–电压关系曲线，如图 1–8（b）所示。

2）太阳电池的类别

（1）按制造太阳电池的材料分类。

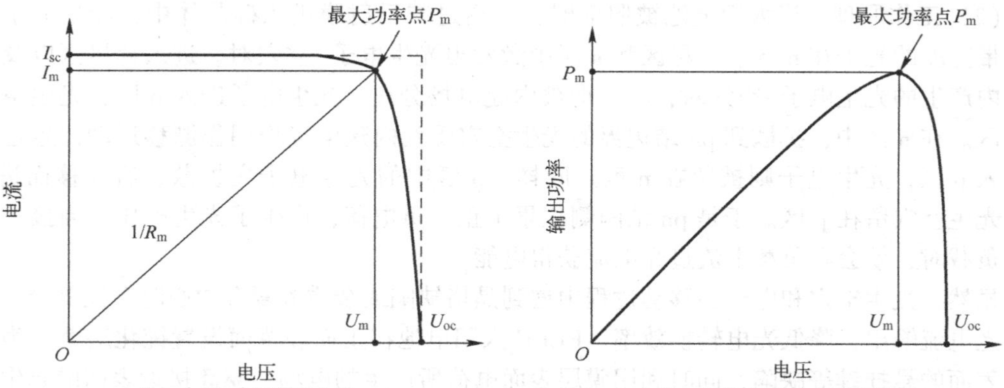

（a）电流–电压关系曲线　　（b）输出功率–电压关系曲线

图1-8　太阳电池特性曲线

☺ 元素半导体：主要是硅基太阳电池，即以硅半导体材料为基体的太阳电池，如单晶硅太阳电池、多晶硅太阳电池和非晶硅太阳电池。

☺ 化合物半导体：即以化合物半导体材料为基体的太阳电池，如硫碲化镉（CdTe）太阳电池、铜铟镓硒（CIGS）太阳电池和砷化镓太阳电池等。

☺ 有机太阳电池：如染料敏化太阳电池、高分子太阳电池等。

（2）按结构分类。

☺ 同质结太阳电池：由同一种半导体材料构成一个或多个pn结的太阳电池，如晶体硅太阳电池、砷化镓太阳电池等。

☺ 异质结太阳电池：用两种不同的半导体材料或同种材料不同结晶度，在相接的界面上构成一个异质结的太阳电池，如氧化铟锡/硅太阳电池、非晶硅/单晶硅太阳电池等。

☺ 肖特基结太阳电池：用金属和半导体接触组成一个“肖特基势垒”的太阳电池，也称MS太阳电池，如导体–绝缘体–半导体（CIS）电池。这种电池又分为金属–氧化物–半导体（MOS）太阳电池和金属–绝缘体–半导体（MIS）太阳电池。广义地说，肖特基结太阳电池也属于异质结太阳电池。

☺ 光电化学太阳电池：由浸于电解质中的半导体电极构成的太阳电池。

（3）按太阳电池的基底形态分类。

☺ 片状太阳电池：如单晶硅太阳电池、多晶硅太阳电池和砷化镓太阳电池。

☺ 薄膜太阳电池：如非晶硅太阳电池、非晶硅/微晶硅叠层太阳电池和铜铟镓硒太阳电池。

由于硅原材料丰富，基于半导体工艺的制造方法比较成熟，产业化生产的单晶硅太阳电池转换效率已达到20%，多晶硅太阳电池转换效率达到18.5%，而且随着电池结构、选用材料和制造工艺的改进，效率还在不断提高，制造成本还在继续下降。从发电成本上分析，太阳电池的效率和组件的寿命有着十分重要的意义。按粗略估计，现有太阳电池的效率每提高1%，发电成本将下降约7%；而组件寿命每提高2年，也可使发电成本下降约7%。现在使用的太阳电池中90%以上是晶体硅太阳电池和组件。

薄膜太阳电池使用的半导体材料少，组件质量小。有的薄膜太阳电池制备工艺相对简单，使其成本可与晶体硅太阳电池相当，甚至略低于晶体硅太阳电池，如 CdTe 太阳电池。CIGS 太阳电池也已开始进入商业化生产阶段。

非晶硅太阳电池是最早实现产业化生产的薄膜太阳电池，历史上作为三种硅基（单晶硅、多晶硅和非晶硅）太阳电池之一，其产量曾占总产量的约 17%，但是后来由于其光致衰减效应问题得不到很好的解决，限制了其大规模应用。多晶硅薄膜太阳电池可以减少硅材料用量，人们也为此做过不少努力。由于硅的熔点高（1412 ℃），如果沉积温度低，晶体生长速率慢，无法实现规模化生产；如果提高沉积温度，则须要采用高纯度的耐高温基底材料，这又会增加制造成本。因此，这类太阳电池至今未能形成规模化生产。现在对于硅基薄膜太阳电池，多数研究工作集中在非晶/微晶叠层硅基薄膜太阳电池的开发方面，希望在性能和制造成本方面达到可实际使用的水平。

一些新型太阳电池（如染料敏化太阳电池等）也被认为是很有发展前景的太阳电池。

3）晶体硅太阳电池组件 单体太阳电池输出电压低（约为 0.6～0.7 V），输出电流小，厚度薄（约为 0.15～0.20 mm），性能脆，怕受潮，不适宜在通常的环境条件下工作。为了使太阳电池能适应于实际环境条件，须要将单体太阳电池串/并联后，用玻璃、EVA 黏结胶膜、TPT 背板进行封装保护，引出电极导线，制成数瓦到数百瓦不同输出功率的太阳电池组件。太阳电池组件也称光伏组件。

太阳电池组件是太阳能光伏发电系统的核心部件，其性能优劣直接关系到光伏发电系统的效率、输出电能的质量和系统使用寿命，从而最终影响太阳能光伏发电系统的发电成本。

2. 变换器

太阳电池及组件以直流方式输出电能，但是在很多情况下，用电系统都以交流方式供电。变换器的作用是将太阳电池和蓄电池输出的直流电转换成与用电器相匹配的交流电或不同电压水平的直流电。变换器分为直流-交流（DC-AC）变换器和直流-直流（DC-DC）变换器。对变换器的基本要求是：具有较高的变换效率和稳定的交/直流电压输出；具有一定的过载能力；在正弦逆变输出情况下，输出电压的波形失真度和频率偏差应控制在较低的范围内等。

3. 控制器

在配备蓄电池的光伏发电系统中，控制器的主要作用是针对蓄电池的特性，对蓄电池的充/放电进行控制，以延长蓄电池的使用寿命。对控制器的基本要求是：确定最佳充/放电方式，有效存储电能；能按照预先设定的保护模式自动切断和恢复对蓄电池的充/放电；需要时有多路充/放电管理功能。控制器还应有自身保护功能，如防雷击、防反充等。

在不配备蓄电池的并网光伏发电系统中，控制器应具备电能的自动监测、控制、调节和转换等多种功能。

4. 储能装置

光伏发电系统中的储能装置用于负荷调节、电能质量调节和系统暂态补偿，分为化学储能和物理储能两类。在独立光伏发电系统中，通常使用化学储能的蓄电池，它是系统中必须配备的部件，主要用于存储光照下系统转换的电能。对这类蓄电池的基本要求是，在深放电条件下使用循环寿命长、工作温度范围宽、充电效率高、少维护或免维护和价格低廉等，而且使用时必须配置控制器对蓄电池的充/放电进行控制，延长蓄电池的使用寿命。对光伏电站来说，钠硫电池等新兴电池的性能更优于传统的铅酸电池。新近开发的铅碳电池性能也优于普通的铅酸电池。超级电容器等由于其响应速度快，瞬时输出功率较大，更适合作为暂态补偿和短时间的备用电源。

5. 负载

光伏发电系统对负载有一定的要求，容量较大的负载的启动和停止将对光伏发电系统的输出造成较大的冲击，导致系统不能正常运行。特别是当负载为感性负载或容性负载时，系统启动时往往会产生远大于额定电流的浪涌电流，而系统断开时由于电感的续流效应，也会在开关两端产生很大的感应电压，容易击穿或烧毁系统变换器中的电力电子器件。因此，设计光伏发电系统时，不仅要考虑负载的容量，还应考虑负载的性质。同时，系统运行时，为了使负载与系统输出的最大功率相匹配，必要时应调整负载，以提高系统利用率。

1.3.2 分布式光伏发电系统

分布式发电（Distributed Generation，DG）通常是指发电功率在数千瓦至数十兆瓦的小型模块化、分散式、安置在用户附近的，就地使用、不对外输电的发电单元，包括以液体或气体为燃料的内燃机发电、太阳能发电、风力发电等。

在分布式电源接入电力系统技术标准 IEEE 1547 中，曾将分布式电源定义为：通过公共连接点与区域电网并网的发电系统。这里，公共连接点一般是指电力系统与电力负荷的分界点。

分布式光伏发电系统是光伏发电系统中的一种，它规模较小，其单个并网点总装机容量通常不超过数兆瓦，以 10 kV 及以下电压等级接入电网。

光伏发电具有昼夜周期性、随机波动性等特点，如图 1-9 所示。在目前用于光伏发电系统的储能设备的性价比还比较低的情况下，采用并网运行分布式发电模式是实现光伏发电系统规模化发展的优选模式。通过并网运行，在高光照时，系统向电网送电；而低光照或无光照时，用户从电网受电，以实现发电与用电平衡，充分利用分布式光伏发电系统的发电量。同时，还可以通过合理选择光伏发电系统的规模和接入方式，实现系统的低成本并网运行。

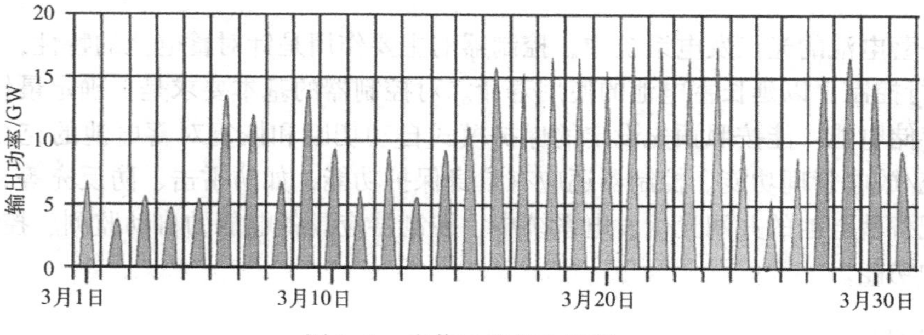

图 1-9 光伏电站发电实例

1.3.3 微电网系统

微电网（Micro-grids）系统可由光伏、风电、水电、燃气/燃油发电和储能等多种能源形式构成。可再生能源供电的波动性较大，通常须要配置储能装置或者并网使用。采用微电网系统，多能互补，其能量供给的连续性优于单一能源发电方式，只需要相对少的储能容量就能保证微电网稳定供电。微电网可以并网运行，也可以离网运行，电力可以在微电网系统内双向流动。正是由于微电网可降低调峰的难度，减小了储能容量，也就降低了系统发电成本。总之，在可再生能源成为主导能源的情况下，采用微电网系统供电模式是很有利的。

微电网系统的基本配置如图 1-10 所示。由图可见，在微电网系统中，多种发电方式联网运行，具有储能单元和可调节负荷，既可与大电网并网运行，也可以独立运行。

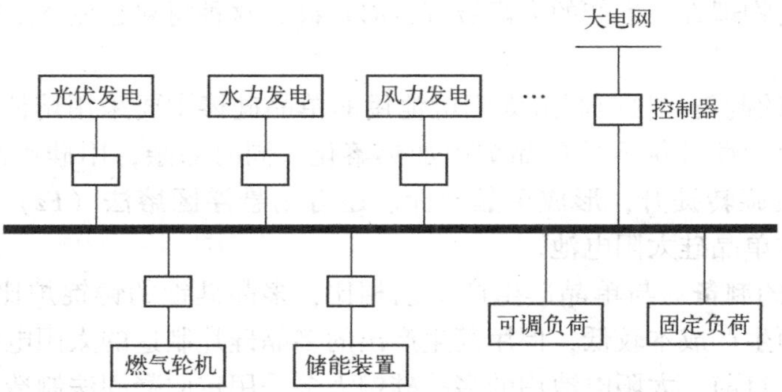

图 1-10 微电网系统的基本配置

1.3.4 大型光伏电站

我国西部地区建立了一些百兆瓦级大型光伏电站，并已向东部地区输电。西部地区的太阳能资源非常丰富而且优质：年辐射量在 1630 kW · h/m^{2}以上；年日照天数多，日照时间长(在 2600 h/年以上)。在众多的西部地区能源资源中，太阳能资源的利用不仅不会消耗和破坏资源，还有利于改善生态环境。每个百兆瓦级光伏电站仅须占用 4 km^{2}土地，在黄土高原、戈壁滩、具有固定沙丘的沙漠上很适合建立大型光伏电站[5]。超高压输/变电技术的发展能有效减少输电损失，增加经济距离。现在，我国已有数个 1000 kV 交流输电工程与±800 kV 直流特高压输电工程投运，有多条特高压跨区送电通道正在建设之中，太阳能光伏西电东送在技术上是完全可以实现的。

1.4 晶体硅太阳电池和组件的制造

1. 太阳电池晶体硅材料的制造

用高纯度原生多晶硅生长的晶体硅是晶体硅太阳电池的基础原材料，目前基本采用直拉单晶硅法和定向凝固多晶硅法这两种技术分别生长单晶硅棒和多晶硅锭，再利用多线切割机将硅棒和硅锭切割成一定尺寸的单晶硅片和多晶硅片。

1）多晶硅材料的制备 首先在电弧炉中将石英砂在高温下与还原剂进行焦炭反应，得到纯度为 97%～99%的冶金级金属硅，再从冶金级金属硅生产高纯多晶硅，采用的技术主要有改良西门子法和流化床法。

西门子法最早由德国西门子（Siemens）公司发明并实现了工业化生产。改良西门子法增加了还原尾气干法回收系统、$SiCl_4$氢化工艺，将还原炉排出的尾气 H_2、$SiHCl_3$、$SiCl_4$、SiH_2Cl_2和 HCl 分离后再利用，实现了闭路循环，降低了能耗和原/辅材料的消耗，基本避免了环境污染。

流化床法是以 $SiCl_4$（或 SiF_4）、H_2、HCl 和冶金硅为原料，在高温、高压流化床（沸腾床）内生成 $SiHCl_3$，再将 $SiHCl_3$歧化加氢反应生成 SiH_2Cl_2，继而生成 SiH_4；然后将 SiH_4通入加有小颗粒硅粉的流化床反应炉内进行热分解反应，生成粒状多晶硅。

此外，还有用物理方法生产的太阳级（SOG）硅，这种材料在成本上有一定的优势，但是质量尚待提高。

2）单晶硅棒的制备 目前制造太阳电池用的单晶硅棒主要采用熔体直拉法（Cz），即将硅料在真空或保护性气氛下的单晶炉内加热熔化，同时掺杂，用硅单晶籽晶与硅熔体熔接，并以一定速度旋转提升，形成单晶硅棒。还有用悬浮区熔法（Fz）生产的单晶硅棒，通常用于制造高效单晶硅太阳电池。

3）多晶硅锭的制备 与单晶硅生产工艺相比，多晶硅锭的铸锭炉比较简单，耗电少、生产效率高，因而生产成本较低，但用其生产出的多晶硅片制造的太阳电池转换效率稍低于单晶硅太阳电池。目前，太阳电池用的多晶硅锭大多采用定向凝固法制造。

定向凝固法是将装有高纯多晶硅材料的坩埚置于铸锭炉中，加热熔化多晶硅原材料后，自坩埚的底部开始逐渐降温，形成一定的温度梯度，使坩埚底部的熔体首先结晶，熔体由下而上逐步生长成多晶硅锭。不同铸锭炉的加热方法、热场移动方法和冷却方法各不相同。准单晶锭的制造方法类似于定向凝固法制造方法，在石英陶瓷坩埚的底部铺设一个或数个单晶硅籽晶，形成具有均匀晶向生长的类单晶体。

4）硅片的加工 晶体生长形成后，须要用带锯或线开方机将单晶硅棒或多晶硅锭切割成具有一定横截面积的柱状体，横截面积的大小决定了硅片的尺寸，通常采用的是 5 in 或 6 in 标准尺寸。然后将硅棒或硅块粘连在玻璃衬底上，用多线切割机，将其切割成厚度一致、表面平整的硅片。

多线切割一般采用游离磨料，利用一根表面镀铜的钢丝绕在导轮上形成一排线锯网，在导轮驱动下以较高的速度运转，含有 SiC 或金刚石磨料的黏性浆料被带入硅棒切割区域，磨料滚压嵌入硅棒切割硅晶体。另一种切割技术是将金刚石黏结并以电镀的方式固定在金刚线上，通过金刚线往复高速移动进行切割。金刚线切割技术具有切割效率高、硅片损伤层小和钢线的磨损率低等特点，已全面应用于单晶硅片的切割，并正在逐步推广到多晶硅片的切割。

2. 太阳电池器件的制造

太阳电池器件包括太阳电池和太阳电池组件。

1）太阳电池的制造 现在，制造晶体硅太阳电池通常采用 p 型硅片。硅片进行清洗、腐蚀制绒后，将其置于扩散炉石英管内，用三氯氧磷在 p 型硅片上扩散磷原子形成深度约为 0.5 μm 的 pn 结，再在受光面上制作减反射膜，并通过丝网印刷和烧结工艺制作正面电极和背面电极。正面电极位于受光面上，采用栅线状电极，以便透光。其典型制造工艺流程如图 1-11 所示。

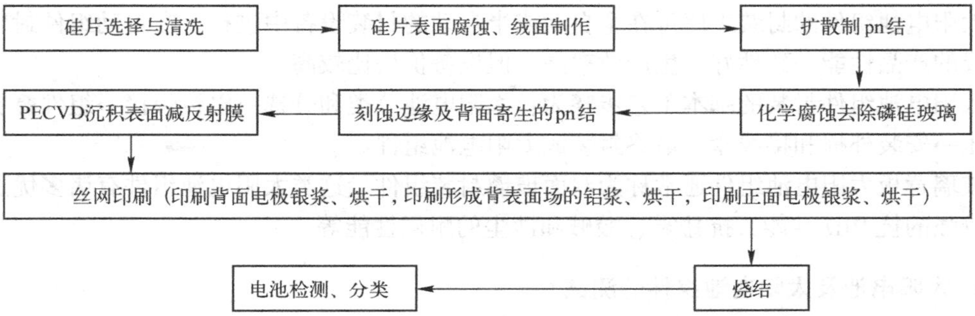

图 1-11 晶体硅太阳电池典型制造工艺流程

具有先进的制造工艺和相应的设备、品质优良的原材料和辅助材料、净化级别达标的操作环境、高素质的生产管理人员以及完善的质量管理制度是生产高效率太阳电池应具备的基本条件。

本书第 5～9 章讨论了太阳电池制造的工艺原理，为了对实际生产过程有所了解，列举了一些生产工艺例子。由于生产时所选的设备性能、原材料性质和生产环境等方面具体条件不同，生产线上的工艺细节甚至工序的次序也各有不同；同时，相关技术还在迅速发展中，生产工艺正在不断改进，因此所举例子只能作为参考。

2）太阳电池组件的制造 太阳电池组件的封装生产工艺直接关系到组件的输出电参数、工作寿命、可靠性和成本。

太阳电池组件由玻璃面板、EVA 黏结胶膜、太阳电池和 TPT 背板等部分组成，其基本结构如图 1-12 所示。玻璃面板是太阳电池的正面保护层，TPT 背板是其背面保护层，中间是太阳电池。位于正面的玻璃面板必须具有高透射率；TPT 背板必须能有效地防止水、氧及腐蚀性气液体等对太阳电池的侵蚀。EVA 黏结胶膜用于太阳电池与玻璃面板和 TPT 背板之间的黏结。此外，还有互连条、汇流条和接线盒等部件。互连条和汇流条都是焊在电极之间起电连接作用的金属连接件。

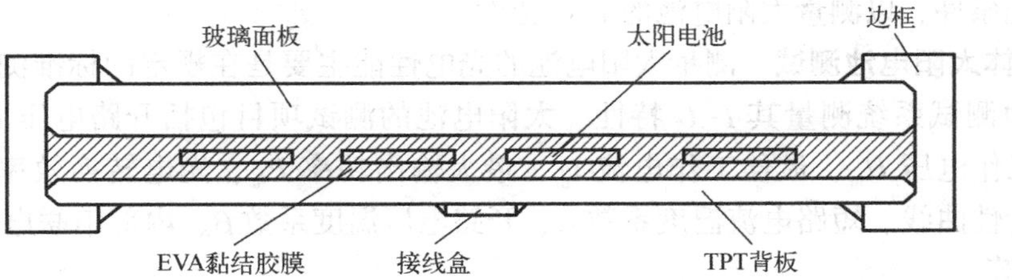

图 1-12 太阳电池组件基本结构

封装太阳电池组件时，须要对单体太阳电池进行串/并联，应尽可能选用性能接近的太阳电池进行封装，以提高太阳电池组件的效率。

如图 1-13 所示，为了减少串联太阳电池中由于个别并联太阳电池失效而产生的“热斑”效应，导致电能损失，对太阳电池组件须安装旁路二极管；同时，为防止太阳电池组件发电量不足时发生电流倒流，对太阳电池组件须安装隔离二极管（也称防逆流二极管），用以保护组件。

太阳电池组件的封装工序可在全自动或半自动的封装设备中进行，在自动组件封装设备中制成的产品性能一致性好，生产效率高，但设备价格比较高。

太阳电池组件封装的基本工艺步骤为：太阳电池分类和分选→电极焊接→组件叠层→组件层压→安装外框和接线盒，最终封装成太阳电池组件。

玻璃背板太阳电池组件通常称为双面玻璃封装组件。这类太阳电池组件有诸多优点，如具有较强的抗 PID 性能，抗盐雾、酸碱和沙尘的耐候性能等。

3. 太阳电池及太阳电池组件的测试

太阳电池性能参数的测试对于获得高效率太阳电池组件非常重要。太阳电池/组件测试系统主要由太阳模拟器、测试电路和专用计算机三部分组成，如图 1-14 所示。实际上，现在的太阳模拟器通常包含了测试电路和专用计算机。

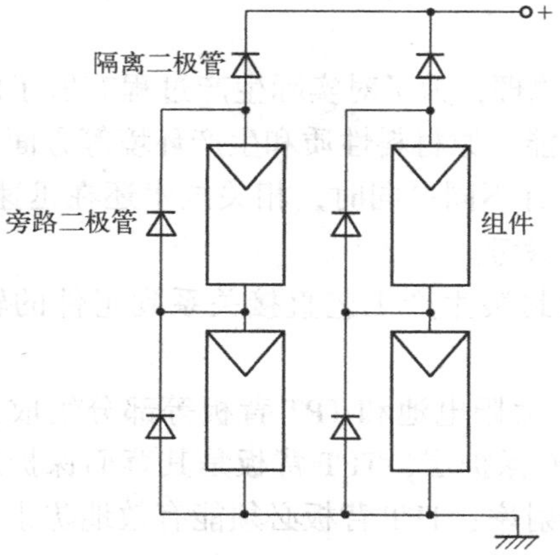

图 1-13　太阳电池组件的旁路二极管和隔离二极管

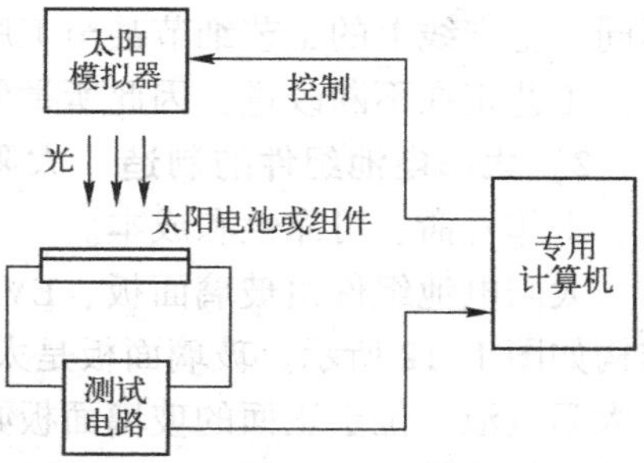

图 1-14　太阳电池/组件测试系统框图

太阳模拟器采用人造光源模拟 1 kW/m^{2}太阳辐照度、AM1.5 太阳光谱、均匀而稳定的标准地面阳光条件，以测量太阳电池的 $I-U$ 特性。

1）单体太阳电池测试　测量太阳电池的光电性能主要是在规定的标准测试条件下，采用太阳电池测试系统测量其 $I-U$ 特性。太阳电池的测试项目包括开路电压 U_{oc}、短路电流 I_{sc}、最佳工作电压 U_m、最佳工作电流 I_m、最大输出功率 P_m、光电转换效率 η、填充因子 FF、$I-U$ 特性曲线、短路电流温度系数 α、开路电压温度系数 β、内部串联电阻 R_s、内部并联电阻 R_{sh} 等。

2）太阳电池组件测试　对于太阳电池组件，除了测量光电参数，还应进行设计鉴定和定型测试。测量太阳电池光电性能参数方法的总原则同样适用于太阳电池组件参数测量。在太阳电池组件参数测量和校准辐照度时，均须采用标准组件。

太阳电池组件测试系统包括太阳模拟器、电子负载、高速数据采集器，以及数据处理、显示和存储设备等。由于太阳电池组件被测面积大，为了获得瞬时的强光辐照度，通常采用脉冲式太阳电池组件测试系统。

3）太阳电池组件的设计鉴定和定型　国际电工委员会 TC82 为晶体硅太阳电池组件制定了质量鉴定标准 IEC 61215（与其等同的国家标准为 GB/T 9535—2006）。为了保证太阳电池组件质量，该标准对太阳电池组件的设计鉴定和定型工作规定了合理的要求，以及具体的鉴定试验程序和方法。

4）太阳电池组件的室外测试 太阳电池在室外工作时，会经历不同的辐照条件和不同的工作温度。

室外系统的性能评价方法之一是对系统在一段时间内的性能进行评估。在晴天/气温高、晴天/气温低、多云/气温高、多云/气温低以及气温适宜等5种天气条件下测定太阳电池组件每小时的输出功率，获得每种气候条件下太阳电池组件的输出能量数据。在室外阳光下太阳电池组件测试可采用室外太阳光伏测试系统。

5）太阳电池和组件的诊断测试 在太阳电池和组件产品研究、开发和生产过程中，诊断测试很重要。诊断测试方法有暗环境下的太阳电池暗 $I-U$ 特性曲线测量、太阳电池光谱响应测量、电致发光（EL）检测、光诱导电流（LBIC）、红外成像摄像和超声波技术等。不同原理的检测设备有不同的性能特点、不同的检测功能和用途。

6）太阳电池和组件的认证 太阳电池组件运行寿命直接关系到太阳能发电的成本。要确保太阳电池组件的使用寿命，就必须有良好的太阳电池组件质量。IEC 已制定了 IEC 61215 等标准，可作为太阳电池组件质量测试的依据。德国 TUV、美国 UL 等机构根据这些 IEC 标准对太阳电池组件进行检测试验，其结果可得到很多国家的认可。

产品认证就是对产品的质量和安全性的认定的过程，由可信的测试实验室和认证机构来实施，具有认证标志的产品表明该产品已经通过测试，其质量和安全性均符合标准要求，消费者可放心使用。

以下各章将详细讨论太阳电池的多晶硅材料、硅锭、硅片、太阳电池/太阳电池组件及其性能的测试、鉴定和认证等内容。

参考文献

[1] 陈哲良．晶体硅太阳电池物理[M]．北京：电子工业出版社，2020.
[2] Hubbert M K. The energy resources of the earth[J]. Scientific Am., 1971, 225(3): 60-70.
[3] Hu C, Richard M W. Solar cells from basics to advanced systems [M]. New York: McGraw-Hill Book Company, 1983.
[4] 金步平，吴建荣，刘士荣，陈哲良．太阳能光伏发电系统[M]．北京：电子工业出版社，2016.
[5] 陈哲良．西部太阳能电力大规模开发及其东送[C]．香山科学会议(主题：西部发展中能源与资源利用及其环境保护的关键问题)论文集．2001.

第 2 章　太阳能用多晶硅生产工艺

光伏发电是利用半导体界面的光伏效应而将光能直接转变为电能的一种技术，这种技术的关键元件是太阳电池[1-2]。太阳电池经过串/并联后进行封装保护，可形成大面积的太阳电池组件，再配合功率控制器等部件就形成了光伏发电装置。太阳能光伏发电的最基本元件是太阳电池，如单晶硅太阳电池、多晶硅太阳电池、非晶硅太阳电池、薄膜太阳电池等。其中，单晶硅太阳电池和多晶硅太阳电池占据超过90%的商业市场份额，并且仍将在相当长的时间内占据主流市场地位。

原生多晶硅是生产直拉单晶硅和铸造多晶硅的直接原料，用高纯度的原生多晶硅生长成晶体硅是晶体硅太阳电池的基础原材料。多晶硅与单晶硅的差异主要表现在物理性质方面。例如：在力学性质、光学性质和热学性质的各向异性方面，多晶硅远不如单晶硅明显；在电学性质方面，多晶硅的导电性远不如单晶硅显著，甚至几乎没有导电性；在化学活性方面，两者的差异极小。多晶硅和单晶硅可从外观上加以区别，但真正的鉴别须通过分析、测定晶体的晶面方向、导电类型和电阻率等才能确定。

多晶硅有灰色金属光泽，其密度为 2.32 ～ 2.34 g/cm^3，熔点为 1418 ℃，沸点为 2355 ℃；可溶于氢氟酸和硝酸的混合酸中，不溶于水、硝酸和盐酸；硬度介于锗和石英之间，室温下质脆，切割时易碎裂；加热至 800 ℃以上即有延性，1300 ℃时显出明显变形；常温下不活泼，高温下与氧、氮、硫等反应；高温熔融状态下，具有较强的化学活泼性，几乎能与任何材料作用；具有半导体性质，是极为重要的优良半导体材料，但微量的杂质即可大大影响其导电性。

多晶硅的生产技术主要为改良西门子法、硅烷法和流化床法[3]。西门子法通过气相沉积的方式生产柱状多晶硅，为了提高原材料利用率和环境友好性，在西门子法的基础上采用闭环式生产工艺，即改良西门子法。该工艺将工业硅粉与 HCl 反应，加工成 $SiHCl_3$，再让 $SiHCl_3$在 H_2气氛的还原炉中还原沉积得到多晶硅。还原炉排出的尾气 H_2、$SiHCl_3$、$SiCl_4$、SiH_2Cl_2和 HCl 经过分离后，再循环利用。硅烷法是将硅烷通入以多晶硅晶种作为流化颗粒的流化床中，使硅烷裂解并在晶种上沉积，从而得到颗粒状多晶硅。改良西门子法和硅烷法都可以生产出电子级晶体硅，作为太阳能级多晶硅，在性能指标上是完全能够满足需求的。两种硅料在直拉单晶硅和铸锭配料时配合使用，有利于提高装载效率、降低生产成本。

2.1　西门子法

西门子法是由德国西门子（Siemens）公司发明并于 1954 年申请专利的，在 1965 年前后实现了工业化。经过数十年的应用和发展，西门子法不断完善，先后开发出第一代、第二代和第三代多晶硅生产工艺。第三代多晶硅生产工艺即改良西门子法（也称闭环式三氯氢硅氢还原法），它在第二代的基础上增加了还原尾气干法回收系统、$SiCl_4$回收氢化工艺，实现了完全闭环生产，是西门子法生产高纯多晶硅技术的最新技术，其具体工艺流程如图 2-1 所示。改良西门子法是当今生产电子级多晶硅的主流技术，其具体工艺流程如下所述。

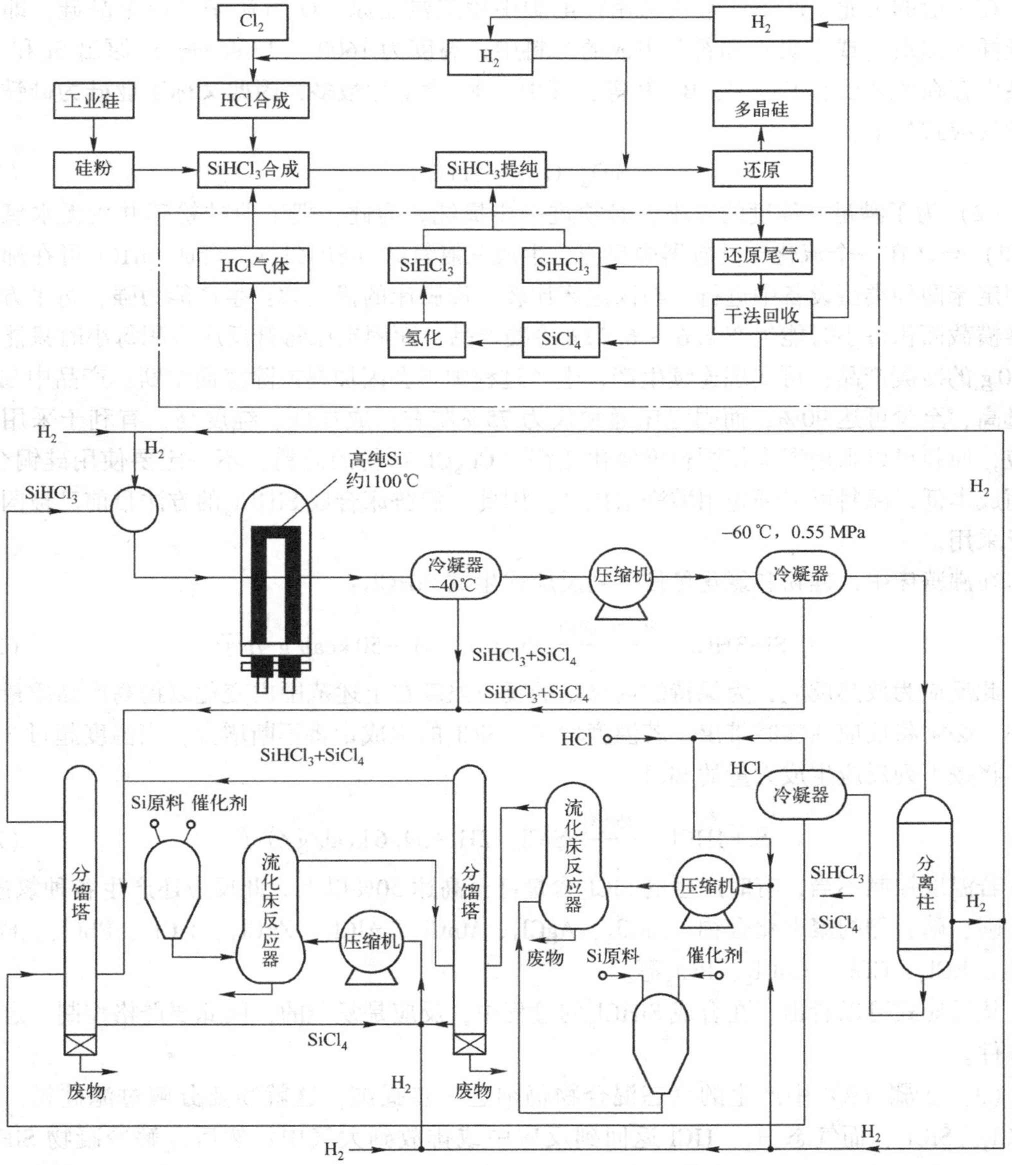

图 2-1　西门子法工艺流程图

（1）把石英砂在电弧炉中冶炼提纯到 97%～99%并生成工业硅。工业硅的制备方法很多，通常是用还原剂将 SiO_2还原成单质硅。还原剂有碳、镁、铝等，用镁或铝还原 SiO_2时，如果还原剂的纯度较高，那么所得的硅纯度可达 99. 9%～99. 99%。

> 说明　业内常用“xN”或“xN5”表示纯度等指标，其中 x 为大于 1 的正整数，“N”为

英文单词 Nine 的首字母。例如：“4N”表示99.99%；“5N”表示99.999%。

在一般的工业生产中，常常采用在电炉中用焦炭还原 SiO_2 方法来制取单晶硅，即将碳电极插入焦炭（或木炭）和石英组成的炉料中，温度为 1600～1800℃，还原出 Si 和 CO_2。产品中存在的杂质有 Fe、C、B、P 等，其中以 Fe 含量为最多，因此又称工业硅为硅铁。其化学反应式如下：

$$SiO_2+C \longrightarrow Si+CO_2\uparrow \tag{2-1}$$

（2）为了满足高纯度的要求，必须进一步提纯。为此，把工业硅粉碎并用无水氯化氢（HCl）与之在一个流化床反应器中反应，生成三氯氢硅（$SiHCl_3$）。合成 $SiHCl_3$ 可在沸腾床和固定床两种类型设备中进行。与固定床比较，沸腾床的优点为：生产能力强，每平方米反应器横截面积每小时能生产 2.6～6.0 kg 冷凝产品，而固定床每升反应容积每小时只能生产约 10 g 的冷凝产品；可实现连续生产，生产过程中不会因加料或除渣而中断；产品中 $SiHCl_3$ 含量高，至少可达 90%，而固定床通常仅为 75%左右；成本低、纯度高，有利于采用催化反应，原料可以采用混有相同粒度氯化亚铜（Cu_2Cl_2）粉的硅粉，不一定要使用硅铜合金，因而成本低，原料可以预先用酸洗法提纯。因此，沸腾床合成 $SiHCl_3$ 的方法目前已被国内外广泛采用。

在沸腾床中，硅粉和氯化氢按下列反应式生成 $SiHCl_3$：

$$Si+3HCl \xrightarrow{280\sim320℃} SiHCl_3+H_2+50\,\text{kcal/g 分子} \tag{2-2}$$

此反应为放热反应，为保持炉内稳定的反应温度在上述范围内变化以提高产品质量和实收率，必须将反应热实时带出。若温度增高，$SiCl_4$ 的生成量将不断增大，当温度超过 350℃后，将按下列反应生成大量的 $SiCl_4$：

$$Si+4HCl \xrightarrow{>350℃} SiCl_4+2H_2+54.6\,\text{kcal/g 分子} \tag{2-3}$$

若温度控制不当，有时产生的 $SiCl_4$ 含量甚至高达50%以上。此反应还产生各种氯硅烷，硅、碳、磷、硼的聚卤化合物，$CaCl_2$、$AgCl_2$、$MnCl_3$、$AlCl_3$、$ZnCl_2$、$TiCl_4$、$PbCl_3$、$FeCl_3$、$NiCl_3$、BCl_3、CCl_3、$CuCl_2$、PCl_3 等。

从反应式可以看出，在合成 $SiHCl_3$ 的过程中，反应是复杂的，因此要严格控制一定的操作条件。

（3）步骤（2）中产生的气态混合物仍须进一步提纯，这就须要分解过滤硅粉，冷凝 $SiHCl_3$、$SiCl_4$，而气态 H_2、HCl 返回到反应中或排放到大气中；然后分解冷凝物 $SiHCl_3$、$SiCl_4$，得到高纯的 $SiHCl_3$。目前提纯 $SiHCl_3$ 和 $SiCl_4$ 的方法很多，一般不外乎萃取法、络合物法、固体吸附法、部分水解法和精馏法。

☺ 萃取法：是指在一定温度下，将相同化学组成的混合物分配在两种互不混溶的有机溶剂中，充分振荡后，使某些物质进入有机溶剂中，而另一些物质仍留在原溶液中，从而达到分离的效果。此种方法操作麻烦、产量小，萃取剂的纯度不高。

☺ 络合物法：是指在混合液中加入能对某物质起作用的络合剂，与这种物质生成一种稳定的络合物，即使加热也不会分解和挥发，从而可留在高沸物中除去。此种方法操作麻烦，需要较长的静止时间，络合剂的纯度不高。

☺ 固体吸附法：是指用固体吸附剂来进行吸附，吸附剂的纯度要高。此种方法对分离极性杂质磷和金属氯化物特别有效，但被吸附的物质往往容易使吸附剂中毒。

☺ 部分水解法：是指将三氯化硼（BCl_3）用水洗的方法，生成硼的氧化物(B_2O_3)，同时有大量的 $SiO_2 \cdot nH_2O$ 产生，因此也是一种不太适用的方法。

☺ 精馏法：精馏是利用不同的物质在气液两相中具有不同的挥发度，当两相做相对运动时，这些物质在两相中的分配反复进行多次实现传热传质的过程，这样使得那些挥发度只有微小差异的组分产生很强的分离效果，从而使不同的物质得到分离。精馏是蒸馏时所生成的蒸气与蒸气冷凝时得到的液体相互作用，气相中高沸物组分和液相中低沸物组分以相反方向进行多次冷凝和汽化，实现混合物分离的过程。精馏是一种重要的提纯方法，此种方法处理量大、操作方便、效率高，又避免引进任何试剂，绝大多数杂质都能被完全分离，特别是非极性重金属氧化物，但彻底分离硼、磷和强极性杂质氯化物受到一定限制。

（4）将精馏后的 $SiHCl_3$ 采用高温还原工艺，使高纯的 $SiHCl_3$ 在 H_2 气氛中还原沉积而生成多晶硅。其化学反应式如下：

$$SiHCl_3+H_2 \longrightarrow Si+HCl \tag{2-4}$$

多晶硅的反应容器是密闭的，使用电加热硅棒（直径为 5～10 mm，长度为 1.5～2 m，数量可达 48 对以上），在 1050～1100 ℃环境下，硅棒上生长还原多晶硅，直径可达 150～200 mm。目前国内运行的主流还原炉为改进型 24 对棒、36 对棒、40 对棒、48 对棒等还原炉型，单炉产量为 7～12 t。多晶硅还原电耗从 2009 年的 120 kW·h/kg 降低到目前的 60 kW·h/kg 以下，综合电耗从 200 kW·h/kg 降低到 100 kW·h/kg 左右，降低了约 50%；一些采用先进技术的多晶硅还原电耗可达40 kW·h/kg 以下。随着现有工艺的进一步优化，改良西门子法全流程的综合电耗有望达到 70 kW·h/kg 以内。

这样，大约 35% 的 $SiHCl_3$ 发生反应，并生成多晶硅。剩余部分同 H_2、HCl、$SiHCl_3$、$SiCl_4$ 从反应容器中分离出来。对这些混合物进行低温分离后，或再利用，或返回到整个反应中。所得的主要产物 $SiCl_4$、$SiHCl_3$ 在分离提纯后，高纯的 $SiHCl_3$ 又进入还原炉生长多晶硅，$SiCl_4$ 重新与冶金级硅粉反应，$SiCl_4$ 的回收可以加快沉积速率，从而扩大生产；反应在高压下进行，在 2.0～2.5MPa、500 ℃条件下完成反应 $3SiCl_4+Si+2H_2 = 4SiHCl_3$。HCl 可用活性炭吸附法或冷 $SiCl_4$ 溶解 HCl 法回收，所得的干燥的 HCl 又进入流化床反应器与冶金级硅粉继续反应。

改良西门子法是根据化学气相沉积原理生产多晶硅的技术，该技术最重要的特点是实现了多晶硅生产的闭路循环。但是，改良西门子法在副产物 $SiCl_4$ 的处理上采取了热氢化工艺，即在高温下 $SiCl_4$ 与 H_2 反应生成 $SiHCl_3$ 的过程，该过程为吸热反应，能耗大且摩尔转化率低（一般为 15%～20%）。

国内的多晶硅企业几乎都实施了冷氢化技术。冷氢化技术是多晶硅工业中的一种新兴技术，是一种把多晶硅生产过程中的副产物 $SiCl_4$（STC）转化为 $SiHCl_3$（TCS）的技术。多晶硅生产过程中的副产物 $SiCl_4$ 产量大、易挥发，是一种易燃、易爆而且腐蚀性和毒性都很强的危险化学品，存储、运输、处理都十分危险。

冷氢化技术在多晶硅规模化生产中的应用最早出现于 1980 年[4]，由美国 LXE 公司的 Larry Coleman 提出并于 1982 年获得专利。冷氢化技术的发展经历了以下几个阶段：第一阶段始于 1948 年，美国联合碳化物公司的子公司林德气体公司为了制备有机硅，最先开发了冷氢化技术，用该技术最先制备出 $SiHCl_3$，然后再生产有机硅。1950—1960 年间，林德气体公司在西弗吉尼亚建立了一条以冷氢化技术生产 $SiHCl_3$的生产线。然而，他们发现使用合成法（即用 Si 和 HCl 反应生成 TCS）更为经济，于是冷氢化技术被搁置。第二阶段是在 1973 年，当第一次石油危机发生后，美国政府积极寻找可以替代石油的能源，很多公司参与了包括多晶硅生产的相关研究，其中包括美国联合碳化物公司。1977 年，美国总统卡特授权美国航空航天局研究降低光伏电池组件生产成本的工艺，多晶硅的生产被提上议事日程。美国联合碳化物公司便积极投入到新硅烷技术及冷氢化技术的进一步研发中。第三阶段是 1979—1981 年，美国联合碳化物公司在华盛顿州的沃舒格尔建立了一个生产 SiH_4的中型工厂，使用冷氢化技术生产 $SiHCl_3$。1983 年，该公司在摩西湖建设了年产量为 1000 t 的硅烷厂，冷氢化技术第一次实现了规模化产业应用。1989 年，日本 ASMI 公司收购了该硅烷厂。而后，ASMI 公司出售了 50%的股份给美国最大的可再生能源集团 REC 公司。REC 公司进入多晶硅领域，使得冷氢化技术的工业化生产得以延续，该公司也由此成为冷氢化生产技术新的开拓者。

目前，国内主要有两种冷氢化技术：高压低温冷氢化和氯氢化。高压低温冷氢化是在高压低温条件下，以 H_2、硅粉、$SiCl_4$为原料，在 500 ～ 600 ℃、1.5 ～ 3.5 MPa 条件下反应。通常，$SiCl_4$的摩尔转化率为 17%～20%，通过添加催化剂可提高至约 25%。其反应式如下：

$$3SiCl_4+2H_2+Si \longrightarrow 4SiHCl_3 \tag{2-5}$$

$$SiCl_4+Si+2H_2 \longrightarrow 2SiH_2Cl_2 \tag{2-6}$$

$$2SiHCl_3 \longrightarrow SiCl_4+SiH_2Cl_2 \tag{2-7}$$

氯氢化是在传统冷氢化技术的基础上增加了回收 HCl 生产 $SiHCl_3$的方法。该技术整合了 $SiHCl_3$合成和高压低温冷氢化两者的特点，是传统冷氢化工艺的衍生和优化，使回收的 HCl 得到充分利用。其反应式如下：

$$2SiCl_4+H_2+Si+HCl \longrightarrow 3SiHCl_3 \tag{2-8}$$

无论传统的冷氢化技术还是改良后的氯氢化技术，其主要的生产工艺流程和设备是基本相同的，反应器有两种，即固定床反应器和流化床反应器。固定床反应器在中小型装置中较为常见；流化床反应器常用于大型冷氢化项目，单套装置最大氢化能力可达 10 万吨/年以上。目前，从国内冷氢化正常运行的数据来看，TCS 平均摩尔转化率为 20%～23%，而经过技改后的热氢化摩尔转化率也达到了 20%～23%，瞬时值甚至能达到 25%。冷氢化生产 $SiHCl_3$的电耗约 0.5 kW · h/kg，与热氢化的电耗 2 ～ 3 kW · h/kg 比较，氢化环节可节约能耗 70%以上。按照多晶硅与 $SiCl_4$ 产出比为 1:20 计算，折合多晶硅电耗为 30 ～ 50 kW · h/kg。冷氢化单套系统规模大、操作稳定、能耗低，有效促进了多晶硅生产能耗和成本的降低。表 2-1 给出了冷氢化、热氢化的优缺点比较。

表 2-1　冷氢化、热氢化的优缺点比较[4]

名　称	热　氢　化	冷　氢　化
技术成熟性	成熟	不成熟

续表

名　称	热　氢　化	冷　氢　化
操作压力/MPa（G）	0.6	1.5～3.0
操作温度/℃	1250	550
反应式	$SiCl_4+H_2 \longrightarrow SiHCl_3+HCl$	$3SiCl_4+2H_2+Si \longrightarrow 4SiHCl_3$
综合电耗/(kW · h/kg)	2.5～3	1～1.2
占地面积	大	略小
建设投资	高	略低
生产维护	较易	较难
操作技术要求	一般	较高
优点	气相连续反应，不需要催化剂；易操作和控制；维修量小；反应无硼磷杂质带入，后续的精馏更简单；蒸气耗量低；工艺成熟，有可靠的技术来源；已有操作经验	硅粉加入，是普通的流化床反应；耗电低；TCS摩尔转化率高（20%～23%）；国外运行时间长，是未来多晶硅的发展方向
缺点	耗电高；TCS 摩尔转化率低（15%～20%）；多晶硅产品的含 C 较高	气-固反应，间断操作；操作压力高；对硬件要求高；催化剂稳定性差，寿命短，消耗量大，增加了成本，催化剂载体容易造成产品铝污染

改良西门子法工艺的副产物除了 $SiCl_4$，还有 SiH_2Cl_2 等。$SiCl_4$ 主要采用氢化技术将其变成 $SiHCl_3$ 原料，经提纯后返回系统使用。而多数公司将 SiH_2Cl_2 与 $SiCl_4$ 在加催化剂条件下，反歧化生成 $SiHCl_3$，经提纯后返回系统使用。该技术的实施应用大幅降低了多晶硅原料消耗，按单位多晶硅计算，硅耗量可以从 1.35 kg/kg 降低到 1.2 kg/kg 以下，降幅在 10%以上。

改良西门子法生产的高纯硅的电阻率可以达到 n 型 2 kΩ · cm 以上。$SiHCl_3$ 比较安全，可以安全运输，并且存储数个月仍然保持电子级的纯度，适用于现代化年产 1000 t 以上的太阳能级多晶硅工厂。其特点并不是单纯追求最大的一次通过的转化率，而是提高多晶硅的沉积速率，完善的回收系统可以保证物料的充分利用，而钟罩反应器的完善设计使得高沉积率得以体现，反应器的体积加大，硅芯数量增多，炉壁温度在不大于 575 ℃ 的条件下尽量提高；多晶硅芯温度一致时，气流能够保证多晶硅棒均匀迅速地生长。

2.2　硅烷法

1956 年，英国标准电信实验所成功研发出硅烷（SiH_4）热分解制备多晶硅的方法，即通常所说的硅烷法。1959 年，日本的石冢研究所也同样成功研发了该技术。接着，美国联合碳化物公司采用了歧化法制备 SiH_4，并综合了上述工艺且加以改良，产生了生产多晶硅的新硅烷法。硅烷法制备多晶硅包含了硅烷的制备、硅烷的提纯和硅烷热分解三个基本步骤，主要以氟硅酸、钠、铝、氢气为主要原/辅材料，通过 $SiCl_4$ 氢化法、硅合金分解法、氢化物还原法、硅的直接氢化法以及 SiO_2 氧化法等方法制取 SiH_4，然后将 SiH_4 气体提纯后通过 SiH_4 热分解生产纯度较高的棒状多晶硅。

硅烷是一种无色的气体，由一个硅原子和四个氢原子组成，分子的临界直径为 0.484 nm，在常温下相当稳定，在高温下才能分解成硅和氢气。在低温情况下，硅烷气体能够冷凝成透明无色的液体，当温度更低时，能变成冰状固体。

硅烷对氧和空气极为活泼，在低达-180 ℃时也会与氧发生剧烈反应，甚至发生爆炸；浓硅烷遇到空气时会发生自燃，火焰呈深黄色。硅烷也能与氮化物发生反应；与卤化物的反应比较激烈，燃烧生成卤化物和硅烷的卤代衍生物。同时，硅烷还有强烈的还原性。

硅烷的制取方法比较多，主要有 $SiCl_4$氢化法、硅合金分解法、氢化物还原法、硅的直接氢化法以及 SiO_2 氧化法等。

1）$SiCl_4$ 氢化法 其反应式如下：

$$3SiCl_4+4Al+6H_2 \longrightarrow 4AlCl_3+3SiH_4 \tag{2-9}$$

2）硅合金分解法 硅合金在水溶液、醇类和液氨介质中能被无机酸或卤铵盐分解而生成硅烷，其反应式如下：

$$Mg_2Si+4HCl \longrightarrow SiH_4+2MgCl_2 \tag{2-10}$$

$$Mg_2Si+4HAc \longrightarrow SiH_4+2MgAc_2 \tag{2-11}$$

$$Mg_2Si+4NH_4Cl \longrightarrow SiH_4+2MgCl_2+4NH_3 \tag{2-12}$$

3）氢化物还原法 用碱金属或碱土金属氢化物还原 $SiCl_4$的方法，如用 $LiAlH_4$ 在乙醚溶液中与 $SiCl_4$ 作用可生成硅烷，过量的 $LiAlH_4$ 有很好的去硼提纯作用，其反应式如下：

$$LiAlH_4+SiCl_4 \longrightarrow SiH_4+LiCl+AlCl_3 \tag{2-13}$$

4）硅的直接氢化法 在高温条件下，直接用硅粉在高压氢气氛下，在催化剂的共同作用下合成硅烷，其反应式如下：

$$Si(粉末)+2H_2 \longrightarrow SiH_4 \tag{2-14}$$

5）SiO_2 氧化法 在 Al 和 AlX_3（X 为卤素）存在下，采用 175 ℃高温，在近 400 个标准大气压下 H_2与 SiO_2反应生成硅烷，其反应式如下：

$$3SiO_2+4Al+2AlX_3+6H_2 \longrightarrow 6AlOX+3SiH_4 \tag{2-15}$$

硅合金分解法是用 Mg_2Si 与 NH_4Cl 在液氨中反应生成硅烷，该方法在工业生产中应用比较成熟，除硼效果好，生产相对安全。但是，该方法因原料消耗量大、成本高而未被推广，现在只有日本 Komatsu 公司使用。现代硅烷的制备多采用歧化法，即以冶金级硅与 $SiCl_4$为原料合成硅烷：首先用 $SiCl_4$、Si 和 H_2反应生成 $SiHCl_3$，然后使 $SiHCl_3$歧化反应生成 SiH_2Cl_2，最后由 SiH_2Cl_2进行催化歧化反应生成 SiH_4。

若氧化作用和还原作用发生在同一分子内部，处于同一氧化态的元素上，使该元素的原子（或离子）一部分被氧化，另一部分被还原，这种自身的氧化还原反应称为歧化反应（Disproportionation Reaction）。说起来简单，判断起来比较复杂，有些反应实际上具备上述特征，但不属于歧化反应。实际上，在氯硅烷化学中，歧化反应也就涉及 5 种化合物，即 $SiHCl_3$(TCS)、SiH_2Cl_2(DCS)、$SiCl_4$(STC)、SiH_3Cl(MCS)和 SiH_4(Silane 或 MS)，它们有一个特性，就是在合适的催化剂作用下，氯原子和氢原子与硅原子所连接的化学键能够自由地打开，这样围绕硅原子的氯原子和氢原子可以互相转移，而转移平衡后形成的混合物的性质取决于氯原子和硅原子的比值（简称氯硅比，Cl/Si），由此而发生的一系列反应称为歧化反应。由于反应产物的氯、氢原子进行重新分配，所以氯硅烷化合物的这种反应也称再分配反应。

下述这一系列反应是同时发生的，且发生了两种分子以上的同种物质相互传递电子、原子或原子团而产生了几种不同物质的反应：

$$2SiHCl_3 \longrightarrow SiH_2Cl_2+SiCl_4(2TCS \longrightarrow DCS+STC) \tag{2-16}$$

$$2SiH_2Cl_2 \longrightarrow SiH_3Cl+SiHCl_3(2DCS \longrightarrow MCS+TCS) \tag{2-17}$$

$$2SiH_3Cl \longrightarrow SiH_4+SiH_2Cl_2(2MCS \longrightarrow Silane+DCS) \tag{2-18}$$

如果上述反应在常温常压的状态下发生，达到平衡后，反应物的转化率是很低的。很多试验数据表明，在封闭状态下，这五种化合物均同时存在于生成物中，参与反应物的转化率为1%～5%。不过生成物中的某些组分，尤其是那些被氢原子取代了的反应生成物（如DCS和SiH_4）的沸点都很低，要使该反应向右边进行，可以通过低温精馏工艺不断地移走这些低沸点的生成物，同时在催化剂的作用下，有限度地提高反应温度、反应压力，以及增加在反应器中的停留时间，这样就能够不断地打破平衡，使得反应尽可能地向右边进行。

随着反应条件和氯硅比（Cl/Si）的变化，反应生成物中五种化合物的摩尔数将发生变化。当Cl/Si接近零时，混合物出现富硅烷、贫$SiCl_4$的现象；当Cl/Si接近4时，混合物出现富$SiCl_4$、贫硅烷的现象。但五种化合物总会同时存在，只是或多或少而已。

氯硅烷歧化反应可以在一定的条件下通过改变物质浓度，使得电极电位发生改变，让反应逆向进行，称之为SiH_2Cl_2反歧化。其反应式如下：

$$SiH_2Cl_2+SiCl_4 \longrightarrow 2SiHCl_3 \tag{2-19}$$

SiH_2Cl_2是一种沸点只有8.2℃、自燃温度为58℃的强腐蚀有毒气体，不宜在现场长期存储。在现场回收SiH_2Cl_2，不仅可以解决多晶硅生产成本问题，还可以有效地消除安全隐患，而反歧化提供了一个有效回收SiH_2Cl_2的途径。上述反应在装有碱性大孔催化树脂床的歧化反应器中完成，反应达到平衡后，SiH_2Cl_2的转化率很低，为了提高转化率，就必须打破这一平衡。其方法就是在歧化反应器中将未能参与反应的轻组分DCS移走，并及时地使它再次返回歧化反应器中。含有DCS、STC和TCS的混合液通过两级精馏进行分离。分离后，以DCS为代表的轻组分返回歧化反应器中，反应产物TCS回到还原装置中，作为生产多晶硅的原料，而以STC为代表的重组分作为反应物返回歧化反应器中，参与下一阶段的反应。如此不断循环，平衡不断地被打破，反应向TCS一侧进行，从而达到DCS全部回收利用的目的。目前的运行情况表明，DCS的转化率可达到95%以上。

虽说反歧化工艺从理论上来讲可以达到很高的转化率，但是循环一段时间后，必将导致还原炉中的杂质增加。研究表明，在还原炉所排放出来的尾气中含有沸点与DCS非常接近的磷化合物杂质，经过反歧化后，这种杂质又会转换成与TCS沸点接近的另一种磷化合物，很难分离出去。这种杂质随着TCS气体进入还原炉后，有相当一部分会在硅棒上沉积，从而影响多晶硅的品质。

催化剂是歧化工艺的一个重要组成部分。歧化催化剂的研究在国外已有相当长的历史，但是所提出的各项成果在工业化应用中均存在这样或那样的缺陷。比如：联合碳化物公司从20世纪50年代开始采用过腈类催化剂，但歧化反应温度偏高，要求达到150℃以上，导致能耗过高；接着又采用脂肪铵基腈作为歧化催化剂，但是这种催化剂要求用路易斯酸进行预处理，带来的一系列问题也使其放弃了工业化应用；后来又采用二甲基甲酰胺作为催化剂，但这种催化剂在反应中极易失效；采用含有1～2个C原子的烃基基团组成的叔胺作为催化剂，但也存在反应温度偏高的问题，要求达到150℃以上，而且虽然在150℃时的计算单程平衡转化率比较高（理论上可以达到18%），但实际运行转化率比较低（约为10%），因此为了达到预期的产量，需要大型装置。到了20世纪70年代末，联合碳化物公司又采用罗蒙哈斯公司的系列铵基商品树脂作为歧化催化剂，如大孔叔铵阴离子交换树脂 A-21、大孔季铵阴离子交换树脂 A-26 及凝胶型季铵阴离子交换树脂 IRA-400，可以大大降低歧化温度和压力，但是依然存在单程转化率偏低的问题。物料经过多次循环加热（提高歧化转化率）和冷凝（分离硅烷、$SiHCl_3$、SiH_2Cl_2 和 $SiCl_4$），虽然产生一定的能耗，但实现了工业化应用。

目前常用的歧化催化剂只有两类：树脂类催化剂和液体类催化剂。两类催化剂的歧化工艺有所不同，但工作机理却是一样的，其主要成分就是脂肪族有机胺，准确地说，就是含有 3 个烷烃基团的叔胺 R3N。由于叔胺有一个未公用的电子对能与质子结合，可以吸附带正电荷的离子，因此具有弱碱性，对氯硅烷的 H^+ 有着良好的吸附性能，可形成铵盐，使得氯硅烷的氯离子发生重新排列。从这个角度来说，歧化反应也可以称为再分配反应。

硅烷法与改良西门子法接近，只是中间产品不同，改良西门子法的中间产品是 $SiHCl_3$，而硅烷法的中间产品是 SiH_4。硅烷法生产工艺流程如图 2-2 所示。

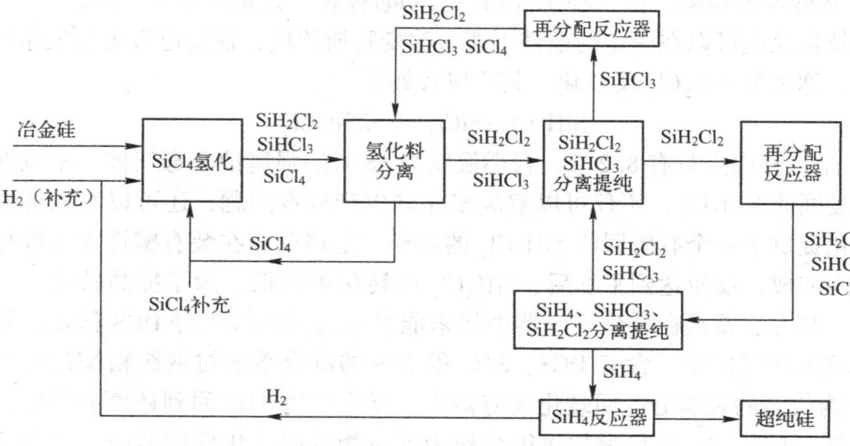

图 2-2　硅烷法生产工艺流程

由于流程中每一步的转换率都比较低，所以物料须要经历多次循环，整个过程须要反复加热和冷却，使得能耗比较高。制得的硅烷经精馏提纯后，通入类似西门子法中的固定床反应器，在 800 ℃下进行热分解，其反应式如下：

$$SiH_4 \longrightarrow Si+2H_2 \qquad (2-20)$$

硅烷热分解可以是气相分解，也可以在加热载体上分解。气相反应主要生成不定形硅，而在加热载体上分解才会生成多晶硅。因此，为了提高硅的生成率，要尽可能减少气相分解。

硅烷热分解反应是吸热反应，提高温度有利于分解。但是，从气相向固体载体上沉积时，载体温度会有一个最佳值，超过该值后，若继续升高载体温度，沉积速率反而会下降。对于硅烷热分解，最佳温度为 1250 ℃，但是如果采用这样的载体温度势必引起载体周围的气相分解加剧，并且设备材料沾污也会增加。实际上，在 800 ～ 1000 ℃范围内，热分解效率已经很高了，因此实际的分解温度会控制在 850 ～ 900 ℃。

提高炉内 H_2 压力有利于抑制气相分解，而对载体上的热分解反应影响很小。

在保证一定转化率的情况下，硅烷气体的体积分数越大，硅的沉积速率越大，可是过大的体积分数将使气相反应加剧，出现大量的不定形硅，并使炉内的气氛浑浊，同时生成的棒状硅料结构疏松、表面粗糙，极易被杂质污染，所以应当用 H_2 或者稀有气体稀释硅烷的体积分数，或者减低硅烷进气压力，以减少气相分解。

在载体温度和硅烷温度适当的情况下，增大气体流量能够加强气体扰动状态，有利于消除边界，提高硅的沉积速率，并使之生长均匀。如果气体流量过大，则气体在炉内停留时间短，会使反应不完全，降低硅的实际收率。

硅烷气体为有毒易燃性气体，沸点低，反应设备要密闭，并应有防火、防冻、防爆等安全措施。硅烷又以它特有的自燃、爆炸性而著称。硅烷有非常宽的自发着火范围和极强的燃烧能量，是一种高危险性的气体。硅烷的应用和推广在很大程度上因其高危特性而受到限制，在涉及硅烷的工程或试验中，不当的设计、操作或管理均会造成严重的事故甚至灾害。然而，实践表明，过分的畏惧和不当的防范并不能提供应用硅烷的安全保障。因此，如何安全而有效地利用硅烷，一直是生产线和实验室应该高度关注的问题。

与西门子法相比，硅烷热分解法的优点主要是：硅烷较易提纯，含硅量较高（87.5%）；分解速度快，分解率高达 99%，分解温度较低，生成多晶硅的能耗仅为 40 kW · H/kg，且产品纯度高。但其缺点也很突出，不仅制造成本较高，而且易燃、易爆，安全性差，国外曾发生过硅烷工厂强烈爆炸的事故。因此在工业生产中，硅烷热分解法的应用不及西门子法。改良西门子法目前虽拥有最大的市场份额，但因其技术的固有缺点——效率低、能耗高、成本高、资金投入大、资金回收慢等，经营风险也最大，只有通过引入等离子体增强、流化床等先进技术，加强技术创新，才有可能提高其市场竞争能力。硅烷法的优势有利于为芯片产业服务，其生产安全性已逐步得到改进，生产规模可能会迅速扩大，甚至取代改良西门子法。虽然改良西门子法应用广泛，但是硅烷法很有发展前途。与西门子法相似，为了降低生产成本，流化床技术也被引入硅烷的热分解过程中，流化床分解炉可大大提高 SiH_4 的分解速率和 Si 的沉积速率，虽然所得产品的纯度不及固定床分解炉技术，但完全可以满足太阳能级硅的质量要求。另外，硅烷的安全性问题依然存在。

与改良西门子法相比，硅烷法不再需要精馏提纯，流程也相对简单，理论上应该更具有优越性，但相较于其他氯硅烷来说，硅烷极易与氧等物质发生急剧反应。一旦这些问题能够从生产工艺、设备等方面解决，硅烷法将是十分有发展前景的一种生产多晶硅的方法。

2.3　流化床法

流化床法是美国联合碳化物公司早年研发的多晶硅制备工艺技术。该方法以 $SiCl_4$ 或 SiF_4、H_2、HCl 和冶金硅为原料，在高温高压流化床或沸腾床内生成 $SiHCl_3$，将 $SiHCl_3$ 再进一步歧化加氢反应生成 SiH_2Cl_2，继而生成 SiH_4 气体，制得的 SiH_4 气体通入加有小颗粒硅粉的流化床反应炉内进行连续热分解反应，从而生成粒状多晶硅产品。流化床法工艺流程图如图 2-3 所示。

流化床技术在化工等过程工业中应用广泛，其基本原理是在圆筒形容器中，反应流体由下而上流过固体颗粒床层。流化床是利用气体或液体通过颗粒状固体层而使固体颗粒处于悬浮运动状态，进行气-固相反应过程或者液-固相反应过程的反应器。在应用气-固相系统时，流化床又称沸腾床反应炉或沸腾炉，$SiHCl_3$ 的合成就是在沸腾炉中进行的。随着流体流速的增大，颗粒床层会经过三种运动形态：第一种是流速低于某一临界速度（v_0）时，固体颗粒床层静止，此时称为固定床；第二种是流速增加到大于 ν_0 而小于另一临界速度（ν_{ml}）时，由于流体曳力作用，固体颗粒床层呈现悬浮状，此时称为流化床；第三种是当流速大于 ν_{ml} 时，颗粒床层进入输送床状态。处于流化床状态时，流体与颗粒充分接触，反应效果最好。

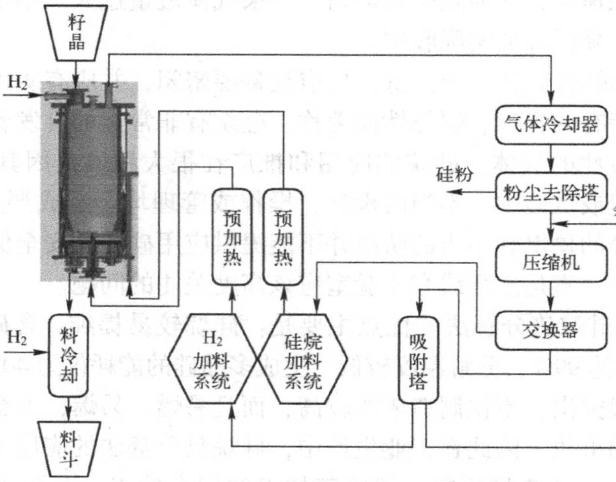

图 2-3　流化床法工艺流程图

与改良西门子法相比，流化床法有许多优点：能耗低，可连续化生产以提高装置生产效率，无须破碎即可直接用于直拉单晶和多晶铸锭生产，同时颗粒料比块状多晶硅在坩埚中的填充密度大大提高，可以提升每炉的投料量。根据美国可再生能源公司（REC）统计，使用50%的块状多晶硅和50%的颗粒多晶硅混合填装可以使坩埚装载量提升。

由于在流化床反应炉内参与反应的细粉颗粒硅在悬浮状态下与流体接触，流固相界面积大（最高可达 3280～16400 m^2/m^3），多晶硅的沉积就多，单位时间内的产量就高。颗粒在沸腾床内激烈混合，使颗粒在沸腾床内的温度和浓度均匀一致，床层与内浸换热表面之间的传热系数很高［200～400 $W/(m^2 \cdot K)$］，沸腾床内的热容量大、热稳定性高，这些都有利于强放热反应的等温操作。流化床内的颗粒群有类似流体的性质，可以大量地从沸腾床装置中移出、引入，可以在两个流化床之间大量循环，这使得反应-再生、吸热-放热、正反应-逆反应等反应耦合过程和反应-分离耦合过程得以实现，并且流体与颗粒之间的传热、传质速率较其他接触方式更高。由于流固体系中孔隙率的变化可以引起颗粒曳力系数大幅度变化，以致在很宽的范围内均能形成较浓密度的床层，所以流态化工艺技术的操作弹性范围宽，设备结构简单、造价低，并且生产能力强，可以满足现代化大生产的需要。

流化床法的缺点也十分明显：气体流动状态下的流动偏离大，气流与床层颗粒发生返混，以致在床层轴向没有温度差和浓度差，再加上气体可能呈大气泡状态通过床层，使气-固接触不良，反应的转化率降低，因此流化床法一般达不到固化床的转化率；多晶硅颗粒与炉壁碰撞激烈，容易遭到污染；固体颗粒物的腐蚀作用使管道和容器的磨损加重，特别是磨损易造成产品沾污。上述缺点均会导致多晶硅产品质量下降。

由此可见：流化床的优点突出，尤其是流固相界面积大、单位时间产量高这一优点更让人们青睐；但是流化床的缺点也比较突出，磨损、沾污产品造成多晶硅质量下降，这是致命的缺陷，并有可能影响后续的产品质量，甚至使后续的产品报废。为此，要发展流化床多晶硅，就必须改进流化床的耐磨性和抗腐蚀性，提升产品的性能。在采用流化床生产颗粒多晶硅的过程中，通常采用辐射加热方式提供所需热量。含硅气体在籽晶表面分解生成颗粒状多晶硅的过程中，多晶硅也可能沉积在流化床反应器内壁，这会影响流化床反应器的加热和多晶硅的收率等。

为解决反应器内壁表面沉积多晶硅的问题，金希泳等人在反应气体中加入 HCl，利用 HCl 与硅微粒发生化学反应来去除反应器壁内沉积的硅粉；Molna 采用 $SiCl_4$ 作为刻蚀气体来去除反应器内壁的硅沉积；Kim 等人采用 HCl 等刻蚀气体去除喷嘴上的沉积以实现连续化生产；库尔卡尼等人在对流化床进气气体分布器进行设计时，将含有硅气体原料引向反应器的中心部分使其远离反应器壁，以减少或防止流化床内壁沉积多晶硅；Osborne[5] 等人则采用套管式喷嘴设置来减少内壁沉积，在套管式喷嘴中心进气口通入硅烷和 H_2 混合气，在套管的夹套内通入 H_2，以此将反应气体隔离并远离反应器壁。

在采用硅烷流化床法制备颗粒多晶硅的过程中，约 95% 的硅烷异相沉积生成颗粒多晶硅（600 ～ 2000 μm），还有约 5% 的硅烷以均相成核形式形成 5 ～ 50 μm 的硅粉尘（硅微粉）。在以 $SiHCl_3$ 为原料制备颗粒多晶硅的过程中，同样也有一定比例的硅粉产生。硅粉的产生不仅降低了硅的有效沉积效率，也对管道以及后续的气体分离与净化系统造成负面影响[6]。因此，减少硅粉产生和综合利用硅粉也是颗粒多晶硅生产过程中的重点[7]。Allen[8] 等人在流化床扩大段加入 H_2 作为急冷气体，以便减少排出气体中硅粉的产生。此外，在流化床颗粒硅的工艺中，有 30% ～ 40% 的产品被破碎以制作籽晶，降低了颗粒硅的产出量和经济效益。因此，Ibrahim[9] 等人将多个流化床串联起来，将前一个流化床反应器产生的硅粉作为下一个流化床反应器的籽晶；Kulkarni[10] 等人将硅粉回收后作为籽晶，将其循环加入流化床反应器中来生产颗粒多晶硅，既综合利用了硅粉，又减少了籽晶制备，提高了经济效益。

流化床反应器内发生的是气、固两相反应，一般会采用聚式流化床操作。因此在反应器内，气体经过分布器后上升，在上升的过程中，气体气泡不断合并增大直至破裂。由于气体气泡的不断增加，气-固相之间的传热、传质效率降低。对于颗粒多晶硅的制备来说，在沉积效率下降的同时反应不稳定；对于普通非化学气相沉积的流化床反应器来说，可以在床层中设置内部构件以破碎气泡；但是，对于制备颗粒多晶硅的流化床来说，这会导致多晶硅沉积在内部构件上。因此，采取合适的破碎气泡方法[11-12] 对提高制备颗粒多晶硅的效率显得十分重要。

为了更好地控制反应进程，减少无定形硅的生成，提高反应器的热效率，研究者提出对流化床反应器进行功能分区，如将反应器分成加热区、反应区等，通过对不同功能区实现分区控制来降低内壁的壁面积、提高收率和减少热损失等。

采用流化床制备颗粒多晶硅的数值模型早已建立[13]，颗粒多晶硅的物理性能也研究得十分透彻[14-15]，颗粒多晶硅的纯度可以达到电子级多晶硅的水平，但是在流化床反应器模拟方面的研究还有欠缺。近年来，采用 Fluent 等模拟软件进行反应过程模拟成为一个热点，通过计算机数值模拟可以非常直观地显示流化床反应器内部的温度分布、气流流动状态等[16-17]。计算机数值模拟有助于改进流化床反应器的设计，使其布局更加合理，温度和气流更为稳定，并能指导生产操作、提高控制水平。

目前采用该方法生产颗粒状多晶硅的公司主要有挪威 REC 公司、德国 Wacker 公司、美国 Hemlock 和 MEMC 公司等。

挪威 REC 公司是一家业务贯穿整个太阳能行业产业链的公司。该公司利用硅烷气为原料，采用流化床反应炉闭环工艺分解出颗粒状多晶硅，且基本不产生副产品和废弃物。这一特有专利技术使得 REC 公司在全球太阳能行业中处于独一无二的地位。REC 公司还积极开发新型流化床反应器技术（FBR），该技术使多晶硅在流化床反应器中沉积，而不是在传统的热解沉积炉或西门子反应器中沉积，因而可极大地降低建厂投资和生产能耗。德国 Wacker 公司开发了一套全新的颗粒状多晶硅流化床反应器技术生产工艺，该工艺基于流化床技术（以 $SiHCl_3$ 为给料）。美国 Hemlock 公司将开设试验性颗粒硅生产线来降低硅的成本。MEMC 公司一直采用 MEMC 工艺（流化床法）生产颗粒状多晶硅，而且是世界上生产单晶硅的大型企业。

2.4 冶金法

从 1996 年起，在日本新能源和产业技术开发组织的支持下，日本的川崎制铁(Kawasaki Steel）公司开发出由冶金级硅生产 SOG 硅的方法。该方法采用了电子束和等离子冶金技术，并结合定向凝固方法，是世界上最早宣布成功生产出 SOG 硅的冶金法（Metallurgical Method）。

冶金法的主要工艺是：选择纯度较好的冶金硅进行水平区熔单向凝固成硅锭，去除硅锭中金属杂质聚集的部分和外表部分后，进行粗粉碎与清洗，在等离子体融解炉中去除硼杂质，再进行第二次水平区熔单向凝固成硅锭，之后去除第二次区熔硅锭中金属杂质聚集的部分和外表部分，经粗粉碎与清洗后，在电子束融解炉中去除磷和碳杂质，直接生成 SOG 硅。

挪威 Elkem 公司对冶金法进行了改进，其冶金硅精炼工艺为：冶金硅→火冶冶金→水冶冶金→抛光→原料处理。

美国道康宁（Dow Corning）公司于 2006 年投产了 1000 t 利用冶金级硅制备 SOG 硅的生产线，其投资成本低于改良西门子法的 2/3。该公司 2006 年制备了具有商业价值的 PV1101 太阳能级多晶硅材料。PV1101 太阳能级多晶硅材料不仅减少了多晶硅的用量，而且还降低了太阳电池的生产成本，是太阳能技术发展的一个重要里程碑。

美国 Crystal Systems 公司采用热交换炉法（Heat Exchanger Method）提纯冶金级硅，制备出了 200 kg、边长为 58 cm 的方形硅锭。其主要工艺为：加热→熔化→晶体生长→退火→冷却循环，生产工艺全程由计算机程序控制。该工艺不仅可与各种太阳电池生产工艺相兼容，而且可以提纯各种低质硅以及硅废料，使冶金级硅中难以去除的硼、磷杂质含量降低到一个理想水平。

虽然研发和应用冶金法制造太阳能级多晶硅已有多年，但是随着改良西门子法和流化床法生产多晶的成本持续下降，以及太阳能光伏产业对硅料的深入了解和市场上多晶硅料价格日益接近成本，冶金法在质量和成本上已没有太多的优势，近年来发展缓慢。

2020 年，全球太阳能多晶硅万吨级在产企业共有 15 家（其中的 11 家是中国企业），产能约为 66 万吨；预计到 2020 年底，全球多晶硅总产能可达 70.5 万吨，其中国内多晶硅有效产能将达到 55 万吨。随着东方希望、通威等企业新产能的加入，产量有望进一步增加；主流多晶硅企业产能的扩张，使多晶硅生产环节产能集中度进一步提高。目前，全球排名前十位的多晶硅生产商产能之和达到 55.2 万吨，产业整合正在快速推进，竞争力不强的企业会加速退出。在相当长的时期内，以西门子法为主的格局不会有大的变化，改良西门子法仍具有生命力。新工艺、新方法能否实现产业化，仍有待市场的检验与认可，但最终能否生存下去，主要取决于安全、环保、规模化、质量和成本五大要素。

在世界前十位的多晶硅生产企业中，中国企业占 7 席，2020 年上半年中国企业占比超过 70%，表明全球多晶硅的生产重心正在向中国转移。

据中国光伏行业协会统计，2019 年中国的多晶硅产量为 34.2 万吨，同比增长 32%。在中国，多晶硅的生产重心正在向新疆、内蒙古转移，预计到 2020 年底，新疆和内蒙古的多晶硅总产能将占全球多晶硅总产能的 50% 以上。与此同时，中国多晶硅产能也进一步集中，前五家企业的总产能达到 48.8 万吨，占中国多晶硅总产能的 87.3%。排名不靠前的企业因为盈利能力降低，多数企业产能减少，出现减产、停产甚至退出的现象。另外，国外多晶硅企业的生产情况也不乐观。

在晶体硅太阳电池的应用中，对多晶硅原材料的要求没有对半导体电子级多晶硅那样高，但也不是多晶硅料的纯度达到 99.9999% 以上（即 6N）就可以满足太阳电池基板的要求，太阳电池用晶体硅材料有着自身的要求，特别是基硼、基磷和金属杂质含量等对太阳电池的效率起着决定作用。为了规范市场对太阳能级多晶硅的等级划分，有关部门制定了太阳能级多晶硅的等级标准，主要对基磷、基硼以及基体的金属含量等进行了详细的规范，详见表 2-2。

表 2-2　太阳能级多晶硅等级标准

项目（一）	太阳能级多晶硅等级指标（一）		
	1 级品	2 级品	3 级品
基磷电阻率/Ω·cm	≥100	≥40	≥20
基硼电阻率/Ω·cm	≥500	≥200	≥100
少数载流子寿命/μs	≥100	≥50	≥30
氧浓度/(cm^{-3})	$\leqslant 1.0\times10^{17}$	$\leqslant 1.0\times10^{17}$	$\leqslant 1.5\times10^{17}$
碳浓度/(cm^{-3})	$\leqslant 2.5\times10^{16}$	$\leqslant 4.0\times10^{16}$	$\leqslant 4.5\times10^{16}$
项目（二）	太阳能级多晶硅等级指标（二）		
	1 级品	2 级品	3 级品
施主杂质浓度（$\times10^{-9}$）	≤1.5	≤3.7	≤7.74
受主杂质浓度（$\times10^{-9}$）	≤0.5	≤1.3	≤2.7
少数载流子寿命/μs	≥100	≥50	≥30
氧浓度/(cm^{-3})	$\leqslant 1.0\times10^{17}$	$\leqslant 1.0\times10^{17}$	$\leqslant 1.5\times10^{17}$
碳浓度/(cm^{-3})	$\leqslant 2.5\times10^{16}$	$\leqslant 4.0\times10^{16}$	$\leqslant 4.5\times10^{16}$
基体金属杂质（$\times10^{-6}$）	Fe、Cr、Ni、Cu、Zn、TMI 金属杂质总含量≤0.05	Fe、Cr、Ni、Cu、Zn、TMI 金属杂质总含量≤0.1	Fe、Cr、Ni、Cu、Zn、TMI 金属杂质总含量≤0.2

注：1. 基体金属杂质检测可采用二次离子质谱、等离子体质谱和中子活化分析，由供需双方协商解决。
2. 基体金属杂质为参考项目，由供需双方协商解决。

参考文献

[1] 阙端麟,陈修治. 硅材料科学与技术[M]. 杭州:浙江大学出版社,2000.
[2] 杨德仁. 太阳电池材料[M]. 北京:化学工业出版社,2006.
[3] 邓丰,唐正林. 多晶硅生产技术[M]. 北京:化学工业出版社,2009.
[4] 张正国,欧昌洪,陈广普,等. 国内多晶硅冷氢化技术应用研究[J]. 化工技术与开发,2013,42(2):28-30.
[5] Osborne E W,Spangler M V,Allen L C,et al. Fluid bed reactor:US 8075692[P]. 2011-12-13.
[6] 陈其国,高建,陈文龙. 多晶硅尾气回收工艺研究进展[J]. 氯碱化工,2011,47(9):1-3.
[7] Lord S M. Apparatus and method for top removal of granular material from a fluidized bed deposition reactor:US 20080299015[P]. 2008-12-4.
[8] Allen R H. Fluid bed reactor and process:US 4748052[P]. 1988-05-31.
[9] Ibrahim J, Ivey M G, Truong T D. High purity granular silicon and method of manufacturing the same: US 20060105105[P]. 2006-05-18.
[10] Kulkarni M S,Kimbel S L,Ibrahim J,et al. Methods for Increasing polycrystalline silicon reactor productivity by recycles of silicon fines:US 20090324819[P]. 2010-09-09.
[11] 陈其国. 用于制备粒状多晶硅的流化床反应器:US 202007139U[P]. 2011-10-12.
[12] Lord S M,Milligan R J. Method for silicon deposition:US 5798137[P],1998-08-25.
[13] Kim K, Hsu G, Lutwack R. et al. Modeling of fluidized bed silicon deposition process [M]. JPL Publication,1977.
[14] Dahl M M,Bellou A,Bahr D F,et al. Microstructure and grain growth of polycrystalline silicon grown in Fluidized reactors[J]. Journal of Cryst Growth,2009(311):1496-1500.
[15] 侯俊峰,武在军,王耀挺,等. 流化床技术制备粒状多晶硅的研究进展[J]. 氯碱化工,2012,48(4):24-27.
[16] Hsu G,Rohatgi N,Houseman J. Silicon particle growth in a fluidized-bed reactor[J]. AIChE J,1987,33(5):784-791.
[17] Balaji S,Du J,White C M,et al. Multi-scale modeling and control of fluidized beds for the production of solar grade silicon[J]. Powder Technol,2010(199):23-34.

第 3 章　太阳电池用硅晶体生长工艺

用高纯度的原生多晶硅生长成的晶体硅是晶体硅太阳电池的基础原材料。在 20 世纪的数十年间，人们尝试了各种技术将原生多晶硅转变成晶体硅，其中两种被广泛应用于晶体硅太阳电池的实际生产——直拉单晶法和定向凝固多晶硅法。本章主要介绍直拉单晶硅和定向凝固多晶硅晶体生长的基本原理、生长工艺、直拉单晶炉和铸造多晶炉设备，以及太阳电池用硅片切割、规格和性能测试等，并简单介绍准单晶硅和高效多晶硅等工艺技术的进展。

3.1　直拉单晶硅

Czochralski 法（以下简称直拉法、Cz 法）是利用旋转着的籽晶从坩埚里的熔体中提拉制备出单晶的办法，因波兰人 J. Czochralski 在 1918 年曾用此法测定结晶速率而得名。1950 年，美国贝尔实验室的 G. K. Teal 和 J. B. Little 将该方法发展成为一种工业化的半导体单晶生长技术，并首先应用于锗单晶和硅单晶的生长。现在，该方法已经被广泛应用于其他半导体材料制备中[1]。直拉法生长单晶已有 70 多年的历史，通过不断地改进，其晶体生长理论以及生长技术工艺也日趋成熟。晶体尺寸（如直径和长度等）不断增大，晶体缺陷不断减少，晶体中的杂质分布不均匀性也不断降低。在此期间，Keller 首先提出采用细籽晶可以显著减少区熔法单晶的位错密度，对直拉法单晶硅具有同样的意义；在此基础上，Dash 提出了完整的无位错单晶硅生长工艺，并对其机制给出了解释；Zieger 提出了快速引晶拉出细晶的方法。1970—2009 年 Cz 法单晶硅生长技术的发展[1]见表 3-1。

表 3-1　1970—2009 年 Cz 法单晶硅生长技术发展

年　份	方　式	装 料 量	特　点
1970	高频加热，线圈移动电阻，硬轴拉晶，常压拉晶	330 g	手动控制生长，有位错，无位错单晶，直径为 25～32 mm
1969—1973	电阻加热，加热器移动，硬轴拉晶，常压拉晶	1.3 kg	手动控制生长，无位错单晶，直径为 32～50 mm
1975—1985	大型化，坩埚移动，模拟控制，自动控制，硬轴拉晶，减压拉晶	4.3 kg	自动温度控制，前馈控制生长，无位错，直径为 50～75 mm
1978	全自动化硬轴拉晶，减压拉晶	20 kg	模拟控制，直径为 75～100 mm
1979	数值控制，软轴拉晶生长	30～40 kg	直径为 100～150 mm
1990	数值控制，软轴拉晶生长	40～150 kg	直径为 125～200 mm
1995	连续拉晶工艺，计算机控制	100～150 kg	直径为 300 mm
2009	全自动控制	300 kg	直径为 400 mm

近十年来，我国的单晶炉制造技术已有长足的进步，设备自动化程度、控制精度和系统安全得到大幅提升，拉晶成本持续降低。目前，设备最大兼容尺寸直径可达 18～20 in（光

伏产业常见尺寸为 10～12 in），单晶炉主炉筒的最大内径可达 1300～1400 mm，坩埚最大尺寸可达 26 in 及 28 in，最大单炉投料量可达 800～1200 kg，最大拉晶速率达到 1.5～1.8 mm/min，硅棒的最大单位产出率达到 5.0～5.2 kg/h，单根 8 in 直拉单晶棒的最大长度已超过 4300 mm。通过加大装料量、提高拉晶速率、多次装料拉晶（RCz）及自动连续送料拉晶（CCz）等工艺技术的推广应用，投料量和单炉产量大幅提高，拉晶成本显著降低。

直拉法的基本原理是：将原生多晶硅料放在石英坩埚中加热熔化，并获得一定的过热度，待温度达到平衡后，将固定在提拉杆上的籽晶浸入熔体中，发生部分熔化后，缓慢向上提拉籽晶，并通过籽晶和上部籽晶杆散热，与籽晶接触的熔体首先获得一定的过冷度而发生结晶，不断提升籽晶拉杆，使结晶过程连续进行。

3.1.1 直拉单晶炉

直拉单晶炉原理图如图 3-1 所示。晶体生长是在真空炉内完成的，为此炉内应实现抽真空，充入氩气等保护气体，并进行气体压力的控制。籽晶杆与一个机械传动机构连接：一是实现平稳的上下移动，控制晶体生长过程的提拉运动；二是实现籽晶杆的轴向转动，以利于坩埚中硅液的混合和温度场对称性的控制。石英坩埚固定在一个支架上，同样也可以进行旋转和上下移动，实现对称加热并进行熔硅液相流动性的控制。石墨托作为坩埚的外部支撑材料，支持坩埚和内部的熔融硅。坩埚外部是一个圆形的石墨加热器，实现对坩埚和原生多晶硅的加热、熔化，以及维持整个晶体生长过程的温度。最外部是保温罩，它起到保温作用。拉晶过程中可直接控制的参数有温度场，籽晶晶向，坩埚和生长成的单晶的旋转与升降速率，炉内保护气体的种类、流向、流速、压力等。整个热场内部的传热、传质、流体力学、化学反应等过程直接影响到单晶硅的生长与质量。

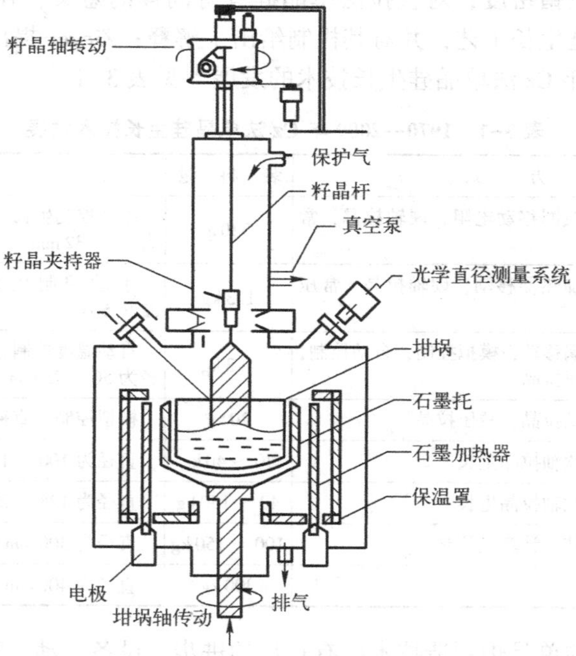

图 3-1　直拉单晶炉原理图

直拉单晶炉主要包括炉体、真空和充气系统、晶体和坩埚的升降旋转传动系统、热场和电气控制系统等。

炉体部分包括炉膛和传动系统。炉膛分为主室和副室两部分，主室有中间可以通冷却水的双层炉壁，主室不仅是晶棒生长的空间，并且加热系统置于其中。大型的单晶炉，在主室和副室之间采用隔离阀将其分开，主室和副室各有一套真空系统控制各自腔内的真空度。当晶棒生长到一定长度或者在过程中发生断棒时，可以将晶棒提升到副室冷却后取出，并可以直接利用原有的籽晶重新拉晶。也可以通过这种方式重新装料进行二次拉晶，或者实现连续的拉晶生长。传动系统包括籽晶杆提拉旋转装置以及埚轴升降旋转控制装置等。

保护气体一般采用氩气，也有用氮气的。氮气在高温条件下会与硅发生反应生成氮化硅，但是在减压的情况下，可以用氮气作保护气体，这不但能够顺利生长出单晶硅棒，而且在单晶硅中引入微量的氮气能够显著改变单晶硅棒的性能[2]。

单晶炉的热场系统包括石墨加热器、坩埚、石墨托、保温罩、保温盖和石墨电极等，其中加热器是热场的关键。晶体生长对热场的要求是为了满足熔硅从液体到晶体的相变驱动力，保证晶体的完整性和均匀性。首先，在生长界面附近的熔体有一定的过冷度，而界面附近以外的熔体必须高于熔点；其次，在熔硅中径向温度梯度应尽可能小，而纵向温度梯度应尽可能大，因此进行热场设计时，晶棒的直径和投料量决定了石英坩埚的直径和高度，进而由此确定加热器的直径和高度；最后，为了保证硅料能够全部熔化，加热器应该有合适的电阻值来确保加热功率的输出，以及满足拉晶要求的径向温度梯度和纵向温度梯度，因此加热器的总电阻必须与主电源变压器的额定电流和额定电压相匹配，以使其达到最佳的输出功率。

加热器的内径取决于坩埚的直径、坩埚托的壁厚和与加热器之间的间隙。坩埚的直径由单晶硅棒的直径决定。为了得到比较平坦的生长界面和控制合适的氧含量，坩埚的直径与单晶硅棒的直径比约为(2.5～3):1，进一步可确定石墨托的壁厚，这二者是紧密配合的。石墨托支撑着坩埚以及坩埚内部全部熔硅的质量，因此必须有足够的厚度来确保其强度。石墨托在晶体生长过程中以一定的速度旋转并逐步提升，为了避免与加热器接触而打火放电，石墨托与加热器之间应该有一定的间隙，但是又不能过大，以减少热量损失和便于排除携带挥发物的气体。由上面几个要求可知，决定加热器内径 $D_{内}$ 的条件为

$$D_{内}=D_1+2d_1+2d_2 \tag{3-1}$$

式中，D_1为坩埚的外径，d_1为石墨的厚度，d_2为加热器与石墨托之间的间隙。

电源变压器的负载电阻决定了加热器的总电阻，以及采用串联还是并联的方式。不同形式的供电将决定叶片宽度、叶片数量和加热器的内径等具体参数。为了增加加热器上部的发热量，一般会在加热器上部 1/3 高度减薄其厚度。

保温罩的作用是减少热量的损失，同时配合加热器一起形成合理的温度梯度场。理想的保温材料是碳毡，一般是将保温软毡绕在石墨筒上，最外面用钼丝进行捆扎。保温软毡的厚度取决于软毡的导热率系数以及对温度梯度的要求。也有的采用预编织的一体化保温硬毡，它的保温效果好、寿命长，但是须要预先计算以确保形成合理的径向和纵向温度梯度场。

温度控制一般采用功率反馈与温度反馈相结合的方式，采用三相晶闸管控制系统，输出功率的稳定性可以达到0.1%～0.5%。在保温罩侧面上开有一个圆形小孔，开孔位置与炉膛上的一个测温窗口对应，炉外有一个温度辐射传感器，可以实时监测到保温罩内侧的石墨

圆筒壁的温度，从而达到控制晶体生长所需温度的要求。在操作上，温度的控制有以下几种方式。

（1）手动调节加热功率，使用电位器调节加热器的电压，从而使加热器的输出功率达到所需的设定值。

（2）通过检测保温罩内石墨托的温度，根据设定值对温度自动进行调节。石墨托的亮度与加热器的温度有关，炉外温度传感器将这个光信号转换成电信号，并给出一个数值输出信号，将这个数值与设定温度进行比较，以此来控制加热功率。当然，这个输出数值只是一个相对数值，并不代表实际温度，传感器与保温罩圆孔的对准程度、保温罩与加热器之间的距离都会影响输出信号。严格讲，每一炉拉晶的这个输出数值都会发生变化，在条件变化不大的情况下，下一炉拉晶时可以参照上一炉的输出参数。

（3）通过设定拉晶速率实现温度的自动控制。该速率随时可以进行手动调节，也可以按照预先设定好的工艺自动调节。比如，按照拉晶长度设定拉晶速率，即控制系统根据某一时间段内实际平均拉晶速率与设定拉晶速率的差值来控制温度，当实际拉晶速率大于设定拉晶速率时，增大加热功率以降低拉晶速率；当实际拉晶速率低于设定拉晶速率时，降低加热功率以提升拉晶速率，差值的大小直接控制着加热功率的变化量。

直径的自动控制通常采用拉晶速率控制与温度控制相结合的方法，包括直径信号传感器和直径控制装置等，基本原理如下所述。

在晶体生长界面附近，硅熔体的自由表面呈空间曲面，一般称之为弯月面，如图3-2所示。实际直径控制就是利用弯月面的信号对晶体直径实现等径控制。在三相交接点，固-液界面切线的取向决定了晶体直径的变化。若固-液界面切线是铅直的，晶体就是等径生长的；若固-液界面的切线向内倾斜，则晶体直径将缩小；若固-液界面切线向外倾斜，则晶体直径将变大。

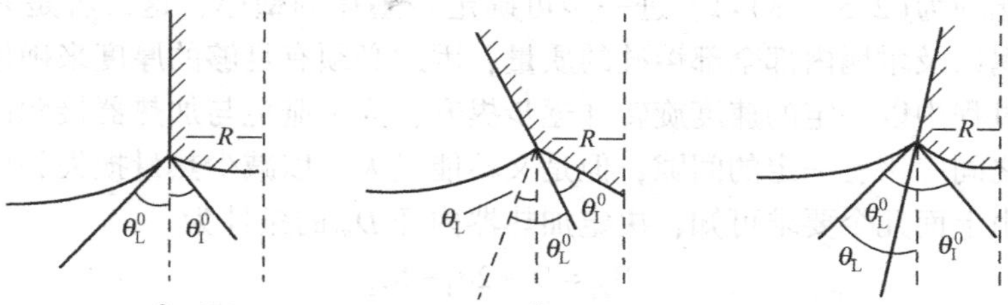

(a) $\theta_L=\theta_L^0$，等径　(b) $\theta_L<\theta_L^0$，缩小　(c) $\theta_L>\theta_L^0$，变大

图3-2　晶体直径变化与弯月面倾角

固-液界面切线与弯月面切线间的夹角取决于材料的物性常数（称之为晶体材料的特征角，对于硅材料，其量值为11°±1°）。当晶体直径变化时，固-液界面切线方向也会随之变化，为了保证θ_L的恒定，就必然使弯月面切线方向随之变化，而弯月面切线方向可以随弯月面倾角θ_L的变化直接观察到，这就表明弯月面倾角的变化能够及时反映出晶体直径的变化趋势。如图3-2所示，当$\theta_L=\theta_L^0$时，晶体保持等径生长；当$\theta_L<\theta_L^0$时，晶体直径趋于缩小；当$\theta_L>\theta_L^0$时，晶体直径趋于变大。

弯月面对坩埚壁等的热辐射的反射成像形成所观测到的高度光环。在实际的晶体直径自动控制系统中，一般采用光学传感器取得弯月面的辐射信号作为直径控制的信号源。

在直拉单晶炉炉膛主室内的顶部有一个观察窗口，可以用肉眼观察炉内的弯月面以便控制单晶硅的生长。自动控制直径时，可通过光学传感器监控弯月面来实现晶棒等径生长。要注意的是，当坩埚内熔硅液面位置发生变化时，直径信号与晶棒直径的相互关系也发生改变，有可能使直径控制系统产生错误的反馈，进而生长出直径变大或者变小的晶棒。在直径信号不变的情况下，当熔硅液面上升时，晶棒直径变大；当熔硅液面下降时，晶棒直径变小。一般通过调节适宜的坩埚升高量与晶棒升高量之比来控制熔硅液面的位置。等径生长过程中应不断测量晶棒直径，并适当调整拉晶参数以达到晶棒等径生长的目的。

在直径信号的取得方法中，最简便的是采用取光目标直径较小的辐射高温计作为直径传感器。首先将辐射高温计对准弯月面；然后设定直径的目标读数，这个数值一般是辐射高温计对晶棒直径最为灵敏的位置，微调辐射高温计的角度，使其在达到直径目标值时所读取的直径信号值与设定值相吻合，而当晶棒直径大于（或者小于）直径目标值时，辐射高温计的数值也应大于（或者小于）设定值；最后将控制开关切换到自动控制的直径位置，直径自动控制系统就可以通过调节拉晶速率或者温度来实现等径自动控制。一方面，辐射高温计所读取的信号是弯月面亮度和弯月面在熔体表面移动的总效果；另一方面，它对直径变化的反应有滞后性。目前采用的方法是，通过摄像机对所得到的弯月面的图像进行实时分析来监控弯月面的宽度，从而实现晶棒的等径自动控制。不管采用哪种方式，由于弯月面并不是规则的圆形，以及机械振动等原因引起的熔硅液面的波动，都会引起晶棒直径读数的波动。

晶棒等径后的温度自动控制是以实际拉晶速率与设定拉晶速率之间的差值来调节的，其拉晶速率的设定可以以实时调节方式进行手动设定，也可以预先设定工艺程序，即根据拉晶的长度来设定拉晶速率，将实际拉晶速率与设定拉晶速率相比较来控制升温和降温程序。但是，由于在坩埚中熔硅的对流实际上是分层的，晶体生长区与熔硅的加热区处于不同的对流区域，所以温度的反馈永远是滞后的，控制温度实际是控制温度变化的趋势。

通过传动控制系统实现晶棒及坩埚的转动和升降时，一般采用伺服电动机与驱动电动机同轴方式。首先获取转速变化信号，将此信号对应的电压值与一个固定的电压值进行比较，将其差值放大后用于控制驱动伺服电动机，以此来实现稳定的晶棒转速和坩埚转速。一般情况下，晶棒转速和坩埚转速是各自独立变化的。另外，晶棒和坩埚的升降也是独立的，可以根据坩埚升高量与晶棒升高量之比来调节液面高度，其数值根据晶棒的直径和密度、坩埚的直径和熔硅的密度决定。

为了克服直拉单晶硅固有的缺点，工业界开发了特殊的单晶硅生长方式。随着硅棒直径的增大，坩埚中的热对流更为强烈，为了确保生长的单晶硅品质，必须对坩埚中的热对流加以抑制。在直拉单晶炉中加入磁场可以抑制导电流体的热对流，以减少坩埚中的氧、硼、铝等杂质进入硅熔体和硅晶体，减少热对流造成生长界面附近熔体的温度波动，进而减少硅晶体杂质条纹和漩涡缺陷等。但是，由于加磁场单晶炉的设备投入较高，以及磁场电力消耗等的成本仍居高不下，该技术没有得以在太阳电池所需的单晶硅生产中得到广泛应用。

对于常规的直拉单晶法，拉制一炉单晶硅棒后，炉子和坩埚必须冷却到接近室温并更换新的坩埚再安装到单晶炉中，装好料后重新加热开始拉晶工艺。这种工艺不仅存在拉制时间长、能耗大、坩埚损耗高等问题，而且还难以拉制大直径重单晶硅棒，也不适合拉制掺杂杂质分凝系数小的长单晶硅棒。现在我国光伏产业单晶硅材料发展的方向是大直径单晶硅棒、硅棒高效生长技术和磷掺杂n型单晶材料。因此，多次加料直拉单晶硅（RCz）、连续加料直拉单晶硅（CCz）等技术及相应的设备应运而生。

（1）多次加料直拉单晶硅（RCz）技术：从降低生产成本考虑，太阳电池的面积越做越大，要求单晶硅棒尺寸也相应加大。生产大尺寸晶棒须要设计大热场，而大热场下熔融硅料的热对流减弱，表面氧挥发减少，氩气吹拂带走氧的能力降低。为了减小氧杂质产生的有关缺陷（如漩涡缺陷、氧沉淀、硼氧复合体等），必须增大单晶炉内的导流筒尺寸，而这又会导致能耗增加。目前，降低氧杂质浓度的措施有以下几种：采用双加热器，主加热器较短，以减少热对流；降低炉内气压，提高氩气流速；降低坩埚的转速，减少氧进入单晶结晶区域；加大坩埚直径尺寸，降低熔体高度；等等[4]。

由于硼（B）掺杂太阳电池存在硼氧复合体，所以会导致太阳电池的光致衰减加剧。镓（Ga）、磷（P）掺杂不仅可以克服光致衰减效应，还可以显著提高少子寿命。但是，因为镓和磷在硅中的分凝系数比硼小（硼的分凝系数为0.9，磷的分凝系数为0.35，镓的分凝系数为0.008），所以它们所生成的晶体的轴向电阻率分布增宽（目前常用掺镓单晶的电阻率为0.4～1.12Ω·cm，掺磷单晶的电阻率为0.8～6Ω·cm）。为了减小单晶硅的电阻率分布范围，现在正在采用一些新的拉晶方法，如多次加料直拉单晶硅（RCz）方法，如图3-3所示。这种方法使用单个坩埚生长多个晶体，不仅可以缩小单晶硅的电阻率分布范围，而且还可以减少坩埚用量。石英坩埚的结构分为3层，外层石英的纯度较低（纯度为3N），中层用纯度为4N的石英，内层用高纯度石英（纯度为6N），内外层的售价相差两个数量级，因此其价格比较昂贵。

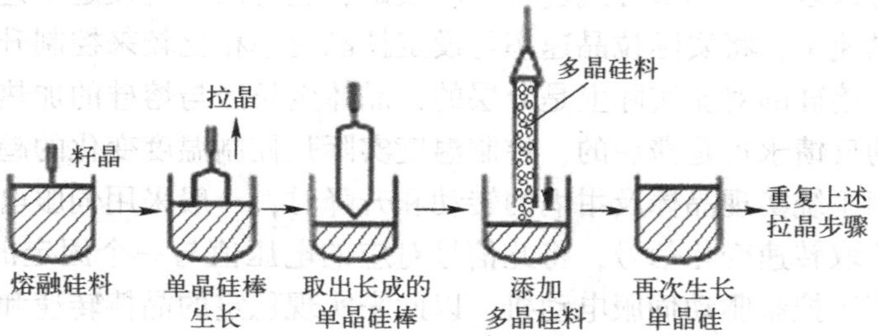

图3-3　多次加料直拉单晶硅（RCz）工艺示意图

（2）连续加料直拉单晶硅（CCz）技术：获得具有均匀电阻率单晶硅的最佳方法是采用连续加料直拉单晶技术。这种技术又分固态送料和液态送料两种类型，如图3-4（a）和（b）所示。多晶硅颗粒料的输运可以是振动方式或上下搅动方式。采用CCz技术可以使坩埚内熔体的液面基本保持不变，使拉晶过程可以在一个接近稳态的温度梯度场下进行。由于连续加料，无论杂质的分凝系数怎样，均可获得杂质分布均匀的硅单晶，这对拉制杂质分凝系数小的单晶硅（如磷掺杂的n型硅、镓掺杂的p型硅）特别有利。连续加料还可以提高设备利用率，节约能源，降低生产成本，有利于制备大尺寸单晶体。但是，CCz技术也有不足之处：它必须设置内外两个坩埚，这种结构势必影响熔体对流，增加氧浓度。双坩埚结构缩小了单晶炉热场设计空间，影响拉晶的稳定性，同时加料也会引起温度梯度的波动。此外，这种方式须用颗粒硅料，其表面的氧化物会熔入硅料中，从而增加硅单晶的氧浓度等。

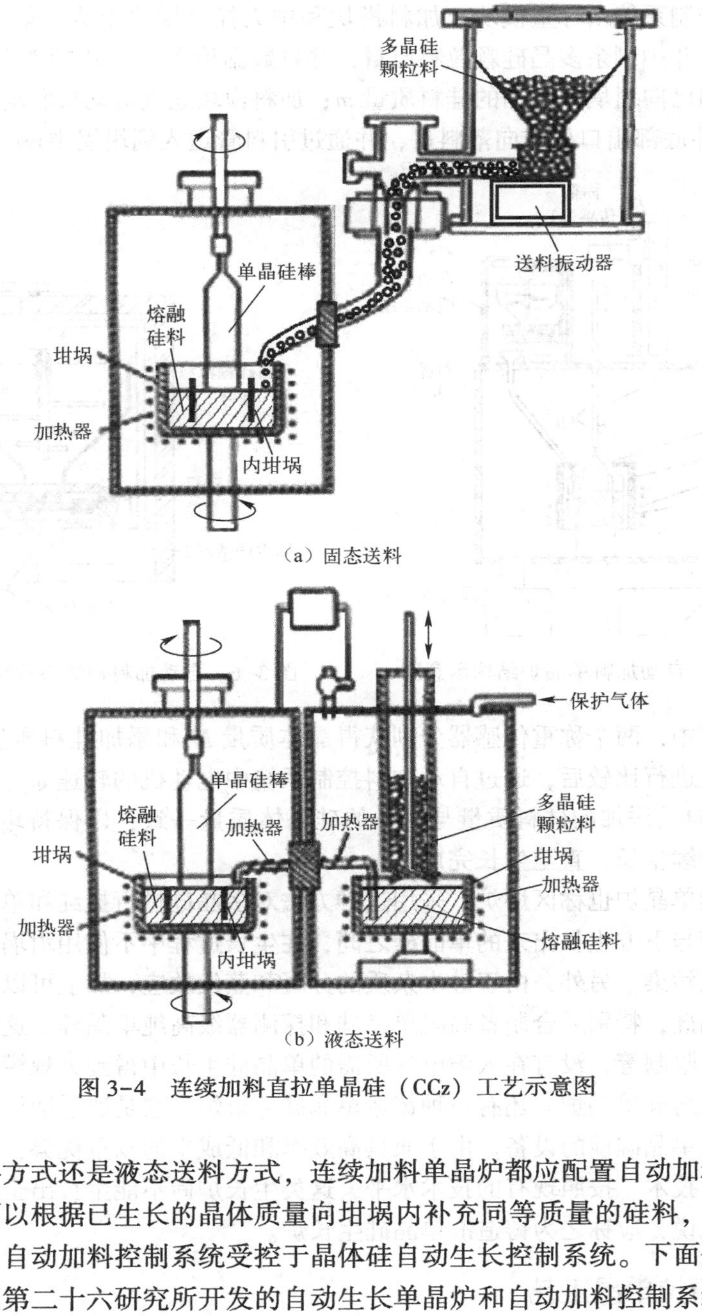

（a）固态送料

（b）液态送料

图 3-4　连续加料直拉单晶硅（CCz）工艺示意图

无论固态送料方式还是液态送料方式，连续加料单晶炉都应配置自动加料控制系统。自动加料控制系统可以根据已生长的晶体质量向坩埚内补充同等质量的硅料，确保坩埚内固-液界面保持不变。自动加料控制系统受控于晶体硅自动生长控制系统。下面介绍一种由中国电子科技集团公司第二十六研究所开发的自动生长单晶炉和自动加料控制系统[5]。

晶体硅自动生长控制系统如图 3-5 所示，它由提拉模块、称重模块、旋转模块、加热模块及中央控制模块等组成。其中：提拉模块为晶体提供垂直向上的移动速度 v_1，使晶体向上生长；称重模块实时向中央控制模块反馈晶体的质量 M；旋转模块为驱动硅晶棒调整转速 ω_1，保证晶体生长的连续性；加热模块为硅料熔化和硅晶体的生长提供所需热量；中央控制模块对反馈的信息进行数据处理，对加热功率及添加硅料的速率等参数进行控制和调整。

自动加料控制系统由称重模块、加料模块和中央控制模块组成，如图 3-6 所示。称重模块实时测量料斗中剩余多晶硅颗粒料质量，并将数据传送给中央控制模块；中央控制模块根据数据计算出已向坩埚中添加的硅料质量 m；加料模块通过电动机驱动旋转装置，将硅料以速度 v_2 从料斗底部出口处推向落料口，并通过引料管送入到坩埚中。

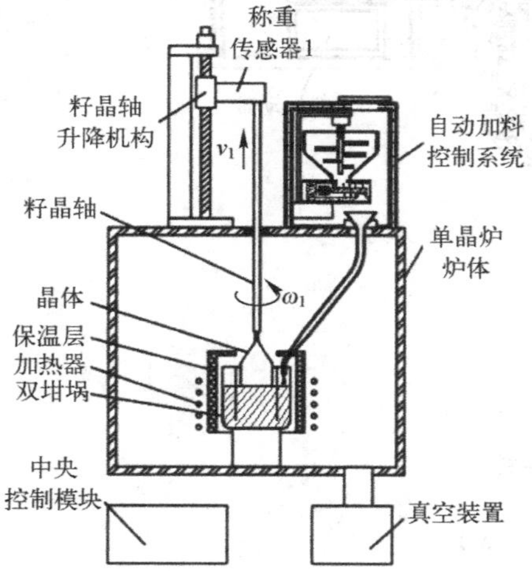

图 3-5　自动加料单晶炉结构示意图

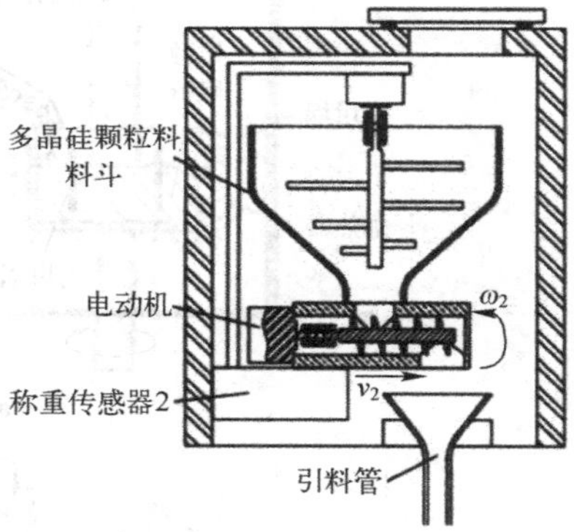

图 3-6　自动加料控制系统结构示意图

在生长过程中，两个称重传感器分别获得晶体质量 M 和添加硅料质量 m 的数据，由中央控制模块对其进行比较后，通过自动加料控制系统中电动机的转速 ω_2，调整推料速度 v_2，使 $m=M$，确保自动添加的硅料质量与生长的硅晶体质量一致，以保持坩埚内的固-液界面不变，使晶体持续生长，直至生长完成。

悬浮区熔硅单晶炉也称区熔炉，采用这种方法对多晶硅进行提纯和单晶硅生长时，熔区悬浮于多晶硅棒与下方生长出来的单晶硅之间，在生长过程中不使用坩埚，不与任何物体接触，因而不会被污染。另外，由于硅中杂质的分凝和蒸发效应，加上可以反复提纯，因此可获得高纯的单晶硅，特别适合制备高阻单晶硅和探测器级高纯单晶硅。这种方法也是由于制造成本高和尺寸限制等，没有在太阳电池所需的单晶硅生长中得到大规模应用。

除了悬浮区熔硅单晶炉，还有一种铸造单晶硅生长炉，它是通过铺设籽晶，利用浇铸工艺定向凝固生长单晶硅锭的设备。由于兼具高效率和低成本的双重优势，它是光伏行业最向往的单晶硅制备技术。按照现有的技术水平，这类生长炉尚不能生长出全区域完整的单晶硅锭，因此严格地说，应称之为铸造准单晶硅生长炉。

3.1.2　直拉单晶工艺

直拉单晶的具体工艺包括装料、熔化、细颈、放肩、转肩、等径生长和收尾等几个阶段。

装料是直拉单晶最为关键的第一步，也就是将事先配比好的硅料装入坩埚。直拉单晶大部分以原生多晶硅料为原料，可以利用直拉单晶硅棒的头尾、边皮等做循环，也可以利用切割的碎硅片等进行合理配比。最重要的一点是根据原材料配比中的质量、杂质浓度和分凝系数来计算添加母合金的质量，使其达到预定的电阻率范围。在装料时，将母合金添加其中，母合金的电阻率范围一般为 1 ～ 5 mΩ · cm。同时，不同尺寸硅料的熔化时间也不同，要根据硅料的尺寸合理安排，避免大块的硅料在熔化时冲击坩埚底部和侧壁，这有可能造成坩埚的损坏进而产生漏硅事故。

加热的目的是提升真空室热场内石墨部件和硅料的温度，要让所有石墨部件以及隔热罩吸附的湿气和硅块表面的湿气蒸发掉，可能的话则温度越高越好（基本为 1200 ℃），时间尽可能短。一般情况下，会有两个传感器分别检测熔硅表面的温度和加热器、石墨托的温度。达到 1200 ℃后缓慢加热到约 1500 ℃，调整加热硅料以控制硅熔体的温度。硅料全部熔化后，硅熔体需要一定的稳定时间达到硅熔体温度和熔体流动的稳定相，装料量越大，所需的时间就越长。此时，须要按照工艺要求调整气体的流量、压力、坩埚位置、晶转和埚转等主要参数。

待硅熔体稳定后，将籽晶下降到距离液面 3 ～ 5 mm 处进行预热，以减少籽晶与熔硅的温度差，从而减少籽晶与熔硅接触时在籽晶内产生的热应力。预热后，进一步下降籽晶到熔硅液面，让籽晶与熔硅充分接触，这个过程称为熔接。在合适的温度下熔接后，在界面处会逐渐产生由在固液气三相交接处的弯月面所导致的光环，并逐渐由部分光环变成完整的圆形光环，此时熔接完成。如果温度过高，会导致熔接好的籽晶熔断；如果温度过低，将不会出现弯月面的光环，甚至会生长出多晶来。早期的设备需要熟练的操作工根据弯月面的光环宽度及亮度来判断熔体的温度是否适合籽晶的熔接，现在全自动直拉单晶炉可以实现温度以及籽晶熔接的自动控制。虽然单晶的籽晶都采用了无位错单晶硅制备方式，但是当籽晶浸入硅熔体时，由于受到籽晶与熔硅的温度差所造成的热应力和表面张力等多重作用，会产生位错。为此，在籽晶熔接后应用细颈工艺，可以使位错消失而进入无位错的生长状态。

在金刚石结构的单晶硅中，位错的滑移面为［111］面，当以［100］、［111］和［110］晶向生长时，滑移面与生长轴的最小夹角分别为 36. 16°、19. 28°和 0°。位错会沿滑移面延伸并产生滑移，为此位错要延伸、滑移至晶体表面后才消失，以［100］晶向生长最为容易，以［111］晶向生长次之，而以［110］晶向生长则存在延伸效应，导致位错贯穿整根晶体。细颈工艺通常采用高拉晶速率将晶体直径缩小到约 3 mm。在这种情况下，冷却过程中的热应力很小，一般不会产生新的位错。因此，细颈的最小长度 L 与直径 D 的关系可表示为

$$L > D\tan\theta_0 \tag{3-2}$$

式中，θ_0 为滑移面与生长轴的最小夹角。高拉晶速率可形成饱和的点缺陷。在这种情况下，即使［110］晶向生长位错也会通过攀移传播到晶体表面。在籽晶能够承受晶棒质量的情况下，细颈应该尽可能细长一些，一般直径长度比应达到 1:10。

细颈阶段完成后，必须将直径放大到目标直径，当细颈生长到足够长度并且达到一定的提升速率时，即可降低拉晶速率进行放肩。从小尺寸的籽晶过渡到大尺寸的晶棒要经过一个放肩过程，在此过程中，单晶硅直径的变化是通过热流和提拉速率控制的，而后晶体以稳定的直径进行生长。随着单晶硅棒长度的变化，其热平衡条件也相应发生变化，在该过程中须要实时调整提拉速率来适应热交换条件。晶体生长过程中的直径控制原理可以通过以下简化的传热模型进行分析[3]。

在图 3-7 中，Q_1 和 Q_2 分别代表单位时间由结晶界面导向晶体中的热量和熔体向结晶界面传导的热量。如果单位时间内结晶界面释放的结晶潜热用 Q_3 表示，则在结晶界面存在如

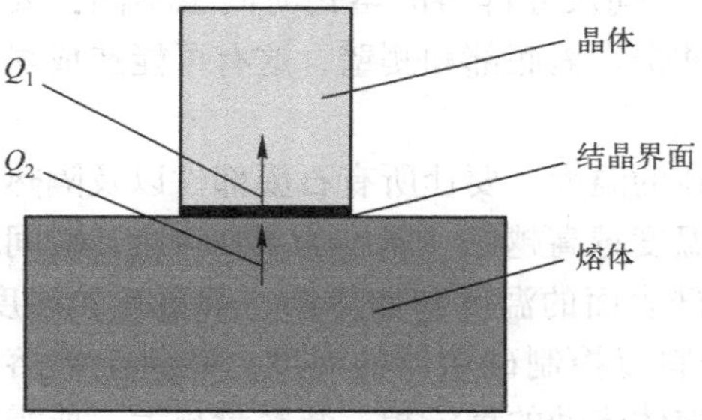

图 3-7　结晶界面附近的热平衡

下热平衡条件：

$$Q_3 = Q_1 - Q_2 = \Delta Q \tag{3-3}$$

对于缓慢的拉晶过程，Q_1和 Q_2的差值 ΔQ 的变化幅度很小，在有限的时段内是近似恒定的。

$$Q_3 = \Delta H_m \rho RA \tag{3-4}$$

式中，ΔH_m为结晶潜热，ρ 为晶体密度，R 为晶体生长速率，A 为结晶界面的截面积。在直拉单晶生长过程中，生长速率与籽晶杆的提拉速率是相等的，因此有

$$A = \frac{\Delta Q}{\Delta H_m \rho R} \tag{3-5}$$

对于圆柱形的单晶硅棒，假定其直径为 d，则 $A=\pi d^2/4$。硅棒的直径与晶体生长速率的平方根成反比。这样，降低晶体生长速率将导致硅棒直径增大，实现晶体的放肩过程；当硅棒直径达到预定值时，可适当提高拉晶速率以维持稳定的硅棒直径。

在引晶阶段，可以通过观察硅棒直径的变化手动控制硅棒的放肩过程。而全自动直拉单晶炉则具备硅棒直径的自动控制功能，该控制可以是开环的也可以是闭环的，此控制程序根据计算模型确定硅锭直径与提拉速率之间的函数关系，按照该函数关系进行晶体生长提拉速率的变化来获得设定的硅棒直径和形状。当硅棒被向上提拉时，熔体会黏附在晶体的表面而被提起，通过表面张力长成晶体，与熔硅形成接触，这样就会形成一个弯月面。熔体被提起的高度越大，温度下降越多，当高度达到一定值时，熔体降温到结晶温度而产生结晶。

Cz 法晶体生长过程中结晶界面附近的结构如图 3-8 所示。图中，晶棒外形由结晶附近弯月面的倾斜角度 α 决定，即

$$\frac{dr}{dt} = R_c \tan\alpha \tag{3-6}$$

式中，R_c 为晶体的实际生长速率。R_c 与晶棒的提拉速率 v 的关系为

$$R_c = v - \frac{dH}{d\tau} - \frac{dh}{d\tau} \tag{3-7}$$

式中，H 为熔硅的高度，h 为弯月面的高度。

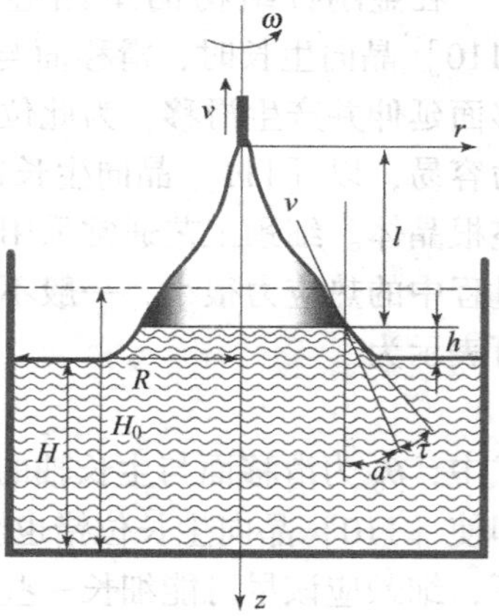

图 3-8　Cz 法晶体生长过程中结晶界面附近的结构

在式（3-7）中，H 是由坩埚几何尺寸和熔硅生长过程的质量守恒关系决定的，h 和 τ 则取决于熔硅的表面张力、密度以及传热条件。可以看出，熔硅表面的张力在维持晶体连续生长的过程中起到了关键作用。籽晶的提拉速率和生长速率要协调一致，而生长速率又与热传导的速率相关联。当提拉速率过快时，结晶界面远离硅熔体的表面，当该距离进一步扩大并达到一定值时，熔体的表面张力不足以约束熔体的形状，进而使得熔体被“拉断”，导致晶体生长失败。

在直拉单晶硅生长过程中，存在着结晶界面的宏观形貌和微观形貌的控制问题。随着提拉速率及传热情况的变化，会出现如图 3-9 所示的不同结晶界面的宏观形貌[3]。该形貌与

热对流的方向相关，并满足由热平衡条件决定的界面轮廓与热流方向垂直的一般规律。同时，微观界面的形貌变化是由界面附近的生长速率 R_c 与温度梯度 G_T 的比值决定的。

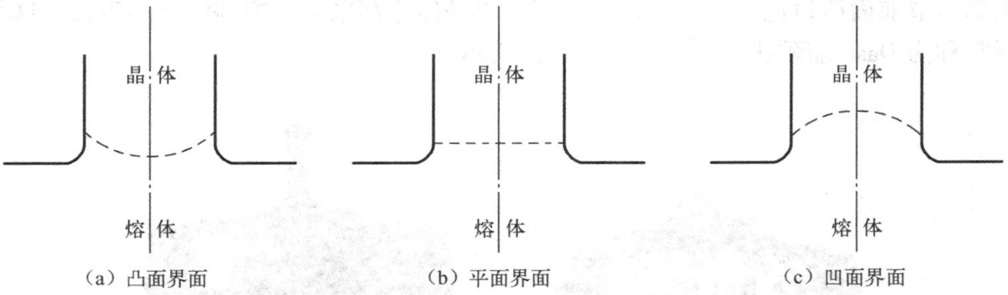

图 3-9　Cz 法晶体生产过程中可能出现的结晶界面宏观形貌

由于 Cz 法晶体生长传热过程十分复杂，晶棒直径与提拉速率之间的关系很难确定，且熔硅对流引起的温度波动等因素均会影响结晶界面的传热，一般采用闭环控制的方法来控制晶棒的直径更为实用。可以采用一定的测量手段测量晶棒生长界面的面积变化规律，通过一个计算模型确定生长界面的面积变化与晶棒提拉速率调整量之间的关系，并调整电动机转速变化，最终实现对晶棒直径的控制。被广泛应用的 Cz 法直拉晶体闭环控制的方法有以下 4 种[3]。

（1）利用光反射原理，由弯月面形成的反射光环确定晶棒的直径，并根据该直径的变化规律来确定提拉速率调整量的计算。

（2）采用光学、红外等方法测定晶棒的形状，根据形状变化确定提拉速率调整量。

（3）采用激光或电传感器测定坩埚中液面的高度，并根据坩埚的直径进行晶体直径的预测，从而确定提拉速率的调整量。

（4）采用质量测定方法测量坩埚与熔体或晶体的质量变化规律，进行晶棒的直径规律计算，并以此为基础进行提拉速率的调整。为此，Cz 法直拉晶体生长自动过程的处理程序如下：确定拟生长晶体的形状；根据晶体和半月面的形状确定质量传感器的理论测量质量；进行质量传感器实测质量的读取和过滤；计算出质量传感器实测质量与理论测量质量的偏差量；再计算加热功率和晶棒的提拉速率与旋转方式，以及其他控制参数；向执行单元输出控制信号。

不同控制方法对晶棒直径和形状的控制精度不仅取决于测量精度和执行单元的灵敏度，而且与计算方法（特别是晶棒的直径变化与加热功率、晶棒提拉速率和旋转方式的计算模型）密切相关。为此，实际晶体生长过程控制是一个理论计算与实际经验相结合并不断优化的过程。

收尾的作用是防止位错反延。在直拉单晶过程中，当无位错的生长状态中断或者拉晶结束一下子脱离熔体时，已经完成生长的无位错晶棒尾部受到大的温度梯度冲击，其热应力往往会超过硅的临界热应力而产生位错，并且会将位错反延至温度尚处于反型形变的最低温度的晶体中去，形成位错及星形结构，情况严重的会使生长好的晶棒产生裂缝。这个反延高度约等于生长晶棒直径尺寸，因此收尾的长度要大于或至少等于晶棒的直径尺寸。在开始收尾时，要逐步缩小晶棒的直径直至缩小到一个点，整个过程称为晶棒的收尾工艺。收尾时，可以有提高提拉速率或者提高熔硅的温度等方式，更多的是将这两种收尾工艺结合起来，并控制好收尾的速度，以防止晶棒过早地脱离熔硅液面。当前，全自动单晶炉均可以实现晶体生长全过程的自动控制。

正如本节前面所讨论的那样，传统的直拉单晶硅棒都采用细缩颈法拉晶生长。这种生长方法通常称为Dash缩颈法，如图3-10（a）所示。

（a）Dash缩颈法生长直拉单晶硅　　（b）粗缩颈生长直拉单晶硅

图3-10　缩颈法生长直拉单晶硅

所谓“Dash缩颈”，简单地说，就是以很高的提拉速率（高达6 mm/min）生长一种具有小直径（通常为2～4 mm）的缩颈。当晶体生长到100～150 mm时，采用这种方法可完全消除晶体位错。但是，当单晶硅棒的重量较大时，这样细的缩颈将无法承受。

在设备的机械控制和温度控制性能优良的情况下，缩颈过程中无热冲击，长晶过程中硅晶棒无摆动、不歪斜，即使采用直径约5 mm的Dash缩颈，也能生长出850 kg的硅晶棒。所以，传统的Dash技术完全适用于现在182 mm和210 mm方形光伏硅片用的直径为252 mm和295 mm的硅晶棒的拉制。但是，如果进一步扩大硅片面积、增加硅晶棒重量，就须要考虑采用新的缩颈技术或提拉方法。

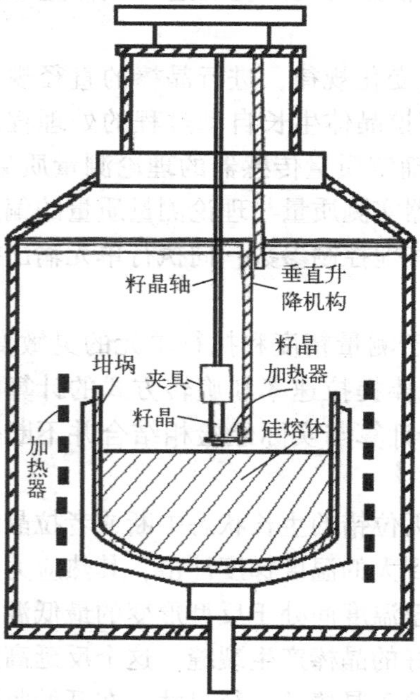

图3-11　单晶硅生长的非Dash缩颈法示意图

研究表明，颈部晶体发生的断裂为脆性断裂，断裂常发生在颈部与肩部结合处。晶体颈部及肩部的生长条件对晶体的抗拉强度有重要影响。针对上述问题，现有两种解决方法：一是加粗缩颈直径，二是机械辅助加固Dash缩颈。

（1）加粗缩颈直径：如图3-10（b）所示，有一种称为“非Dash缩颈法”的粗缩颈单晶硅生长方法，它使用一个较大直径、无位错的籽晶，在硅棒开始生长前，先对其进行热平衡，以避免籽晶受到热冲击而产生位错。增粗缩颈有多种方法，下面以2个例子来说明这类技术的工艺原理[6]。单晶硅生长的非Dash缩颈法示意图如图3-11所示。

粗缩颈的制备过程如下：①将籽晶下降到硅熔体上方，接收来自硅熔体的辐射热，使籽晶末端温度上升；②籽晶末端与周围环境达到热平衡后，将籽晶加热器移至硅熔体表面上方的预设位置上，将无位错的籽晶下降到籽晶加热器位置上，使籽晶的下端面与电阻加热器接触、熔化；③移开加热器，让籽晶下端面已熔化的部分

（呈向下突出的弯月形）直接接触硅熔体表面；④将籽晶向上提拉，在籽晶下端面形成缩颈，开始长晶。如果单晶开始生长时，籽晶的温度远低于熔体的温度，则与硅熔体接触的籽晶表面将会受到热冲击，产生热应力和表面张力，导致籽晶形成位错，进而使长成的单晶中产生更多位错。因此，在整个缩颈形成过程中，要严格控制加热器的加热温度和时间，以及籽晶提拉速率等，确保籽晶不受到热冲击，以获得大直径短缩颈。

与通常 Dash 缩颈法拉制相比，由于非 Dash 缩颈法制得的单晶硅棒具有大直径的短缩颈，可大幅度提高承受单晶硅棒重量的能力。而且这种拉晶技术还可与 CCz 技术兼容，显著降低大直径硅单晶的生产成本。浙江大学硅材料重点实验室利用上述方法制得的大直径硅单晶的缩颈直径大于 10 mm，能承受的单晶硅棒重量大于 400 kg[4]，见图 3-10（b）。

还有一个用晶体预热块消除籽晶热冲击的硅晶体生长方法，是由晶澳太阳能有限公司的黄旭光等人提出来的，如图 3-12 所示。他们用嵌入等方法在籽晶的下端连接一块同质晶体预热块，然后下降籽晶和晶体预热块，使其与硅熔体接触，直至预热块完全浸入硅熔体中，并使籽晶的下端与硅熔体熔接；当籽晶下端面出现向下凸起的弯月面时，保持一定的稳定时间，然后向上提拉籽晶进行引晶，或者直接进入放肩工艺[7]。这种方法在籽晶与硅溶体接触前，先通过晶体预热块将热量传导给籽晶，从而缩小籽晶与硅熔体之间的温度差，降低籽晶所受到的热冲击；而且预热块熔接产生的位错等晶格缺陷不会攀移至籽晶上，从而消除籽晶的位错等晶格缺陷。这种单晶硅生长方法能够有效地加粗细缩颈尺寸，从而承受更大的单晶硅棒重量。

（2）机械辅助加固 Dash 缩颈：日本超级硅晶体研究所采用机械辅助支撑方式，开发了生长大直径硅单晶的晶体支撑系统（CSS），如图 3-13 所示。其基本思路是：首先在 Dash

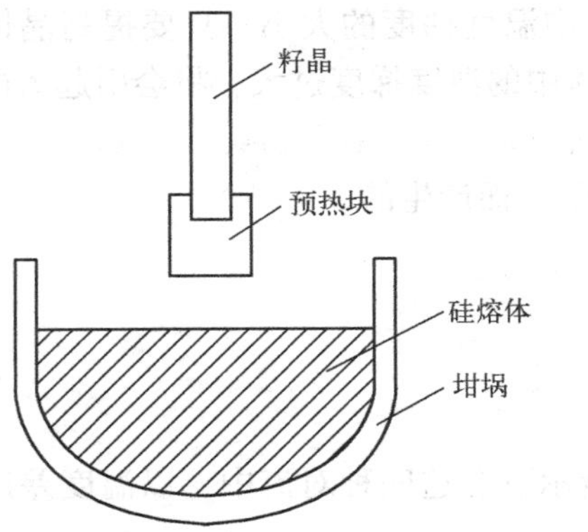

图 3-12　用晶体预热块消除籽晶热冲击的硅晶体生长示意图

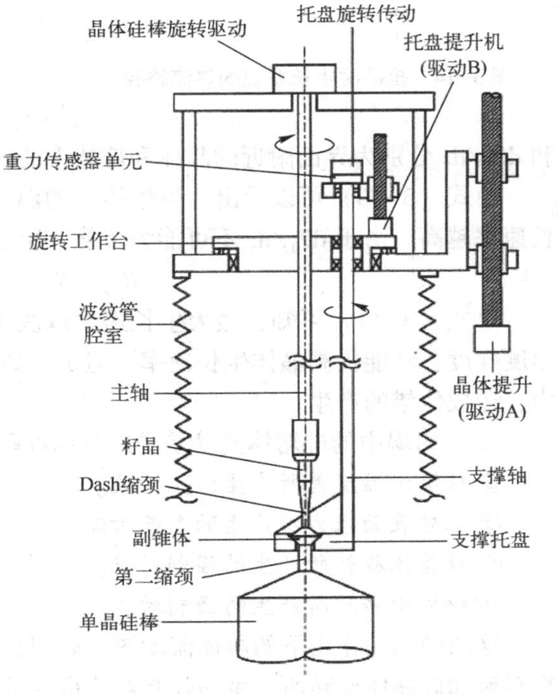

图 3-13　晶体支撑系统示意图

缩颈与晶体肩部之间生长一个较大直径的凸出部，称之为副锥体；为了减少对副锥体的热冲击，在副锥体下面再生长一段第二缩颈。有了这个锥体，在锥体下部就可以设置机械托盘或夹具，通过机械升降机构支撑副锥体，将硅锭的重量平稳地转移到CSS机构上，从而减小Dash缩颈上所承受的重力。在晶体生长过程中，晶体直径由驱动主轴（驱动器A）控制。硅晶体由另一个提升驱动器（驱动器B）支撑，驱动器B不影响晶体提升速率。CSS除了须要精确控制硅晶体的提升速率和定位置，还须将机械部件尽量置于高温炉室之外，防止振动，并将晶体顶部的温度降低至合适的值，以减少对支撑晶体的热冲击。这种设备可以成功地生长出质量大于400 kg的晶硅棒[8-9]。

3.1.3 直拉单晶的影响因素

（1）直拉单晶生长系统中的热量传输过程对晶体的直径、生长速率、固-液界面的形状，以及晶体缺陷的形成和生长都起着决定性的作用[1]。拉晶时生长系统的热流路径如图3-14所示。

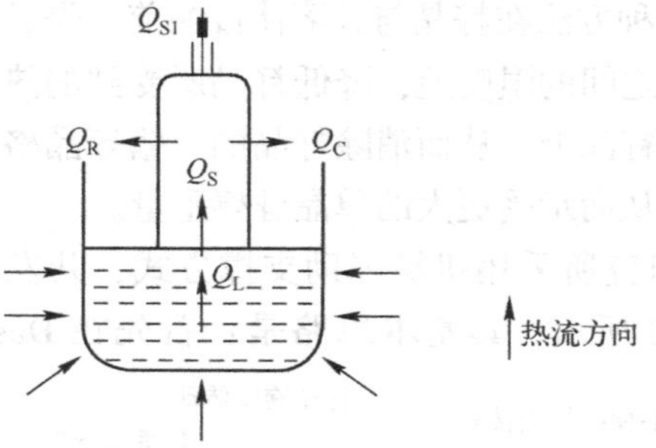

图3-14 拉晶时生长系统的热流路径

在长晶阶段，当晶体稳定生长时，单位时间内由熔体传到生长界面的热量Q_L与释放的潜热之和等于由生长界面向晶体传导的热量Q_S，而Q_S又等于向籽晶传导损失的热量Q_{S1}与晶锭表面的对流传热Q_C及辐射损失的热量Q_R之和，即有

$$Q_L = Q_S + L\rho RA \tag{3-8}$$

$$Q_S = Q_C + Q_R + Q_{S1} \tag{3-9}$$

由式（3-8）得到生长速率为

$$R = [K_S(dT_S/dz) - K_L(dT_L/dz)]/(L\rho) \tag{3-10}$$

式中：K_S和K_L分别为晶体和熔体的热导率；dT_S/dz和dT_L/dz分别为界面附近的晶体和熔体中的纵向温度梯度；L为结晶潜热；ρ为密度。

由式（3-10）可以看出，当熔体中的温度梯度越小，而晶体中的温度梯度越大时，生长速率越高。由于dT_L/dz不可能为负值，所以最大生长速率为

$$R_{max} = K_S(dT_S/dz)/(L\rho) \tag{3-11}$$

由式（3-11）可知，最大生长速率取决于晶体中温度梯度的大小，只要提高晶体中的温度梯度，就能提高晶体生长速率。但是，如果晶体中的温度梯度过大，将会引起大的热应力，造成位错的产生。

（2）坩埚中的硅熔体流动是受以下四种驱动作用[1]而产生的。

☺ 硅熔体温度差所产生的热对流。

☺ 熔硅表面张力所产生的表面对流。

☺ 硅晶体旋转所产生的强制对流。

☺ 坩埚旋转时所产生的强制对流。

这四种驱动作用下的熔体流动图形如图3-15所示。在这四种对流中，以温度差产生的热对流和硅晶体旋转所产生的强制对流最为重要。

硅熔体中温度差产生的热对流如图3-15（a）所示。热熔体沿坩埚壁上升，到坩埚中心后开始下降。具体图形取决于坩埚的几何图形、熔体的直径与高度比，以及热边界条件。

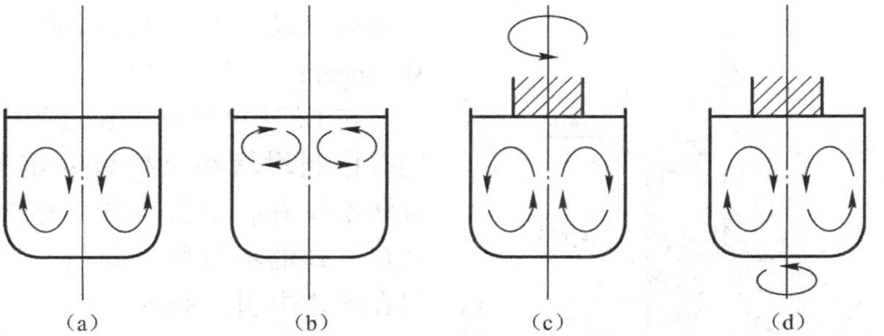

图 3-15　Cz 法硅熔体的四种基本对流图形

在 Cz 法直拉单晶工艺中，加热器从坩埚侧面供热，因此硅熔体从坩埚侧面至坩埚中心的温度梯度大于底部至表面的温度梯度，在使用大直径坩埚生长晶体的情况下，热对流将十分强烈。强烈的热对流引起的湍流加剧了熔体中的温度波动，甚至会引起回熔和过冷，这会造成晶体中缺陷的产生和杂质的不均匀分布。因此，随着晶体和坩埚直径的增大，熔体中的对流对晶体质量的影响十分显著。

晶体旋转引起的强制对流具有抑制热对流的作用，如图 3-15（c）所示。形象一点可描述成晶体旋转把熔体提起来，到靠近固-液界面外又把它沿径向甩出去。晶体旋转引起的强制对流的强弱可用雷诺数 *Re* 表征，它表示熔体惯性力克服黏滞力的大小。在这里，有

$$Re = wr^3/v \tag{3-12}$$

式中，r 为晶体半径，w 为晶体转速，v 为熔体的动力学黏度。

强制对流与热对流的相对强度比较可以用比值 $Re^{2.5}/Gr$ 来描述，其临界值为 10。当 $Re^{2.5}/Gr>10$ 时，强制对流占优势；当 $Re^{2.5}/Gr<10$ 时，热对流占优势。

坩埚旋转单独作用下产生的熔体对流图如图 3-15（d）所示。这种对流使整个熔体杂质分布均匀，从而改善了杂质分布的均匀性。但是，坩埚旋转引起的对流与热对流的方向一致，它不能抑制热对流。相反，它与热对流叠加，更加剧了熔体中的温度波动。

在实际晶体生长过程中，晶体和坩埚同时反向旋转，晶体旋转速度一般是坩埚旋转速度的 2～4 倍。这种反向转动使得坩埚中熔体的中心区域和外围区域产生相对运动，在固-液界面下面形成泰勒柱区域。泰勒柱的形成阻碍了熔体杂质的扩散，使晶体生长区域下方形成了一个相对稳定的区域，有利于晶体的稳定生长。

在晶体内部，通过热传导将来自熔体和结晶界面释放的结晶潜热向籽晶和晶体表面传导。晶体与气氛及坩埚之间主要通过辐射换热进行热交流，向四周散热。熔体内部也存在一个对流与导热的综合热交换过程。在直拉单晶硅生长过程中，石墨加热器产生的热量以导热和辐射两种方式通过坩埚对硅熔体进行加热。可以看出，在如此复杂的热交换过程中，须要维持晶体与熔体的界面温度恰好处于熔点，该温度须要精密地控制和维持。

（3）在以上四种对流的驱动因素共同作用下，坩埚中熔体流动的实际情况可以采用区域近似法进行分析，得到的结果如图 3-16 所示[1]。不同的温度场和不同的晶体旋转、坩埚旋转，可以显著改变熔体中各对流区域的大小，从而影响单晶中杂质在轴向和径向上的分布。也可以用数值模拟和实验模拟的方法对直拉法生长系统中坩埚熔体的对流进行研究。

常见的对流模式[3]包括浮力引起的自然对流、强制对流以及 Marangoni 对流，在 Cz 法直拉单晶硅中均会产生。强制对流的施加方式也是多种多样的，包括坩埚与晶体旋转、外加

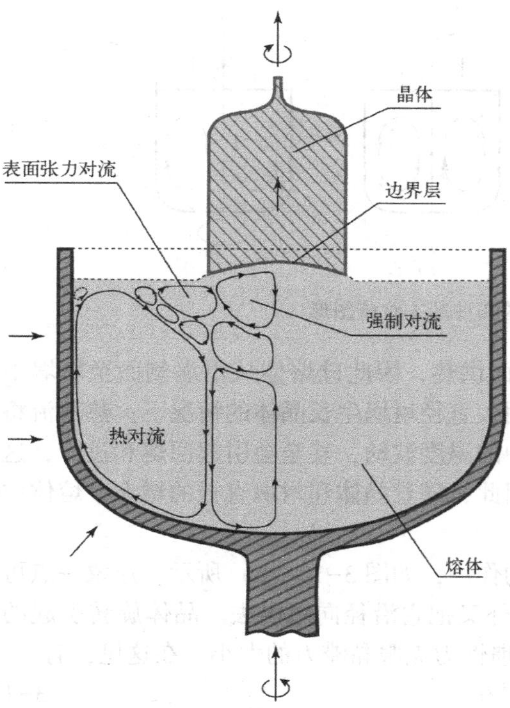

图 3-16 Cz 法生长单晶硅坩埚内硅熔体中的对流

磁场等。以下主要分析坩埚以及晶棒的旋转、Marangoni 对流的影响。

在 Cz 法单晶硅生长过程中，可以单独或同时控制坩埚和晶棒以一定的角速度旋转。旋转不仅有利于获得轴对称的温度场，避免加热方式的不对称引起的非对称生长，还可以在熔体中引入强制对流。一般情况下，坩埚和晶棒以不同的旋转方向和转速进行配合，以产生不同的对流。当坩埚或晶棒旋转时，将带动表面的熔体做圆周运动，这一运动通过内摩擦向熔体内部传递。圆周方向上的运动会引起熔体在圆周方向上的均匀混合，有利于获得轴对称的传热和传质等生长条件。这些不同的对流形式是熔体流动的离心力和黏滞阻力平衡的结果，并且受熔体流动的连续约束。为此，坩埚和晶棒的不同旋转方向、转速的搭配将产生不同的对流形式。当晶体旋转时，靠近晶体表面的熔体的离心力大，首先发生离心运动；而坩埚旋转时，坩埚壁附近的熔体首先获得更大的离心力，发生离心运动；当晶棒和坩埚同时旋转时，二者离心运动引起的对流场将相互干扰，二者旋转方向相反时的对流更为强烈。不同的对流方式对晶体生长的影响是不同的。对于这一复杂的变化过程，只有借助数值计算方法才能获得定量的结果。

在 Cz 法单晶生长过程中，熔硅表面也存在着温度差，从而形成了 Marangoni 对流，其对流强度取决于 Marangoni 数。Nakanishi 等人通过实际测量温度确定出半月面附近温度差的数值为数摄氏度，这一差值将明显导致 Marangoni 对流。

Kumar 等人对 Marangoni 对流进行了更为详细的数值计算，结果表明，由于Marangoni 对流的存在，熔硅表面及晶棒附近的对流方式将获得改变，熔硅温度波动最为强烈的位置由晶棒下方向晶棒边缘移动，使得水平方向的对流速度获得加强，进而改变熔硅中溶质传输特性。

（4）生长界面的影响：正常情况下，界面可呈凸向熔体、凹向熔体和平坦三种形状[1]，其变化取决于生长系统中热量传输的情况和晶体大小。在通常的拉晶情况下，生长界面的变化如图 3-17 所示。

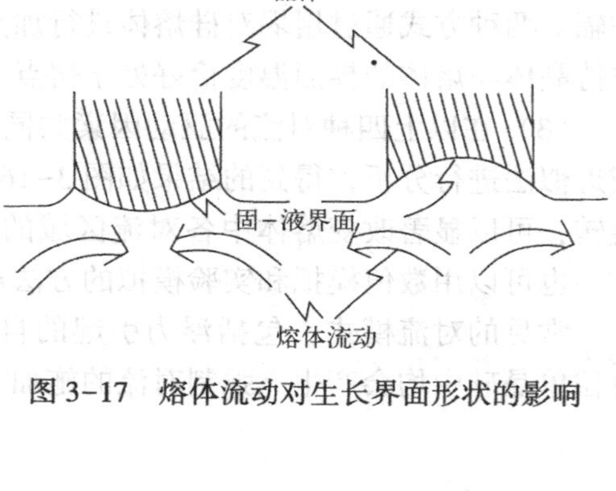

图 3-17 熔体流动对生长界面形状的影响

在放肩阶段，生长界面凸向熔体，单晶等径生长后，界面先变平，再变成凹向熔体。在拉晶过程中，通过调节晶体的提拉速率、晶体转速和坩埚转速，可以调整界面形状。提高晶体的提拉速率可以使凹向熔体的生长界面的曲率增大。加大晶体转速可使坩埚底部的热流更快地流向界面，可以起到与增加提拉速率类似的作用。生长界面的形状对单晶的均匀性和完整性有直接的影响。

在生长成的单晶中，不同位置上晶体的生长条件存在差异。在 Cz 法硅单晶生长过程中，靠近籽晶端的晶体生长时，熔体高度为最大值，而裸露的坩埚壁的高度最小；靠近尾端的晶体生长时，则相反。为此，在 Cz 法生长系统中，上述生长系统中的热流、熔体中的流动、固-液界面的形状等基本条件在每一生长过程中的不同阶段都可以有很大差别。由于 Cz 法硅单晶中的每一部分是在不同的时刻生长成的，因此硅单晶所对应的生长条件也不相同(不同的温度场和熔体中不同的流速场)，它们从熔体中生长成后到停炉取出前，在单晶炉的炉膛中又经历了不同的热过程。具体表现为以下两方面。

☺ 轴向位置：在生长成晶体中，生长方向上不同位置的硅单晶在生长过程中和生长成后经历了不同的热过程，一般称之为具有不同的热历史。例如，籽晶端具有从硅的熔点到约 500℃的最长时间的热过程；而尾端从接近硅的熔点迅速冷却，具有相对短得多的热过程。因此，固-液界面的温度也是在周期性、随机性地波动着。因而，在生长方向上不同位置的硅单晶往往具有不同的物理、化学特性。例如，影响氧沉淀的各种因素，晶体中的相对位置不同会显著影响氧沉淀行为。

☺ 径向位置：由于固-液界面总是弯曲的，在后道加工成的同一片硅片上，沿半径方向不同位置的硅单晶是在不同时刻和不同界面曲率等条件下从熔体中生长而成的，由于上述生长过程和空间位置的不同，从而导致与之对应的分凝系数也不相同，会有杂质浓度的轴向和径向分布。

显然，由于这种生长条件随着在单晶硅棒中位置的差异所造成的硅单晶的物理、化学性质的变化，造成了最终硅片中有不希望的各种不均匀性。人们在减弱硅片的不均匀性方面做了很多努力，其目的就是为了保证后续的切割、太阳电池、组件工艺的高品质和合格率。

综上所述，生长中的硅单晶的热环境对于硅片微观性能的影响十分重要。尤其是生长系统中的温度场的特性，会影响到固-液界面的形状，杂质浓度和分布，生长成的硅单晶中的点缺陷、微缺陷和应力分布。

3.1.4 杂质的引入、分布和掺杂

在硅片的物理、化学性能均匀性方面，杂质分布的均匀性是最基本的。Cz 法单晶硅熔硅中杂质的引入主要由以下 4 种机制共同作用：①原生多晶硅料中所含的杂质在熔化时溶入硅料；②在高温下，坩埚直接接触熔硅发生反应，产生各种杂质；③石墨和保温材料中的碳和其他杂质在高温下也极易挥发出来；④硅中的 SiO_2 从熔硅自由表面挥发，气氛中的 CO 再溶入熔硅中。生长成的单晶硅中的杂质浓度则是由生长界面上熔体中的杂质浓度以及分凝效应共同决定的。作为太阳电池用硅片，其中最主要的一项指标就是掺杂剂及其浓度。

晶体硅的电阻率受到微量掺杂剂的精确控制，直拉单晶硅的性能还受到少子寿命、氧、碳和过渡金属等的影响，Cz 法单晶硅的氧含量在数十个 10^{-6}量级，碳含量在数个 10^{-6}量级。

在固-液界面沿稳态溶质边界层建立以后，固-液界面附近生长出来的单晶硅中的杂质浓度 C_S 与坩埚中边界层以外的熔硅中的杂质浓度 C_L 之间的关系为

$$K_{eff}=C_S/C_L \tag{3-13}$$

式中，K_{eff}为有效分凝系数。

设晶体生长长度为 dz，由于杂质的分凝而引起的熔硅中杂质总量的变化可以表示为

$$V\mathrm{d}C_{\mathrm{L}}=(1-K_{\mathrm{eff}})C_{\mathrm{L}}A\mathrm{d}z \tag{3-14}$$

式中，V 为熔硅的体积，A 为固–液界面的面积。

在实际直拉单晶生长过程中，必须考虑到生产过程中因为溶解以及坩埚中的气氛与熔硅之间的杂质交换而引起的熔硅中杂质浓度的变化。以下对这几方面因素的影响进行分析。

高温下，坩埚溶解于熔硅引起熔硅中某种杂质的总变化量为

$$V\mathrm{d}C_{\mathrm{L}}=D_{\mathrm{C}}NA\mathrm{d}t \tag{3-15}$$

式中：D_{C}为坩埚中某种杂质溶解于熔硅的速率系数，称为溶解系数；N 为坩埚中该杂质的浓度；V 为熔硅的体积；A 为与熔硅接触的坩埚表面积。

由式（3-15）可得：

$$\frac{\mathrm{d}C_{\mathrm{L}}}{\mathrm{d}t}=D_{\mathrm{C}}N\frac{A}{V} \tag{3-16}$$

假定 D_{C}与 C_{L}无关，且 V 不变，解此微分方程可以得到在熔硅中由于坩埚溶解的某种杂质的浓度随时间的变化为

$$C_{\mathrm{L}}(t)=C_{\mathrm{L}}(0)+D_{\mathrm{C}}N\frac{A}{V}t \tag{3-17}$$

在坩埚中，某种杂质的溶解系数 D_{C}不仅与直拉单晶系统中熔硅和坩埚本身的材料有关，也与坩埚中该杂质的含量、熔体的对流及坩埚的温度等相关。

真空下的气氛与熔硅之间也有杂质交换，主要是气氛中杂质溶解于熔硅引起的熔硅中杂质浓度的变化。在 dt 内，由于气氛中某种杂质溶解于熔硅中引起的熔硅杂质总量的增加为

$$V\mathrm{d}C_{\mathrm{L}}=D_{\mathrm{A}}PA\mathrm{d}t \tag{3-18}$$

式中：D_{A}为气氛中某种杂质溶解于熔硅速率系数，也称溶解系数；V 为熔硅的体积；A 为熔硅的自由表面的表面积。由式（3-18）得到微分方程：

$$\frac{\mathrm{d}C_{\mathrm{L}}}{\mathrm{d}t}=D_{\mathrm{A}}P\frac{A}{V} \tag{3-19}$$

假定近似认为 D_{A}与 C_{L}无关且 V 不变，解此微分方程可以得到由气氛中杂质引起的熔硅中杂质浓度随时间的变化为

$$C_{\mathrm{L}}(t)=C_{\mathrm{L}}(0)+D_{\mathrm{A}}P\frac{A}{V}t \tag{3-20}$$

因此，气氛中某种杂质的溶解系数 D_{A}不仅与拉晶系统中熔体和杂质本身的材料有关，也与坩埚中该种杂质的含量、气氛中的对流、熔体中的对流等有关。

目前，常规太阳电池工艺采用的硅基电阻率一般控制在 1.0～5.0Ω·cm。出于成本考虑，工艺中通常采用硼和磷分别作为 p 型和 n 型直拉单晶硅棒的掺杂剂。在 p 型太阳电池工艺中采用扩散掺入磷杂质，形成 n 型半导体区域，与 p 型基底形成 pn 结。在晶体生长时，一般在装入多晶硅原材料的同时，加入一定量的高纯掺杂剂，通常掺杂母合金的电阻率控制在 0.001～0.005Ω·cm。当多晶硅熔化时，掺杂剂也就溶入硅熔体中，通过晶体生长时的分凝作用重新结晶形成固体进入晶体硅，从而达到掺杂的目的。

在实际生产时，由于多晶硅料熔化和生长都需要相当长的时间，杂质和掺杂剂会在硅熔体中挥发，进而影响直拉单晶硅的掺杂浓度，蒸发系数大的杂质会不断从熔硅的表面蒸发，导致硅熔体中的相关杂质浓度不断下降。在使用较差材料的情况下，一般会采用延长多晶硅熔料时间来达到降低某些杂质浓度的目的。

3.2 铸造多晶硅

直拉单晶硅技术无论在基础理论，还是装备、配套材料以及后道加工等方面都已经十分成熟。但其缺点是：直拉单晶硅为圆柱状，其硅片制备的圆形太阳电池不能最大程度地利用太阳电池组件的有效空间；单台设备的产出量低，进而使得电力消耗偏高；虽然直拉单晶炉实现了自动化控制，但是引晶、放肩、收尾等关键步骤还需要熟练技工进行监控，相对来说人力成本较高。此外，熔化的硅料与坩埚直接接触造成单晶硅中的氧含量偏高，硼氧复合体的存在使得单晶硅太阳电池的光致衰减率偏高。为此，各国大力开发生产效率高、成本低的晶体硅生产技术。

自20世纪80年代铸造多晶硅技术开发和应用以来，发展迅速。80年代末期，多晶硅仅占太阳电池材料的约10%，但是以相对低的生产成本、高的生产效率等优势不断挤占单晶硅的市场，成为最有竞争力的太阳电池材料，到2012年其市场份额已迅速上升到65%以上，成为最主要的太阳电池材料。

铸造多晶硅是利用浇铸或定向凝固的铸造技术，在方形坩埚中制备晶体硅材料，其生长简便，实现了大尺寸和自动化的生长控制，并且很容易直接切成方形硅片，开方切割生产损耗小。同时，与直拉单晶硅相比，铸造多晶硅生长的能耗大幅下降，促使硅片生产成本进一步降低。而且，铸造多晶硅技术对硅原材料纯度的要求比直拉单晶硅低。但其缺点是具有晶界、高密度的位错、微缺陷和相对较高的杂质浓度，因而铸造多晶硅太阳电池的转换效率比单晶硅太阳电池要略低。近年来，太阳能光伏产业的快速发展促使铸造多晶硅技术不断提升，与直拉单晶硅的太阳电池转换效率差距也缩小到1.0%～2.0%。

本节将介绍铸造多晶硅的设备、热场、铸造工艺，以及配套材料对品质的影响，并介绍近年发展起来的准单晶铸造、高效多晶等新技术。

利用浇铸和定向凝固技术制备硅多晶体，称为铸造多晶硅（Multi-Crystalline Silicon，MC-Si）。1975年，德国瓦克公司在国际上首先利用浇铸法制备多晶硅片（SILSO），用来制造太阳电池。与此同时，其他科研团队也开发出不同的铸造工艺来制备多晶硅材料，如美国Solarex公司的结晶法，美国GT Solar公司的热交换法，日本电气公司和大阪钛公司的模具释放铸锭法等。铸造多晶硅虽然含有大量的晶粒、晶界、位错和杂质，但与直拉单晶硅相比，由于装料量大，已经从早期的100 kg提高到目前的1200 kg以上，也就是开方后156 mm×156 mm的小方锭数量从最初的9块提高到16块、25块、36块和49块，业内也称之为G4、G5、G6和G7多晶硅锭；多晶铸锭的装料量是直拉单晶硅的5～10倍，单位能耗是单晶硅的1/5～1/3，生产成本显然比单晶硅低得多。

与直拉单晶硅相比，铸造多晶硅的主要优势是材料利用率高、能耗低、制备成本低，而且其晶体生长简便，易于大尺寸生长；其缺点也十分明显，即含有晶界、高位错密度、微缺陷和相对较高的杂质浓度，因此其晶体的质量明显低于单晶硅，从而降低了太阳电池的转换效率。铸造多晶硅和直拉单晶硅的比较见表3-2。由表3-2可知[2]，铸造多晶硅太阳电池的转换效率要比直拉单晶硅低1%～2%。

表3-2 铸造多晶硅和直拉单晶硅的比较

单体性质	直拉单晶硅（Cz）	铸造多晶硅（MC）
晶体形态	单晶	多晶
晶体质量	无位错	高密度位错
能耗/(kW·h/kg)	>30	<10
晶体大小	ϕ300 mm	1200 mm×1200 mm
晶体形状	圆形	方形
太阳电池转换效率	18%～26%	17%～24%

自从铸造多晶硅技术开发以后，技术不断改进，质量不断提高，应用也更加广泛，特别是在晶体生长的模拟、装备及坩埚等辅助材料方面的改进，大幅度提升了其竞争力。平面固-液界面技术、氮化硅涂层技术和大尺寸坩埚的开发和应用，以及在太阳电池技术方面，氮化硅减反射层技术、氢钝化技术、黑硅表面处理技术、吸杂技术的开发和应用，使得铸造多晶硅材料的电性能有了明显改善，进而太阳电池的转换效率也得到了迅速提高，实验室中的转换效率从1976年的12.5%提高到21世纪初的19.8%，2020年n型大面积高效多晶硅太阳电池转换效率已达23.8%。

3.2.1 多晶硅铸造技术

利用铸造技术制造多晶硅主要有三种方法。

1. 浇铸法

所谓浇铸法，就是在一个坩埚内将硅原材料熔化，然后将其浇铸在另一个经过预热的坩埚内冷却，通过控制冷却速率，采用定向凝固技术制备大晶粒的铸造多晶硅。

图3-18（a）所示为浇铸法制备铸锭多晶硅的示意图。上部为预熔坩埚，下部为凝固坩埚。在制备铸造多晶硅时，首先将多晶硅的原料在预熔坩埚内熔化，然后硅熔体逐渐流入下部的凝固坩埚，通过控制凝固坩埚周围的加热装置，使得凝固坩埚的底部温度最低，从而使硅熔体在凝固坩埚底部开始逐渐结晶。结晶时始终控制固-液界面的温度梯度，保证固-液界面自底部向上部逐渐平行上升，最终使所有的熔体结晶。

2. 直接熔融定向凝固法

直接熔融定向凝固法简称直熔法，又称布里奇曼法，即在坩埚内直接将多晶硅熔化，然后通过坩埚底部的热交换等方式，使熔硅从底部开始冷却最后到顶部，采用定向凝固技术制造多晶硅。因此，也有人称这种方法为热交换法（Heat Exchange Method，HEM）。

图3-18（b）所示为定向凝固法制备铸造多晶硅的示意图。硅原材料首先在坩埚中熔化，坩埚周围的加热器在保持坩埚上部温度的同时，自坩埚的底部开始逐渐降温，从而使坩埚底部的熔体首先形成结晶。同样地，通过保持固-液界面在同一水平面上并逐渐上升，使得整个熔体由下而上逐步生长成多晶硅锭。在这种制备方法中，硅原材料的熔化和结晶均在同一坩埚中进行。

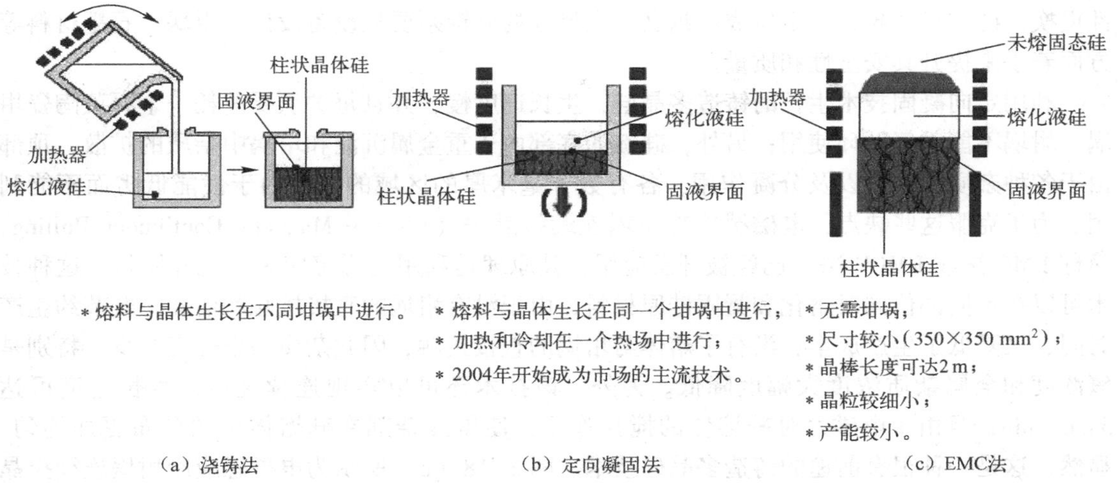

图 3-18　三种多晶硅铸造技术

目前，浇铸法铸造多晶硅在国际上已很少使用，而定向凝固生长多晶硅在产业界得到了广泛应用。从生长机理来讲，这两种技术没有根本区别，都是在坩埚容器中熔化硅材料并利用温度梯度来生长多晶硅的，只是浇铸法在不同的坩埚中完成晶体生长，而直接熔融定向凝固法在同一个坩埚中完成晶体生长。但是，采用直接熔融定向凝固法生长的铸造多晶硅的质量较好，它可以通过控制垂直方向的温度阶梯，使固-液界面尽量保持水平，有利于生长出取向性较好的柱状多晶硅晶锭；而且这种技术所需的人工少，晶体生长过程容易实现全过程自动化控制；另外，硅晶体生长完成后，一直保持在高温状态下，对多晶硅晶体进行了退火处理，可降低晶体的热应力，最终减少晶体内的位错密度。

实际生产时，浇铸法和定向凝固法的冷却方式稍有不同。在定向凝固法中：坩埚逐渐向下移动，缓慢脱离加热区；或者隔热装置逐步打开，使得坩埚通过支撑坩埚底部的热交换平台与周围环境进行热交换；同时，通过真空炉体冷却水把热量交换出去，使熔体的温度自底部开始降低，固-液界面始终保持在同一水平面上，晶体结晶的速度为 1 ～ 2 cm/h。

而在浇铸法中：控制加热区的加热温度，形成自上部向底部的温度梯度，底部温度首先低于硅熔点，开始结晶，上部始终保持在硅熔点以上的温度，直到结晶完成；在整个制备过程中，坩埚是不动的。在这种结晶工艺中，结晶速度可以稍快些，但是不容易控制固-液界面的温度梯度，硅锭四周和坩埚接触部位的温度往往低于硅锭中心的温度，因而不易生长出高品质的多晶硅锭。

生长完成后的铸造多晶硅是一个方形的多晶硅铸锭。目前，铸造多晶硅可以实现 1200 kg、1200 mm×1200 mm 的 G7 硅锭，业界也已经完成从 840 mm×840 mm、500 ～ 600 kg向 1000 mm×1000 mm、800 ～ 900 kg 的 G6 硅锭的过渡。由于晶体生长时的热量散发问题，多晶硅的高度很难增加，所以增加多晶硅体积和质量的主要方法是增大硅锭的尺寸。可是，多晶硅锭尺寸的增加也是有限的。首先，采用目前的热场加热方式，随着尺寸的不断加大，很难在整个晶体生长过程中维持住水平的固-液界面；其次，超大尺寸坩埚在商业化生产中无论是合格率还是质量一致性以及漏硅等安全性都需要极大的提升；再次，采用目前的多线砂浆开方技术在处理大尺寸硅锭时存在一定的困难；最后，石墨加热器及其他石墨件及保温材料须要周期性更换，硅锭尺寸越大，更换成本越高。大尺寸的硅锭须要从设备设计、坩埚、石墨材料等方面着手来提升其安全性和质量。

利用定向凝固技术生长的铸造多晶硅，生长速度慢，并且每炉须要消耗一个石英陶瓷坩埚，坩埚不能重复循环使用；另外，硅锭的底部由于重金属沉淀和坩埚中杂质的扩散，顶部由于各种杂质漂浮物以及分凝作用，各有数十毫米厚的区域的硅片由于性能低劣而不能利用。为了克服这些缺点，电磁感应冷坩埚连续拉晶法（Electro-Magnetic Continuous Pulling，简称 EMC 法或 EMCP 法）已经被开发应用，其原理是利用电磁感应来熔化硅原料。这种技术可以在不同部位同时熔化和凝固硅原材料，由于没有坩埚的直接接触和消耗，既节约生产时间，又降低了生产成本；没有了熔体与坩埚的直接接触，因此杂质污染程度减少，特别是氧浓度和金属杂质浓度大幅度降低。另外，该技术还可以实现连续浇铸，生长速度可达 5 mm/min；且由于电磁力对硅熔体的搅拌作用，使得掺杂剂在硅熔体中的分布更加均匀。显然，这是一种很有前途的铸造多晶硅技术。图 3-18（c）所示为电磁感应冷坩埚连续拉晶法制备铸造多晶硅的示意图。

事实上，日本 Sumitomo 公司自 2002 年开始就已经利用 EMC 法规模化生产铸造多晶硅。但是，这种技术铸造生长出来的多晶硅的晶粒比较细小（长度为3～5 mm），而且晶粒大小不均匀。这种技术的热场固-液界面呈现凹形，这将会引入较多的晶体缺陷。因此，生长的多晶硅少数载流子寿命比较低，所制备的太阳电池的转换效率相对也较低，只有进一步改善晶体生长技术和材料质量，才能使该技术在产业界得到广泛应用。利用该技术制备的铸造多晶硅晶锭体积可达 35 cm×35 cm×300 cm，太阳电池转换效率达到 15%～17%。

通常，高质量的铸造多晶硅锭应该硅锭表面平整，没有裂纹、孔洞等宏观缺陷；从上面观看，硅锭呈多晶状态，晶界和晶粒清晰可见，晶粒的长度可以达到 10 mm 左右；从侧面观看，晶粒呈柱状生长，其主要晶粒自底部向上部几乎垂直于底面生长。

目前，在多晶硅锭完全冷却后，基本是开方切成截面积为 156 mm×156 mm 的小方锭，这时可以对小方锭进行电阻率测量、少子寿命扫描、硅锭内部杂质探测，以及氧含量和碳含量等性能的测试和表征。根据电阻率、少子寿命和杂质情况，去除小方锭的头尾部分，再利用多线切割机把小方锭切割成多晶硅片，检验包装后，就可以进入太阳电池生产工艺。多晶硅片的生产加工过程如图 3-19 所示。

3.2.2 定向凝固多晶硅铸锭炉

本节以一个典型的定向凝固多晶硅铸锭炉为例，具体说明其工作过程。定向凝固多晶硅铸锭炉的结构如图 3-20 所示。铸锭炉通常是由双层且有冷却水流过的不锈钢炉体、电源供应加热系统、炉内热场、真空系统、控制回路及操作面板等组成，热场包含加热部件、保温隔热层及可以支撑硅原材料的坩埚容器，并能容下坩埚和维修保养的进出。

上炉体呈一个倒钟形状，由三个支柱固定；下炉体则是由三个丝杆支撑和控制，由一个直流电动机控制这三个丝杆的上下移动来升降下炉体，丝杆之间由可弯曲的驱动软轴线同时驱动。六个水冷铜电极从炉体上方穿入炉体，提供交流电至加热器。热场的隔热笼同样由可弯曲的驱动软轴线连接至伺服电动机，以控制其上下移动；三根隔离区支撑杆用不锈钢的波纹管包裹着，以防止可能的漏气。压力指示器可以读取从大气压力至 1×10^{-3} mbar 的真空度。质量流量控制器以及阀门在晶体生长过程中控制氩气或氦气的输入。冷却水管装在后方支脚

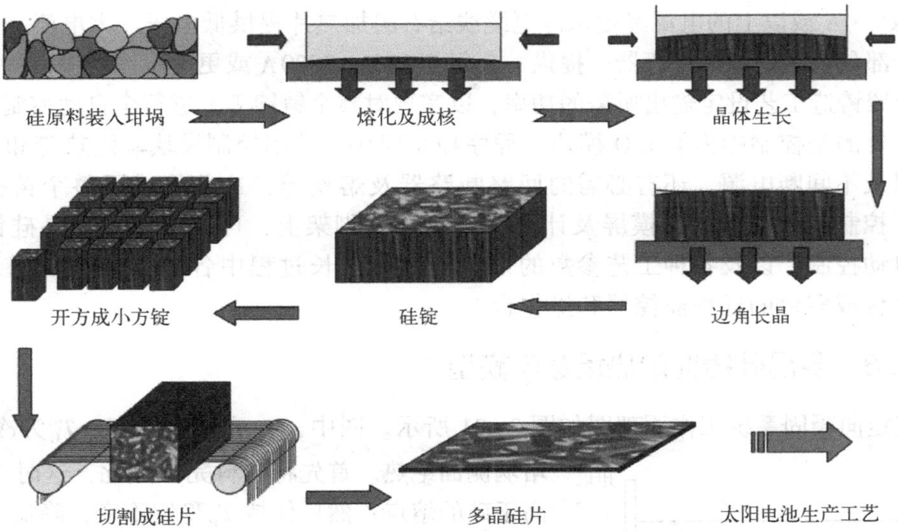

图3-19　多晶硅片的生产加工过程

上，冷却水流经上下炉体、电极和真空泵，下炉体会通过大量的冷却水交换吸收在晶体生长过程中散发出来的辐射热。

热场一般采用高纯等静压石墨平板，由对四周进行加热的侧加热器和对上部加热的顶加热器组成一个完整的加热器。每个角落都有连接板进行连接，包覆在坩埚四周和上部。隔热笼由上下两层不锈钢笼组成，由三根支撑杆控制。隔热笼的保温硬毡为平板状，以降低部件成本和方便更换，且这些保温硬毡以双层或多层叠加方法避免热辐射的流失。在下炉区有一块用三根石墨杆支撑的热交换平台，由于石墨的导热性能很强，该平台使晶体生长过程成为可控。另外还有一个双层保温硬毡置于热交换平台之下，在硅料熔解过程中起到隔绝热场的作用。

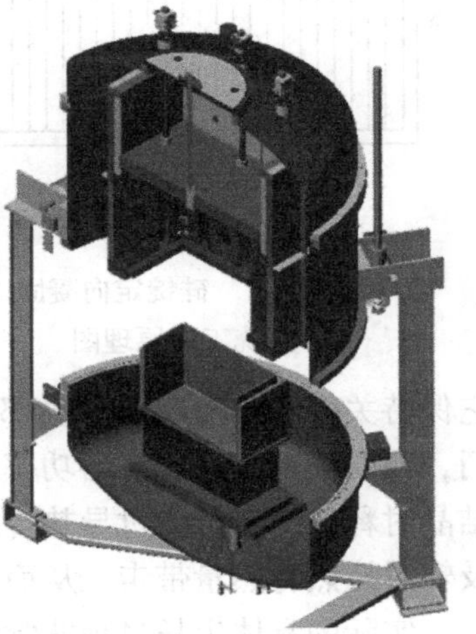

图3-20　定向凝固多晶硅铸锭炉的结构

隔热笼由三根支撑杆控制其上下移动，在晶体生长时露出热交换平台的边缘，让热量辐射到水冷的下炉体内壁，这样可以在热场内形成一个垂直的温度梯度，使熔化的硅料从底部开始凝固并垂直生长到顶部。

真空系统由机械旋片泵和罗茨泵组成。在抽真空初期，由机械旋片泵单独工作；当气压达到数十毫巴时，开启罗茨泵共同作用，可以迅速让炉体内的压力降至0.05 mbar以下。为了控制抽真空初期的气旋，抽真空管道并联了一根细小的管道，在抽真空初期起作用，这样能够抑制炉体内由于高速气流而产生的粉尘。在晶体生长过程中，须要把真空度维持在400～600 mbar，此时由机械旋片泵单独作用即可。氩气由质量流量控制器控制，抽气由连接机械旋片泵的比例调节阀进行调节。空气压力控制阀用于关闭氩气进气系统，使炉体与真空系统分开。另设有一个独立的阀让氩气在冷却过程中通入，主要起快速冷却的作用。

165 kV · A或以上的电源经由水冷电缆线给石墨加热片提供低电压、大电流。电源供应分成两个部分：一是降压变压器，提供一个每相25 V、3800 A或更大电流的输出；二是控制部分，依照铸造工艺设定输出所需的功率，以实现对整个铸锭工艺进行全自动控制。

最重要的是控制柜内有I/O模块、程序控制模块、功率控制模块、隔热笼和下炉体驱动模块以及不间断电源，还有必需的回路断路器及熔丝等，这些构成了整个铸锭炉的控制系统。控制面板（包含触摸屏及计算机）位于主脚架上，可以完成对多晶硅铸锭炉的手动和自动控制，以及各种工艺参数的设定和晶体生长过程中各参数的监控记录。监控可以是单台或多台的远程监控器和操作台。

3.2.3 多晶硅铸锭炉热场数学模型

硅锭定向凝固系统工作原理图如图3-21所示。图中，T_H为热端温度，T_C为冷端温度，坩埚侧面绝热。首先将硅料完全融化，这时T_H、T_C略高于硅的熔点；然后保持T_H稳定不变，降低T_C以在垂直方向上形成温度梯度。当T_C降到低于熔点后，在坩埚底部首先形核并出现晶体硅。随着T_C的进一步降低，当固-液界面两侧通过晶体和熔液传递的热流差与晶体凝固释放的结晶潜热达到平衡时，晶体硅自下而上稳定生长，就形成了定向生长的柱状晶体。

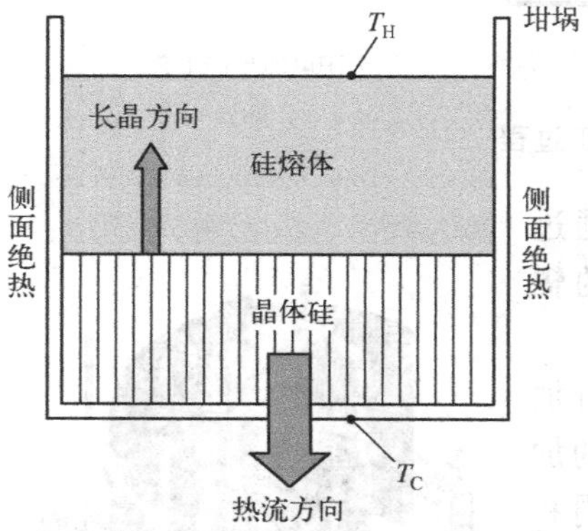

图3-21 硅锭定向凝固系统工作原理图

以下以一个典型的上下加热多晶硅铸锭炉为模型，介绍热场结构以及模拟。热场由坩埚、石墨支架、热交换平台、隔热笼、加热器、水冷台等组成，外部炉体将整个热场包围起来，气体从顶部通入然后从两侧流出。在系统底部有个可动热门，在硅料熔化阶段，它保持关闭，从而避免高温部分直接与处于低温的水冷台接触进行热传递；结晶时打开热门，同时降低底部加热器功率，这样冷端温度降低，使坩埚内硅部分形成垂直的温度梯度。结晶时释放的热量通过导热传给换热台，再由换热台与水冷台之间通过热传导、对流换热以及辐射换热将热量带走，从而实现晶体硅自下而上的生长，最后得到定向凝固的柱状晶体。

实际的晶体生长过程非常缓慢，流体运动很弱，因此系统可以假设为准稳态。系统内质量、动量、能量的传递可用以下的Navier-Stokes方程通用形式表述：

连续方程
$$\nabla(\rho\vec{V})=0 \tag{3-21}$$

动量方程
$$\nabla(\rho\vec{V}\vec{V})=-\nabla P+\nabla(\mu\nabla\vec{V})+\rho g\vec{i}_g \tag{3-22}$$

能量方程
$$\nabla(\rho C_p T\vec{V})=\nabla(k\nabla T)+S_h \tag{3-23}$$

式中，ρ、$\vec{V}$、P、μ、g、$\vec{i}_g$、C_p、T、k、S_h分别是系统的密度、速度矢量、压力、动力黏性系数、重力加速度、重力加速度的方向矢量、定压比热容、温度、热导率、源项。

晶体生长系统结构复杂，它包含固体部件（如坩埚、石墨支架、换热台、加热器等）、固态/液态硅以及气体。对于固体部件和固态硅，由于没有流动存在，因而只须解能量方程。其中：解加热器部件能量方程时，源项$S_h\neq0$；但是对于其他固体部件，由于没有内热源，

$S_h=0$。虽然在液态硅中有流动，但是考虑到其流动相对于气体流动弱得多，为了简化计算，无须解液态硅的动量方程，流动对能量传递的影响可以通过考虑等效热导率来计算。气体部分因为有较强流动，所以既须要解动量方程，也须要解能量方程。各固体部件间的接触面、坩埚与硅的接触面之间温度连续，即在这些部位热量是通过热传导传递的。模拟中用到的材料参数见表 3-3 和表 3-4。

表 3-3　冷却气体热物理参数

气体温度 /K	密　度 /(kg/m^3)	定压比热 /[J/(kg·K)]	导热率 /[W/(m·K)]	动力黏性 [$\times10^{-5}$kg/(m·s)]
1200～1800	0. 1375	1230	0. 1	5. 57
800～1200	0. 2064	1141	0. 0667	4. 24
400～800	0. 3437	1051	0. 0469	3. 06
400	0. 5158	1014	0. 0338	2. 30

表 3-4　其他材料热物性参数

其他材料	物性温度范围 /K	密　度 /(kg/m^3)	定压比热 /[J/(kg·K)]	导热率 /[W/(m·K)]	热辐射表面发射率 ε
钢	400	8030	502. 48	16. 27	0. 22
石英坩埚	293	1950	710	0. 64	0. 6
	1073			0. 55	
	3000			0. 54	
硅熔体	1685～1720	2420	1000	64	0. 2
硅固体	1500～1685	2300	1059	22	0. 2
石墨换热台、支架	1600～1800	1750	1800	80	0. 8
石墨加热器	1600～1800	1750	1800	80	0. 9
石墨隔热笼	900～1400	150	1000	0. 4	0. 8

下面介绍多晶硅铸锭炉热场的初始结构及分析。根据实际结构，在建立模型时进行了简化，如图 3-22 所示。铸锭炉生长晶体硅锭的过程：首先，将炉内抽成真空；然后，通入惰性气体，使得炉内压力保持在一定的范围内，如 400～600 mbar；之后，在热门关闭的情况下对硅料进行加热熔化，达到全部熔化的稳定状态后，打开热门，使换热台与低温水冷台通过传导、对流及辐射进行热量传递，从而产生垂直的温度梯度，实现晶体自下而上的稳定生长。

首先，对不考虑气流影响的多晶硅铸锭炉进行数值模拟和热场分析。考虑到系统关于坩埚中心线左右对称，故取其中心平面的一半进行二维建模。在数值求解过程中，调整底加热器功率（即调整冷端温度）可以得到不同长晶高度下的系统温场。所采用的系统总的晶体生长高度约为 300 mm。下面以长晶 120 mm（占总高度的 40%）且不考虑气流影响的情况为基准算例，通过数值模拟得到的整体温度等温线图和云图如图 3-23 所示。

从等温线图可见，硅的温度随着高度的升高而升高。对称面（中间）的温度比边上（近坩埚）高，等温线向下凹。这种温度分布是由系统结构决定的，采用顶加热器，受辐射的影响，硅中间部分接收到的辐射热量比边上多，故温度较高。等温线图中的粗线是硅的熔点（1685 K）等温线，以其作为硅的固-液界面。可以看出，热场中的固-液界面呈现凹形。界面形状对所长晶体的质量影响明显，若为凹形液面，则坩埚壁处是低温区，会首先结晶，容易形成微晶区；如果固-液界面向液体方向微凸，则坩埚壁处温度高于中心部分温度，微晶一旦生成即被熔体熔解，有利于形成高质量柱状晶体。因此，将固-液界面拉平或变得略凸向液体，是铸锭炉须要改进的一个重要方向。

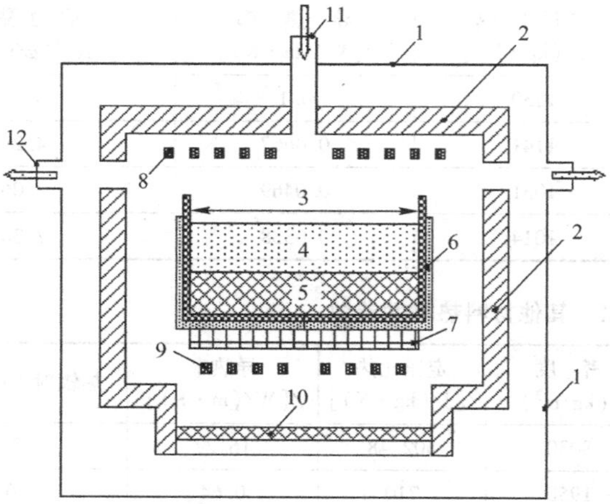

（a）热场简化图

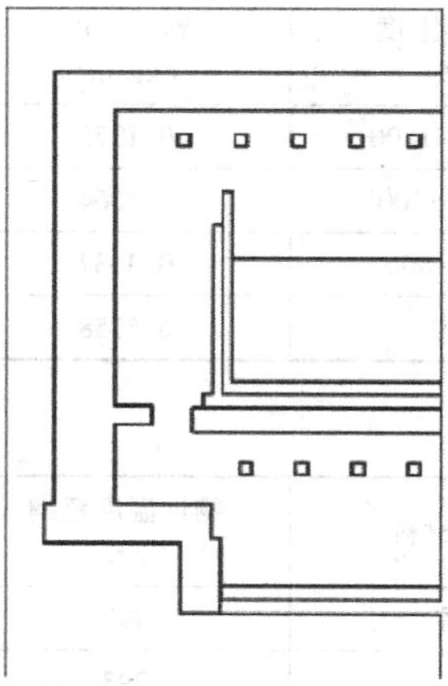

（b）模拟初始结构图

1—外炉壁　2—隔热笼　3—石英坩埚　4—硅熔液　5—晶体硅　6—石墨支架　7—换热台
8—顶加热器　9—底加热器　10—水冷台　11—进气口　12—出气口

图 3-22　多晶硅铸锭炉热场简化图和模拟初始结构图

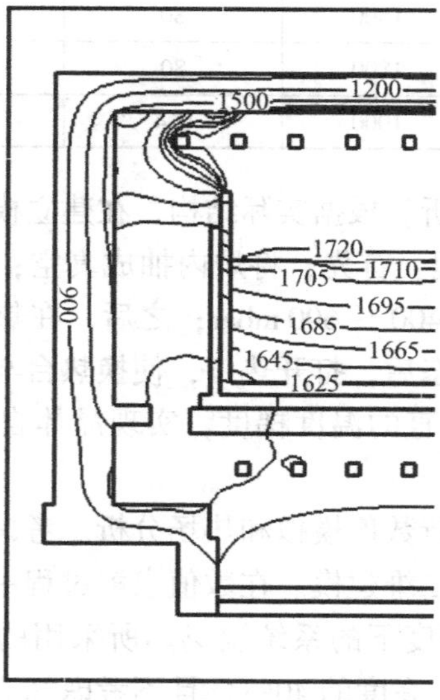

（a）等温线图

（b）云图

图 3-23　无流动铸锭炉系统内温度分布图

在基准计算的基础上，在顶部进气、两侧出气，计算外加气流后系统流场和温场的分布，结果如图 3-24（b）所示。由于结构对称于坩埚中心线，且外缸壁与隔热笼之间的温度分布对晶体生长影响很小，故图中只给出了隔热笼内部包围硅部分的一半空间的温度分布结果。由图可见，考虑气流后，气体部分等温线明显变得复杂，尤其是硅液上表面至隔热笼顶部之间的气体空间中，由于受到进气低温气流的影响，等温线呈“入射”状。

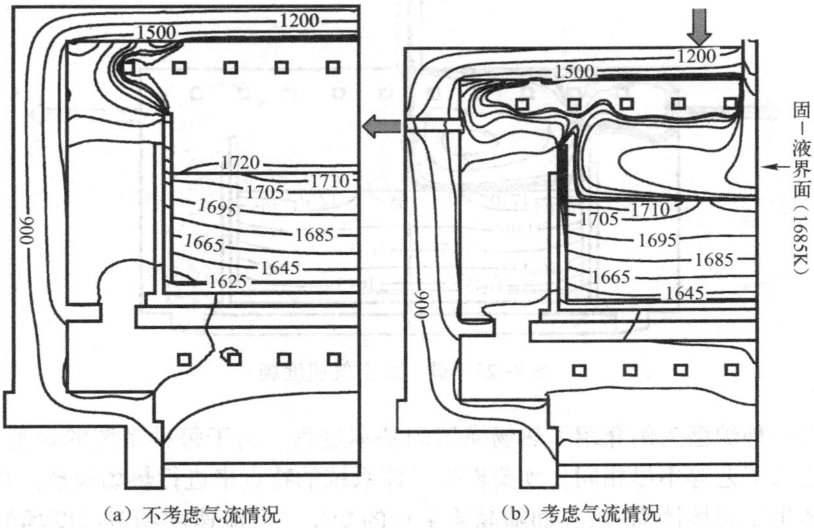

图 3-24 隔热笼内部的温度分布

观察图 3-24（b）可以发现，硅部分在靠近自由表面处出现了鞍形等温线，温度最高点不再像无气流时出现于中心，而是出现在中心两侧-坩埚壁处，相较之下中心部分仍是低温区域。这是由于在中心进气的情况下，低温气流直接“冲刷”硅的中部液面，强制对流加强了换热，导致硅的中心温度下降。另外，在相同温度的情况下，等温线在有气流时明显比无气流时稀疏。这是因为，通过加热器输入熔炉的功率在无气流流动时通过辐射传递给硅；考虑气流因素后，气流在加强了硅表面对流换热的同时，也将本该通过辐射传递给硅的部分热量带走，其中一部分用于增加气体的内能，另一部分通过气流流动传递到其他部件，所以硅部分吸收的热量相较于无气流时减少了，这会使长晶速度加快。

在图 3-24 中，粗线是 1685 K 等温线，即界面位置。对比发现，在有、无气流影响的情况下，固-液界面都是凹界面，但考虑气流后的界面相对于无气流情况时的曲率明显减小，界面较平直。这是因为无气流时，硅两边温度低，中间温度高；而有气流后，由于低温气流对中间部分直接“冲刷”，降低了中心部分的温度，所以界面曲率有所减小。前面的分析已经指出，平直界面，尤其是略凸的界面，可以在一定程度上减少微晶的生成，因此加入冷却气流对提高晶体硅的质量是有利的。

图 3-25 给出了我们所关心的隔热笼的内侧与硅液面的区域间，部分气体的速度场以及在硅液-晶体内的温度分布。图中：对称轴左侧是气流迹线图，显示了气流流动方向；右侧是速度矢量图，显示了流动的强弱。从气流迹线图可见，气流首先会掠过硅液的自由表面，最后由出口流出。在这个过程中，气流在带走硅表面沉积的杂质以及挥发出来的 SiO 的同时，还起到了隔离石墨热场与高温硅熔液的作用，从而大大减少了引入碳、氧杂质的可能。

从速度矢量图可见，在硅的自由表面温度最低的地方（见图 3-25 中 A 点），恰好是硅与冷却气体接触面上气流流动最强的地方，证实了前面得出的由于气流的强对流降低了硅液面中间部分温度的结论。

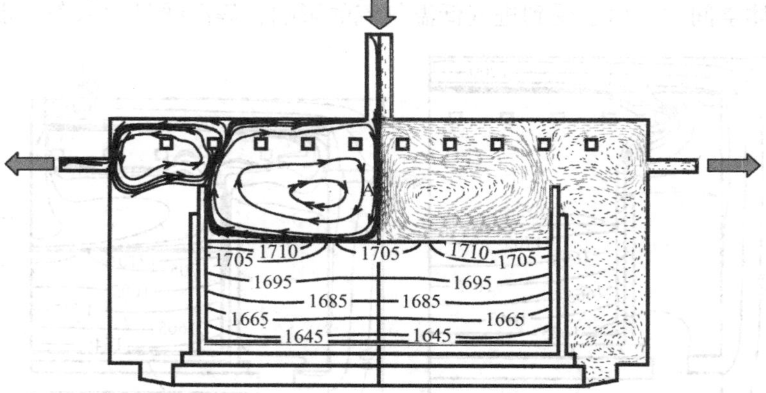

图 3-25　硅上部空气速度场

以上仅以一种炉型为例介绍了热场模拟的基本过程。由于每种系统的炉型、内部热场、初始结构、生长工艺等不尽相同，须要根据具体系统的特点来进行热场模拟。热场模拟不仅可计算出晶体生长时熔体固-液界面随晶体生长的变化、气流速度场对温度场的影响，而且可以根据固-液界面对温度场的影响来分析晶体性能和缺陷等。目前，大部分铸锭已经到达吨量级，完整的晶体生长周期都在 70 h 以上，通过模拟来替代部分试验，可以起到节约大量时间和原材料成本的作用。

3.2.4　多晶硅铸造生长工艺

热交换法定向凝固铸造多晶硅的工艺包括装料、加热、熔料、长晶、退火和冷却等步骤。

1）装料　按照预先配比好的硅料转入喷涂了氮化硅的石英坩埚。铸造多晶硅的原材料除了使用太阳能级和半导体级的原生多晶硅，也可以使用微电子工业用单晶硅生产中产生的剩余料，如单晶硅棒的头尾料，开方边皮料，直拉单晶硅生长完成后剩余在坩埚中的锅底料，以及微电子后道工艺产生的各种厚度的硅片等。但是，直拉或区熔单晶硅较多应用在微电子行业，掺杂类型和电阻率种类较多，不同电阻率以及 p 型和 n 型半导体混杂在一起，容易造成铸造多晶硅电学性质波动，因此须要精细控制和计算。

铸造多晶硅锭也产生一定比例的剩余料，包括开方后的边皮、去头尾过程中产生的各种头尾料等，这些硅料经过处理和分选，都可以循环再利用。铸造多晶硅锭产生的剩余料的质量要低于单晶硅生产过程产生的剩余料。一般来说，铸造多晶硅锭产生的剩余料比例约为 25%，这部分可以全部循环使用。同时，要根据原材料配比中的质量、杂质浓度和分凝系数等来计算添加母合金的质量，在装料时把母合金加入其中，以期达到预定的电阻率值。

由于不同尺寸的硅料熔化时间不一，须要根据硅料的尺寸合理安排，避免大块的硅料冲击坩埚的底部和四壁，造成坩埚的损坏，进而产生漏硅。

2）加热 这个步骤的目的是提升石墨部件、保温材料及硅料的温度。这个步骤在真空中进行，让所有的石墨部件及保温板吸附的湿气和硅块表面湿气蒸发掉，可能的话，温度越高越好，时间越短越好。温度控制在1000℃以下是不稳定的，一般在1000℃以上才能稳定控制，所以这个步骤基本用功率模式来进行控制。

在真空状况下，如果温度达到1300℃以上，氮化硅涂层就会分解和蒸发，失去隔离坩埚和硅料以使其不发生反应的作用。一般会将温度控制在1200℃以下，对真空炉充入氩气可以有效保护氮化硅涂层。

3）熔料 在初始几个时间较短的步骤中，把压力慢慢增加至设定值，一般通入氩气作为保护气，使炉内压力基本维持在400～600 mbar。在这个步骤中温度会慢慢地提升，以尽可能缩短工艺时间。当温度上升至最后的熔解温度（一般约为1540℃）时，维持在此温度，以完成多晶硅料在坩埚中完全熔解。

当该步骤结束时，所有硅料温度将会达到熔点（1418℃）以上并熔化。一般靠近坩埚的外侧会有较高的温度，这是由于加热器热辐射直接加热至坩埚的外缘而不是坩埚中心的缘故。从上方观察窗可以看到片状漂流物漂移，液面的扰动是因为有热对流存在，没有其他形式的搅动来降低温度梯度，造成在坩埚四周有较高温度所致。

缓慢的熔解过程对熔化过程应该是较为理想的，但是其所需的时间将会大大拉长。而较高的温度则会使坩埚边缘及底部与涂层发生更多的化学反应；较低的温度及缓慢的熔解过程将有利于溶解过程中把硅料中的杂质进行有效的分层，因此须要根据铸锭工艺的要求去决定如何平衡所需的工艺时间，以避免对硅锭品质产生不好的影响。

通常会在高于硅料的熔点120～130℃完成硅料的熔化，在之后的两三个步骤中，则需要把温度降低到熔点之上，时间越短越好，随后就进入了长晶过程。

4）长晶 在此步骤开始时，将开启隔热笼至所选择的间隔，此时热辐射将大量的热量与水冷的炉壁进行热交换。因此，坩埚底部的温度开始迅速降低并持续下降。热交换平台温度将会迅速下降至1350℃，且确保晶体生长开始于坩埚的底部，晶体生长的方向则取决于坩埚的底部至液面的温度梯度和方向。

接下来，继续缓慢打开隔热笼，或者通过其他技术手段，使晶体长至所选择的生长高度，且温度维持不变或慢慢降低，以维持晶体生长速率（控制在1.0～2.0 cm/h之间）。

目前，一般会采用高温计来探测硅锭中心的生长是否已经结束。探测的方法：中心的熔硅由液体变成固体时反射率的改变能反映出明显的温度改变，根据这种变化就可以确定硅锭的中心生长是否已经结束。

最后是完成硅锭边角的生长。在此过程中，温度将继续下降6～8℃，以加速角落成长的完成。一般此过程须费时3～5 h。

5）退火 晶体生长完成后，晶体的底部和上部存在较大的温度梯度，这会导致硅锭内部产生热应力，在硅片加工和太阳电池制备过程中容易造成硅片破裂。所以，晶体生长完成后，须要把温度提升至1300℃或稍高的温度并保持2～4 h，以消除硅锭的内部应力、位错，或将其从晶格间移到硅锭边界或边缘，以此来提升硅锭的品质。

6）冷却 硅锭在炉内退火后，停止加热，提升隔热装置或完全降下硅锭，炉内通入大流量氩气，使晶体温度逐渐降低至300～400℃；同时，炉内气压逐渐上升，直至达到大气压，最后取出硅锭。

3.2.5 铸造多晶硅生长的影响因素

与直拉单晶硅不同，铸造多晶硅结晶时不需要籽晶。在晶体生长过程中，一般自坩埚底部开始降温，当硅熔体的温度低于熔点（1418 ℃）时，在接近坩埚底部处熔体首先凝固，形成许多细小的形核中心，然后横向生长。当形核中心相互接触时，再逐渐向上生长，形成柱状晶体，柱状的方向与晶体凝固的方向平行，直至所有的硅熔体全部结晶为止。这是一个典型的定向凝固生长过程，这样生长出来的多晶硅的晶粒大小、晶界结构、缺陷类型都很相似。

在铸造多晶硅晶体生长时，要考虑的主要问题包括形核时坩埚底部的温度梯度，尽量均匀的固-液界面温度梯度，尽可能小的热应力，尽可能少的来自坩埚的污染，以及保护气体的流动等。

晶体凝固时，一般自坩埚的底部开始，晶体在底部形核并逐渐向上生长。在不同的热场设计中，固-液界面的形状呈凹形或凸形。由于硅熔体和晶体硅的密度不同，地球引力将会影响晶体的凝固过程，产生晶粒细小、不能垂直生长等问题，影响铸造多晶硅的质量。为了解决这个问题，需要特殊的热场设计，使得硅熔体在凝固时，自底部开始到上部结束，其固-液界面始终保持与水平面平行，这被称为水平固-液界面凝固技术，这样制备出来的铸造多晶硅硅片的表面和晶界是垂直的。

在晶体凝固过程中，晶体的中部和边缘部分存在温度梯度，温度梯度越大，多晶硅中的热应力就越大，这会导致更多体内位错生长，严重时甚至会导致多晶硅锭破裂。因此，在铸造多晶硅生长时，生长系统必须很好地隔热，以便保持熔硅内温度的均匀性，确保没有较大的温度梯度出现；同时，应保证在晶体部分凝固、熔体体积减小后，温度没有变化。

在影响温度梯度的因素中，除了热场本身的设计外，温度下降起决定性作用。通常，晶体的生长速率越快，生产效率越高，其温度梯度也会越大，最终将导致热应力也越大，而高的热应力会导致高密度的位错，这会严重影响多晶硅的质量。因此，既要保持一定的晶体生长速率，提高生产效率，还要保持尽可能小的温度梯度，减小热应力以减少晶体中的缺陷。通常，在晶体生长初期，晶体生长速率尽量慢，使得温度梯度尽量小，以保证晶体以最少的缺陷密度生长；然后，在可以保持晶体固-液界面平直和温度梯度尽量小的情况下，尽量使晶体高速生长以提高生产效率。

在实际工业生产中，铸造多晶硅的晶粒长度一般为1～10 mm，高质量的多晶硅晶粒长度平均可以达到10～15 mm。另外，晶粒的大小还与其所处的位置相关。一般而言，晶体硅在底部形核时，核心数目相对较多，使得晶粒的尺寸较小；随着晶体生长的进行，大的晶粒会变得更大，而小的晶粒会逐渐萎缩，因此，晶粒的尺寸会逐渐变大，晶粒的平均面积将随多晶硅锭高度而变化。硅锭上部晶粒的平均截面积几乎是底部晶粒的2～5倍。晶粒的大小也与晶体的冷却速率有关，晶体冷却得快，温度梯度大，晶体形核的速率快，晶粒就多而细小，这也是浇铸法制备的多晶硅的晶粒尺寸小于热交换法的原因。另外，由于坩埚壁也与硅熔体接触，与中心部位相比，此处的温度相对较低，结晶时，固-液界面与坩埚壁接触处不断会有新的核心生成，导致在多晶硅晶锭的边缘有一些晶粒不是很规整，且相对较小。

一般而言，在铸造多晶硅锭的四周和顶底区域存在一层低质量的区域，其少数载流子寿命较短，不能应用于太阳电池的制备。这层区域与多晶硅晶体生长后在高温环境下的保留时间有关。通常认为，晶体生长速率越快，这层区域越小，可利用的材料越多。这部分材料虽然不能用于制备太阳电池，但是可以回收循环利用。在回收边料中，会有越来越多的碳化物和氮化物，这些杂质过多，最终会导致材料质量下降。所以，在多晶硅晶体生长时，要尽量减小低质量的区域。

与直拉单晶硅一样，铸造多晶硅也需要掺杂，以使硅材料具有一定的电性能。虽然有多种掺杂剂可供利用，但是考虑到生产成本、分凝系数和太阳电池制备工艺等因素，实际生产中主要制备 p 型铸造多晶硅。最近，掺镓的 p 型和掺磷的 n 型铸造多晶硅也引起了人们的注意。

对于 p 型掺硼铸造多晶硅，电阻率在 0.1～5.0Ω·cm 范围内的都可以用于制备太阳电池，但最优的电阻率约为 1.0Ω·cm，硼掺杂浓度约为 2×10^{16} cm^{-3}。在晶体生长时，适量的 B_2O_3 和硅原料一起被放入坩埚，熔化后 B_2O_3 分解，从而使硼溶入硅熔体，最终进入多晶硅体内，其反应方程式为

$$2B_2O_3 = 4B + 3O_2\uparrow \quad (3-24)$$

由于硼在硅中的分凝系数为 0.8，所以自晶体底部的开始凝固部分到上部的最后凝固部分，硼的浓度相当均匀，使得整个铸造多晶硅锭的电阻率也比较均匀。

掺镓的 p 型铸造多晶硅虽然可用于制备性能优良的太阳电池，但是镓在硅中的分凝系数太小，只有 0.008。因此，晶体底部和上部的电阻率相差很大，不利于规模化生产。掺磷的 n 型多晶硅也是一样，磷在硅中的分凝系数仅为 0.35。而且掺磷的 n 型多晶硅中少数载流子（空穴）的迁移率较低，如果应用于 n 型多晶硅太阳电池，现在常用的太阳电池的工艺和设备都要进行改造。对于掺磷的 n 型晶体硅而言，要通过硼扩散制备 pn 结，但是硼的扩散温度要高于磷的扩散温度。所以，无论是掺镓 p 型还是掺磷 n 型多晶硅，目前只有少数太阳电池制造商掌握了其核心工艺和专利，没有得到广泛的应用。

3.2.6 准单晶硅和高效多晶硅

直拉单晶硅片具有较高的电力消耗、较低投料量，以及由于较高氧含量引起硼氧复合而影响太阳电池转换效率等缺点。铸造多晶硅片虽然克服了以上这些问题，但其自身较高的位错密度以及相对较低的太阳电池转换效率，一直是业内科研人员努力解决的重点，他们一直致力于研发一种产品，能够极大地降低电力消耗、大规模生产，并能维持较低的硅晶体缺陷以及较高的太阳电池转换效率。BP 北美公司的内森·G. 斯托达德和罗杰·F. 克拉克[10-11]陆续研发了从籽晶制造浇铸准单晶硅的方法和装置，以及用于光电领域的单晶铸硅实体。

铸造单晶硅利用了铸造多晶硅的铸造方法，在石英陶瓷坩埚的底部或者侧壁铺设至少一个单晶硅籽晶或循环籽晶。坩埚底部籽晶铺设示意图如图 3-26 所示，籽晶中增加第一晶向、第二晶向的籽晶及其排列方式，并保持固-液界面边缘至少最初与至少一个冷却壁平行或凸起的固体边界，以增大单晶的面积。

在加热熔化硅料时，必须精确控制单晶籽晶熔化的高度，以确保将单晶籽晶未熔高度控制在一个水平面上，这个未熔高度一般可以控制到约 10mm。为了更好地控制高度，可采用石英棒插棒手动测量，或者将其他高熔点、高密度并不与熔硅相溶的材料浸入熔硅中进行自动测量等方法，来检测底部未熔单晶籽晶的高度，以获得类似于直拉单晶籽晶的作用，形成均一的晶向生长。这个晶向取决于底部籽晶的晶向，一般以［100］晶向为主，这种籽晶可

以直接从［100］晶向的直拉单晶硅棒截取并可以循环使用。由于底部未熔籽晶与熔硅熔接，减少了浇铸多晶硅片底部异质成核时的高位错密度和晶界。

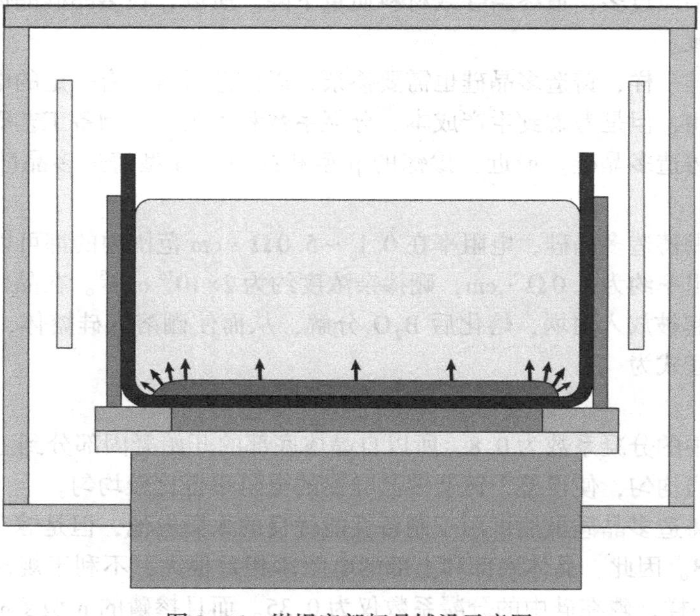

图 3-26　坩埚底部籽晶铺设示意图

大部分商业化准单晶硅生产采用了［100］晶向的籽晶，这样可以生长出［100］晶向的准单晶硅，可与直拉单晶硅片的太阳电池工艺完全衔接。图 3-27 所示为硅锭开方后小方锭的侧面照片，可以看出，几乎整个硅块是一个晶向，只在硅块的边缘处存在部分多晶区域。切割后的准单晶硅片可以采用碱制绒形成细小致密的金字塔绒面，因此硅片表面的反射率几乎与直拉单晶硅片接近，太阳电池的转换效率也接近直拉单晶硅片的太阳电池水平。

图 3-27　小方锭的侧面照片

准单晶硅片的优势十分明显，但是其晶体生长控制的要求也十分高。一是坩埚底部铺设的单晶籽晶来自直拉单晶，成本较高，目前可以实现单晶籽晶的循环利用，可是循环次数有限，成本偏高；二是在熔化硅料时，对水平固-液界面要求较高，一旦有凹凸不平的界面就将造成籽晶完全熔化或者不熔化等情况，这些区域生长上来的硅晶体与常规的多晶硅一致，在切片后会出现部分区域是准单晶而部分是多晶的状况，太阳电池制绒工艺将无法适配碱制绒，因而无法在硅片表面制备出与直拉单晶硅片一致的细小致密的金字塔绒面，太阳电池的转换效率与常规多晶硅片相比，不仅没有提升反而会出现下降的情况。

为了对准单晶的籽晶保护、固-液界面和生长速率控制等提供更好的初始条件和生长条件，在现有的热交换法基础上对热流和温度梯度提出了更严格的控制要求[12]，主要是解决在熔化和生长不同阶段对热对流的冲突问题。在熔化阶段，需要较高的温度和较强的热对流以实现尽可能快的多晶硅料熔化；而在晶体生长初期，需要稳定的界面和较高的温度梯度，以便实现［100］晶向的生长，并且有可能实现无籽晶条件下的［100］晶向晶体生长。业界开发出了带图形的热交换平台、多个热交换平台、对局部区域进行热流控制装置、固-液界面监控以及温度梯度监控等多种技术，旨在进一步提高准单晶硅的制造良品率和抑制晶体缺陷。

晶体生长过程是从形核开始的，即首先在母相中形成与拟生长的晶体具有相同结构并且在给定的晶体生长条件下热力学稳定的晶胚，随后通过晶胚的长大实现晶体的生长。与后续的生长过程相比，形核过程是短暂的。从原理上来讲，形核则是与生长不同的过程[3]。由于晶体生长条件的不同，晶体的形核可以通过以下不同的方式发生：

☺ 在均匀的母相中形核，即所谓的均质形核。

☺ 依附于母相中存在的结晶态的固相表面形核，即所谓的异质形核。

☺ 依附于预先制备的拟生长晶体（籽晶）的界面生长。

严格地讲，最后一种情况不属于形核，它被称为外延生长。晶体生长可以以不同状态的物相为母相。不同的母相提供的形核条件不同，因此其形核的控制因素和参数也存在很大的差异。母相的物态包括液相（熔体生长、溶液生长）、非晶态固相（晶化）、结晶态固相（固态再结晶或同素异构转变）、气相（凝结或气相生长）、分子束、等离子体、超临界液相等。以下主要针对硅晶体的形核条件对已有的形核理论进行简单的描述。

最早的形核理论是针对过饱和蒸气在液滴的形核，是由 Volmer 和 Weber、Becker 和 Doring 提出的。在 Becker 和 Doring 模型的基础上，Turnbull 和 Fisher 于 1949 年提出了经典的由液相中均质形核的理论。

经典的均质形核理论以液相中的结构起伏假设为基础，采用热力学分析方法进行形核率和形核条件研究。该假设认为，在过冷的液相中，由于结构起伏而形成不同尺寸的原子团簇。这些原子团簇在结构上接近晶体，但它们是不稳定的，时聚时散，此起彼伏。具有临界尺寸的原子团簇获得一个原子后成为晶核，失去一个原子则退回到非稳定的团簇，这两个方向相反的变化过程的差值就是净形核速率。该临界尺寸的团簇又称临界晶核。根据这一概念，体系的形核率 I_n（即单位时间、单位质量的母相中形核的数目）可以表示为

$$I_n = I_0 \exp[-\Delta G_n/(RT)] \tag{3-25}$$

式中：ΔG_n为形成一个晶核引起的体系自由能的变化，又称形核功；R 为摩尔气体常量；T 为热力学温度；I_0是指前系数，与温度、原子迁移率等多种因素相关。

铸造多晶硅在加热熔化过程中要采用耐高温的容器来盛接熔融的多晶硅料，这些高温材料可以是石英、石墨、三氧化二铝、氮化硅等，而商业化、低成本应用的是石英坩埚。在介绍铸造多晶硅工艺时曾提到，在石英坩埚内壁必须喷涂一层氮化硅涂层，以避免石英砂与熔硅发生化学反应并造成硅锭粘连，进而造成硅锭开裂。一般认为，铸造多晶硅的成核是依附于坩埚底面的氮化硅母相中存在的固相表面形核，是一种异质形核。在氮化硅合成时，较容

易获得α-相的晶体，在多晶硅料加热到1500℃以上时，氮化硅还转化成β-相。这些特性决定了采用该工艺生长的多晶硅片的位错密度在硅锭的底部非常高，并随着硅锭向上垂直生长而进一步变大。

为此，近年来工业界借鉴准单晶硅的工艺流程，在坩埚底部铺设了一层厚度为10～20 mm的细碎多晶硅料、多晶硅片或极细的颗粒料，在加热和熔化多晶硅料时控制硅料的熔化从上部开始并逐渐向下，直至控制熔硅的液面尽可能接近坩埚底部（间距控制在10 mm以内），并快速切换到晶体生长阶段。熔融的硅液可以渗透到底部铺设的细碎多晶硅层。这种均匀的母相均质形核可以有效地控制形核区域的位错密度，从而达到提升太阳电池转换效率的效果。

K. Fujiwara等[13-15]学者针对在形核初期控制固-液界面的过冷度，以使生长初期的晶体获得不同的晶向取向开展了大量的研究工作。在缓慢生长和快速生长不同条件下得到两种不同的生长特性。试验表明，在过冷度达到一定梯度、晶体生长达到一定速率时，可以取得十分好的一致晶向。图3-28所示的是在30 K/min条件下，硅晶体在坩埚壁生长初期的界面图。由图可见，晶体初始成核是从坩埚壁开始的，且生长固-液界面是不规则的，但在快速生长状况下晶粒会沿着横向生长。

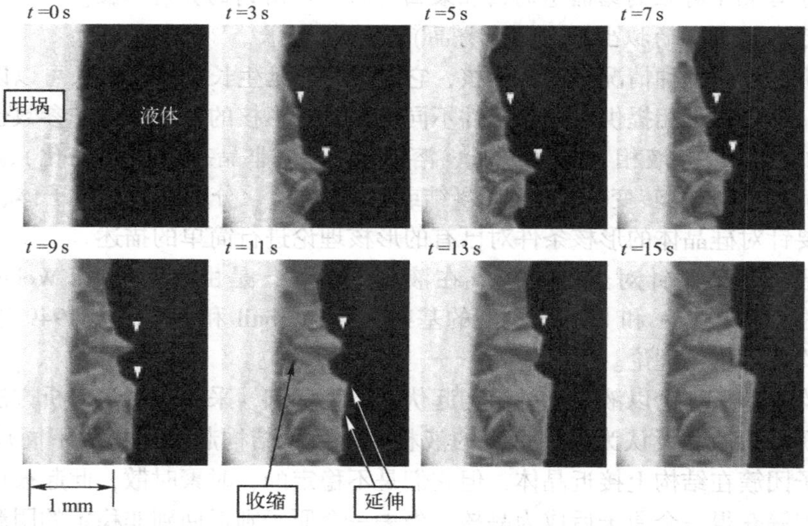

图3-28　晶体在坩埚壁生长初期的界面图

蓝崇文等[16]中国台湾学者在控制坩埚底部形貌和控制过冷度上开展了相当多的工作，如图3-29所示。他采用在坩埚底部制造一个个锥形面，形成粗糙的表面，利用水冷和气冷等在局部点形成大的过冷度。试验显示，过冷度和生长界面的控制是生长出高效硅片的两个最主要的因素。

由图3-21可以看出，底部有锥形面并快速生长条件下的少子寿命比无锥形面的少子寿命长，EPD图显示晶向取向较一致。目前在实际商业化生产中，采用粗糙坩埚底部工艺，形成粗糙的表面，并在形核初期采用氩气或者水冷等急速冷却的办法在坩埚底部形成温度过冷梯度，这些工艺都取得了不错的效果，生长出来硅锭的质量接近或类似于半熔工艺的效果。

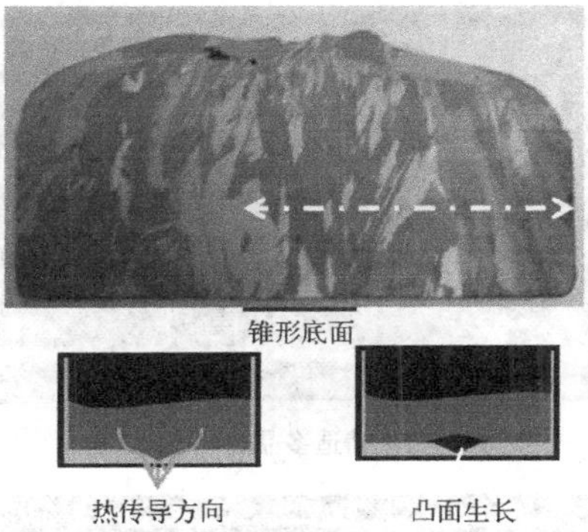

（a）坩埚底部锥形面热传导方向及生长界面

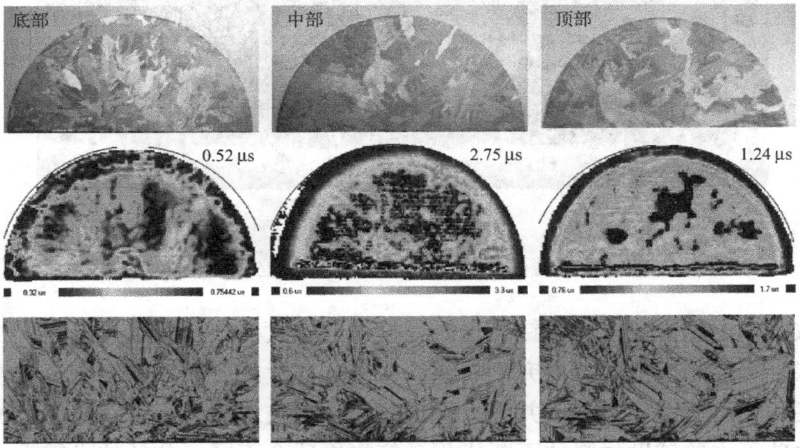

（b）坩埚底部无锥形面时的少子寿命和EPD图

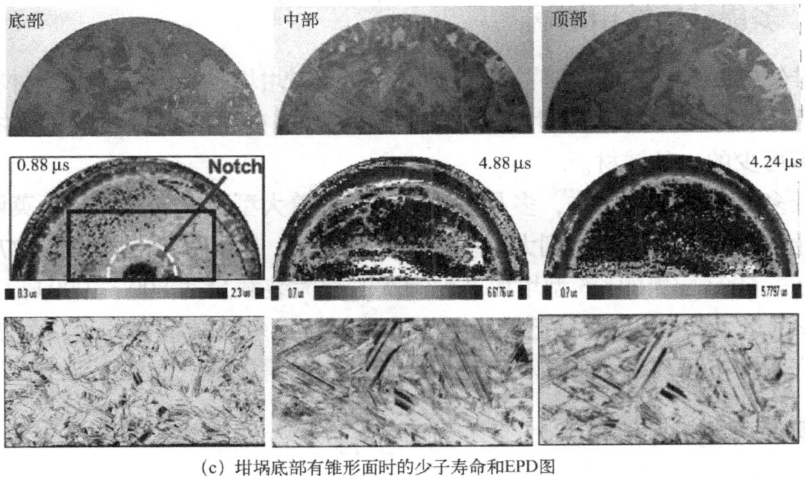

（c）坩埚底部有锥形面时的少子寿命和EPD图

图 3-29　控制坩埚底部形貌的研究

图 3-30 所示为采用粗糙坩埚底部高效工艺前、后铸锭剖面的少子寿命对比图。可以看出，从硅锭底部到硅锭顶部的少子寿命十分一致，特别是顶部的少子寿命得到了大幅度的提升。

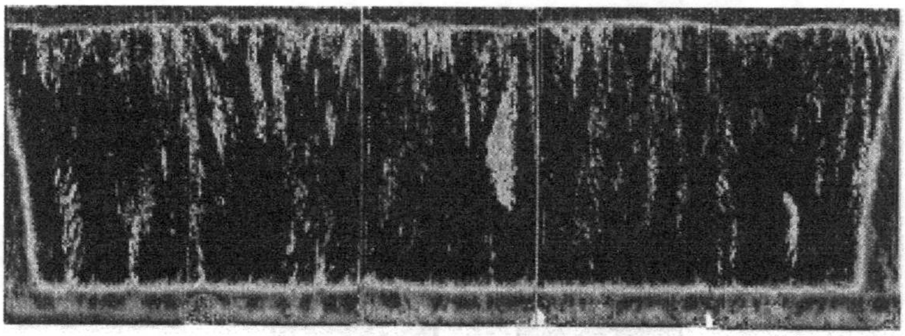

（a）常规铸造多晶硅

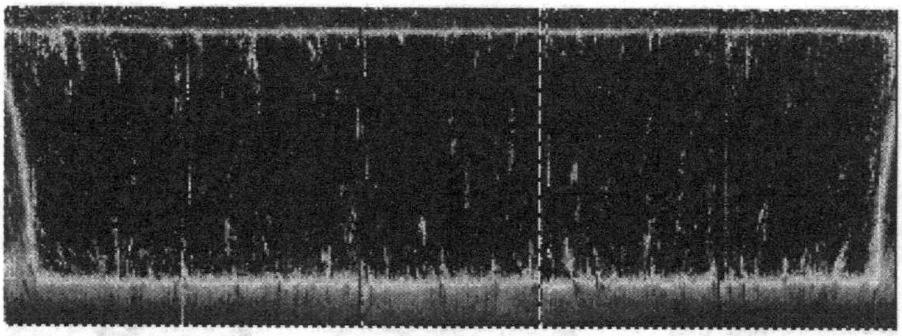

（b）高效多晶硅

图 3-30　常规铸造多晶硅与高效多晶硅的少子寿命对比图

在过去数年中，随着对多晶铸锭技术研究投入的加大，在初始成核机理、位错抑制、杂质扩散、氧碳含量控制等方面的研究不断深入，多晶硅片的质量和太阳电池转换效率持续提升，半熔铸锭和全熔铸锭技术齐头并进，呈现差异化的技术路线。这些技术上的进步也促进了坩埚和氮化硅等主要辅助材料的不断优化，使之更适合不同工艺的技术需求。

3.2.7　多晶硅铸锭用坩埚

在多晶硅铸锭生产过程中，多晶硅铸锭用石英陶瓷坩埚是装载多晶硅原材料的容器，多晶硅在 1540 ℃下熔化并完成晶体生长。由此可见，多晶硅铸锭用石英陶瓷坩埚是多晶硅铸锭生产中必不可少的一种辅材。

为了降低多晶硅的生产成本，多晶硅铸锭炉正朝着大型化方向发展，石英陶瓷坩埚也随着多晶硅产业的发展经历了由小到大的发展历程。目前，硅料最大装载量为 270 kg/埚的 G4 型坩埚和 500 ～ 600 kg/埚的 G5 型坩埚已被淘汰，最大装载量达 800 ～ 900 kg/埚的 G6 型坩埚和 1000 kg/埚以上的 G7 型坩埚已成为主流产品。铸锭多晶硅行业的迅猛发展给石英陶瓷坩埚带来了广阔的市场前景，目前石英陶瓷坩埚的全球需求量已达数十万个。

1. 石英陶瓷坩埚的性能特点

过去许多人曾尝试将在单晶硅生产中成熟应用的石英玻璃坩埚，移植在多晶硅铸锭生产中使用，结果都失败了。最后，石英陶瓷坩埚以较高的热稳定性和热传导能力的特性，成为多晶硅铸锭工艺主要的选择。

1）热学性能　陶瓷坩埚和石英坩埚具有极低的线膨胀系数（线膨胀系数为 0.6×10^{-6}/ ℃），故有非常好的抗热震性能。在多晶硅的生产工艺中，化料过程在 1540 ℃左右高温下须保持约10～20h；在硅晶体生长过程中，温度达到硅熔点附近的1420～1440℃，其晶体生长过程约需要20～40h。在长时间的高温下，从使用特性和效果上来看，石英陶瓷坩埚是较为理想的选择。

2）力学性能 陶瓷是脆硬性材料，其抗折强度和抗压强度较高，能保证多晶硅装载量足够大。

3）石英在高温下的晶型转换 石英坩埚在低温条件下是无定型结构，具有较低的膨胀系数，从而具有较好的热稳定性；在高温条件下，石英坩埚缓慢转换成具有较高膨胀系数的晶型，多晶硅凝固结束后，在冷却过程中石英坩埚因膨胀系数变化而发生破裂，一方面有利于硅锭的脱模，另一方面有助于向外释放硅锭的高温应力。

4）石英的高纯度 目前，熔融石英是矿石石英在1720℃以上融化凝固得到的，其纯度可达到99.99%，并且所含的杂质具有较高的热稳定性，这也是其他材料无法达到的，从而保证了多晶硅在晶体生长过程中的安全性，并降低了受杂质污染的风险。

5）易于实现尺寸大型化 石英陶瓷在生产过程中的收缩比其他陶瓷小，所以石英坩埚比其他坩埚易于大型化，这对生产更多优质的铸锭有着很重要的实际意义。一般情况下，硅锭越大，产品的质量就越好，硅块的可得率也越高。由于硅晶体的缺陷和杂质都会趋向于硅锭的边缘，所以国际上总的趋势就是倾向于生产更大尺寸的硅锭。

2. 熔融石英的性质

熔融石英是生产石英坩埚的主要原料。熔融石英是非晶态氧化硅（玻璃态），它是典型的玻璃，其原子结构长程无序，它通过三维结构交叉链接使其具有高使用温度和低热膨胀系数。在生产过程中，将精选的优质硅石原料（SiO_2>99%）在电弧炉或电阻炉内熔融（温度为1720℃以上）。SiO_2熔体黏度高（在1900℃时为10^7 Pa·s），无法用浇铸方法成型，因此只能冷却后形成玻璃体，再经破碎分拣得到石英坩埚使用要求的块状料或粉料。

目前有注浆成型石英陶瓷坩埚和注凝成型石英陶瓷坩埚两种工艺，它们在生产上都已得到批量化应用。注浆成型石英陶瓷坩埚是将混合的石英浆料在石膏模中注浆成型，利用石膏模的微孔吸水作用得到坯体，再经过干燥、烧制、磨削而成的。其工艺过程用高纯熔融石英玻璃原料制备石英料浆，注浆成型后再经过干燥、烧成、检测得到成品。注浆成型产品的性能特点是密度略高，耐磨性好，气孔率低，力学性质较稳定。

注凝成型石英陶瓷坩埚是在石英浆料中加入有机单体，在非孔模具中固化成型后得到制品，再经过干燥、烧制而成的。其工艺过程是用有机单体和高纯熔融石英玻璃原料制备石英料浆，注凝成型后经干燥、烧制、检测而成。注凝成型产品具有很高的生坯强度，成型周期短，但是气孔率高。

多晶硅铸锭用石英坩埚目前存在的问题是：①在原料熔化、晶体硅长晶过程中，硅熔体、坩埚、氮化硅涂层都长时间接触，而坩埚和氮化硅涂层中的杂质相对于多晶硅都要高，在高温条件下各种杂质固相扩散进入多晶硅晶体，形成硅锭底部和侧面的少子寿命低区，从而降低了多晶硅的质量；②氮化硅涂层与坩埚的膨胀系数不同，如果氮化硅喷涂不牢固或不均匀，会导致坩埚与多晶硅粘连，很容易造成硅锭的破裂，更严重的会造成坩埚破裂，导致熔硅泄漏，造成巨大的损失。所以，保证石英坩埚具有高抗热震性、高纯度，以及有利于涂层吸附的内表面，对多晶硅铸锭生产是非常必要的。

在传统的多晶硅铸锭过程中，所用的普通多晶铸锭坩埚的纯度较低，由于来自坩埚的杂质扩散和晶体缺陷较多，在多晶硅铸锭与坩埚接触的部位会呈现越靠近坩埚底部和侧面少子寿命越低的趋势，在少子寿命扫描图上显现出低少子寿命黑边带区（宽度约为15～20 mm），从而影响了硅锭整体光电转换效率的进一步提升，也存在杂质富集区漏电和低效问题。随着太阳电池生产商对硅片黑边宽度的要求越来越高，降低硅片黑边宽度成为各大硅片生产企业的研究重点。目前，降低黑边宽度的方法主要采用增加坩埚尺寸、硅块底部切除增加、优化喷涂涂层、优化铸锭工艺、缩短工艺时间、使用高纯坩埚等技术手段。单纯通过增加坩埚尺寸和增加底部切除的方法降低硅片的黑边宽度，会对硅料利用率造成较大的影响，增加生产成本。2015年，国内主要的坩埚生产厂家均推出了高纯坩埚产品。目前，国内厂家主要通过采用内壁高纯坩埚、改进喷涂工艺、调整铸锭工艺来降低黑边宽度。大部分企业均可实现硅片PL下黑边宽度为5～6 mm，制成太阳电池后EL下显示无黑边。郭宽新等人[17]的研究报告中称，对于EL无黑边硅片，硅锭A区和B区转换效率明显得到改善，而C区转换效率无显著差异；在使用高纯坩埚后，虽然硅片EL无黑边，但转换效率基本没有提升，甚至处理不好还会导致转换效率下降。虽然高纯坩埚可以解决黑边的问题，但由于高纯涂层和坩埚本体并非一体，各部分的热膨胀系数不同，有可能导致涂层脱落和应力不均匀，带来硅锭氧含量增大、位错增加的问题。因此，尽管目前高纯坩埚降低黑边宽度的效果较好，但部分企业仍对高纯坩埚的使用持谨慎态度。不过，目前无黑边硅片的市场需求强烈，众多研究者正在积极开展相关的研究，相信很快会有更好的解决方案。

3. 多晶硅铸锭用石英坩埚未来的发展趋势

1）尺寸的大型化 增加多晶硅的单炉投料量，一方面可以降低单位成本，增加产能；另一方面可以减少坩埚对硅锭的杂质扩散，从而提高硅片的质量。

2）纯度的提高 主要是降低金属杂质的含量，从而减少高温下坩埚中杂质对硅锭的固相扩散，有利于晶体硅光电转换效率的提高。

3）强度的提高 坩埚的大型化生产，使多晶硅的单埚装载量大大提高，所以需要更高的力学强度来支撑多晶硅的质量。

4）高效坩埚的研究 通过对坩埚性能的改变来促进晶体硅的晶体生长，减少晶体缺陷，提高晶体硅的光电转换效率。

参考文献

[1] 阙端麟,陈修治．硅材料科学与技术[M]．杭州:浙江大学出版社,2000.

[2] 杨德仁．太阳电池材料[M]．北京:化学工业出版社,2006.

[3] 介万奇．晶体生长原理与技术[M]．北京:科学出版社,2010.

[4] 余学功．光伏硅材料的技术现状．中国可再生能源学会光伏专业委员会,专家观点,第2期．2022年2月21日

[5] 李海林,武欢,王瑞．自动加料单晶炉的设计与研究[J]．压电与声光,2020,42 (2):203-206.

[6] 金孔民等．用于单晶硅生长的非Dash缩颈法．中国,发明专利,公开号:CN 1267343A．公开日期:2000年9月20日．

[7] 黄旭光、王玉龙、刘彬国．一种单晶硅的生长方法以及引晶结构,发明专利,公布号CN 113604869 A,公布日期2021年11月5日．

[8] Iida T, Machida N, Takase N, et al. Development of crystal supporting system for diameter of 400mm silicon crystal growth[J]. Journal of crystal growth, 2001, 229(1): 31-34.

[9] Shiraishi Y, Takano K, Matsubara J, et al. Growth of silicon crystal with a diameter of 400mm and weight of 400kg[J]. Journal of crystal growth, 2001, 229(1): 17-21.

[10] Stoddard N, Wu B, Witting I, et al. Casting Single Crystal Silicon: Novel Defect Profiles from BP Solar's Mono 2 Wafers[J]. Solid State Phenomena, 2008(131-133): 1-8.

[11] Wu B, Stoddard N, Ma R, et al. Bulk Multicrystalline silicon growth for photovoltaic (PV) application[J]. Journal of Crystal Growth, 2008(310): 2178-2184.

[12] Wei J, Zhang H, Zheng L, et al. Modeling and improvement of silicon ingot directional solidification for industrial production systems[J]. Solar Energy Materials and Solar Cells, 2009, 93(9): 1531-1539.

[13] Fujiwara K, Pan W, Usami N, et al. Growth of structure-controlled polycrystalline silicon ingots for solar cells by casting[J]. Acta Mater, 2006(54): 3191-3197.

[14] Kazuo Nakajima, Noritaka Usami. Crystal Growth of Si for Solar Cells[M]. Berlin: Springer, 2009.

[15] Arafune K, Ohishi E, Sai H, et al. Directional solidification of polycrystalline silicon ingots by successive relaxation of supercooling method[J]. Journal of Crystal Growth, 2007(308): 5-9.

[16] Yeh K M, Hseih C K, Hsu W C, et al. High-quality multi-crystalline silicon growth for solar cells by grain-controlled directional solidification[J]. Prog. Photovolt: Res. Appl, 2010(18): 265-271.

[17] 郭宽新，夏正月，孙海知，等．高效多晶铸锭工艺研究进展[C]//第十四届中国光伏大会会议论文集．北京，2014.

第 4 章　硅片多线切割及测试

直拉单晶硅棒的直径可达 300 mm 以上，长度可达 2 m；采用定向凝固技术生产的多晶硅锭的横截面尺寸可达到 1200 mm×1200 mm，质量达到 1200 kg。太阳电池的生产都要求将大尺寸的单晶硅棒和铸造硅锭开方并切割成硅片，以达到太阳电池标准化生产流水线所需的尺寸和厚度。

在过去的数十年间，太阳电池工艺和组件封装的成本大幅缩减，但切割成本仍然很高，约占硅片制造成本的 1/3。硅晶体的切割造成了大量的切割损耗（约占 50%）；虽然带硅技术、直接硅片生产技术和薄膜技术等避免了切割环节，在开发更低成本太阳电池方面具有很高的潜力，但目前仍面临一些困难。在光伏产业发展的初始阶段，使用的是半导体微电子行业的切片技术，硅棒和硅锭采用内圆切割机进行切割，然而这项技术无论切割速度还是量产成本都不理想，后来逐渐被多线切割技术所取代。

如图 4-1 所示，内圆切割原理与外圆切割原理是类似的，不同的是内圆切割是通过在刀片的内圆基体上电镀一层金刚石磨粒，所加工的硅棒通过安装在刀片的内圆区域进行切割。内圆切割刀片的外圆部分有多个小孔，以便将其安装在刀盘上，通过刀盘上的专用机构张紧，刃部刚性得到增强，切割阻力及外力引起的对刃口的振动减小。内圆切割的刀片稳定性好，晶向可以调节，机床技术成熟，切割的硅片表面粗糙度较小，切缝可以减小到约 300 μm，切割硅棒直径最大达到了 300 mm。但是使用内圆切割时，硅片通常会产生较大的翘曲变形，硅片表面还会残留较大切痕和微裂纹，损伤层深度可达 20 ～ 30 μm，通常只在切割较厚的硅片时才会使用。

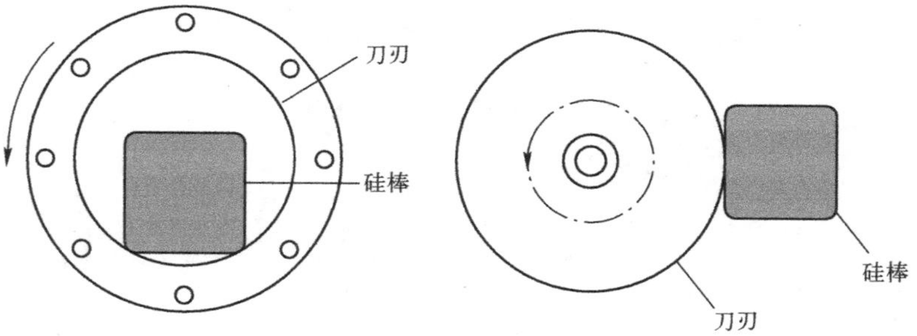

（a）内圆切割机　　（b）外圆切割机

图 4-1　内圆、外圆切割机原理

多线切割的优势是生产效率高，每台机器每天可以切割出数千到上万片硅片，切割厚度可薄到 120 μm，并且对硅棒和硅块的尺寸没有限制。通常在晶体生长形成后，首先通过带锯或线开方机将其切割成具有一定横截面积的柱状体（横截面的大小决定最终硅片的尺寸，硅棒的标准尺寸是 156 mm×156 mm 和 182 mm×182 mm，也有部分厂家切割为 200 mm×200 mm 的），其次将硅棒或硅块粘连在衬底上（衬底一般采用廉价的玻璃板），然后将其置于多线切割机上，将它们切割成最终的硅片。

4.1 硅片多线切割

游离磨料多线切割是利用一根表面镀铜的钢丝往复绕在导轮上形成一排由成百上千根钢丝构成的线网，在导轮驱动下以较高的速度运转，将含有 SiC 或金刚石磨料的黏性浆料带入硅棒切割区域，磨料滚压嵌入硅晶体，钢线、切割液和磨料三种材料共同作用而产生切割效果，从而达到切割的目的。它加工出的硅片的弯曲度、翘曲度、总厚度公差（TTV）、切缝损失都很小，而且平整度也很好，表面损伤层浅。

钢线驱动机构一般由收线轮、放线轮、张力控制器以及大小不同的滑轮等组成，把钢线从放线轮侧绕到具有 1000～3000 个刻有平行槽的导轮上，另一侧的收线轮将使用后的钢线收起来，通过主动驱动电动机和从动装置施加扭转力而拉动。钢线张力由带反馈的力臂控制并维持在一个设定值上。固定在衬底上的硅棒或硅块被推动穿过高速运动的线网，从而实现一次性切割数千片硅片。切割线可以单向运动也可以双向运动，线的长度依赖于线速度和切割进给速度（一般为 150～400 km）。

在切割过程中，还须要使用具有刻蚀作用的砂浆。砂浆通过喷嘴喷到切割线网上，并通过高速运动的钢线携带送到切割位置，将硅块切割成薄片。砂浆由硬度极高的颗粒料和悬浮液组成，SiC 和金刚石是最常用的磨蚀材料，悬浮液有油基（如聚乙二醇）的也有水基的。油基砂浆的缺点：硅片容易黏在一起且很难分开，这个问题随着硅片厚度变薄而更加显著；将残留在硅片表面的油基去除干净也很困难。

图 4-2 所示为线切割刀缝示意图。在线切割过程中，SiC 颗粒被高速运动的钢线携带进入切割区域并与硅表面相互作用完成切削功能。影响 SiC 切割能力的主要参数是粒度、硬度、圆度。其中，粒度对切割的影响最为明显。

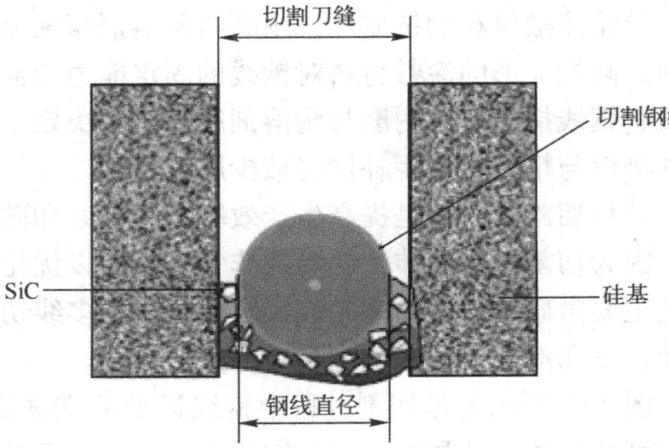

图 4-2 线切割刀缝示意图

$$切割刀缝 = 钢线直径+3.0\times粒度 \quad (4-1)$$

虽然大颗粒切割较快，但它会造成表面损伤、深的线痕和高的表面粗糙度，也表现出更高的 TTV 和切损，可以认为这是由大粒度的强刻蚀引起的。小颗粒切割虽然可以避免上述问题，但切割的效率会随着粒度的变小而迅速降低，F2000 以下粒度的切割效率将急剧下降。在硅片切割中，窄范围的粒度分布是必要的，比较宽的粒度分布会带来较不稳定的硅片厚度分布。含有大颗粒的碳化硅将带来高的 TTV 和切损，而超细颗粒碳化硅的存在提高了黏度，带来的是高切损、高翘曲度和大块的擦伤等。所以，多线切割机的碳化硅粒度集中度必须比较高，而且细的微粉和粗颗粒都应该尽可能少。碳化硅的粒型也对切割效果影响很大。切割机用的碳化硅应该是比较圆而且有很多棱角的，这可以用圆形度来表述。一般对新的碳化硅要求圆形度值约为 0.9，比较尖的碳化硅的凸出长度较长（可以视其为大颗粒），会带来高的TTV和切损。碳化硅在延长使用后（包括回收的），减少了尖角，切割能力降低，而一般回收再使用的碳化硅，圆形度值要控制在0.925以内。另外，颗粒韧性也对切割有一定的影响，黑碳化硅比绿碳化硅更坚韧一些；绿碳化硅的硬度高，它的切割效率比黑碳化硅低，但是可以取得更好的切割表面。

硅片切割液的作用是携带碳化硅磨料进入加工区域，它起着悬浮和分散碳化硅颗粒的作用，使得碳化硅颗粒均匀悬浮在切割液中，并产生一致的切割能力，如图4-3所示。首先，切割液的黏度对线痕、断线、TTV起着至关重要的作用。Bhagavant和Sun指出，切割效率与走丝速度以及砂浆黏度成正比，故采用大直径磨粒及高黏度砂浆可以提高切割效率。但是，磨粒直径过大可能使其不易进入切割区，使钢线直接压在硅晶体上而不是悬浮在研磨液中，由此会导致切割速度下降，甚至因干摩擦而使钢丝断裂。合适的黏度决定了切割液对碳化硅颗粒的悬浮能力。

其次，切割液的液膜厚度要适宜，最小油膜厚度应大于磨料尺寸，这样磨料会悬浮在研磨液中，而不是钢丝直接压在硅晶体上。油膜厚度与切割区长度、走丝速度、砂浆黏度以及钢丝直径、钢丝转角和钢丝张紧力有关。

再次，切割液须降低温度，并带走切割时所产生的大量热量。硅片切割点的温度会很高，故砂浆较强的带热、降温能力会提高切割的效率，同时避免由于局部过热造成后续产品难于清洗的问题，因此切割液要有较高的比热容。

导轮涂敷材料的抗变形、耐磨与耐溶剂腐蚀能力以及加工槽的形态对硅片切割起着支撑作用。高抗变形的涂敷材料对钢线的固定能力越强，钢线振动越小，线痕片越小；长期与切割液和钢线接触，其耐磨与耐溶剂腐蚀能力决定了其使用寿命和每次切割的稳定性。另外，好的槽形与精确的槽距补偿将减少厚度异常。

硅片切割的目标是提高生产效率，在砂浆和硅材料损耗最低的情况下切割出高质量的硅片。因为切割过程中涉及的参数非常多，所以优化切割工艺不是一件简单的事情。优化切割工艺主要由硅片制造商来完成，多数是根据多线切割机的机型、硅片目标厚度以及所选取的钢线、砂和液的规格来确定最后的工艺参数。

图4-3所示的是切割过程中钢线运动的横截面图，钢线与所切割硅块的表面之间充满了切割液和碳化硅颗粒，切割钢线施于碳化硅颗粒上的压力因接触面不同而不同：当颗粒在钢线的下方时，压力最大；当颗粒在钢线的侧面时，压力最小。对于横向移动，钢线同样会施加侧向力，这对切割的硅片表面质量起决定性作用。具有磨蚀作用的碳化硅颗粒和硅材料的相互作用对硅表面会产生严重的损伤，这些可以通过显微技术观察到。

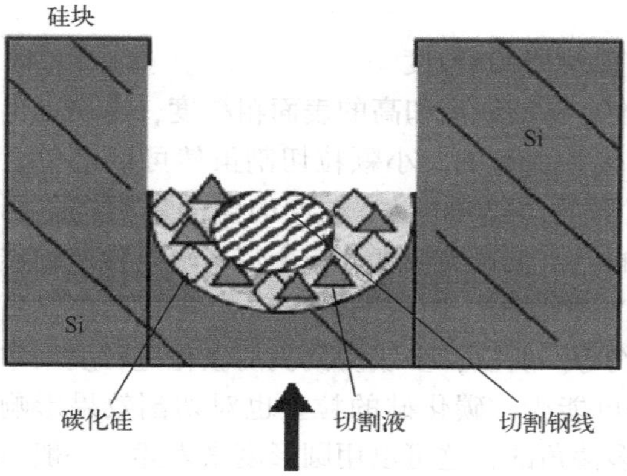

图4-3　切割原理图

目前认为，决定硅片表面质量的因素是损伤特性、裂纹密度、厚度变化、表面粗糙度和洁净度。硅片切割完成后，硅片表面被损伤，而且会被切割液的有机或无机残留物污染。因此，在硅片用于太阳电池制造前，必须清洗干净，然后通过腐蚀去除损伤层。太阳电池制造允许硅片表面有起伏（但不能有陡峭的台阶)，这种起伏不会带来对太阳电池转换效率的影响。一般在微米量级范围内，硅片表面呈现一定的粗糙度，这与钢线切割加工有直接关系，可以通过腐蚀消除损伤，典型的损失深度在5～8 μm 范围内。

砂浆中的碳化硅颗粒和切割线本身也会有损伤，虽然碳化硅颗粒的硬度要大于硅的硬度，但是颗粒由于磨损会逐渐不再尖锐，切割能力降低。为了减少颗粒的磨损，切割时加在单个颗粒上的负载应高于硅的断裂强度，但是要低于碳化硅颗粒的断裂强度。

典型的钢线直径为100～120 μm，使用长度为150～400 km，钢线由不锈钢条拉拔而成，包敷一层铜并经适当的热处理。重要的是，在整个钢线长度内，直径要非常均匀，因为直径的突变将导致钢线断裂或硅片表面的损伤。钢线的磨损也是因与硅晶体和碳化硅颗粒的相互作用而导致的，过度磨损会导致钢线变细，将使钢线的抗拉伸强度变弱而断裂，而在多线切割机内重建线网是一项十分费时的工作。有些设备制造商开始研发在线监测系统来监控切割过程，以防止切割钢线的断裂。

此外，硅片的TTV和表面粗糙度会对太阳电池的工艺产生不良影响，特别是丝网印刷工艺对整张硅片表面的厚度变化以及粗糙度都有较高的要求，印刷上的浆料会因硅片表面的不平整而渗漏出来，进而导致电极在宽度或高度上不规整，严重的甚至出现断栅，进而影响太阳电池的转换效率。

选择适当的工艺参数不仅可以提高切割能力，减少冷却液、碳化硅颗粒、钢线等辅材的消耗，进而降低成本，并且可以改善硅片表面质量，如使粗糙度、平整度和表面损失等得到改善。开发更薄更大的太阳电池硅片，对提升生产效率、降低成本是十分重要的，可以直接减少硅材料的消耗。当前的切割技术切割130 μm 甚至更薄的硅片是可能的，除了硅片切割端须要控制碎片率，还须要太阳电池和组件生产的上下游厂商共同协作来减少各工艺过程中的碎片率。

在硅片切割过程中，须要消耗大量的砂浆。2015年，国内大多数厂家已实现在线回收产业化，可以对切割液和碳化硅实现大部分的回收再利用，规模化生产中的在线回收砂浆技术对降低成本的作用十分可观。在线砂浆回收，首先是用高速离心机将切片过程中产生的废砂浆中的有效成分（碳化硅、聚乙二醇）和无效成分（硅粉和微粉）分离，匹配合适的工艺，可使回收碳化硅具有粒径分布集中、D50值合适、整体圆度值符合生产需要等特点；其次，通过膜分离设备对回收切割液中的硅粉和碳化硅小颗粒进行剔除，使回收液彻底恢复纯净。

使用常规直钢线对硅块进行切割是比较成熟的工艺技术，但是该技术存在一定的不足。由于直钢线的表面光滑，携带砂浆的能力相对较弱，这就限制了它对硅片的切割能力。为了满足更快的切割速度和更高的生产效率，通常须要输送更多的砂浆来参与切割，这会导致切割成本的增加。

结构线的线径为0.1～0.12 mm，与直钢线相同，在钢线外表面有螺旋形凸起，凸起可以是矩形螺纹、梯形螺纹等。结构线的前道镀铜及热处理等工艺与生产直钢线工艺类似，在最后的拉丝工艺时须要通过定型孔模具，用拉丝机进行旋转拉丝，最后制成切割用结构线。定型孔模具为内孔直径与钢线直径相等的圆环，圆环的内孔面在轴向设有能形成螺旋形凸起的缺口，缺口的外表面还有能形成小凹槽的内凸起。以矩形螺纹为例，在钢线轴断面形成螺纹的宽度为0.10～0.20 mm，螺纹槽根间距为0.05～0.08 mm，螺纹深度为0.05～0.08 mm。结构线螺旋凸起的异形结构可大大提高钢线的带砂浆能力，从而大幅提升硅片切割的进给速度，因而硅片切割的生产效率得到提高（大约可提高20%以上的切割产能）；同时，也可以降低切割时的砂浆流量和砂浆使用量，进一步降低硅片切割成本。但是在实际生产应用中，会有线痕片比例升高、导轮寿命缩短等问题。2015年，国内多晶硅片厂家，如晶科、协鑫、荣德等公司都已实现了大部分产能的结构线切割。

在硅片切割过程中，须要消耗大量的砂浆，其成本在切片总成本中占比非常高。随着太阳能产业的快速发展，切割后砂浆的离线/在线回收已实现产业化，绝大部分的切割液和碳化硅可以实现回收再利用。但是，在硅片切割完成后的预清洗、脱胶、清洗等环节中，仍须要消耗大量的自来水和纯水，并产生高浓度COD污水；另外，在废砂浆处理环节中，也要消耗大量的自来水，这也会造成环境的污染。正因如此，取代砂浆切割技术的金刚线多线切割技术得以全面应用。

金刚线主要用于晶体硅、蓝宝石、精密陶瓷等高硬脆材料的切割加工。金刚线最初用于切割蓝宝石，其大规模应用始于2007年，最早由日本厂商率先研发并生产，日本旭金刚石工业株式会社早在2007年6月就推出了成熟的金刚线产品，日本中村超硬株式会社、日本爱德株式会社、日本联合材料株式会社等超过10家以上的日本企业均曾涉足电镀金刚石线行业。2010年，金刚线开始用于切割光伏晶体硅片。

金刚线高硬脆材料的加工难度很大：一是其自身硬度很高，较难加工；二是其脆性高，被加工物料容易在加工过程中断裂。传统的高硬脆材料切割工艺主要有内圆锯切割工艺和游离磨料砂浆线锯切割工艺两种。20世纪80年代以前，一般采用涂有金刚石微粉的内圆锯切割高硬脆材料，但这种工艺的切缝较大、材料损耗较多，且切割尺寸有限，生产成本居高不下。从20世纪90年代中期开始，随着光伏产业和半导体行业的快速发展，切缝窄、切割厚度均匀且翘曲度较低的游离磨料砂浆线锯切割工艺逐步发展起来，它是以钢线为基体，将莫氏硬度为9.5的碳化硅作为切割刃料，高速运动的钢线带动切割液和碳化硅混合砂浆，利用碳化硅的研磨作用达到切割效果。

金刚线多线切割技术是将游离磨料多线切割中使用的莫氏硬度为10的金刚石颗粒直接固定在钢线上，利用金刚石上的棱角直接切削硅块，其切割效率是游离磨料的2倍以上。在金刚线切割工艺中，附着在钢线上的金刚石颗粒与钢线之间没有相对运动，因此钢线没有磨损；而在游离磨料切割工艺中，游离的碳化硅会磨损钢线，使钢线变细、抗拉强度降低甚至断裂。

根据生产工艺的不同，金刚线又可以细分为树脂金刚线和电镀金刚线，如图4-4所示。

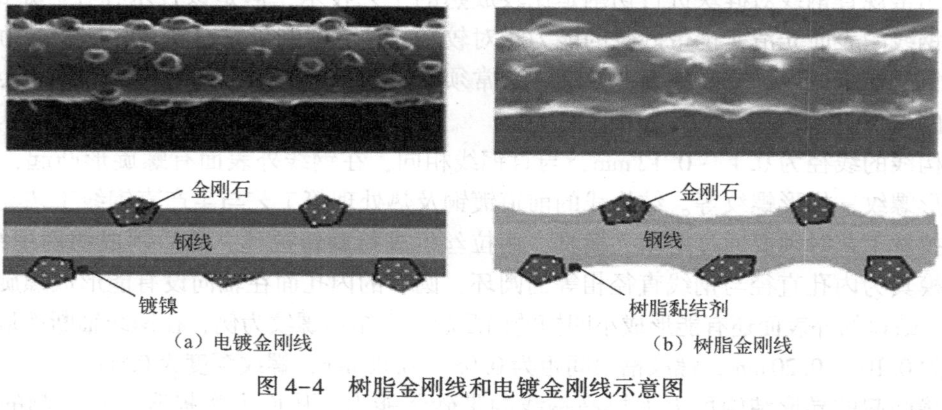

（a）电镀金刚线　　（b）树脂金刚线

图4-4　树脂金刚线和电镀金刚线示意图

树脂金刚线与电镀金刚线之间的主要差异如下所述。

☺ 金刚石颗粒的固定方式不同：树脂金刚线以树脂为结合剂，制造成本较低；电镀金刚线以电镀金属为结合剂，成本相对较高。

☺ 固结强度不同：树脂金刚线是通过有机树脂将金刚石颗粒附着在钢线表面，树脂结合剂对磨粒的结合能力较弱，因此耐磨性差，磨损大，使用寿命较短；电镀金刚线是通过电镀镍的方式将金刚石颗粒附着在金刚线上，其优势是附着力非常强。

☺ 破断力不同：树脂金刚线上金刚石颗粒棱角露出较少，耐扭曲力较强，但附着力相对偏弱，容易造成断线和硅片划伤；电镀金刚线上金刚石颗粒露出的棱角较多，切割能力强，切割效率快，切割锯口边缘整齐规则，无崩碎现象，切出的表面光滑，质量高，但其不足之处是因切割能力过强，容易对硅片表面造成较大的损伤，从而影响制绒效果。

☺ 线径不同：树脂金刚线最细线径为 90 μm；电镀金刚石线最细线径已达 60 μm。

金刚线切割在晶体硅片切割领域已经得到全面的推广。有别于传统的砂浆切割技术，金刚线硅片切割技术在能耗、硅耗、排放等方面的优势十分明显，可以最大程度地发挥高切割速度、细线化、薄片化的技术优势，加工出来的硅片的表面质量更有利于单晶制绒并有助于提升单晶硅太阳电池转换效率。

因单晶硅质地均匀，所以率先实现了与之配套的金刚线切割工艺。与砂浆切割工艺相比较，金刚线切割工艺可大幅降低切割成本，主要体现在如下 3 个方面。

☺ 提高材料利用率，大幅降低切割硅料磨损。砂浆切割游离 SiC 磨料颗粒磨损约为 50μm，而金刚线固结金刚石颗粒的磨损约为 20 μm。在相同线径条件下，金刚线切割比砂浆切割的硅料损耗更低，单位硅料的硅片产出率增加约 20%。例如，对于每公斤单晶硅棒（截面尺寸为 156 mm×156 mm），采用砂浆切割工艺只能切出 48 ～ 50 片，而采用金刚线切割工艺可以切出 60 片。

☺ 提高切割速度，大幅提升切片效率。砂浆切片机线网速度为 550 ～ 900 m/min，而金刚线切片机线网速度可达 2000 m/min，每刀切割时间由 5 ～ 6 h 下降到 1 ～ 2 h，这样金刚线切割工艺的切割速度可达砂浆切割工艺的 3 ～ 5 倍，大大提高了切割设备的生产效率。

☺ 摒弃游离磨料砂浆切割所使用的昂贵且不环保的 SiC 等砂浆材料。砂浆切割工艺须使用 PEG 类悬浮液，无论硅片的清洗，还是砂浆的回收再利用，都较困难，处理清洗废水时会产生大量 COD。而金刚线切割工艺采用水基切割液，硅片的清洗和废水的处理都较容易。

凭借上述优势，可使单晶硅片的生产成本下降 15% 以上，太阳电池组件成本下降 5% ～ 8%。2016 年，金刚线切割工艺开始在国内单晶硅切片环节替代原有的砂浆切割工艺。随着生产成本的降低，以及国家能源局光伏“领跑者”计划的大力扶持，单晶硅片的市场份额逐年攀升，至 2019 年已达 70% 以上。

目前，国内金刚线切割工艺也在技术和市场两方面的推动下快速发展：已有数家企业主攻金刚线线材；有多家设备供应商主攻金刚线切片机和截断机；以隆基股份和中环股份为代表的光伏巨头则全面推广金刚线切割工艺的应用，以技术优势抢占市场份额。

从技术层面来看，为了契合光伏电池组件的薄片化趋势，金刚线将延续细线化发展方向。金刚线母线直径和研磨介质粒度均与硅片切割质量和切削损耗量相关，较小的线径和介质粒度有利于提高产品质量、减少切削损耗、降低生产成本。但母线线径变小，会对母线的破断力和切片设备的稳定性提出更高的要求。目前，50 μm 线径的金刚线母线已具备量产条件，而实验室金刚线母线线径已降至约 40 μm。

4.2 硅晶体性能及测试

硅片的性能对晶体硅太阳电池的转换效率起着十分关键的作用，除了尺寸外，基本的 p 型或 n 型决定了不同的太阳电池结构；电阻率与扩散深度以及串并联电阻直接相关；少子载流子寿命除了决定晶体生长的优劣，还对太阳电池转换效率起着关键的作用；还有其他性能对太阳电池也起着相互牵制的作用。本节主要就晶体生长后硅锭、硅棒以及硅片的电阻率、少子载流子寿命、硅锭内部杂质和阴影、隐裂、硅片厚度、位错、氧含量、碳含量等性能进行阐述和分析。

4.2.1 涡流法电阻率检测

在半导体工业应用中，测试硅块电阻率有不同的方法，一些技术须要接触样品表面，如四探针法，这种方法通常会损伤样品的表面；另一些技术是无接触的，如涡流法，这种方法不会损伤样品表面，可以实现对样块电阻率的快速测量。

涡流法电阻率检测是一种通过计算涡流感应的反馈量对被检测物进行无接触检测的方法，广泛用于非接触条件下的电阻率测量。其原理是：当载有交变电流的检测线圈靠近被测导体时，由于线圈上交变磁场的作用，被测导体感应出涡流并产生与原磁场方向相反的磁场，部分抵消原磁场，导致检测线圈电阻和电感变化。线圈阻抗的变化包含了丰富的信息，根据电磁场能量守恒定理，通过对具有不同电磁特性的被测对象对探头线圈输出特性影响的研究发现，在相同的检测距离下，对于不同的被测对象，探头线圈的输出具有一定的规律性，即线圈阻抗和感抗存在近似的线性关系。正交法阻抗信号分解是一种有效的分析方法，它能够有效获取二维幅度和相位综合信息，具有较高的检测可靠性。

涡流法是建立在电磁感应基础上的一种无损检测方法，检测系统通常由三部分组成，即有交变电流通过的检测线圈、检测电流仪器和被检测的导电体。涡流检测的实质是检测线圈阻抗的变化。设测量过程中探头线圈输出的信号为

$$U_0=A\sin(\omega t+\varphi) \tag{4-2}$$

式中，ω 和 t 为已知量，由于幅值 A 和相位 φ 无法被直接测量，因而给定两路相位相差 90° 的方波信号作为参考，方波信号的表达式为

$$U_{\mathrm{R}}=\frac{4B}{\pi}\left(\sin\omega t+\frac{1}{3}\sin3\omega t+\frac{1}{5}\sin5\omega t+\cdots\right) \tag{4-3}$$

$$U_{\mathrm{r}}=\frac{4B}{\pi}\left(\cos\omega t-\frac{1}{3}\cos3\omega t-\frac{1}{5}\cos5\omega t-\cdots\right) \tag{4-4}$$

两路信号经过相乘后得到如下结果：

$$U_{\mathrm{X}}=U_0U_{\mathrm{R}}=\frac{2AB}{\pi}\cos\varphi+\sum_{n=0}^{n\to\infty}\frac{-4AB}{\pi(2n+1)(2n+3)}\cos[(2n+2)\omega t+\varphi] \tag{4-5}$$

$$U_R = \frac{2AB}{\pi}\sin\varphi + \sum_{n=0}^{n\to\infty} \frac{(-1)^n 4AB}{\pi(2n+1)(2n+3)}\cos[(2n+2)\omega t + \varphi] \tag{4-6}$$

从式（4-5）和式（4-6）可以发现，两路信号的直流分量包含所有须要测量的信息，所以经过低通滤波器滤除高频分量后，得出

$$U_X = \frac{2AB}{\pi}\cos\varphi \qquad U_R = \frac{2AB}{\pi}\sin\varphi \tag{4-7}$$

在实际测量中，U_X、U_R和幅值 B 均为已知项，因而可求出探头线圈的幅值 A 及相位 φ。

当探头线圈有负载时，其自身阻抗信号会发生一定的变化，此变化可以由线圈两端电压幅值和相位的变化量来计算，因而输入检测线圈的激励信号要求具有恒流特性，即输入电流的波形幅值是恒定的，这就须要设计一个检测线圈输入电路来实现 U-I 变换。

U-I 变换电路实际上就是实现了流入负载的电流不随负载阻抗的变化而变化的电路，也就是通常所说的压控恒流源电路，当电路中的各个元器件参数固定时，流入负载的电流与电路输入电压成正比，与其自身阻抗无关，从而实现了 U-I 变换。如果输入电压没有发生改变，那么流入负载的电流同样保持不变，因此该电路构成了一个负载接地的压控恒流源。

输出信号经过低通滤波器滤除高频分量后，可得到U_X、U_R的直流分量，即为 X 分量和 R 分量。

在相同的检测距离，对于不同的被测对象，探头线圈有不同的等效电抗值和等效电阻值，随着半导体电阻率的增大，X 分量和 R 分量的输出电压值也会增大，计算可以发现，X 分量和 R 分量的方均根值与半导体的实际电阻率基本成正比。

对硅块、硅锭的电阻率进行检测，可以提前检出电阻率异常的区域，有效地分离这些异常区域，可以大幅减少不必要的工作量，提高生产效率，并确保太阳电池后续工艺中的良品率，对生产厂家有着很重要的意义。

4.2.2　硅块少子寿命测试

少子是少数载流子的简称，它是相对于多数载流子而言的。硅材料经过掺硼（磷）得到 p 型（n 型）半导体，多数载流子为空穴（电子），相应的少数载流子即为电子（空穴）。

寿命是一个事物从产生到灭亡的时间间隔，少子寿命是指少子从产生到复合的时间间隔。一般而言，少子寿命是指大量少子寿命的统计平均值。

少子的复合寿命表征了硅体内重金属沾污和晶格缺陷。硅材料沾污越严重，少子寿命越低，反之亦然。

在切片之前对硅块、硅锭的少子寿命做预检，可以减少不必要的损耗，避免低效片进入后续工序影响生产效率、增加生产负担。因此，对硅块、硅锭的少子寿命测量有着颇为重要的意义。

测量方法包括非平衡载流子的注入和检测两个基本方面。最常用的注入方法有光注入和电注入，而检测非平衡载流子的方法有很多，如探测导电率的变化、探测微波反射或透射信号的变化等，这样组合就形成了许多寿命测试方法，如直流光电导衰减法、高频光电导衰减法、表面光电压法、微波光电导衰减法等。以下主要介绍目前业内最常用的微波光电导衰减（Microwave Photo Conductivity Decay）法。

微波光电导衰减法是半导体行业中最常用的少子寿命测量方法，其测量原理如图 4-5（a）

所示。光照在半导体中会产生过剩载流子（电子−空穴对）。用脉冲激光照射样品，激发光子能量要大于硅半导体材料的禁带宽度（$\lambda<1.2\ \mu m$），通常采用904 nm的激光照射，随后会在样品内产生大量的少子，样品导电率随之增加。当外界激励消失后，非平衡载流子将通过复合等过程消失，样品的导电率也随之降低。在此过程中用微波探测样品表面，并测量微波的反射信号，微波反射率的衰减曲线即可表征样品内少子的复合规律。根据数学模型可知，少子的数量随时间变化呈指数衰减，对应测得的微波反射率也随时间呈指数衰减，由此便可根据微波曲线反推少子的复合常数，即少子寿命。激光脉冲激发及信号衰减如图4−5（b）所示。

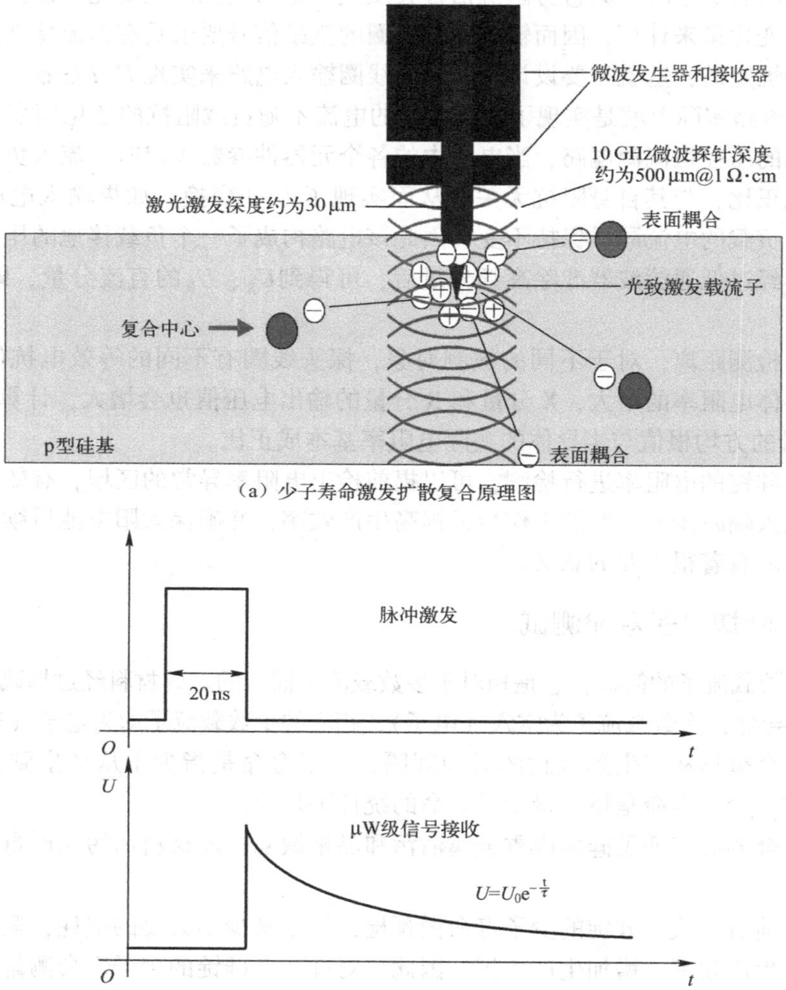

（a）少子寿命激发扩散复合原理图

（b）脉冲激发及信号衰减示意图

图4−5　微波光电导衰减法

少子寿命的计算公式为

$$\frac{1}{\tau_{\mathrm{eff}}}=\frac{1}{\tau_{\mathrm{bulk}}}+\frac{1}{\tau_{\mathrm{Sd}}} \tag{4-8}$$

式中：τ_{eff}为有效寿命，也就是测试寿命；τ_{bulk}为体寿命；τ_{Sd}为表面复合影响的寿命。

而对于表面复合寿命，有

$$\tau_{Sd}=\frac{d}{S_1+S_2}+\frac{d^2}{\pi^2 D} \tag{4-9}$$

式中：S_1、S_2为两个表面的复合速率；d 为样品厚度；D 为扩散系数。

对微波接收信号 U 取对数并作线性拟合，通过计算拟合曲线的斜率 k 可得少子寿命 τ，即

$$\lg U=\lg U_0+\left(-\frac{1}{\tau}\right)t \tag{4-10}$$

相对于其他方法，微波光电导衰减法（μ-PCD 法）有无接触、无损伤、快速测试等特点，除了能测试较低寿命，还能够测试低电阻率的样品，最低可以测 0.1Ω·cm 的样品，既可以测试硅锭、硅棒，也可以测试硅片或成品电池；可以测试 p 型材料，也可以测试 n 型材料；对测试样品的厚度没有严格的要求，可以满足从硅片到硅块等不同厚度的检测需求。样品未经过钝化处理也可以直接测试，钝化处理一般采用碘酒法进行，用 HF(5%)+HNO_3(95%)去除表面损伤层，样品如果放置较长时间，须用 HF 去除表面自然氧化层，再用碘酒（0.2%～5%）浸泡在塑料袋中后测试。另外，也可以用电荷钝化方法，采用高压放电，在样品表面均匀覆盖可控电荷，从而抑制表面复合。

图 4-6 所示的是利用少子寿命测试仪对单晶硅棒各个阶段以及加工过程进行的一些测试。

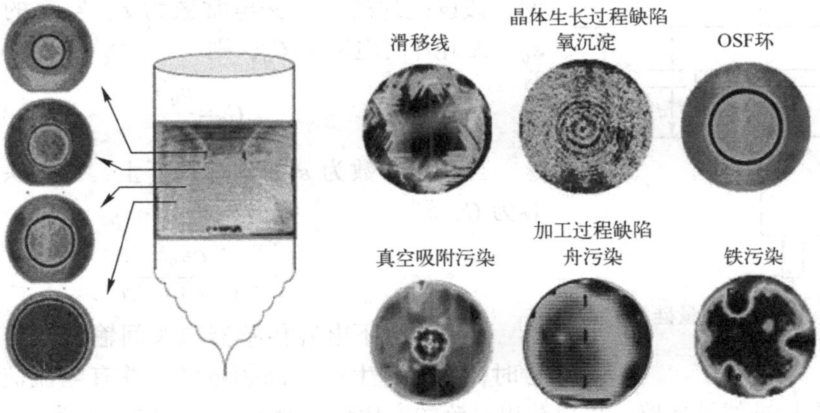

图 4-6　少子寿命测试仪的应用

4.2.3　硅块红外探伤

高纯硅料在红外波段是可透射的，如果硅块内有微粒、夹杂（通常为 SiC 和 Si_xN_y）、隐裂等，则这些杂质将吸收或散射红外光，这样在成像系统中将呈现暗区。因此，特定光源（一般波长为 1100～1300 nm）发出的红外线和能够接受红外光的电探测器可构成硅块红外探伤仪。

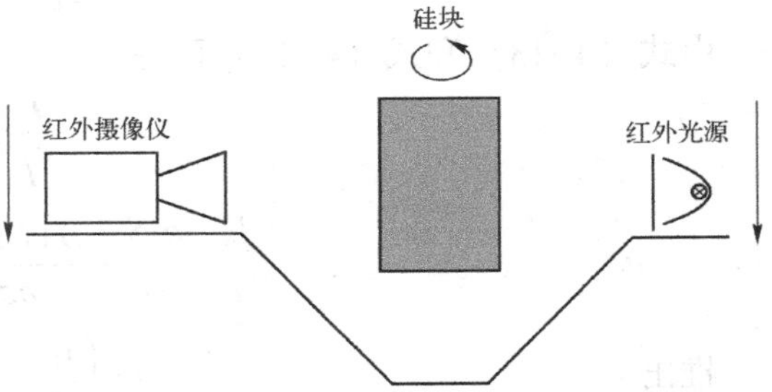

图 4-7　红外探测示意图

如图 4-7 所示，红外线从一侧透过硅块，

另一侧的红外摄像仪接收到的光信息经过内部 A/D 转换，并由图像板处理后送到计算机进行分析，最后将图像显示出来。经过灰度值的分析，并对摄像仪的像素尺寸进行校准，就可以确定缺陷的位置。

对硅块清洗处理后或线切割前进行红外探伤，可以减少线痕片，还可以减少 SiC 等夹杂造成的断线，可大大提高生产效益。断线的修复是一项费时费力的工作，并且不是所有的断线都能够成功修复。因此，对硅块的红外探伤是多晶硅片生产中不可或缺的步骤。

红外线从硅块内部穿透到空气中时，红外线从一种介质（Si）传播到另一种介质（空气），在分界面上，如果该表面不是光滑的，入射光束就会产生无规律的散射和折射现象，使得缺陷区域的阴影与其他非缺陷区域的对比度弱化；如果分界面是相对光滑的，则入射光束会有规律地会聚到摄像仪的聚焦面。因此，磨面前、后的硅块测得的红外图像会略有差别。

4.2.4 无接触硅片厚度测试

用无接触法测量硅片厚度具有不损伤硅片表面、使用方便等特点。

图 4-8 所示为电容法测量硅片厚度原理图。其中，1、2 是电容传感器探头；D 是探头 1、2 的间距；d_1 是上探头与硅片上表面间距；d_2 是下探头与硅片下表面间距；t 是硅片厚度。上、下探头为平行板电容器，极板面积为 S。测量时，硅片处于两极板之间，假设硅片的相对介电常数为 ε，空气的介电常数为 ε_0，无硅片时电容为 C_0，则

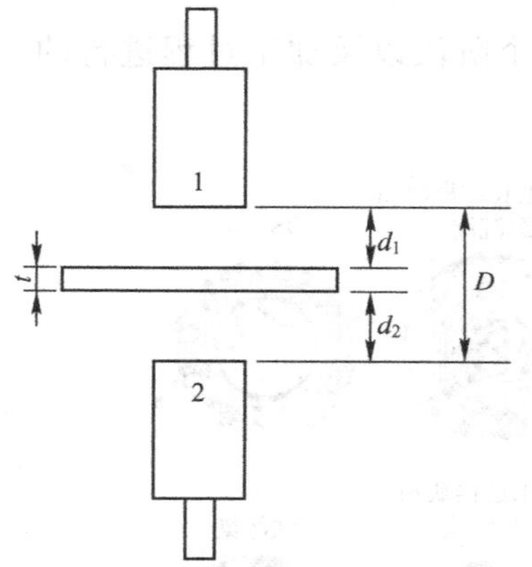

图 4-8 电容法测量硅片厚度原理图

$$C_0=\frac{\varepsilon_0 S}{D} \tag{4-11}$$

当介电常数为 ε 的硅片处于上、下探头之间时，电容为 C，则

$$C=\frac{\varepsilon\varepsilon_0 S}{D+(1-\varepsilon)t} \tag{4-12}$$

当在上、下电容传感器探头间输入一个高频交流信号时，其间产生一个高频电场，并有电流流过电容，在设备内有一个标准线性电路，可以测出电流的变化量。设无硅片时的电流为I_0，当硅片处于探头之间时电流为 I,交流电压为 U，频率为 f，则有以下关系成立：

$$I_0=U\cdot 2\pi f\cdot C_0 \tag{4-13}$$

$$I=U\cdot 2\pi f\cdot C \tag{4-14}$$

由式（4-13）和式（4-14）可得

$$\frac{I_0}{I}=\frac{C_0}{C} \tag{4-15}$$

$$\frac{I_0}{I}=\frac{\varepsilon_0 S}{D}\cdot\frac{D+(1-\varepsilon)t}{\varepsilon\varepsilon_0 S}=\frac{1}{\varepsilon}+\frac{1-\varepsilon}{\varepsilon D}t \tag{4-16}$$

推出

$$t=\left(\frac{I_0}{I}-\frac{1}{\varepsilon}\right)\cdot\frac{\varepsilon D}{1-\varepsilon} \tag{4-17}$$

从式（4-17）可以看出，当式中 D、ε 为一定值时，硅片厚度由 I、I_0确定。但是，对

不同电阻率的硅片或同一硅片范围内电阻率变化较大时，具有导电性质的杂质浓度不一样，其载流子浓度也不一样，在高频电场中的电容特性也有差异，即 ε 值不同，在特定的情况下，会引起测试结果的误差。

在进行测量前要对设备进行校正，以确定样片厚度下的比较电流 I、I_0及 D 值，校正完成后，I_0、D 确定。测量时，每个厚度 t 必对应一个 I 值，机器内部的比较电路通过已知的 I_0、D 计算出一个 t 值，即为该硅片的测量厚度。

4.2.5　硅片分选

随着太阳能光伏产业的发展，硅片的规格和要求也越来越完善，除了常规的电阻率、少子寿命、尺寸等规格，对硅片外观也提出了要求。硅片的外观检测主要涉及厚度、TTV、线痕、曲翘、崩边、缺角、硅落、沾污等项目。从所依据的检测原理来说，沾污的检测原理异于崩边、缺角、硅落的检测原理。

因为图 4-9（a）中光源的方向性比较单一，所以能将硅片表面的特征，如崩边、缺角、硅落通过照相机接收到的与正常表面存在明显亮暗差异甄别出来，探测到的硅片图像如图 4-10（a）所示。

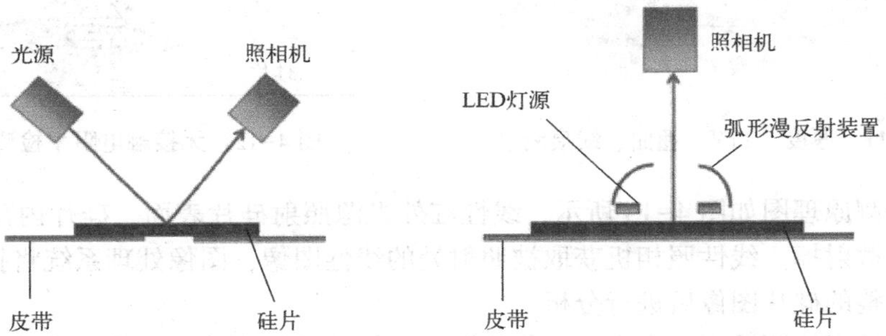

（a）用于检测崩边、缺角、硅落的设备组成图　　（b）用于检测沾污的设备组成图

图 4-9　检测硅片外观的设备组成

在图 4-9（b）所示的弧形漫反射装置中，光源成为一个来自各个方向的发散光源，照相机已不能清楚地获取硅片上诸如硅落或晶界之类的内在状况，但能凸显出一些外在的污染等表面情况，探测到的硅片图像如图 4-10（b）所示。

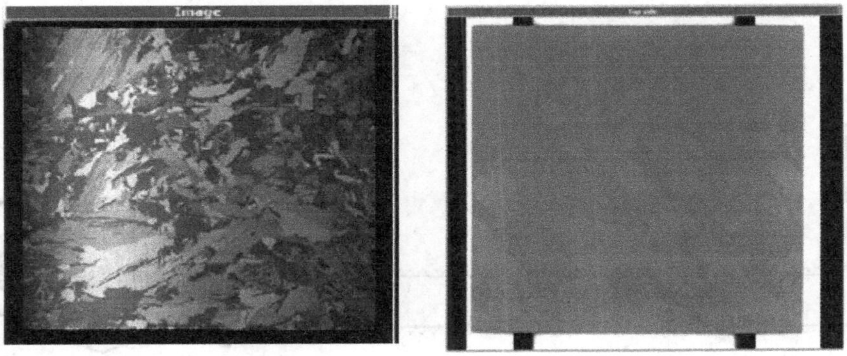
（a）单向光源硅片图像　　（b）发散光源

图 4-10　硅片图像

厚度、TTV、翘曲、线痕的检测采用On-fly不停顿式线扫描，测试模组有3组光学测距探头、1组电阻率探头。光学测距探头的精度非常高，可以即时反馈探头至样片表面的距离。因此，当样片被传送过测试模组时，成对的探头记录下的线扫描数据就可以反映样片的厚度、TTV、翘曲、线痕情况，如图4-11所示。

无接触电阻率检测的原理图如图4-12所示，它采用高频恒流交变电流给线圈供电，根据反馈的感应电压的强度，计算样片的电阻率。随着样片在皮带上的行进，电阻率探头也将记录下一条线扫描数据。

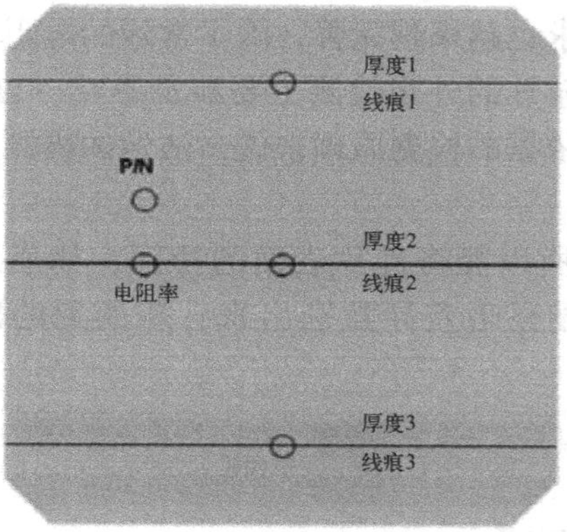

图4-11　厚度、TTV、翘曲、线痕测量

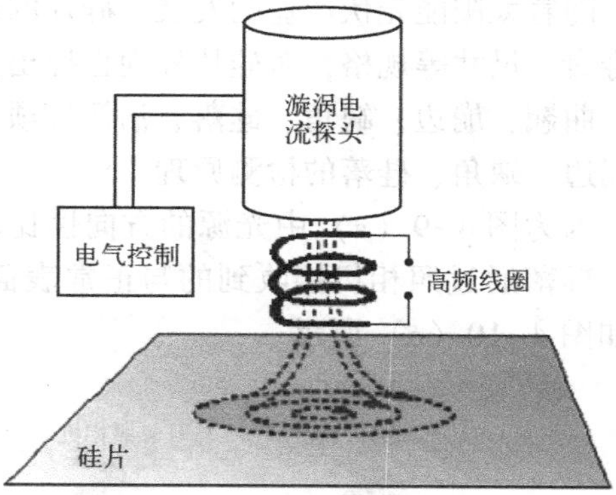

图4-12　无接触电阻率检测的原理图

隐裂探测原理图如图4-13所示，线性红外光源照射硅片表面，硅片内部有隐裂的位置就会将光线散射掉。线性照相机获取被照射处的线性图像，图像处理系统将拍摄到的线性图像还原成完整的硅片图像后进行分析。

硅片的外观检测采用了先进的图像处理和分析技术。当硅片在传送装置上经过测试模组内部时，硅片一侧的平面光源板和另一侧的面阵照相机会同步触发，由此就能获取到完整的硅片图像，如图4-14所示。通过对此图像处理，就能寻得硅片的边缘，再通过计算机分析硅片边缘的各像素点，就能获得尺寸、对角线长、倒角等参数；再加上自动化的上片、传输、分片装置，则能够实现对硅片的全自动检测和分选功能。目前，硅片外观检测已得到了广泛的商业化应用。

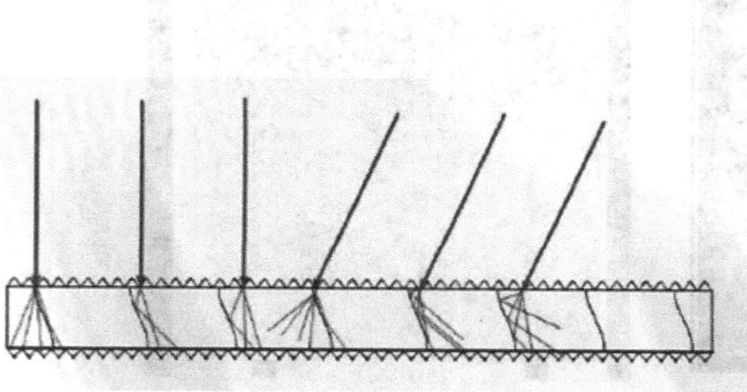

图4-13　隐裂探测原理图

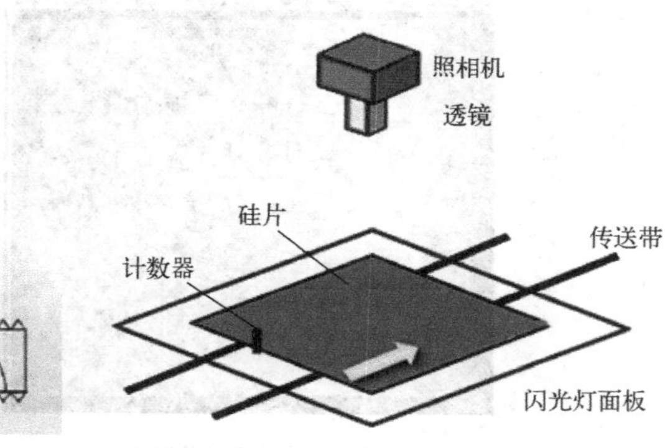

图4-14　硅片外观检测

4.2.6　晶体硅中的氧

氧是直拉单晶硅和铸造多晶硅中的主要杂质之一，已经被研究了50年，它在硅中的浓度为10^{17}～10^{18} cm^{-3}数量级，以间隙态存在于硅晶格中。氧基本是在晶体生长过程中被引入的，在随后的太阳电池工艺中，硅晶体也同样经历了各种温度的热处理，过饱和的间隙氧会在硅晶体中偏聚和沉淀，形成氧施主、氧沉淀和二次缺陷等。无论单晶硅太阳电池还是多晶硅太阳电池，其B-O复合对太阳电池的光致衰减都有极其重大的影响。氧在铸造多晶硅中的基本性质与在直拉单晶硅中基本相同，但也有其各自的特点。

无论是直拉单晶硅还是铸造多晶硅，其中的氧主要来源于两方面：一是来自硅原材料，特别是铸造多晶硅的原材料采用一部分铸造多晶生产循环料以及微电子工业的边皮和头尾料等，本身就含有一定量的氧杂质；二是源自晶体生长过程，直拉单晶硅和铸造多晶硅都采用石英坩埚作为容器来盛放熔化的多晶硅，熔硅会与石英坩埚起作用，其反应式为

$$Si+SiO_2 = 2SiO \tag{4-18}$$

生成的SiO一部分溶解在硅熔体中，结晶后最终进入多晶硅体内；而另一部分将从硅熔体的表面挥发，此时硅熔体表面的蒸汽压起决定性的作用，反应式如下：

$$2SiO = O_2\uparrow +2Si \tag{4-19}$$

与直拉单晶硅不同的是，在铸造多晶硅的制备过程中没有强烈的机械强制对流，只有热对流，这一方面减弱了硅熔体对石英坩埚壁的冲蚀作用，使溶入硅熔体中的总氧浓度有所降低；另一方面，只有热对流的作用，使氧在硅熔体中的扩散减少并且输送减缓，因而输送到硅熔体表面挥发的SiO也减少了。为了减少熔硅和石英坩埚直接接触并发生化学反应，避免熔硅渗透到坩埚体内产生隐裂，甚至严重时发生破裂进而导致硅液溢流，常常在石英坩埚内壁涂覆Si_xN_y涂层，以阻碍熔硅和石英坩埚的直接作用，这也直接降低了铸造多晶硅中的氧浓度。

一般认为，在硅的熔点，硅中氧的平衡固浓度约为2.75×10^{18} cm^{-3}，随着温度的降低，氧的固浓度逐渐下降。对于普通的直拉单晶硅棒，氧浓度一般为5×10^{17}～20×10^{17} cm^{-3}。

当硅晶体从熔硅中生长时，氧和其他杂质一样会产生分凝现象，即在固体和液体中有着不同的浓度。氧在硅晶体中的分布不受晶体生长方向的影响，但是会受到熔硅里的氧浓度和晶体生长的热场影响。

氧在硅中的分凝系数约为1.25，无论直拉单晶硅还是铸造多晶硅中都有一个氧浓度的分布，即先凝固部分的氧浓度高，后凝固部分的氧浓度低。直拉单晶硅棒中的氧浓度基本呈线性下降趋势，头部氧浓度一般约为20 ppma（1 ppma = 10^{-6}物质的量），尾部的氧浓度约为16 ppma。但是在铸造多晶硅中，先凝固在晶锭底部的氧浓度可高达20 ppma，最后凝固的晶锭上部氧浓度一般呈指数下降，会在1 ppma以内。

由于多晶硅晶体生长系统中没有机械强制对流，仅仅依靠热对流，氧在硅熔体中的扩散是不充分的，如G6多晶硅锭的尺寸可达1000 mm×1000 mm，因此在坩埚壁附近氧浓度会相对高一些。而且，相对于中心部位而言，坩埚壁附近的硅熔体首先凝固，所以间隙氧浓度从边缘到中心也是逐渐降低的。

直拉单晶硅中的间隙氧处于过饱和状态，在后续热处理的工艺中，过饱和的间隙氧会形成复合体、沉淀等，由于直拉单晶硅在晶体生长完成后的冷却过程中，在晶体生长炉内会有

一段时间类似于经历了热处理过程，导致氧施主和氧沉淀的生成，并存在于原生直拉单晶硅中。

铸造多晶硅中的氧也是以间隙态存在的，呈过饱和状态。由于铸造多晶硅的晶体生长和冷却过程约为60～80h，使得晶体生长完成后，在高温中有较长时间相当于经历了从高温到低温的不同温度的热处理，特别是晶体底部凝固较早的部分，其经历的热处理过程更长。因此，如果氧浓度较高，也很容易在铸造多晶硅中产生氧施主和氧沉淀。

直拉单晶硅棒的氧杂质在低温热处理时，会出现施主效应，使得n型硅晶体的电阻率下降、p型硅晶体的电阻率上升。施主效应严重时，能使p型硅晶体转化为n型硅晶体。氧的施主效应有两种情况并有不同的性质：一种是在350～500℃范围内形成的，称为热施主；另一种是在550～800℃范围内形成的，称为新施主。

一般认为，450℃是硅中热施主形成的最有效温度，在此温度下退火，约100h可以达到施主浓度最大值（约10^{16} cm^{-3}），随后热施主浓度随时间的延长而下降。除退火温度外，硅晶体中的初始氧浓度对热施主的形成速率和浓度有最大的影响，初始氧浓度越高，热施主浓度越高，其形成速率也越快。另外，硅晶体中的碳、氮杂质都会抑制热施主的生成。硅晶体中的热施主是双施主，它的能级分别在导带下约0.07eV以下和0.15eV以下。尽管热施主的结构尚不清楚，但是它与间隙氧原子的偏聚相联系这一点已被公认。Kaiser最早发现，在450℃热处理时，热施主的形成速率和初始氧浓度的4次方成正比，因此他提出了热施主的核心是4个间隙氧的结合体，具有电活性，当更多原子结合上来时，它便失去电活性。在20世纪80年代，Gosele和Tan提出了双原子氧模型，他们认为在低温退火时，硅中的两个间隙氧原子能够组成一个双原子氧的复合体，像氧分子一样。这种双原子氧和硅晶格原子间的结合能很低，能够轻易打散。

直拉单晶硅在650℃退火30min以上时，在低温热处理时生成的热施主会完全消失，可是当它在这个温度范围经过较长时间热退火时，会有新的和氧施主有关的施主现象出现，这就是新施主。新施主在550～800℃范围内生成，在650℃左右新施主的浓度可达最大值。和热施主相比，它的生成速率比较低，一般需要较长的时间，其最大浓度为10^{15} cm^{-3}，比热施主低一个数量级。另外，新施主比热施主稳定，须要在1000℃以上短时间退火才能消除。硅中的碳杂质能够促进新施主的生成，而氮杂质则会抑制它的生成，这显示出与热施主不同的性质。但是新施主与热施主也有关联，当样品在350～500℃范围经过100h热处理时，在热施主生成的同时，也会有与其性质不同的新施主生成。热施主的浓度越高，在进一步经过550℃以上温度退火处理后，新施主的浓度也越高，这说明热施主能够促进新施主的生成。

氧在直拉单晶硅中通常是以过饱和间隙态存在的，在适合的热处理条件下，氧会从硅晶体中析出，除了上面提到的氧热施主，还会析出另外一种形式——氧沉淀。在晶体生长完成后的冷却过程和器件加工过程中，硅晶体会经过不同的热处理温度。在低温热处理时，过饱和的氧一般会形成氧施主；但是在相对较高温度热处理或多步热处理时，过饱和的氧就会析出，形成氧沉淀。太阳电池用直拉单晶硅的晶体生长速率快，冷却速度也快，在单晶炉内的热处理时间很短；并且熔硅与坩埚接触的时间也短，进入熔硅的氧杂质也相对较少。对于太阳电池直拉单晶硅，若其初始氧浓度小于4.5×10^{17} cm^{-3}，则在高温单步热处理时，氧浓度几乎不变，说明基本没有氧沉淀生成。因此，对于氧浓度较低的太阳电池用直拉单晶硅晶体，如果仅经过常规的太阳电池工艺，则很少有氧沉淀析出，硅中的氧对太阳电池转换效率的影响也可以忽略。在铸造多晶硅锭的底部，由于氧浓度较高，不仅会产生原生热施主，而且还会产生原生氧沉淀。但是，在铸造多晶硅锭的顶部，氧浓度相对较低，同时因为顶部晶体最后冷却，经历的热过程相对较少，所以很少能观察到氧沉淀。通常，如果有原生氧沉淀生成，会优先沉淀在晶界处。

与直拉单晶硅中的氧一样，铸造多晶硅中的间隙氧也是电中性的，对铸造多晶硅材料和器件的性能基本没有影响。但是，如果形成了热施主或氧沉淀，其本身就会成为复合中心或引入成为复合中心的二次缺陷，导致硅材料少子寿命的缩短，直接影响太阳电池的转换效率。

另外，直拉单晶硅和铸造多晶硅中的氧一样，可以和掺杂剂硼原子作用，形成B-O对，在光照下，导致太阳电池转换效率降低，这种现象称为光致衰减。因此，无论直拉单晶硅还是铸造多晶硅，控制氧浓度都是非常重要的。光伏组件的输出功率在最初使用的数天内发生较大幅度的下降，随后趋于稳定。早在 1973 年，H. Fischer 和 W. Pschunder 等人[15]首次观察到 p 型掺硼晶体硅太阳电池的初始光致衰减现象，经过数十年的研究，直到 1997 年，J. Schmidt、A. G. Albele 和 R. Hezel 等人[2]揭示了真实的原因，一致的看法是光照或电流注入导致硅片中两个间隙氧原子形成 O_{2i} 二聚体，O_{2i} 扩散很快，与 B_s 形成硼氧复合体，从而使少子寿命缩短，进而引起太阳电池转换效率的下降。但是太阳电池经过退火处理后，少子寿命被恢复，因此其可能的反应为

$$\underset{(\text{高少子寿命})}{B_s + 2O_i} \underset{\text{退火处理}}{\overset{\text{光照或电流注入}}{\rightleftharpoons}} \underset{(\text{低少子寿命})}{B_sO_{2i}} \tag{4-20}$$

含有硼和氧的硅片经过光照后，会出现不同程度的衰减（如图 4-15 ～图 4-17 所示），并存在以下规律：硅片中硼、氧含量越高，在光照或电流注入条件下产生的硼氧复合体越多，少子寿命降低的幅度就越大；在低氧、掺镓、掺磷的硅片中，少子寿命随光照时间的衰减幅度极小；缺陷的浓度大致与 B_s 的浓度成正比，与 O_i 的浓度的二次方成正比。

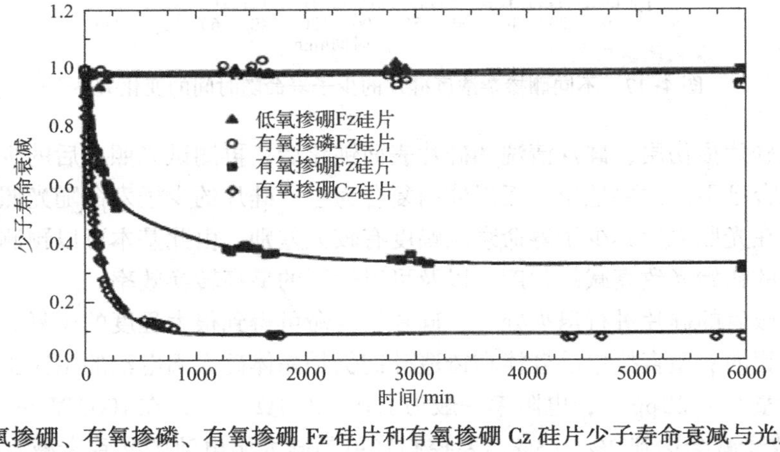

图 4-15 低氧掺硼、有氧掺磷、有氧掺硼 Fz 硅片和有氧掺硼 Cz 硅片少子寿命衰减与光照时间的关系

p 型掺硼单/多晶硅片不做任何处理，如单/多晶裸硅片不经过清洗、钝化，其少子寿命几乎随着光照时间变化不大，这主要是因为硅片表面复合中心占主导地位，掩盖了光照对少子寿命的影响。因此，对于不经过清洗、钝化的裸硅片，无法确定少子寿命与光照时间的对

应关系，也就无法准确判断硅片的质量。

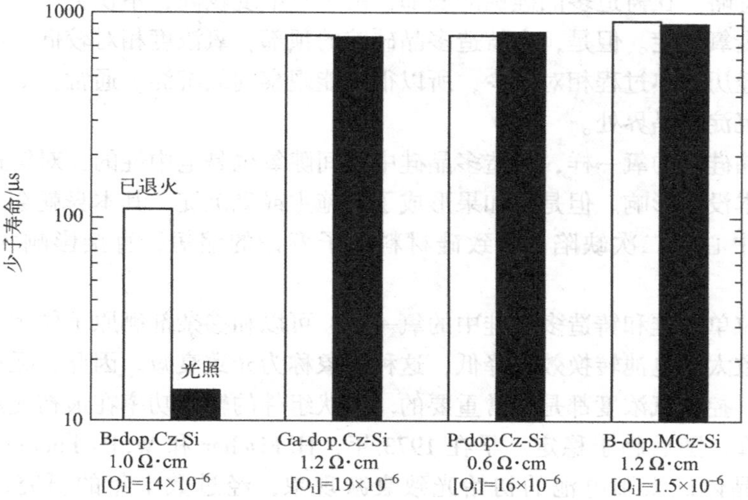

图 4-16　掺硼、掺镓、掺磷的 Cz 硅片和硼掺杂的 MCz 硅光照前后少子寿命的变化

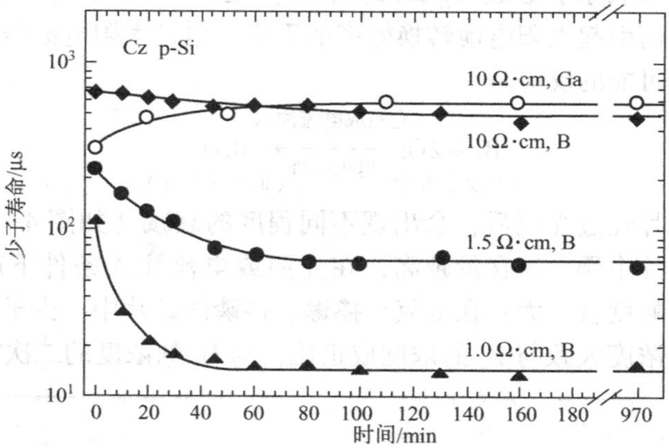

图 4-17　不同硼掺杂浓度硅片的少子寿命随时间的变化关系

经过去除硅片损伤层、硅片清洗和硅片表面钝化后，再测试光照前后的少子寿命，此时硅片的表面复合已不占主要地位，而以体内复合为主，硅片的少子寿命随光照而衰减。不同质量的硅材料在光照之后其少子寿命衰减幅度有较大差别，由此基本可以预测出用此硅片制作的太阳电池的初始光致衰减的程度，以及可以达到的最高转换效率。

对光致衰减后的硅片进行退火处理，硅片的寿命可得到很大程度的恢复。

目前，掺硼的 p 型直拉单晶硅棒和铸造硅锭仍是晶体硅太阳电池的主流工艺，其中直拉单晶硅的氧含量约为 20ppma，电阻率一般为 1.0～3.0Ω·cm，在 1000W/m² 标准光源照射 8h 后，其光致衰减会达到 2%～3%。要控制好单晶硅太阳电池的光致衰减，就要控制好直拉单晶硅棒的质量：一是避免使用质量低劣的原生多晶硅料，严格控制低电阻 n 型硅料掺入过多，避免产生高补偿的 p 型单晶硅棒，这种硅棒尽管电阻率和极性显示正常，但其硼含量偏高，因而硼氧复合体浓度也高，这将导致太阳电池性能出现大幅度的初始光致衰减。二是优化热场和拉晶工艺，减少晶体硅棒中的氧含量。首先是对单晶炉的热场进行优化设计，降低水平方向的温度梯度，这样可以降低坩埚的温度，减少坩埚中的氧向硅熔体中扩散；在直拉单晶硅棒的生长过程中调整晶棒转速和坩埚转速，达到合适的比例时，也可以有效抑制坩埚壁中的氧向坩埚内的硅熔体流动，进而降低硅棒中的氧含量。

还可以采用磁控直拉单晶工艺来改进单晶硅棒的质量，此工艺不仅可有效控制单晶硅棒中的氧浓度，也使硅片中径向和纵向电阻率均匀性得到改善，但因能耗及成本等因素使其未能在太阳能级硅片中得到广泛推广应用。

另外，也有采用镓替代硼作为掺杂剂拉制单晶硅棒的，其初始的光致衰减幅度很低，这是解决太阳电池初始光致衰减的有效、可行办法之一。由于镓在硅中的分凝系数极小，因此掺镓单晶硅棒的电阻率分布较大，影响后期太阳电池工艺。同时，也有人提出在掺硼的直拉单晶硅棒中掺入一定量的锗元素，试验结果显示太阳电池的光致衰减被抑制了，锗的掺入增加了 B_s-O_{2i} 的生成和消除激活能，也就是增加了 O_{2i} 的扩散势能，但是不能改变 B_s-O_{2i} 的结合能，不影响 B_s-O_{2i} 本质结构。

4.2.7 晶体硅中的碳

碳是晶体硅中的另外一种重要杂质，由于碳也是四价元素，它在硅中一般占据替代位置，不会引入电活性缺陷，也不会影响晶体硅的载流子浓度。但是碳可以与氧作用，也会与间隙硅原子和空穴结合，以条纹状存在于晶体硅中。当碳浓度超过固溶度时，会有微小的碳沉淀生成，这些沉淀会使太阳电池的击穿电压大大降低或漏电流增加，这会对太阳电池的转换效率产生严重的影响。

晶体硅中的碳杂质主要来自多晶硅原材料、石墨加热元件、保温材料，以及晶体生长炉内的气体与坩埚的反应等。高温的坩埚与石墨加热器反应生成 SiO 和 CO，其中 CO 气体不易挥发，大多数进入硅熔体和熔硅反应，产生单质碳和 SiO，而 SiO 大部分从熔硅表面挥发，碳则留在熔硅中，最终进入晶体硅内。其化学反应式为

$$C+SiO_2 \longrightarrow SiO+CO\uparrow \tag{4-21}$$

$$CO+Si = SiO+C \tag{4-22}$$

碳在硅中的分凝系数很小，一般认为是 0.07。在晶体生长时，碳浓度的分布与氧浓度相反，在开始时很低，而在结束时则较高。如果晶体生长速度很快，则碳的实际有效分凝系数会大大增加，甚至接近 1。

氧和碳是直拉单晶硅和铸造多晶硅中不可避免的主要杂质，在晶体生长完成后的冷却或太阳电池工艺过程中，会形成氧施主或氧沉淀。如果晶体硅中的碳浓度较高，就会影响氧沉淀等性质。对于直拉单晶硅，一般认为碳能够促进氧沉淀，特别是在低氧浓度的硅中，碳对氧沉淀有着强烈的促进作用。一般认为，碳的半径比硅小，因而引入晶格畸变，容易吸引氧原子在碳原子附近偏聚，形成氧沉淀的核心，为氧沉淀提供异质核心，进而促进氧沉淀的形核。碳如果能够吸附在氧沉淀和基体的界面上，还能够降低氧沉淀的界面能，起到稳定氧沉淀核心的作用。

铸造多晶硅中碳的基本性质，如分凝系数、固溶度、扩散速率等，与直拉单晶硅中的相同。但是，由于铸造多晶硅的来源比较复杂，一是原材料中的碳含量比较高，二是在晶体生长过程中，由于石墨加热器的蒸发，会有碳杂质污染晶体硅，因此铸造多晶硅中的碳含量常

常是比较高的。在铸造多晶硅凝固时，从底部首先凝固的部分，到上部最后凝固的部分，碳浓度逐渐增加，在晶体硅的顶部近表面处，碳浓度可以超过 1×10^{17} cm^{-3}，甚至可以超过碳在硅中的固溶度（4×10^{17} cm^{-3}），达到甚至高出单晶硅中的碳浓度一个数量级。

但是，不论是高氧还是低氧样品，到目前为止，还没有直接的证据表明铸造多晶硅中的位错、晶界对碳的基本性质和沉淀性质有重大影响，其基本规律与直拉单晶硅中碳的性质基本相同。由此可知，单步热处理时，碳对氧沉淀的影响几乎可以忽略；但是，对于两步热处理，碳有明显促进氧沉淀的作用。也就是说，对于涉及两步热处理的太阳电池制备工艺，对碳的影响就不得不予以重视。

为了控制晶体硅中的碳浓度，除了选择超高纯的等静压石墨材料作为加热材料，还要在热场设计时考虑热场水平方向的温度梯度，避免较大温度梯度形成强烈的热对流，进而导入更多碳原子进入熔硅内部；在设计热场时，也要留出足够的气流导流通道，使得从加热器表面挥发出来的碳原子能够顺着气流方向导流出热场内部，减少碳原子与坩埚反应，并将与坩埚反应生成的 CO 气体也顺着气流导流出热场内部；最后选择晶体生长工艺中气氛的压强和保护气体的流量，能够有效地控制直拉单晶硅和铸造多晶硅中的碳浓度。

4.2.8 晶体硅中的金属杂质及影响

金属杂质，特别是过渡金属杂质是晶体硅中非常重要的杂质，它们在晶体中一般以间隙态、替位态、复合态和沉淀存在，往往会引入额外的电子和空穴，导致晶体中的载流子浓度变化，还会引入深能级中心，成为电子或空穴的复合中心，大幅缩短少子寿命，增加 pn 结的漏电流，进而降低太阳电池的转换效率。

与硅中的氧、碳杂质一样，硅中金属杂质的存在形式主要取决于固溶度，同时也受热处理温度、降温速度、扩散速率等因素的影响。一般情况下，某金属杂质的浓度低于该金属在晶体硅中的固溶度，它们基本以间隙态或替位态形式的单个原子存在。对于晶体硅中的金属杂质而言，大部分金属原子处于间隙位置，如果某金属杂质浓度大于其在硅晶体中的固溶度，则可能以复合体或沉淀形式存在。

除了固溶度，晶体硅的降温速度和金属的扩散速率也是影响金属在晶体硅中存在形式的主要因素。高温时，晶体硅中的金属浓度一般低于固溶度，主要以间隙态存在于晶体硅中；低温时，晶体硅中的固溶度较小，因此晶体硅中的金属将是过饱和的，此时，硅晶体的冷却速度和金属扩散速率将起到主要作用。如果高温热处理后冷却速度快而金属的扩散速率相对较低，则金属来不及运动和扩散，一般情况下，它们将以过饱和的间隙态单个原子形式存在于晶体硅中。例如，晶体硅中的铁杂质，此时它是具有电活性的，形成了具有不同电荷状态的深能级，如单施主、单受主或双施主状态。实际上，金属以单个原子状态存在于晶体硅中时，这些金属是不稳定的，或者说是“半稳态”的，即使在室温条件下，金属也有一定的扩散速率，能够迁移，从而与晶体硅中的其他杂质形成复合体，如施主–受主对，这些复合体也有电活性。在低温进一步退火时，这些复合体还会聚集，形成金属沉淀。

如果在高温热处理后缓慢冷却，或者冷却速度很快但是金属杂质的扩散速率特别快，金属则会扩散到表面或晶体硅缺陷处，并形成复合体或沉淀。特别是晶体硅中的钴、铜、镍和锌，它们的扩散速率十分快，几乎全部形成沉淀，只有极少数以单个原子形式存在。金属沉淀可能出现在晶体硅体内或表面，有时也同时出现在体内和表面，这取决于金属的扩散速率、冷却速度和晶体硅的厚度。如果金属的扩散速率够快而冷却速度慢，并且晶体硅厚度不大，金属就会沉淀在表面，如铜和镍金属；而扩散速率较慢的金属，它们往往是沉淀在体内的。

金属原子在晶体硅中以单个原子形式存在时，它们是具有电活性的，同时也是深能级的复合中心，为此，原子态的金属从两个方面影响太阳电池的性能：一是影响载流子的浓度，二是影响少数载流子的寿命。由于金属原子具有电活性，所以当其浓度很高时，就会与晶体硅中的掺杂剂起补偿作用，影响总的载流子浓度。原子态的金属对太阳电池的影响主要体现在它的深能级复合中心性质上，它对晶体硅中的少子有较大的俘获截面，进而导致少子寿命大幅度缩短，且金属杂质浓度越高，其影响越大。晶体硅中的少子寿命与金属杂质浓度成反比，可以用下式表示：

$$\tau_0 = 1/(\nu\sigma N) \tag{4-23}$$

式中，τ_0为少子寿命，ν 为载流子的热扩散速率，σ 为少子俘获截面积，N 为金属杂质浓度。在室温时，p 型晶体硅中电子的热扩散速率为 2×10^7 cm/s，n 型晶体硅中的热扩散速率为 1.6×10^7 cm/s。在室温下存在间隙铁，它的能级为阶带上 0.4 eV（E_V+0.4 eV），是电子和空穴的复合中心，导致少子寿命缩短，进而影响太阳电池的转换效率。

金属在晶体硅中更多地以沉淀形式存在，这些金属沉淀并不影响晶体硅中的载流子浓度，但会严重影响少子的寿命。晶体硅中常见的金属有铁、镍和铜等。如果金属沉淀出现在晶体硅内，它会使少子的寿命缩短，降低其扩散长度，使漏电流增加；如果金属沉淀出现在空间电荷区，漏电流会增加，会影响太阳电池的反向 I–U 特性；如果金属沉淀在晶体硅的表面，则对太阳电池的影响可以忽略不计。

除了在原生多晶硅材料中存在金属杂质，各道生产工艺过程中也会被各种金属杂质污染，一般表现为物理吸附或化学吸附，这种吸附可以利用化学清洗予以去除。一旦晶体硅经历了热处理，金属杂质扩散到晶体硅内部并以各种形式存在，就会影响太阳电池的性能。

金属杂质能通过金属工具与晶体硅的直接接触污染晶体硅。如果夹持物是金属，金属杂质将会直接污染硅片的表面，当夹持物的硬度超过硅材料时，还会划伤硅片表面。在单晶硅棒和多晶硅锭开方、截断、滚圆磨面、切片等加工过程中，磨料、刀具、钢线等金属或多或少都会污染硅片表面，一般可以通过清洗剂予以去除。但是在太阳电池制造工艺，包括化学腐蚀、绒面制造、磷扩散、背场制备、减反射膜沉积、电极制备等过程中，也会引入来自气体和相关设备的金属杂质污染。当硅片在石英管内进行高温处理时，金属加热器能够辐射金属杂质，透过石英管并经过保护气体而污染硅片，在 1170 ℃时，污染引入的铁浓度最高可达 6.6×10^{16} cm^{-3}。另外，如果设备的金属部件或内腔直接接触硅片也可以引入金属杂质，如铜电极部件。

晶体硅一旦被金属污染，就难以完全除去。对于硅表面的金属杂质污染，最简便快捷的方法是采用具有腐蚀性的化学清洗剂去除表面 1 μm 厚度的硅材料，基本可以消除金属污染的影响。但是化学腐蚀会造成硅片表面的腐蚀坑或微观不平整，若化学药剂纯度不够高，还会引入新的金属污染。而当金属杂质存在于晶体硅内部时，依靠化学清洗是不可行的，大多数是利用吸杂的方法来解决。对于晶体硅太阳电池，其整个表面就是一个工作区，而集成电路的工作区仅在硅片表面，因此通过氧沉淀而形成的内吸杂就不适用了。

最好的办法是防止金属污染。首先，防止任何金属工具与晶体硅直接接触，应使用特种塑料夹具，并避免长时间使用；其次，应尽量使用高纯度的清洗剂，金属杂质浓度越低越好，并严格控制清洗频次；再次，部分重要的金属杂质易于吸附在硅片表面，可以在清洗剂中放置一些无用的破损硅片来去除或减少清洗剂中的金属杂质；最后，在进行高温处理的炉腔内，最好采用双层石英玻璃以隔绝来自金属加热部件的污染，或者利用氧气和 1%HCL 混合气体，对炉腔进行适当温度和一定时间的热处理，使大部分金属污染物与氧气发生反应，形成可挥发或可移动的氧化物，并由气体带出炉腔，从而减少可能的金属污染。

4.2.9 位错和缺陷

位错是一种线缺陷[3]。在外力的作用下，部分晶体在一定的晶面上沿着一定晶体方向产生滑移，位错可视为晶体中已滑移部分与未滑移部分的分界线。在太阳电池常用的直拉单晶硅、铸造多晶体硅中，位错是最主要的晶体缺陷之一。

晶体中位错的形成机制主要包括热应力、机械应力、空位和自间隙原子的过饱和、组分应力和夹杂物产生的应力等[1]。

位错具有两种特点，一是位错遗传，原有位错线不可能在晶体内部中断，即在晶体中继续延伸，直至延伸到晶体表面或与别的位错线相交为止；二是位错增殖，当晶体受到的应力（如热应力等）超过一定值时，将产生位错增殖，促进位错的生长[3]。在单晶硅生长开始时，由于籽晶中原有位错和籽晶熔接引入的位错，在生长的晶体中会继续延伸，在晶体生长过程中，固-液界面附近落入不溶固态颗粒（常见的有 SiC、SiN 等）也容易引入位错，尤其当热场温度梯度较大，在晶体中产生较大的热应力时，更容易产生位错并使其增殖。近年来，缩颈法的广泛应用已实现了单晶硅的无位错生长。

位错对单晶硅太阳电池的转换效率有明显的负面作用，可导致漏电流、pn 结击穿等。因此，光伏行业中通常限定单晶硅片位错的密度，要求无位错或位错密度低于某个值（如 3000 个/cm^2）。

位错可以通过 X 射线、电子显微镜、场离子显微镜、红外透射等方法进行观察和表征。这些方法是分析位错性能的重要手段，通常制样烦琐且仪器昂贵。在实际生产中，最方便且最常用的是先进行化学腐蚀，然后采用目视法结合光学显微镜进行观察的方法[4-5]。硅片被浸没在特定的腐蚀液中后，位错附近由于应力集中，腐蚀速率较高，缺陷位置被腐蚀成浅坑或丘，在宏观上可能组成一定的图形，如Si［001］硅晶片中的“井”字状滑移线，如图 4-18（a）所示；在微观上呈现分立的腐蚀坑或丘，如图 4-18（b）所示。由于硅片晶向、腐蚀剂种类、腐蚀时间、腐蚀速率等不同，腐蚀坑的形状也有所不同。硅片的腐蚀方法可以参考 GB/T 1554—2009 或 ASTM F 1809—1997 等标准，其中对腐蚀液配方、操作方法、注意事项、各类腐蚀剂的适用性等做了详细阐述。

在单晶硅生长过程中，由于生长条件的某种突然变化，或者外来的颗粒附着在固-液、固-气界面的交界处，会导致孪晶现象的产生。孪晶是由两部分取向不同但具有一个共同晶面的双晶体组成的，它们公用的晶面称为孪生面，两部分晶体的取向以孪生面为镜面对称，且两部分晶体取向夹角具有特定的值。硅单晶以［111］晶面为唯一的孪晶面，在晶锭的表面表现为一条椭圆曲线，是［111］面与晶体的圆柱形表面相交产生的交线。尽管产生孪晶现象后晶体仍然可能保持无位错生长状态，但孪晶两边的生长晶向已经不同了，如［100］晶向生长的晶体产生孪晶后的生长方向是［221］晶向。由于制绒的限制，当前单晶硅太阳

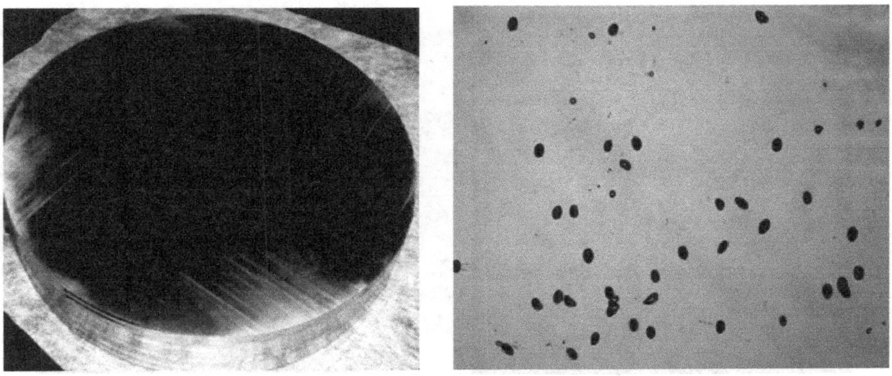

（a）　　　　（b）

图 4-18　单晶硅横断面上“井”字状位错排

电池通常要求单晶硅为[100]晶向，而不允许孪晶存在。

铸造多晶硅锭中具有高密度的位错，其分布并不均匀，这取决于晶体生长和冷却过程。一般认为底部位错密度最低，随着晶体的生长，位错密度逐渐升高[6-7]，如图 4-19 所示。

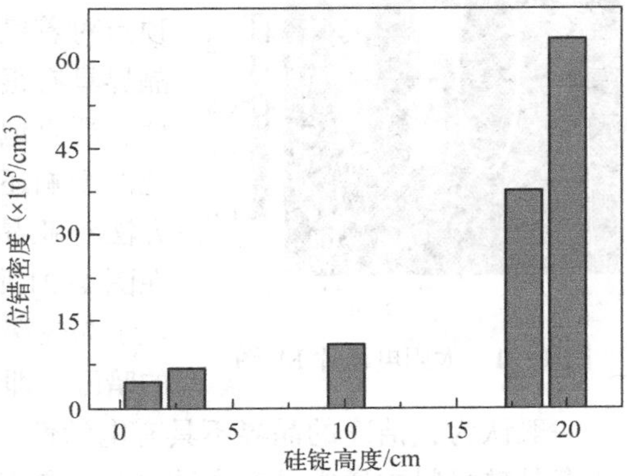

图 4-19　平均位错密度随硅锭不同高度位置的变化情况

由于铸锭过程中热应力分布的不同，也有文献中指出，硅锭中位错密度呈“W”状分布，即晶锭底部、中部和上部的位错密度相对较高[8]。多晶硅中位错的成核受多方面因素影响，如热应力、机械应力、晶界等。

位错本身的悬挂键具有很强的电活性，可以直接作为复合中心。而且，由于金属杂质和氧、碳等杂质在位错的偏聚，造成新的电活性中心，且电学性能不均匀[9]。因此，铸造多晶硅中的位错对多晶硅太阳电池的转换效率有很大的影响[10]。如图 4-20 所示，太阳电池片的电致发光图显示，低效太阳电池片具有很高的缺陷密度，而高效太阳电池片具有较低的缺陷密度。

与直拉单晶硅中的位错一样，铸造多晶硅中的位错具有高密度的悬挂键，具有电活性，可以直接作为复合中心，导致少子寿命或扩散长度降低。但是，也有研究证明，洁净没有污染的位错的电活性是很弱的。如果金属杂质和氧、碳等杂质在位错上偏聚、沉淀，就会造成新的电活性中心，导致电学性能的严重下降，最终影响材料的质量。

在铸造多晶硅中，位错密度相对较高，因此位错与多晶硅材料的扩散长度有明显的关系。位错密度高的区域，少子的寿命短；反之亦然。这说明铸造多晶硅中的位错是材料质量降低的重要因素。在铸造多晶硅中，随着位错密度的增加，俘获密度呈线性增加，说明位错密度越高，少子的俘获密度越高，材料的电学性能越差。

多晶体由许多晶粒组成，位向不同的相邻晶粒之间的界面称为晶界。相邻晶粒之间的位相差较小（通常小于 10°），这种晶粒间的晶界称为亚晶界或小角度晶界。亚晶界同晶界一样，属于面缺陷，从微观上看，由位错堆积而成，或者说位错簇运动并重新排列成亚晶。

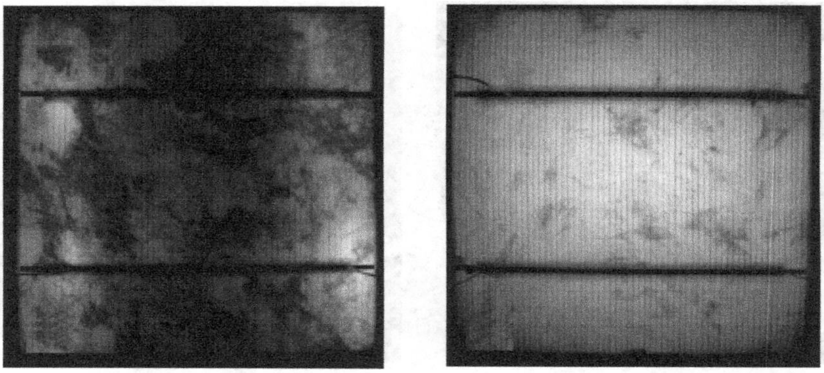

（a）低效太阳电池片　　（b）高效太阳电池片

图4-20　太阳电池片的电致发光图

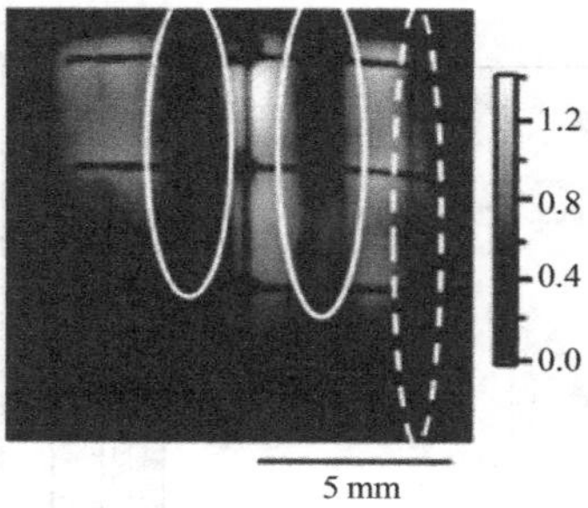

图4-21　太阳电池片EL图

亚晶界也可以采用化学腐蚀法测得，其表现为位错蚀坑顶点对着底边排列而构成，蚀坑线密度大于25个/mm。亚晶界具有很强的电学活性，在金属沾污下表现出更强的电活性，严重地影响太阳电池的转换效率，并且比晶界对太阳电池的影响还大[11-12]。Kutsukake等采用X射线衍射强度分布方法对亚晶分布进行定位，并研究了其对太阳电池的影响。在图4-21所示的太阳电池片EL图中，亚晶界区（实线标出）显示为较深的暗区，而普通多晶界区（虚线标出）对应较浅的暗区，即亚晶界比普通多晶界对太阳电池的影响要明显。

一般认为，洁净的晶界不具有电活性，不会影响多晶硅材料的电学性能。但太阳电池用铸造多晶硅材料中通常具有高浓度的金属及其他杂质，这些杂质容易偏聚在晶界上，从而使晶界具有电活性，影响材料的电学性能，降低太阳电池转换效率[13]。研究发现，不同的晶界对金属杂质的吸杂能力不一样，一般认为不同晶界吸杂能力如下：普通晶界>高Σ值重合点阵晶界>低Σ值重合点阵晶界[14]。但也有人认为，晶界本身存在一系列界面状态，存在悬挂键，有界面势垒，故晶界本身是有电学活性的，而且当杂质沉淀或偏聚晶界时，晶界的电学活性会进一步增强，从而成为少子的复合中心[15]。

参考文献

[1] 阙端麟，陈修治．硅材料科学与技术[M]．杭州：浙江大学出版社，2000.

[2] Schmidt J, Aberle A G, Hezel R. Investigation of carrier lifetime instabilities in CZ grown silicon[R]. Proceeding of the 26th IEEE Photovoltaic Specialists Conference. Anahein, USA, 1997.

[3] 赵敬世．位错理论基础[M]．北京：国防工业出版社，1989.

[4] Sopori B L. A new defect etch for polycrystalline silicon [J]. J. Electrochem. Soc.: Solid-State Science and Technology, 1984, 131 (3): 667-672.

[5] Schimmel D G. Defect Etch for <100> Silicon Evaluation [J]. J. Electrochem. Soc.: Solid-State Science and Technology, 1979, 126 (3): 479-483.

[6] Ryningen B, Stokkan G, Kivambe M, et al. Growth of dislocation clusters during directional solidification of multicrystalline silicon ingots [J]. Acta Material, 2011(59): 7703-7710.

[7] 邓海．铸造多晶硅中原生杂质及缺陷的研究 [M]. 杭州:浙江大学,2006.

[8] Hâûler C, Stollwerck G, Koch W, et al. Multicrystalline Silicon for Solar Cells: Process Development by Numerical Simulation [J]. Adv. Mater,2001,13 (23):1815-1819.

[9] Pizzini S,Sandrinelli A,Beghi M,et al. Influence of extended defects and native impurities on the electrical properties of directionally solidified polycrystalline silicon [J]. J. Electrochem. Soc. 1988,135(1):155-165.

[10] Sopori B,Rupnowski P,Mehta V,et al. Performance Limitations of mc-Si Solar Cells Caused by Defect Clusters [J]. ECS Trans. 2009,18 (1):1049-1058.

[11] Sugimoto H,Araki K,Tajima M,et al. Photoluminescence analysis of intragrain defects in multicrystalline silicon wafers for solar cells [J]. J. Appl. Phys. 2007(102):054506.

[12] Chen J,Sekiguchi T,Xie R,et al. Electron-beam-induced current study of small-angle grain boundaries in multicrystalline silicon [J]. Scripta Mater. 2005,52(12):1211-1215.

[13] Kakishita K,Kawakami K,Suzuki S,et al. Iron related deep levels in n-type silicon [J]. J. Appl. Phys. 1989,65(10):3923-3927.

[14] Chen J, Sekiguchi T, Yang D, et al. Electron - beam - induced current study of grain boundaries in multicrystalline silicon [J]. J. Appl. Phys. 2004,96(10):5490-5495.

[15] Fisher H,Pschunder W. Investigation of photon and thermal induces changes in silicon solar cells[R]. Proceedings of the 10th IEEE PV Specialists Conference[M]. Polo Alto,CA,USA:1973.

第 5 章　硅片的清洗和制绒

晶体硅太阳电池分为单晶硅太阳电池和多晶硅太阳电池。单晶硅太阳电池以单晶硅片作为基体材料（也称衬底材料）；多晶硅太阳电池以多晶硅片作为基体材料。

通过多线切割机制得的硅片，会在硅片表面形成 20 ~ 30 μm 的机械损伤层，而且表面还会有残留的油脂、松香、石蜡、金属离子等杂质。在制造太阳电池时，要去除硅片表面有机物和金属杂质，消除硅片表面机械损伤层；同时，为了减少太阳电池表面对太阳光的反射，增加光能吸收，须要在硅片表面形成凹凸形的织构（称为硅片表面织构化）。因此，对太阳电池表面进行清洗制绒处理是非常必要的。由于硅片表面织构化后，外表酷似丝绒，通常称之为绒面。在本书中，为了与通俗的称谓相一致，以下将硅片的织构表面称为“绒面”，将硅片表面织构化称为“制绒”。

通常，对比较洁净的硅片，只要通过纯水超声清洗，再经过腐蚀制绒工序后，即可进入扩散制结工序。但当硅片表面沾污比较严重时，须要严格地预清洗。同时，在太阳电池制造过程中，除了硅片，还有一些金属的和非金属的器具须要清洗。因此在本章将介绍多种清洗剂和清洗方法。

5.1　硅片的选择

目前常用的单晶硅片是硼掺杂 p 型直拉单晶硅片，由于其氧含量较高，在光照下氧与硼易结合成为复合对，导致太阳电池性能退化。采用其他先进的制备方法，如区熔法、磁聚焦直拉法以及采用掺镓直拉法制得的单晶硅，虽然氧含量较低，但制造成本较高。而 n 型单晶硅材料，由于其硼含量低、载流子寿命长、导电率高、饱和电流低等特点，已开始应用于制造高效太阳电池。

常用的多晶硅片是利用定向凝固的铸造技术，在方形坩埚中制备 p 型多晶硅锭，再将其切割成硅片。由于生长简便，与直拉单晶生长相比能耗低，从硅锭切割成硅片时材料损耗小，所以多晶硅片的生产成本低于单晶硅片。与单晶硅片相比，其缺点是晶界长、位错密度高、微缺陷，杂质浓度也相对较高，致使其太阳电池的转换效率略低于单晶硅太阳电池（绝对值约为 0.5%～1%）。

太阳电池用硅片的选择，主要考虑导电类型、电阻率、位错、少子寿命等性能要求。

这里须要特别关注近年来单晶硅片尺寸的变化。为了降低太阳电池组件的制造成本，提高组件效率，现在的硅片正在向大尺寸方向发展。前些年，多采用边长为 156 mm 的单晶硅片，由于硅片四角的切角（也称倒角）较大，组件出现明显的“留白”（即组件表观露出白色背板，也称“露白”），硅片的占空比为 98.18%。留白比例高会降低组件效率，影响单晶硅太阳电池的发展。近年来，由于 PERC 太阳电池和各种 n 型高效太阳电池的发展，开始采用边长为 156.75 mm、直径（对角线）为 210 mm 的 M2 型单晶硅片，由于倒角减小，占空比提升到 99.43%，单晶硅太阳电池组件的效率得到提高。现在，最大尺寸硅片 M12 的边长已达 210 mm、直径达 295 mm。目前主要使用的硅片是 M2 和 M3 这两种类型。各种规格硅片参数见表 5-1。增大硅片尺寸涉及整条生产线，各工艺环节都须要调整，包括单晶硅棒拉制、切片、太阳电池和组件的制造工艺和设备。现在，力求在只改变工夹具而无须重置设备的前提下制备大尺寸硅片，已成为提高太阳电池生产效率的主要目标。

表 5-1　各种规格硅片参数

规　格	边长/mm	直径/mm	面积/cm^2	占空比（%）
M0	156	200	238.95	98.18
M1	156.75	205	242.84	98.83
M2	156.75	210	244.32	99.43
M3	158.75	211	250.15	99.26
G1	158.75	223	251.99	99.99
M4	161.7	211	258.39	98.77
M4-1	161.7	223	261.14	99.87
M6	166	223	274.15	99.49
M9	192	270	368.62	99.99
M10	200	281	399.97	99.99
M12	210	295	440.96	99.99

5.2　硅片清洗

在硅片的加工过程中，硅片表面会被沾污，这对太阳电池性能和成品率的影响很大，必须去除沾污以获得清洁的硅片表面。

5.2.1　硅片表面的沾污源

1. 硅片表面沾污的杂质类型

在硅片加工和太阳电池制造过程中引入的硅片表面的杂质沾污，通常是通过物理或化学的吸附作用吸附在硅片表面的，大致可归纳为以下三类。

（1）油脂、松香、蜡等有机化合物：在晶体硅锭切割成硅片过程中，硅片切割机中常用的各种油脂（如滑润油等）；切割硅片时为了固定硅片所用的黏合剂（如松香、蜡等）。

（2）金属、金属离子、氧化物：切割硅片时的金刚砂线或磨料，如 SiC 或Al_2O_3等；硅片表面受潮生成的 SiO_2等；在硼、磷等杂质扩散工艺中，在银、铝等金属电极形成工艺以及生产过程中使用的各种气体均可能引入一些杂质。

（3）环境中和人身上的灰尘、颗粒等。

2. 沾污物质的微观结构类型

按沾污物质的微观结构可将其分为以下三类。

（1）分子型沾污：包括硅片机械加工引入的蜡、松香和油脂，操作人员的皮肤，或者储存硅片的容器上的不溶性有机化合物。这些有机物通常由弱的静电引力吸附在硅片表面上，必须首先将其除去。

（2）离子型沾污：包括 Na^+、Cl^-和 F^-等。硅片表面与酸性或碱性腐蚀液接触后，这些离子会吸附在硅片表面，既有物理吸附的，也有化学吸附的。化学吸附的一般只有通过化学反应才能去除。

（3）原子型沾污：主要来自酸性腐蚀液，包括 Au、Fe、Cu 和 Cr 等金属元素。这些过渡金属的原子会严重降低太阳电池转换效率。须要采用反应性的试剂才能将其溶解，并形成可溶性络合物，防止其重新沉积到硅片表面。

5.2.2 化学清洗原理

1. 有机溶剂清洗

硅片清洗常用的有机溶剂有甲苯、丙酮、乙醇等，其主要作用是去除硅片表面的油脂、松香、蜡等有机物杂质，应用的是物质的“结构类似者相溶”的经验规则。所谓“结构类似者相溶”是指物质在与其结构相类似的溶剂中较易溶解的现象。石蜡是碳氢化合物，油脂是甘油和脂肪酸生成的脂，都含有碳氢基团，而甲苯、丙酮（CH_3COCH_3）、乙醇（C_2H_5OH）的分子结构中也都含有碳氢基团，它们在结构上有一定的类似性，所以能够将其溶解；而油脂、石蜡与水分子在结构上有很大差异，所以在水中很难溶解。使用有机溶剂清洗时，要按一定的次序进行。乙醇分子的结构中既含有与甲苯、丙酮类似的碳氢基团，又含有与水分子相似的羟基（OH），所以既能与甲苯、丙酮互相溶解，又能与水以任意比例互相溶解。因此，应按甲苯→丙酮→乙醇→水的次序进行清洗。此外，三氯乙烯、四氯化碳、苯和合成洗涤剂等也能去除油污。

2. 具有强氧化性的无机酸清洗

对于金属、金属离子、氧化物以及其他无机化合物，如铝、铜、银、金、氧化铝、二氧化硅等物质和部分有机杂质，可用具有强氧化性的无机酸和过氧化氢去除。

化学清洗中的化学反应基本上可分为两大类型：一类是参加反应的元素的化合价没有发生变化，如氧化铝溶于盐酸、二氧化硅溶于氢氟酸等；另一类是氧化-还原反应，参加反应的元素的化合价发生了变化，例如，在铜与硝酸的反应中，金属铜原子 Cu 失去两个电子，成为+2 价的铜离子 Cu^{2+}，硝酸中+5 价的氮原子获得 1 个电子变为+4 价。在氧化-还原反应中，凡是获得电子的物质（或元素）称为氧化剂，凡是失去电子的物质（或元素）称为还原剂。化学清洗中常用的强氧化剂有盐酸、硫酸、硝酸和王水等。过氧化氢通常为氧化剂，当其遇到强氧化剂时，又能起还原剂的作用。

1）盐酸（HC1） 盐酸是有刺激性气味的无色透明液体，密度为 1.19 g/cm^3的浓盐酸含 HCl 的量为 37%，含 HCl 20.24%的盐酸的沸点为 110 ℃。浓盐酸是一种强酸，极易挥发且具有强烈的腐蚀性。在清洗时，常利用盐酸的强酸性溶解硅片表面沾污的杂质，如铝、镁等活泼金属及其氧化物。其反应式如下：

$$2Al+6HCl = 2A1C1_3+3H_2\uparrow \tag{5-1}$$

$$Al_2O_3+6HCl = 2A1C1_3+3H_2O \tag{5-2}$$

盐酸不能溶解铜、银、金等不活泼的金属以及二氧化硅等难溶物质。

2）硫酸（H_2SO_4） 硫酸是无色无嗅的油状液体，98%浓硫酸的密度为 1.838 g/cm^3，沸点为 338 ℃。浓硫酸具有很强的酸性、氧化性、吸水性以及腐蚀性。与盐酸一样，硫酸能溶解铝、镁等许多活泼金属及其氧化物。同时由于浓硫酸具有氧化性，它还能溶解不活泼金属铜。浓硫酸不能溶解金和二氧化硅等物质。

浓硫酸与铜、银的反应如下：

$$Cu+2H_2SO_4 = CuSO_4+SO_2\uparrow+2H_2O \tag{5-3}$$

$$2Ag+2H_2SO_4 \longrightarrow Ag_2SO_4\downarrow+SO_2\uparrow+2H_2O \tag{5-4}$$

3）硝酸（HNO_3） 硝酸是无色透明液体，69.2%浓硝酸的密度为 1.41 g/cm^3，沸点为 121.8 ℃。溶解有过量二氧化氮的浓硝酸呈棕黄色，称为发烟硝酸。浓硝酸具有强酸性、强氧化性和强腐蚀性，不仅能溶解许多活泼金属及其氧化物，还能溶解不活泼金属铜、银等。例如：

$$Cu+4HNO_3 \longrightarrow Cu(NO_3)_2+2NO_2\uparrow+2H_2O \tag{5-5}$$

$$Ag+2HNO_3 \longrightarrow AgNO_3+NO_2\uparrow+H_2O \tag{5-6}$$

硝酸也不能溶解一些极不活泼的金属（如金）以及难溶的氧化物（如二氧化硅）等。

4）王水 3 份浓盐酸和 1 份浓硝酸混合而得的溶液称为王水。王水具有极强的氧化性和腐蚀性，不仅能溶解活泼金属及其氧化物，而且能溶解极大部分不活泼金属，如铜、银、金等。例如：

$$Au+3HCl+HNO_3 \longrightarrow AuCl_3+NO\uparrow+2H_2O \tag{5-7}$$

$$AuCl_3+HCl \longrightarrow H[AuCl_4] \tag{5-8}$$

王水不能溶解二氧化硅等一些难溶的氧化物。

3. 过氧化氢的清洗

过氧化氢（H_2O_2）俗称双氧水，其分子结构式为 H−O−O−H。纯的 H_2O_2 是淡蓝色的黏稠液体，是一种很好的溶剂。它在 20 ℃时密度为 1.4465 g/cm^3，沸点为 150 ℃，在−0.43 ℃时凝固。H_2O_2 可与水以任何比例混合，水溶液是无色无嗅的液体。常用的 H_2O_2 溶液是 3%～30%的水溶液。H_2O_2 具有极微弱的酸性，在水溶液中可分两步电离，即

$$H_2O_2 \rightleftharpoons H^+ + HO_2^- \tag{5-9}$$

$$HO_2^- \rightleftharpoons H^+ + O_2^{2-} \tag{5-10}$$

总的电离平衡式为

$$H_2O_2 \rightleftharpoons 2H^+ + O_2^{2-} \tag{5-11}$$

H_2O_2 在常温下是不稳定的，容易分解为水和氧气，其分解反应式如下：

$$2H_2O_2 \longrightarrow 2H_2O+O_2\uparrow \tag{5-12}$$

H_2O_2 的分解速度与温度、重金属离子、溶液的 pH 值以及光线照射等因素有关，其分解速度与温度的关系见表 5-2。

表 5-2 H_2O_2的分解速度与温度的关系

温度/℃	30	66	100	140
分解率	1%/年	1%/周	2%/日	急速分解

银、铂、汞等金属粉末，或者铜、铁、镍、铬、锰等重金属离子，以及表面活性物质（如活性炭），能催化 H_2O_2 的分解。但铝及铝合金对 H_2O_2 分解的催化作用较小，常采用99.5%以上的铝或铝合金器皿保存 H_2O_2。H_2O_2 的分解与溶液的 pH 值有关，它在酸性、中性介质中较稳定，在碱性介质中很不稳定。90%H_2O_2 在 pH 值约为 4 时最稳定。玻璃具有一定的碱性，如果用玻璃容器保存 H_2O_2，容器内壁须涂敷保护层，如石蜡等。光可以加速 H_2O_2 的分解，保存时应放置在阴凉避光处。在 H_2O_2 溶液中加入少量乙酚苯胺等可改善其稳定性。

在清洗过程中，H_2O_2 既是强氧化剂又是还原剂。H_2O_2 能氧化有机物、非金属和大多数金属。例如，高浓度的 H_2O_2 能使有机物质燃烧；与二氧化锰（MnO_2）作用则发生爆炸；沾于皮肤上会形成白色斑点。

当遇到强氧化剂（如 MnO_2 等）时，H_2O_2 又能起还原剂的作用。例如：

$$MnO_2+H_2SO_4+H_2O_2 \longrightarrow MnSO_4+2H_2O+O_2\uparrow \tag{5-13}$$

4. 氢氟酸（HF）清洗

氢氟酸是无色透明的液体，浓氢氟酸中 HF 含量可达 48%～50%。含 HF 35%的氢氟酸密度为 1.14 g/cm³，沸点为 120 ℃。氢氟酸是弱酸，不易挥发，但有很强的腐蚀性，能溶解许多金属，但不能溶解金、铂、铜等金属。氢氟酸最重要的特性是能溶解二氧化硅，在清洗和腐蚀工艺中，常用于除去硅片表面的二氧化硅层。二氧化硅是玻璃的主要成分，玻璃会被氢氟酸腐蚀，故玻璃容器不能用于存放氢氟酸。

氢氟酸与二氧化硅作用，会生成易挥发的四氟化硅气体：

$$SiO_2+4HF \longrightarrow SiF_4\uparrow+2H_2O \tag{5-14}$$

过量的氢氟酸会进一步与反应生成的四氟化硅反应，生成可溶性的络合物（六氟硅酸），反应式如下：

$$SiF_4+2HF \longrightarrow H_2[SiF_6] \tag{5-15}$$

总的反应式为

$$SiO_2+6HF \longrightarrow H_2[SiF_6]+2H_2O \tag{5-16}$$

氢氟酸能溶解二氧化硅，使其在硅片的腐蚀、清洗中具有不可替代的作用，因此它是太阳电池制造过程中一种很重要的化学试剂。

5. 酸性和碱性过氧化氢清洗

基于酸性和碱性过氧化氢清洗原理的 RCA 清洗方法，是 RCA 实验室最先使用的，它是一种典型的湿式化学清洗法，至今仍普遍用于硅片表面的化学清洗。

RCA 清洗方法中使用的碱性过氧化氢清洗液 APM（又称Ⅰ号清洗液）由去离子水、30%的过氧化氢溶液和 25%的浓氨水按一定配比混合而成。其体积比是去离子水∶H_2O_2∶NH_4OH 为 5∶1∶1～5∶2∶1。RCA 清洗方法中使用的酸性过氧化氢清洗液 HPM（又称Ⅱ号清洗液）由去离子水、30%的过氧化氢溶液和 37%的浓盐酸按一定配比混合而成，其体积比是去离子水∶H_2O_2∶HCl 为 6∶1∶1～8∶2∶1。

酸性和碱性过氧化氢清洗液一方面基于过氧化氢的强氧化作用，使有机物和无机物杂质被氧化去除，另一方面对一些难以氧化的金属或其他难以溶解的物质，通过与络合剂（如

NH_4OH、HCl）作用形成稳定的可溶性络合物而去除。这类清洗液的优点是能去除硅片上残存的蜡、松香等有机杂质和无机杂质（包括金、铜等重金属杂质），清洗过程中不会发生有害的化学反应，钠离子的沾污少，操作安全，使用和处理方便。这类清洗液一般应在75～85℃温度下使用，清洗时间为10～20 min，然后再用去离子水冲洗。清洗时温度不宜过高，时间不宜过长，以防止清洗液分解，一般即时配制即时使用。图5-1所示的是Ⅱ号清洗液从硅表面去除吸附金的效果[1]。

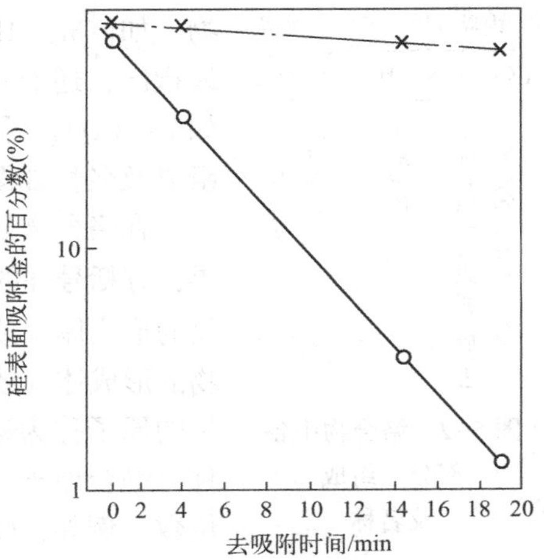

图5-1　Ⅱ号清洗液从硅表面去除吸附金的效果
×—用去离子水冲洗
○—用30%H_2O_2：HCl：H_2O=1：1：8（体积比）的混合液清洗

6. 氢氧化铵清洗

1）氢氧化铵的性质　氨（NH_3）是易溶于水的气体，在20℃时1体积的水能吸收700体积的氨。氨溶于水成为氨水，是无色透明的有刺激性臭味的液体。普通浓氨水含氨量约为25%，密度为0.9 g/cm³。氨溶解在水中，与水作用生成一定量的氢氧化铵（NH_4OH），反应式如下：

$$NH_3+H_2O \rightleftharpoons NH_4OH \tag{5-17}$$

由于上述反应是可逆的，当温度上升时，氨水分解，产生氨气，故氨水中的氢氧化铵具有挥发性。氨水暴露于空气中，氢氧化铵会分解为氨气，逸入空气中。氨在空气中的含量若超过0.5%可使人中毒，引起消化不良、呼吸器官黏膜发炎以及听力减弱等不良影响，因此使用氨时，空气中的氨含量不应超过0.02 mg/L。

氢氧化铵是一种弱碱，它能被酸中和而生成铵盐和水。例如：

$$NH_4OH+HCl \longrightarrow NH_4Cl+H_2O \tag{5-18}$$

氢氧化铵与许多金属离子，如Fe^{3+}、Al^{3+}和Cr^{3+}等作用生成相应的氢氧化物沉淀$Fe(OH)_3$、$Al(OH)_3$和$Cr(OH)_3$。

氢氧化铵又是很好的络合剂，它能与Cu^{2+}、Ag^+、Co^{2+}、Ni^{2+}、Pt^{4+}等金属离子发生络合作用，生成可溶性的络合物，可去除吸附在硅片表面的杂质金属原子和离子。

2）氢氧化铵在清洗中的络合作用[1]　络合物是由简单的分子、离子和原子相互结合形成的一类复杂化合物，如$Cu(NH_3)_4^{2+}$、SiF_6^{2-}、$AuCl_4^-$、$Fe(CO)_5$、$Ag(S_2O_3)_2^{3-}$等。

Cu^{2+}、Si^{4+}、Au^{3+}、Ag^+、Fe^{2+}、Fe等金属离子或原子均可提供能成键的空的价电子轨道。NH_3、F^-、C≡N、$S_2O_3^{2-}$、CO等中性分子或离子都含有孤对电子。中心离子或原子与两个或两个以上的具有孤对电子的分子或离子形成稳定的结构单元，如$Cu(NH_3)_4^{2+}$、SiF_6^{2-}、$AuCl_4^{1-}$、$Fe(CO)_5$等。

由两个或两个以上含有孤对电子的分子或离子与具有空的价电子轨道的中心离子（或原子）结合而成的"结构单元"称为络合单元。带有电荷的络合单元，如$Cu(NH_3)_4^{2+}$、SiF_6^{2-}，$AuCl_4^-$等称为络离子。络合物的定义是络离子与带有异电荷的离子组成的中性化合

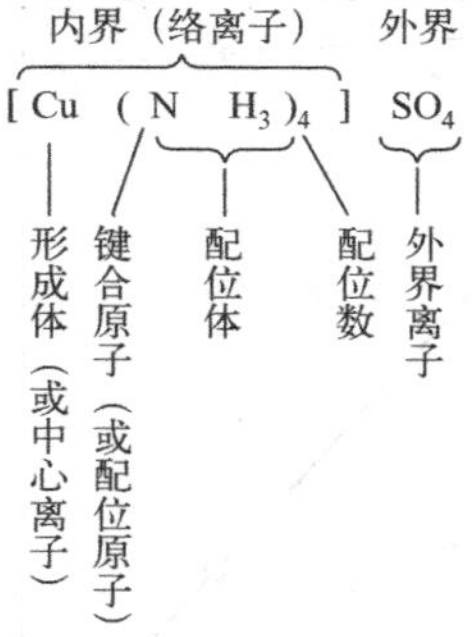

图5-2　络合物中各部分的组成及名称

物，如$[Cu(NH_3)_4]SO_4$、$H[SiF_6]$、$H[AuCl_4]$等都称为络合物。应该指出，还有一些不带电荷的“络合单元”本身就是中性化合物，如$Fe(CO)_5$、$[Pt(NH_3)_2Cl_2]$等也称络合物。在络合物中，各部分的组成及名称如图5-2所示。

在络合物分子中，位于方括号内的$[Cu(NH_3)_4]^{2+}$称为络合物的内界，方括号外的SO_4^{2-}离子称为络合物的外界。络合物的内界是由络合物的形成体（或中心体）和配位体组成的。例如，Cu^{2+}离子称为络合物的形成体（或中心离子），NH_3称为配位体。配位体中含有孤对电子的原子称为键合原子（或配位原子）。例如，NH_3分子中的氮原子称为键合原子。在形成体周围配位体（或配位原子）的数目称为配位数。例如，$Cu(NH_3)_4^{2+}$络离子中形成体Cu^{2+}离子的配位数为4。

络合物的内界离子（如$[Cu(NH_3)_4]^{2+}$）与外界离子（如SO_4^{2-}）之间是通过离子键相连接的，而处于内界的络离子的形成体Cu^{2+}离子与配位体NH_3分子之间是通过配位键结合而成的。络合物形成体（中心离子或原子）提供空的价电子轨道，接受配位体的孤对电子，络合物形成体与配位体之间形成的化学键就是配位键，例如：

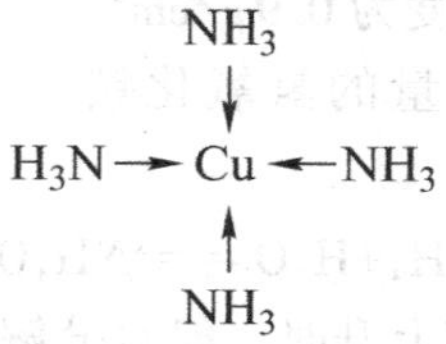

在$[Cu(NH_3)_4]^{2+}$络离子中，络合物形成体Cu^{2+}离子可提供4个空的价电子轨道，接受配位体4个NH_3分子中氮原子上的孤对电子而形成$Cu(NH_3)_4^{2+}$络离子。配位键通常以箭头表示，每个箭头代表一个配位键，箭头的方向由给出孤对电子的配位体分子指向接受孤对电子的中心离子。

络合物的内界与外界是以离子键结合的，与一般强电解质类似，在水溶液中几乎是完全离解的。$[Cu(NH_3)_4]SO_4$络合物在水溶液中几乎完全离解为$[Cu(NH_3)_4]^{2+}$络离子和SO_4^{2-}离子。其中，$[Cu(NH_3)_4]^{2+}$络离子在溶液中也有一定程度的离解，但离解的程度较小，主要是以$[Cu(NH_3)_4]^{2+}$络离子的形式存在，自由存在的Cu^{2+}离子较少。实际上，络离子在溶液中的生成过程和络离子的离解过程是同时进行的。络合过程和离解过程是可逆的，这个可逆反应在一定的条件下达到平衡状态。因此，在$[Cu(NH_3)_4]^{2+}$络离子溶液中存在如下的可逆平衡：

$$[Cu(NH_3)_4]^{2+} \underset{络合}{\overset{离解}{\rightleftharpoons}} Cu^{2+} + 4NH_3 \tag{5-19}$$

根据质量作用定律，$[Cu(NH_3)_4]^{2+}$络离子的离解平衡应有如下的关系式：

$$K_{不稳} = ([Cu^{2+}]\ [NH_3]_4)/[Cu(NH_3)_4^{2+}] = 4.6\times10^{-14} \tag{5-20}$$

式中：$[Cu^{2+}]$、$[NH_3]$、$[Cu(NH_3)_4^{2+}]$分别表示平衡时Cu^{2+}、NH_3、$Cu(NH_3)_4^{2+}$的体积摩尔浓度，以mol/L表示；$K_{不稳}$是$[Cu(NH_3)_4^{2+}]$络离子的离解平衡常数，$K_{不稳}$越大，表示溶液中游离的Cu^{2+}离子和配位体NH_3分子的浓度越大，而$[Cu(NH_3)_4^{2+}]$络离子的浓度越小，$[Cu(NH_3)_4^{2+}]$络离子越易离解为Cu^{2+}离子和NH_3分子，这表明络离子越不稳定，所以$K_{不稳}$

又称络离子的不稳定常数。反之，$K_{不稳}$越小，说明络离子越稳定，越不易离解为中心离子和配位体。$K_{不稳}$是衡量在溶液中络合物稳定性的标志。$[Cu(NH_3)_4]^{2+}$络离子的不稳定常数$K_{不稳}$很小，为$4.6×10^{-14}$，可见$[Cu(NH_3)_4]^{2+}$络离子是相当稳定的。络合物的稳定性与中心离子的电子层结构、电荷和半径有关，也与配位体的性质（碱性、电负性等）有关。一般来说，凡是电荷多、半径小和具有 8～18 外电子层结构的过渡金属离子（Fe^{3+}、Co^{2+}、Ni^{2+}、Pt^{4+}、Cu^{2+}、Ag^+、Au^{3+}等）具有较强的成络倾向，所形成的络合物也比较稳定。为了去除吸附在硅片表面的各种金属杂质原子或离子，通常使用酸、碱、氧化剂、络合剂等反应性试剂，让其与杂质原子或离子发生化学反应，从而去除杂质。

3）I号清洗液中氢氧化铵的作用 在I号清洗液中，氢氧化铵起碱性介质的作用，H_2O_2在碱性介质中的标准电极电位值为

$$HO_2^-+H_2O+2e \longrightarrow 3OH^- \qquad E^0=+0.87\ V \tag{5-21}$$

由标准电极电位E^0值可知，E^0值越大，说明H_2O_2的氧化能力越强，在碱性介质中也是相当强的氧化剂。在碱性介质条件下，H_2O_2能使一些金属杂质离子和原子氧化为高价态的离子或氧化物。

另外，氢氧化铵也起络合剂的作用。氨分子是一种很好的配位体，它能与许多金属离子（如Cu^{2+}、Ag^+、Zn^{2+}、Co^{2+}、Ni^{2+}、Cd^{2+}、Hg^{2+}等）形成稳定的可溶性络合物。这些金属离子与NH_3形成的络离子的组成及不稳定常数见表 5-3。

表 5-3 常见的金属离子与 NH_3 形成的络合物的稳定性

络离子	$[Cu(NH_3)_4]^{2+}$	$[Ag(NH_3)]^{2+}$	$[Zn(NH_3)_4]^{2+}$	$[Co(NH_3)_6]^{3+}$	$[Ni(NH_3)_6]^{2+}$	$[Cd(NH_3)_4]^{2+}$	$[Hg(NH_3)_4]^{2+}$
$K_{不稳}$	$4.6×10^{-14}$	$6.8×10^{-8}$	$1×10^{-9}$	$2.2×10^{-34}$	$2×10^{-9}$	$2.5×10^{-7}$	$5.2×10^{-20}$

在硅片表面的杂质金属原子或离子与NH_3形成络合物后，能使金属的电位往负的方向移动，相应地增强了金属的还原能力。例如：

$$Cu-2e \longrightarrow Cu^{2+} \qquad E_0=+0.345\ V \tag{5-22}$$

$$Cu+4NH_4^-+2e \longrightarrow Cu(NH_3)_4^{2+} \qquad E_0=-0.05\ V \tag{5-23}$$

在 Cu 与 Cu^{2+} 离子的电极反应中，其标准电极电位 E^0 为 +0.345 V；而在 Cu 与 $Cu(NH_3)_4^{2+}$络离子的电极反应中，其标准电极电位 E^0为-0.05 V。标准电极电位 E^0值越小，表明金属的还原能力越强，越易失去电子。可见，在 Cu 与 Cu^{2+}的电极反应中，如果加入氢氧化铵，Cu^{2+}离子与NH_3可生成$Cu(NH_3)_4^{2+}$络离子，使铜的电极电位变负，增强了铜的还原能力，有利于金属杂质被H_2O_2氧化为高价态的离子或氧化物。

这些杂质金属离子或金属氧化物与NH_3分子形成的络合物能溶于水，使杂质金属的氧化物不断溶解。溶解后硅片表面的金属杂质又被氧化，氧化后生成的金属氧化物又与NH_3形成可溶性络合物而被溶解。这一过程不断进行，可以使硅片表面的杂质完全去除。

4）盐酸在清洗中的酸性介质作用和络合作用

（1）盐酸本身是一种强酸，能与硅片表面杂质中的活泼金属（如 Mg、Al、Fe 等）以及一些金属氧化物、硫化物等相互作用，使这些杂质被溶解。

（2）盐酸起酸性介质作用，在酸性介质中，过氧化氢的电极电位值增加。例如：

$$H_2O_2+2H^++2e \longrightarrow 2H_2O \qquad E_0=+1.77\ V \tag{5-24}$$

在酸性介质中，H_2O_2的标准电极电位E^0值很大，表明H_2O_2在酸性介质中是很强的氧化剂，具有很强的氧化能力，能使许多金属杂质离子或原子氧化为高价态的离子或氧化物。

（3）盐酸除了起酸性介质的作用，还兼有络合剂的作用。盐酸中的氯离子能与Au^{3+}、Pt^{2+}、Cu^{+}、Ag^{+}、Hg^{2+}、Cd^{2+}等金属离子形成可溶于水的络合物。这些金属离子与氯离子形成的络离子的不稳定常数见表 5-4。

表 5-4　常见的金属离子与氯离子形成的络合物的稳定性

络离子	$[AuCl_4]^-$	$[PtCl_4]^{2-}$	$[CuCl_2]^-$	$[AgCl_2]^-$	$[CdCl_4]^{2-}$	$[HgCl_4]^{2-}$
$K_{不稳}$	5×10^{-22}	1×10^{-16}	2.9×10^{-6}	2.3×10^{-16}	9×10^{-3}	6×10^{-7}

硅片表面的杂质金属原子或离子与氯离子形成络合物后，一方面能使金属的电极电位往负的方向移动，可增强金属的还原能力，即金属更易失去电子，这有利于金属杂质被H_2O_2氧化为高价态的离子或氧化物；另一方面，由于金属杂质离子或氧化物能与氯离子形成易溶于水的络合物，可使金属表面杂质氧化物能够不断被溶解，使硅片表面金属杂质的氧化过程持续进行，生成的金属氧化物又与 HCl 形成可溶性的络合物而被溶解，使硅片表面杂质被清洗去除。

7. 常用洗涤剂清洗[1]

在硅材料和器件制造中，除了用有机溶剂，还可使用碱液（如 NaOH）、肥皂和合成洗涤剂来清除硅片及玻璃、石英和塑料等材料制作的各种管道和容器、器皿表面的油类杂质。

1）碱液和肥皂的去油污作用　碱液（如氢氧化钠溶液）去除油污的机理是碱液能将油脂水解，产生相应脂肪酸的钠盐，即肥皂，以 R—COONa 表示。其反应式如下：

$$\begin{array}{lcl}
\begin{array}{l}CH_2—O—CO—R\\ |\\ CH\;—O—CO—R'\\ |\\ CH_2—O—CO—R''\end{array} & +3NaOH\longrightarrow & \begin{array}{l}CH_2—OH\\ |\\ CH\;—OH\\ |\\ CH_2—OH\end{array} + \underbrace{RCOONa + R'COONa + R''COONa}_{脂肪酸盐} \\
\text{油脂} & \text{碱} & \text{甘油}\qquad\qquad\qquad \text{脂肪酸盐}
\end{array} \tag{5-25}$$

式中，R、R′、R″是由碳、氢原子所组成的不同的碳氢基团。

肥皂去除油污的机理是肥皂分子可分为两部分，一端的—COONa 是羧基—COOH中氢离子的位置被钠离子所取代的产物，因为含有羟基—OH 或含—ONa，与水的结构类似，是亲水基；另一端是链状的烃基 R（如脂肪族的烷基），与水的结构差别很大，是憎水基（也称疏水基）。

硅片表面的油污受到机械振动和摩擦后，大油珠分散成细小的油珠。肥皂分子遇到油珠后，其疏水基插入油珠内，促使油珠彼此分开，形成更细小的油珠而悬浮在水中，使肥皂水变得乳浊，所以肥皂又称乳化剂。肥皂能将油分散在水中成为乳浊液而被去除。

2）合成洗涤剂的去油污作用　合成洗涤剂是用有机合成的方法制得的一种具有去污能力的表面活性剂。这种活性剂的分子结构与肥皂分子类似，也是一端具有憎水基，另一端具有亲水基。其亲水基有羧基、硫酸根、磺酸基等，憎水基是烃类基团。合成洗涤剂分固体粉末状的负离子型表面活性剂和液态的非离子型表面活性剂两类，前者通常称为“洗衣粉”，后者称为“洗涤剂”。

负离子型表面活性剂的主要成分大多是有机磺酸盐，最常用的是烷基苯磺酸钠。它的分子式中 R 为烷基，由 10～16 个碳原子组成，平均为 12 个碳原子。烷基苯磺酸钠在水溶液中可发生以下电离反应：

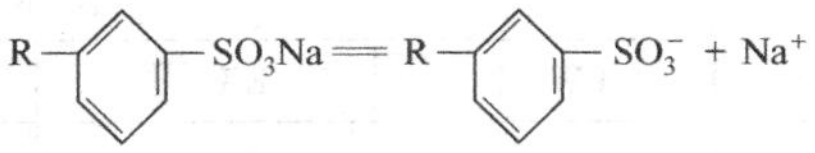

(5-26)

电离出来的阴离子有乳化剂作用，使油脂形成乳浊液。负离子型表面活性剂还加有多种辅助成分，如硅酸钠、碳酸钠、硫酸钠、三聚磷酸钠等，提高了洗涤剂的溶解度、溶解速度和分散能力，从而提高了去污能力，但这类活性剂内存在较多钠盐，不太适合太阳电池生产。

非离子型表面活性剂的主要成分多采用非离子型的化合物，如十二醇与环氧乙烷的加成产物，也可由烷基酚与环氧乙烷反应制取。它所具有的憎水基团也都是烃基（如烷基、苯环基等），也具有亲水基团（如—OH）和半亲水基（如醚基 R—O—R）。这类合成洗涤剂均溶于水，在水的冲洗下可将油污去除。由于这类洗涤剂具有溶解速度快、溶解度高、分散力高、去油污能力强的优点，同时填充的辅料少、钠离子含量少，较适合太阳电池生产中的洗涤。

8. 铬酸洗液去污

一般玻璃、石英耐酸（氢氟酸除外），但不耐热浓碱腐蚀；一般塑料能耐强酸和强碱，其中聚乙烯耐强酸，但不耐碱腐蚀；聚四氟乙烯耐强酸、强碱和王水腐蚀。

以往，常用铬酸洗液来洗涤各种容器和管道。铬酸洗液是由饱和重铬酸钾（$K_2Cr_2O_7$）溶液与过量的浓硫酸混合而制得的酱红色溶液。混合后发生如下反应：

$$K_2Cr_2O_7+H_2SO_4 \longrightarrow 2CrO_3+K_2SO_4+H_2O \quad (5-27)$$

铬酸洗液具有很强的氧化性和腐蚀性，能溶解许多金属、氧化物以及其他化合物。热洗液也能去除黏在器皿上的薄油脂层。因而可用铬酸洗液来洗涤玻璃、石英以及塑料器皿。当洗液呈现大量绿色时，表明洗液已失效，应更换。

9. 去离子水清洗

去离子水是使用最多的清洗液，它能去除可溶性杂质。如果采用加温和超声等方法，能增强清洗效果。

1）去离子水在清洗中的作用 水是一种使用很广的溶剂，它能溶解许多物质，如一些氧化物、硝酸盐、硫酸盐、碳酸盐以及卤化物等。通常，各种用于清洗的有机溶剂、酸、碱、氧化剂、还原剂以及络合剂不是最纯净的，这些试剂对被清洗的物质也会产生污染。用去离子水进行冲洗可以去除一些可溶于水的杂质和灰尘沾污，除去在前道清洗工序中使用的各种清洗剂分子或离子。而在各种清洗剂中，去离子水的纯度是最高的，因此清洗工序的最后一步须用足量的去离子水冲洗。

冲洗时，去离子水的用量越多，每次冲洗后的剩余液的量越少以及冲洗的次数越多，则剩余杂质越少，清洗越干净。因此，在硅片表面的清洗工艺中，去离子水的用量是很大的。在保证清洗质量的前提下，应力求节约用水。在清洗液量较少时，应保证剩余液量能覆盖硅片表面，避免硅片表面被空气氧化和再次受到沾污。

电子级水的分级技术指标列于表5-5[2]。

表5-5　电子级水的分级技术指标

项　目		技术指标			
		EW-Ⅰ	EW-Ⅱ	EW-Ⅲ	EW-Ⅳ
电阻率（25℃）/MΩ·cm		≥18 （5%时间不低于17）	≥15 （5%时间不低于13）	≥12	≥0.5
全硅/（μg/L）		≤2	≤10	≤50	≤1000
微粒数/（个/L）	0.05～0.1 μm	500	—	—	—
	0.1～0.2 μm	300	—	—	—
	0.2～0.3 μm	50	—	—	—
	0.3～0.5 μm	20	—	—	—
	>0.5 μm	4	—	—	—
细菌个数（个/mL）		≤0.01	≤0.1	≤10	≤100
铜/（μg/L）		≤0.2	≤1	≤2	≤500
镍/（μg/L）		≤0.1	≤1	≤2	≤500
钠/（μg/L）		≤0.5	≤2	≤5	≤1000
钾/（μg/L）		≤0.5	≤2	≤5	≤500
铁/（μg/L）		≤0.1	—	—	—
铅/（μg/L）		≤0.1	—	—	—
氟/（μg/L）		≤1	—	—	—
氯/（μg/L）		≤1	≤1	≤10	≤1000
亚硝酸根/（μg/L）		≤1	—	—	—
溴/（μg/L）		≤1	—	—	—
硝酸根/（μg/L）		≤1	≤1	≤5	≤500
磷酸根/（μg/L）		≤1	≤1	≤5	≤500

2）去离子水的制备　冲洗太阳电池用的硅片时，必须使用含杂质离子极少的高纯水。目前生产中主要采用过滤、离子交换法和反渗透法等手段制备高纯水。去除各种金属离子和酸根离子后的水称为去离子水。

通常在太阳电池生产中，高纯水不仅用量多，而且保存时间越短越好，否则其纯度将迅速下降，一般都是生产过程中一边制备一边使用，所以实际上高纯水的制备已成为太阳电池制造工序之一。

（1）离子交换反应。在普通水中含有钙离子（Ca^{2+}）、镁离子（Mg^{2+}）、钠离子（Na^{+}）、钾离子（K^{+}）等阳离子，以及氯离子（Cl^{-}）、硫酸根离子（SO_4^{2+}）、碳酸根离子（CO_3^{2+}）、硅酸根离子（SiO_3^{2-}）等阴离子。当含有这些杂质离子的水流入装有阳离子交换树脂和阴离子交换树脂混合物的交换柱时，一方面，阳离子交换树脂 R—SO_3H 中的氢离子（H^{+}）与水中的杂质阳离子进行交换，水中的杂质阳离子被阳离子交换树脂吸附，而树脂中的氢离子（H^{+}）

进入水中，从而除去了蒸馏水或自来水中的杂质阳离子，其反应式如下：

$$R—SO_3H+Na^+ \longrightarrow R—SO_3Na+H^+ \quad (5-28)$$

式中，R 代表树脂的母体，$—SO_3H$ 为可交换基团。

另一方面，阴离子交换树脂中的氢氧根离子（OH^-）与水中的杂质阴离子进行交换，杂质阴离子被阴离子交换树脂吸附，而氢氧根离子（OH^-）进入水中，从而除去了水中的杂质阴离子，其反应式如下：

$$R\equiv NOH+Cl^- \longrightarrow R\equiv NCl+OH^- \quad (5-29)$$

式中，R 表树脂的母体，$\equiv NOH$ 为可交换基团。

由离子交换作用产生的氢离子（H^+）和氢氧根离子（OH^-）又结合成水（H_2O）：

$$H^++OH^- \longrightarrow H_2O \quad (5-30)$$

由此可见，含有杂质离子的水通过阳离子交换树脂和阴离子交换树脂后，由于发生了离子交换作用，杂质阳离子被吸附在阳离子交换树脂上，杂质阴离子被吸附在阴离子交换树脂上，从而将含有杂质离子的水制成高纯水。

（2）离子交换作用的过程。阳离子与阴离子交换树脂都是不溶性的高分子聚合物，它们分别含有酸或碱的基团。苯乙烯磺酸型阳离子交换树脂 $R—SO_3H$ 的结构可分为三部分：合成树脂的母体 R 为固定中性层，与这母体间有化学结合的固定阴离子层（SO_4^{2-}）以及可动的阳离子层（H^+）。固定的阴离子层与可动阳离子层结合形成电中性的离子复层。由于热运动，可动离子层中的阳离子会向溶液中扩散，但树脂中的阴离子的静电引力又阻碍阳离子向溶液中扩散。可动层的离子只能在树脂内部自由运动。如果将 $R—SO_3H$ 阳离子交换树脂置于含有盐类等的溶液中，可动的阳离子层就会与溶液中的无机或有机阳离子交换位置。例如，将 $R—SO_3H$ 放入含 NaCl 的溶液中，就会产生离子交换作用。

同样，强碱性的季氨基型阴离子交换树脂 $R\equiv NOH$ 的结构也可分为合成树脂母体 R（固定中性层）、与这母体有化学结合的固定阳离子层（N^+）以及可动的阴离子层（OH^-）这三部分。如果将 $R\equiv NOH$ 阴离子交换树脂放入 NaCl 溶液中，可动的阴离子层就会与溶液中的 Cl^- 离子交换位置。

这些离子交换作用产生的过程分为以下几个阶段：①水中离子向离子交换树脂表面扩散；②水中离子向树脂颗粒的交联网孔内部扩散；③水中离子与树脂交换基团接触，并与交换基团上可交换的阳（或阴）离子进行交换；④被交换的离子（H^+或 OH^-）在树脂的交联网孔内向树脂表面扩散；⑤被交换出的离子在水溶液中扩散。

（3）去离子水的制备工艺。

☺ 离子交换树脂的选择：强酸性阳离子交换树脂和强碱性阴离子交换树脂具有较好的物理化学性能，特别是对酸碱、有机溶剂、氧化剂、还原剂等有较好的稳定性、耐磨性、耐热性以及有较大的交换容量。一般强酸性阳离子交换树脂的交换容量远大于强碱性阴离子交换树脂的交换容量。制备高纯水时，通常选用强酸性阳离子交换树脂和强碱性阴离子交换树脂。一般强酸性阳离子交换树脂比强碱性阴离子交换树脂的密度大，有利于在采用混合床制取高纯水工艺中进行再生处理时，实现阴、阳离子交换树脂的分层。

☺ 离子交换装置：离子交换器采用圆柱形有机玻璃交换柱的形式。树脂层的高度越高，离子交换作用越充分。但树脂层越高，水的压降也越大，因此树脂层高度应适中。

离子交换装置分为复床式和混合床式两种。复床式是将阳、阴离子交换树脂交换柱串联使用。混合床式是阳、阴离子交换树脂混合装在一个交换柱内。混合床的交换效果优于复床式。

☆ 使用混合床时，强酸性阳离子交换树脂和碱性阴离子交换树脂的用量比例约为1∶2（体积比）。如果交换后水稍呈弱碱性，则说明阳离子树脂用量过少，应适当增加阳离子树脂用量；反之应减小阳离子树脂用量，使交换后的水呈现中性。

☆ 充填离子交换树脂前，必须使树脂充分膨胀。一般离子交换树脂的充填高度约为整个交换柱高度的2/3。

☆ 去离子水的制备通常要先经过紫外线杀菌处理，再用活性炭过滤器粗滤，除去水中残余的有机物和部分微生物。

☺ 离子交换树脂的处理实例

☆ 水漂洗：用自来水反复漂洗至不混浊为止，改用蒸馏水浸泡24 h，使其充分膨胀。

☆ 醇浸泡：将树脂沥干，加入95%的乙醇，除去醇溶性杂质，24 h后沥干，用自来水清洗至无乙醇气味。

☆ 酸碱反复处理。将上述树脂装入交换柱中，分别处理如下：阳离子交换树脂将水排尽，用7%的稀盐酸浸泡树脂（不时搅动），浸泡2～4 h；将酸排尽，用低纯水自上而下洗涤，至洗出液pH值为3.0～4.0，换用8%的NaOH溶液操作，至洗出液pH值为9.0～10.0为止；再一次用7%的稀盐酸浸泡4 h，不断搅拌，最后用纯水反复洗涤，至pH值为4，经检测无Cl即可。阴离子交换树脂操作程序与阳离子的相同，只是用8%的NaOH溶液浸泡，洗至pH值为9.0～10.0；再用7%的HCl溶液浸泡，洗至pH值为3.0～4.0；最后再用8%的NaOH溶液浸泡，并用纯水洗至pH约为8.0即可使用。

（4）离子交换树脂的再生。离子交换树脂使用一段时间后，阴离子交换树脂（$R\equiv NOH$）大部分转变为盐型（如$R\equiv NCl$），阳离子交换树脂（$R—SO_3H$）也大部分都转变为盐型（如$R-SO_3Na$），这时须要对离子交换树脂进行再生处理。使盐型的阳离子交换树脂转变为H型（$R—SO_3H$），使盐型的阴离子交换着树脂转变为OH型（$R\equiv NOH$）。

再生时，阴离子交换树脂可用4%～10%的氢氧化钠（NaOH）溶液处理，阳离子交换树脂可用5%～8%的盐酸溶液或硫酸溶液处理。阴离子交换树脂的再生反应式如下：

$$R\equiv NCl+NaOH \longrightarrow R\equiv NOH+NaCl \tag{5-31}$$

阳离子交换树脂的再生反应式如下：

$$R—SO_3Na+HCl \longrightarrow R—SO_3H+NaCl \tag{5-32}$$

在再生反应中生成的NaCl是溶于水的，可用水洗去。

（5）反渗透法制备纯水。

☺ 反渗透法纯化水的原理：溶剂从稀溶液通过半透膜进入浓溶液的现象称为渗透。渗透停止时的压力称为渗透压。当浓度较高的溶液一侧加上比渗透压更大的压力时，溶剂将从浓溶液一侧向稀溶液一侧渗透，这称为反渗透。基于反渗透原理制备的纯水称为反渗透纯化水。

反渗透膜通常由醋酸纤维素（即纤维素的二乙酸脂）、玻璃或中空纤维素等有机膜复合而成，如在较厚（约100 μm）的醋酸纤维素多孔底膜上再覆盖一层0.25 μm的致密层。

反渗透的机理通常采用基于氢键理论的结合水有序扩散模型。反渗透系统工作时，水通过致密层而进入多孔层。致密层是由醋酸纤维素聚合体紧密填充的有序链构成的，水分子能同醋酸纤维素聚合体的乙酰基上的氧原子形成氢键，从而形成“结合水”，使这些链具有亲水性，能吸附水分。在较高压力的作用下，处于“结合水”状态的水分子从一个氢键传递到另一个氢键，以“有序扩散”的方式进行迁移，最后穿过反渗透膜。杂质离子和有机物不能通过反渗透膜，被阻挡在膜的另一侧，于是形成纯化水。

☺ 反渗透法制备纯水工艺：影响反渗透系统性能的主要因素有反渗透膜材料、渗透压、温度、生垢程度，供水的压强、温度、pH 值、杂质浓度等。

留在反渗透膜一侧的杂质离子常常会在反渗透膜的边界层形成沉淀物，最普通的组分有碳酸钙和硫酸钙的沉淀物、氧化铁和氧化铝的水化物、硅酸盐和各式各样的渣滓碎粒以及微生物的机体等。有机物质、胶体物质和微生物会使膜孔堵塞从而使膜的渗水性和分离性能显著下降。如果采用化学方法加酶洗涤剂或双氧水溶液进行清洗，虽然可去除部分杂质，但效果不显著。因此，必须对水进行预处理，方法有过滤法、氧化法和活性炭吸附等。对已生成的硬性垢物，常用 1%～2%的柠檬酸或柠檬酸铵（热）溶液多次猛烈地冲洗醋酸纤维素膜加以去除。例如，碳酸钙与柠檬酸 $H_3C_6H_5O_7$ 会发生下列反应：

$$3CaCO_3+2H_3C_6H_5O_7 \longrightarrow Ca_3(C_6H_5O_7)_2+3H_2+3CO_2\uparrow \tag{5-33}$$

对于中空纤维反渗透膜，通常采用过硼酸钠进行清洗。

反渗透提纯与阴/阳离子交换树脂提纯方法串联使用，可大幅度提高水的纯度。

5.2.3 物理清洗原理

1. 超声波清洗

在生产清洗工艺中，已经广泛采用超声波清洗技术。超声波清洗利用高纯去离子，水在超声波清洗机中通过超声振动去除油脂、松香、石蜡等杂质。超声清洗具有如下特点：清洗效果好，清洗操作较简单，减少了由于复杂的清洗过程而引入杂质的可能性；对一些形状复杂的容器或元器件也能清洗。

超声波产生的原理：高频振荡器产生超声频电流，传给换能器，使换能器产生超声振动，并通过与换能器连接的容器底部传递到容器的液体内，在液体中产生了超声波。通常的换能器由环状镍块和线圈组成，线圈绕在环状镍块上。换能器镍环成为超声频振动源。当 20 kHz 的超声频电流通过换能器线圈时产生电磁场，在电磁场作用下，由于镍具有磁致伸缩效应，使换能器的环状镍块的圆环直径产生周期性变化，产生频率约为 20 kHz 的振动。

超声波是一种纵波，其传播过程是依靠液体介质密度的周期性变化进行的。超声波使液体介质内部产生了局部的疏部和密部。在足够强烈的超声波振动下，液体介质的疏部会产生“空化现象”，即产生接近真空的空腔，而在液体介质的密部会发生挤压空腔的碰撞，当空腔消失时在空腔附近产生很大的足以使分子的化学键断裂的局部压力，从而促进化学反应进行，去除吸附在硅片表面的杂质。

当空腔的固有振动频率与使用的超声频率相等时，将产生共振，巨大的机械作用力促使空腔内积聚大量热能，使温度上升，进一步促进化学作用，加速去除硅片表面的杂质。

超声波的清洗效果与超声清洗的条件，如温度，压力，超声波的频率、功率以及超声时间等因素有关。通常超声波清洗液的温度控制在60～90℃，可分段加温；清洗时间为8～15 min。超声波清洗机的超声波发生器停止工作后，硅片在溢流水洗槽中用纯水溢流冲洗4～8 min。清洗时应控制超声波的功率强度，避免由于超声波作用太强，产生振动摩擦，使硅片表面产生划痕等损伤。超声波清洗机的性能要求是稳定性好，温度和时间的控制精度高，换水等操作方便。

在太阳电池生产中，常用化学清洗和物理清洗相结合的方法清洗硅片。例如，在超声水槽中加入过氧化氢与氨水混合物，再加入适量的去离子水，进行超声清洗。过氧化氢与氨水的体积比和超声清洗条件视硅片清洁情况而定。对较干净的硅片不必使用氨水。如果要使用过氧化氢与氨水混合液，则其体积比通常为1:1。

2. 真空高温处理的清洗

在研究工作中，为了获得更洁净的硅片表面，必要时还采用真空高温处理，如在真空度为10^{-2}～10^{-3} mmHg、温度为1000～1300℃的条件下进行。系统处于真空状态，可减少或避免空气中灰尘的沾污，增加硅片表面吸附的一些气体（如水汽）和溶剂分子的挥发，同时促进一些固体杂质发生分解而被去除。真空高温处理能够获得非常洁净的硅片表面。由于真空高温处理的工艺和设备较复杂，能耗又较高，所以现在在晶体硅太阳电池的生产过程中不采用这类方法清洗硅片。

5.2.4 硅片及器具的清洗

1. 清洗剂去除金属沾污

清洗剂去除金属沾污有两种情况：一是针对金属原子吸附在SiO_2膜表面，可用HF腐蚀将其连同SiO_2膜一并除去；二是针对金属原子直接吸附在硅片的表面，可通过氧化剂将其氧化后成为金属离子而被去除。

通常用酸类（如盐酸、硫酸和硝酸等）、强氧化剂（如浓硝酸、浓硫酸、过氧化氢、重铬酸钾和高锰酸钾等）以及配合以络合剂（如氢氟酸、氢氧化铵和盐酸等）去除金属及其氧化物、硫化物、盐类等无机杂质。对于活泼金属及易溶的氧化物、盐类等，一般可用非氧化性的酸（如盐酸等）溶解；对于不活泼的金属（如铜、银、金、铂等）以及其他难溶杂质，必须用强氧化性酸或强氧化剂以及配合以络合剂（如浓HNO_3、浓H_2SO_4、王水，或者Ⅰ、Ⅱ号清洗液等）溶解。

太阳电池用硅片常用化学清洗和超声清洗相结合的方法进行清洗。清洗工艺过程为，先用有机溶剂去除有机物，然后通过溶解或者通过氧化反应或形成络合物去除离子型和原子型的杂质，最后用水冲洗除去残留的杂质、灰尘和微粒等。

2. RCA清洗工艺

RCA方法由RCA公司发明，指的是先后采用Ⅰ、Ⅱ号清洗液对硅片进行清洗的工艺。

Ⅰ号清洗液主要利用 NH_4OH（即 NH_3H_2O）对硅的溶解作用和 H_2O_2 的强氧化作用，NH_4OH 同时也起着与Ⅰ族和Ⅱ族金属如 Cu、Au、Ni、Co 和 Cd 形成络合物的作用。Ⅱ号清洗液主要去除碱金属和过渡金属，并通过形成可溶性的络合物阻止已被去除的沾污杂质重新沉淀到硅片表面上。

RCA 方法应用很广泛，并有新的改进。例如，用Ⅰ号清洗液清洗后增加稀氢氟酸的短时间腐蚀，去除表面自然氧化层。具体工艺是，先将硅片在 1:50 的氢氟酸溶液中处理 10 s 去除表面的氧化层，在短时间（如 30 s）内用去离子水快速冲洗去除残余的氢氟酸，避免表面重新生长氧化层。如果能很好地控制在稀氢氟酸中腐蚀与浸没在清洗液中清洗这两道工序之间的去离子水的冲洗时间，则可以显著提高清洗效果。

使用 RCA 方法应特别注意：

☺ 硅片表面干燥的残留物难以再溶解，在后续清洗过程中将会遮蔽硅片表面，所以整个清洗过程中不能让硅片表面处于干燥状态。

☺ 在用Ⅰ号、Ⅱ号清洗液清洗时，应使用石英容器。为避免玻璃中 Na、K、B 和其他杂质的沾污，不能使用玻璃容器。去离子水和含 HF 溶液的容器应用聚丙烯塑料制成。

☺ SiO_2 的表面是亲水性的，被水浸润；而硅的表面是疏水性的。浸没在 HF 溶液中的硅片的疏水性表面是很活泼的，很容易被沾污或残留微粒。因此，清洗过后应避免沾污，保证硅片表面洁净。

3. 乳胶管和塑料管的清洗

将乳胶管浸没于 5%浓度的氢氧化钠溶液中，煮沸 10 ～ 20 min。去除油脂后，用去离子水冲洗，再用去离子水煮沸多次，直至无碱性为止。

对于聚四氟乙烯、聚乙烯和聚氯乙烯塑料管，可用苯、甲苯或四氯化碳冲洗，然后再用乙醇冲洗吹干。如果塑料管道被金属离子或其他无机物沾污，也可用一般稀酸/稀碱溶液处理，然后用大量的热去离子水冲洗，直至无酸碱性为止。

4. 清洗工艺中的安全操作

在清洗工艺中所用的化学试剂，有的易燃、易爆，有的有毒，有的对人体有很强的腐蚀性，因此操作时必须注意安全。

丙酮、苯、甲苯和乙醚等有机溶剂是易燃、易爆和有毒的，其物理、化学性质见表 5-6。

表 5-6　常用有机溶剂的部分物理、化学性质[1]

试剂名称	沸点/℃	闪点/℃	爆炸极限		蒸气在空气中允许的最高浓度/(mg/m^3)
			下限（%）	上限（%）	
乙醇	78	12	3.28	19	—
乙醚	34.5	-40	1.7	48	600
丙酮	55 ～ 57	-9	2.15	13	400
四氯化碳	75 ～ 78	不燃	—	—	50
甲苯	108	7	1.27	7	100
苯	79	-11	1.4	8	50

丙酮、甲苯、乙醇和乙醚等溶剂的沸点和闪点较低，使用时必须远离火源。闪点是指易燃液体的蒸气与空气混合后与火焰接触时发生闪光的最低温度，超过闪点时极易燃。当须要对它们加热时，应在水浴上间接加热；在空气中的含量应控制在爆炸限额以下的浓度范围内；当须要保存时，应用蜡密封瓶口，放置在阴凉处，以免发生爆炸。甲苯、苯、四氯化碳和丙酮等有机溶剂的蒸气是有毒的：甲苯和苯对血液有毒害，丙酮蒸气能刺激呼吸道，苯、甲苯和四氯化碳等有麻醉作用，操作时应在通风橱中进行。

盐酸、硫酸、硝酸、王水、铬酸洗液和氢氟酸对人体有很强的腐蚀性和毒性，其物理、化学性质见表5-7。

表5-7　常用无机酸的部分物理化学性质[1]

试剂名称	沸点/℃	蒸气（或分解产生的气体）	气体在空气中允许的最高浓度/(mg/m^3)	对人体的腐蚀性
硫酸	338	SO_3，SO_2	2	强
盐酸	110	HCl	15	强
硝酸	121	NO_2，N_2O_3，NO	5	强
氢氟酸	120	HF	1	强

这些酸液接触皮肤时能引起严重的烧伤，尤其氢氟酸，溅在皮肤上伤口难以痊愈，使用时应特别小心，应戴上乳胶手套在通风橱中操作，使用塑料容器。盐酸、硫酸、硝酸和王水的蒸气对眼、鼻、喉有强烈的刺激作用，氢氟酸对骨骼、造血、神经系统、牙、皮肤等都有毒害。如果硫酸、盐酸、硝酸等酸液溅到皮肤上，应立即用大量自来水冲洗，然后再用5%的碳酸氢钠($NaHCO_3$)溶液清洗。如果被氢氟酸烧伤，应立即用大量水冲洗并用5%碳酸氢钠溶液清洗后，还应用2份甘油和1份氧化镁制成糊状物涂敷，或用冰冷的饱和硫酸镁溶液清洗。

所有操作必须按规程进行，否则容易造成大事故。例如，须要稀释浓硫酸时，必须缓慢地将浓硫酸加入水中，而不能将水倒入浓硫酸中。因为浓硫酸溶于水中会产生大量的热，如果将水加入浓硫酸中，将发生局部剧热，引起酸液飞溅、爆炸，极易酿成烧伤事故。

5.3　硅片腐蚀减薄

硅片腐蚀工序主要是为了去除硅片表面的损伤层和超声波清洗未去除干净的部分杂质。硅片表面的腐蚀加工分湿法腐蚀和干法腐蚀两类。湿法腐蚀有两个过程：硅的表面在氧化剂溶液中被氧化，再通过化学反应将硅表面的氧化物溶解在溶液中。通常，腐蚀液中含有能氧化硅表面和溶解氧化物的两类试剂，这两个过程在腐蚀液中是同时进行的。硅表面的氧化反应是一种电化学反应。硅表面的局部微区具有随机分布的微电极（阳极或阴极）的作用，在硅表面上发生氧化反应时，局部微电极之间将产生相当大（可以超过100 A/cm^2）的腐蚀电流。这些微区在不同的时段有不同的极性，如果各个微区起阴极和阳极作用的时间大致相等，就会形成均匀腐蚀；反之，若时间相差大，就会形成选择性腐蚀。

硅表面的缺陷、腐蚀液的温度、腐蚀液的成分以及硅与腐蚀液之间界面的吸附过程等因素，对腐蚀速率及腐蚀均匀性有显著影响。

可以用于硅的化学腐蚀试剂有很多，包括酸、碱和各种盐类，选择时须考虑试剂纯度、成本和重金属离子的沾污等因素。现在常用的腐蚀液有两种：硝酸和氢氟酸混合的酸性腐蚀液、NaOH 和 KOH 等碱性腐蚀液。用碱腐蚀成本较低，环境污染较小。

热的浓碱溶液（如 10%～30%的 NaOH 或 KOH 溶液）是硅的强腐蚀液，通常用于单晶硅片的腐蚀减薄，同时除去损伤层。反应式如下：

$$Si+2NaOH+H_2O \longrightarrow Na_2SiO_3+2H_2\uparrow \tag{5-34}$$

具体生产工艺条件视原始硅片的表面损伤情况和厚度而定。常用 NaOH 溶液质量分数为 3%～5%，温度为(85±5)℃，时间为 0.2～3 min。

为确定工艺条件，对不同批次的硅片需要试片。硅片减薄程度用腐蚀前后干燥硅片称得的质量差衡量。对于 156 mm 单晶硅片，当硅片厚度为(180±25) μm 时，减薄量通常控制在(0.2±0.1) g。硅片外观应无缺口、裂纹、划痕、凹坑、斑点、白斑和其他污物。

硅片腐蚀后，用纯水清洗 2～3 min。

5.4 硅片绒面制备

未经处理的硅片表面的光反射率大于 35%。为减少对太阳光的反射损失，提高硅片的光吸收效率，必须进行表面织构化处理，在硅片迎光表面形成织构，利用氢氧化钠等化学腐蚀剂对太阳电池表面进行腐蚀处理。以单晶硅片为例，由于碱腐蚀液对硅片表面(100)晶向和(111)晶向的腐蚀速率不同，(100)面可比(111)面腐蚀速率快数十倍以上。因此，(100)晶向硅片经过表面腐蚀后，硅片表面可形成很多个(111)晶向的四面方锥体（称为金字塔形织构），它们密布于太阳电池的表面，酷似丝绒，形成“绒面”。对于(100)晶向的单晶硅片，利用 NaOH 溶液进行各向异性腐蚀，通过改变碱浓度或反应温度控制反应速率，使单晶硅(100)面与(111)面各向异性腐蚀率之比等于 10 时，可以得到整齐均匀的金字塔形角锥体组成的绒面，如图 5-3和图 5-4 所示。由于绒面具有陷光作用，可使硅片表面的反射率降低到 10%以下，从而提高单晶硅太阳电池的短路电流及其转换效率。

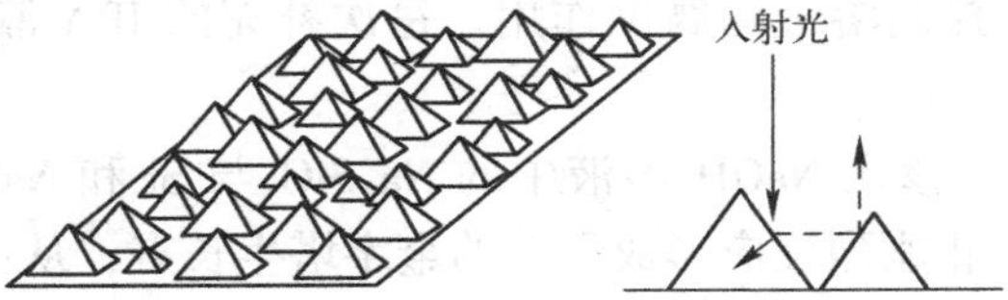

图 5-3　金字塔形绒面化表面示意图

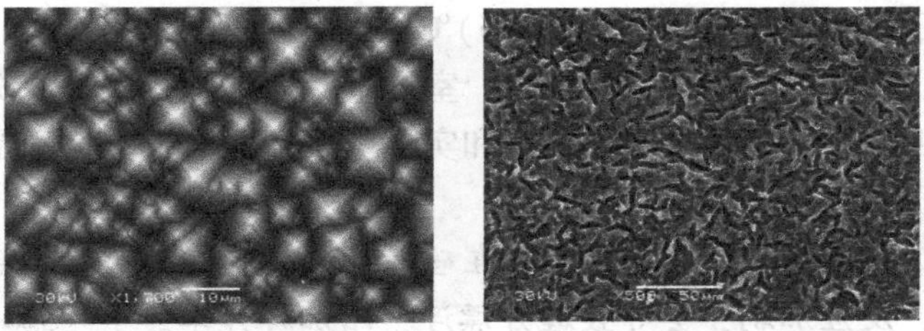

（a）单晶硅片的绒面电镜照片　　（b）多晶硅片的绒面电镜照片

图 5-4　绒面化硅片表面的电镜照片

对于多晶硅片，由于其表面不是一种晶向，通常用酸性腐蚀液制作绒面。例如，用 HNO_3 和 HF 的混合酸液对表面进行腐蚀，形成蠕虫状的凹坑，如图 5-4（b）所示。但其通过化学腐蚀降低反射率的作用不如(100)晶向的单晶硅显著。

5.4.1 碱腐蚀单晶硅片制绒

如上所述，制作绒面是制造太阳电池关键的工序之一。为了在硅片表面形成密集的 2～4 μm 金字塔形结构，必须有性能优良的单晶硅太阳电池的制绒腐蚀液。现在有两类制绒腐蚀液，一类是有含醇添加剂的 NaOH 混合溶液，含醇添加剂通常为异丙醇(IPA)，也可用无水乙醇；另一类是现在常用的无含醇添加剂的 NaOH 混合溶液。

由于异丙醇有一定的毒性，废水不容易处理，环保成本高，所以现在几乎不再使用。考虑到这种制绒方法在太阳电池制造历程中曾起过重要作用，所以下面仍做简要介绍。

1. 制绒腐蚀液

1）有含醇添加剂的 NaOH 混合溶液 有含醇添加剂的 NaOH 混合溶液主要成分是 NaOH、IPA（异丙醇）和 Na_2SiO_3。生产中常用的配比是 NaOH 质量分数约为 1%，Na_2SiO_3 为 1.5%～2%，IPA（或无水乙醇）的掺加比例为每 50L 混合液中加 300～400 ml。

（1）腐蚀液含醇添加剂中各成分的作用。NaOH 溶液能腐蚀硅片，形成优良的金字塔形织构绒面。NaOH 溶液的腐蚀性随 NaOH 浓度的变化而变化，NaOH 浓度应严格控制。反应初期，形成金字塔的密度几乎不受 NaOH 浓度影响；反应一定时间后，加大 NaOH 溶液浓度，NaOH 与硅反应的速度加快，金字塔体积变大；但当 NaOH 浓度超过一定的界限后，各向异性腐蚀作用又变小，绒面越来越差，近似于化学抛光。

IPA 能协助释放氢气和减慢 NaOH 溶液对硅片的腐蚀速率，调节各向异性腐蚀作用。纯 NaOH 溶液在高温下对晶面的腐蚀作用很强，各个晶面都被腐蚀消融。NaOH 溶液中掺加 IPA 可增强各向异性腐蚀的可控性，有利于形成优良的金字塔形织构绒面。但当 IPA 含量过高时，NaOH 溶液对硅的晶面腐蚀能力变得很弱，各向异性因子趋于 1。因此，应根据 IPA 消耗的量定量补充 IPA，控制溶液的腐蚀作用。每次补充的 IPA 液体应达到首次配液中的 IPA 含量。

硅酸钠 Na_2SiO_3，包括掺入 NaOH 溶液中的 Na_2SiO_3 与 Si 和 NaOH 反应生产的 Na_2SiO_3，具有缓冲剂的作用，能防止剧烈反应形成更多的金字塔生长点，从而形成均匀而稠密的金字塔形织构绒面。Na_2SiO_3 的导热性差，过量的 Na_2SiO_3 会增加溶液黏稠度，容易使硅片表面形成水纹、花篮印和表面斑点，因此必须控制 Na_2SiO_3 的掺加量。

（2）制绒腐蚀工艺条件：温度为（80±5）℃，时间为 10～15 min。制绒腐蚀中途应根据需要补加混合液。制绒腐蚀后，在纯水中、室温下对硅片进行溢流清洗各 5 min。

具体工艺条件视硅片种类、减薄后厚度和实际生产情况而定。特别是温度和时间这两个工艺参数，对制绒质量有重要作用。

☺ 温度：温度过高，IPA 挥发快，容易在硅片表面产生气泡印，显著减小 pn 结的有效面积；同时，反应加剧，会导致硅片漂浮，增加碎片率。

☺ 时间：制绒腐蚀初期，微小尺寸金字塔覆盖在硅片表面；随着制绒腐蚀时间的增加，小尺寸金字塔中的一部分开始成长，形成大小不均匀的金字塔形织构绒面，反射率有所降低；当腐蚀时间进一步增加时，金字塔扩张兼并，体积增大，尺寸趋于均匀，大小合适，反射率达最大值；但是当金字塔体积进一步增大时，反射率又开始下降。与温度一样，操作时必须将时间参数精确地调节到预先设定的正确值。图5-5显示了不同的腐蚀时间制绒后硅片的反射光谱。

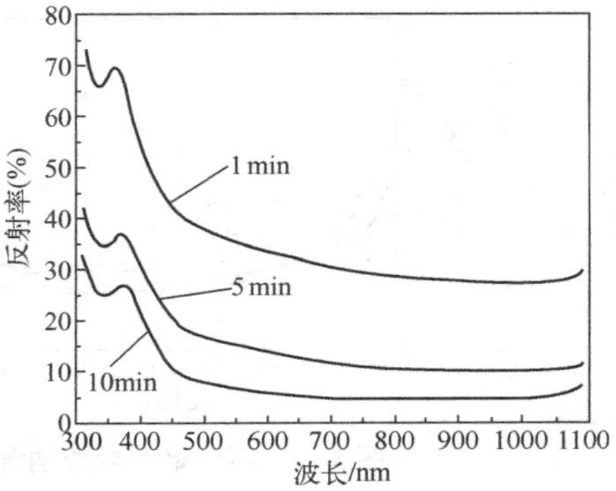

图5-5 不同腐蚀时间制绒后硅片的反射光谱

综上所述，影响绒面质量的主要因素为腐蚀液中酸或NaOH的浓度、缓冲剂无水乙醇或异丙醇浓度、制绒槽内硅酸钠的累计量、制绒腐蚀的温度、制绒腐蚀时间、槽体密封性能和乙醇或异丙醇的挥发程度等。制绒时，应严格控制上述因素。

2）无含醇添加剂的NaOH混合溶液 如上所述，在单晶硅太阳电池的绒面制造过程中，使用NaOH/IPA腐蚀液，加入少量Na_2SiO_3，可以获得良好的金字塔结构的表面，显著提高转换效率。但是，腐蚀液中的异丙醇有毒性、易燃，存在爆炸危险性，且挥发性强、价格又比较昂贵，因此，近几年人们一直在研究不含异丙醇等醇类的腐蚀液。例如，Ieninella D等提出用四甲基氢氧化铵（TMAH）替代异丙醇作为腐蚀液的添加剂[3]，但是TMAH这类有机胺类物质对环境仍有污染；Nishimoto等提出使用Na_2CO_3溶液作为无醇制绒液[4]；席珍强等提出使用Na_3PO_4溶液作为无醇制绒液[5]。

丁兆兵、景峭壁、杨进等研制了一种单晶硅制绒腐蚀液的无异丙醇等其他醇类的添加剂，制绒效果可与NaOH/IPA制绒液相当[6]。该制绒液的主要成分是NaOH、Na_2CO_3、Na_2SiO_3和自制的聚丙烯酸钠、改性淀粉等，其配比为：2%的NaOH、0.02‰的改性淀粉、1.2‰的聚丙烯酸钠、4%的碳酸钠、3%的Na_2SiO_3（质量分数）。这种无醇腐蚀液应用于p型（100）晶向的直拉单晶硅片上，在90℃温度下腐蚀10 min，可制备出在600～1000 nm波段内反射率低于11%的绒面。金字塔结构大小比较均匀并且金字塔分布致密，在约1000 nm处其反射率达到最低值9.3%，如图5-6所示。与传统工艺相比，具有反应速度快、不含易挥发有毒溶剂、重复性好、金字塔分布均匀和反射率低等优点。

（1）制绒液无醇添加剂中主要成分的作用。

☺ 改性淀粉：改性淀粉可去除白斑点。白斑的出现是反应中生成的氢气附着在硅片表面，阻碍了腐蚀液与硅片表面的硅反应所致。改性淀粉可消除氢气在硅片表面的短暂停留。但改性淀粉浓度不能过大，否则会打破淀粉在硅片表面的吸附与解吸附平衡，表面上多余的淀粉将阻碍腐蚀液对硅片的腐蚀，使硅片的反射率上升。

☺ 聚丙烯酸钠：聚丙烯酸钠可调节OH^-与Si的反应速率，聚丙烯酸钠浓度过高时将促使过多的OH^-扩散到硅片表面参与反应，使得金字塔间的间隙扩大，硅片反射率升高，如图5-6所示。

☺ 碳酸钠：随着Na_2CO_3浓度的增加，金字塔分布变得更加均匀，并且金字塔尺寸也变得更大，可有效降低反射率，如图5-7所示。

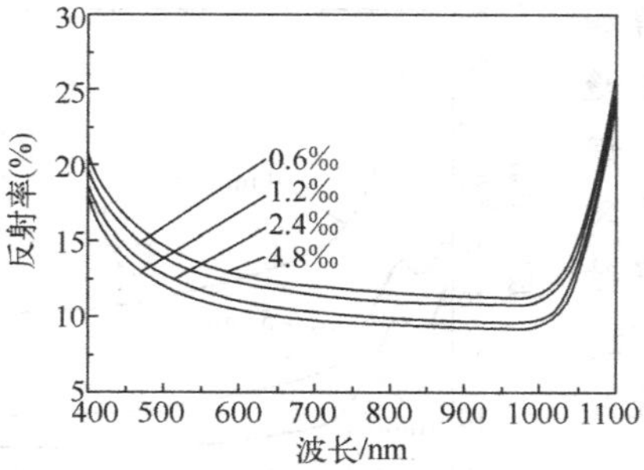

图 5-6　不同聚丙烯酸钠含量下硅片的反射率

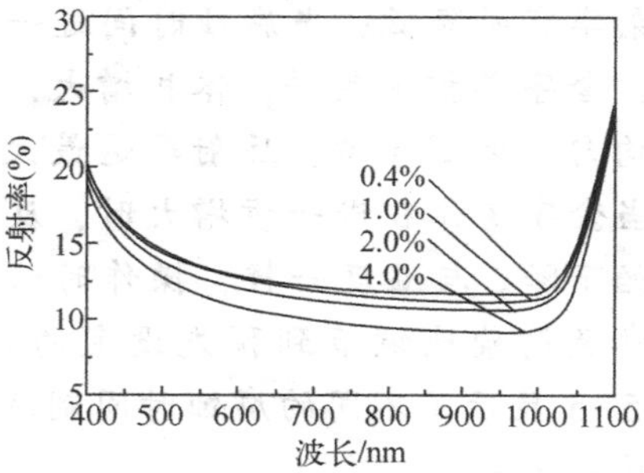

图 5-7　不同碳酸钠含量下硅片的反射率

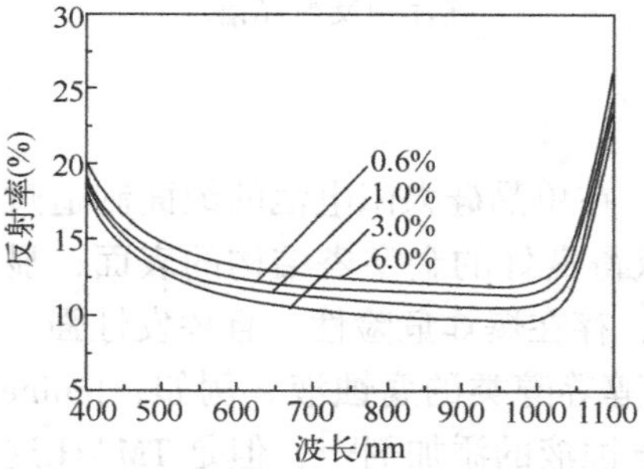

图 5-8　不同硅酸钠含量下硅片的反射率

硅酸钠的浓度较低时可以生成较多的金字塔结构，但大小分布不均匀，随着浓度的增加，金字塔变得紧密；但浓度太大时，溶液黏度增大，阻碍了 OH^- 与硅表面反应，使反射率升高，如图 5-8 所示。

图 5-9 显示了制绒的反应时间和温度对硅片的反射率的影响。

图 5-10 显示了制绒后硅片表面形貌的扫描电镜照片。

现在，人们正在不断改进添加剂性能，主要改进方向是改善表面活性，降低制绒液的表面张力，增强硅片表面亲水性，加速硅片表面气泡脱离，去除硅片表面油污；控制硅片在碱液中腐蚀速率；利用分子中的有机基团作为硅片表面的成核点，提高金字塔织构的成核密度，改善绒面金字塔外形，增强反应的各向异性。已经有多种性能良好的无醇添加剂克服了早期产品存在气泡黏附、硅片漂浮等不良现象，越来越多地用于单晶硅制绒，取得了较好的效果。金字塔大小可在 1 ～ 10 μm 的范围内调整，反射率为 10% ～ 12%，不仅环保，而且降低了生产成本。

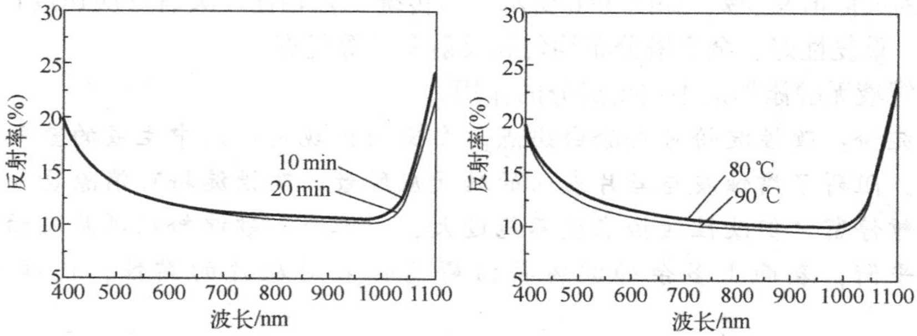

（a）不同反应时间下硅片的反射率　　（b）不同温度下硅片的反射率

图 5-9　制绒的反应时间和温度对硅片的反射率的影响

（2）无醇添加剂的使用方法和工艺条件。不同添加剂的使用方法也不一样。浓度、温度、时间等操作条件应根据产品性能和实际使用情况进行调整。现在多数添加剂虽无毒性、刺激性和燃烧爆炸危险，但呈弱碱性，使用时仍应避免入口和接触眼睛。

下面介绍一种添加剂使用方法的例子。

初次配液：

按浓度配制：先配制 2%～3%的氢氧化钠溶液，再加 6‰～8‰的添加剂。

按槽体的体积配制：140 L，氢氧化钠 3500 g，添加剂 900 ml；180 L，氢氧化钠 4500 g，添加剂 1200 ml。

按硅片的数量配制：156 单晶硅片，每批数量 200 片，氢氧化钠 180 g，添加剂 30 ml；每批数量 300 片，氢氧化钠 200 g，添加剂 35 ml。

制绒温度：75 ～ 80 ℃。

制绒时间：15 ～ 20 min。

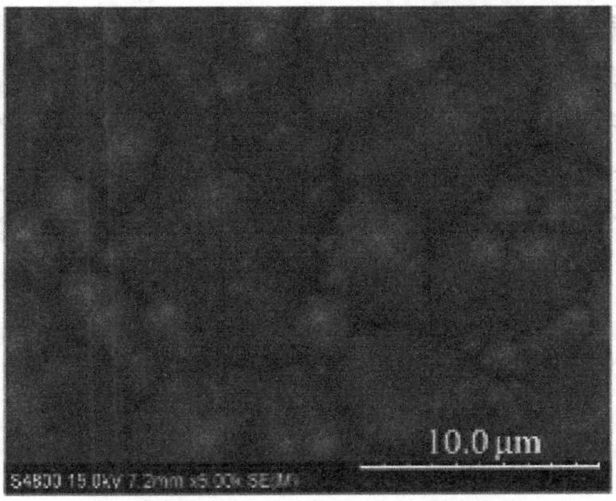

图 5-10 硅片表面形貌的扫描电镜照片

制绒过程中，须添加氢氧化钠 150 ～ 300 g 和添加剂 30 ～ 50 ml，具体应根据制绒时间的长短和硅片绒面大小进行调整。

2. 搅拌及鼓泡

对溶液进行搅拌及鼓泡有利于提高溶液均匀度，有利于脱附硅片表面的气泡，使得制绒后的硅片表面的金字塔大小均匀，绒面连续性好。但搅拌及鼓泡会加剧溶液的挥发，加快制绒过程中硅片的腐蚀速率，应适当控制鼓泡和搅拌速率。

3. 碱制绒后硅片的清洗工艺

在碱制绒后，须根据酸碱中和反应，利用盐酸酸洗去除残留的制绒 NaOH 腐蚀液。同时，盐酸还具有络合剂的作用。为了进一步去除硅片表面金属离子，利用盐酸中的氯离子能与多种金属离子（如铝、镁等活泼金属及其他氧化物）形成可溶于水的络合物，在制绒腐蚀工序完成后，用 10%的盐酸进行硅片酸洗。工艺条件：室温，酸洗时间 3 ～ 5 min，再在纯水中溢流清洗 3 min。

由于盐酸中的氯离子能溶解硅片表面上的部分沾污杂质及部分氧化物，但不能溶解 SiO_2等难溶物质，所以硅片还应进行氢氟酸漂洗，以去除 SiO_2氧化层。

HF 与 SiO_2反应生成 H_2SiF_6，反应式为

$$SiO_2+6HF \longrightarrow H_2SiF_6+2H_2O \qquad (5-35)$$

HF 溶液浓度为 8%～10%；工艺条件：反应时间为 2 ～ 3 min，再在纯水中溢流清洗 2 ～ 3 min。

硅片的清洗很重要。不仅在酸洗后，每个工艺环节之后均须用去离子水将硅片冲洗干净，以免工序中的残留液影响下个工序的正常进行。

清洗工序应在晶体硅太阳电池清洗设备中进行。清洗设备通常由五部分组成：清洗槽、伺服系统及机械臂、层流净化系统、电气控制系统、机架及整机。清洗槽部分由有机溶剂槽、去离子水槽、酸槽或碱槽等组成。为了保证工作介质（酸、碱）的洁净度，避免杂质析出，循环系统中的关键部件包括气动阀和管道等，应采用氟塑料制备。工艺过程尽量实现自动化，由机械手操作，以适于连续批量生产。工作区设置具有高效过滤器的净化装置，能

满足 1000～100 级净化要求。设备配置透明门窗，槽下设有接漏盘和漏液报警装置，槽盖密封采用“U”形结构，机台配有排风装置，内设照明装置。可根据需要配置氮气枪，去离子水枪，恒温水浴装置，28 kHz、40 kHz 多频段超声波清洗装置，去离子水在线加热装置，去离子水导电率测试仪器等。对清洗设备总的要求是：稳定性好，控制精度高，密闭性能好，有抽风装置，操作简单安全，有利于规模化生产。

清洗后要甩干，甩干的条件：温度为 100～130 ℃，转速为 200～300 r/min，压力为 0.4～0.7，喷氮 5～6 min 烘干硅片。也有的采用热吹风（约 75 ℃）的方法，烘干去除硅片表面残留的水。

4. 清洗制绒生产工艺实例

单晶硅太阳电池碱清洗制绒工艺比较成熟，通常采用槽式设备，表 5-8 和表 5-9 分别列举了一个采用无醇添加剂腐蚀液的清洗制绒生产工艺实例和甩干工艺实例。

用 NaOH、无醇添加剂混合体系进行硅片制绒，配比要求 NaOH 的质量分数为 0.4%～1.0%，无醇添加剂的体积分数为 0.3%～1.0%。

表 5-8　单晶硅太阳电池碱清洗制绒生产工艺实例

槽　号	作　用	溶　液	温　度	时间/s	方　法
1	预清洗	NaOH、H_2O_2	60～80 ℃	100～200	鼓泡
2	水洗	纯水	室温	100	溢流+鼓泡
3	制绒	NaOH、无醇添加剂	80 ℃	450	循环+鼓泡
4	水洗	纯水	室温	100	溢流+鼓泡
5	臭氧清洗	$HCl+O_3$	室温	120	循环
6	水洗	纯水	室温	100	溢流+鼓泡
7	混酸洗	HCl、HF	室温	120	鼓泡
8	水洗	纯水	室温	100	溢流+鼓泡
9	慢提拉	纯水	80 ℃	30	溢流

注：1. 因清洗硅片时采用乳酸等有机物作为脱胶溶剂，所以在制绒前采用预清洗增强硅片表面洁净度；

2. 制绒液补加量应视面绒情况而定，一般每批次添加 NaOH（质量分数为 40%～45%）的体积分数为 0.1%，制绒液添加剂的体积分数为 0.04%。

3. 制绒液添加剂种类较多，各种添加剂成分配方不同，添加剂的用量应按生产厂商的要求进行配制。

表 5-9　单晶硅电池碱清洗制绒甩干工艺实例

喷水/s	喷氮/s	延时/s	压力	低速/高速/(r/lm)	温度/℃
30	320	10	0.4～0.7	200/300	128

当采用单晶硅快速制绒添加剂时，可以将金刚线割的单晶硅片的制绒时间从 900 s 缩短到 400 s，使得常规制绒设备产能提升一倍以上。[7]

5. 制绒后对硅片的质量要求

制绒后，具有绒面的硅片表面颜色应为均匀的深灰色，无亮点、无气泡印和无白花等。在 400 倍以上的显微镜下观察，硅片表面应形成密集的 3～6 μm 的金字塔形结构，角锥分布均匀。

6. 工艺安全

由于 NaOH、IPA、HCl 和 HF 等都是强腐蚀性的化学药品，其固体颗粒、溶液、蒸气会伤害到人的皮肤、眼睛和呼吸道，所以操作人员应按照规定穿戴防护服、防护面具、防护眼镜、长袖胶皮手套。一旦有化学试剂损伤身体，应立即用纯水冲洗，并及时就医。

5.4.2 酸腐蚀多晶硅片制绒

多晶硅片由大小不一的多个晶粒组成，表面的晶向呈随机分布，适合各向异性腐蚀的碱性溶液不能用于多晶硅电池制绒。用碱性腐蚀液不仅不能形成均匀的能有效降低多晶硅片反射率的绒面，而且还会产生台阶和裂缝。目前，多晶硅制绒技术主要有各向同性酸腐蚀、机械研磨、喷砂、激光刻槽和等离子体刻蚀等。由于各向同性高浓度酸腐蚀技术成本相对较低，并已开发出几种可适用于大规模工业化生产的湿法刻蚀设备和工艺，因此酸腐蚀是现在广泛采用的多晶硅太阳电池制绒技术。

1. 多晶硅片的酸性腐蚀制绒原理[8-9]

通常用于多晶硅片的化学腐蚀制绒的腐蚀液是酸性腐蚀液，包含氧化剂（如硝酸）和络合剂（如氢氟酸）两部分。一方面通过氧化剂与硅的作用在硅的表面生成二氧化硅，另一方面通过氢氟酸对于二氧化硅的络合剂作用生成可溶性络合物，从而完成对硅的腐蚀过程。

目前广泛采用浓度约为70%的浓硝酸（HNO_3）和浓度约为50%的氢氟酸(HF)组成的混合腐蚀液，通常称为 HF-HNO_3腐蚀系统。混合液中 HNO_3和 HF 的体积比一般为10:1～2:1。

硝酸的作用是将硅氧化为二氧化硅，反应式为

$$3Si+4HNO_3 \longrightarrow 3SiO_2+2H_2O+4NO\uparrow \tag{5-36}$$

硅被氧化后在其表面形成一层致密的二氧化硅薄膜，二氧化硅既不溶于水，也不溶于硝酸，可保护内层的硅不被继续氧化。纯的氢氟酸对硅的腐蚀速率很低，几乎不能溶解硅，但如前所述，氢氟酸能腐蚀二氧化硅，反应式为

$$SiO_2+6HF \longrightarrow H_2[SiF_6]+2H_2O \tag{5-37}$$

由于二氧化硅与氢氟酸生成了六氟硅酸 $H_2[SiF_6]$，是可溶解于水的络合物，从而 HF 能溶解硅片表面的二氧化硅膜。

可见，在硝酸和氢氟酸混合腐蚀液中，氧化剂（浓硝酸）使硅片表面生成二氧化硅，而氢氟酸又破坏了硅表面的二氧化硅保护膜，于是硅的表面不断地被硝酸氧化，而同时生成的二氧化硅又不断地被氢氟酸溶解，从而使腐蚀过程得以连续不断地进行。

下面进一步深入分析这些反应的过程。

对于 HF、HNO_3和 H_2O（或 CH_3COOH）腐蚀剂，硅表面的阳极反应式为

$$Si+2e^+ \longrightarrow Si^{2+} \tag{5-38}$$

这里，e^+表示空穴（下面用 e^-表示电子），即 Si 得到空穴（失去电子）后从原来的状态升到较高的氧化态（成为正离子）。腐蚀液中的水电离成 OH^-负离子和带正电的 H^+离子，反应式为

$$H_2O \longrightarrow OH^- + H^+ \qquad (5\text{-}39)$$

继而 Si^{2+} 与 OH^- 相结合发生下述反应：

$$Si^{2+} + 2OH^- \longrightarrow Si(OH)_2 \qquad (5\text{-}40)$$

接着 $Si(OH)_2$ 分解放出 H_2 形成 SiO_2，反应式为

$$Si(OH)_2 \longrightarrow SiO_2 + H_2\uparrow \qquad (5\text{-}41)$$

以上反应的总的结果是硅被氧化形成 SiO_2，存在于腐蚀液中的 HF 又立即与 SiO_2 发生反应。

氢氟酸之所以能溶解二氧化硅，是因为氢氟酸在溶液中有如下的离解平衡：

$$HF \rightleftharpoons H^+ + F^- \qquad (5\text{-}42)$$

氢氟酸溶液一方面能提供氟离子 F^-，与 SiO_2 中的硅结合生成四氟化硅或 $[SiF_6]^{2-}$ 络离子；另一方面又能提供氢离子 H^+，与 SiO_2 中的氧结合生成水。为了使二氧化硅溶解，腐蚀液中必须同时含有足够浓度的氟离子 F^- 和氢离子 H^+。二氧化硅的溶解速率随着氢离子和氟离子浓度的增大而增大。

$H_2[SiF_6]$ 为可溶性络合物，这一反应也称络合化反应。通过对流或搅拌可以使生成的 $H_2[SiF_6]$ 离开硅片表面，使反应持续进行。上述过程表明 HF 的作用在于促进阳极反应，使阳极反应产物 SiO_2 不断被溶解，防止 SiO_2 阻碍硅与 H_2O 的进一步电极反应。

如式（5-38）所示，阳极反应需要空穴参与，这种空穴可以由 HNO_3 在局部的微阴极处被还原而产生。腐蚀液中存在 HNO_2 杂质时，发生如下反应：

$$\left.\begin{aligned} HNO_2 + HNO_3 &\longrightarrow N_2O_4 + H_2O \\ N_2O_4 &\longrightarrow 2NO_2 \\ NO_2 &\longrightarrow NO_2^- + e^+ \\ NO_2^- + H^+ &\longrightarrow HNO_2 \end{aligned}\right\} \qquad (5\text{-}43)$$

反应所产生的 HNO_2 将再按式（5-43）发生反应，这种反应产物自身促进反应的反应称为自催化反应。由于式（5-43）所示的反应是速率控制类型的反应，所以有时可以在腐蚀液中加入含有 NO_2^- 的亚硝酸铵以诱发反应。NO_2^- 在反应中是能够再生的，其氧化能力取决于未电离的 HNO_3 的数量。

整个腐蚀反应有一个孕育期，在孕育期间 HNO_2 先开始自催化反应过程，接着是 HNO_3 的阴极还原反应，此反应不断提供空穴给硅进行氧化反应。氧化产物再与 HF 反应，形成可溶性络合物 $H_2[SiF_6]$。以上这些过程都发生在单一的混合腐蚀液中。整个反应式如下：

$$Si + HNO_3 + 6HF \longrightarrow H_2SiF_6 + HNO_2 + H_2O + H_2\uparrow \qquad (5\text{-}44)$$

实际所发生的化学反应更复杂些，反应式如下：

$$Si + 2H_2O + ne^+ \longrightarrow SiO_2 + 4H^+ + (4-n)e^-$$

$$SiO_2 + 6HF \longrightarrow H_2SiF_6 + 2H_2O$$

$$HNO_3 + 3H^+ \longrightarrow NO\uparrow + 2H_2O + 3e^+$$

结合以上三式，总的反应式如下：

$$3Si + 4HNO_3 + 18HF \longrightarrow 3H_2[SiF_6] + 4NO\uparrow + 8H_2O + 3(4-n)e^+ + 3(4-n)e^- \qquad (5\text{-}45)$$

式中，n 是溶解 1 个硅原子所需的平均空穴数。通常 $n=2\sim4$，它与腐蚀电流的倍增因子有关。

综上所述，HF-HNO_3腐蚀系统由 HF、HNO_3和 H_2O（或 CH_3COOH）按一定比例混合而成。其中，HNO_3是强氧化剂，提供反应所需的空穴；HF 是络合剂，与反应的中间产物发生反应生成另一种络合物以促进反应进行；H_2O（或 CH_3COOH）是缓冲剂，起缓和反应的作用，可减慢腐蚀速率。酸腐蚀的具体反应过程为：HNO_3与 Si 进行反应，在硅片表面形成一层 SiO_2，然后 SiO_2在 HF 的作用下形成可溶性络合物 H_2SiF_6，通过搅拌使 H_2SiF_6离开硅片表面，HF 促进阳极反应，溶解阳极反应产物 SiO_2，以防止反应中所生成的 SiO_2阻碍腐蚀反应的持续进行。采用HF-HNO_3腐蚀多晶硅片表面，可生成反射率较低的多晶硅片绒面。

2. 影响硅的酸性化学腐蚀效果的因素

化学腐蚀的效果有腐蚀速率和表面质量两个方面。腐蚀速率可以用单位时间内硅片所减少的厚度来衡量，其单位为 μm/min 或 nm/min。也可以用单位时间内单位面积的被腐蚀材料在腐蚀前后质量之差来衡量。

硅在 HF-HNO_3系统中的腐蚀效果受到腐蚀剂的性质和温度等很多因素的影响。腐蚀剂的性质包括腐蚀液中 HNO_3与 HF 的配比，腐蚀液的浓度（HNO_3与 HF 与稀释剂的配比），缓冲剂、附加剂和催化剂的添加量等。

1）酸性腐蚀剂成分的种类　化学腐蚀的速率主要取决于整个酸性腐蚀系统的性质。腐蚀系统包括被腐蚀材料及腐蚀剂，腐蚀的速率由这两者共同决定。一般来说，腐蚀液中氧化剂的氧化能力越强，或者溶解氧化物的试剂的溶解能力越强，其腐蚀速率也就越快。

硅的腐蚀液中除了含有氧化剂、络合剂，还含有缓冲剂冰醋酸和其他附加剂等。

（1）缓冲剂：其作用是控制腐蚀过程中的反应速率，不使腐蚀速率过快。

常用的缓冲剂有醋酸或水。

在 HNO_3-HF 腐蚀液中加入 H_2O 或 CH_3COOH 稀释。在 HNO_3溶液中，HNO_3的电离度很高，因此溶液中 H^+浓度很高，而 CH_3COOH 是弱酸，电离度较小，其电离反应式为

$$CH_3COOH \longrightarrow CH_3COO^- + H^+ \tag{5-46}$$

CH_3COOH 的介电常数为 6. 15，水的介电常数为 81。由于 CH_3COOH 的介电常数明显低于水的介电常数，因此 HNO_3加 CH_3COOH 所组成的混合液中的 H^+离子浓度将显著降低。与水相比，CH_3COOH 不仅降低了酸混合液的浓度，有效地降低了腐蚀速率外，还能减小多晶硅片的表面张力，有利于附着在表面的气泡脱离，促进反应的持续进行，使腐蚀坑更加致密，改善腐蚀坑的均匀性。

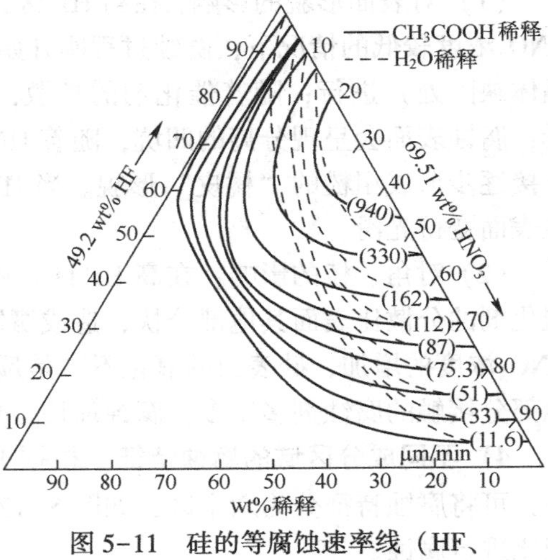

图 5-11　硅的等腐蚀速率线（HF、HNO_3、稀释剂混合液）

（2）附加剂：附加剂是在腐蚀液中加入的一种氧化剂（如溴、碘等）或还原剂（如碘化钾等）或一些金属盐类（如硝酸银、硝酸汞和硫酸铜等），用以调节腐蚀反应的速度。

（3）催化剂：在 HF-HNO_3系统中，有时加入少量的催化剂，如含有 NO_2^- 的盐类（如 NH_4NO_2或 $NaNO_2$）以诱发反应。图 5-11 显示

了 HNO_3-HF-H_2O 腐蚀系统中硅的等腐蚀速率线。高 HNO_3 区的化学反应属于自催化反应，所以有外部催化与无外部催化的曲线重合。腐蚀速率随 HF 浓度和温度的升高而增大，呈线性关系，腐蚀速率与表面取向基本无关，属各向同性腐蚀。在高 HF 区，腐蚀速率与衬底取向无关，外部催化反应比非外部催化反应的腐蚀速率大。腐蚀速率随 HNO_3 浓度升高而增大，温度的变化分为两个线性段，低温区腐蚀速率随温度的变化更快些。

2）腐蚀液中 HNO_3-HF 的配比对腐蚀的影响 硅在未稀释的 HNO_3-HF 系统中，当腐蚀液成分相当于这两种组分的电化学的化学当量比时，腐蚀速率最高，即在相当于含 68%HF 和 32%HNO_3 时达到最大值 28 μm/s。图 5-11给出了分别用 H_2O（虚线）和 CH_3COOH（实线）作为稀释剂的 HF+HNO_3 系统中，硅的等腐蚀速率线[9]。常用浓酸的质量百分比是 HF 为 49.2%，HNO_3 为 69.5%。

H_2O 或 CH_3COOH 作为稀释剂的 HF-HNO_3 系统的特点如下。

☺ 在低 HNO_3、高 HF 浓度区（见图 5-11 的顶角区），等腐蚀速率线平行于等 HNO_3 浓度线。这一区内，腐蚀液中有足够的 HF 溶解 SiO_2，所以腐蚀速率受 HNO_3 的浓度所控制。这种腐蚀剂由于孕育期变化不定，腐蚀反应难以触发，导致硅的表面状况不稳定。在腐蚀液中添加 NH_4NO_2，增加其 NO_2^- 离子，可避免难于确定的孕育期变化。

☺ 在低 HF、高 HNO_3 浓度区（见图 5-11 的右下角区），等腐蚀速率线平行于 HF 浓度线。在这个区域里，HNO_3 过剩，腐蚀速率取决于 SiO_2 形成后被 HF 除去的能力。该区域内，由于刚腐蚀的表面上总是覆盖着相当厚的 SiO_2 层（3～5 nm），所以一般称这类腐蚀剂是“自钝化”的。腐蚀速率对晶体的取向不敏感。

☺ 当 HNO_3:HF=1:1 时，随着稀释剂的增加，开始时腐蚀速率变化不大，当腐蚀液稀释到某临界值时，腐蚀速率明显地减慢。

在腐蚀过程中搅拌腐蚀液或在超声清洗槽中进行腐蚀，可防止局部发热，并使硅片表面保持与新鲜的腐蚀液接触。

从图 5-11 可以看出，硅腐蚀液的配方几乎是无限多的。

3）腐蚀液配方中 HNO_3 与 HF 的比例对硅片表面形貌及角、棱的影响

（1）对表面形貌的影响：在高 HF 区，自催化机制导致腐蚀表面粗糙，可形成绒面。在 HNO_3 浓度较低的情况下，腐蚀过程刚开始时，化学反应只能在具有较低激活能的位置（如晶体缺陷处）进行；随着催化剂的扩散，化学反应向邻近的区域扩展。如果 HNO_3 浓度很低，腐蚀表面会呈现分离的凹坑，随着 HNO_3 浓度的增加，凹坑的密度增加，这些凹坑相互连接逐步形成粗糙的“橘皮”形貌。当 HNO_3 浓度增至足够大时，腐蚀速率受 HF 限制，腐蚀表面变得光滑。

（2）对角、棱的影响：在高 HF 区，催化剂的分散是控制腐蚀的主要因素，在角、棱处催化剂的分散比表面其他部分快，造成腐蚀比表面其他部分慢，因此角、棱变得更尖。随着 HNO_3 浓度的增加，硅表面的氧化不再是反应速率的决定因素，由于角、棱区域比硅表面其他部分接触的腐蚀剂多得多，腐蚀加快，角和棱变得圆滑。

4）不同成分区域的腐蚀特征 根据 HF-HNO_3 稀释剂系统在硅的腐蚀过程中的反应特点，可将腐蚀特征分为六个区，如图 5-12 所示[9]。根据实际应用的需要，可以选用不同的配比进行腐蚀。

图 5-12 中，A 区的腐蚀速率很大。由于化学配比的微小变化都会对腐蚀速率产生显著

影响，难以控制硅的腐蚀过程。

B 区的覆盖成分较宽。在高 HF 区，化学反应的进行需要 HNO_3 和催化剂的存在，如果未添加催化剂，那就需要硅表面上的晶体缺陷和其他高能位置区域，在这些位置处一旦受到侵蚀便会产生催化剂触发化学反应，于是反应向邻近扩展。这种反应的传播速度与一些条件有关，剧烈的搅拌可能使催化剂分散得太快以致反应停止，接着的反应只能从其他位置开始，先前被腐蚀的损伤表面将不会再受到侵蚀。如果不搅拌，通过催化剂与反应系统“耦合”，反应会快速进行并发展到扩散被限制。一旦达到适当的腐蚀速率，所需的催化剂变得足够充分，以后即使快速搅拌，反应也会顺利地进行下去。同样，增加 HNO_3 的浓度也有类似的效果。如果增加 HNO_3 的浓度，将有更多的反应位置会同时受到侵蚀，使催化剂与反应系统的耦合加强。当 HNO_3 浓度足够高时，反应将维持一个合适的速率，催化与反应系统的耦合变得充分，即使没有外加催化剂，反应也会进行。

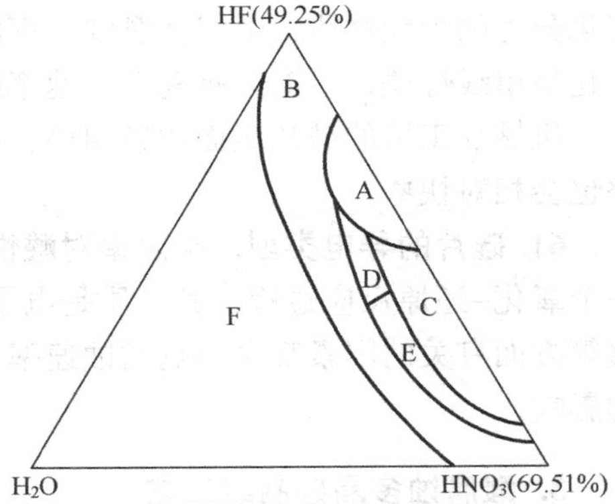

图 5-12 HNO_3、HF、H_2O 配比的变化对硅腐蚀特性的影响

C 区的腐蚀速率与 HNO_3 的浓度无关，电子转移过程对硅的几何形状（角和棱）影响较小。在这个区，较多的反应中心首先开始腐蚀，但不久就会被生长上一层 SiO_2，保护反应中心不被过度氧化。HF 的浓度减小限制了腐蚀速率，形成一层均匀的氧化层，硅的表面呈镜状，使角和棱变得圆滑。

D 和 E 这两个区的成分配比相应于等腐蚀速率线转变方向的区域（见图 5-12），即反应机制从受 HF 控制的过程转变到受 HNO_3 控制的过程。硅在这两个区的腐蚀结果都是使角和棱均接近方形，但表面形貌不一样。D 区的化学反应较依赖于 HF，腐蚀后的表面粗糙；相反地，E 区的化学反应较依赖于 HNO_3，腐蚀后表面光亮。

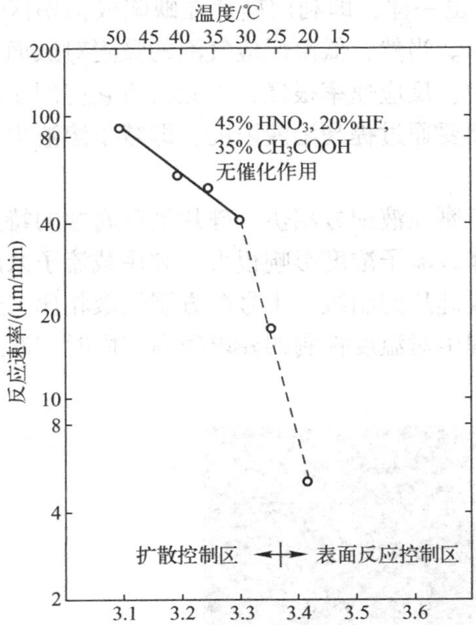

图 5-13 酸性腐蚀液中硅片的腐蚀速率与温度的关系

F 区的腐蚀速率慢，仅适用于低电阻率的硅。例如，对于电阻率为 0.01 Ω·cm 的硅，用体积比为 $1HF:3HNO_3:8CH_3COOH$ 的腐蚀液，腐蚀速率为 0.7～3 μm/min；电阻率大于 0.068 Ω·cm 时，腐蚀速率几乎等于零。

5）酸性腐蚀液的温度和其他因素的影响 决定腐蚀速率的首要因素是被腐蚀材料及腐蚀剂的性质，但腐蚀剂的温度和被腐蚀材料的表面状况、搅拌等因素对腐蚀速率也将有重要的影响。硅在腐蚀剂中的腐蚀速率随温度的升高而增加。

图 5-13 给出了有外部催化且用 H_2O 稀释的高 HNO_3 区的腐蚀速率与温度的关系[9]。

由图可见，在高 HNO_3 区，腐蚀速率随温度的变化分为两个线性段，低温区腐蚀速率随温度的变化比高温区的变化快，腐蚀速率随温度的变化呈单线性关系，温度越高腐蚀速率越快。

机械加工后的硅片表面比较粗糙，由于表面晶体结构被破坏和晶体表面积增大，腐蚀速率也会相对快些。

6）硅片的导电类型、电阻率对酸性腐蚀液的腐蚀速率的影响 HNO_3与硅的反应过程是一个氧化-还原反应过程，其本质是电子从还原剂转移到氧化剂。显然，与电子的产生、转移等方面有关的因素都会影响腐蚀速率。因此，腐蚀速率将会受到硅片的电阻率、导电类型的影响。

3. 酸腐蚀多晶硅制绒工艺

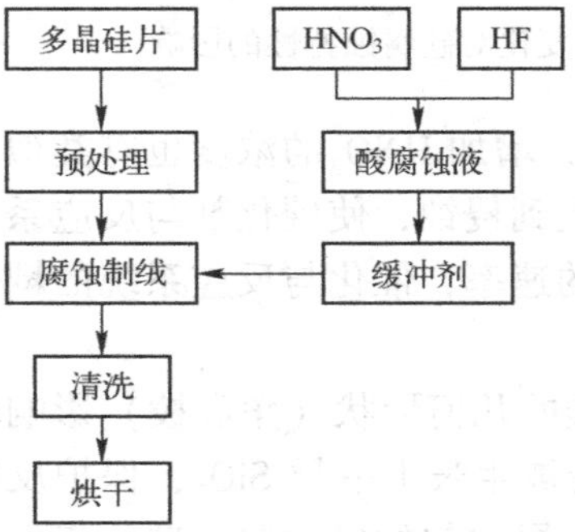

图 5-14 常规的多晶硅酸腐蚀制绒工艺原理流程图

1）常规的多晶硅酸腐蚀制绒工艺原理流程 如图 5-14 所示。

2）多晶硅太阳电池制绒溶液配方 生产上采用的多晶制绒 HNO_3-HF-DI（去离子水）溶液有多种配方，变化范围可以很大，譬如，常用工艺中有以下两种腐蚀液配方（体积比）。

Ⅰ号配方： HNO_3:HF:DI=3:1:2.7

Ⅱ号配方： HNO_3:HF:DI=1:2.7:2

制绒温度为 6～10 ℃，制绒时间为 120～300 s。配方中的试剂浓度为 70%HNO_3和 49%HF。

制绒液的Ⅰ号配方与检测硅片位错时所用的达希（Dash）腐蚀液的配方基本上是一致的，其反应原理也一样，即利用硅片在缺陷或损伤区更快的腐蚀速率来形成局部凹坑，如图 5-15（a）所示。当然，低温反应气泡的吸附对绒面形成也是很重要的因素。由于这种溶液进行缺陷显示时，反应速率很慢，因此，将它应用于多晶硅太阳电池制绒时，腐蚀速率也同样很慢，通常须要通过提高溶液浓度，即减小溶液中少水分的含量来提高硅片的腐蚀速率。

制绒液的Ⅱ号配方与测量硅片晶界时所用的染色腐蚀液配方相仿。硅片染色腐蚀的特点是在电化学腐蚀过程中，硅片的反应速率受硅片基体载流子浓度影响很大。利用载流子浓度不同导致硅片腐蚀速率产生差异，形成腐蚀坑，完成硅片的制绒。Ⅰ号配方制绒液相比，这种制绒液对硅片腐蚀速率要快得多，因此，制绒过程中对温度控制的要求很高。同时，制绒后硅片表面颜色也比较深，图 5-15（b）所示。

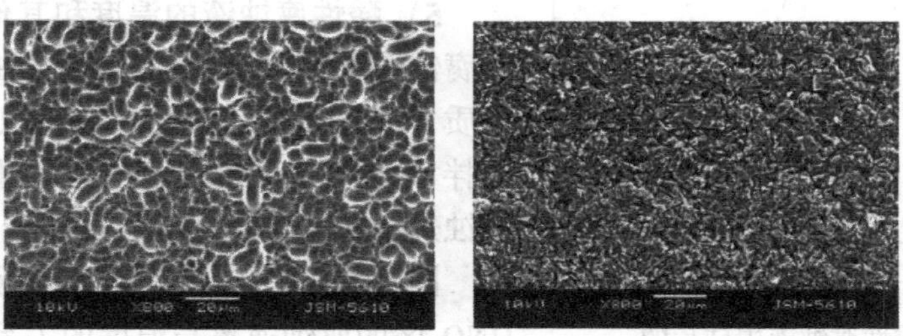

（a）Ⅰ号配方　　（b）Ⅱ号配方

图 5-15 两种制绒液制得的硅片绒面照片

3）补液　酸腐蚀反应是比较复杂的。在酸腐蚀过程中，除了式（5-45）表述的反应，还存在以下反应：

$$3Si+12HNO_3+18HF \longrightarrow 3H_2[SiF_6]+12NO\uparrow+12H_2O \qquad (5-47)$$

式（5-45）和式（5-46）这两个反应不仅并存而且还是相互竞争的。在这些反应进行时，产生 NO、N_2O、NO_2、N_2O_4、HNO_3、HF 及 SiF_4等多种气体。随着反应不断进行，腐蚀液内不同物质的浓度会发生变化，一些物质生成，另一些物质被逐渐消耗，因此，在制绒过程中应及时补充腐蚀液。由于腐蚀液中 HNO_3和 HF 的成分配比对腐蚀速率有很大的影响，因此补液时，还必须采用合适的 HNO_3和 HF 的比例。在具备测试条件的情况下，制绒生产过程中，应预先测定腐蚀液中几种主要反应物质的浓度随生产批次变化的规律。图 5-16 显示了制绒时腐蚀液中反应物质浓度的变化情况。

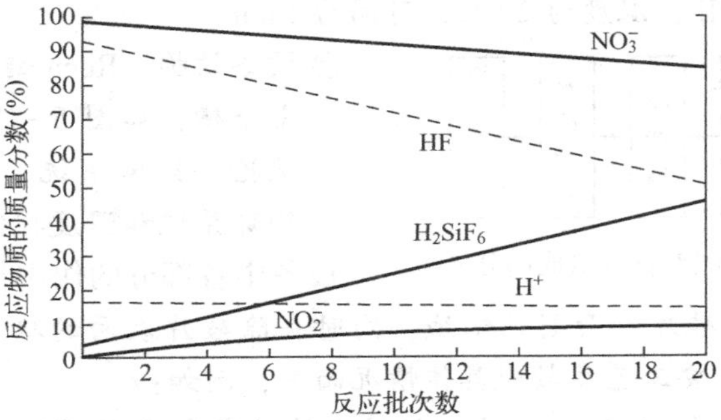

图 5-16　制绒时腐蚀液中反应物质浓度变化情况示意图

4）设备　由于酸腐蚀反应过程放热量较大，酸腐蚀制绒的速率较快，因此，酸制绒工序要求在较低温度下进行，对设备的冷却系统以及溶液循环系统有很高的要求。传统的槽式制绒方法适合于单晶硅太阳电池大批量制绒，但不适合于多晶硅太阳电池制绒。

现在多采用丽娜（Rena）链式制绒设备或斯密德（Schmid）在线式制绒设备制备多晶硅太阳电池绒面，这类设备和工艺可较好地解决反应温度过高的问题。

图 5-17 所示为 Rena 制绒设备的实物照片[10]。有关 Rena 腐蚀设备的结构将在第 7 章中进一步介绍。

图 5-17　Rena 制绒设备的实物照片

5）腐蚀制绒清洗实例

（1）腐蚀制绒清洗工艺步骤：制绒→碱洗→酸洗→吹干。

（2）腐蚀制绒的工艺参数实例如下。

☺ 腐蚀制绒。

- ☆ 溶液浓度：32.2%HF，10.4%HNO_3。
- ☆ 温度：6～10℃，用冷水机组对溶液降温。
- ☆ 时间：2 min。

☺ 清洗。

- ☆ 水洗：去离子（DI）水，温度为20℃
- ☆ 碱洗：5%的KOH，温度为20℃，时间为0.5 min。
- ☆ 酸洗：5%的HF，温度为20℃，时间为1 min。

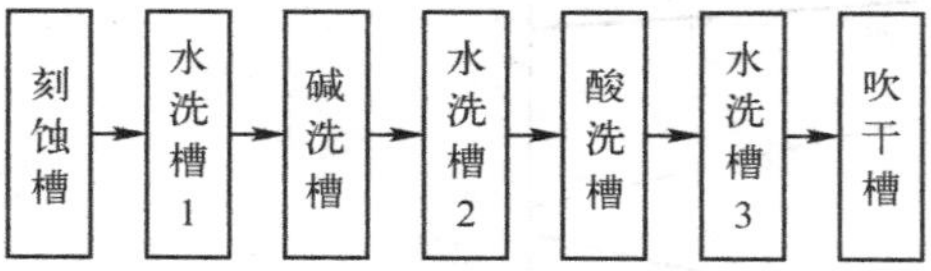

图5-18　Rena链式制绒设备的组成部分

☺ 设备结构。Rena链式制绒设备的主体分为七个槽，如图5-18所示，此外还配置有滚轮、排风系统、自动及手动补液系统、循环系统和温度控制系统等。

设备中各部分的作用与操作如下所述。

☆ 刻蚀槽：用于硅片表面刻蚀制绒，同时去除硅片表面的机械损伤层。所用溶液为HF+HNO_3，主要工艺参数视具体情况而定，例如：

首次充液体积量：480 L，槽内刻蚀过程的温度为(7±2)℃；

化学试剂浓度：HF(154 g/L)+HN03（358 g/L）；

质量：100.0 kg，循环流量设置点为140.0 L/min。

制绒过程中，根据腐蚀深度可对温度做适当修正。温度越高反应速度越快，一般每0.1℃对应约0.1 μm的腐蚀厚度。如果腐蚀量不够，则可适当提高反应温度，反之降低温度。

当制绒液寿命（150×10^4片）期满时，应更换整槽制绒液。

☆ 碱洗槽：用KOH溶液去除硅片表面多孔硅，中和刻蚀后残留在硅片上的酸液。主要工艺参数如下。

首次充液的KOH浓度：5%；

槽寿命：360 h；

槽内刻蚀过程的温度：(25±4)℃。

对156 mm×156 mm硅片刻蚀达到150×10^4片或125 mm×125 mm硅片达到150×10^4片时应更换整槽碱液。

☆ 酸洗槽：槽内溶液为HCl+HF，其作用是中和碱洗后残留在硅片上的碱液。HF去除硅片表面氧化层，形成容易吹干的疏水表面；HCl中的Cl^-有携带金属离子的能力，用于去除硅片表面的金属离子。主要工艺参数如下。

首次充液的化学试剂浓度：HCl(10%)，HF(5%)；

槽寿命：360 h；

槽内刻蚀过程的温度：(25±2)℃。

对156 mm×156 mm硅片刻蚀达到150×10^4片或125 mm×125 mm硅片达到150×10^4片

时应更换整槽酸液。

☆ 水洗槽：用水漂洗来自上一工序的化学品。水洗槽有三个，槽与槽之间相互贯通。进水口设在槽3处，应符合槽3的液面高度>槽2的液面高度>槽1的液面高度。

☆ 吹干槽：吹干槽内有风干器，也称风刀，共有两个，通过调节风刀出口的角度和吹风的压力，用热空气吹干硅片上、下两个表面。

☆ 滚轮：设定合适的滚轮速度很重要，滚轮速度决定了制绒时间，也就决定了硅片的腐蚀深度。滚轮速度慢，则反应时间增加，腐蚀深度加深，反之则腐蚀深度不足。生产过程中，滚轮速度应根据硅片腐蚀深度的测试结果进行修正，一般情况下不超1.5 m/min。速度过快，硅片不易清洗干净，也容易形成碎片，碎片还会堵塞喷淋口；速度过慢，会影响生产效率。

滚轮速度分三段设定，应该前面慢后面快，即传送带1的速度≤传送带2的速度≤传送带3的速度。如果前面快后面慢，则容易形成叠片和碎片。

☺ 补充溶液。

☆ 自动补液：当腐蚀深度控制在（3.0±0.4）μm范围内时，对于125 mm×125 mm硅片，腐蚀质量约为0.3 g/片；对于156 mm×156 mm硅片，约为0.47 g/片。通过感应器计数，当生产的硅片达到一定数量时，机器自动对刻蚀槽进行补液，其中HF的量为（0.05±0.005）kg，HNO_3的量为（0.05±0.005）kg。

☆ 手动补液：根据硅片的腐蚀情况，有时须要进行手动补液。当腐蚀深度过浅时，对刻蚀槽手动补充制绒液；当硅片表面有大量酸残留，形成大面积黄斑时，手动补充碱液；若硅片经过风刀吹扫后仍然不干，则表明硅片表面氧化层未被洗净，应补充酸液。

通常每次补液的量如下。

补充制绒腐蚀液：HF 9.0 L，$HN0_3$6.0 L；

补充碱液：KOH 2.0 L；

补充酸液：HCI 4.0 L，HF 2.0 L。

也可根据实际情况减少或增加手动补液量，但用量比例不能变。补液过程中一般不加入去离子水。

☺ 过程控制。每批次（一般以400片为一个循环）抽取4片样品，测量腐蚀前后的质量差，然后折算为腐蚀深度，要求控制腐蚀深度为（3.0±0.4）μm。

☺ 设备维护。日常维护工作主要是根据清洗制绒后硅片的质量情况，及时更换滤芯，调整喷淋、风刀的角度和强度，控制碱洗槽的喷嘴角度和流量。碱液不能喷至水洗槽，否则会与槽中洗下的酸液生成盐，堵塞滤芯。更换制绒液后，应清洗酸洗槽和碱洗槽、清理滚轮和各槽中的碎片。

（3）斯密德（Schmid）在线式制绒设备[11]。Schmid制绒设备的基本腐蚀原理与Rena制绒设备相似，但设备结构和腐蚀工艺有很大区别。

Schmid制绒设备的外形如图5-19所示，设备总长度达11 m，采用PLC控制，硅片采用五排送进方式，带速可通过电动机变频控制，产能为2400片/h。

工艺流程为：硅片装载→刻蚀→清洗→中和抛光→清洗→化学疏水→清洗→吹干→硅片卸载。

图 5-19　Schmid 制绒设备的外形

按照生产工艺过程，Schmid 设备的工作区域可分为九个模组，如图 5-20 所示。

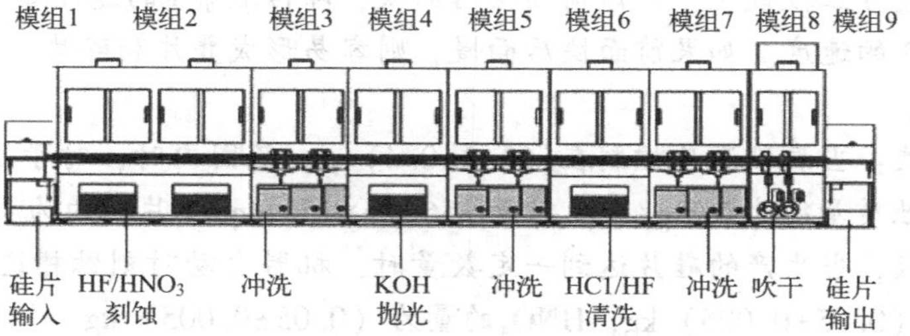

图 5-20　Schmid 设备模组结构示意图

硅片浸没在溶液槽中进行腐蚀。硅片下面是传输滚轮，用 PVDF 材料制造，不会产生变形。硅片上面是带圆盘的滚轮，圆盘滚轮设计成活动的，不会压碎硅片，硅片破损率低。传输滚轮表层做了特别的设计，利用毛细作用吸附硅片，硅片在流动的溶液中移动时不会分道、走偏方向，不会造成碎片，也不会卡住硅片或引起硅片重叠。Schmid 设备浸没式腐蚀制绒如图 5-21 所示。

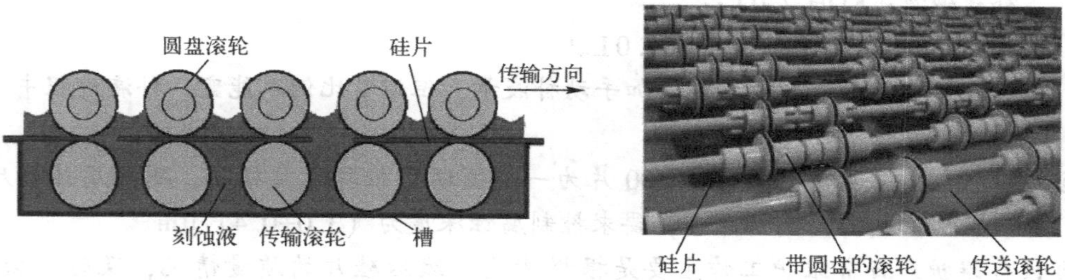

（a）硅片浸没在溶液槽中的示意图　（b）溶液槽中滚轮的布置

图 5-21　Schmid 设备浸没式腐蚀制绒

图 5-20 中，模组 1、9 分别为硅片安装、卸载模组。模组中安装了硅片输送机构、监测传感器和一个脉冲发生器。监测传感器用于检测硅片的位置，脉冲发生器记录硅片传送距离，每 1 mm 对应于 1 个脉冲，两者配合可准确确定硅片的数量和位置。通过传送轮导向机构还可以纠正硅片的移动方向。在进口处安装有监测气体浓度传感器，可监测酸的挥发气体浓度。

将硅片从模组 1 传至模组 9 的传送系统通过驱动电动机带动从动轮上的齿轮，再通过定中心滚轮、传送滚轮、定位轮对硅片进行传送。

模组 2 至模组 8 包括溶液槽内部、侧壁等位置上都设有排风装置。

模组 2 为刻蚀模组。在模组的刻蚀槽内，硅片浸没在 HF/HNO_3 溶液中进行刻蚀。化学腐蚀反应机理前面已有叙述：HNO_3 起氧化作用，使 Si 氧化为 SiO_2；HF 起络合作用，溶解 SiO_2，并生成络合物 H_2SiF_6，在硅表面形成粗糙的多孔硅层。

在制绒过程中，刻蚀槽内的溶液不断循环，并通过控制系统自动补液。溶液中 HF 和 HNO_3 的浓度和温度都要合适，才能控制反应速度，制得性能优良的高孔隙率绒面。

模组 3 是硅片清洗模组。在清洗过程中，三个水槽的水位是不同的，依次升高。为节约用水，纯净水从第三水槽进入，从第一水槽排出。硅片经过清洗后传送到下一个模组时，通过特制海绵滚轮将水吸干。

模组 5、7 也是硅片清洗模组，结构与模组 3 相同。

模组 4 是碱洗模组，将硅片浸泡在碱洗槽的 KOH 溶液中，对多孔硅表面进行处理和抛光。KOH 溶液的浓度为 50%，通过导电率仪测定，并进行控制。

模组 6 是酸洗模组，硅片浸泡在酸洗槽的 HF-HCl 混合溶液中进行化学反应。其中，HCl 用于去除金属离子；HF 用于去除残留在硅片表面的氧化层，具有疏水作用。

模组 8 是烘干模组，对硅片进行烘干。模组内有两台空气压缩泵，空气通过粗、细两次过滤后送到两组风刀中，对硅片进行烘干。空气可自行加热到 40 ℃。

图 5-22 所示为 Schmid 制绒设备制得的硅片绒面。

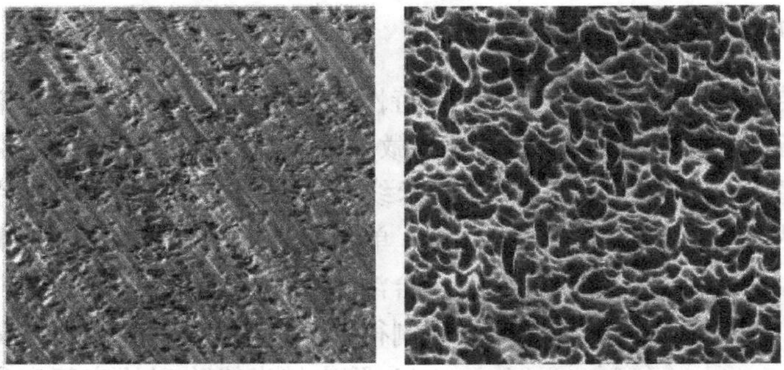

（a）制绒前　（b）制绒后

图 5-22　Schmid 设备制得的硅片绒面

目前，多晶硅片酸腐蚀制绒技术还没有单晶硅制绒的碱腐蚀工艺技术成熟，虽然已有可大规模生产多晶硅太阳电池的设备与工艺，但仍有待改进。

5.4.3　硅片制绒质量检验

硅片制绒后须对硅片进行检测，以剔除不符合要求的硅片，检测方式主要是用显微镜观测硅片表面的结构和称重等。

1. 绒面检测

用金相显微镜进行检测，将试样置于金相显微镜的载物台垫片上，进行调焦，直到观察到清晰的图像。

检测标准：绒面均匀、大小适中；单晶硅太阳电池的绒面金字塔大小在规定范围内，如 3～6 μm，绒面覆盖范围大于 85%。

2. 反射率检测

通过积分反射仪记录反射率曲线，并读取平均值、最大值、最小值以及吸收峰值位置等数据。

3. 质量检测

用电子天平对硅片称重，并与硅片制绒前的质量进行比较。

5.5 硅片制绒新技术

使用现有的制绒技术，尤其是酸腐蚀多晶硅制绒技术，硅片的反射率还是比较高，现有技术仍然须要做多方面的改进，同时还应研究和开发各种新的制绒方法。

近年来，通过一些特殊的方法可在硅材料表面形成一层纳米量级的织构，其反射率接近于零，硅片表面呈现黑色，通常称之为“黑硅”，其制备技术常称为“黑硅技术”，制得的太阳电池称为“黑硅太阳电池”。现在，黑硅技术已在很多高效太阳电池中得到应用，在第10章中将结合已开发成功的黑硅太阳电池做较详细的介绍。

1. 化学腐蚀方法制备纳米线阵列绒面

纳米线阵列结构具有显著的光学减反射特性，而采用液相化学腐蚀方法可用较低的成本和较快的速度制备出纳米线[12]。中国科学院微电子研究所的岳会会、贾锐等人[13]利用湿法化学腐蚀方法制备了具有很低反射率的纳米线表面结构的太阳电池硅片。采用125 mm×125 mm、电阻率为0.9 Ω·cm的p型（100）单晶硅片，将硅衬底置于氢氟酸和硝酸盐的混合溶液中腐蚀，时间为0.5～4.0 h。腐蚀后，制得垂直的纳米线阵列。在浓硝酸溶液中浸泡1 h除去纳米线阵列的表面和底部残留的金属颗粒后，利用传统工艺制备出太阳电池。在300～1000 nm波段，纳米线结构的反射率低于3%；与金字塔绒面结构相比，吸收率提高了近10%。尽管纳米表面结构太阳电池的转换效率只有12.68%，低于传统金字塔绒面太阳电池，但通过钝化及电极制备工艺的深入研究，仍具有大幅度提高太阳电池性能的可能性。单晶硅表面纳米线阵列的电镜照片如图5-23所示。

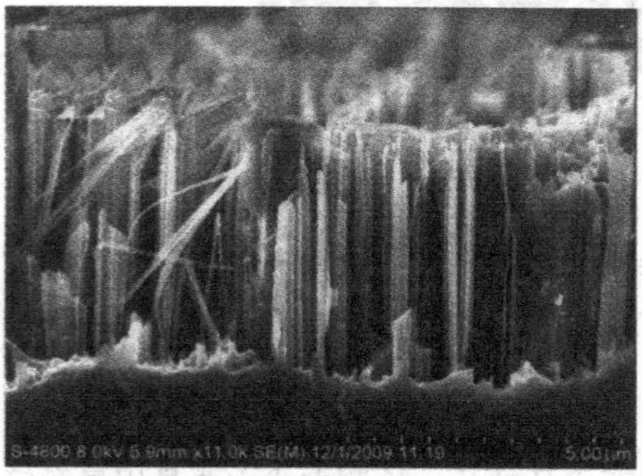

图5-23 单晶硅表面纳米线阵列的电镜照片

2. 反应离子刻蚀（RIE）制绒

反应离子刻蚀（RIE）制绒工艺属于干法刻蚀制绒，采用SF_6、O_2以及$C1_2$作为反应气体，在13.56 MHz高频电场作用下产生辉光放电，使气体分子或原子发生电离，形成等离子体，刻蚀硅片表面。通过对工艺参数的控制可以实现1%的反射率，增加太阳电池的光吸收。由于RIE制绒时会对硅片表面产生损伤，形成表面复合中心，导致太阳电池的转换效率下降，所以须要通过酸腐蚀消除伤层，同时进行表面钝化处理，才能实现 RIE 制绒的太阳电池转换效率比酸制绒高出 0.3%～0.4%[14]。

RIE 制绒的工艺流程如图 5-24 所示。

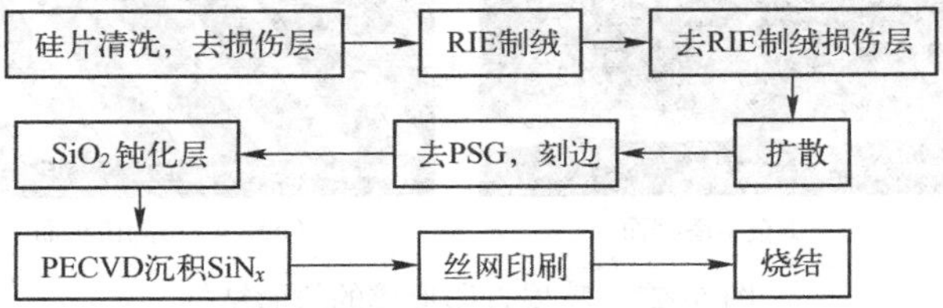

图 5-24　RIE 制绒的工艺流程

去损伤层工艺使用低浓度的 HF 和 HNO_3混合液，腐蚀时间为 30～60 s，须要监控反应时间，以获得优良的反射率，如图 5-25 所示。氧化层采用干氧工艺生成 SiO_2，厚度以 10 nm 为宜，既不影响太阳电池表面的光学性，又能获得良好的表面钝化效果。

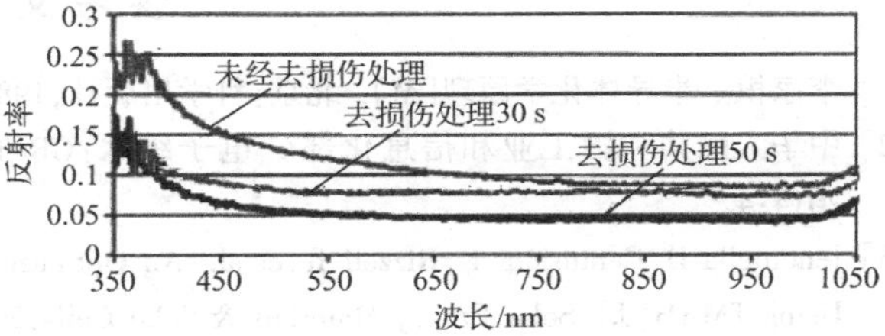

图 5-25　硅片表面经过去损伤层工艺处理后的反射率

3. 激光刻蚀制绒

激光刻蚀制绒是现在研究较多的制绒方法之一。这种方法应用激光技术，先在硅片表面刻蚀紧密排列的小孔或细线，然后用氢氟酸和硝酸混合溶液清除掉激光烧蚀灰烬和损伤，在硅片表面形成均匀密排的锥形小孔或"V"形沟槽。这些锥形小孔或"V"形沟槽将显著改善太阳电池表面的陷光效果，降低多晶硅的表面光反射率[15]。图 5-26（a）和（b）所示分别是激光刻蚀制绒制作的蜂窝状小孔和"V"形槽绒面的扫描电子显微镜照片。

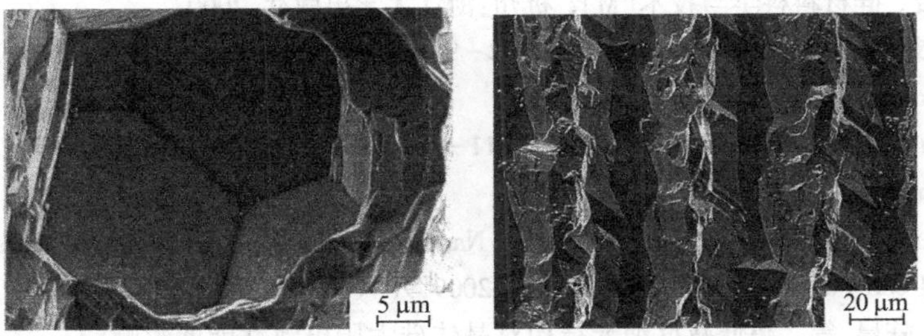

（a）蜂窝状小孔的扫描电子显微镜照片　（b）平行"V"形沟槽的扫描电子显微镜照

图 5-26　激光刻蚀制绒形成的绒面结构

4. 喷墨打印制绒

喷墨打印制绒可以在硅片表面形成倒金字塔或"V"形沟槽绒面，如图 5-27 所示。其实现过程是先在抛光的硅片表面生长一层致密的阻挡层，然后采用喷墨打机喷墨印刷腐蚀液，通过控制腐蚀液的形状和用量，在硅片表面腐蚀出精细而规则的倒金字塔或"V"形沟槽绒面。与激光刻蚀制绒相比，喷墨打印形成的绒面表面更规则，损伤层更薄[16]。这种喷墨打印绒面制作方法有着很好的发展前景。

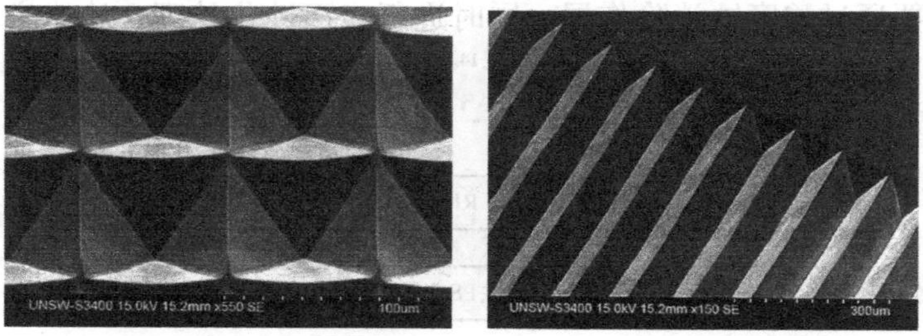

（a）倒金字塔绒面　　（b）"V"形沟槽绒面

图5-27　喷墨打印形成的绒面结构

参考文献

[1] 李家植．半导体化学原理[M]．北京:科学出版社,1980.

[2] 中华人民共和国工业和信息化部．电子级水:GB/T 11446.1—2013．[S]．北京:中国标准出版社,2014:4.

[3] Iencinella D,Centurioni E,Rizzoli R,et al. An Optimized Texturing Process for Silicon Solar Cell Substrates Using TMAH[J]. Solar Energy Materials & Solar Cells,2005,87(1-4):725-732.

[4] Nishimoto Y,Namba K. Investigation of Texturization of Monocrystalline Silicon with Sodium Carbonate Solutions [J],Solar Energy Materials & Solar Cells,2000,61(4):565-569.

[5] Xi Z Q,Yang D R,Que D L. Texturization of Monocrystalline Silicon with Tribasic Sodium Phosphate[J]. Solar Energy Materials & Solar Cells,2003,77(3):255-263.

[6] 丁兆兵,景峭壁,杨进．新型无醇单晶硅制绒添加剂的研究[J]．人工晶体学报,2012(41),增刊:354-358.

[7] 中国可再生能源学会．2019中国光伏技术发展报告[R]．2019:25.

[8] Robbins H,Schwartz B. Chemical Etching of Silicon Ⅱ. The System HF,$HN0_3$,H_2O,and $HC_2H_3O_2$,Journal of The Electrochemical Society,1960,107:108-111,

[9] 阙端麟,陈修治．硅材料科学与技术[M]．杭州:浙江大学出版社,2000.

[10] RENA公司技术产品介绍[EB/OL]．[2022-9-14]．http://wenku.baidu.com/view/98e09308f78a-6529647d531a.html.

[11] Schmid. Schmid制绒刻蚀设备[EB/OL]．(2011-03-27)[2022-09-20]．https://www.docin.com/p-160617143.html.

[12] Sivakov V, Andra G, Gawlik A, et a1. Silicon Nanowire-based Solar Cells on Glass: Synthesis, Optical Properties,and cell Parameters[J]. Nano Letters,2009,9(4):1549-1554.

[13] 岳会会,贾锐,陈晨,等．超低减反纳米结构对晶体硅太阳电池性能的影响[J]．太阳能学报,2012,33(11):1845-1849.

[14] 陈亮,金浩,盛健．RIE制绒在多晶高效太阳电池中的应用分析[C]//第十一届中国光伏大会会议论文集．南京,2010.

[15] Dobrzanski L A,Drygala A. Laser Texturization in Technology of Multicrystalline Silicon Solar Cells[J]. Journal of Achievements in Materials and Manufacturing Engineering,38(1)2009(7):5-11.

[16] Borojevic N. Ho-Baillie A. Inkjet texturing for high efficiency commercial silicon solar cells[C]. 23rd European Photovoltaic Solar Energy Conference,Valencia,Spain,2008(9):1-5.

第 6 章　掺杂制备 pn 结

为了制备出太阳电池的 pn 结，须要对硅片进行掺杂。掺杂是用一定的方式将所需的杂质掺入硅基片的特定区域内，并有规定的数量和合适的分布，形成 pn 结。太阳电池掺杂主要采用热扩散方法扩散掺杂制结。除了热扩散法，还有离子注入法和合金法等掺杂方法，其中离子注入法用于太阳电池制造有诸多优点，正在发展之中。下面先介绍扩散掺杂工艺原理。

6.1　扩散法掺杂制备 pn 结

热扩散方法掺杂制备 pn 结是在 p 型硅片上热扩散一层 n 型磷杂质，或者在 n 型硅片上热扩散一层 p 型硼杂质。扩散制结的质量控制对晶体硅太阳电池的特性起着关键作用。

6.1.1　扩散现象

从本质上讲，微观粒子作无规则热运动总是由粒子浓度较高的区域向浓度较低的区域进行，扩散是使物质的浓度（或温度）趋于均匀的一种热运动。它伴随质量（或能量）的迁移。在稳定时，扩散产生的单位面积扩散物质粒子的扩散流密度 J（又称传输速率，也称扩散通量）为

$$J=-D\nabla N \tag{6-1}$$

式中：D 为扩散系数（$cm^2 \cdot s^{-1}$），其值越大，表示扩散得越快，即在相同时间内，在晶体中扩散得越深；∇N 为扩散粒子的浓度梯度；负号表示扩散物质粒子按浓度减少的方向（梯度的负方向）流动。

式（6-1）称为菲克（Fick）第一定律，它表明在固态物质中，粒子存在浓度（或温度）梯度是引起粒子扩散的必要条件。

半导体中的原子是按一定规则周期排列的。其扩散可分为两种形式：间隙式扩散和替位式扩散[1]，如图 6-1 所示。

1. 间隙式扩散

杂质原子从晶体中原子之间的间隙中跃迁，运动到相邻的原子间的间隙，称为间隙式扩散。晶体中的间隙原子运动时，必须通过一个较窄的缝隙，见图 6-1（a）。从能量的角度分析，间隙中原子越过一个势垒为 E_i 的区域，它至少应具备能量 E_i。根据玻耳兹曼统计原理，在一定温度下，间隙原子在间隙中心位置附近进行振动频率为 ν_0 的热运动，间隙原子依靠热涨落获得大于 E_i 能量的概率正比于 $\exp[-E_i/(kT)]$，其中，k 为玻耳兹曼常数，E_i 为激活能（eV）。所以单位时间内间隙原子越过势垒到达相邻间隙的概率为

$$P_i=\nu_0\exp[-E_i/(kT)] \tag{6-2}$$

由式（6-2）可见，间隙原子的运动与温度密切相关。

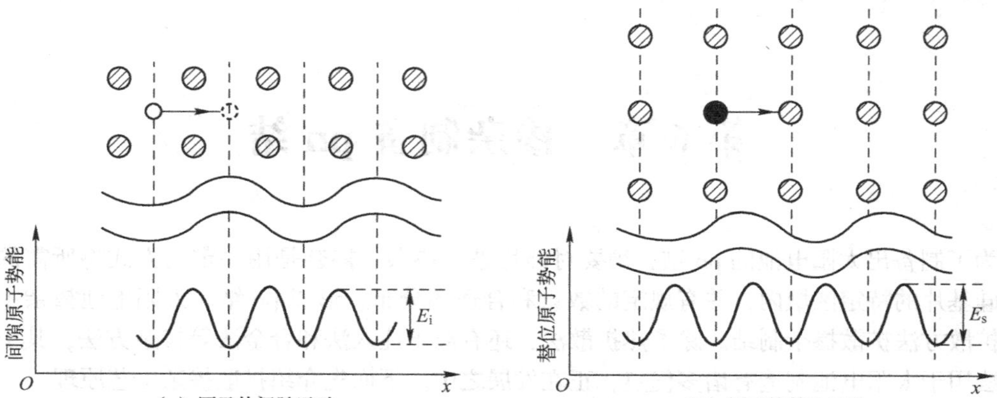

（a）原子的间隙运动　　（b）原子的替位运动

图 6-1　原子的扩散运动及其势能曲线

利用间隙原子的一维扩散模型，可以得到间隙原子的扩散流密度为

$$J(x)=N(x)aP_i-N(x+a)aP_i=-a^2P_i\frac{\partial N(x)}{\partial x} \tag{6-3}$$

式中：$N(x)$ 和 $N(x+a)$ 分别为 x 和 $(x+a)$ 处的间隙原子的浓度；a 为晶格常数。

比较式（6-1）和式（6-3）可得：

$$D=a^2P_i \tag{6-4}$$

于是可得到扩散系数 D 与温度 T 间的关系为

$$D=a^2\nu_0\exp[-E_i/(kT)] \tag{6-5}$$

2. 替位式扩散

当晶体中格点处存在空位时，杂质原子运动进入邻近格点填充空位［见图 6-1（b）］，称之为替位式扩散。显然，替位式扩散取决于晶体中格点出现空位的概率。根据玻尔兹曼分布，当温度为 T 时，单位晶体体积中的空位数目为

$$N_v=N\exp[-E_v/(kT)]$$

所以，杂质原子近邻出现空位的概率为 $\exp\left(-\frac{E_v}{kT}\right)$。其中：$E_v$ 为晶体形成一个空位所需要的能量（对于硅晶体，$E_v\approx2.3\,\text{eV}$）；N 为晶体原子的密度。

替位式杂质原子从一个格点位置运动到另一个格点位置，也必须越过一个势垒 E_s，见图 6-1（b）。替位杂质原子依靠热涨落跃过势垒的概率为 $\nu_0\exp[-E_s/(kT)]$，其中：ν_0 为其振动频率；T 为温度。

替位式杂质原子跳跃到相邻位置的概率应为近邻出现空位的概率乘以替位杂质原子跃入该空位的概率，即

$$P_v=\exp[-E_v/(kT)]\nu_0\exp[-E_s/(kT)]=\nu_0\exp[-(E_s+E_v)/(kT)] \tag{6-6}$$

在替位式扩散时，扩散系数 D 与温度 T 的关系为

$$D=a^2P_v=a^2\nu_0\exp[-(E_v+E_s)]/(kT)] \tag{6-7}$$

式（6-5）和式（6-7）可统一表示为

$$D=D_0\exp[-E_a/(kT)] \tag{6-8}$$

式中：$D_0=a^2\nu_0$；$E_a=E_i$ 或 E_v+E_s。表 6-1 列出了几种杂质在硅［111］晶面中 D_0 和 E_a 的实验值[2]。图 6-2 给出了不同掺杂剂在低浓度下扩散系数与温度之间的关系[3]。可以看出，替位式杂质原子的扩散比间隙杂质原子扩散慢，并且扩散系数随温度变化而迅速变化，温度越高，扩散系数值越大；反之，在通常的温度下，扩散缓慢，要获得一定的扩散速度，必须在较高的温度下进行。生产中常用的Ⅲ、Ⅴ族元素杂质，如磷（P）、硼（B）、砷（As）、锑（Sb）等，由于离子半径接近或小于硅原子半径，能以替位的方式进入硅内。这种以替位方式扩散的杂质也称硅中的慢扩散杂质。

Au、Ag、Au、Fe 和 Ni 等原子半径比硅大的杂质或一些重金属离子，一般按间隙式（或两种方式兼有）进行扩散，扩散速度较快。这些杂质也称硅中的快扩散杂质。

表 6-1　几种杂质在硅［111］晶面中的 D_0 和 E_a 数值

杂质名称	$D_0/\text{cm}^2\cdot\text{s}^{-1}$	E_a/eV	适应范围/℃	杂质名称	$D_0/\text{cm}^2\cdot\text{s}^{-1}$	E_a/eV	适应范围/℃
P	10.5	3.69	950～1235	Fe	6.2×10^{-3}	1.6	1100～1350
As	0.32	3.56	1095～1381	Cu	4×10^{-2}	1.0	800～1100
Sb	5.6	3.95	1095～1380	Ag	2×10^{-3}	1.6	1100～1350
B	10.5	3.69	950～1275	Au	1.1×10^{-3}	1.12	800～12000
Al	8	3.47	1080～1375	Ni	$D=10^5\ \text{cm}^2\cdot\text{s}^{-1}$		1100～1360
In	16.5	3.9	1105～1360	O	0.21	2.44	1300
Ga	3.6	3.51	1105～1360	H	1×10^{-2}	0.48	

扩散系数除了随温度升高呈指数增大，还与基片材料的晶格取向、晶格的完整性、基片材料的杂质浓度以及扩散杂质的表面浓度等因素有关。图 6-2 中给出的扩散系数仅是典型值，在生产过程中，随工艺条件的不同会有较大差异。

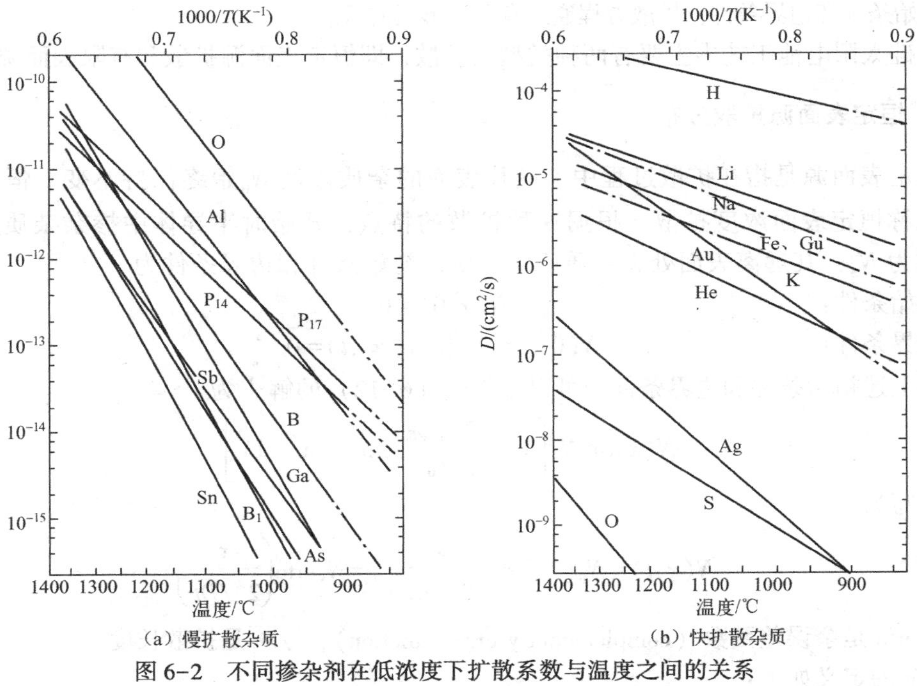

图 6-2　不同掺杂剂在低浓度下扩散系数与温度之间的关系

6.1.2 扩散层杂质浓度分布

在菲克第一定律的数学表达式（6-1）中，∇N 是三维空间的扩散杂质浓度梯度，在硅太阳电池工艺中，杂质扩散深度不大，形成的 pn 结平行于表面，其扩散流可近似地看作沿垂直于表面方向（x 方向）进行。于是式（6-1）可简化为

$$J(x,t)=-D\frac{\partial N(x,t)}{\partial x} \tag{6-9}$$

根据质量守恒定律，即原子数守恒，杂质原子数随时间的变化必须与扩散通量随位置的变化一样，在相距 dx 的两个平面之间，单位时间内杂质原子数的变化量等于通过这两个平面的流量差，即

$$\frac{\partial N(x,t)}{\partial t}\mathrm{d}x=-\frac{\partial J(x,t)}{\partial x}\mathrm{d}x \tag{6-10}$$

将式（6-9）代入式（6-10），得到一维形式的菲克第二定律：

$$\frac{\partial N(x,t)}{\partial t}\mathrm{d}x=\frac{\partial}{\partial x}D\frac{\partial N(x,t)}{\partial x}\mathrm{d}x \tag{6-11}$$

当杂质浓度不高时，扩散系数 D 可以认为是常数，式（6-11）可以变为

$$\frac{\partial N(x,t)}{\partial t}\mathrm{d}x=D\frac{\partial^2 N(x,t)}{\partial x^2}\mathrm{d}x$$

$$\frac{\partial N(x,t)}{\partial t}=D\frac{\partial^2 N(x,t)}{\partial x^2} \tag{6-12}$$

菲克第二定律也称扩散方程，其物理意义是：存在浓度梯度的情况下，随着时间的推移，某点 x 处杂质原子浓度的增加（或减少）是扩散杂质粒子在该点积累（或流失）的结果。对应于不同的初始条件和边界条件，扩散方程通式有不同形式的解。

在硅太阳电池工艺中主要有两种类型的扩散，即恒定表面源扩散和有限表面源扩散。

1. 恒定表面源扩散分布

恒定表面源是指在扩散过程中，硅片表面的杂质浓度 N_0 始终保持不变。恒定表面源扩散也称恒定表面浓度扩散。根据这种扩散的特点，开始时半导体中掺杂杂质为零，表面杂质为 N_S，其远离表面处无杂质原子，所以初始条件和边界条件为

初始条件：
$$N(x,0)=0 \tag{6-13}$$

边界条件：
$$N(0,t)=N_S \text{和} N(\infty,t)=0 \tag{6-14}$$

按上述初始条件和边界条件，可得方程式（6-12）的解[4]为

$$N(x,t)=N_S\left[1-\frac{2}{\pi}\int_0^{\frac{x}{2\sqrt{Dt}}}\exp(-\lambda^2)\,\mathrm{d}\lambda\right] \tag{6-15}$$

简写为

$$N(x,t)=N_S\left[1-\mathrm{erfc}\left(\frac{x}{2\sqrt{Dt}}\right)\right]=N_S\mathrm{erfc}\left(\frac{x}{2\sqrt{Dt}}\right) \tag{6-16}$$

式中，erfc 是余误差函数（complementary error function），$\sqrt{Dt}$ 是扩散长度。

erfc 的定义如下：

$$\mathrm{erfc}(x) \equiv \frac{2}{\sqrt{\pi}} \int_0^x e^{-y^2} dy$$

由式（6-16）可知，恒定表面源扩散，在硅片内形成的杂质扩散分布是余误差函数分布，如图 6-3 所示[5]，表示归一化的浓度与扩散深度的关系，3 条曲线对应 3 个扩散长度 $\sqrt{Dt}$ 值。在给定扩散温度下，D 是一定的，3 条曲线相应于依次增加的扩散时间；或者在给定时间时，3 条曲线相应于依次增加的扩散温度。扩散时间越长或扩散温度越高，杂质扩散得越深。

N_S 是硅片表面处的杂质浓度，而不是硅片周围气氛中的杂质浓度。当气氛中杂质的分压强较低时，在硅片表面处的杂质溶解度将与其周围气氛中杂质的分压强成正比；当杂质分压强较高时，则与周围气氛中杂质的分压强无关，此时，硅片表面处的杂质溶解度等于扩散温度下杂质能溶入硅片中的最大浓度，即晶体硅的固溶度。因此，在通常的扩散条件下，表面杂质浓度可近似地取其扩散温度下的固溶度。为了获得预定要求的杂质分布，所选用的杂质元素在硅中的固溶度必须大于或等于扩散所要求的表面杂质浓度。图 6-4 给出了几种杂质元素在硅中的固溶度随温度变化的曲线[2]。由图可见，磷在硅中的最大固溶度约为 $1.3\times10^{21}\ \mathrm{cm^{-3}}$，硼为 $5.0\times10^{20}\ \mathrm{cm^{-3}}$。而纯硅晶体每立方厘米中的原子数为 5×10^{22} 个，因而磷在硅中的最大浓度约为 2%。Ⅲ、Ⅴ族元素杂质在硅中较宽的温度范围内有稳定的固溶度，是比较理想的用于硅掺杂的杂质源。

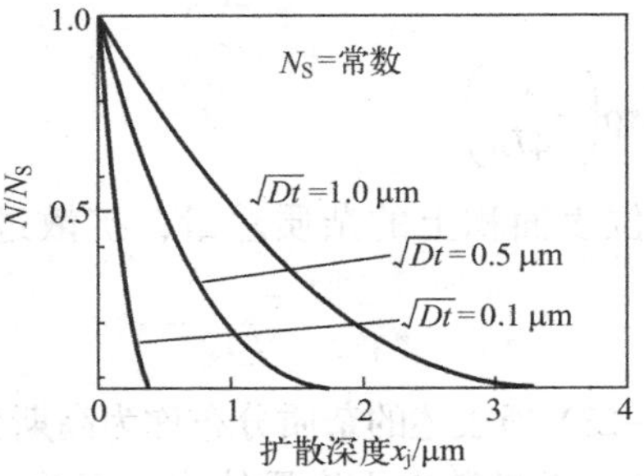

图 6-3　恒定表面源扩散的杂质浓度归一化的余误差分布

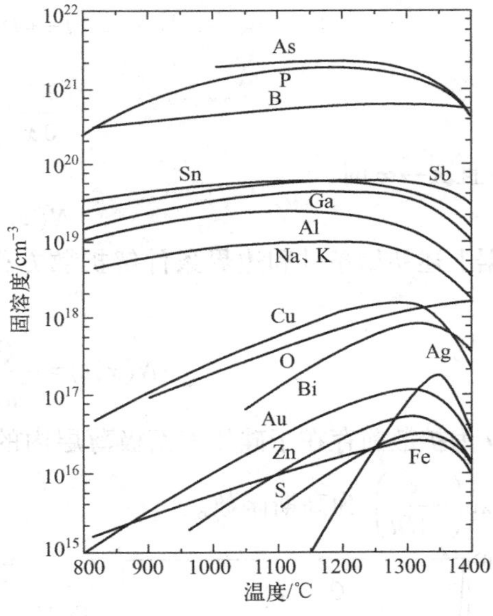

图 6-4　杂质元素在硅中的固溶度随温度变化的曲线

扩散进入硅片内的单位面积的掺杂原子总数可以用图 6-3 中曲线下面的面积来表示，即

$$Q=\int_0^{\infty} N(x,t)\,dx=\int_0^{\infty} N_S \mathrm{erfc}\left(\frac{x}{2\sqrt{Dt}}\right) dx=2N_S\sqrt{\frac{Dt}{\pi}}=1.13N_S\sqrt{Dt} \tag{6-17}$$

由此可见，在表面浓度恒定的情况下，扩散时间越长，扩散温度越高（扩散系数越

大)，扩散到硅片中的杂质量就越多。

扩散分布梯度可由式（6-16）微分得到，即

$$\left.\frac{dN}{dx}\right|_{x,t}=-\frac{N_S}{\sqrt{\pi Dt}}e^{-\frac{x^2}{4Dt}} \tag{6-18}$$

2. 有限表面源扩散分布

杂质源限定于扩散前沉积在硅片表面薄层内的杂质总量 Q，在扩散过程中，依靠这些有限的杂质向硅片内扩散，称为有限表面源扩散，也称恒定掺杂总量扩散。

为方便求解扩散方程，假设扩散开始时杂质总量 Q 均匀分布在厚度为 δ 的一个薄层内，则其初始条件可以写为

$t=0$ 且 $0<x\leqslant\delta$ 时，

$$N(x,0)=Q/\delta=N_S \tag{6-19}$$

$t=0$ 且 $x>\delta$ 时，

$$N(x,0)=0 \tag{6-20}$$

在扩散过程中，由于没有外来杂质补充，在硅片表面（$x=0$ 处）的杂质流密度等于零。同时，扩散层厚度相对于基片厚度是很小的。所以，其边界条件为

$t>0$ 且 $x=0$ 时，

$$J=-D\frac{\partial N}{\partial x}=0$$

或

$$\left.\frac{\partial N}{\partial x}\right|_{x=0}=0 \tag{6-21}$$

$t>0$ 且 $X\to\infty$ 时，

$$N(\infty,t)=0 \tag{6-22}$$

根据上述初始条件和边界条件解扩散方程式（6-12），可得有限源扩散时方程的表达式为

$$N(x,t)=\frac{Q}{\sqrt{\pi Dt}}\exp\left(-\frac{x^2}{4Dt}\right) \tag{6-23}$$

式中：Q 为扩散前存在于硅片表面极薄层内的单位表面积上的杂质总量，扩散过程中 Q 为常量；$\exp\left(-\frac{x^2}{4Dt}\right)$ 为高斯函数。

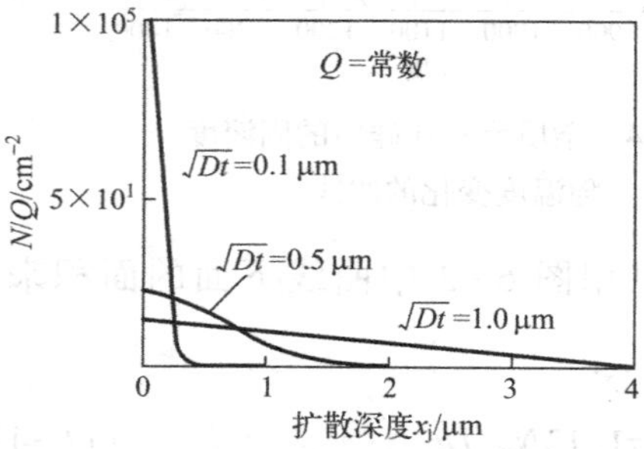

图6-5　有限源扩散杂质扩散浓度的高斯分布

式（6-23）所表述的杂质分布称为高斯分布。杂质随时间的增加而扩散进入半导体内，而总掺杂量 Q 恒定，所以表面浓度必然下降。由式（6-23）可得 $x=0$ 处的表面浓度为

$$N_S(t)=\frac{Q}{\sqrt{\pi Dt}} \tag{6-24}$$

图6-5显示了有限源扩散杂质扩散浓度的高斯分布，对3个递增的扩散长度绘制了3归一化浓度（N/Q）与扩散深度的关系，图中曲线表明，表面浓

度随着扩散时间的增加而减少[5]。

若将式（6–23）对 x 微分，则可得到硅片中任一点处的杂质浓度扩散分布的梯度为

$$\left.\frac{\partial N(x,t)}{\partial x}\right|_{(x,t)}=-\frac{x}{2Dt}N(x,t) \tag{6-25}$$

图 6–5 分别给出了不同扩散温度及扩散时间下杂质浓度随扩散深度变化的情况。由图 6–5可以看出，当扩散温度 T 保持恒定时，随着扩散时间 t 的增加，杂质扩散深度增大，表面杂质浓度不断下降，杂质浓度梯度减小；当扩散时间 t 保持恒定时，随着扩散温度 T 的增加，杂质扩散深度有类似的变化。

6. 1. 3　两步扩散法制结原理

晶体硅太阳电池的扩散制结中，常采用液态源，通过“两步扩散”工艺完成。采用两步扩散法制得的太阳电池的 V_{OC}和 I_{SC}均优于一步扩散的太阳电池。

太阳电池制造中的“两步扩散”工艺是将扩散过程分成两步来完成。第一步采用恒定表面源扩散的方式，在硅片表面沉积一定数量 Q 的杂质原子。这一步的扩散温度较低，扩散时间较短，杂质原子在硅片表面的扩散深度极浅，相当于沉积在表面，称为“预沉积”。预沉积扩散的扩散长度 $\sqrt{Dt}$ 远小于第二步推进扩散的扩散长度，因此可将预沉积分布视为表面处的 δ 函数，与推进扩散后所产生的最终分布相比，预沉积分布的穿透深度很小，可以忽略不计。第二步是有限表面源扩散，经预沉积的硅片在扩散炉内再加热，使杂质向硅片内部扩散，重新分布，达到所要求的表面浓度和扩散深度（或结深），称为“主扩散”或“再分布”。

恒定表面浓度一般可取在扩散温度下杂质在硅中的固溶度。在晶体硅太阳电池生产中，扩散温度一般都控制在 850～1000 ℃范围内。在这个温度范围内，常用的扩散杂质磷、硼、砷和锑等元素在硅中的固溶度变化是不大的，如磷的固溶度为 10^{20} cm^{-3}量级。因此，若单纯采用恒定表面源扩散，要得到较低的表面浓度（最大不能超过 1×10^{19} cm^{-3}），仅通过调整扩散温度和时间是难以实现的，只有通过再分布，以合适的温度和时间扩散，才能使表面浓度下降，扩散深度加深，实现表面浓度和扩散深度的有效控制，获得预定要求的 pn 结。

实际的扩散过程比较复杂，通常与氧化同时进行，杂质沉积在硅表面和向硅晶体内部推进的同时，在硅片表面氧化生长 SiO_2层，形成磷硅玻璃。为简化分析，先不考虑氧化过程，则预沉积扩散的杂质浓度遵循余误差函数分布，即

$$N(x,t_1)=N_{S1}\operatorname{erfc}\left(\frac{x}{2\sqrt{D_1t_1}}\right) \tag{6-26}$$

杂质原子总量为

$$Q=2N_{S1}\sqrt{\frac{D_1t_1}{\pi}} \tag{6-27}$$

式中，下标“1”表示预沉积扩散。

对于再分布扩散，再分布后的杂质浓度服从高斯分布，即

$$N(x,t_2)=\frac{Q}{\sqrt{\pi D_2t_2}}\exp\left(-\frac{x^2}{4D_2t_2}\right) \tag{6-28}$$

式中，下标“2”表示再分布扩散。

将式（6-27）代入式（6-28），得到：

$$N(x,t_1,t_2)=\frac{2N_{S1}}{\pi}\sqrt{\frac{D_1t_1}{D_2t_2}}\exp\left(-\frac{x^2}{4D_2t_2}\right) \tag{6-29}$$

表面浓度为

$$N_{S2}=\frac{2N_{S1}}{\pi}\sqrt{\frac{D_1t_1}{D_2t_2}} \tag{6-30}$$

由式（6-30）和式（6-27）中 Q 的表达式可知，N_{S2}与 Q 成正比，与 D_2、t_2的平方根成反比。D_2越大（扩散温度越高），t_2越长，则 N_{S2}越低。为了获得一定要求的表面杂质浓度和杂质分布，必须在扩散前形成一定杂质总量 Q 的有限表面源，控制再扩散的温度和时间。

如果考虑再分布之前未去除沉积在硅表面的含杂质玻璃层，则不能满足有限表面源扩散条件。此时，杂质浓度分布将遵循 Smith 函数，即

$$N(x,t_1,t_2)=\frac{2N_{S1}}{\sqrt{\pi}}\int_{\sqrt{\beta}}^{\infty}e^{-y}\operatorname{erfc}(\alpha y)\,dy \tag{6-31}$$

式中：

$$\alpha=\sqrt{\frac{D_1t_1}{D_2t_2}};\quad \beta=\frac{x^2}{4\ (D_1t_1+D_2t_2)} \tag{6-32}$$

相应的表面浓度为[2]

$$N_{S2}(0,t_1,t_2)=\frac{2N_{S1}}{\pi}\arctan\left(\sqrt{\frac{D_1t_1}{D_2t_2}}\right) \tag{6-33}$$

Smith 已对不同的 α 和 β 计算了式（6-32）所示的积分式，算出 α 和 β 后查表 6-2 可获得积分值。

表 6-2　以 α、β 为函数的 $\sqrt{\pi}N(x,t_1,t_2)/(2N_S)$ 的值

α \ β	0.1	0.2	0.3	0.4	0.5	0.6	0.7	0.8	0.9	1.0	1.1	1.2	β / α
0.1	0.09015	0.08155	0.07376	0.06672	0.06035	0.05459	0.04938	0.04467	0.04040	0.03055	0.03306	0.02990	0.1
0.2	0.17838	0.16119	0.14566	0.13162	0.11894	0.10748	0.09713	0.08777	0.07931	0.07167	0.06477	0.05853	0.2
0.3	0.26295	0.23723	0.21403	0.19310	0.17422	0.15719	0.14182	0.12795	0.11545	0.10416	0.09398	0.08479	0.3
0.4	0.34254	0.30837	0.27761	0.24993	0.22501	0.20259	0.18240	0.16422	0.14786	0.13314	0.11988	0.10794	0.4
0.5	0.41626	0.37374	0.33557	0.30132	0.27058	0.24299	0.21822	0.19599	0.17603	0.15812	0.14203	0.12759	0.5
0.6	0.48366	0.43290	0.38751	0.34692	0.31062	0.27814	0.24908	0.22308	0.19982	0.17900	0.16036	0.14368	0.6
0.7	0.54464	0.48580	0.43340	0.38673	0.34515	0.30809	0.27505	0.24562	0.21937	0.19596	0.17508	0.15645	0.7
0.8	0.59940	0.53264	0.47347	0.42100	0.37447	0.33317	0.29652	0.26398	0.23508	0.20940	0.18657	0.16628	0.8
0.9	0.64829	0.57380	0.50812	0.45017	0.39903	0.35385	0.31293	0.27864	0.24742	0.21979	0.19532	0.17365	0.9
1.0	0.69176	0.60975	0.53784	0.47475	0.41935	0.37066	0.32783	0.29013	0.25693	0.22765	0.20183	0.17903	1.0
1.1	0.73033	0.64100	0.56318	0.49529	0.43600	0.38415	0.33377	0.29900	0.26411	0.23348	0.20655	0.18286	1.1
1.2	0.76448	0.66808	0.58465	0.51232	0.44950	0.39480	0.34726	0.30574	0.26946	0.23772	0.20991	0.18553	1.2
1.3	0.79470	0.69148	0.60276	0.52643	0.46035	0.40327	0.35377	0.31078	0.27336	0.24074	0.21225	0.18734	1.3
1.4	0.82144	0.71164	0.61797	0.53781	0.46901	0.40979	0.35870	0.31449	0.27616	0.24286	0.21385	0.18855	1.4
1.5	0.84509	0.72899	0.63069	0.54714	0.47586	0.41482	0.36238	0.31720	0.27815	0.24431	0.21492	0.18933	1.5

续表

α \ β	0.1	0.2	0.3	0.4	0.5	0.6	0.7	0.8	0.9	1.0	1.1	1.2	β / α
1.6	0.86601	0.74388	0.64130	0.55469	0.48123	0.41865	0.36511	0.31914	0.27953	0.24530	0.21562	0.18983	1.6
1.7	0.88454	0.75666	0.65010	0.56076	0.48542	0.42153	0.36710	0.32051	0.28048	0.24595	0.21607	0.19014	1.7
1.8	0.90095	0.76759	0.65739	0.56562	0.48865	0.42369	0.36854	0.32147	0.26112	0.24638	0.21636	0.19033	1.8
1.9	0.91549	0.77693	0.66640	0.56948	0.49114	0.42529	0.36966	0.32213	0.28154	0.24665	0.21653	0.19045	1.9
2.0	0.92838	0.78491	0.66833	0.57254	0.49303	0.42646	0.37029	0.32258	0.28182	0.24682	0.21664	0.19051	2.0
2.5	0.97404	0.81009	0.68228	0.58029	0.49735	0.42887	0.37165	0.32335	0.28225	0.24707	0.21678	0.19059	2.5
3.0	0.99920	0.82094	0.68698	0.58234	0.49825	0.42928	0.37183	0.32343	0.28229	0.24708	0.21679	0.19059	3.0
∞	1.02843	0.82795	0.68892	0.58291	0.49843	0.42933	0.37184	0.32343	0.28229	0.24709	0.21679	0.19059	∞

α \ β	1.3	1.4	1.5	1.6	1.7	1.8	1.9	2.0	2.5	3.0	4.0	5.0	β / α
0.1	0.02705	0.02446	0.02213	0.02002	0.01811	0.01638	0.01481	0.01340	0.00811	0.00491	0.00180	0.00066	0.1
0.2	0.05289	0.04779	0.04319	0.03903	0.03527	0.03187	0.02880	0.02603	0.01568	0.00945	0.00343	0.00125	0.2
0.3	0.07651	0.06903	0.06228	0.05620	0.05071	0.04575	0.04128	0.03725	0.02228	0.01333	0.00477	0.00171	0.3
0.4	0.09772	0.08752	0.07881	0.07097	0.06391	0.05756	0.05183	0.04668	0.02766	0.01640	0.00577	0.00204	0.4
0.5	0.11462	0.10297	0.09251	0.08321	0.07468	0.06711	0.06030	0.05419	0.03178	0.01866	0.00645	0.00224	0.5
0.6	0.12875	0.11538	0.10340	0.09268	0.08308	0.07448	0.06678	0.05988	0.03475	0.02021	0.00688	0.00236	0.6
0.7	0.13982	0.12499	0.11174	0.09992	0.08936	0.07993	0.07150	0.06398	0.03677	0.02120	0.00712	0.00242	0.7
0.8	0.14824	0.13219	0.11790	0.10519	0.09387	0.08379	0.07481	0.06680	0.03806	0.02180	0.00724	0.00244	0.8
0.9	0.15444	0.13741	0.12230	0.10889	0.09699	0.08642	0.07702	0.06867	0.03885	0.02213	0.00730	0.00245	0.9
1.0	0.15889	0.14109	0.12535	0.11141	0.09907	0.08814	0.07844	0.06985	0.03931	0.02231	0.00733	0.00246	1.0
1.1	0.16200	0.14361	0.12739	0.11307	0.10041	0.08923	0.07933	0.07056	0.03956	0.02240	0.00734	0.00246	1.1
1.2	0.16411	0.14529	0.12872	0.11412	0.10125	0.08989	0.07985	0.07098	0.03969	0.02244	0.00735	0.00246	1.2
1.3	0.16552	0.14638	0.12956	0.11478	0.10176	0.09028	0.08016	0.07122	0.03976	0.02246	0.00735	0.00246	1.3
1.4	0.16643	0.14706	0.13008	0.11517	0.10205	0.09051	0.08033	0.07134	0.03979	0.02247	0.00735	0.00246	1.4
1.5	0.16700	0.14749	0.13039	0.11540	0.10222	0.09063	0.08042	0.07141	0.03980	0.02247	0.00735	0.00246	1.5
1.6	0.16736	0.14774	0.13057	0.11552	0.10231	0.09070	0.08046	0.07144	0.03981	0.02247	0.00735	0.00246	1.6
1.7	0.16757	0.14789	0.13067	0.11559	0.10236	0.09013	0.08049	0.07146	0.03981	0.02247	0.00735	0.00246	1.7
1.8	0.16770	0.14797	0.13073	0.11563	0.10239	0.09075	0.08050	0.07147	0.03982	0.02247	0.00735	0.00246	1.8
1.9	0.16777	0.14802	0.13076	0.11565	0.10240	0.09075	0.08050	0.07147	0.03982	0.02247	0.00735	0.00246	1.9
2.0	0.16781	0.14804	0.13078	0.11566	0.10240	0.09076	0.08051	0.07147	0.03982	0.02247	0.00735	0.00246	2.0
2.5	0.16786	0.14807	0.13079	0.11567	0.10241	0.09076	0.08051	0.07147	0.03982	0.02247	0.00735	0.00246	2.5
3.0	0.16786	0.14807	0.13079	0.11567	0.10241	0.09076	0.08051	0.07147	0.03982	0.02247	0.00735	0.00246	3.0
∞	0.16786	0.14807	0.13079	0.11567	0.10241	0.09076	0.08051	0.07147	0.03982	0.02247	0.00735	0.00246	∞

6.1.4 固-固扩散制结原理

通常的液态源扩散必须采用两步扩散，在预沉积时容易产生缺陷和杂质污染，因此也有厂家采用固-固扩散制造太阳电池。

固-固扩散是通过 CVD 技术或胶体涂布的方法，在硅片表面形成含有高杂质浓度的固体层，然后固体层中的杂质在高温下向硅中扩散掺杂。以掺杂的氧化层作为杂质源时，杂质在硅中的浓度分布的近似表达式为

$$N(x,t)=\frac{N_{0x}x_0}{\sqrt{\pi Dt}}\exp\left(-\frac{x^2}{4Dt}\right)\quad (x_0\leqslant 2\sqrt{D_{0x}t})\tag{6-34}$$

$$N(x,t)=\frac{N_{0x}\sqrt{D_{0x}/D}}{1+\frac{1}{m}\sqrt{D_{0x}/D}}\mathrm{erfc}\left(\frac{x}{2\sqrt{Dt}}\right)\approx\frac{N_{0x}}{1+\frac{1}{m}}\mathrm{erfc}\left(\frac{x}{2\sqrt{Dt}}\right)\quad (x_0\geqslant 2\sqrt{D_{0x}t})\tag{6-35}$$

式中：D_{0x}和D分别表示杂质在氧化层和硅中的扩散系数；m为杂质的分凝系数；N_{0x}为掺杂氧化层的杂质浓度；x_0是氧化层的厚度。实验表明，当$x_0<6$ nm 时，掺杂氧化层可作为有限表面源进行扩散；当$x_0>140$ nm 时，可看成是恒定表面源扩散。

6.1.5 扩散制结的质量参数

在生产过程中，扩散层质量的重要参数是扩散的深度（或结深）和扩散层的表面浓度。

1. 结深

扩散形成的 pn 结的几何位置与扩散层表面的距离称为结深x_j。

设衬底的杂质浓度为N_B，即$N(x_j,t)=N_B$，代入式（6-16）可得恒定表面源时余误差分布的结深：

$$x_j=2\mathrm{erfc}^{-1}\left(\frac{N_B}{N_S}\right)\sqrt{Dt}\tag{6-36}$$

同样，设衬底的杂质浓度为N_B，即$N(x_j,t)=N_B$，代入式（6-23），并利用式（6-24），可得有限表面源扩散时，高斯分布的结深为

$$x_j=2\left(\ln\frac{Q/\sqrt{\pi DT}}{N_B}\right)^{1/2}\sqrt{DT}=2\left(\ln\frac{N_S}{N_B}\right)^{1/2}\sqrt{DT}\tag{6-37}$$

可以将式（6-36）和式（6-37）统一表示为

$$x_j=A\sqrt{Dt}\tag{6-38}$$

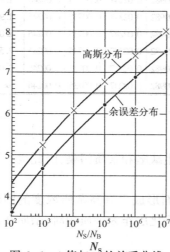

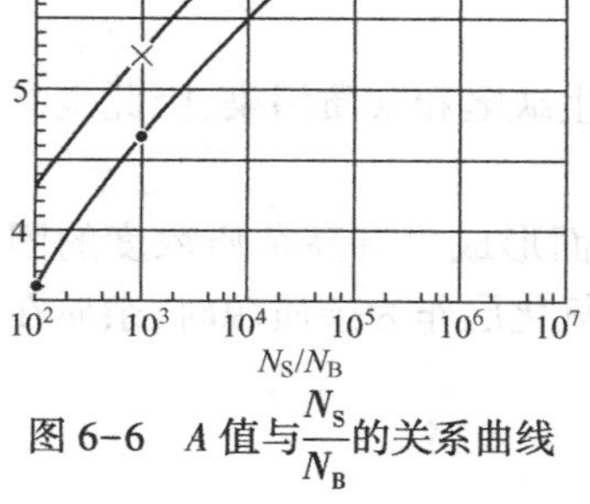

图 6-6　A值与$\frac{N_S}{N_B}$的关系曲线

式中，A是与比值$\frac{N_S}{N_B}$有关的常数。对于余误差分布，$A=2\mathrm{erfc}^{-1}\left(\frac{N_B}{N_S}\right)$；对于高斯分布，$A=2\left(\ln\frac{N_S}{N_B}\right)^{1/2}$。$A$值与$\frac{N_S}{N_B}$的关系曲线如图 6-6 所示[2]。当然，已知比值$\frac{N_S}{N_B}$，也可由图 6-6查出相应的A值，再利用式（6-38）估算出结深。

由于$x_j\propto\sqrt{Dt}$，表明增加扩散时间或升高扩散温度，均可使结深增加。但从控制的角度看，后者对结深的影响更大些。例如，假设扩散时间为 60 min，得到的扩散结深是 2.5 μm；当扩散时间减少 10%，即为 54 min 时，相应的结深约为 2.38 μm，引起的结深差仅为 5%（即 0.12 μm）。这意味着，若要求结深的误差小于 5%，则扩散时间的偏差只要少于 6 min 即可。显然，这是容易做到的。反之，温度对

结深的影响要大得多。例如，硅片在约 1000℃进行扩散，只要温度偏差±1℃，其扩散系数 D 就可相差 10%，结深误差达 5%。因此，如果要求结深误差小于 5%，则温度 T 的偏差必须小于 1℃。这样高温下的温度控制要求显然比时间控制困难一些，这也是扩散时要特别注意温度控制的原因。在太阳电池制造工艺中，除了温度与时间，结深还受到预沉积的杂质总量和再分布的氧化速率的控制，N_S 和 N_B 对扩散结深也有影响。

2. 方块电阻[6-7]

扩散到硅中扩散层的杂质总量可用方块电阻表征，方块电阻也称扩散薄层电阻，是指表面为正方形的半导体薄层在电流方向上所呈现的电阻，常用 R_s 或 $R_\square$ 表示。取结深为 x_j 的太阳电池的一个正方形扩散层，如图 6-7 所示，图中箭头指明了电流方向，其扩散薄层电阻为

$$R_s=\rho\frac{l}{lx_j}=\frac{\rho}{x_j} \tag{6-39}$$

式中，l 为正方形的边长，ρ 为电阻率。可见，薄层电阻与薄层电阻率成正比，与薄层厚度（结深）成反比，而与正方形边长无关。方块电阻的单位为 Ω/□，符号“□”代表方块。

由于扩散层存在杂质浓度分布梯度，电阻率应为平均电阻率 $\bar{\rho}$，因此有

$$R_s=\frac{\bar{\rho}}{x_j}=\frac{1}{x_j\bar{\sigma}} \tag{6-40}$$

其中，$\bar{\sigma}$ 可用下式求出：

$$\bar{\sigma}=\frac{1}{x_j}\int_0^{x_j}q\mu[N(x)-N_B(x)]\mathrm{d}x \tag{6-41}$$

通常假设衬底杂质浓度 $N_B(x)$ 是均匀的，不随 x 变化，于是有

$$\begin{aligned}\bar{\sigma}x_j&=\int_0^{x_j}q\mu[N(x)-N_B(x)]\mathrm{d}x=\int_0^{x_j}q\mu N(x)\mathrm{d}x-\int_0^{x_j}q\mu N_B(x)\mathrm{d}x\\&=q\mu Q-q\mu N_B x_j\end{aligned} \tag{6-42}$$

式中：q 为电子电荷量；N_B 为衬底杂质浓度；Q 为扩散层单位面积掺入的杂质总量；μ 为载流子迁移率，随杂质浓度变化。图 6-8 显示了电子和空穴迁移率随基体杂质浓度变化的情况[2]，为简化计算，将其设为常数。

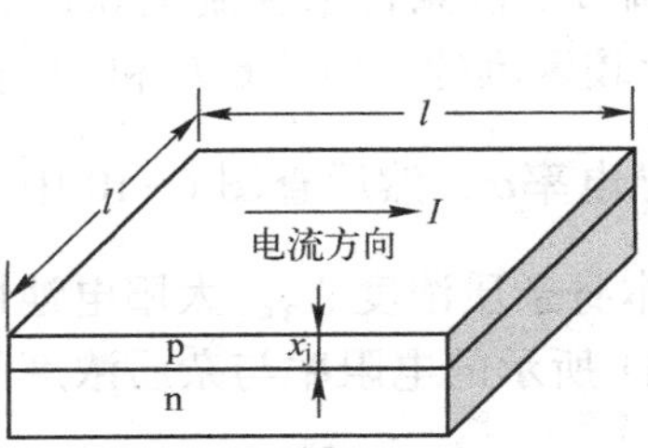

图 6-7　方块电阻

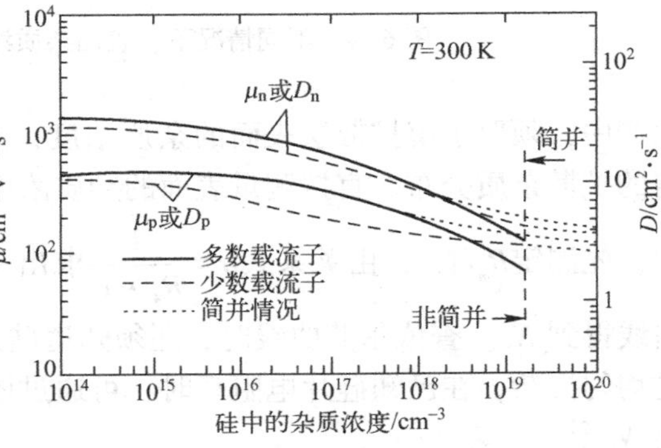

图 6-8　电子和空穴迁移率与基体杂质浓度的关系

如果衬底中原有的杂质浓度很低，则近似表示为

$$\overline{\sigma}x_j \approx q\mu Q \tag{6-43}$$

将其代入式（6-40），则

$$R_s \approx \frac{1}{q\mu Q} \tag{6-44}$$

式（6-44）表明，方块电阻主要取决于扩散到硅片内的杂质总量。杂质总量越多，R_s越小。方块电阻的测量，目前多用四探针法。通过逐层测量方块电阻，可得到扩散层中杂质浓度的分布。改写式（6-44）为

$$R_s^{-1}=q\mu Q=\int_0^{x_j} q\mu N(x)\,\mathrm{d}x \equiv \int_0^{x_j} \sigma(x)\,\mathrm{d}x \tag{6-45}$$

则有

$$\frac{\mathrm{d}R_s^{-1}}{\mathrm{d}x}=q\mu N(x) \tag{6-46}$$

所以，测出$R_s^{-1}-x$关系曲线后，再逐点求出其斜率，即可得到杂质浓度的分布$N(x)$。

在测试$R_s(x)-x$关系时，可用阳极氧化剥层法，其原理与阳极氧化剥层法测结深时相同。

3. 表面杂质浓度[7]

不同的表面杂质浓度对硅片内杂质分布有较大的影响。但是，表面杂质浓度与杂质分布不存在对应关系，如图6-9（a）和（b）所示。按照方块电阻与杂质总量的关系式、杂质总量与结深的关系式，当基体硅片均匀掺杂时，R_s、N_S和x_j三者之间存在的对应关系如图6-9（c）所示。对于这种分布形式，只要其中的任意两个参数给定，杂质分布就唯一确定。

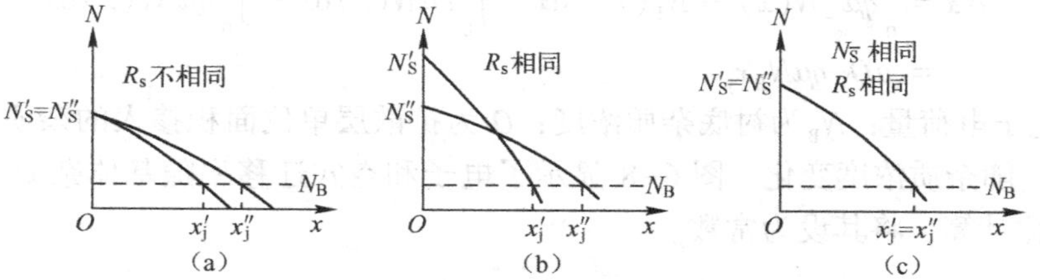

图6-9 不同情况下，表面杂质浓度与杂质分布关系

在生产中，须要了解扩散层表面的杂质浓度，通过调节扩散条件来控制R_s和x_j的大小，获得所需的扩散杂质分布。直接测量表面的杂质浓度是比较困难的，但测量R_s和x_j值比较方便。通常，先测定R_s和x_j，由关系式$\overline{\sigma}=\dfrac{1}{R_s \cdot x_j}$求出平均导电率$\overline{\sigma}$，然后查图6-10中所示的依尔芬曲线得到$N_S$。查依尔芬曲线时，还须知道硅片的本身杂质浓度$N_B$。太阳电池用硅片都已经过均匀掺杂，在已知硅片电阻率时，可通过图6-11所示的电阻率与杂质浓度的关系曲线求出N_B[2]。

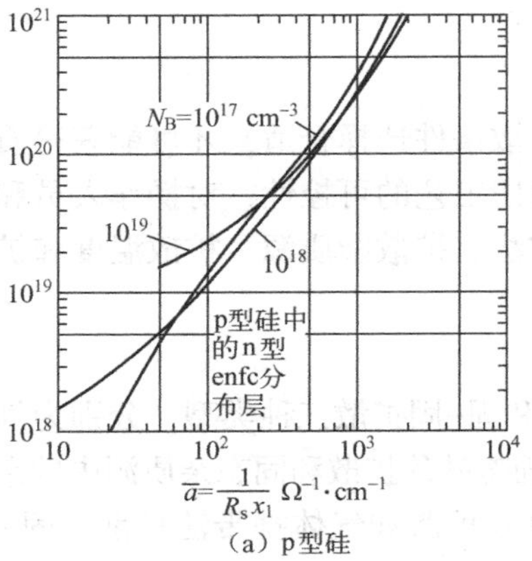

（a）p型硅

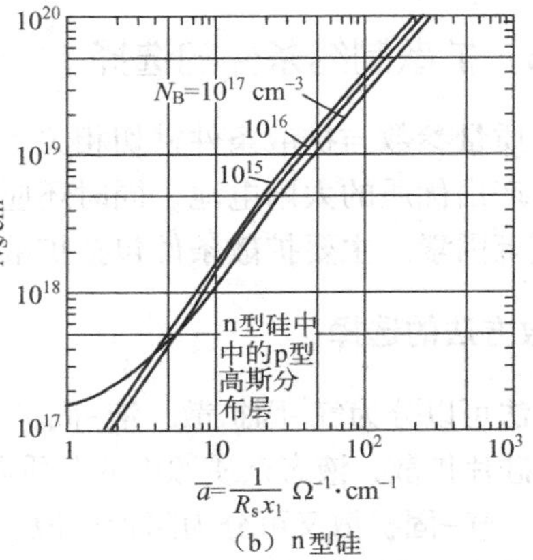

（b）n型硅

图 6-10 依尔芬曲线

表面浓度的大小一般由扩散形式、扩散杂质源、扩散温度和时间所决定。但恒定表面源扩散，表面浓度的数值基本上就是扩散温度下杂质在硅中的固溶度。也就是说，对于给定杂质源，表面浓度（N_S）由扩散温度控制；对有限表面源扩散（如两步扩散中的再分布），表面浓度则由预沉积的杂质总量和扩散时的温度、时间所决定，而扩散温度和时间由结深的要求所决定，所以此时的表面浓度（N_{S2}）主要由预沉积的杂质总量来控制。在结深相同的情况下，预沉积的杂质总量越多，再分布后的表面浓度就越大。太阳电池的发射区磷再分布，因扩散与氧化同时进行，有一部分杂质要积聚到 SiO_2 层中，影响再分布后表面浓度（N_{S2}）。所以，在实际生产中，当发现预沉积杂质总量 Q 太大或太小时，应调节再分布的通氧时间。

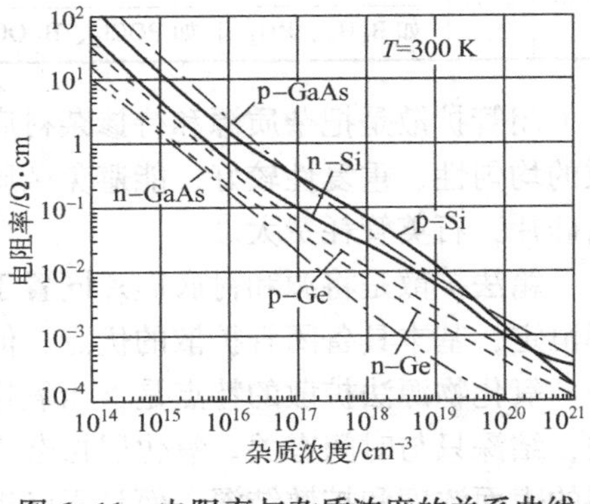

图 6-11 电阻率与杂质浓度的关系曲线

表面浓度的大小还与氧化温度和时间有关。氧化温度越高，杂质扩散越快，就越能减弱杂质在表面附近的堆积。氧化时间越长，对扩散深度的影响就越大。不过，相对于硼来说，磷在硅表面的堆积效应较弱，通常磷的表面浓度增加 10% ～ 20%，而受到影响的深度一般小于 100 nm。

4. 太阳电池的转换效率

这是一个综合性指标，与上述一些评价扩散层质量的指标都有密切关系。此外，扩散工艺过程中，应特别注意减少少子复合。复合包括体复合和表面复合。体复合与原材料中存在的缺陷和杂质有关，也和整个扩散过程中多次高温处理所产生的二次缺陷和引入的有害杂质有关。所以，在扩散工艺中应尽量选择杂质原子的共价半径与硅原子半径（0.117 nm）相当，尽量采用温度较低的扩散工艺方法。在进行高温处理后，应缓慢降温，保证晶格的完整性。同时，应加强工艺卫生，避免引入新的沾污杂质。为减少表面复合，主要措施是加强工艺卫生，避免表面沾污，防止表面损伤和进行表面钝化等。

6.1.6 扩散制结条件的选择

扩散层质量参数与扩散条件密切相关。扩散条件选择合适，才可能获得质量合乎要求的扩散层，生产出优质的太阳电池。同时还应考虑工艺的可控性、对操作人员和环境的影响以及经济效益等因素。主要扩散条件包括扩散方法、扩散杂质源、扩散温度和扩散时间。

1. 扩散方法的选择

扩散方法可以分为气-固扩散、液-固扩散和固-固扩散三种类型，分别为气态杂质源中的杂质向固态硅片扩散、液态杂质源中的杂质向固态硅片扩散和固态杂质源中的杂质向固态硅片扩散。其中，气-固扩散又可分为闭管扩散、箱法扩散和气体携带法扩散；固-固扩散可分为氧化物源法扩散和涂源法扩散。各种扩散方法列于表6-3。

表6-3 各种扩散方法

<table>
<tr><th colspan="5">气-固扩散</th><th>液-固扩散</th><th colspan="2">固-固扩散</th></tr>
<tr><td rowspan="3">闭管扩散</td><td rowspan="3">箱法扩散</td><td colspan="3">气体携带法扩散</td><td rowspan="3">合金法扩散</td><td rowspan="3">氧化物源法扩散</td><td rowspan="3">涂源法扩散</td></tr>
<tr><td>气态源</td><td>液态源</td><td>固态源</td></tr>
<tr><td>如 B_2H_6、PH_3</td><td>如 $POCl_3$、$B(OCH_3)_3$</td><td>如 BN、P_2O_5、Sb_2O_3</td></tr>
</table>

闭管扩散是把杂质源和待掺杂衬底硅片密封于同一石英管内，扩散时受外界影响小，扩散的均匀性、重复性较好，能避免杂质蒸发；其缺点是工艺操作烦琐，要破碎石英管才能取出硅片，石英管耗费大。

箱法扩散是将源和衬底硅片同置于石英管内，箱体具有气密性可拆分结构，源蒸气泄漏率恒定，基本具备闭管扩散的优点，但工艺操作仍较烦琐。

氧化物源法扩散的特点是，当氧化层较厚、温度一定时，表面浓度只与氧化层掺杂量有关，结深只与时间有关。氧化层掺杂量可在很宽的范围内加以控制，因而可方便地控制扩散层的表面浓度和扩散结深，而且不必进行预扩散，但工艺的重复性较差。

气体携带法扩散包括气态源、液态源和固态源三种。气态源（如 B_2H_6、PH_3）扩散的稳定性较差，毒性大，很少采用。固态源扩散（如氮化硼片、磷钙玻璃片扩散法等）因为杂质源片与硅片是交替平行排列，有较好的重复性、均匀性，适于大面积扩散，生产效率高；但源片很容易吸潮变质，当扩散温度较高时容易变形，在硼扩散中应用得较多。液态源［如 $POCl_3$、$B(OCH_3)_3$］扩散不用配源，且装源后可使用较长的时间，系统简单，操作方便，生产效率高，但它受温度、时间、流量、杂质源的液面大小以及系统是否漏气等外界因素的影响较大，对操作工艺控制的要求较高，应用于太阳电池生产时，重复性和稳定性能满足要求，所以是最常用的方法。

2. 扩散杂质源的选择

由于硼（B）、铝（Al）、镓（Ga）、铟（In）等都是受主杂质，磷（P）、砷（As）、锑（Sb）等都是施主杂质，在扩散时要想形成 pn 结，必须选择上述两类杂质中的某种单质元素或化合物作为扩散源。太阳电池生产中选择杂质源时主要考虑的问题：在硅中的固溶度足够高，要大于所需要的表面浓度；扩散系数的大小要适当，使杂质扩散便于控制；纯度高，杂质电离能小，使用方便、安全等。

由于基区的杂质浓度为 $10^{15} \sim 10^{18}\ cm^{-3}$，所以 n 型杂质浓度应达到 $10^{20} \sim 10^{21}\ cm^{-3}$。查杂质固溶度的曲线可以看到，n 型杂质磷和砷的固溶度都比较大，砷可达 $2\times10^{21}\ cm^{-3}$，磷可达 $1.3\times10^{21}\ cm^{-3}$，这两种杂质都能满足杂质浓度要求。但是砷的蒸气压较高，不易控制，另外砷有剧毒，使用不方便；而磷的蒸气压较低，好控制，毒性也较小。从固溶度、扩散系数、纯度、使用安全性等方面综合考虑，在太阳电池的生产中，选用磷作为 n 型扩散杂质源是合适的。

同样，从图 6-4 所示的杂质固溶度曲线中可以看到，p 型杂质硼在硅中的最大固溶度为 $5\times10^{20}\ cm^{-3}$，完全能满足基区表面浓度要求，硼对 n 型硅片也是比较理想的 p 型扩散杂质源。

杂质源按成分可分为单质元素、化合物和混合物三类；按状态可分为固态、气态和液态三类。表 6-4 列出了生产中可采用的扩散杂质源。生产中广泛采用的是三氯氧磷、硼酸三甲酯、三氧化二硼和三氧化二锑等。

表 6-4　生产中可采用的扩散杂质源

施主杂质源			受主杂质源		
杂质名称	化学式	室温下状态	杂质名称	化学式	室温下状态
五氧化二磷	P_2O_5	固	三氧化二硼	B_2O_3	固
三氯氧磷	$POCl_3$	液	氮化硼	BN	固
三氯化磷	PCl_3	液	硼酸三甲酯	$B(OCH_3)_3$	液
磷化氢	PH_3	气	硼酸三丙酯	$B(OC_3H_7)_3$	液
三氧化二锑	Sb_2O_3	固	三溴化硼	BBr_3	液
三氯化砷	$AsCl_3$	液	乙硼烷	B_2H_6	气

3. 扩散温度和扩散时间的确定

在扩散方法和杂质源选定后，可以根据所需的太阳电池结构参数来估计两步扩散法的扩散温度和扩散时间。

1）预沉积　首先由所要求的表面浓度 N_{S1}，从表面浓度-平均导电率的关系曲线（见图 6-10）查得相应的平均导电率$\overline{\sigma}_1$，通过 $R_{s1}=\dfrac{1}{x_{j1}\overline{\sigma}}$ 关系式，由所要求的结深 x_{j1}算出 R_{s1}，再由式（6-44）计算出杂质总量 Q。根据 $Q=2N_{S1}\sqrt{\dfrac{D_1t_1}{\pi}}$，确定 D_1t_1。由于 D_1由温度 T_1决定，所以这时只要选定 T_1，就可算出 D_1和 t_1。

选定的温度值 T_1必须使其对应的固溶度要大于所要求的表面浓度，对于 P、B 在硅中的固溶度，在 840～1200 ℃范围内可以满足要求，因此，预沉积的温度最低可选取至 840 ℃；T 适当选低些，可增加扩散时间，易于控制，改善扩散的重复性和均匀性；所选定的温度范围还应考虑杂质的扩散系数、固溶度、化合物源的分解速率等随温度的变化要尽可能小，以减小当温度偏离时对扩散的影响。根据上述考虑，从理论上分析，磷的扩散温度选取 840 ～ 900 ℃为宜，硼的扩散温度选取 850 ～ 950 ℃为宜。在太阳电池的实际生产工艺中，扩散温度可选取得更低些。

2）再分布 进行再分布的目的是为了得到预定的结深。按 $x_j = A\sqrt{D_2 t_2}$ 选定再分布的温度后，就可以求出相应的扩散时间 t_2。

基区硼（B）再分布和发射区磷（P）再分布是与氧化同时进行的，在硅层与所生长的 SiO_2 层之间，杂质会再分布以达到平衡，再平衡过程中必然会影响扩散层的方块电阻。图 6-12 所示的是氧化后杂质的浓度分布示意图。

设再分布后杂质在二氧化硅和硅中的浓度分布如图 6-12 所示。其中，Q_1 是扩散入硅中的杂质总量，可用该扩散层中的平均杂质浓度 $\overline{N}_{Si}$ 表示为

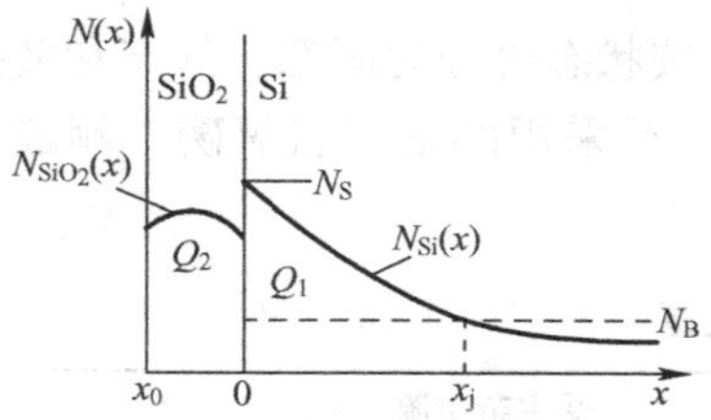

图 6-12　氧化后杂质的浓度分布示意图

$$Q_1 = \int_0^{x_j} N_{Si}(x)\,dx = \overline{N}_{Si}\, x_j \tag{6-47}$$

$\overline{N}_{Si}$ 也称硅中杂质的平衡浓度。

再分布后，分凝到 SiO_2 层中的杂质总量 Q_2 可以表示为

$$Q_2 = \int_{-x_0}^{0} N_{SiO_2}(x)\,dx = \overline{N}_{SiO_2}\, x_0 \tag{6-48}$$

式中，x_0 为 SiO_2 层的厚度，$\overline{N}_{SiO_2}$ 为 SiO_2 层中的平均杂质浓度。

如果忽略高温氧化时从 SiO_2 表面逸出的杂质量，则预沉积的杂质总量可表示为

$$Q = Q_1 + Q_2 \tag{6-49}$$

定义分凝系数 m 为硅中杂质的平衡浓度 $\overline{N}_{Si}$ 与 SiO_2 层中的平衡浓度 $\overline{N}_{SiO_2}$ 之比，即

$$m = \frac{\overline{N}_{Si}}{\overline{N}_{SiO_2}} \tag{6-50}$$

则可求得方块电阻表达式。根据式（6-48）～式（6-50）可得：

$$Q = Q_1\left(1 + \frac{x_0}{m x_j}\right) \tag{6-51}$$

得方块电阻为

$$R_s = \frac{1}{q\mu Q_1} = \frac{1}{q\mu Q}\left(1 + \frac{x_0}{m x_j}\right) \tag{6-52}$$

预沉积通常是在恒定表面浓度下进行的，将式（6-27）代入式（6-52），则得：

$$R_s = \frac{\sqrt{\pi}}{2q\mu N_{Si}\sqrt{D_1 t_1}}\left(1 + \frac{x_0}{m x_j}\right) \tag{6-53}$$

在预沉积的温度比再分布时低得多的情况下，按式（6-37），扩散制结的结深将主要取决于再分布的温度和时间，再考虑反映表面氧化对结深的影响的修正项 λx_0，结深可近似地表示为

$$x_j \approx 2\sqrt{D_2 t_2}\sqrt{\ln(N_S/N_B)} - \lambda x_0 \tag{6-54}$$

式中：对于干氧氧化，$\lambda \approx 0.44$；对于湿氧氧化，$\lambda \approx 0.41$。

将x_j代入式（6-53）可得：

$$R_s=\frac{1}{2q\mu N_{Si}}\sqrt{\frac{\pi}{D_1t_1}}\left\{1+\frac{x_0}{m\left[2\sqrt{D_2t_2}\sqrt{\ln(N_S/N_B)}-\lambda x_0\right]}\right\} \tag{6-55}$$

式（6-55）表明，扩散层的方块电阻可通过调节预沉积和再分布的温度和时间，以及调整干氧和湿氧的时间比例，从而调节SiO_2层的厚度来控制。当设定方块电阻、结深和SiO_2层的厚度时，可通过式（6-53）和式（6-54）确定预沉积和再分布的温度和时间。

为满足太阳电池设计的要求，达到一定的结深和表面浓度，生产中应确定合理的扩散温度和时间，通常是在定量计算的基础上，通过实际试验调整到合适的值。根据扩散原理，对于设定的结深，提高扩散温度，可缩短扩散时间，提高生产率。但温度不能过高，否则会带来诸多问题，如：硅片形变、晶格缺陷增多；扩散时间短，结深不易控制，影响产品质量，降低成品率，缩短扩散炉和石英管的使用寿命等。因此，扩散温度与时间必须统筹考虑。

此外，对于不同的设备、不同的硅片材料，工艺条件差别较大，应根据具体情况进行多次试验，以获得最佳的扩散温度和时间。

4. 非本征扩散[5]

前面讨论的是掺杂浓度低于扩散温度下的本征载流子浓度的情况，对硅而言，温度为1000 ℃时，$n_i=5\times10^{18}\ \text{cm}^{-3}$，其扩散系数常被称为本征扩散系数$D_i(T)$。当包括衬底掺杂在内的总杂质浓度大于$D_i(T)$时，扩散系数将与浓度相关，成为非本征扩散系数 D[8]。在非本征扩散区，由于扩散杂质之间存在相互作用，扩散分布变得很复杂。图 6-13 所示为施主杂质扩散系数与电子浓度的关系。

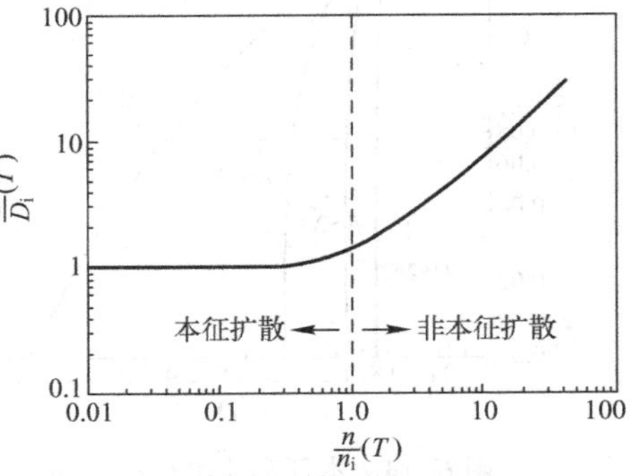

图 6-13　施主杂质扩散系数与电子浓度的关系

当原子因晶格振动获得足够高能量而离开晶格位置时，会产生一个空位，空位中的不饱和键可捕获电子或释放电子，形成受主空位V^-、V^{2-}、V^0和 V^+等空位。V^{2-}为双电荷受主空位，V^+为施主空位。给定电荷状态的空位浓度N_v，类似于载流子浓度的温度依赖关系，即单位体积的空位数N_v为

$$N_v=N_i\exp\left(\frac{E_F-E_i}{kT}\right) \tag{6-56}$$

式中，N_i为本征空位浓度，E_F为费米能级，E_i为本征费米能级。

如果杂质扩散由空位机制主导，则扩散系数应正比于空位浓度。在低掺杂浓度下（$n<n_i$），费米能级与本征费米能级重合（$E_F=E_i$）。空位浓度$N_v=N_i$而与杂质浓度无关，正比于N_i的扩散系数也与杂质浓度无关；在高掺杂浓度下（$n>n_i$），施主型空位的费米能级移向导带底，$\exp\left(\frac{E_F-E_i}{kT}\right)>1$，这使得$N_v$增大，进而使扩散系数增加。

当扩散系数 D 随杂质浓度变化时，扩散方程应为

$$\frac{\partial N}{\partial t}=\frac{\partial D}{\partial x}\frac{\partial N}{\partial x} \tag{6-57}$$

扩散系数可写成以下形式：

$$D=D_S\left(\frac{N}{N_S}\right)^{\gamma} \tag{6-58}$$

式中：N_S为表面浓度；D_S为表面处的扩散系数；N和D分别为体内的浓度和扩散系数；γ为与浓度相关的参数。用数值方法求解方程可得恒定表面浓度扩散的解，如图 6-14 所示[9-10]。随着γ的增大，扩散分布变得更陡。所以，在相反杂质类型的硅片上进行高掺杂时，将形成很陡峭的突变结，其结深几乎与硅片的浓度无关。由图 6-14 可见，结深可表示为

$$\left.\begin{aligned}&\text{当}\ \gamma=1, D\sim N\ \text{时}, x_j=1.6\sqrt{D_S t}\\&\text{当}\ \gamma=2, D\sim N^2\ \text{时}, x_j=1.1\sqrt{D_S t}\\&\text{当}\ \gamma=3, D\sim N^3\ \text{时}, x_j=0.87\sqrt{D_S t}\end{aligned}\right\} \tag{6-59}$$

硅中测量到的硼扩散的参数$\gamma\approx1$。硅中磷高浓度扩散的参数$\gamma\approx2$。扩散分布接近于图 6-14 中的曲线 2。图 6-15 显示了在不同表面浓度下，磷在 1000℃下向硅中扩散 1h 后的分布曲线，可见低表面浓度下，按余误差函数分布本征扩散；随着浓度增加，分布曲线偏离余误差函数分布。

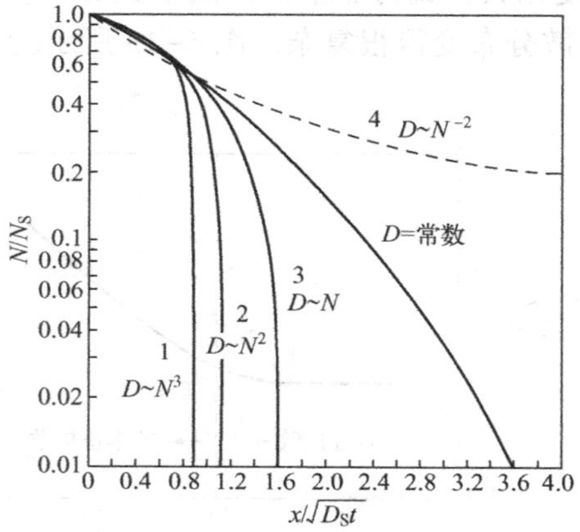

图 6-14　本征和非本征扩散的归一化扩散分布

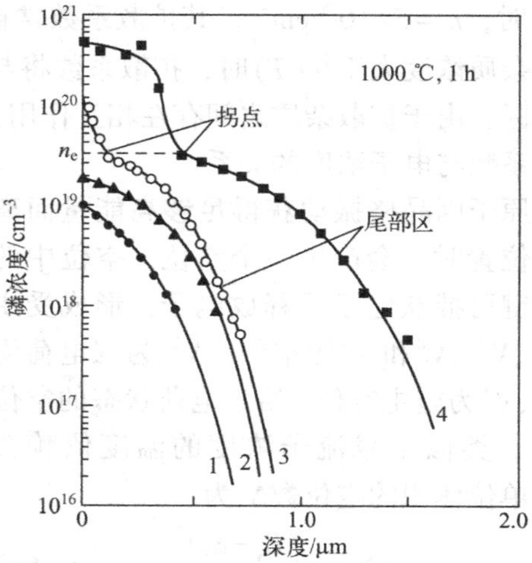

图 6-15　不同表面浓度下，硅中磷扩散的分布曲线

5. 扩散过程中的场助效应

上述理论分析作了简化假设，实际中的杂质分布会偏离理论分布，其原因之一是扩散过程中存在场助效应[2]。

施主或受主杂质在硅中扩散时，电离施主（或受主）和电子（或空穴）各自进行扩散运动。电子（或空穴）的扩散速度远快于杂质离子的扩散速度，导致在硅片内形成一个内建电场E，其方向有利于加速杂质离子的扩散，如图 6-16 所示。这种现象称为场助效应。

根据分析，对于非简并半导体，在考虑有场助效应时，扩散系数的修正值为

$$D_{eff}=D\left[1+\frac{1}{\sqrt{1+4\left(\frac{n_i}{N}\right)^2}}\right] \tag{6-60}$$

式中：D_{eff}为杂质的有效扩散系数；N 为掺杂浓度；n_i 为在扩散温度下的本征载流子浓度（约为 10^{19} cm^{-3}）；D 为不存在内建电场 E 时的扩散系数。

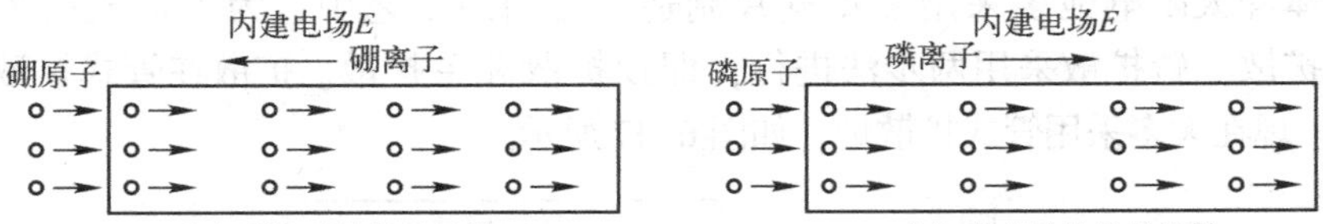

图 6-16　场助扩散

由式（6-60）可知，当杂质离子浓度比较低（即 $N\ll n_i$）时，$D_{eff}\approx D$；当杂质离子浓度很高（即 $N\gg n_i$）时，$D_{eff}\approx 2D$，有效扩散系数随掺杂浓度的增加而增大。当磷的浓度小于 10^{20} cm^{-3}时，扩散系数与掺杂浓度关系不大；当磷的浓度大于 10^{20} cm^{-3}时，扩散系数将明显增大。根据理论计算，当 $N\gg n_i$时，D_{eff}最多可增大到原扩散系数的 2 倍，但实际情况是扩散系数可增大到 2 倍以上。

6. 恒定表面源扩散模型的修正

在分析恒定表面源扩散时，假定边界条件之一为 $N(0,t)=N_S$，其中 N_S 在预沉积期间为常量。实际上，基片表面杂质浓度是从零开始变为 N_S的，这一过程的时间长短取决于杂质从气体内部到基片表面的输运速率和从表面到基片体内的固态扩散速率。因此，原先假定的边界条件应修正为

$$h[N_S-N(0,t)]=-D\frac{\partial N}{\partial x}\bigg|_{(0,t)} \tag{6-61}$$

即在基片外表面，由于气体质量转移到达表面的粒子流，应等于粒子向基片内部扩散而离开表面的粒子流。式中，h 是用固体中浓度表示的气相质量转移系数。这时方程的解为

$$\frac{N(x,t)}{N_S}=\mathrm{erfc}\left(\frac{x}{2\sqrt{Dt}}\right)-\exp(ht/\sqrt{Dt})^2\exp[(ht/\sqrt{Dt})(x/2\sqrt{Dt})]\times\mathrm{erfc}\left(\frac{ht}{\sqrt{Dt}}+\frac{x}{2\sqrt{Dt}}\right) \tag{6-62}$$

可见，其结果是余误差函数值减去一个修正项。在修正项中，$ht/\sqrt{Dt}$ 值有重要作用，当其值很大时，修正项趋于零；当 $ht/\sqrt{Dt}$ 值接近 10 时，解式与余误差函数很接近。如果预沉积的时间达到几分钟，则其影响就不能被忽略。

7. 热氧化过程中杂质的再分布

在太阳电池扩散工艺中，两步扩散的再分布是与氧化过程同时进行的。在氧化后，使硅片表面处的杂质浓度明显降低，硅片中杂质总量减少。这是由于杂质在 Si-SiO_2界面存在分凝效应，在进行再分布和氧化时，将会有杂质原子在 Si-SiO_2界面处从硅一侧迁移到另一侧，

而且推移速率越快，移出杂质越多；同时，杂质向硅片内和SiO_2层都有扩散的作用，杂质在SiO_2中扩散越快，对Si中杂质分布的影响就越大；硅氧化成SiO_2时，SiO_2的体积为硅的2.27倍，使杂质分散，降低了硅片表面处的杂质浓度，减少了硅片中的杂质总量。

6.1.7 p型硅片的磷扩散制结工艺

现在晶体硅太阳电池多采用p型硅片制造。在制造工艺中，为了形成高浓度的n^+区，须要进行磷扩散。磷扩散采用两步法进行，即预扩散和主扩散。扩散在管式扩散炉或链式扩散炉中进行，现在大多采用管式扩散炉，如图6-17所示。

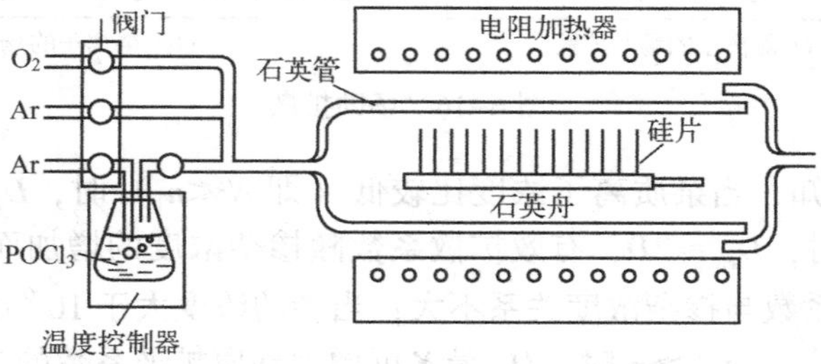

图6-17　管式扩散炉示意图

1. 液态源磷扩散

在链式扩散炉中，p型硅片置于石英管内，用液态源作为扩散源，进行磷扩散形成n型层。

1）液态源磷扩散原理　磷扩散中广泛采用三氯氧磷（$POCl_3$）作为液态杂质源。室温下，$POCl_3$有很高的蒸气压，对高浓度n^+发射区扩散是很合适的。扩散时一般是通氮气和氧气，其中氮气用来携带磷杂质蒸气进入石英管，称为通源；氧气促进三氯氧磷分解，具体反应式如下：

$$4POCl_3+3O_2 \xrightarrow{\text{过量氧}} 2P_2O_5+6Cl_2\uparrow \tag{6-63}$$

$$2P_2O_5+5Si \longrightarrow 5SiO_2+4P\downarrow \tag{6-64}$$

通氧是必要的，如果只采用氮气携磷源进入石英管，其反应是不充分的，反应式如下：

$$5POCl_3 \xrightarrow{>600\ ℃} 3PCl_5+P_2O_5 \tag{6-65}$$

生成的五氧化二磷与硅继续反应生成二氧化硅和磷，但生成的五氯化磷PCl_5不易分解，且对硅有腐蚀作用，会破坏硅片的表面状态。

在磷预沉积时，通源用小流量氮气（简称“小氮气”），同时通一定流量的干氧气。流量大小视所用石英管的大小而定，石英管的大小取决于待扩散硅片与装片数量的多少。

一般磷的预沉积的温度为850～900℃，此时硅片的表面杂质浓度应等于磷在预沉积温度下的固溶度，约为$5\times10^{20}\ cm^{-3}$。由于预扩散时杂质源的蒸气压足够高，能使磷原子在硅片表面达到饱和。

$POCl_3$分解产生的P_2O_5沉积在硅片表面，P_2O_5与硅反应生成SiO_2和磷原子，并在硅片表面形成一层含P_2O_5和磷原子的SiO_2（磷硅玻璃），然后进行再分布，磷原子向硅中扩散，形成所需结深的pn结。

2）扩散系统　图 6-18 所示的是管式扩散系统的实物照片。

图 6-18　管式扩散系统的实物照片

系统要有良好的密封性，因扩散源（$POCl_3$）是无色透明液体，具有刺激性臭味和腐蚀性，所以应采用耐腐蚀的聚四氟乙烯作为连接源瓶的塑料管，接口处应用封口胶封好。石英管的出口处应用塑料管通到室外，以防止毒气排入室内。

磷扩散系统的清洁和干燥十分重要，如果石英管内有水汽存在，分解出来的 P_2O_5 会被水解，生成偏磷酸（HPO_3），使石英管内出现白色沉淀和黏稠液体，将石英舟粘在石英管内壁上，不易拉出。为了防止这种现象的发生，扩散用的气体要充分脱水，另外每次扩散完后都应将系统密封好，防止吸收室内的水汽。也可以在每次扩散之前，在较高的温度下，向石英管通大量氧气烘烤，使 P_2O_5 等物质在氧气下燃烧并吹出石英管，以保持石英管内清洁干燥。

扩散系统的加热方式通常是电阻加热器加热，也有的采用红外线加热的扩散工艺，后者能效较高。

扩散设备通常称为扩散炉，不同制造商的产品有不同结构，典型的高温扩散设备的产能为每管 400 片/次；采用三段自动控温，控温精度≤0.5℃；恒温区长度为 800 mm，精度为 ±1℃；具有超温、断耦、断水报警和保护功能；工艺过程由工控计算机全自动控制，触摸屏操作。

> 说明　扩散时要通入大量纯氮气作为稀释气体，故称之为大氮气。

3）液态源磷扩散的工艺条件　液态源磷扩散的典型工艺条件实例如下。

（1）预扩散。

炉温：780～900℃；

气体流量：携源氮气，0.6～1.5 L/min；

O_2 流量：0.6～3.0 L/min；

大氮气流量：9～25 L/min；

源温：(20±1)℃；

时间：10 min(升温和恒温)+5 min(氧化)+5 min(通源)。

（2）主扩散。

炉温：790～900℃；

大氮气流量：9～25 L/min；

O_2流量：0.6～3.0 L/min；

气体流量：携源氮气，0.6～1.5 L/min；

源温：(20±1)℃；

时间：5 min(升温和恒温)+10 min(通源)+5 min（吹扫）。

实际的工艺条件根据系统及具体生产条件的不同，可在较大的范围内进行调整。

在上述工艺条件下，能实现制得pn结的方块电阻不均匀性小于6%，少子寿命可大于10 ms。

4）扩散基本工作流程 对硅片自检→检查石英舟→插片→上浆→扩散运行工艺→卸片→测方块电阻→处理返工片和碎片。

其中，扩散运行工艺流程为：进舟→升温→氧化→ 扩散 →推结（增加结深）→关源→降温→退舟。

典型的工艺参数实例如下。

石英管首次使用时，应进行氧化清洗和预饱和处理。

对石英管进行氧化清洗，工艺条件是：温度为850～950℃，时间为60～120min，通氧气（O_2）5～20 L/min。

对石英管进行预饱和处理，工艺条件是：温度为850～950℃，通小氮气（N_2）0.5～2 L/min，通大氮气5～25 L/min，通氧气（O_2）1～2.5 L/min，时间为60～120 min。

扩散工序操作实例见表6-5。

表6-5 扩散工艺操作实例

步骤	名称	时间/s	炉温/℃					通N_2和O_2的流量	石英舟进/出炉管速度/（mm/min）
			区域1	区域2	区域3	区域4	区域5		
1	进舟准备并升温	560	790	790	790	790	790	只通大氮气，10 L/min	400～650
2	检漏	120	790	790	790	790	790	不通气	
3	升温到扩散要求	600	800	790	790	790	795	只通大氮气，10 L/min	
4	氧化	300	800	790	790	790	795	通大氮气，10 L/min；O_2，1 L/min	
5	预扩散	300	800	790	790	790	795	通足够量的大氮气，10 L/min；携源小氮气1.2 L/min；O_2，0.6 L/min	
6	升温	300	820	810	810	810	815	通大氮气，10 L/min	
7	主扩散	600	820	810	810	810	815	通足量的大氮气，10 L/min；携源小氮气，1.2 L/min；O_2，0.6 L/min	
8	升温	300	860	850	850	850	855	只通大氮气，10 L/min	
9	推结（增加结深）	600	860	850	850	850	855	只通大氮气，10 L/min；O_2，1 L/min	
10	降温氧化	600	790	790	790	790	790	只通大氮气，10 L/min；O_2，1 L/min	
11	出舟，并等待下一次开始	560	790	790	790	790	790	只通大氮气，10 L/min	300～550

工艺废气经废气排放管排到液封吸收瓶（生产中常用酸雾处理塔）中进行处理，处理合格后才可向外排气。

以上扩散工艺步骤及条件仅是一个示例。在实际生产过程中，应按原材料（硅基片）、扩散设备及其他环境条件确定具体的工艺步骤及工艺参数。例如，也有的采用其他工艺条件：以 230～280 mm/min 速度进舟，以流量（27±5）L/min 通大氮气，时间为 5 min；然后通 35 min 携源小氮气和氧气，其 N_2 流量为（2.4±0.04）L/min，O_2 流量为（0.4±0.04）L/min；再通大氮气和氧气，时间为 5 min，流量为（27±5）L/min；最后以速度 230～280 mm/min 出舟，扩散温度为 840～900 ℃。在这样的条件下，也可制备出质量优良的扩散硅片，扩散后硅片的表面颜色均匀，方块电阻为（40±5）Ω。

5）工艺参数的控制　控制扩散质量的主要工艺参数是管内气体中杂质源的浓度、扩散时间和扩散温度。管内气体中杂质源的浓度决定着硅片 n 型区域磷浓度的大小。当表面的杂质源积累到一定程度后，对 n 型区域的磷浓度改变影响不大；扩散温度和扩散时间对扩散结深影响较大。n 型区域磷浓度和扩散结深共同决定着方块电阻的大小。

扩散工序中难以控制的扩散参数是其均匀性。为了改善炉管前/后端硅片扩散参数的均匀性，硅片应快速进出炉膛，但过快的速度会产生较大的热应力而使硅片产生弯曲和缺陷。生产中，石英管内硅片排片的间距通常为 2～3 mm，约 250 mm/min 的进/出炉速度是比较适宜的。当硅片进/出炉时，炉内的温度分布是要发生变化的。特别是炉口段，温度下降可达 15～20 ℃，恢复时间需要 3～4 min。另外，先进入炉膛的硅片与后进入炉膛的硅片在扩散温区内的加温时间也有一定的差异。对这些容易引起扩散不均匀的因素应采取措施，如对硅片进口段温区的温度进行温度补偿，适当提高初期温度，以减小初期降温对进口端扩散均匀性的影响。恒温区的温度精确控制也很重要，在加热炉的石英管内装有热电偶温控传感器，采取温区补偿技术使石英管内 3 个或 5 个温区的热电偶测得的温度与石英管壁的测温传感器测得的温度一致。

气流的均匀性对硅片的扩散均匀性有较大影响。通常在扩散炉管进气口一端配置均流板（也称散流板），使炉管内硅片放置区域形成均匀气流。均流板的设计，SiC 桨、石英保温挡圈等部件的安放位置，均会影响炉内压强的平衡与气流变化，干扰温度稳定性。

有的扩散系统在石英管内安置气体注入管，将杂质源气体注入硅片的周围，以改善硅片表面气流的均匀性。

6）$POCl_3$ 源瓶更换及石英管的装拆　$POCl_3$ 在常温下挥发性很强，蒸气压较高，在潮湿的空气中冒白烟，吸潮水解后由无色变成浅黄或棕黄色，其反应式如下：

$$2POCl_3+3H_2O \longrightarrow P_2O_5+6HCl \tag{6-66}$$

颜色变黄的杂质源不能再继续使用，必须及时更换，否则会影响表面浓度。

（1）更换源瓶作业。由于 $POCl_3$ 是高毒类化学品，更换源瓶作业时要格外小心，注意安全，应戴好防毒面具，穿上防护服。

① 拆卸源瓶：首先确认扩散工序已停止运转，然后才可以换源。换源前，戴好防毒面具、乳胶手套和防酸服等，切断气源（小氮气），先关进气阀，后关出气阀，紧闭阀门，用双手取出源瓶，开启阀门，拔下软管，将源瓶放入周转盒里送到抽风橱中。注意，整个过程应小心轻放，避免碰撞。

② 安装源瓶：检查待更换的源瓶有无裂纹、旋钮松脱、残液等缺陷，若有问题要标识并隔离，妥善处理。将新源瓶装入周转盒中送到作业区。接上气路软管，轻拉软管，检查软

管是否插紧，然后先开出气阀，再开进气阀。注意，出气阀要全部开通，保证气流通畅，旋开阀门时必须双手操作，以免折断阀门。

③ 检查气路：换瓶后，另外指定人打开小氮气阀门，通小流量氮气，源瓶中有气排出，若管路接口完好，无回流或倒流现象，则确认气路试验正常，把源瓶放入源瓶座中，检查恒温箱温度正常后，方可关闭源柜门。

④ 源温控制：生产中，为了使杂质源的蒸气压稳定，源瓶的温度应保持恒定。$POCl_3$源应置于恒温箱内，温度控制在（20±0.5）℃。恒温箱采用水冷方式，箱中有一定量的水。在更换源瓶时，须适当加水或抽水，水的液位不能过高，否则会溢出造成电器短路；过低会造成源温不受控制。平时还应视水质状况进行定期换水。

（2）扩散用石英管的拆卸、清洗和安装。定期清洗石英管（一般为1个月一次，在设备维护时进行）。石英管清洗步骤包括清洗液的配制，石英管的拆卸、清洗和安装。清洗石英管时，先将石英管置于盛有氢氟酸溶液的清洗槽内：新石英管的浸泡时间为30 min；对已使用过的石英管，浸泡时间以管内壁上黏附的白色五氧化二磷全部脱落为准。浸泡时，须定时旋转石英管。石英管在氢氟酸溶液中浸泡后，置于水槽内，用水枪冲洗石英管内外壁约5 min，然后在去离子水中清洗30 min。重复清洗一次后，再用水枪冲洗石英管外壁约5 min。

碳化硅浆的清洗方法与清洗石英管相仿。

7）扩散质量异常及处理方法 扩散过程中经常会出现一些问题，例如，扩散后硅片方块电阻不合格或均匀性差，硅片上出现色斑，制成的太阳电池效率不稳定，填充因子偏低等。除了扩散前硅片的质量不合格、扩散的工艺参数设置不合理和设备操作不当，气候条件和环境的洁净度等也是影响扩散质量的重要因素。有时一项操作疏忽（如炉门不密封，石英门和石英管口没有紧密贴合），就会使扩散气流不稳定，严重影响扩散硅片的质量。为了解决这些问题，须要根据上述扩散原理进行原因分析，确定有效的解决方法。几个主要工艺参数对扩散制结的影响如下所述。

☺ 温度：温度T越高，扩散系数D越大，扩散速度越快。

☺ 时间：对于恒定源，时间t越长，结深越深，但表面浓度不变。

☺ 对于限定源：时间t越长，结深越深，表面浓度越小。

☺ 浓度：表面浓度越大，扩散速度越快；浓度由源温和氮气流量决定。

☺ 硅基片的电阻率：硅片掺硼量越大，电阻率越小，硅片扩散速率越快。

须要特别强调的是，扩散室环境卫生和石英管及管内石英制品的洁净是确保硅片扩散制结质量的基本条件。定期对石英管进行HF浸泡清洗是决不能忽视的工作。

扩散工序具体的操作必须按半导体行业要求进行，设备整机和相关部件必须按规定经常检查和维护。

$POCl_3$和$C_2H_3Cl_3$（三氯乙烷）等都是有毒化学品，使用和保存都应严格按规程操作。如果发生中毒现象，应有急救处理措施。

2. 低压扩散技术

在现有的扩散工艺中，通常是在常压下，氮气携带$POCl_3$进行扩散。由于杂质源饱和蒸气压越低，杂质的分子自由程越大，若将常压扩散技术改为低压扩散技术，对于大面积尺寸的薄硅片，实现低表面杂质浓度的均匀掺杂是十分有利的。低压扩散技术要求在密封的闭管扩散设备中进行。现在已可将之前大量使用的开管式扩散炉改造成闭管式低压扩散炉，用于制备高表面方块电阻（80～120Ω/□）的156mm硅片，在每批次产量1000片的高产能情况下，得到片内方块电阻均匀性优于4%、片间方块电阻均匀性优于3%、批间均匀性优于2%，将太阳电池平均转换效率提升了0.1%～0.2%[11]。对于高表面方块电阻（100～170Ω/□）的166mm硅片，在每批次产量1400片的高产能情况下，得到片内方块电阻均匀性优于6%、片间方块电阻均匀性优于5%、批间均匀性优于3%，显著提升了单管产能，降低了制造成本。典型的低压扩散工艺条件实例如下所述。

（1）预扩散。

炉温：750～900℃；

携源氮气流量：0.6～1.5L/min；

O_2流量：0.2～1.5L/min；

大氮气流量：0.6～3L/min；

源温：(20±1)℃；

泵压力：50～500mbar

时间：5min(升温)+5min(氧化)+3min(通源)

（2）主扩散。

炉温：750～900℃；

大氮气流量：0.6～3L/min；

O_2流量：0.6～3L/min；

携源氮气流量：0.6～1.5L/min；

源温：(20±1)℃；

泵压力：50～500mbar

时间：5min(升温)+7min(通源)

（3）补源扩散（适用于SE工艺）。

炉温：750～850℃；

大氮气流量：0.6～3L/min；

O_2流量：0.6～3L/min；

携源氮气流量：0.6～1.5L/min；

源温：(20±1)℃；

泵压力：50～500mbar

时间：10min(降温)+10min(通源)+5min(吹扫)

实际的生产工艺条件可根据制造设备及生产条件，在较大的范围内进行调整。激光SE的PERC太阳电池扩散工序的工艺参数实例见表6-6。

表6-6 激光SE的PERC太阳电池扩散工序的工艺参数实例

步骤	名　称	时间/s	炉温/℃						通氮气和O_2的流量	泵压力/mbar
			区域1	区域2	区域3	区域4	区域5	区域6		
1	进舟准备并升温	560	790	790	790	790	790	790	只通大氮气，5L/min	1060
2	抽真空	180	790	790	790	790	790	790	只通大氮气，2L/min	100
3	升温	300	800	790	790	790	795	805	不通气	100

续表

步骤	名　称	时间/s	炉温/℃						通氮气和O_2的流量	泵压力/mbar
			区域1	区域2	区域3	区域4	区域5	区域6		
4	检漏	60	800	790	790	790	795	805	不通气	1060
5	氧化	300	800	790	790	790	795	805	通大氮气，1 L/min；O_2，1 L/min	100
6	预扩散	180	800	790	790	790	795	805	通足量的大氮气，1 L/min；携源氮气，1L/min；O_2，0.8L/min	100
7	升温	300	820	810	810	810	815	825	通大氮气，1 L/min	100
8	主扩散	420	820	810	810	810	815	825	通足量的大氮气，1 L/min；携源氮气，1L/min；O_2，0.8L/min	100
9	升温	300	860	850	850	850	855	865	只通大氮气，1 L/min	100
10	推结	480	860	850	850	850	855	865	只通大氮气，1 L/min；O_2，0.2 L/min	100
11	降温	600	800	790	790	790	795	805	只通大氮气，1 L/min	100
12	补源扩散	600	800	790	790	790	795	805	通足量的大氮气，1 L/min；携源氮气，1L/min；O_2，0.8L/min	100
13	吹扫	300	790	790	790	790	790	790	只通大氮气，1 L/min	100
14	充气回压	120	790	790	790	790	790	790	只通大氮气，5 L/min	1060
15	出舟，并等待下一次开始	560	790	790	790	790	790	790	只通大氮气，5 L/min	1060

3. 片状磷源扩散

片状磷源扩散属于固-固扩散方法。

片状磷源是一种厚度约为1.5 mm的白色陶瓷体圆片，由偏磷酸铝［$Al(PO_3)_3$］和焦磷酸硅（SiP_2O_7）经混合、干压、烧制而成。这两种化合物在高温下分解，释放出P_2O_5，沉积到硅片上；P_2O_5与Si进一步发生反应，生成的磷原子向硅中扩散，反应式如下：

$$Al(PO_3)_3 \xrightarrow{800\,℃} AlPO_4+P_2O_5 \tag{6-67}$$

$$SiP_2O_7 \xrightarrow{700\,℃} SiO_2+P_2O_5 \tag{6-68}$$

$$5Si+2P_2O_5 \xrightarrow{700\,℃} 4P+5SiO_2\downarrow \tag{6-69}$$

扩散前，首先要对源片进行清洗。由于片状磷源是采用冷压成型加工，再经高温烧结而成的，因此纯度较高，用高纯去离子水煮5 min，再用冷去离子水冲洗10 min，在110℃下烘4 h后，即可使用。第一次使用片状磷源时，要进行预热处理。方法是将清洗过的磷片插入石英舟的“V”形槽内，在氮气的保护下，在炉口300～400℃位置处预热5 min，然后推入恒温区，在预扩散湿度（1050℃）下热处理10 min后，再拉到石英管口300～400℃处预冷5 min，经预热处理的磷片就可以在扩散中连续使用了。

进行扩散时，将磷片和硅片插在“V”形槽上，硅片背靠背，并与磷片保持平行，间距约为 3 ～ 5 mm，通入高纯氮气作为保护气体，流量约为 500 mL/min。扩散时，应先将石英舟推到石英管内 300 ～ 400 ℃处，预热 5 min，然后再推到恒温区进行预沉积，时间为 5 ～ 30 min（根据所需的表面浓度而定）。预沉积结束后，将石英舟拉到 300 ～ 400 ℃处，冷却 5 min 后取出。这里预热和预冷却的过程，是为了防止过分热冲击而导致磷片破碎。主扩散与液态源磷扩散的方法和条件相同。

采用片状磷源扩散方法时，扩散杂质浓度容易控制，扩散的均匀性、重复性好，预沉积时只用氮气作保护。片状磷源在使用时只须经过一次预热处理就可以连续使用，无须多次活化，并且源片的挥发量较小，对石英管的沾污及腐蚀也小，磷片在高温下也不会黏住石英舟，使用方便。常用的 $POCl_3$ 毒性较大，对系统及石英管都有一定的腐蚀性。而片状磷源在室温下无毒性，高温下无腐蚀性；其缺点是片状磷源在使用过程中要有预热和预冷却过程，在操作时，应在炉口 300 ～ 400 ℃处严格进行预热及预冷却。

曾有人采用这种扩散方法制造太阳电池，但由于工艺稳定性和生产成本等原因尚未广泛应用。

除上述 $POCl_3$ 液态源扩散方法和片状磷源固-固扩散方法外，还有喷涂磷酸溶液后在链式炉中扩散、丝网印刷磷浆料后链式炉中扩散等方法。

图 6-19 所示为链式扩散系统结构示意图。

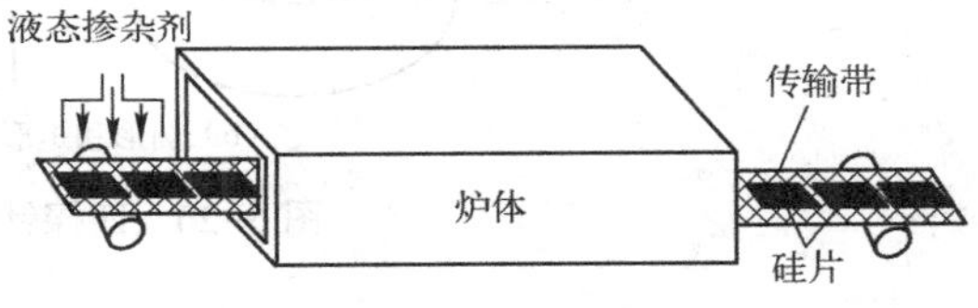

图 6-19　链式扩散系统结构示意图

6.1.8　扩散制结的质量检测

扩散工序检测，包括外观检测，结深、方块电阻、少子寿命和洁净度检测等。

1. 外观检测

（1）扩散前检测：检查硅片有无斑点，硅片是否甩干，有无少片、碎片、裂纹片和绒面色斑等现象。

（2）扩散后检测：硅片绒面颜色应均匀，硅片表面无花斑、黑点、裂纹、崩边、“V”形缺口和偏磷酸污染等现象出现。

2. 方块电阻检测

方块电阻与结深、载流子迁移率及杂质分布相关[6]。

1）方块电阻的测量原理　测量方块电阻 R_s 时，普遍采用四探针测试法[2]，如图 6-20 所示。测量时所用的探针采用钨丝经电解腐蚀制成，外侧两个探针为电流探针，由直流电源或电池组供电，电流流过扩散薄层并在薄层上有一定的电场分布；中间两个探针为电位探针，它们之间的电位差用电位差计来测量。测量时要求被测硅片的表面应洁净、无氧化层；四根探针应间距相等，在一条直线上；探针应有适当的尖度，当针尖磨损或变粗时，应更换探针。

方块电阻的数学表达式为

$$R_s = C \cdot \frac{U}{I} \tag{6-70}$$

式中：U 为内探针的电压差，即电位差计上的读数（mV）；I 为通过外探针的电流值（mA）；C 为修正因子。

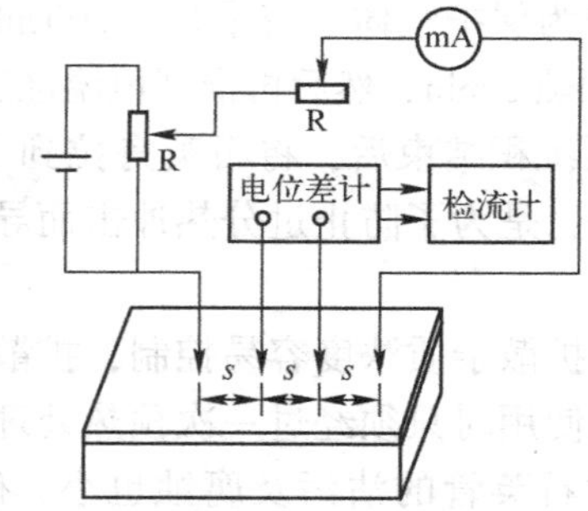

（a）四探针测量R_s电路原理

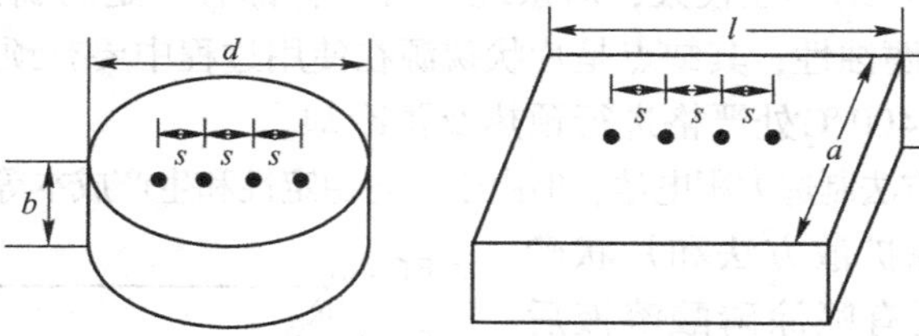

（b）圆形和矩形测量面示意图

图 6-20　四探针测量 R_s原理示意图

修正因子 C 除了与被测硅片的形状、大小有关，还与样品是单面扩散还是双面扩散等因素有关。一般工艺中的扩散都属于双面扩散，C 的具体取值可根据图 6-20（b）所示的样品及表 6-7 所给的数值确定。

表 6-7　双面扩散圆形和矩形样品用四探针测量方块电阻的修正因子

对于圆形样品，四探针沿直径置于中心（a 为直径）		对于矩形样品，四探针沿长度方向置于中心（a 为矩形宽度，l 为矩形长度）			
$\frac{a+b}{s}$		$\frac{l+b}{a+b}=1$	$\frac{l+b}{a+b}=2$	$\frac{l+b}{a+b}=3$	$\frac{l+b}{a+b}\geqslant 4$
1.00				1.9976	1.9497
1.25				2.3741	2.3550
1.50			2.9575	2.7113	2.7010
1.75			3.1596	2.9953	2.9887
2.00			3.3381	3.2295	3.2248
2.50			3.6408	3.5778	3.5751
3.00	4.5324	4.9124	3.8543	3.8127	3.8109
4.00	4.5324	4.6477	4.1118	4.0899	4.0888
5.00	4.5324	4.5790	4.2504	4.2362	4.2356
7.50	4.5324	4.5415	4.4008	4.3946	4.3943
10.0	4.5324	4.5353	4.4570	4.4536	4.4535
15.0	4.5324	4.5329	4.4985	4.4964	4.4964
20.0	4.5324	4.5326	4.5132	4.5124	4.5124
40.0	4.5324	4.5325	4.5275	4.5273	4.5273
∞	4.5324	4.5324	4.5324	4.5324	4.5324

当采用如图 6-20 所示的装置进行测量时，可调节电路中的可变电阻，使流过外侧两条探针的电流为固定值（一般调节在 0.5～2 mA 之间），然后由电位差计读出中间两根探针的电压，再用公式计算出被测硅片的方块电阻 R_s。例如，在预沉积时，所用硅片 $l=156$ mm，宽 $\alpha=156$ mm，厚 $b=0.2$ mm，四探针间距 $s=0.8$ mm，测试时电流固定为 1 mA，电位差计上测出电压为 20 mV，求该硅片的方块电阻 R_s 的过程如下：$(a+b)/s=781$，$(l+b)/(a+b)=1$，查表得 $C=4.5324\approx4.5$，可得

$$R_s=C\cdot\frac{U}{I}=4.5\times\frac{20}{1}\Omega/\square=90\Omega/\square \tag{6-71}$$

即硅片的方块电阻为 90Ω/□。

用计算方法测量方块电阻比较复杂，用直读形式测量比较简便，如图 6-21 所示。调节电阻 R_x，使电流计 G 中的电流为零，此时 R_x 上的电压等于中间两根探针的电压 U。R_x 上的电流由微安表测量。外面两根探针的电流可以用图中的毫安表测量，当被测硅片样品尺寸和探针间距与上面例子相同，即 $C=4.5$ 时，可调节图中的 R_x，毫安表的读数为 1 mA，微安表的读数为 25μA，这时被测样品的方块电阻为

$$R_s=C\cdot\frac{U}{I}=4.5\times\frac{25\times10^{-6}}{10^{-3}}R_x=0.1125R_x \tag{6-72}$$

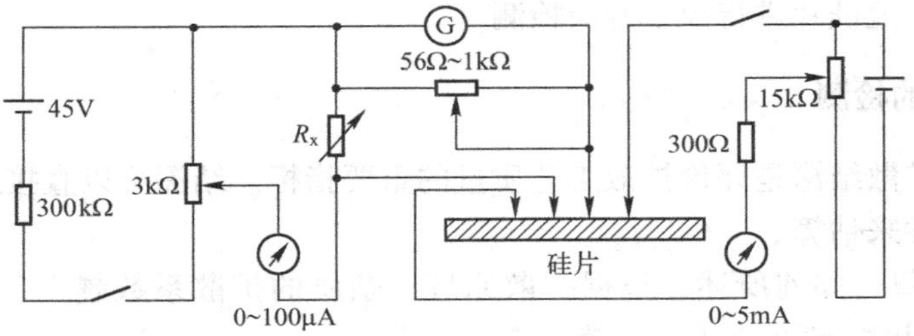

图 6-21　测量方块电阻的直读装置

可见，只要调节 R_x 的数值，使电流计不发生偏转，被测硅片样品的方块电阻值就约等于 R_x 读数的 1/10。

2）四探针测试仪测量方块电阻　四探针测试仪的实物图如图 6-22 所示，它由主机、测试台、四探针探头组成，探针属于易耗品。通常，测试时将四探针排成一条直线。当探针间距远大于结深时，其几何修正因子为 4.5324。

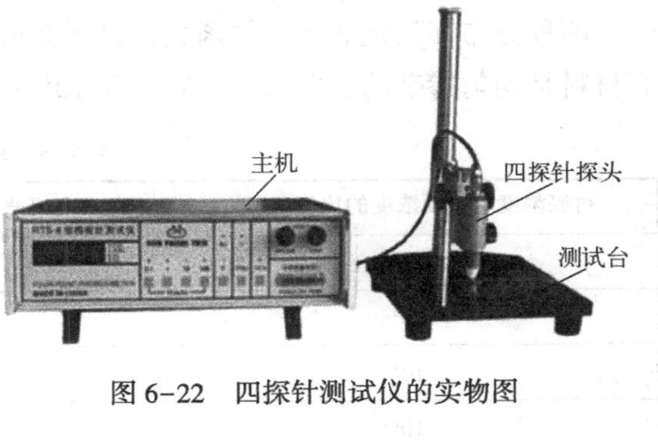

图 6-22　四探针测试仪的实物图

对于典型的四探针测试仪，方块电阻测试步骤如下所述。

（1）调整测试电流：将电流挡位由 0.1 mA 调至 10 mA，将待测量硅片（扩散面向上）放置在测试台面上，按下降按钮，使四个探针头齐平接触硅片表面，校准电流，调整电流值为 4.530 mA。

（2）测量方块电阻：将“I”的指示灯切换至 R_s/ρ 挡，等待显示稳定后，读取数值，并记录。操作时应在规定光照、温度下进行，并避免高频干扰，以确保方块电阻测量的正确性。

为了确定方块电阻的单片均匀性和整管均匀性，测量时应区分硅片在炉中所处的位置，如石英管的中部、前端和后端。

根据预定的方块电阻值指标，判别扩散后硅片的合格性。如果电阻值不合格，应及时调整扩散温度，必要时对硅片进行返工处理。当方块电阻过大时，可重新扩散；当方块电阻过小时，可重新制绒扩散。

3）方块电阻检验标准 通常扩散后太阳电池硅片的中心方块电阻要求为40～60Ω/□。太阳电池硅片经扩散后的方块电阻的不均匀度 $Z_{\square}$ 定义为

$$Z_s=(R_{smax}-R_{min})/(R_{smax}+R_{min})\times100\% \tag{6-73}$$

同一硅片的扩散方块电阻不均匀度应不大于10%。同一炉硅片的扩散方块电阻不均匀度根据不同扩散炉有不同的指标，如≤5%、≤15%和≤25%。

3. 少子寿命检测

少子寿命是一个很重要的太阳电池质量指标，直接影响太阳电池的转换效率，因此必须对扩散后的太阳电池硅片进行少子寿命检测。

4. 扩散结深的检测

在生产中，扩散结深是评价扩散工艺质量的重要指标。结深可以直接进行测量，也可以根据具体工艺条件来估算。

1）结深的估算 如前所述，根据扩散原理，杂质的扩散系数越大，在一定的时间内，扩散也就越深；同时，时间越长，扩散也越深。

在6.1.5节中已经介绍：对于预沉积的余误差函数分布，$A=2\text{erfc}^{-1}\left(\frac{N_B}{N_S}\right)$；对于再分布的高斯函数分布，$A=2\left(\ln\frac{N_S}{N_B}\right)^{1/2}$。

两种分布都只是 N_S/N_B 的函数，只要知道 N_S/N_B 的比值，就可直接计算出 A 值。如果衬底材料是均匀掺杂的，并且 N_S/N_B 是在 10^2～10^5 之间，也可采用表6-8进行计算。

表6-8 结深公式表

衬底浓度与表面浓度的比值 N_S/N_B	余误差函数分布的结深公式	高斯函数分布的结深公式
10^2	$3.6\sqrt{Dt}$	$4.2\sqrt{Dt}$
10^3	$4.7\sqrt{Dt}$	$5.2\sqrt{Dt}$
10^4	$5.5\sqrt{Dt}$	$6.0\sqrt{Dt}$
10^5	$6.2\sqrt{Dt}$	$6.8\sqrt{Dt}$

2）结深的测量 在生产中，扩散结深都在微米数量级，难以直接在侧面测量。可采用磨角染色法或滚槽染色法把侧面“放大”，然后通过公式计算得出。太阳电池的结深较浅，

一般约为 0.5 μm，采用磨角染色法和滚槽染色法测量，误差较大。当须要进行较高精度测量时，应采用阳极氧化去层法。现在多采用电化学电容电压方法。

(1) 电化学电容电压方法测量结深的原理：选用合适的电解液与材料接触进行电化学腐蚀，去除已电解的材料，通过自动测量装置，循环进行“腐蚀-测量”得到测量曲线，然后利用法拉第定律对腐蚀电流进行积分，通过式（6-74）和式（6-75）就可以分别得到腐蚀深度 W_r和耗尽层深度 W_d，进而由式（6-76）计算出结深。pn 结深曲线图如图 6-23 所示。

样品单点的腐蚀深度按下式计算：

$$W_r = \frac{M}{zF\rho A}\int_0^t I\mathrm{d}t \tag{6-74}$$

式中，W_r为腐蚀深度，M 为所测半导体的分子量，F 为法拉第常数，A 为电解液/半导体接触的面积，ρ 为所测半导体密度，I 为即时溶解电流，z 为溶解数（即每溶解一个半导体分子的转移的电荷数）。

样品单点的耗尽层深度按照下式计算：

$$W_d = \frac{\varepsilon_0\varepsilon_r A}{C} \tag{6-75}$$

式中，ε_r 为半导体材料的介电常数，ε_0 为真空介电常数，A 为电解液/半导体接触的面积，C 为单位面积的电容。

样品单点的 pn 结结深按下式计算：

$$D = W_d + W_r \tag{6-76}$$

式中，D 为 pn 结结深，W_d 为耗尽层深度，W_r 为腐蚀深度。

样品载流子浓度按下式计算：

$$N = \frac{1}{e\varepsilon_0\varepsilon_r A^2}\,\frac{C^3}{\mathrm{d}C/\mathrm{d}U} \tag{6-77}$$

式中，N 为载流子浓度，e 为电子电荷常数，ε_r 为半导体材料的介电常数，ε_0 为真空介电常数，A 为电解液/半导体接触的面积，C 为单位面积的电容，$\mathrm{d}C/\mathrm{d}U$ 为C-U 曲线在耗尽层边缘的斜率。

测量方法：采用 ECV 测试仪。仪器的深度解析度，最小至 1 nm；载流子浓度测量范围为 $10^{11}\sim10^{21}\ \mathrm{cm^{-3}}$。采用的电解液应对所要测量的半导体材料有电解腐蚀作用。电解液可与该半导体形成肖特基结。推荐的电解液配方为：固体含量不小于 98% 的氟化氢铵与去离子水配置成浓度为 0.0001 mol/ml 溶液。当样品尺寸不小于 ϕ100 mm 时，将 3 片晶体硅片掺杂，其中 1 片留样，2 片待测量。从每片样品上选取 5 个测量点，测量点的布置如图 6-24 所示。当样品尺寸小于 ϕ100 mm 时，只须选取中央一点进行测量。

测量前，须校准 ECV 测试仪。校准用标准片存储在（25±2)℃氮气环境中，校准值偏差范围为±5%。用 ECV 测试仪测量标准片掺杂浓度值 N_1，若 N_0 和 N_1 存在差值，则根据式(6-77)，由已设置电解液/半导体接触面积的标称值 A_0 计算出实际值 A_1，将 A_1 的实际值重新输入软件，替换掉 A_0；若 N_0 和 N_1 数据一致，则完成测量设备校准。

测量步骤：用氮气清洁样品表面，将样品的测量点做好标记。设定采集点的点距，即每步腐蚀的深度，此数值通常可根据需要在 0.1～0.005 μm 间调整。测量并记录 pn 结的结深值D_i，取其平均即可得到结深 D 值，即

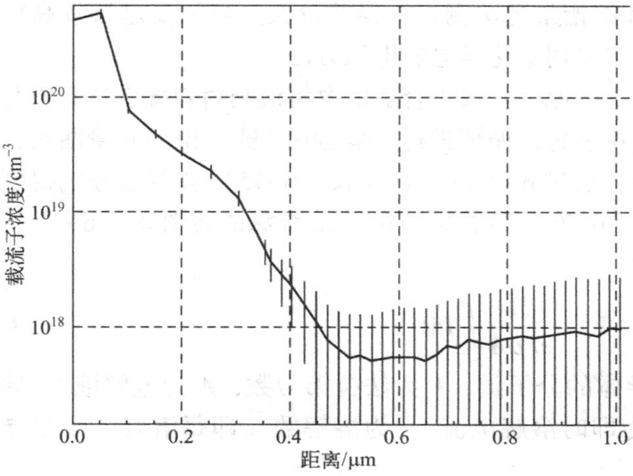

图6-23　pn结结深曲线图

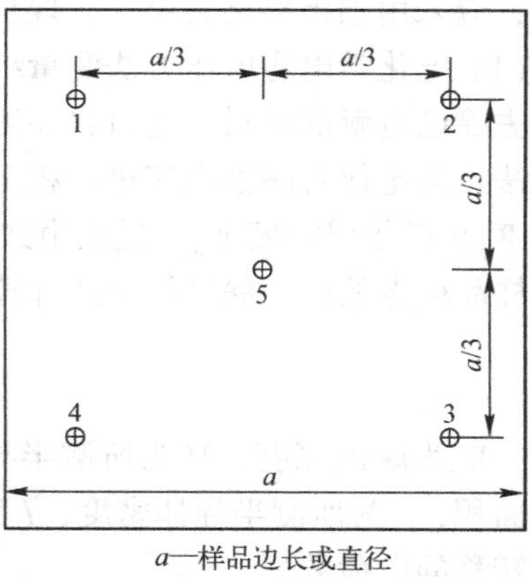

图6-24　测量点的布置

$$D = \frac{1}{n}\sum_{i=1}^{n} D_i \tag{6-78}$$

式中：D为pn结深的平均值；D_i为第i个测量点的pn结结深；n为常数，通常取5。

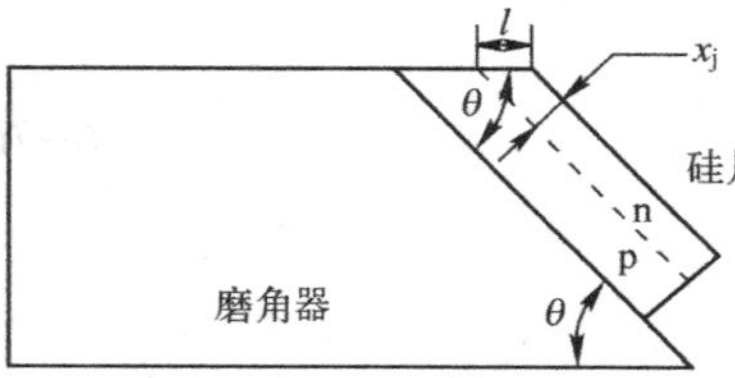

图6-25　磨角器与放大的pn结

（2）磨角测量法。首先应磨斜面，然后给pn结镀铜染色，最后测量并利用公式进行计算。磨斜面时，要将硅片用石蜡粘在磨角器的坡面上，如图6-25所示。磨角时可采用细金刚砂或氧化镁粉，磨好后经加温取下硅片，清洗后即可镀铜染色。染色常用硫酸铜溶液，其配方为

$$CuSO_4 \cdot 5H_2O : HF : H_2O = 5g : 2\,ml : 50\,ml \tag{6-79}$$

硫酸铜溶液染色的原理是硅的电化学势比铜高，硅能从溶液中置换出铜，并在硅片表面镀上红色铜层。由于n型硅的电化学势比p型硅高，如果能恰当地控制反应的时间，可实现在n区上镀上铜而p区没有，从而清晰地显示出pn结的位置。在溶液中加入少量HF是为了除去硅片表面的氧化物。HF过多则反应太快，染色难以控制。硫酸铜过多，则pn结界面不整齐，易引起测量误差。染色时间不能太长，否则p区也会染上红色。

具体操作过程是：将磨角的硅片置于硫酸铜溶液中，并加适当强度的光照，观察到n区镀上铜后，将硅片放在清水中冲洗，吸去水珠后进行测量。

另一种染色方法是：在浓HF中滴入0.1%的硝酸制成染色溶液，将样品在酒精灯下加热到颜色变红，将硅片迅速放入染色溶液中，进行染色反应，染后p区较亮而n区较暗，从而清晰地显示出pn结的位置。

对显示出的pn结进行测量和计算便可得到结深值。若磨角器的角度是θ，则结深为

$$x_j = l\sin\theta \tag{6-80}$$

式中，l是在显微镜下测得的斜面上镀层的长度。由图6-25可以看出，θ角越小，斜面越长，测量也就越准确。因此选用的磨角器底角应适当小一些（一般为3°～5°）。

此外，也有采用干涉显微镜的，染色之后用双光干涉法进行测量。

（3）滚槽测量法。用磨角法测量较浅的扩散结时，用磨角器加工小θ角度的硅片比较困

难，测量误差较大，所以生产中多用滚槽法测量，其装置如图 6-26（a）所示。硅片的 pn 结面紧贴旋转的磨槽圆柱，通过磨料在硅片上磨出一个圆形槽，如图 6-26（b）所示，图中的 R 为磨槽圆柱的半径，x_j 为结深。

结深为

$$x_j=\sqrt{R^2-b^2}-\sqrt{R^2-a^2}=R\left(\sqrt{1-\frac{b^2}{R^2}}-\sqrt{1-\frac{a^2}{R^2}}\right) \tag{6-81}$$

由于 $R \gg a$、b，式（6-81）可简化为

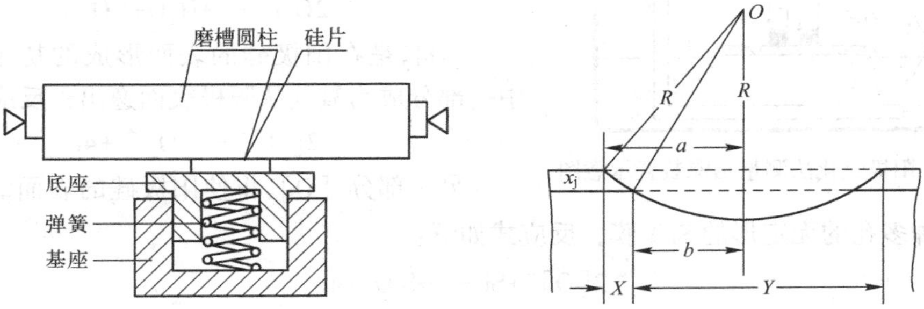

（a）装置示意图　（b）硅片滚槽剖面图

图 6-26　滚槽测量结深示意图

$$x_j=\frac{(a+b)(a-b)}{2R}=\frac{XY}{D} \tag{6-82}$$

式中，$X=a-b$，$Y=a+b$，$D=2R$。

在镀铜显示后，用工具显微镜测出 X、Y，即可根据圆柱的直径 D 计算出结深值。由图 6-26 可见，圆柱直径 D 越大，计算出的结深值越准确。

太阳电池的结深通常为 0.3～0.5 μm，具体数值按设计要求确定。

（4）阳极氧化去层法：也称微分导电率法，其测量结深的装置如图 6-27 所示。在室温下，用电化学阳极氧化的方法，在扩散后的硅片表面氧化生成一层具有定厚度的二氧化硅层，然后用氢氟酸除去二氧化硅层，再用四探针法测定硅片表面薄层的电阻值（导电率）。重复上述过程，直到导电类型反转为止。然后，根据所去除去的氧化层总厚度，可计算出 pn 结的结深。阳极氧化电解液通常使用四氢糠醇（四氢化呋喃-2-甲醇）和亚硝酸钠的混合液。阴极用铂片，硅片作为阳极。在两个电极间施加一定的电压，在硅片表面生长出具有一定厚度的二氧化硅层。每次氧化后氢氟酸腐蚀去除的二氧化硅厚度为 d，若氧化腐蚀 n 次后达到硅片的导电类型反转，则腐蚀去除的二氧化硅总厚度为 nd。由于阳极氧化生成 1 μm 厚度的二氧化硅须要消耗 0.43 μm 的硅层，腐蚀去除 nd 二氧化硅总厚度，相当于减薄硅片厚度为 $0.43nd$，这一厚度就是 pn 结的结深 x_j，即

$$x_j=0.43nd \tag{6-83}$$

这种测量方法的测量误差可以小于 0.03 μm。

使用四氢糠醇（四氢化呋喃-2-甲醇）和亚硝酸钠混合液作为电解液的阳极氧化，在电极间加上约 100 V 的电压时，生长二氧化硅膜层的速度约为 80 nm/min。通过阳极氧化在硅表面形成氧化层的机理是，SiO_2-Si 界面处的硅离子穿过 SiO_2 层，在 SiO_2-电解液界面上与电解液中的氧化物发生反应，生成 SiO_2 层。

由于水是极弱的电解质，可用水作为电解质对硅进行阳极氧化。常温下，水分子的离解可形成微量的H^+和OH^-离子。如图6-27所示，在水中放置两个电极，使用铂丝作为阴极，硅片为阳极，当两个电极之间加上一定的直流电压时，可发生电化学反应，水分子被不断地离解，反应式如下：

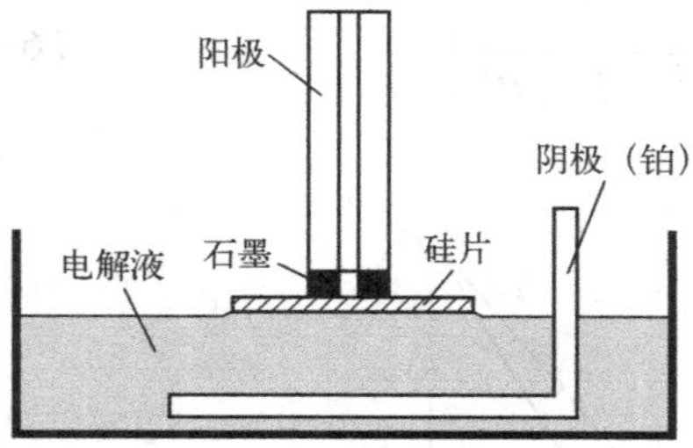

图6-27　阳极氧化法测量结深装置示意图

$$\left.\begin{array}{l} H_2O \longrightarrow OH^- + H^+ \\ 2H^+ + 2e \longrightarrow H_2 \uparrow \end{array}\right\} \quad (6-84)$$

硅阳极表面发生如下电化学反应：

$$2OH^- \longrightarrow H_2O + [O]_3^- \quad (6-85)$$

$[O]_3^-$是在阳极硅的表面形成的初生态氧，其中一部分成为氧气从阳极表面逸出，反应式如下：

$$2[O]_3^- \longrightarrow O_2 \uparrow + 4e \quad (6-86)$$

另一部分$[O]_3^-$将使阳极硅的表面氧化。其生成物是一种多孔的无定形的SiO_2膜，反应式如下：

$$2[O]_3^- + Si \longrightarrow SiO_2 + 4e \quad (6-87)$$

生成的SiO_2膜很容易用HF溶液立即去除。

5. 洁净度检测

太阳电池是半导体器件，制造时对环境的洁净度要求很高。扩散是整个车间中洁净度要求最高的工序，必须定期检测。如果洁净度不达标，应停止生产，进行整顿，避免造成大批量不合格品。同时，对作业人员的穿着、行为等均应有严格的要求。例如，进入扩散间前，要在风淋门中吹足30s；外来人员进入扩散间时，必须穿洁净服，并穿戴洁净鞋套等。洁净度的标准及人员的影响见表6-9。

表6-9　洁净度的标准及人员的影响

洁净室等级	洁净度		人员的影响	使周围尘埃增加倍数
	粒径/μm	浓度/（粒/ft^3）	晃动衣袖	1.5～3
1级	≥0.5	≤1	打喷嚏	5～20
10级	≥0.5	≤10	摩擦手或皮肤	0～2
100级	≥0.5	≤100	三人聚集	1.5～3
1000级	≥0.5	≤1000	正常步行	1.2～2
10000级	≥0.5	≤10000	快步行走	5～10
100000级	≥0.5	≤100000	平稳坐着	0～2

6.2　离子注入掺杂制结

离子注入掺杂技术是使杂质原子电离成带电粒子后，再用强电场加速这些粒子，将其注入硅基体材料中，进行掺杂。

早在 1962 年，这种技术就开始应用于硅太阳电池 pn 结的制备。与热扩散掺杂技术相比，离子注入掺杂技术具有诸多优点：可以在室温下注入掺杂，不会沾污背表面；通过质量分析器可选取单一杂质离子，确保注入杂质的纯度；可通过准确控制注入离子的能量和剂量，获得所需的掺杂浓度和注入深度；特别适合制作结深 0.2 μm 以下的浅结，获得适应于细栅线设计和选择性发射极电池所需的高方块电阻；可通过掩蔽膜（如二氧化硅膜）进行掺杂，避免正表面沾污；在退火过程中能形成热氧钝化层，改善太阳电池的蓝光响应。由于掺杂均匀、重复性好、成品率高，很适合大批量自动化连续生产。

6.2.1　离子注入掺杂的原理

离子注入是一种将具有一定能量的荷电粒子在强电场的加速作用下，注入硅片等半导体基底，以改变这种材料表层的物理或化学性质的工艺。注入能量介于 300 eV ～ 5 MeV 之间，注入离子分布的平均深度为 10 nm ～ 10 μm。半导体表面单位面积的注入离子数目（即离子剂量）为 10^{12}～10^{18} cm^{-2}。相比于扩散工艺，离子注入的主要优点是掺杂纯度高，均匀性和重复性好，能准确控制杂质掺杂量且工艺温度较低，但设备相对复杂，比较昂贵。

图 6-28 所示为中等能量离子注入机的原理示意图。离子源通过加热灯丝分解气体源（如 BF_3或 AsH_3），使之成为带电离子（B^+或 As^+）。加上 20 ～ 40 kV 的抽取电压，将这些带电离子引出离子源腔体并进入一个磁分析器，通过磁分析器的磁场滤掉质量-电荷比不符合要求的离子，使余下的离子进入加速管，通过电场加速至所需的注入能量。孔径用以确保离子束准直。机腔内的气压低于10^{-4} Pa，防止离子束散射。再利用静电偏束板使离子束能够扫描，均匀地注入半导体硅片。

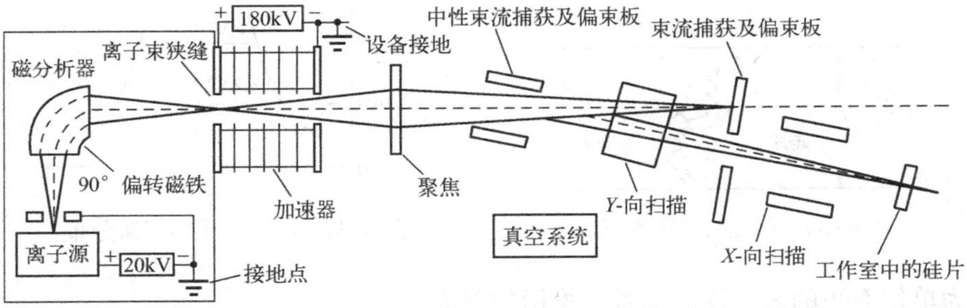

图 6-28　中等能量离子注入机的原理示意图

离子注入系统由离子源、加速及聚焦系统和终端台组成。离子源包括离子发生器、质量分析器。加速及聚焦系统有先分析后加速、先加速后分析、前后加速再中间分析等多种形式。终端台由扫描器、偏束板、靶室等部分组成。图 6-29 所示的是离子注入机的结构示意图。

离子注入过程是一个非平衡过程，高能的离子因与基底中电子和原子核的碰撞而损失能量，最后停在晶格内某一深度处。停下来的位置是随机的，大部分不在晶格上，因而没有电活性。平均深度可通过调整加速能量来控制；杂质剂量可通过注入离子电流来控制。离子碰撞引起的半导体晶格断裂或损伤会产生缺陷，甚至非晶化，须通过退火处理加以去除和激活。

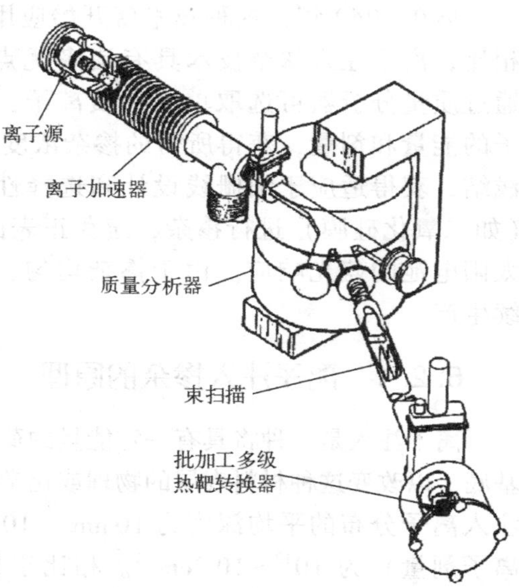

图 6-29　离子注入机的结构示意图

6.2.2　注入离子的离子分布

1963 年，林华德（Lindhard）、沙夫（Scharff）和希奥特（Schiott）首先确立了注入离子在靶内分布的理论，简称 LSS 理论。

一个离子在停止前所经过的路线总长度称为射程 R，该路线在离子入射轴方向上的投影称为投影射程 R_p，如图 6-30 所示。

投影射程的统计涨落称为投影偏差 ΔR_p，沿着入射轴垂直方向上的统计涨落称为横向偏差$\Delta R_\perp$。

图 6-31 所示为离子分布，沿着入射轴方向的注入杂质分布函数近似为高斯分布函数[12]，即

$$n(x)=\frac{S}{\sqrt{2\pi}\Delta R_p}\exp\left[-\frac{1}{2}\left(\frac{x-R_p}{\Delta R_p}\right)^2\right] \tag{6-88}$$

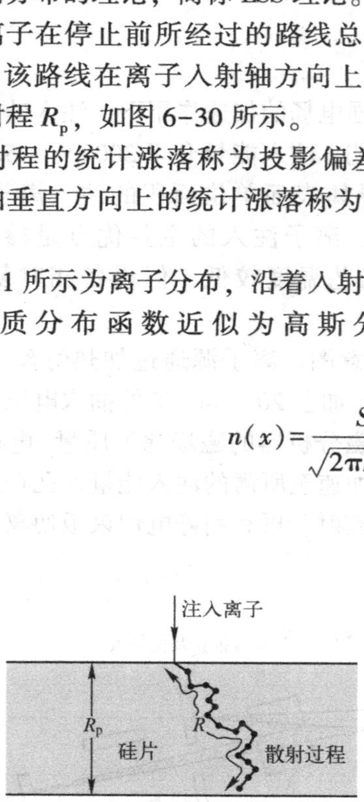

图 6-30　射程与投影射程

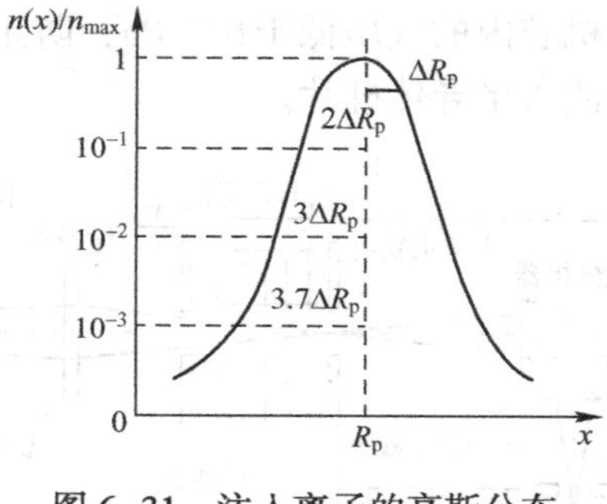

图 6-31　注入离子的高斯分布

式中，S 为单位面积的离子注入剂量。投影偏差为

$$\Delta R_p=\sqrt{(x-R_p)^2} \tag{6-89}$$

在平均投影射程两边，注入离子浓度对称地下降，离平均投影射程越远，浓度越低。注入离子的最大浓度位于投影射程 R_p处。最大浓度n_{max}与注入剂量 S 的关系为

$$n_{max}=\frac{S}{\sqrt{2\pi}\Delta R_p} \tag{6-90}$$

在 $x-R_p=\pm\Delta R_p$处，离子浓度比其峰值降低 40%。

沿着入射轴垂直方向的分布也为正态分布，可用 $\exp\left[-\frac{y^2}{2(\Delta R_\perp)^2}\right]$表示[13]。

6.2.3 注入离子的离子阻滞

离子注入后，携带能量的离子进入半导体硅片，最终会停止下来，这就是离子阻滞，硅片在离子注入中也称靶。离子阻滞机制有两类：核阻滞和电子阻滞。

核阻滞是离子将能量传给靶原子核，入射离子在发生偏转的同时也使很多靶原子核离开原来的格点。核阻滞本领为靶材料中注入离子的能量损失大小，表明单位路程上注入离子由于核阻滞和电子阻滞所损失的能量，定义为能量为 E 的注入离子在单位密度靶内运动单位长度时，传输给靶原子核而损失的能量，即

$$S_n(E) \equiv -\left(\frac{dE}{dx}\right)_n \tag{6-91}$$

式中：E 为离子在其运动路径上某点 x 处的能量；负号表示失去能量。

电子阻滞是入射离子和靶原子周围电子云通过库仑力相互作用，使离子与电子碰撞而损失能量，而后原子被激发或电离化。电子阻滞本领的定义为能量为 E 的注入离子在单位密度靶内运动单位长度时，传输给靶原子周围电子云而损失的能量，即

$$S_e(E) \equiv -\left(\frac{dE}{dx}\right)_e \tag{6-92}$$

在单位密度靶内，离子能量随距离而变的平均损耗率为两种阻滞机制的叠加，即

$$\frac{dE}{dx} = -[S_n(E)+S_e(E)] \tag{6-93}$$

能量为 E 的入射粒子在密度为 N 的靶内走过 x 距离后损失的能量为

$$\frac{dE}{dx} = -N[S_n(E)+S_e(E)] \tag{6-94}$$

式中：E 为注入离子在其运动路程上任一点 x 处的能量；N 为靶原子密度，对硅而言，$N=5\times10^{22}\ \text{cm}^{-3}$。

计算核阻滞本领要考虑注入离子与靶内原子核之间两体碰撞和两粒子之间的相互作用力是电荷作用。核阻滞能力的一阶近似为

$$S_n(E) = 2.8\times10^{-15}\frac{Z_1Z_2}{\sqrt{Z_1^{2/3}+Z_2^{2/3}}}\frac{M_1}{M_1+M_2}\ \text{eV}\cdot\text{cm}^2 \tag{6-95}$$

式中：M 为质量；Z 为原子序数；下标1表示离子，下标2表示靶原子。

例如：磷离子$Z_1=15$，$M_1=31$；注入硅 $Z_2=14$，$M_2=28$；计算可得 $S_n\approx550\,\text{keV}\cdot\text{cm}^2$

电子阻滞本领把晶体中的电子视为自由电子气，电子阻滞就类似于黏滞气体的阻力，其一阶近似解为

$$S_e(E) = k_e\sqrt{E} \tag{6-96}$$

$$k_e \approx 0.2\times10^{15}\text{eV}^{1/2}\cdot\text{cm}^2$$

电子阻滞本领和注入离子的能量的平方根成正比。

能量较低、质量较大的离子，主要是通过核阻滞损失能量；能量较高、质量较小的离子，主要是通过电子阻滞损失能量。

按式（6-94），射程为 R，则

$$R=\int_0^R \mathrm{d}x=-\frac{1}{N}\int_{E_0}^0 \frac{\mathrm{d}E}{S_n(E)+S_e(E)}=\frac{1}{N}\int_0^{E_0}\frac{\mathrm{d}E}{S_n(E)+S_e(E)} \tag{6-97}$$

式中，E_0为初始离子能量。

核阻滞过程可以视为入射离子与靶核之间的弹性碰撞，如图6-32所示。于是，入射粒子M_1转移给M_2的能量为

$$\frac{1}{2}M_2v_2^2=\frac{4M_1M_2}{(M_1+M_2)^2}E_0 \tag{6-98}$$

通常，M_1与M_2具有相同的数量级，在核阻滞过程中将转移大部分能量。

电子阻滞本领与入射离子的速度成正比，即

$$S_e(E)=k_e\sqrt{E} \tag{6-99}$$

式中，k_e是与原子质量和原子序数弱相关的函数。硅中的k_e值约为$10^7\ \mathrm{eV}^{1/2}\cdot\mathrm{cm}$。

图6-33中以实线画出硅中的核阻滞本领，以虚线画出电子阻滞本领[14]。对于硼离子（B^+），其质量小于靶原子硅（硅的原子量为28），交叉点能量只有10 keV，主要的能量损耗机制为电子阻滞。磷的交叉点能量是130 keV：当$E<130$ keV时，核阻滞机制起主导作用；当$E>130$ keV时，电子阻滞机制起主要作用。

若已知$S_n(E)$与$S_e(E)$，则可计算平均投影射程，并得到投影射程与投影偏差[15]：

$$R_p\approx\frac{R}{1+[M_1/(3M_2)]} \tag{6-100}$$

$$\Delta R_p\approx\frac{2\sqrt{M_1M_2}}{3\,M_1+M_2}E_0 \tag{6-101}$$

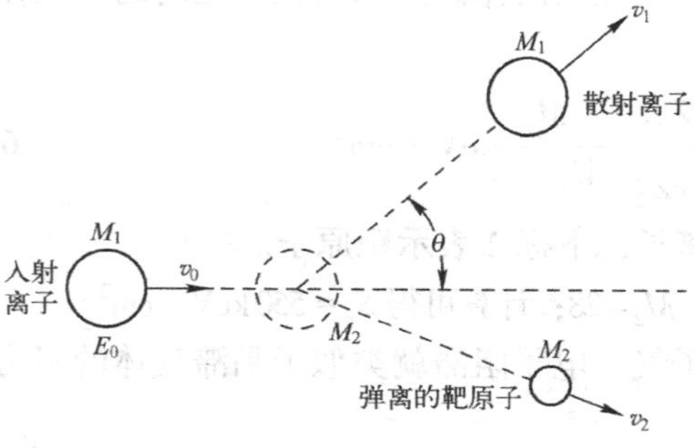

图6-32　入射离子与靶核之间的弹性碰撞

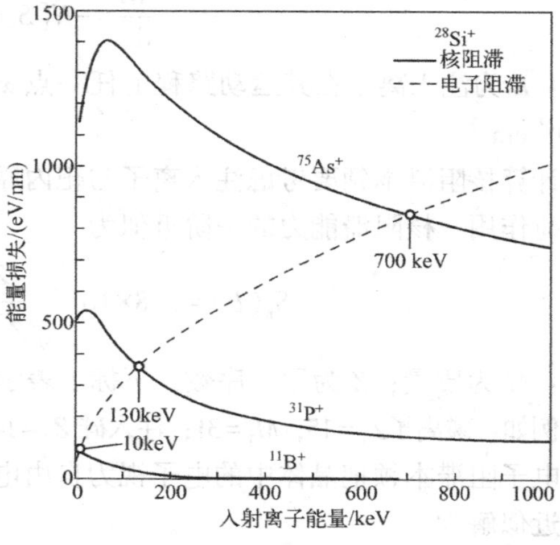

图6-33　硅中核阻滞本领与电子阻滞本领

6.2.4　离子注入的沟道效应

高斯分布的投影射程和投影偏差能很好地描述非晶硅或小晶粒多晶硅片的注入离子分布。但对于晶体会出现偏差，出现指数型尾区，这主要是由离子注入沟道效应造成的[12]，如图6-34所示。

图 6-35 所示为沿［110］晶向观察金刚石晶格的示意图[16]。沿［110］晶向注入的离子从靶原子间的中央沟道区穿过，运动时不会产生核碰撞而损失大量能量。唯一的能量损失机制是电子阻滞，这些离子的射程比在非晶靶中大得多。离子的沟道效应对于低能量注入和重离子注入的影响特别大。沟道效应可利用多种技术减弱，如偏离主晶轴的入射，设置非晶氧化层或在单晶层上造成预损伤等，如图 6-36 所示。

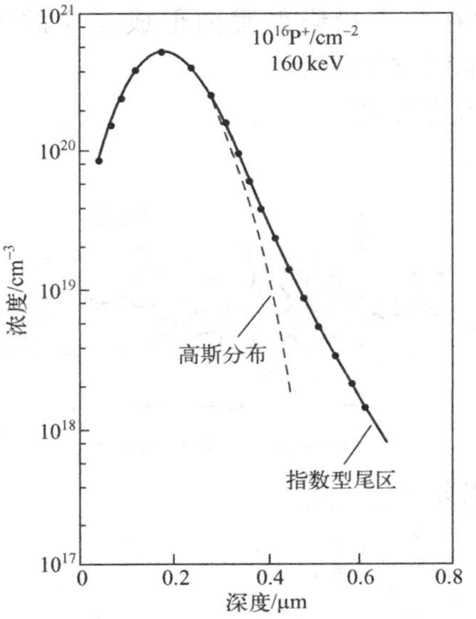

图 6-34　在靶定位有意偏离晶向情况下的杂质分布

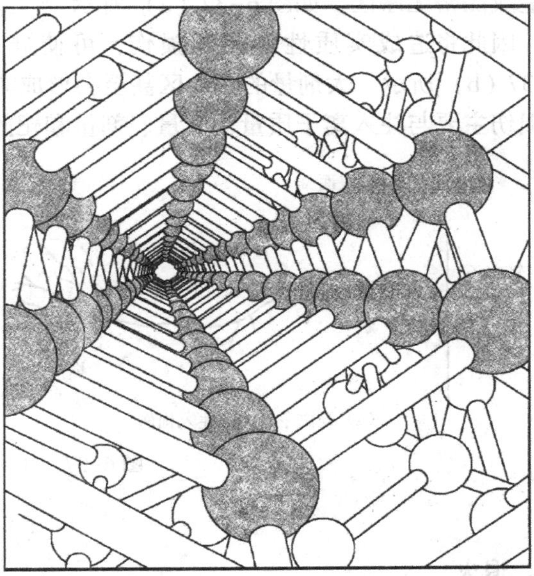

图 6-35　沿［110］晶向观察金刚石晶格的示意图

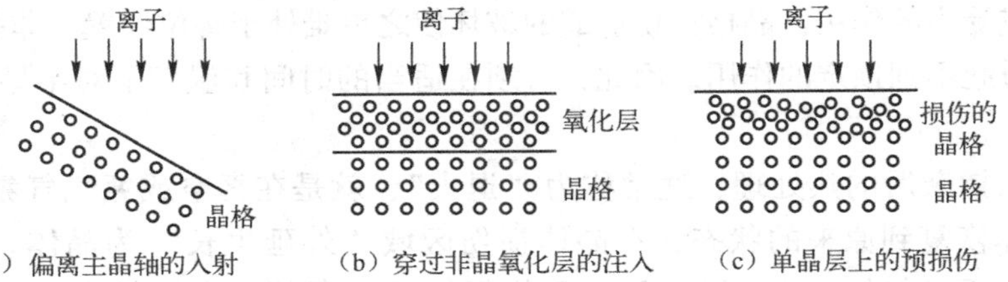

图 6-36　减弱沟道效应的技术

6.2.5　离子注入损伤与退火

1. 离子注入损伤[17]

高能量的离子注入半导体硅片后，与原子发生碰撞（分为弹性碰撞和非弹性碰撞），使主原子从晶格位置移位形成缺陷或空位，从而造成注入损伤，而且会像多米诺骨牌效应那样引起邻近原子级联的二次移位，最终形成一个树状无序区，即成为非晶区。

注入离子通过碰撞把能量传递给靶原子核及其电子的过程称为能量沉积过程。原子因碰撞而离开晶格位置的原子称为移位原子。处于平衡位置的原子发生移位所需的最小能量称为移位阈值能E_d，对于硅原子，$E_d=15$ eV。注入离子与靶原子发生碰撞，当$E<E_d$时，不产生移位原子而产生热能；当$E_d<E<2E_d$时，产生一个移位原子和一个空位；当$E>2E_d$时，被撞原子本身移位后，还有足够高的能量与其他原子发生碰撞使其移位，产生级联碰撞。

轻离子的树状无序区与重离子很不相同。像硅中的硼（B）那样的轻离子，大多数能量损失来自电子碰撞，只有到离子能量降至交叉点能量时，在离子终止位置附近才以核阻滞为主，造成晶格无序区，如图6-37（a）所示[18-19]。对于重离子，能量损失主要为原子核的碰撞，因此将造成实质性的晶体损伤，可使硅片在整个投影射程内形成无序的簇，如图6-37（b）所示。大剂量的注入区甚至会形成非晶区或非晶层。

损伤主要与注入离子质量、能量、剂量和靶的温度有关。

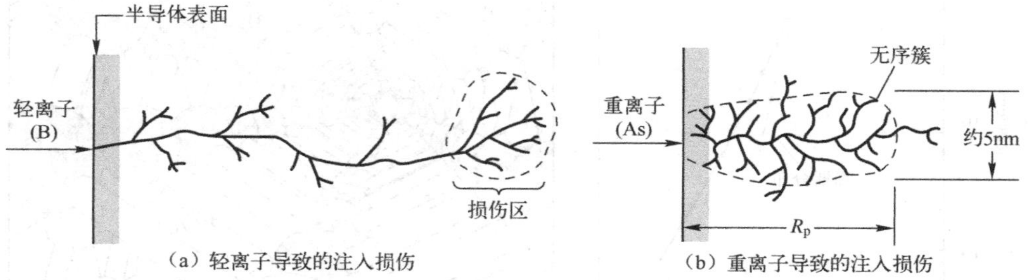

图6-37　注入损伤

2. 退火

离子注入导致的损伤区和无序簇将严重影响半导体的载流子迁移率和寿命等参数，使pn结反向漏电流增大。特别是大部分离子注入后并不位于替位位置，而是处于间隙位置，起不到施主或受主的作用，晶格损伤造成的破坏使之更难处于替位位置，非晶区的形成更使得注入的杂质起不到预定的作用。因此，必须在适当的时间和温度下对半导体进行热处理，以消除损伤。

离子注入掺杂后的热处理，通常称为“退火”，就是在真空或氮气气氛中，一定的温度下，使晶体恢复到原来的状态，在晶体损伤区域“外延生长”为晶体。退火不仅能消除辐照损伤，而且能使注入间隙位置、不能提供载流子的非电活性杂质转变成具有电活性的杂质，使杂质原子进入替代硅原子的晶格位置，从而起施主或受主作用。不同类型的杂质离子退火后的活化率是不一样的，磷和硼的活化率接近100%，而砷只有50%左右。

传统的退火工艺需要长时间的高温来消除注入损伤，这将造成杂质扩散后再分布，破坏已形成的浅结或窄杂质分布。现在常采用快速热退火（RTA）工艺，以缩短退火时间。

在利用瞬间灯光加热的快速热退火系统中，常用钨丝或弧光灯作为光源，工艺腔体由石英、碳化硅、不锈钢或铝制成，光辐射通过石英窗口照射硅片。温度采用非接触的光学高温计测量，用计算机控制硅片温度和气体系统。卤钨灯加热器的温度远高于硅片温度，而腔壁温度又远低于硅片温度，以此来实现硅片的快速加热和冷却。

RTA的优点之一是能减少瞬时增强扩散。由于离子注入过程中引入了大量过剩点缺陷，会使离子注入硅中的杂质扩散系数大幅度增大，造成瞬时增强扩散。相比于低温情况，超过热平衡值的过量硅填隙原子的过饱和程度在高温下会减弱。因此，只要热处理周期足够短，更高温度下的退火就能够减小瞬时增强扩散效应。

还有一种毫秒级退火方式——硅片先被快速加热到一个中等温度，然后叠加一个极短的高能脉冲闪光，使整个硅片前表面产生一个温度跳变，再通过硅片表面向其内部的热传导实现超快速的降温。通过调节中等温度和高温跳变的幅度，调节杂质激活和扩散速度，如图 6-38 所示。

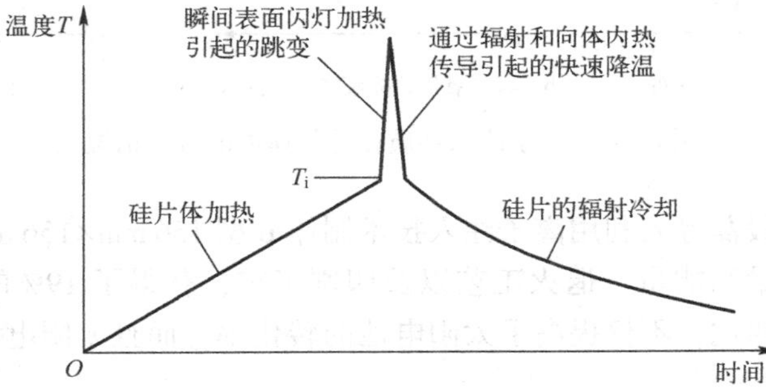

图 6-38　毫秒级退火的热循环

快速退火装置中的瞬时加热方法有脉冲激光、脉冲电子束和扫描电子束等。此外，还有多次注入、大角度注入、高能量注入、大电流注入等离子注入工艺，可以满足不同的掺杂需求。

6.2.6　离子注入掺杂制结工艺

离子注入掺杂技术可应用于晶体硅太阳电池的掺杂。为了离子注入掺杂适用于常规的上电极栅线设计的太阳电池制结，注入剂量浓度应大于 10^{14} cm^{-3}。这样的重掺杂将导致损伤区成为非晶层。为了使非晶层恢复单晶状态，须要采用 600 ℃以上的高退火温度才能活化注入的离子和恢复载流子寿命。

退火的作用还有调整表面杂质浓度分布，使原来很高的表面方块电阻（约为 10^3～10^5Ω/□）降低到 10^2Ω/□以下，以适合常规的上电极栅线设计的太阳电池。

图 6-39 给出了硅晶体内杂质分布的示意图。图 6-39（a）表示，热扩散掺杂的杂质分布的浓度最大值在硅表面；而离子注入掺杂的杂质浓度峰值是在硅晶体内。峰值的位置距离表面为 20～100 nm（取决于离子的能量）。注入离子能量越大，在硅晶体内的射程也越大。在存在介质掩蔽膜的情况下，杂质分布近似于扩散法的高斯分布。图 6-39（b）显示出有二氧化硅掩蔽膜时，杂质分布峰值在硅的表面。这种分布对太阳电池性能是有益的。图 6-39（c）表示了退火前后硅中杂质的分布情况。

退火后，硅片内的杂质分布和表面方块电阻不仅与退火温度有关，而且与退火时间、硅片性质（如电阻率、晶向）、注入离子的能量和剂量等因素有关。退火条件直接影响离子注入杂质的效果。

不过近年来，无论开发选择性发射极太阳电池还是密栅太阳电池，其出发点都是为了制备高效太阳电池而设计的浅结高方块电阻发射极结构。而离子注入杂质方法很有利于制备浅结高方块电阻发射极。若将注入剂量浓度降到 10^{14} cm^{-3}以下，不仅可减小硅片的微观损伤，而且退火温度也可降到400～500℃。因此，离子注入杂质方法重新受得了重视。

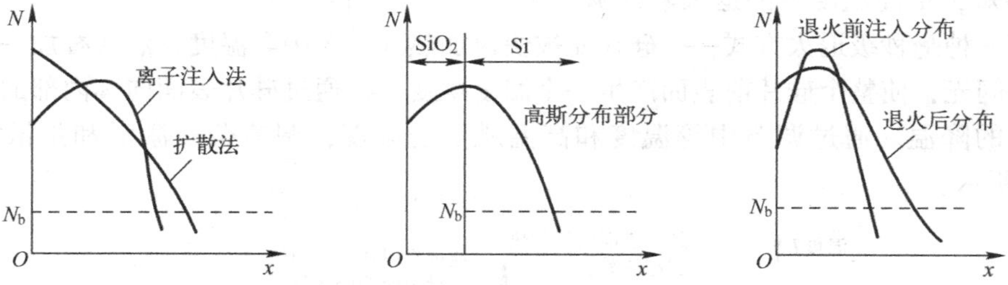

（a）杂质在硅体内的分布　（b）有二氧化硅掩蔽膜时的注入分布　（c）退火前后的杂质分布

图6-39　离子注入杂质在硅晶体内的分布情况

刘志锋、张峰、殷磊等人利用离子注入技术制作p型156 mm×156 mm单晶硅太阳电池，通过调整离子注入剂量和能量、退火工艺以及印刷工艺，获得了19%的平均转化率。与传统的高温磷扩散工艺相比，不仅提高了太阳电池的转化率，而且太阳电池的效率分布也比较集中，成品率高。

由于离子注入设备价格昂贵，束流密度不易做高，影响生产效率和成本，而且高注入下的热退火处理还不能消除全部损伤缺陷，也影响了制备高转化率太阳电池，因此目前应用于太阳电池的规模化生产还有些困难。

参考文献

[1] Sze S M Ed. VLSI Technology[M]. 2nd Ed.. New York:McGraw-Hill,1988.

[2] 黄汉尧,李乃平. 半导体器件工艺原理[M]. 上海:上海科学技术出版社,1985.

[3] Joly J P. Metallic Contamination of Silicon Wafers[J]. Microelectronic Eng. ,1998(40):285.

[4] Grove A S. Physics and Technology of Semiconductor Devices[M]. New York:Wiley,1967.

[5] [美]施敏,李明远. 半导体器件物理与工艺[M]. 王明湘,赵鹤鸣,译. 第3版. 苏州:苏州大学出版社,2014.

[6] ASTM Method F374-88,Test Method for Sheet Resistance of Silicon Epitaxial,diffused,and Ion-implanted Layers Using a Collinear Four-Probe Arry,V01. 10,249,1993.

[7] Irvin J C. Evaluation of Diffused Layers in Silicon[J]. Bell System Technical Journal,1962(41):2.

[8] Fair R B. Concentration Profiles of Diffused Dopants in silicon[M]. Impurity Doping Processes in Silicon. Amsterdam:North-Holland,1981.

[9] Weisberg L R,Blanc J. Diffusion with Interstitial-Substitutional Equilibrium[J]. Zinc in GaAs. Phys Rev,1963(131):1548.

[10] Willoughby A F W. Double-Diffusion Processes in Silicon[M]. Impurity Doping Processes in Silicon,Amsterdam:North-Holland,1981.

[11] Gibbons J F. Ion Implantation. Handbook on Semiconductors,V01. 3[M]. Amsterdam:North-Holland,1980.

[12] Furukawa S,Matsumura H,Ishiwara H. Theoretical Consideration on Lateral Spread of Implanted Ions[J]. Jpn J Appl Phys,1972(11):134.

[13] Smith B. Ion Implantation Range Data for Silicon and Germanium Device Technologies[M]. Forest Grove,Oregon: Research Studies Press,1977.

[14] Brodie I, Muray J J. The Physics of Microfabrication[M]. New York: Plenum, 1982.

[15] Pauling L, Hayward R. The Architecture of Molecules[M]. SanFrancisco: W. H. Freeman, 1964.

[16] Brice D K. Recoil Contribution to Ion Implantation Energy Deposition Distribution[J], J Appl Phys, 1975 (46): 3385.

[17] Ghandhi S K. VLSI Fabrication Principles[M]. 2nd Ed. New York: Wiley, 1994.

[18] Brodie I, Muray J J. The Physics of Microfabrication[M]. New York: Plenum, 1982.

[19] Doering R, Nishi Y. Handbook of Semiconductor Manufacturing Technology [M]. 2nd Ed. FL: CRC Press, 2008.

第 7 章　硅片表面和边缘刻蚀

硅片经过扩散制结后，在其表面（包括正、反面和四周边缘）上会形成扩散层和二氧化硅层。尽管现在生产上都采用单面扩散方式，即硅片成对地背贴背放置，但是扩散杂质气体仍然会通过两个硅片之间的缝隙钻入，硅片对的内表面上也将不可避免地扩散进杂质。在 p 型硅片上制 pn 结时，扩散杂质为磷，$POCl_3$分解产生的P_2O_5沉积在硅片周边的表面，形成的是由磷原子、二氧化硅和残留的P_2O_5组成的混合物，通常称之为磷硅玻璃（PSG）。当光照射到太阳电池上时，太阳电池正面的光生载流子沿着边缘扩散层和磷硅玻璃层流到硅片的背面，这会降低太阳电池的并联电阻，甚至会造成太阳电池上电极与底电极短路。因此，必须将磷硅玻璃层以及边缘和背面的扩散层除去。

除去磷硅玻璃层和边缘扩散层的方法在近几年有很大变化。最早是采用黑胶作为太阳电池正面掩膜的湿法腐蚀去除，后来大多采用等离子体干法刻蚀太阳电池周边扩散层，然后采用氢氟酸湿法腐蚀去除太阳电池表面的磷硅玻璃。前些年大多采用漂浮方式和滚轮携液方式的湿法刻蚀：前者将硅片漂浮在腐蚀液上，湿法腐蚀除去太阳电池磷硅玻璃层和边缘扩散层；后者用滚轮携带腐蚀液湿润硅片背面和周边，湿法腐蚀除去扩散层和磷硅玻璃层。现在大多采用滚轮携液方式的湿法刻蚀设备，具有代表性的有丽娜（Rena InOxSide）刻蚀设备、库特勒（Kuttler）刻蚀设备、捷佳创刻蚀设备和斯密特（Schmid）刻蚀设备。

尽管技术进步很快，设备更新也很快，但是这里我们仍然按时间顺序对这些技术和设备逐一介绍，以了解技术进步的历史过程。

如果在 n 型硅片上制 pn 结，扩散过程中形成的是硼硅玻璃，化学腐蚀除去硅片表面硼硅玻璃的操作工序与洗磷工序相仿。

7.1　干法刻蚀边缘扩散层

干法刻蚀主要是针对除去太阳电池边缘扩散层，有等离子体刻蚀和激光刻边等方法。其中，等离子体刻蚀方法在实验室仍在使用，但生产中已不再使用。激光刻边方法有的用于太阳电池制备工艺流程的前半段（完成扩散工序后进行），也有的用于后半段（完成烧结工序后进行）。

7.1.1　等离子体刻蚀

晶体硅太阳电池边缘的等离子体刻蚀是在刻蚀机中进行的[1]。等离子体刻蚀机可除去四周边缘扩散层，其优点是刻蚀速率快，且各向同性，刻蚀后不会改变硅片的形貌。

使用等离子体刻蚀去边的太阳电池制备工艺流程为：制绒→磷扩散→刻蚀边缘→去磷硅玻璃层→沉积减反射膜→制备电极→光电特性测。

在生产中，将磷扩散的硅片整齐重叠，并用夹具固定，再置于等离子体刻蚀设备内进行刻蚀，大多数使用 CF_4+O_2或 SF_4+O_2作为反应气体，产生的腐蚀性离子气体从侧边打向整叠硅片，边缘的 n 层区就逐渐被刻蚀消失。等离子体刻蚀设备原理如图 7-1（a）所示，硅片叠合刻蚀如图 7-1（b）所示。

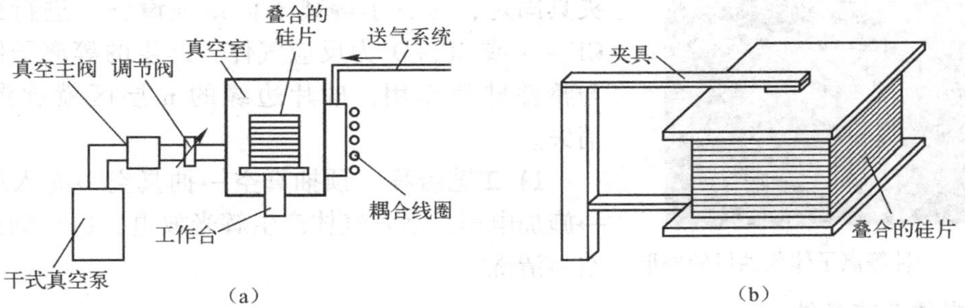

图 7-1 等离子体刻蚀设备原理及硅片叠合工艺示意图

1. 等离子体刻蚀原理

等离子体刻蚀是指在低压状态下，反应气体 CF_4的母体分子在射频功率源的激发下产生电离并形成等离子体。等离子体由带电的电子和离子组成，反应腔体中的气体在电子的撞击下，分解成多种中性基团和离子（如 CF_4、CF_3、CF_2、CF 和 C 等），并形成大量的活性基团。活性反应基团由于扩散或者在电场作用下到达扩散层和 SiO_2表面，与被刻蚀的表面物质发生化学反应，并形成挥发性的反应生成物，这些挥发性物质脱离被刻蚀的硅片表面，通过真空抽气系统抽出腔体。生产过程中，在 CF_4中掺入一定量的 O_2，可以提高 Si 和 SiO_2的刻蚀速率。

放电过程反应式如下：

$$\begin{cases} e^-+CF_4 \longrightarrow CF_3^++F+2e \\ e^-+CF_4 \longrightarrow CF_3+F+e^- \\ e^-+CF_3 \longrightarrow CF_2+F+e^- \\ O_2+e^- \longrightarrow 2O+e^- \end{cases} \tag{7-1}$$

刻蚀过程反应式如下：

$$\begin{cases} Si+4F \longrightarrow SiF_4 \uparrow \\ 3Si+4CF_3 \longrightarrow 4C+3SiF_4 \uparrow \\ 2C+3O \longrightarrow CO \uparrow +CO_2 \uparrow \\ SiO_2+4F \longrightarrow 3SiF_4 \uparrow +O_2 \uparrow \end{cases} \tag{7-2}$$

SiF_4容易挥发，立即被抽走。

2. 等离子体刻蚀设备

刻蚀反应在等离子体刻蚀机中进行，其反应腔应采用不锈钢材质，内置放电电极。

刻蚀机的基本性能要求是：刻蚀参数稳定、重复性好、刻蚀速率高和刻蚀深度均匀，反应腔密封性能好、操作安全、可防止臭氧和射频泄漏。

等离子体刻蚀机的外形各不一样，图 7-2 所示的是其中的一种。

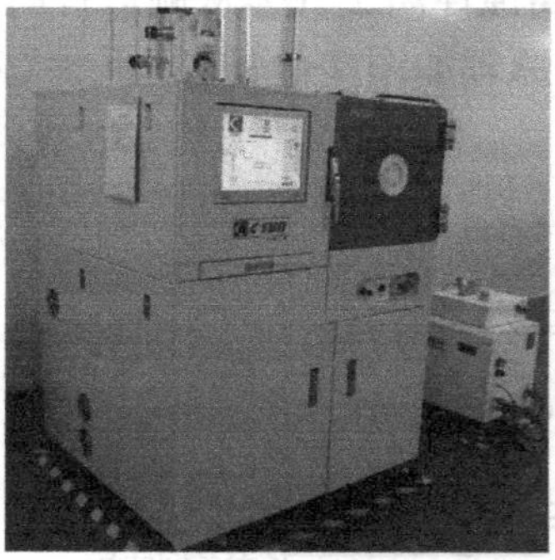

图7-2　一种等离子体刻蚀机的外形

3. 等离子体刻蚀工艺

在生产中，先将经过磷扩散的硅片整齐重叠，并用夹具固定，再置于等离子体刻蚀设备内进行刻蚀，以CF_4+O_2或SF_4+O_2为反应气体，产生的等离子体在侧边与整叠硅片作用，硅片边缘的n层区就逐渐被刻蚀消失。

1）工艺流程　预抽真空→抽真空→充入反应气体→施加电压，激发气体产生辉光放电，进行刻蚀→抽真空→清洗。

2）操作工艺条件

☺ 气体比例：CF_4∶O_2=10∶1～8∶1；

☺ 极板电流：0.35～0.4A；

☺ 极板电压：1.5～2kV；

☺ 气体压强：80～120Pa；

☺ 刻蚀时间：10～16min。

表7-1中列出了等离子体刻蚀工艺步骤和参数实例。

表7-1　等离子体刻蚀工艺步骤和参数实例

步　号	步名称	步时间/s	压力/Pa	CF/sccm	O_2/sccm	功率/W	备　注
1	预抽真空	120～140	0	0	0	0	
2	主抽真空	120～140	0	0	0	0	压力小于15Pa
3	送气	60～120	100	170	20	0	
4	辉光	450～600	100	170	20	550	辉光乳白色
5	抽真空	120	0	0	0	0	
6	清洗	150		0	0	0	
7	充气	30～60		0	0	0	

4. 等离子体刻蚀质量要求

对刻蚀质量的基本要求是：周边不能有任何微小的局部短路，硅片的刻边宽度应控制在0.5～2mm范围内，周边的电阻应大于5kΩ。

进行等离子体刻蚀时，应控制刻蚀区深度与电极离硅片边缘的距离。刻蚀后，边缘n层厚度变小，如果金属电极印刷到n层厚度很薄的区域，甚至直接印刷到p层，将会降低并联电阻R_{ch}，形成漏电流，如图7-3（a）所示；如果金属电极距离边缘距离过大，在边缘产生的光电流经n层流向金属电极，边缘的表面电阻R_s增加，会降低填充因子，如图7-3（b）所示；只有在合适的距离下，才能获得较好的太阳电池性能，如图7-3（c）所示。

硅片刻蚀后的周边外观应光亮，不呈现磷硅玻璃颜色，清洁，无裂痕、崩边和缺角。

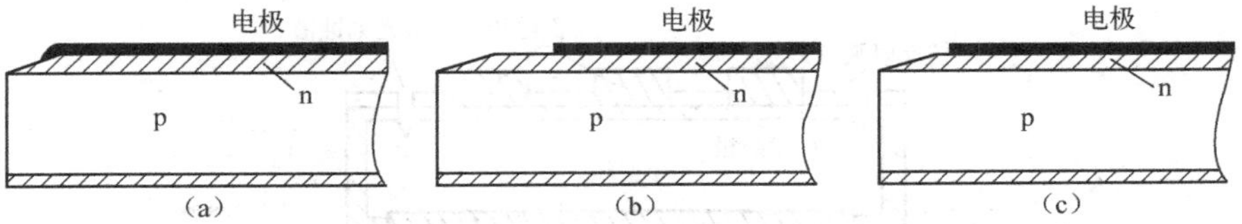

图 7-3　等离子体刻蚀深度与印刷电极离太阳电池边缘距离的关系

5. 工艺参数的控制

为提高刻蚀质量，必须控制射频功率、刻蚀时间和反应气体压力。

1）射频功率　射频功率过高会引起等离子体中高能量的离子对硅片边缘造成较大的轰击损伤，导致边缘区域的电性能改变。如果这种损伤扩展到 pn 结区（耗尽层），还会造成 pn 结区复合增加。射频功率太低会使放电不稳定和等离子体分布不均匀，造成边缘局部区域刻蚀过度或刻蚀不足，导致并联电阻下降。

2）刻蚀时间　刻蚀时间过长，会造成太阳电池片的正反面损伤面加大，甚至延伸到太阳电池片正面结区，形成太阳电池片的高复合区；刻蚀时间过短，则会导致刻蚀不充分，边缘去磷不彻底，pn 结并联电阻降低，甚至短路。

3）反应气体压力　反应气体压力越大，参与反应的气体含量就越高，刻蚀强度也越高，容易造成过刻蚀；反之，则刻蚀不足，造成欠刻蚀，降低 pn 结并联电阻，影响硅片质量。

6. 刻蚀操作注意事项

进行刻蚀操作时，应正确放置硅片；必须监测气体流量、射频功率、反应室气体压力、辉光颜色及其稳定性；必须抽测硅片，检查刻蚀质量；保持刻蚀环境的洁净度，定期清洗刻蚀机中反应室的石英罩及其夹具等部件。刻蚀设备长时间停用时，必须经过辉光放电清洗后才可以重新启用。

安装硅片时，应用夹具将硅片夹紧，叠放整齐，不得显露缝隙，否则将造成刻蚀宽度过大，发生等离子体钻入缝隙造成过刻蚀现象。如果夹具变形，出现缝隙，则应及时更换，防止钻刻。如果硅片边缘呈现暗色，则应检查刻蚀压力、辉光颜色、功率和气体流量是否正常，必要时应停机检修。

7.1.2　激光边缘刻蚀隔离

激光边缘刻蚀隔离技术，也称激光划线，如图 7-4 所示。激光边缘隔离工艺本身不能提高太阳电池的转换效率，但与其他刻蚀工艺相比，可以显著减小太阳电池的效率损失。

激光边缘刻蚀太阳电池的基本原理是：激光光束通过振镜扫描然后聚焦，沿着太阳电池正面的边缘烧蚀，在硅片表面形成具有一定深度的封闭刻痕，实现太阳电池的正面电极与背面的 pn 结隔离绝缘。

激光边缘刻蚀隔离技术通常使用 Nd-YAG 激光器，利用波长为 532 nm 的激光束刻蚀硅片表面。Schoonderbeek 和 Acciarri 对单晶硅激光划线进行研究，测量了红外线（1060～1070 nm）、绿色光（532 nm）和紫外线（355 nm），以纳秒级窄脉冲激光照射单晶硅前后表

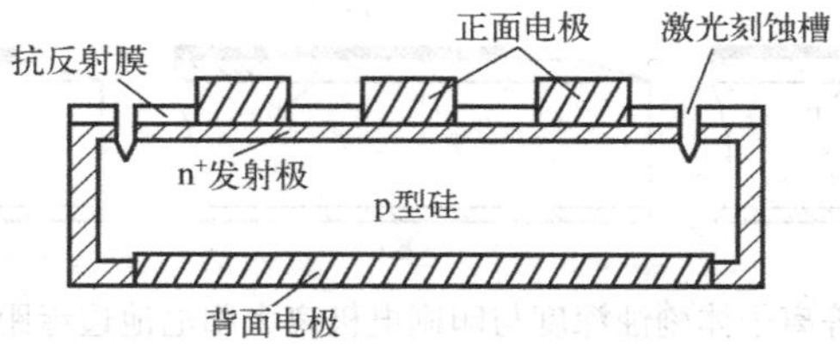

（a）激光边缘隔离示意图

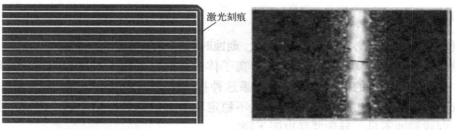

（b）激光边缘隔离的刻蚀痕迹

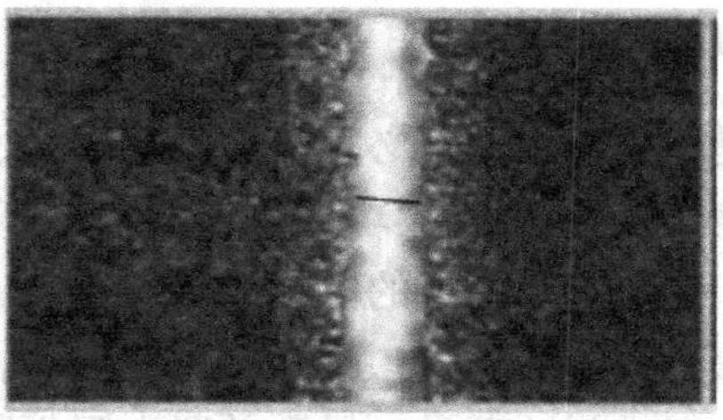

（c）激光边缘隔离的刻痕表面形貌[2]

图 7-4　激光边缘刻蚀隔离技术

面的光吸收；研究了短波长的激光（如 532 nm）与红外线（1060 nm）激光边缘刻蚀对单晶硅表面的热损伤，发现 1060 nm 激光容易产生微裂纹。他们的研究表明，选用 532 nm 激光器进行刻蚀是比较合适的。

激光刻边也属于干法刻蚀方法，通常在太阳电池正面距边缘 0.2 ～ 0.3 mm 处划一道深度为 20 ～ 30 μm、宽度为 30 ～ 40 μm 的“V”形槽，相对于等离子体刻蚀，激光刻蚀减小了太阳电池表面的有效面积损失，提高了太阳电池的转换效率。杨金等人通过单晶硅太阳电池片工艺试验表明，激光划片刻蚀相对于等离子体刻蚀，并联电阻增大 156.4 Ω，漏电流减小 0.15 A，短路电流提高 30 mA，效率提高 0.17%[2]。此外，采用激光边缘隔离工艺可取消硅片的堆叠及拆分过程，工艺相对简单些。

激光隔离所用的激光扫描方式可分为两种，一种是激光光源位置固定，硅片置于平台上，平台可以移动和转动，硅片随之变动位置，通常通过 CCD 视觉定位控制系统精确控制平台运动，完成激光对硅片的边缘的刻蚀；另一种方式是固定硅片，移动激光光源，配置精密的反射和聚焦光学系统，完成激光对硅片边缘的刻蚀。扫描式激光刻蚀设备原理示意图如图 7-5 所示。

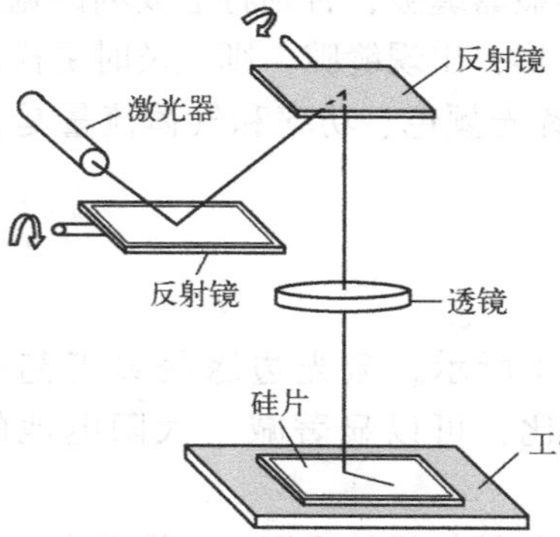

图 7-5　扫描式激光刻蚀设备原理示意图

在太阳电池制造的工艺流程中，采用边缘激光刻划方法与等离子体刻蚀或湿法去边的方法不一样。前者为丝网印刷浆料并烧结后，进行激光刻蚀；而后者是磷扩散后即进行等离子体刻蚀。使用激光划边的工艺流程为：制绒→磷扩散→去磷硅玻璃层→沉积减反射膜→制备电极→等离子体刻蚀隔离→光电特性测试。

7.2 湿法刻蚀表面磷硅玻璃

湿法刻蚀是指通过溶液腐蚀方法将不需要的物质去除。对于太阳电池，湿法刻蚀是把硅片置于刻蚀溶液中，使之与刻蚀溶液直接接触或将未被抗蚀剂掩蔽的表面与刻蚀溶液接触，使表面薄层与刻蚀溶液发生化学反应生成可溶性或挥发性物质，从而将表面薄层除去。

在 p 型硅片上制备 pn 结的扩散过程中，$POCl_3$分解产生的P_2O_5沉积在硅片表面，P_2O_5与 Si 反应生成 SiO_2和磷原子，形成了磷硅玻璃（PSG），PSG 层疏松、易潮解，在 PECVD 镀制减反射膜之前必须将其除去。除去 PSG 的化学腐蚀工序俗称洗磷。生产中常使用氢氟酸溶液湿法化学腐蚀来除去这层厚度为 20 ～ 40 nm 的氧化层。氢氟酸对 PSG 和硅具有选择性反应，只腐蚀主要成分为 SiO_2的 PSG，而不会腐蚀硅，PSG 被腐蚀完后反应会自动停止。由于氢氟酸对氧化硅的腐蚀速率很高，工艺上难以控制，在室温下腐蚀时通常使用 3%～10%稀溶液，或者添加缓冲剂氟化铵。由于氢氟酸腐蚀后在硅片表面形成硅氢键（Si-H），所以硅片具疏水性，有利于后续的硅片干燥和采用 PECVD 的 SiN_x镀膜工艺。

1. 氢氟酸湿法腐蚀除去 PSG 的原理

去除 PSG 的基本原理及化学反应式在第 5 章中已有叙述，反应式如下：

$$SiO_2+6HF \longrightarrow H_2[SiF_6]+2H_2O \tag{7-3}$$

2. 反应条件

HF 浓度：3%～10%；
温度：室温；
时间：2 ～ 4 min。

3. 设备与工艺

洗磷通常在去 PSG 清洗机中进行，使用 1 个氢氟酸反应槽和 2 ～ 3 个清洗槽。洗磷后须用去离子水冲洗硅片约 1 ～ 3 min，然后甩干。当硅片从氢氟酸反应槽中取出时，表面应完全脱水，不沾水珠，否则应重新洗磷。

4. 操作注意事项

☺ 对于单面扩散的硅片，安装时应认准硅片的扩散面的方向。

☺ 硅片表面极易氧化，为避免硅片去磷面出现水纹印或镀膜后显现发白等现象，应用足够长的时间烘干或甩干硅片，使硅片完全干燥；应尽可能缩短硅片悬挂在槽上的时间。

☺ 由于氢氟酸对人体的角质、皮肤，特别是眼睛有腐蚀作用，在配制和更换氢氟酸溶液和洗磷操作时，应有严格的防护措施。

5. 质量要求

对于单面扩散的硅片，硅片背面去磷后的导电类型应为 p 型。硅片表面颜色应不发白，没有斑迹。

7.3 湿法刻蚀扩散层

硝酸和氢氟酸混合液除去太阳电池背面和周边扩散层以及氢氟酸腐蚀除去 PSG 均属湿法刻蚀。现在，太阳电池的生产工艺中已大多采用将背面和周边扩散层一并除去的湿法刻蚀工艺。

湿法化学腐蚀除去背面和周边扩散层时，必须确保太阳电池硅片的正面的 pn 结不被腐蚀。原来掩蔽正面 pn 结是采用涂黑胶并烘干的方法。黑胶是用真空封蜡或质量较好的沥青溶于甲苯、二甲苯、松节油等溶剂制成的。用腐蚀液除去硅片背面的 pn 结和周边扩散层后，还须用溶剂溶解真空封蜡，再经浓硫酸或清洗液煮沸清洗，去离子水洗净。这种方法工序复杂，不适合规模化生产。现在的湿法刻蚀工艺中，采用适合规模化生产的硅片漂浮刻蚀方法和滚轮携液刻蚀方法。前者多使用丽娜（Rena）刻蚀设备和库特勒（Kuttler）设备，后者使用国产捷佳创刻蚀设备和斯密特（Schmid）刻蚀设备。由于硅片滚轮携液刻蚀方法优于漂浮刻蚀方法，所以现在的刻蚀设备基本上都采用这种方法。

7.3.1 湿法刻蚀扩散层原理

采用硝酸和氢氟酸混合液湿法刻蚀去除扩散层的原理在第 5 章中已有叙述：硝酸将硅片背面和边缘氧化，形成二氧化硅，氢氟酸与二氧化硅反应生成络合物六氟硅酸，同时去除扩散层，包括磷硅玻璃层和 pn 结。其主要反应式如下：

$$\begin{cases} HNO_3+Si \longrightarrow SiO_2+NO_x\uparrow+H_2O \\ SiO_2+4HF \longrightarrow SiF_4+2H_2O \\ SiF_4+2HF \longrightarrow H_2[SiF_6] \\ 2NO_2+H_2O \longrightarrow HNO_3+HNO_2 \\ Si+4HNO_2 \longrightarrow SiO_2+4NO+2H_2O \\ HNO_3+2NO+H_2O \longrightarrow 3HNO_2 \end{cases} \tag{7-4}$$

腐蚀去除扩散层时，将在硅片背表面形成多孔硅层，可用 KOH 溶液除去，反应式如下：

$$Si+2KOH+H_2O \longrightarrow K_2SiO_3+2H_2\uparrow \tag{7-5}$$

硅片正面存在 PSG，可用氢氟酸除去，反应式如下：

$$\begin{cases} SiO_2+4HF \longrightarrow SiF_4+2H_2O \\ SiF_4+2HF \longrightarrow H_2[SiF_6] \\ SiO_2+6HF \longrightarrow H_2[SiF_6]+2H_2O \end{cases} \tag{7-6}$$

因此，湿法刻蚀的主要工艺步骤是：用硝酸和氢氟酸混合液除去背面 PSG 层和边缘 pn 结；然后用 KOH 溶液除去硅片背表面的多孔硅和从刻蚀槽中带来的未冲洗干净的酸液；利用 HF 酸除去硅片正面的 PSG；用去离子水冲洗硅片，最后用压缩空气将硅片表面吹干。

主要工艺流程：装硅片→混合酸腐蚀液刻蚀→去离子水冲洗→KOH（或 NaOH）腐蚀→去离子水冲洗→HF 腐蚀→去离子水冲洗→压缩空气吹干→卸硅片。

根据采用设备的情况，也可先用 HF 酸除去硅片表面的 PSG，再用混合酸腐蚀液刻蚀除去 pn 结，然后用碱溶液去除硅片表面的多孔硅层。

7.3.2 硅片漂浮方式湿法刻蚀

漂浮方式湿法刻蚀工艺中最关键的工序是混合酸腐蚀液刻蚀漂浮硅片的工序。

1. 硅片漂浮刻蚀原理

硅片漂浮刻蚀方法是通过滚轮和刻蚀液体张力，使硅片漂浮在刻蚀液液面上，硅片正面不接触刻蚀液，只有硅片背面和边缘与刻蚀液接触，发生腐蚀反应将硅片背面和边缘磷硅玻璃层和 pn 结刻蚀除去，同时实现背面抛光，提高太阳电池转换效率。

硅片的漂浮主要是依靠液体的表面张力。表面张力是存在于液体表面具有收缩趋势的力。表面张力的作用是均匀分布的，其方向与液面相切。在这种力的作用下，液面面积将收缩至最小值。

在液体与气体的分界面处，厚度等于分子有效作用半径的表层液体，称为液体的表面层。表面层是一个厚度约为 10^{-7} cm 的薄层，液体分子在平衡位置附近振动并在液体内移动。由于表面层液体分子间距比较大，分子合力表现为垂直指向液体内部的吸引力，如图 7-6 和图 7-7 所示。

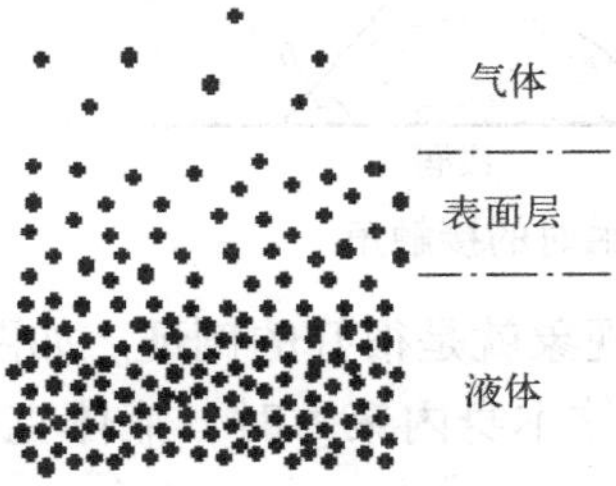

图 7-6 液体表面分子分布的示意图

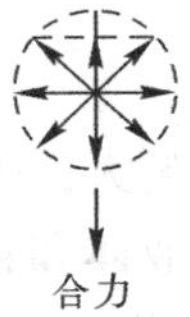

图 7-7 液体表面层分子的合外力

从微观看，分子间存在引力，液体内部的每个分子都受到周围分子的引力，处于平衡状态。但边界处的分子只受到内部分子的引力，所受的合外力指向液体内部，所以液体表面层分子的相互作用势能比液体内部分子大。根据势能最小原则，在没有外力影响下，液体应处于表面积最小的状态。因此，表面层分子有往液体内部运动、使液体表面收缩的趋势。表面张力是存在于表面的张力，而不是作用于表面的力。

液体的表面张力的大小由表面张力系数来表征。不同液体有不同表面张力系数，这与液体的成分、温度、密度和相邻物质的性质等因素有关。

当液体与固体相接触时，在液体与固体接触面上厚度为液体分子有效作用半径的液体层称为附着层。液体和固体的性质不同，附着层内的分子作用力也不同，导致液体与固体的接触有浸润和不浸润之分。固体和液体接触时，它们的接触面趋于扩大且相互附着的现象称为浸润，如图 7-8（a）所示；它们的接触面趋于缩小且相互不能附着的现象称为不浸润，如图 7-8（b）所示。

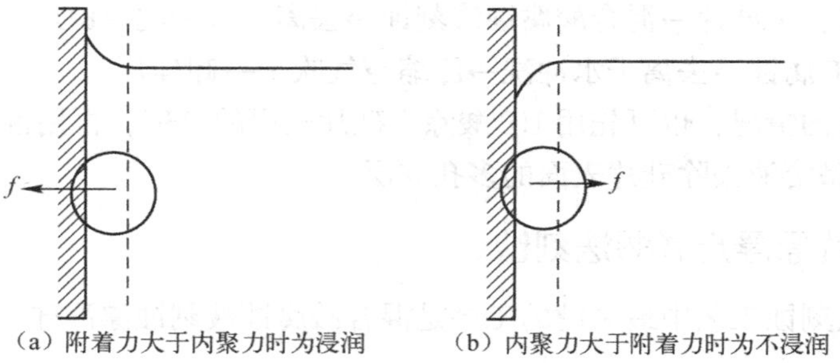

图 7-8　液体和固体接触时的浸润情况

液体内部分子对附着层内液体分子的吸引力称为内聚力，固体分子对附着层内液体分子的吸引力称为附着力。如果附着层中的液体分子受固体分子的吸引比内部液体分子强，附着层里的分子就比液体内部更密，在附着层里就出现液体分子互相排斥的力，这时跟固体接触的表面有扩大的趋势，即内聚力小于附着力，形成浸润现象，见图 7-8（a）。当液体与固体接触时，附着层中的液体分子受固体分子的吸引比内部液体分子弱，导致附着层中的液体分子比液体内部稀疏，与固体接触的液体表面有缩小的趋势，即内聚力大于附着力时，形成不浸润现象，图 7-8（b）中的 f 表示附着层中的液体分子的内聚力与附着力的合力。

液体对固体的浸润程度由接触角来表示。接触角是指在液体和固体接触时，固体表面经过液体内部与液体表面所夹的角，通常用 θ 表示，如图 7-9 所示。当 $\theta<\pi/2$ 时，液体浸润固体；当 $\theta>\pi/2$ 时，液体不浸润固体。

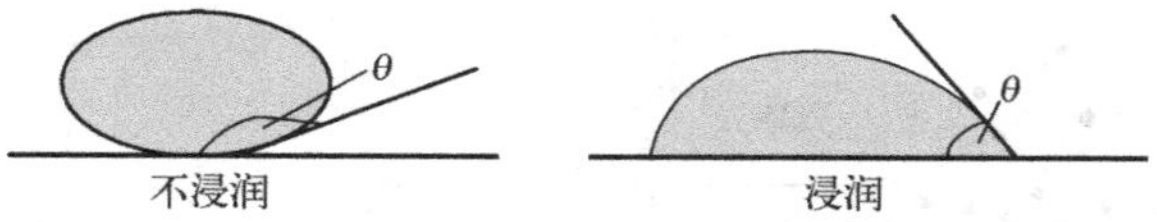

图 7-9　液体和固体接触时的接触角

液体的内聚力越大，则表面张力也越大，毛细现象就是很好的例证。如图 7-10 所示，液体在毛细管里，当液体和管壁之间的附着力大于液体本身内聚力时，液体克服重力沿管壁上升；反之，液体下降。

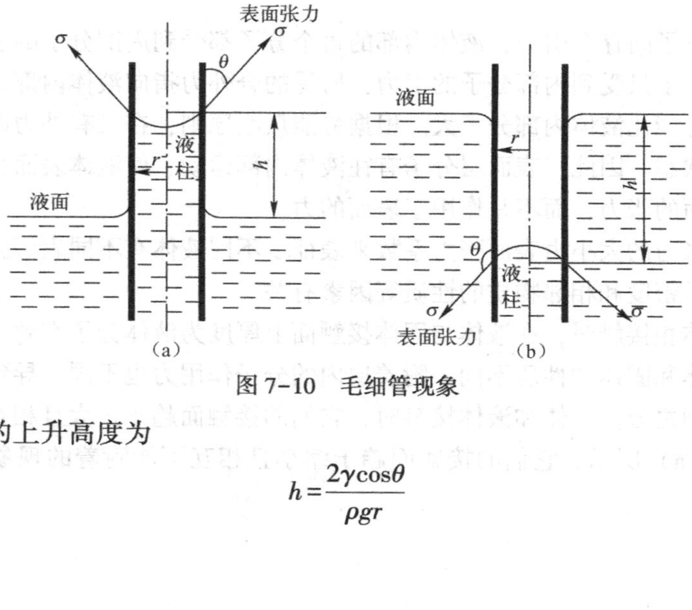

图 7-10　毛细管现象

毛细管液柱的上升高度为

$$h=\frac{2\gamma\cos\theta}{\rho g r} \tag{7-7}$$

式中，γ 为表面张力，θ 为接触角，ρ 为液体密度，g 为重力加速度，r 为毛细管的内径。

液体能否浸润固体，取决于两者的性质，而不是单纯由液体或固体单方面性质决定。同一种液体，对一些固体是浸润的，对另一些固体是不浸润的。硅片漂浮式（也称水上漂方式）湿法刻蚀就是成功地利用了这一原理。

刻蚀液对于两边的挡板是不浸润的，而且张力要大，让液面高于挡板。硅片下面设有滚轮，滚轮对漂浮在溶液面上的硅片有支撑作用，并使硅片能在其带动下顺利前进，如图 7-11 所示。同时，硅片的背面与溶液表面接触，使其 PSG 层和 pn 结被溶液刻蚀。在硅片的侧壁上，由于硅片扩散后覆盖在表面上的 PSG 层有很强的亲水性，对溶液是浸润的，溶液中的溶质在水的带动下沿侧壁上升，在四周侧壁发生刻蚀反应，从而除去了侧壁上的 PSG 和 pn 结，如图 7-12 所示。

硅片侧壁经过刻蚀后，硅片侧面的 PSG 层已消失，侧壁裸露的硅表面是疏水的，溶液不会沿着侧壁延伸到正面，正面不会发生刻蚀反应。

图 7-11　滚轮上漂浮的硅片

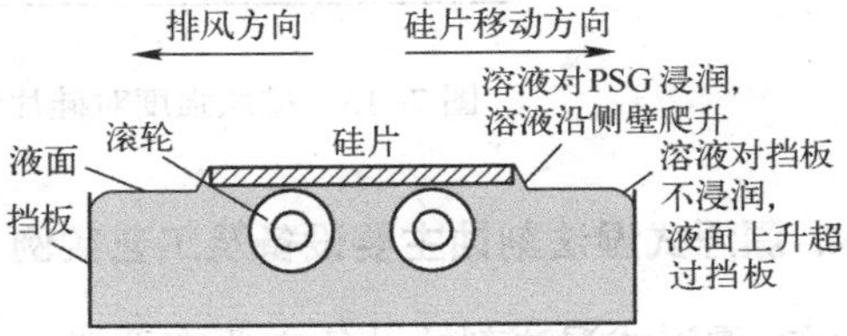

图 7-12　硅片漂浮刻蚀原理

2. 湿法漂浮刻蚀的作用

湿法刻蚀通过调整 HF 和 HNO_3、补液频率和补液量能获得硅片抛光背面，在太阳光大于 1 μm 的有效波段内，湿法腐蚀的硅片的反射率明显低于绒面硅片的反射率，改善了长波响应。同时，湿法漂浮刻蚀还能降低背表面复合速率，提高内量子效率（IQE）。此外，湿法刻蚀与等离子体干法刻蚀相比，能避免等离子体刻蚀对太阳电池边缘的损伤，有效保护了正面 pn 结，增大了太阳电池受光面积。这些因素使湿法刻蚀能明显提高太阳电池的短路电流和开路电压，从而将太阳电池转换效率提升 0.1%～0.2%。

3. 影响漂浮刻蚀质量的因素

在溶液中加入硫酸可以调节溶液的表面张力，由公式 $h=\dfrac{2\gamma\cos\theta}{\rho g r}$ 可知，表面张力越大，溶液相对于挡板、滚轮的液位就越高。如果硫酸添加量太小，则表面张力太低，附着力不足以使溶液的上升高度达到硅片侧面顶端，刻蚀反应不能覆盖硅片侧面全部面积；如果硫酸太多，则张力会使液面上升过高，溶液会很容易越过侧面顶端进入硅片正面，在正面发生反应。

除了调节溶液的表面张力，还有其他一些因素会影响硅片的刻蚀质量。

☺ *若硅片运动速率太大时，则硅片对溶液的推力太大，导致溶液上升，容易到正面发*

生刻蚀反应；若硅片运动速率太小，则硅片在溶液中滞留时间太长，溶液更容易延伸到正面反应。如果排风强度太小，则溶液难以上升到硅片侧面顶端；如果排风强度太大，则溶液容易被推到正面发生反应。排风强度对硅片侧面溶液的推力和重力的影响如图7-13所示。

☺ 滚轮速度低、排风强度小时，硅片的后拽力或排风对溶液的推力减小，硅片后端的刻蚀边会增大。

☺ 滚轮高度不一致将导致硅片不同部位距离液面的高度不同，在位置低的部位容易造成溶液进入硅片正面，在正面发生刻蚀反应。

☺ 当排风不稳定时，溶液的液面上下波动，会导致在正面发生反应。循环流速太低，会产生气泡；循环流速太高，则液面上升高度过大。

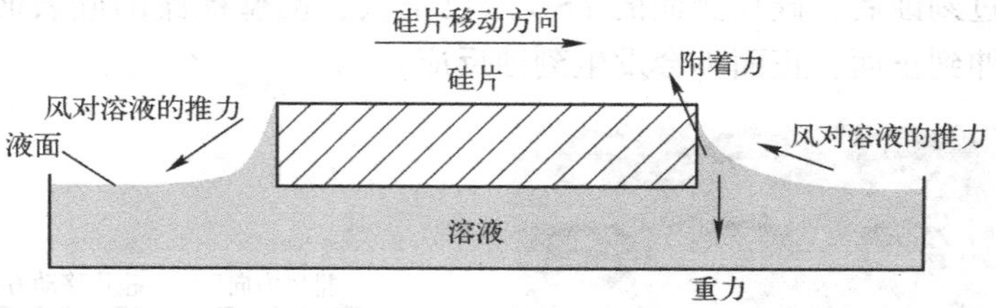

图7-13 排风强度对硅片侧面溶液的推力和重力的影响

4. 漂浮式湿法刻蚀主要设备及工艺实例

现在漂浮式湿法刻蚀设备主要有两类：丽娜（Rena）刻蚀设备和库特勒（Kuttler）刻蚀设备。下面介绍丽娜（Rena InOxSide）刻蚀设备[3]及相应的刻蚀工艺实例。

1）湿法刻蚀材料 除已经过扩散的晶体硅片外，主要材料有硝酸 HNO_3（65%～68%，电子级）、氢氟酸 HF（40%，电子级）、硫酸 H_2SO_4（98%，电子级）、氢氧化钾 KOH（45%～50%，电子级）、去离子水 DI（大于 15 MΩ · cm）、压缩空气（6 bar，除油，除水，除粉尘）、冷却水（4 bar）等。

2）设备组成部分、工艺及质量检查 Rena InOxSide 设备与刻蚀、碱洗、酸洗和吹干等工艺步骤相配合，其主体部分由不同功能的槽体组成，配置有滚轮、循环系统、通风系统、温度控制系统、自动及手动补液系统等，如图7-14所示。图7-15所示为 Rena InOxSide 设备中的刻蚀工艺流程。图7-16所示为 Rena InOxSide 设备的实物照片。

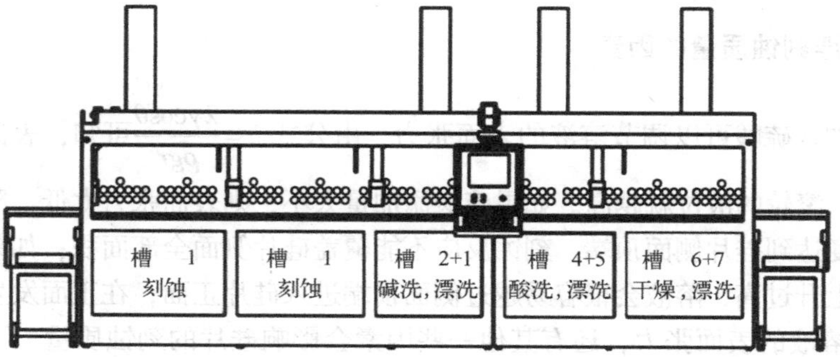

图7-14 Rena InOxSide 设备的组成

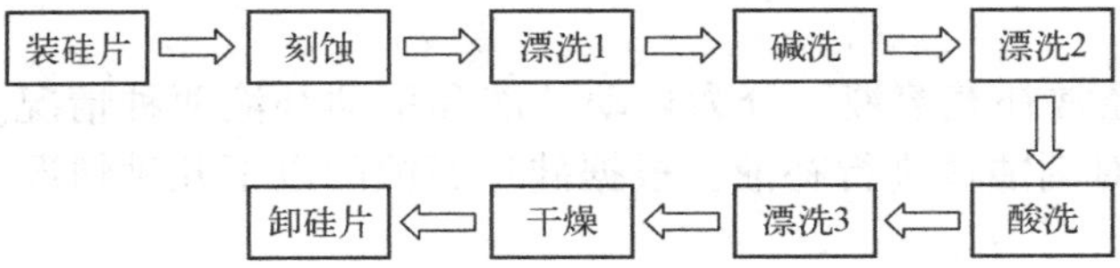

图 7-15　Rena InOxSide 设备中的刻蚀工艺流程

图 7-16　Rena InOxSide 设备的实物照片

（1）刻蚀槽：用于刻蚀边缘，除去边缘 pn 结。所用溶液为 $HF+HNO_3+H_2SO_4$。主要工艺参数视具体情况而定。工艺参数实例如下。

- ☺ 化学试剂体积浓度：HF（71mL/L）和 HNO_3（330 mL/L）；
- ☺ 首次充液体积：450 L；
- ☺ HF∶HNO_3的体积配比：约为 1∶3；
- ☺ 循环流量：通过调节泵的功率控制；
- ☺ 槽内处理温度：(7±1)℃。
- ☺ 扩散面应向上放置，硅片浮于刻蚀液上，仅下表面与液体接触。
- ☺ 滚轮分三段设定速度，可根据实际情况进行速度调整。
- ☺ 提高温度可加快反应速度，可通过微调槽内温度改变刻蚀速率。
- ☺ 刻蚀液质量寿命期满时，应及时更换整槽刻蚀液。

刻蚀质量检查如下：

- ☺ 测量绝缘电阻：显示绝缘电阻下降（小于 1 kΩ），边缘漏电，甚至短路，表明刻蚀不足。
- ☺ 称重及目测观察：显示质量减轻超过规定值［如（0.2±0.05)g］，或硅片表面周边的刻蚀宽度超过规定值（如 1 mm），表明刻蚀过度。
- ☺ 目测观察：表面绒面应无明显斑迹和溶液残留。

（2）碱洗槽：用于除去硅片表面多孔硅以及中和刻蚀后残留在硅片表面的酸液，所用溶液为 KOH（或 NaOH）溶液。主要工艺参数实例如下。

- ☺ 初始充液浓度：2%；
- ☺ 槽温：(22±4)℃；
- ☺ 槽内腐蚀液质量寿命期：360 h；
- ☺ 腐蚀液质量寿命期满时须更换整槽腐蚀液。

（3）酸洗槽：用于去除 PSG，以及中和碱洗后残留在硅片表面的碱液。所用溶液为 HF 溶液。主要工艺参数实例如下。

- ☺ 初始充液 HF 浓度：5%；
- ☺ 槽温：(22±4)℃；
- ☺ 槽内腐蚀液质量寿命期：360 h；
- ☺ 腐蚀液质量寿命期满时须更换整槽腐蚀液。

（4）清洗槽和干燥器：设备中还有 3 个去离子水清洗槽和 2 个被称为风刀的压缩空气

吹风器。风刀的作用：一是吹干硅片，二是将硅片表面带出的溶液吹回溶液槽，以减少溶液流失。

腐蚀质量检查：目测观察，若表面未完全脱水，则表明 PSG 未被除净，应适当补加 HF 腐蚀。

3）补充溶液 在刻蚀工艺中须要经常补充溶液，分为自动补液和手动补液两种情况。当刻蚀硅片达到一定量时，机器会自动对刻蚀槽进行补液；根据硅片腐蚀的以下几种情况，须要进行手动补液。

（1）刻蚀量不足：当刻蚀深度不够时，须要补充刻蚀液。由于硫酸补液容易导致刻蚀槽温度上升，使硅片边缘发黑，应慎重使用。

（2）酸残留：当硅片表面有大量酸残留，形成硅片黄斑或边缘发黑时，须要补充碱液。

（3）PSG 残留：当用风刀不能吹干硅片时，通常会有 PSG 残留，应补充 HF 酸，重新腐蚀 PSG。

在上述实例中，手动补液的每次补液量如下。

☺ 刻蚀液，HF：1 L，HNO_3：3 L，H_2SO_4：3 L；

☺ 碱液，KOH：2 L；

☺ 酸液，HF：2 L。

4）工艺控制 工艺环境要求：温度（25±3）℃；相对湿度 40%～60%，无凝露。

刻蚀槽温度应控制在（7±1）℃，以避免发生欠刻蚀和过刻蚀。

应合理设定刻蚀槽的循环流量。循环流量过小会导致腐蚀量不够，过大会导致过腐蚀。硅片与滚轮摩擦易产生碎片，可调整风刀的风压和吹风方向，以及调整滚轮位置和数量，避免卡片现象发生，降低碎片率。每隔一定时间（如 1 h），应抽检每批片子的腐蚀深度、刻蚀宽度（或腐蚀质量）和绝缘电阻，并监控设备稳定性和溶液的均匀性。应注意刻蚀槽溶液的颜色，如变为绿色，应立即更换。

碱洗槽温度应小于 23 ℃；喷淋量应足够大，以充分腐蚀硅片背面多孔硅。

压缩空气风干时，风刀的风量要合适，如果过小，则硅片不能完全风干；过大时易产生碎片。经过补充 HF 酸重新腐蚀 PSG 后，如果风刀仍然不能吹干硅片表面，则应全面检查各工艺步骤。设备停机后，应及时冲洗风刀和滚轮等部件。刻蚀清洗后，应在 4 h 内转入 PECVD 工序，以免硅片污染氧化。

现在，Rena 在线式湿法刻边设备已可大规模应用于太阳电池生产，但设备和工艺仍须改进。由于 PSG 是亲水性的，操作时，溶液很容易通过上表面亲水的 PSG 爬升到表面，造成过刻蚀，所以对设备的机械精度、运行稳定性和排风的稳定性以及工艺控制要求很高，否则容易造成碎片和“黑边”片。

库特勒设备采用同样的漂浮方式，但工序上改为先除去 PSG，再刻蚀的方法。除去 PSG 后的硅片表面是疏水的，溶液不容易延伸到上表面，能比较有效地防止出现“黑边”问题。但是由于这种方法在硅片进入 KOH 槽之前已经除去了 PSG，当硅片通过 KOH 槽时，其表面已没有 PSG 的保护，所以碱液会腐蚀 pn 结，虽然这种腐蚀并不严重，但仍会影响方块电阻均匀性。

7.3.3 滚轮携液方式的湿法刻蚀

国产捷佳创刻蚀设备和斯密特刻蚀设备的特点是采用滚轮将溶液带到硅片背面和周边进

行刻蚀[4]。硅片由滚轮拖着前行，液面比滚轮的上表面要低。独特的滚轮设计，利用毛细作用吸附硅片，使硅片在流动的溶液中移动时可以做到不分道、不走偏方向，可以使碎片顺利传送出机器而不会被卡住或叠合。由于滚轮始终往一个方向转动，会造成硅片前半部分和后半部分表面的刻蚀量不同。为此，这类设备在刻蚀到一半的时候，将硅片旋转一定角度后再刻蚀，这种设计能有效地改善硅片刻蚀的均匀性。此外，设备自动化控制程度较高，溶液和水的用量较少。现在这类设备在生产线上已基本取代了其他刻蚀设备。图 7-17 所示的是一种斯密特在线式刻蚀设备的实物照片。

图 7-17 斯密特在线式刻蚀设备的实物照片

生产工艺过程分为 9 个步骤：装硅片和水喷淋→边缘腐蚀→冲洗→碱（KOH）清洗→冲洗→酸（HF）洗→冲洗→风刀吹干→卸硅片，分别与斯密特设备的 9 个区域相对应，由 1 ～ 9 号共 9 个模组组成。滚轮携液方式的湿法刻蚀设备的结构如图 7-18 所示。

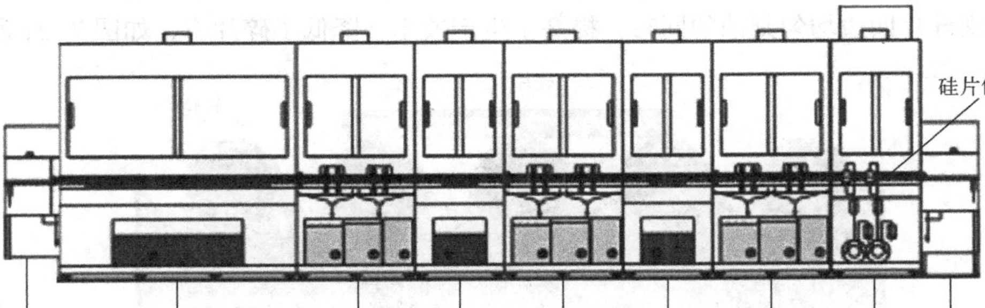

图 7-18 滚轮携液方式的湿法刻蚀设备结构示意图

硅片传送系统是通过驱动电动机带动从动轮上的齿轮，再由齿轮带动一系列定中心滚轮、传送轮、定位轮，将硅片依次从 1 ～ 9 号模组进行传送。

2 ～ 8 号每个模组都设置了排风设施和气体监测传感器。排风设施包括模组排风、溶液槽排风以及硅片下方的排气管排气。除刻蚀槽和第一道水喷淋之间用吹液风刀外，其他槽与槽之间的液体隔绝使用的是能转动的海绵辊。酸、碱洗槽均采用浸泡方式，水冲洗采用的是喷淋方式；风刀的风量均采用数字控制。

腐蚀液和水都要经过过滤，腐蚀液用 50 μm 的滤芯过滤，水用 5 μm 的滤芯过滤。

1 号和 9 号模组分别为硅片的装片和卸片模组，安装有监测和跟踪用的传感器和用于硅片计数的脉冲发生器。其中，监测传感器能够正确测定太阳电池片的传送速度，如图 7-19

图 7-19　滚轮携液方式的湿法刻蚀设备中安装的传感器

所示；脉冲发生器设计为每传送 1 mm 发出一个脉冲信号；在进口处还安装气体浓度监测传感器，监测酸的挥发气体的浓度；还设有硅片传送轮导向机构，用以调整硅片的位置。

1 号模组安装有喷淋器，在硅片进入刻蚀槽之前用水喷淋，使硅片表面形成水膜，保护硅片的上表面不被刻蚀液上方的酸性气体腐蚀。

2 号模组为刻蚀模组，其中刻蚀槽的材料为 PVDF，滚轮设计成可自由活动的，用以降低碎片率。硅片进入 2 号刻蚀槽时，硅片位于腐蚀液液面的上方，并与之保持一定的距离，液位高度由腐蚀液流量确定。腐蚀液须通过滚轮带动才能接触硅片背面的四周边缘，并进行刻蚀。这种方法的最大优点是腐蚀液不会接触到硅片的正面，附着在轮面带齿的滚轮上的腐蚀液只能对硅片背面的四周边缘进行腐蚀。由于周边刻蚀隔离，增加了太阳电池的发射极与背面的绝缘性能，改善了太阳电池的充填因子 FF。图 7-20 所示为滚轮携液方式的湿法刻蚀设备刻蚀原理示意图。模组内有两个腐蚀液槽，两个液槽中间有一套硅片的升降旋转机构，当硅片到达旋转盘上后，旋转盘升高，旋转一定角度后再下降，硅片也随着转动一个角度后继续前移，其目的是为了均匀地刻蚀硅片四边。硅片在转轮上前行时，腐蚀液会聚集在硅片后部，导致硅片前后两边刻蚀不均匀，在刻蚀一半时间后改变硅片的位置，有利于获得硅片四边均匀的刻蚀量。较早的设备设计的旋转盘转动的角度是 180°，现在已改为转动 90°，在刻蚀一个方向的两边后再刻蚀另外两边，在实现硅片四边均匀刻蚀的同时，提高了生产效率，降低了碎片率，如图 7-21 所示。

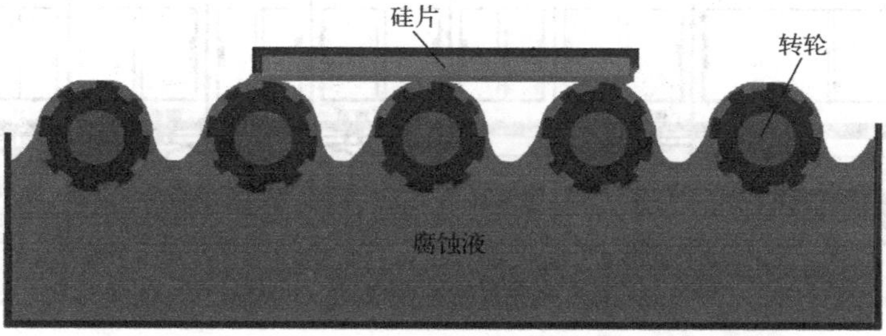

图 7-20　滚轮携液方式的湿法刻蚀设备刻蚀原理示意图

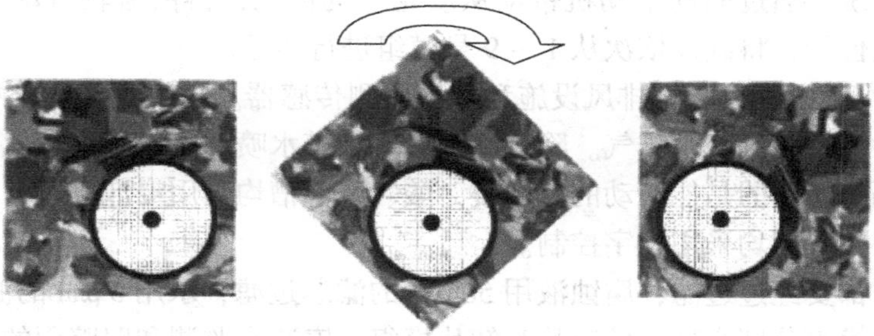

图 7-21　硅片转动示意图

液槽内的 HF/HNO_3腐蚀液不断循环，其中硝酸的浓度为 63%，氢氟酸的浓度为 50%。浓度采用滴定方法调整。液槽内置储液罐，添加的腐蚀液量根据液位高度由控制系统自动控制；也可手动补液，但必须按操作规程进行。腐蚀液通过冷冻机进行冷却，腐蚀液的温度由温度感应器测定，温度控制范围为±5 ℃。

3 号模组为冲洗模组，包含 3 个水槽，其水位是不同的。在清洗过程中，硅片依次从第 1 个水槽到第 3 个水槽，为了节约用水，纯净水从第 3 水槽进入，再泵到第 2 水槽，最后从第 1 水槽排出。硅片清洗后，用特制海绵辊隔离，再将硅片吹干。冲洗的水流量的设置要合适，过小达不到清洗效果，过大易造成碎片。

5 号和 7 号两个模组也是清洗硅片的模组，其结构、功能与 3 号模组相同。

4 号模组是碱洗模组，将硅片沉浸在碱洗槽的 KOH 腐蚀液中，一方面用以中和前一道工序中残留的酸液，另一方面对多孔硅表面进行腐蚀处理和抛光。腐蚀液中 KOH 的浓度为 2%～5%，浓度是通过测量其导电率确定并进行控制的。

硅片由碱洗槽中的转轮带动前行，前后是海绵辊，能有效隔绝前后槽之间的相互污染。

碱洗槽中的转轮和海绵辊布置如图 7-22 所示。

图 7-22 碱洗槽中的转轮和海绵辊布置

6 号模组是酸洗模组。硅片浸泡在酸洗槽的 HF 酸溶液中，其作用是除去硅片表面的 PSG，并中和残留的碱（如 KOH 等）。酸洗槽中的转轮和海绵辊布置与碱洗槽一样。

8 号模组是烘干模组，用于烘干硅片。用两台空气压缩泵吹风，空气通过粗过滤和细过滤后，自行加热到 40 ℃左右，送到两组风刀中对硅片进行吹风烘干。

最后还须对硅片进行检测，将不符合要求的硅片剔除。

7.4 硅片周边表面刻蚀后的质量检查

硅片去除边缘扩散层和表面玻璃层后的质量检查要求如下所述。

1）表观质量 表观质量采用目视法进行检查和显微镜观测等。硅片腐蚀量可用天平称重测定。

2）硅片边缘和表面的导电型号检查 导电型号采用仪器进行检查，有两种方法：冷热探针法和整流法。

（1）冷热探针法：这是利用金属与半导体接触时产生的温差电效应，即当冷热金属探针同时与硅片表面接触时，探针之间会产生温差电动势，电动势极性与半导体硅片的导电类型有关，如果是n型硅片，由于热探针附近温度较高，电子的浓度增加，于是电子由热端扩散到冷端，导致热端缺少电子，冷端的电子过剩，产生温差电势，温差电流由正端热探针流向负端冷探针。当电流表指针向左偏转或液晶显示屏上显示为“-”时，可判定型号为n型；否则为p型。

通常选用不锈钢作为冷热探针材料，针尖为60°锥体，热探针（也称热笔）温度在40～60℃范围内，冷探针温度与室温相同。由于热电动势微弱，须经高倍放大后才能使表针偏转及或液晶显示屏显示。热探针的温度不能过低，否则电动势太小，影响测量；也不能过高，否则会引起本征激发。当测量高电阻率硅片时，会造成本征激发载流子占主导，由于电子迁移率高于空穴，使电动势为负值，将型号变为n型，引起型号误判。冷热探针法只适用于检测非本征硅片，其电阻率范围为10^4～10^{-4} Ω·cm。

（2）整流法：金属探针与半导体材料接触时有整流作用，形成非对称电导。对于n型半导体，由金属探针指向半导体为导通方向；对于p型半导体，由半导体指向金属为导通方向。利用极性方向即可判别半导体材料的导电类型。

整流现象发生在金属与半导体的表面层，测量时受半导体的表面状态的影响较大。对于测量电阻率低于1000 Ω·cm的硅片，在室温情况下，采用热电法的测量结果比整流法更可靠。

整流法应选用硬质合金探针。

（3）导电型号测试仪：生产中常使用导电型号测试仪，既可采用冷热探针法也可用整流法测试。图7-23所示为导电型号测试仪测试原理示意图。

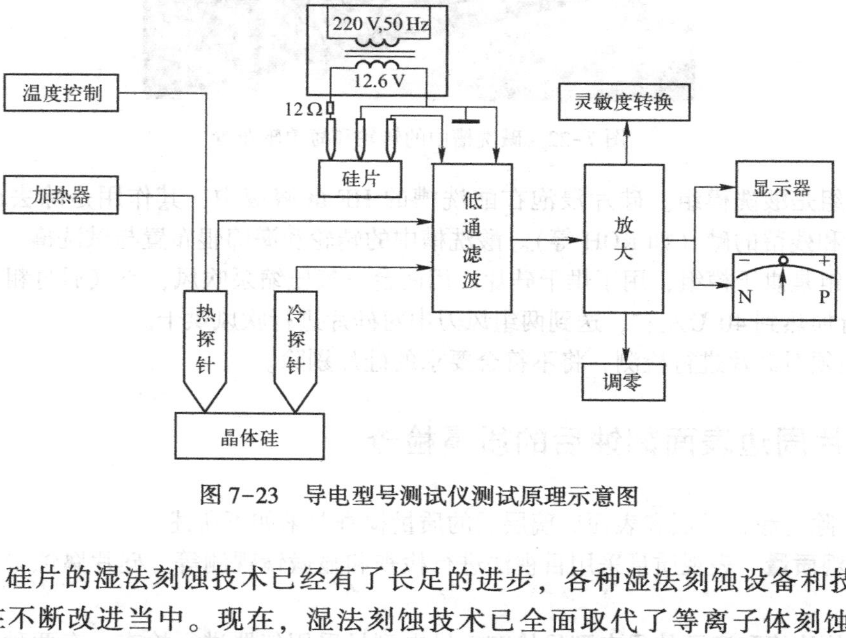

图7-23　导电型号测试仪测试原理示意图

总之，硅片的湿法刻蚀技术已经有了长足的进步，各种湿法刻蚀设备和技术各有优缺点，都在不断改进当中。现在，湿法刻蚀技术已全面取代了等离子体刻蚀加氢氟酸腐蚀的传统方法，其中的滚轮携液方式的湿法刻蚀设备又基本上取代了漂浮式湿法刻蚀设备。

参考文献

[1] 陈特超,谢丽华. 太阳电池线中的新型等离子体刻蚀机的研制[J]. 电子工业专用设备,2010,39(8):40-44.

[2] 杨金,郭进,魏唯,等. 刻蚀设备在太阳能晶硅电池刻蚀工艺中的应用[J]. 电子工业专用设备,2013(8):26-29.

[3] Hanwha SolarOne. RENA 技术说明中文版(InOxSide)[EB/OL]. (2011-05-12)[2022-09-20]. http://www.doc88.com/p-69023077148.html.

[4] Schmid. Schmid 制绒刻蚀设备[EB/OL]. (2022-04-08)[2022-09-20] https://wenku.baidu.com/view/63e022adef3a87c24028915f804d2b160a4e8647.html

第 8 章　减反射膜/钝化膜制备与激光消融开孔

为了减少硅片表面入射光反射率，增加光的吸收，除了硅片表面绒面化外，另一个有效方法是在太阳电池受光面制备减反射膜。在太阳电池表面制作绒面的基础上，再沉积减反射膜，可使硅表面的反射率从 33%降至 5%以下，如图 8-1 所示。

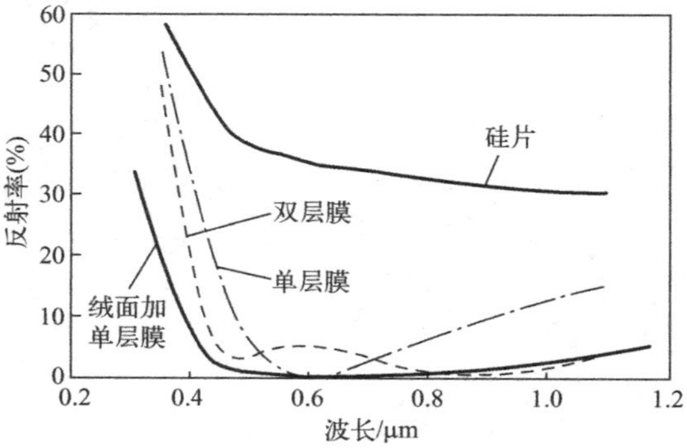

图 8-1　晶体硅片的表面镀膜及制绒后对硅片反射率的影响[1]

8.1　减反射膜的减反射原理

光照射到平面的硅片上，会有一部分光从硅片表面反射，反射率的大小取决于硅和外界透明介质的折射率。

光线垂直入射时，硅片表面的反射率 R 可以由下式表示：

$$R=\left(\frac{n_{\mathrm{Si}}-n_0}{n_{\mathrm{Si}}+n_0}\right)^2 \tag{8-1}$$

式中，n_0为外界介质的折射率，n_{Si}为硅材料的折射率。由于硅的色散，对于不同波长的入射光，硅的折射率是不同的[2]，见表 8-1。

表 8-1　不同波长平面硅表面的折射率（300K）

波长 λ/μm	折射率 n
1.1	3.5
1.0	3.5
0.90	3.6
0.80	3.65
0.70	3.75
0.60	3.9
0.50	4.25
0.45	4.75
0.40	6.0

按表 8-1 列出的折射率和式（8-1），可算得不同波长硅片表面的反射率。波长为 400 ～ 1100 nm 的硅片表面反射率平均值为 33%。可见，如果硅表面不设置减反射膜，在大气中约有三分之一的太阳光被反射。

当硅片表面覆盖有硅橡胶等透明介质膜时，其反射率约为 20%。对于具有绒面的硅片表面，由于入射光产生多次反射而增加了吸收，减少了反射，但仍有 10%以上的反射损失。

如果硅片表面有一层透明介质膜，光入射后将在介质膜两个界面上发生反射，如图 8-2 所示。由于两个界面上的反射光相互干涉，选择合适的膜厚和折射率，可以降低或增加硅片表面的反射率。

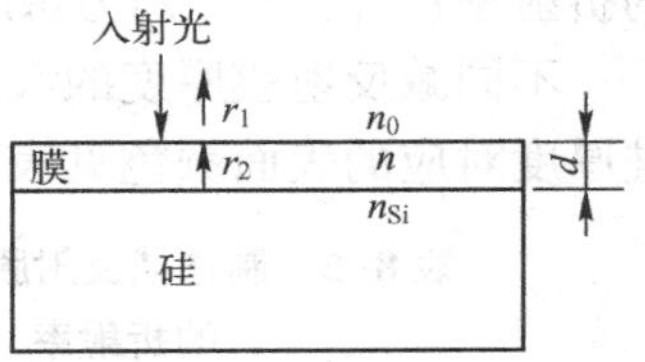

图 8-2　透明介质膜的光反射

在有薄膜干涉的情况下，反射率为

$$R=\frac{r_1^2+r_2^2+2r_1r_2\cos\Delta}{1+r_1^2+r_2^2+2r_1r_2\cos\Delta} \tag{8-2}$$

式中：r_1是外界介质-膜界面上的菲涅尔反射系数，$r_1=\dfrac{n_0-n}{n_0+n}$；r_2是膜-硅界面上的菲涅尔反射系数，$r_2=\dfrac{n-n_{Si}}{n+n_{Si}}$；$\Delta$ 为膜层厚度引起的相位角，$\Delta=\dfrac{4\pi}{\lambda_0}nd$。这里：$n_0$、$n$ 和 n_{Si}分别为外界介质、膜层和硅的折射率；λ_0是入射光的波长；d 是膜层的实际厚度；nd 为膜层的光学厚度。

当波长为 λ_0的光线垂直入射时，如果膜层光学厚度为 $\lambda_0/4$，即 $nd=\lambda_0/4$，则由式（8-2）可得：

$$R_{\lambda_0}=\left(\frac{n^2-n_0n_{Si}}{n^2+n_0n_{Si}}\right)^2 \tag{8-3}$$

如果反射膜的折射率满足

$$n=\sqrt{n_0n_{Si}} \tag{8-4}$$

则 $R_{\lambda_0}=0$，即反射损失可减到最小。

这是针对特定波长为 λ_0、膜层光学厚度为 $\lambda_0/4$ 时，要求 $R_{\lambda_0}=0$ 所需减反射膜的折射率。当波长大于或小于 λ_0时，反射率都将增大，因此应按太阳光谱分布和太阳电池的相对光谱响应选取一个合理的波长 λ_0。地面太阳光谱能量分布的峰值在波长为 0.5 μm 处；而硅太阳电池的相对响应峰值波长范围为 0.8～0.9 μm。因此，减反射效果最好的波长范围应为 0.5～0.7 μm，通常选取 λ_0=0.6 μm，对应的减反射膜的光学厚度为 0.15 μm。镀膜后硅片表面呈深蓝色。

太阳电池使用时都是封装在组件中，硅太阳电池的外界介质为玻璃，其折射率 n_0约为 1.5，而硅的折射率 n_{Si}为 3.9，最匹配的减反射膜折射率应为

$$n=\sqrt{n_0n_{Si}}\approx 2.4 \tag{8-5}$$

由式（8-5）可见，对减反膜来说，膜厚和折射率是最重要的参数，但选用的材料应具有较大的透过率、物理和化学稳定性良好、制备方法和设备较经济等条件。表 8-2 给出了几种制作减反射膜常用的材料及其折射率，材料的折射率与入射光波长相关[3-4]。

以上介绍的是单层减反射膜的情况，减反射膜的厚度和折射率须满足：

$$nd=\frac{\lambda_0}{4},\quad n=\sqrt{n_0n_{Si}} \tag{8-6}$$

对于双层减反射膜，应满足：

$$n_1d_1=n_2d_2=\frac{\lambda_0}{4},\quad n_1^2n_{Si}=n_2^2n_0(n_{Si}>n_2>n_1>n_0) \tag{8-7}$$

式中：n_0为光进入减反射膜前介质的折射率；n_1、n_2分别为每层减反射膜的折射率；n_{Si}为硅

的折射率；d_1、d_2分别为每层减反射膜的厚度。

不同减反射膜厚度的太阳电池表面呈现不同的颜色。以多晶硅太阳电池为例，不同氮化硅厚度对应的表面颜色见表8-3。

表8-2 制作减反射膜所用材料的折射率

材　料	折　射　率 n
Si_3N_4	2.05
SiO_2	1.46
Al_2O_3	1.76
TiO_2	2.62
MgF_2	1.38

注：表中波长为590 nm（2.1eV）时测得的数据。

表8-3 多晶硅太阳电池的不同氮化硅厚度对应的表面颜色

厚　度/nm	颜　色
410	绿色
210	红色
150	金色
80	蓝色

TiO_2、SiO_2、SnO_2、ZnS、MgF_2和SiN_x薄膜都可作为减反射膜。对于单层减反膜，虽然热氧化SiO_2有良好的表面钝化作用，有利于提高太阳电池效率，但折射率偏低，其减反射效果欠佳；TiO_2的折射率合适，减反射效果较好，但是没有钝化作用。采用PECVD法制作的SiN_x膜，既具有良好的减反射效果，又有很好的表面钝化和体钝化作用，目前在生产中使用最为普遍。

8.2 氮化硅减反射薄膜

沉积氮化硅（SiN_x）膜的CVD方法有3种：常压CVD（APCVD）、低压CVD（LPCVD）和等离子体增强CVD（PECVD）。

8.2.1 氮化硅减反射薄膜沉积方法

APCVD是在常压、700～900℃温度下使硅烷和氨气进行反应制备SiN_x，LPCVD是在低压（约0.1 torr）、约750℃温度下使二氯硅烷（dichlorosilane）和氨气反应制备SiN_x；而PECVD则是在低压（约1torr）、低于450℃的温度下，利用等离子体增强作用，使硅烷、氨气或氮气反应来制备SiN_x。

1. PECVD方法制备SiN_x膜

1）PECVD方法制备SiN_x膜的原理 PECVD沉积技术的原理是利用辉光放电产生低温等离子体，在低气压下将硅片置于辉光放电的阴极上，借助于辉光放电加热或另加发热体加热硅片，使硅片达到预定的温度，然后通入适量的反应气体，气体经过一系列反应，在硅片表面形成固态薄膜。

以硅烷、氨作为反应气体，采用PECVD沉积SiN_x薄膜的反应式为

$$\begin{cases} 3SiH_4 \xrightarrow[450℃]{\text{等离子体}} SiH_3^- + SiH_2^{2-} + SiH^{3-} + 6H^+ \\ 2NH_3 \xrightarrow[450℃]{\text{等离子体}} NH_2^- + NH^{2-} + 3H^+ \end{cases} \tag{8-8}$$

总反应式为

$$3SiH_4+4NH_3 \xrightarrow[450℃]{等离子体} Si_3N_4+12H_2\uparrow \tag{8-9}$$

实际上，所形成的膜并不是严格按氮化硅的化学计量比 3∶4 构成的，氢的原子数百分含量高达 40at%，写作 SiN_x∶H（简写为 SiN_x）。通常将反应式表述为

$$SiH_4+NH_3 \xrightarrow[350\sim450℃]{等离子体} SiN_x:H+H_2\uparrow \tag{8-10}$$

与其他 CVD 沉积方法相比，PECVD 沉积技术的优点是：等离子体中含有大量高能量的电子，可提供 CVD 过程所需的激活能。由于与气相分子的碰撞促进气体分子的分解、化合、激发和电离过程，生成高活性的各种化学基团，从而显著降低了 CVD 薄膜沉积的温度，实现了在低于 450℃的温度下沉积薄膜，而且在降低能耗的同时，还能降低由于高温引起的硅片中少子寿命衰减。此外，这种沉积方法还有利于太阳电池的规模化生产。

采用 PECVD 技术在太阳电池表面沉积一层氮化硅（SiN_x）减反射膜，不仅可以显著减少光的反射，而且因为在制备 SiN_x膜层过程中存在大量的氢原子，可对硅片表面和体内进行钝化。特别是对多晶硅材料，由于晶界上的悬挂键可被氢原子饱和，可显著减弱复合中心的作用，提高太阳电池的短路电流和开路电压。这项工艺可将太阳电池转换效率提高约一个百分点。

2）PECVD 方法制备 SiN_x膜的特点 SiN_x薄膜是一种多功能膜，将其用于太阳电池生产的主要优点如下所述。

（1）折射率大。采用 PECVD 制备方法，通过调节硅烷、氨气的比例，改变 SiN_x薄膜中 Si 和 N 的比例，可使 SiN_x薄膜的折射率在 1.8～2.3 之间变化。与 SiO_2等减反射膜相比，其折射率更接近制作太阳电池的减反射膜所要求的折射率。

（2）掩蔽作用好。致密的 SiN_x薄膜能较好地阻止 Na 和其他一些杂质离子向太阳电池片扩散；SiN_x薄膜还具有良好的绝缘性、稳定性和抗紫外线（UV）性能。此外，SiN_x薄膜的防潮性能远优于 ZnS、MgF 等减反射薄膜。这些特性特别有利于提高太阳电池长期工作的稳定性。

（3）沉积温度低。SiN_x薄膜采用 PECVD 方法沉积，形成等离子体状态，可以促进气体分子的激发和电离、分解和化合，生成反应活性基团，显著降低了反应温度，可实现低于 450℃薄膜沉积，这不仅降低了生产能耗，还可防止因高温沉积导致硅片少子寿命下降，同时还有利于阻止一些有害金属杂质向硅片扩散。而且，PECVD 方法的沉积速率高（1～20 nm/min），沉积膜层均匀，缺陷密度低，有利于提高生产效率，适合规模化生产。

（4）增强钝化效果。SiN_x膜中 H 的含量高（其原子分数可达到 25%以上），利用这项特性，与烧穿工艺相结合，可以产生很好的表面钝化和体钝化作用，其效果可与用干氧或氢钝化时的效果相当。还可结合磷钝化等工艺，增强钝化效果。

对于 SiN_x膜与电极烧穿工序的工艺兼容性，将在下面进一步介绍。

基于上述原因，采用 PECVD 法制备的 SiN_x薄膜特别适合作为太阳电池的减反射薄膜。

3）PECVD 沉积技术类型 采用 PECVD 技术沉积 SiN_x薄膜有多种方式，它们各有特点。

PECVD 沉积设备按结构形式可分为平板式和管式两类。在平板式沉积设备中，电极通

常水平放置，如图8-3（a）所示；而管式沉积设备中，电极通常垂直放置，如图8-3（b）所示。

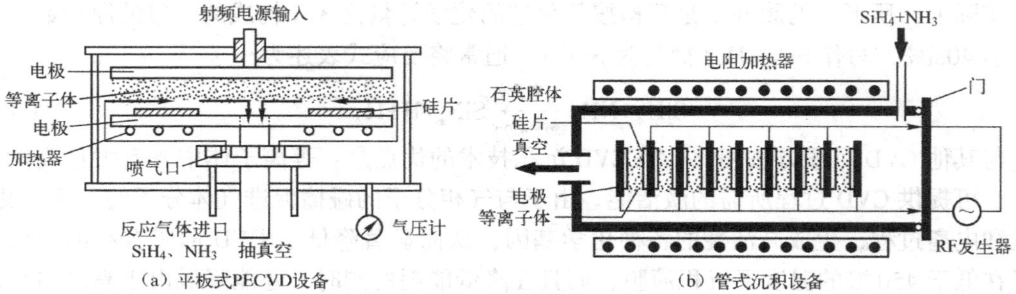

图8-3　平板式和管式沉积设备结构示意图

PECVD沉积设备按反应方式可分为直接式和间接式两种。在直接式沉积设备中，硅片置于一个电极上，直接与等离子体接触，如图8-3（a）所示。使用直接式PECVD设备，虽然沉积时由于等离子体中的重离子轰击会造成太阳电池表面较多的缺陷，但是这些缺陷能增强表面的钝化效果，同时又可以通过高温退火来消除，使得直接式PECVD沉积设备能充分发挥其生产效率高的特点。

在间接式沉积设备中，由微波或直流电激发NH_3生成的等离子体在反应腔外面的设备中产生。等离子体由石英管导入反应腔中，反应气体SiH_4直接进入反应腔，如图8-4所示。由于等离子体激发源远离放置硅片的反应腔，与硅片直接置于电极上的直接式沉积相比，等离子体对硅片表面的损伤要小得多。间接式PECVD的沉积速率高于直接式PECVD，有利于大规模生产。

按产生等离子体激发频率的不同，PECVD可分为直流、低频（10～500 kHz）、高频（常用13.56 MHz）、超高频（30～100 MHz）和微波激发等几种激发方式。低频激发时，由于重离子的轰击作用，易破坏硅基板表面，目前较少采用。

采用PECVD方法低温沉积SiN_x绝缘介质薄膜时，等离子体通常采用射频激发方法产生。按射频电场的耦合方式不同，PECVD又可分为电容耦合和电感耦合两种。

电容耦合射频PECVD装置结构示意图如图8-5所示。射频电压加在平行安置的一对平板电极上，反应气体通过平板电极时产生等离子体，在等离子体各种活性基团的参与下，在硅衬底表面沉积薄膜。电容耦合射频PECVD可归类于直接式PECVD。

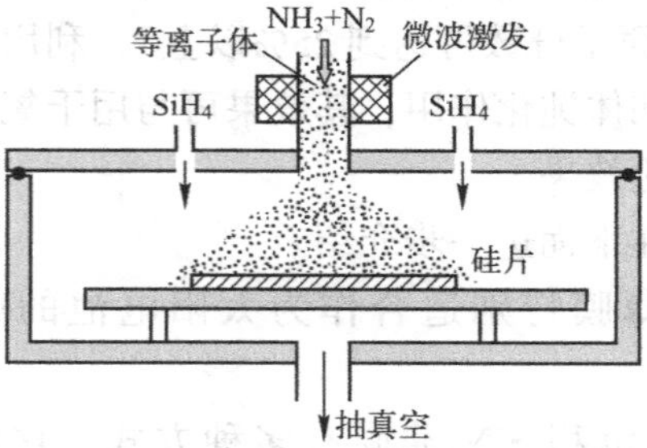

图8-4　间接式沉积设备结构示意图

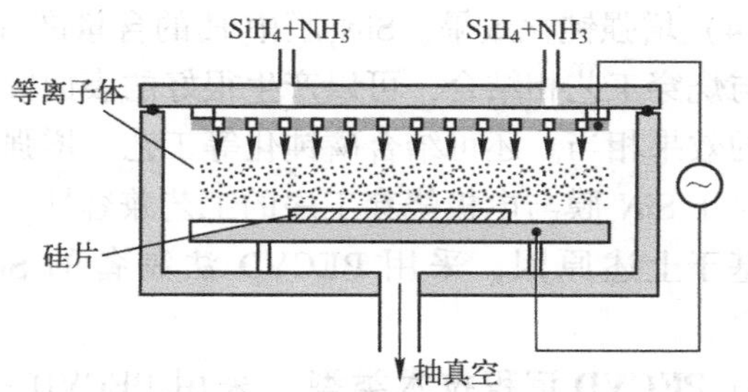

图8-5　电容耦合射频PECVD装置结构示意图

电感耦合的射频 PECVD 装置结构示意图如图 8-6 所示。置于反应室之外的高频线圈产生的交变感应磁场在反应室内诱发交变感应电流，激发反应气体放电。它与电容耦合射频 PECVD 装置不同，等离子体不是通过放电电极形成的，可以避免放电时带电粒子直接轰击电极表面而导致电极材料污染硅片表面。

现在太阳电池生产中所使用的间接式 PECVD 装置，大多为微波激发 PECVD 装置。这类装置一般采用微波频率为 2.45 GHz 的电源激发产生等离子体，也称电子回旋共振（ECR）方法 PECVD。微波能量由微波波导耦合导入反应室，在反应室中产生气体放电，形成等离子体，如图 8-7 所示。为了加强等离子体中电子对微波场中的能量吸收，在装置中设置了磁场线圈，用以产生一个具有一定发散分布的磁场。电子在微波场和磁场中运动时发生回旋共振现象，其共振频率 ω_m 与磁感应强度 B 之间应满足下述关系：

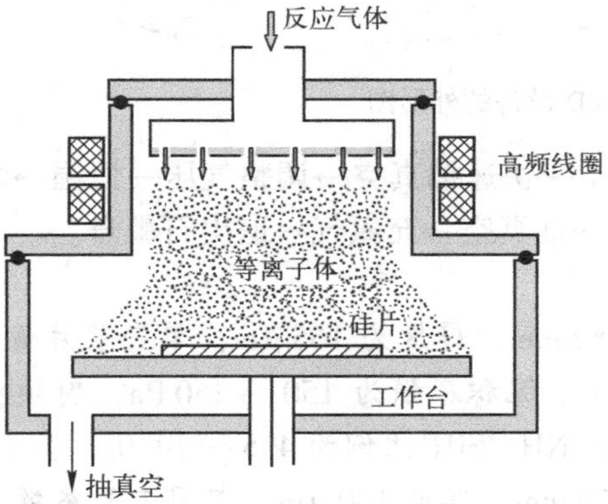

图 8-6　电感耦合射频 PECVD 装置结构示意图

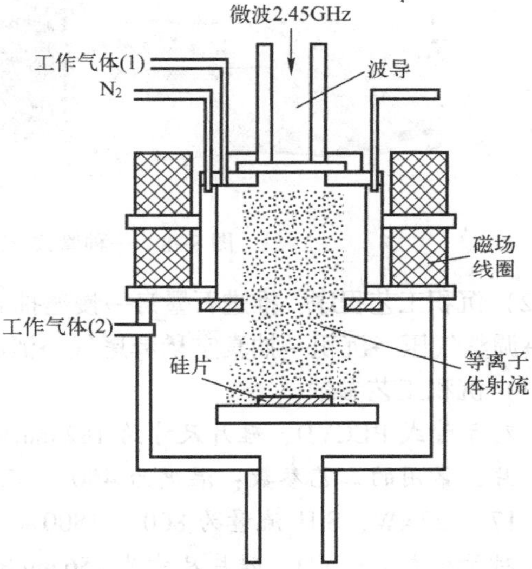

图 8-7　ECRPECVD 装置的原理示意图

$$\omega_m = \frac{qB}{m} \tag{8-11}$$

式中，q 和 m 分别表示电子电量和质量。

为满足上述共振条件，须要调整等离子体源出口处的磁感应强度 B，使其达到 8.75×10^{-2} T 左右。ECRPECVD 方法要求较高的真空度（10^{-1}～10^{-3} Pa），获得的等离子体的电离度比通常的 PECVD 方法要高出三个数量级，具有很高的活性，是很好的离子源。加之其他优点，如沉积时气压低、温度低、等离子体可控、沉积速率高和无电极污染等，ECRPECVD 技术被广泛应用于太阳电池的 SiN_x 薄膜沉积。

综上所述，现在已有多种类型的 PECVD 装置适用于沉积太阳电池的 SiN_x 薄膜，这些装置各有优缺点，选用时应根据太阳电池的品种、质量要求，生产规模和经济条件等具体情况确定。就一般情况来说，直接法沉积的膜质比较致密，表面钝化和体钝化效果都比较好，但沉积速率较低；间接法沉积的膜质相对较疏松些，表面钝化效果较好，沉积速率高。平板式的功能可分布于不同腔室，易实现装/卸片自动化，生产效率较高，但维护较烦琐；管式的功能通常集中于同一炉管内，实现装/卸片自动化较困难，生产效率相对较低，但维护方便。

4）管式PECVD沉积 在生产过程中，选用的PECVD沉积设备不同，生产工艺也不相同。下面以管式PECVD设备沉积为例，介绍典型的沉积工艺步骤和相应的工艺参数。

（1）管式沉积设备。管式PECVD设备的基本要求：管内气氛和恒温区温度均匀、稳定；工艺参数控制精度高，稳定性和重复性好；射频电源频率和输出功率稳定；真空系统和气路系统密封可靠，使用安全。图8-8所示的是一种管式PECVD设备的外形图。

图8-8　一种管式PECVD设备的外形图

（2）沉积工艺程序：推进石墨舟→慢速抽真空→快速抽真空→调整气压→恒温→恒压→检漏→调整气压→沉积→抽真空稀释尾气→清洗→抽真空→充氮气→退出石墨舟。

（3）沉积工艺参数。

☺ 对于管式PECVD，硅片尺寸为182 mm×182 mm、厚度为165 μm，单舟装片量为522片，常用的工艺参数：温度为450～520℃，沉积压强为150～250 Pa，射频功率为17～22 kW，SiH_4流量为800～1800 sccm，NH_3/SiH_4比例为4.5～14.0。

☺ 对于板式PECVD，硅片尺寸为156 mm×156 mm、厚度180 μm，常用工艺参数：温度为250～400℃，沉积压强为20～30 Pa，射频功率为2.5～3.5 kW，SiH_4流量为450～550 sccm，NH_3/SiH_4比例为3.0～4.0。

在现今产业化生产中，普遍采用的是管式PECVD工艺。表8-4列举了管式PECVD的基本工艺步骤与工艺参数实例。

表8-4　管式PECVD的基本工艺步骤与工艺参数实例

步号	步骤	步时间/s	压力/Pa	温度/℃	SiH_4/sccm	NH_3/sccm	功率/kW
1	开始	10		450			
2	充氮	25		450			
3	放舟	380		450			
4	慢抽	30		450			
5	主抽	120		450			
6	恒温	120		450			
7	恒压	30	160	450		4150	
8	预放电	30	160	450		4150	20

续表

步号	步骤	步时间/s	压力/Pa	温度/℃	SiH_4/sccm	NH_3/sccm	功率/kW
9	沉积	730	160	450	450	3600	20
10	抽空	6		450	450	3600	
11	抽空	30		450			
12	氮洗	3		450			
13	抽空	60		450			
14	氮洗	3		450			
15	抽空	60		450			
16	充氮	25		450			
17	取舟	380		450			
18	慢抽	30		450			
19	主抽	120		450			
20	结束	5		450			

(4) 影响沉积质量的因素：沉积参数直接影响着 SiN_x 膜层的沉积质量，操作时应按要求严格控制。

☺ 频率：射频 PECVD 系统大都采用 50 kHz ～ 13.56 MHz 的工业频段射频电源。较高频率（如大于 4 MHz）沉积的 SiN_x 薄膜具有较好的钝化效果和稳定性。

☺ 射频功率：适当提高 RF 功率通常会改善 SiN_x 膜的质量，但过大的功率密度（如超过 $1W/cm^2$）会对硅片会造成严重的射频损伤。

☺ 硅片温度：PECVD 膜的沉积温度提高，会使薄膜致密性提高，折射率也就增大，但温度高于 450℃时膜层容易发生龟裂。沉积温度在 250 ～ 450℃范围内时，膜层有良好的热稳定性和抗裂能力。

☺ 气体流量：SiH_4 对 SiN_x 膜的沉积速率有较大影响。为了防止反应区下游因反应气体逐渐消耗而降低沉积速率，通常使用较大的气体总流量，以改善沉积的均匀性。

☺ 反应气体浓度：SiH_4 的百分比浓度及 SiH_4/NH_3 流量比对沉积速率、SiN_x 膜的组分及物化性质均有重要影响。按氮化硅分子式，Si_3N_4 的 Si/N 原子比应为 3/4，而 PECVD 沉积的 SiN_x 的化学计量比往往随工艺不同而变化。氮原子含量增加，折射率降低；硅原子含量增加，折射率增大。但是硅原子含量也不能过高，为了防止生成硅含量超过正常 Si/N 原子比 3/4 的富硅膜，必须控制气体中的 SiH_4 浓度，通常选择 NH_3/SiH_4 的体积比为 3 ～ 8，不同设备有不同要求。

此外，沉积时间、反应气体压力和反应室尺寸等参数都会影响 SiN_x 薄膜的性能，如薄膜的折射率随气体压力的增大而减小，薄膜的厚度随沉积时间的增加而成正比增加等。

PECVD 沉积的 SiN_x 中，除了 Si 和 N，通常还包含一定比例的氢原子，形成 SiN_x:H。薄膜中氢原子含量与后续的烧结工艺中的钝化效果有直接关系，而氢原子含量又取决于沉积工艺条件。SiN_x 薄膜的性能对硅片的钝化效果的影响可由少子寿命表征。例如，有实验表明，流量比 NH_3/SiH_4、沉积温度和沉积压力明显影响烧结后硅片的少子寿命。少子寿命随流量比的增高而增大，随沉积温度和沉积压力的提高而降低。

根据上述分析，在确定沉积工艺参数时，为了获得高质量的SiN_x膜，必须综合考虑各种因素的影响，按照所使用的沉积设备，通过反复试验，求得较佳的参数值。

2. SiN_x膜的质量要求

PECVD 氮化硅膜的质量主要由折射率和膜厚等参数确定。

1）折射率 PECVD 氮化硅膜折射率 n 的控制范围为 2.0～2.15。SiN_x 膜折射率可随 Si/N 比在 1.8～2.4 范围内变化。

2）膜厚 SiN_x 膜的厚度控制范围：单晶，70～83 nm；多晶，70～89 nm。随沉积设备不同，有一定的差异。

3）颜色 沉积后硅片表面颜色为深蓝且均匀。不同 SiN_x 膜厚度的太阳电池表面呈现不同的颜色，深蓝色表明 SiN_x 膜的厚度约为 80 nm。

3. SiN_x膜的质量检测

PECVD 质量检测项目主要是膜厚、折射率、反射率、少子寿命、致密性、外观颜色和均匀性等。

1）外观颜色、局部色差和均匀性 外观颜色、局部色差采用自动光学检验（Automated Optical Inspection，AOI）系统自动识别。均匀性主要考察片内、片间、批间 3 种情况：片内一般取距离边缘 1cm 的四角及中心共计 5 个点；片间从炉口到炉尾取样；批间是在同一炉管和舟连续运行时，进行稳定性监测，测试结果通过数据模型分析加以判断。

2）致密性 SiN_x薄膜的致密性测定是将镀有 SiN_x薄膜的硅片放入一定浓度（如 20%）的 HF 溶液中进行腐蚀，以腐蚀速率的快慢来衡量 SiN_x 薄膜的致密性。

3）膜厚、折射率和反射率 膜厚、折射率使用椭圆偏振光测试仪测量，反射率通过反射仪测量。

（1）膜厚、折射率的测量：椭圆偏振仪测量薄膜厚度和折射率的基本原理是，起偏器产生的线偏振光经取向一定的 1/4 波片后变成为特殊的椭圆偏振光，将它投射到待测样品表面时，如果起偏器取适当的透光方向，被测样品表面将反射出线偏振光。根据偏振光在反射前后的偏振状态（振幅和相位）变化情况，即可测定介质薄膜样品厚度和折射率。

这种测量方法是一种无损的检测方法，不破坏样品表面，可以测量介质薄膜的折射率，且测量精度很高，可测量 1 nm 的薄膜厚度。

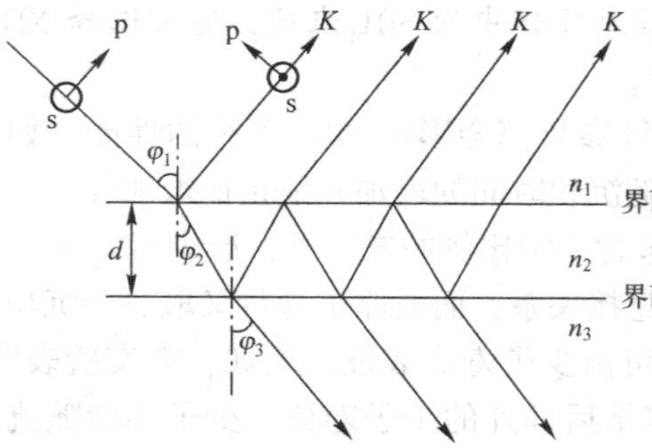

图 8-9 薄膜上的多光束干涉

基底上沉积有一层光学特性均匀和各向同性的单层介质膜，上部的折射率为 n_1（通常为空气或真空），中间是厚度为 d、折射率为 n_2 的介质薄膜，下层是折射率为 n_3的衬底。当一束光线照射到膜层上时，在界面 1 和界面 2 上发生多次反射和折射，产生多光束干涉，如图 8-9 所示。

根据折射定律，有

$$n_1 \sin \varphi_1 = n_2 \sin \varphi_2 = n_3 \sin \varphi_3 \quad (8-12)$$

式中：φ_1为光的入射角；φ_2和 φ_3分别为在界面 1

和界面 2 上的折射角。

光波的电矢量可以分解成在入射面内振动的 p 分量和垂直于入射面振动的 s 分量，若用 E_{ip}及 E_{is}分别代表入射光的 p 和 s 分量，用 E_{rp}及 E_{rs}分别代表各束反射光 K_0、K_1、K_2……中电矢量的 p 分量之和及 s 分量之和，则薄膜对两个分量的总反射系数 R_p和 R_s定义为

$$E_{rp}=\frac{r_{1p}+r_{2p}e^{-i2\delta}}{1+r_{1p}r_{2p}e^{-i2\delta}}E_{ip} \tag{8-13}$$

$$E_{rs}=\frac{r_{1s}+r_{2s}e^{-i2\delta}}{1+r_{1s}r_{2s}e^{-i2\delta}}E_{is} \tag{8-14}$$

$$R_p=E_{rp}/E_{ip} \tag{8-15}$$

$$R_s=E_{rs}/E_{is} \tag{8-16}$$

式中：r_{1p}或 r_{1s}和 r_{2p}或 r_{2s}分别为 p 或 s 分量在界面 1 和界面 2 上一次反射的反射系数；2δ 为任意相邻两束反射光之间的位相差。

根据电磁场的麦克斯韦方程和边界条件，可算得菲涅尔（Fresnel）反射系数公式

$$\left.\begin{aligned} r_{1p}&=\tan(\varphi_1-\varphi_2)/\tan(\varphi_1+\varphi_2)\\ r_{2p}&=\tan(\varphi_2-\varphi_3)/\tan(\varphi_2+\varphi_3)\\ r_{1s}&=-\sin(\varphi_1-\varphi_2)/\sin(\varphi_1+\varphi_2)\\ r_{2s}&=-\sin(\varphi_2-\varphi_3)/\sin(\varphi_2+\varphi_3)\end{aligned}\right\} \tag{8-17}$$

$$2\delta=\frac{4\pi d}{\lambda}n_2\cos\varphi_2=\frac{4\pi d}{\lambda}\sqrt{n_2^2-n_1^2\sin^2\varphi_1} \tag{8-18}$$

式中：λ 为光在真空中的波长；d 和 n_2分别为介质膜的厚度和折射率。

在椭圆偏振法测量中，通常引入物理量 ψ 和 Δ 来描述反射光偏振态的变化。

ψ 和 Δ 与总反射系数的关系定义为

$$\tan\psi\cdot e^{i\Delta}=\frac{R_p}{R_s}=\frac{(r_{1p}+r_{2p}e^{-i2\delta})(1+r_{1s}r_{2s}e^{-i2\delta})}{(1+r_{1p}r_{2p}e^{-i2\delta})(r_{1s}+r_{2s}e^{-i2\delta})} \tag{8-19}$$

式（8-19）称为椭偏方程，其中的 ψ 和 Δ 称为椭偏参数（也称椭偏角）。

由式（8-12）、式（8-17）～式（8-19）可以看出，参数 ψ 和 Δ 是 n_1、n_2、n_3、λ 和 d 的函数，其中 n_1、n_2、λ 和 φ_1是已知量，如果能测定 ψ 和 Δ 的值，就可以计算出薄膜的折射率 n_2和厚度 d。

测量时，使用波长为 632.8 nm 的氦氖激光器发出的激光，对 SiN_x 薄膜上不同的测量点进行扫描，测出薄膜厚度、折射率的平均值和薄膜的均匀性。图 8-10 显示了椭圆偏振光仪测量方法的光路原理[5]。氦氖激光器发出 632.8 nm 波长的自然光，先后通过起偏器、1/4 波片入射在待测薄膜上，反射光通过检偏器射入光电接收器，光电接收器将射入光信号转变为电信号，送入计算机处理。

（2）反射率测量：反射率采用积分球式反射率测试仪测量。积分球内壁由具有高反射率的漫反射材料制成，在很宽的光谱范围内（250～2500 nm）具有很高的漫反射率（>96%）。光源采用氙灯光源，波长范围为 185～2000 nm。积分球上开设了两个光纤窗口，分别与积分球垂直方向成 90°和 8°。在 90°方向上的窗口通过光纤连接光谱仪，在 8°方向上的窗口通过光纤连接光源。为避免入射光直接进入光纤，在探测光纤的前面安装有挡光板，如图 8-11 所示。

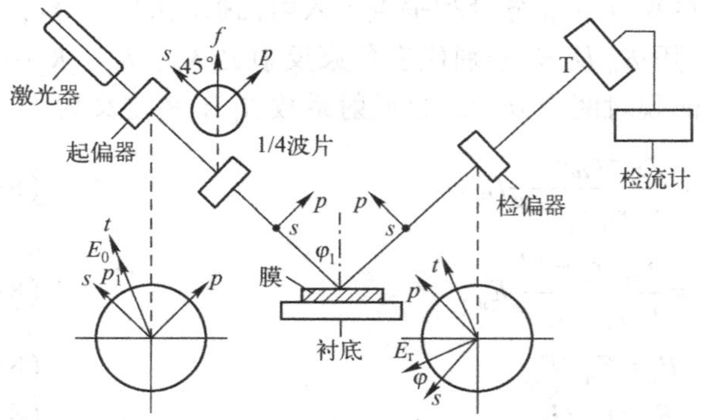

图 8-10　椭圆偏振光仪测量方法示意图

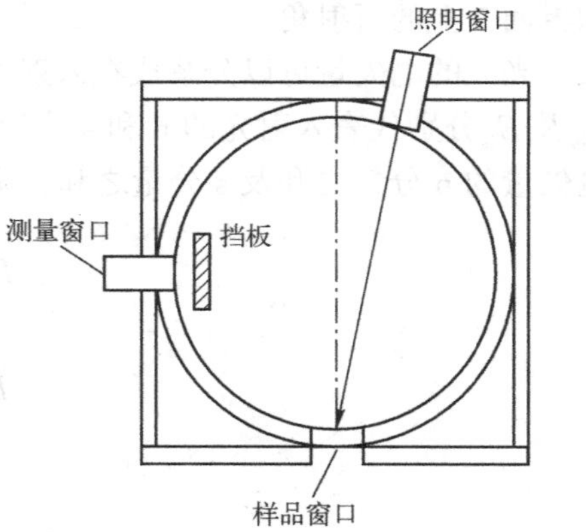

图 8-11　反射型积分球结构示意图

积分球仪测量的基本原理是：光源通过光纤将光射入积分球内照射到样品上，样品上的反射光经过积分球内壁多次反射后，在积分球内壁各点上的照度相同，这一照度与样品的反射率成正比。在积分球 90°方向上的光敏传感器通过光纤采集积分球中的光照度信号，所采集到的信号正比于样品的反射率。积分球仪是一种比较法测量仪，将待测 SiN_x 薄膜样品的信号与已知反射率的标准样品的信号进行比较后，就可测出待测 SiN_x 薄膜的反射率。

（3）少子寿命：镀膜前后硅片的少子寿命可通过少子寿命测试仪检测。

晶体硅太阳电池通常的结构是由 n+/p 前结和 p/p+背结组成，有效少子寿命 τ_{eff} 可由下式表示：

$$\frac{1}{\tau_{eff}}=\frac{1}{\tau_{bulk}}+\frac{1}{\tau_{surf}}=\frac{1}{\tau_{bulk}}+\frac{1}{\tau_{top}}+\frac{1}{\tau_{bottom}} \tag{8-20}$$

式中：τ_{bulk} 为硅片体内少子寿命；τ_{top} 为硅片上表面少子寿命；τ_{bottom} 为硅片底表面少子寿命。

表面少子寿命 τ_{surf} 与表面复合直接相关，测量有效少子寿命能反映 SiN_x 的表面钝化质量。

4. 影响质量的主要因素

在沉积 SiN_x 膜时，可能出现各种各样的问题，会影响膜层质量。造成质量问题的主要原因通常是工艺参数设置和工艺操作不当，或者设备有故障。此外，一些操作上的细小问题，如腔体微小漏气、腔内有碎硅片、电极板沾污、反应气孔部分堵塞导致通气不畅等，也可能造成膜层质量不合格。对于质量不合格的膜层，必要时应做返工处理。例如，硅片膜厚和折射率偏离正常范围，硅片表面色泽不均匀，镀膜时杂质污染严重影响膜层质量时，应进行返工处理。返工处理可采用化学腐蚀方法除去膜层。

8.2.2　氮化硅膜的热处理

为了提高 SiN_x 膜的稳定性，在 SiN_x 沉积后须进行热处理。这种热处理很重要，除了提高 SiN_x 膜的稳定性，还有其他诸多的重要作用。

1. 热处理工艺

由于热处理工序是与丝印电极浆料的烧结工艺合并完成的，具体的热处理工艺将在第9.2节中叙述。这里先介绍热处理对SiN_x膜的作用。

2. 热处理的作用

1）“烧穿”SiN_x膜层，形成欧姆接触 在丝网印刷的太阳电池前电极（Ag）的高温烧结过程中，电极浆料中的Ag透过SiN_x膜层与太阳电池的发射区形成良好的欧姆接触。这种透过太阳电池上已沉积的SiN_x层，前后电极一次烧结完成的热处理工艺称为“烧穿”工艺。选择合适的烧结温度曲线（具体的烧结工艺将在后面详细讨论），使得太阳电池前电极和发射区之间、太阳电池背电极与基体间形成良好的欧姆接触，同时产生钝化作用，可提高太阳电池转换效率达1%以上。

2）屏蔽作用 一些重金属杂质在硅片内会形成深能级杂质复合中心，降低硅片的少子寿命。在电极烧结过程中，会形成Ag-Si合金，有效降低串联电阻，但同时也增强了重金属杂质向硅片内部扩散。硅片表面的SiN_x层具有屏蔽作用，能有效阻止烧结过程中这些有害金属杂质进入硅片内部，防止太阳电池转换效率下降。

3）形成背面场 丝网印刷太阳电池的电极烧结过程中会形成厚度约为20 μm的硅铝合金层。如果烧结的温度足够高（约为800 ℃），太阳电池的背面会形成铝背场BSF（Back Surface Field）。BSF中铝的浓度会上升到$5\times10^{18}\ cm^{-3}$，这将形成高低结（浓度结）。这种高低结结构能使少子在内建电场作用下，离开背表面而返回太阳电池中，从而有效提高太阳电池转换效率。

4）硅片表面和基底的钝化 钝化过程是在SiN_x膜沉积后，在加热炉中经过短时间的高温热处理，氢将从SiN_x膜中的Si-H和N-H释放出来，一部分与表面的悬挂键结合，另一部分扩散进太阳电池中，与体内的悬挂键结合，完成表面钝化和体钝化。形成BSF所需的烧结温度刚好与太阳电池正面电极烧穿SiN_x层，并与发射区形成良好的欧姆接触所需烧结温度相吻合，同时也与硅片表面和基底钝化所需热处理温度相吻合，这使得本应两次甚至三次烧结步骤才能完成的工艺，合并为一次完成，显著简化了工艺。

硅中的缺陷（空位）对氢分子的分解起决定性作用，其作用式可表示为

$$H_2+V=\{H-V\}+H \quad 或 \quad H_2+V=2H+V \tag{8-21}$$

式中，V表示空位。

由于空位能使氢分子分解，并能增强氢的扩散，导致氢原子及氢-空位对在硅中快速扩散，并与悬挂键结合，产生钝化作用。因此，材料的缺陷越多，烧穿SiN_x的工艺的钝化效果越明显。这使品质较差、缺陷较多、少子扩散长度小的多晶硅材料，也有可能通过SiN_x烧穿工艺的钝化作用制备出质量较好的晶体硅太阳电池。基于同样的原因，直接式PECVD系统也适用于太阳电池制造。使用直接式PECVD系统时，由于等离子体中的重离子的直接轰击，往往会造成太阳电池表面大量缺陷，减少少子扩散长度。通过烧穿SiN_x工艺的钝化作用，这些缺陷的存在增强了钝化效果，这不仅使直接式PECVD系统也可用于沉积SiN_x，而且能充分发挥其生产效率高的优点。

综上所述，太阳电池中沉积的SiN_x膜是一种多功能膜，既是减反射膜，又是掩蔽膜，还

是钝化氢源。同时，SiN_x膜还能与“烧穿”工艺相结合，使电极烧结、铝背场的制备与钝化热处理工艺相结合，一次完成，显著降低了生产成本。

除了SiN_x膜，还有其他减反射膜，如TiO_2、SiO_2等，这些反射膜通常采用LPCVD或APCVD方法制备。

8.2.3 双层减反射膜

双层减反射膜能在更宽的波长范围内减少反射损失，可提高太阳电池转换效率，但其制造工艺成本有所增加。目前，生产中使用双层减反射膜的太阳电池正在逐步增多。

在PECVD沉积过程中，通过调节硅烷和氨气的流量比，可制备出不同折射率的双层SiN_x:H薄膜，应用于太阳电池的表面钝化，获得了较好的钝化效果。使用单层膜的最佳减反射条件为

$$n=\sqrt{n_0 n_{Si}} \tag{8-22}$$

式中：n_0为空气（或玻璃）的折射率；n为减反射层的折射率；n_{Si}为晶体硅太阳电池的折射率，$n_{Si}\approx 3.8$。

晶体硅太阳电池通常封装在玻璃和EVA中，$n_0\approx 1.5$，则减反射层的折射率$n\approx 2.387$，此时可以获得最佳的减反射效果。但是，SiN_x:H薄膜的折射率过大会导致严重的吸收损失，因此，目前单层SiN_x:H薄膜的折射率通常选在2.0～2.1之间，厚度在75～80nm之间，呈现深蓝色。另外，从钝化效果考虑，高折射率（如2.2～2.3）的SiN_x:H薄膜含有更高的Si-H键密度，可以有效地降低反向饱和电流，具有更好的钝化效果。合理设计双层SiN_x:H薄膜结构，既可以提高薄膜的钝化效果，又能减少薄膜的光吸收损失。

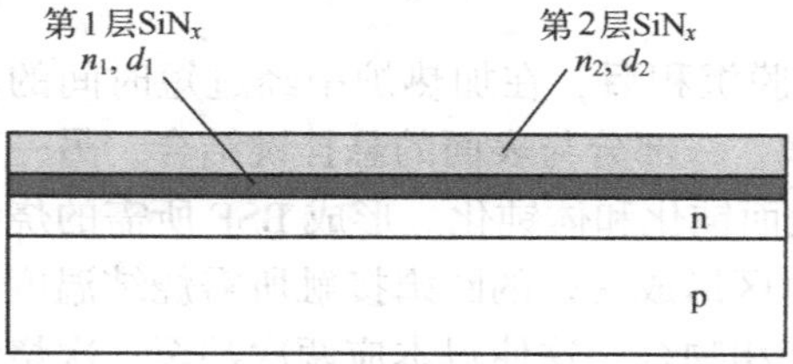

图8-12　双层SiN_x:H膜的结构示意图

图8-12所示为双层SiN_x:H薄膜的结构示意图。薄膜的等效折射率n_{equ}可以用下式表示：

$$n_{equ}=\frac{n_1 d_1+n_2 d_2}{d_1+d_2} \tag{8-23}$$

式中：n_1和d_1分别为第1层的折射率和厚度；n_2和d_2分别为第2层的折射率和厚度。第1层紧贴硅片，选择折射率大、厚度小的；第2层靠近玻璃，选择折射率较小、厚度较大的。通常，第1层的厚度约为10nm，最大不超过20nm，两层综合折射率在2.0～2.1之间，这样既能减小光吸收损失，又可获得比单层膜更好的钝化效果。

由于双层SiN_x:H薄膜的结构可通过调节硅烷与氨气的流量比，方便地实现单室、单道工艺沉积，制造成本明显低于沉积SiO_2/SiN_x:H双层膜，所以现在已越来越多地用于实际生产。屈盛等人利用管式PECVD在太阳电池片上沉积双层折射率和厚度均不同的SiN_x:H薄膜，其转换效率可以提高0.2%以上，初步测试结果表明其性能稳定[6]。

通过热氧化方法可使晶体硅太阳电池的正面和背面的悬挂键饱和，降低$Si-SiO_2$界面的载流子的复合速度，从而表现出较好的表面钝化效果。因此，采用SiO_2/SiN_x:H双层薄膜作为硅片表面钝化层是一种比较好的选择，然而目前这种双层膜须用不同设备和工艺制备，生产成本较高，不利于产业化生产。为此，正在研究采用PECVD设备，以N_2O和SiH_4为反应气体，通过辉光放电形成等离子体，在较低温度下一步工艺完成SiO_x-SiN_x双层膜的制备。

这种工艺方法与先热氧化生成 SiO_x膜，再用 PECVD 沉积 SiN_x膜的制备工艺相比，可以降低双层膜的制作成本。

8.3 太阳电池的表面钝化技术

硅晶体表面的杂质和表面特有的缺陷都将在禁带中形成复合中心能级，pn 结区的光生载流子容易在硅片表面复合。同时，硅片厚度减薄后，光生载流子也容易扩散到太阳电池的背面，在背表面产生复合。表面复合速率严重影响太阳电池的性能。表面复合速率增大，太阳电池的转换效率会降低。根据半导体表面复合机理，有两种途径可降低太阳电池的表面复合速率：由于表面复合速率与表面缺陷密度成正比，可通过太阳电池表面沉积或生长钝化层而降低表面态密度，从而降低表面复合速率；当表面电子和空穴的浓度接近时，复合速率达到最大值。降低太阳电池表面自由电子的浓度或者降低空穴的浓度，都将会降低复合速率。下面介绍 4 种晶体硅太阳电池表面钝化方法。

1. PECVD 法沉积 SiN_x

1981 年，Hezel 和 SchörneI 将 PECVD 法制备 SiN_x膜从微电子工业引进了晶体硅太阳电池领域[7]。通过 PECVD 法沉积 SiN_x，在 Si/SiN_x界面可以获得低的表面复合速率（SRV），主要有两个原因[8]：①在沉积过程中，反应前驱气体（SiN_4和 NH_3）可以释放原子态的氢，饱和 Si/SiN_x界面上的悬挂键，降低表面态密度；②在沉积 SiN_x薄膜的过程中会产生 $Si\equiv O_3$、$Si\equiv O_2N$、$Si\equiv ON_2$等带正电的悬挂键，使得 SiN_x薄膜中含有高密度的固定正电荷，这些固定正电荷会产生场效应钝化作用而降低表面复合速率。场效应钝化作用也称场致钝化作用，是指利用自身带电荷的薄膜（如 SiN_x、AlO_x等），通过电场的作用，显著减小表面上某种载流子的浓度，从而降低表面上载流子的复合速度，起到钝化作用。

PECVD 法在约 400 ℃的温度下制备 SiN_x薄膜对晶体硅太阳电池正面有很好的钝化作用，但是应用到太阳电池背表面钝化时，由于存在寄生电容效应，会降低太阳电池的性能。在 SiN_x膜层内，高密度的固定正电荷产生的浮动结（Floating Junction）的寄生分流（Parastic Shunting）效应，使这种方法应用于基于 p 型硅的发射极及背表面钝化电池（PERC）时，其短路电流远低于 SiO_2钝化背表面的太阳电池短路电流。

也可以采用微波 PECVD 法沉积 AlO_x钝化膜。由于微波 PECVD 设备可以镀制 SiN_x膜，因此可以将两道镀膜工艺（SiN_x膜和 AlO_x膜）集成到一台设备中进行，既可以减少背面镀膜设备，又可以简化镀膜工艺，现在仍然有较多的生产线使用这种工艺和设备。其主要缺点是，成膜过程中的微波等离子体放电会导致设备内壁也沉积上 AlO_x膜层，因而须要频繁清洗设备内壁。

2. PECVD 法沉积非晶硅

氢化非晶硅（a-Si : H）对 p 型或 n 型单晶硅片具有很好的钝化效果。利用 PECVD 法，可以在很低的温度（200 ～ 250 ℃）下沉积 a-Si : H 薄膜。低温沉积 a-Si : H 薄膜的主要优点是既弱化了杂质向基体扩散，也降低了太阳电池的制造能耗。利用 a-Si : H 薄膜钝化晶体硅太阳电池，可以获得低的表面复合速率和优良的陷光性能，形成良好的欧姆接触。

三洋公司利用本征和掺杂 a-Si 钝化层钝化作用开发的 HIT 太阳电池，其转换效率大于 20.0%。

a-Si : H 的缺点是热稳定性较差，高温下容易晶化，因此除 HIT 太阳电池外，应用于常规太阳电池的制造尚有一定的困难。

3. 热氧化法制备二氧化硅

热氧化二氧化硅中存在大量固定正电荷，它们将产生场效应钝化作用，降低硅片表面的缺陷密度[9]。热氧化 SiO_2是一种很好的晶体硅太阳电池表面钝化材料，澳大利亚新南威尔士大学研发的高效太阳电池 PERL 中，利用热氧化 SiO_2的钝化作用，获得了 24.7%的转换效率[10]。

热氧化 SiO_2应用于 n 型硅片或高电阻率（>100 Ω · cm）的 p 型硅片上，具有优异的钝化作用。特别是在轻掺杂的背表面处，热氧化生长的 SiO_2层结合蒸镀的 Al 膜，在经过约 400 ℃的退火处理后，可在低电阻率（约为 1 Ω · cm）的 p 型硅片上将 SRV 降低至 20 cm/s 以下[11]。同时，太阳电池背表面的 SiO_2/Al 叠层结构还具有近带隙光子的反射器作用，可显著提升太阳电池的短路电流。然而，由于热氧化须要经过 900 ℃以上的高温工艺，这将引起硅片中的少子寿命下降，而且也增加了太阳电池的制造成本，使这种工艺难以在工业化的太阳电池生产中得到应用。

4. 原子层沉积 Al_2O_3

Al_2O_3膜的折射率约为 1.65，对太阳光谱中可见光部分的透射性能较好，适合用作为太阳电池的减反射膜，Al_2O_3膜还具有优良的钝化效果，现已越来越多应用于 PERC 太阳电池的制备。

8.4 Al_2O_3减反射/钝化膜

Agostinellin 等人的研究表明，原子层沉积 Al_2O_3在 p 型硅片上具有优良的钝化效果[12]。

用于原子层沉积（Atomic Layer Deposition，ALD）Al_2O_3薄膜的主要反应物为三甲基铝（TMA）和水，反应式为

$$2Al(CH_3)_3+3H_2O \xlongequal{} Al_2O_3+6CH_4\uparrow \tag{8-24}$$

沉积 Al_2O_3钝化层后，可以获得低的表面复合速率，这有两个原因：①在原子层沉积过程中，沉积的 Al_2O_3薄膜中会含有少量原子态的氢（约为 3at%）[13]；这些原子态的氢可以从 Al_2O_3薄膜中扩散到 Al_2O_3-Si 界面，饱和界面上的悬挂键具有化学钝化作用[14]。②原子层沉积 Al_2O_3钝化层中含有大量（1.3×10^{13}～2.0×10^{13} cm^{-2}）固定负电荷，可以产生很强的场效应钝化作用。

B. Hoex 等人的研究表明[13]，利用原子层沉积 Al_2O_3钝化层后，在 425 ℃、N_2气氛下进行 30 min 的退火处理，能显著增强钝化效果。退火过程中，Si-Al_2O_3界面生成 SiO_x薄层，促使 Si-Al_2O_3界面的缺陷密度降低；同时，经过退火又增加了固定负电荷密度，从而增强了场效应钝化作用。

Al_2O_3具有固定负电荷，可完全消除寄生电容效应，为硼和 Al 掺杂的 p^+型发射极以及低电阻的 p 型、n 型硅片提供良好的表面钝化效果。

利用原子层沉积（ALD）、PECVD 以及反应性溅射技术都可沉积 Al_2O_3，其中 ALD 方法具有诸多优点，是制备高质量 Al_2O_3钝化膜的首选方法，但是传统的 ALD 反应设备由于其沉积速率过低（<2 nm/min），并不适合太阳电池的工业化生产。

1. 传统的 ALD 沉积工艺

ALD 是 CVD 的一种特殊形式。通入的反应气体称为前驱体。在 ALD 过程中，前驱体通过交替脉冲的方式进入反应腔，前驱体彼此在气相中并不相遇，通过惰性气体 Ar 或 N_2冲洗隔开，并实现前驱体与在基片表面的单层官能团发生饱和吸附化学反应。这种反应属于自限制性反应，当一种前驱体与另一种前驱体反应达到饱和时，反应自动终止，可通过原子层尺度上控制沉积过程[1,15-17]。通常采用两种前驱体反应物，通过轮番反应形成多层膜，在一种反应物反应之后要通过抽气将其抽空，再通以另一种反应物，两种反应物相互作为反应的表面官能团，将其抽空后完成一个循环。这些循环可以一直持续下去，直至达到所需的厚度。基于原子层生长的自限制性特点，用 ALD 制备的薄膜具有厚度可精确控制、表面平滑、均匀性好、无针孔、重复性好且可在较低温度（100～350℃）下进行沉积等特点。

沉积 Al_2O_3层通常使用三甲基铝［$Al(CH_3)_3$，TMA］作为铝源[18]。水、臭氧或来自等离子体的氧自由基都可作为氧源。使用水或臭氧直接进行的反应称为热 ALD，而借助于等离子体进行的反应称为等离子体辅助 ALD。原子层沉积 Al_2O_3的过程如图 8-13 所示。

开始时，在空气中水蒸气被硅片表面吸附，在硅片表面形成 Si-O-H(s)羟基团，如图 8-13（a）所示。将硅片放入反应腔后，将含三甲基铝（TMA）前驱体气体脉冲地输入反应腔。三甲基铝 $Al(CH_3)_3$的熔点是 15℃，沸点是 126℃，沉积温度内自身不分解，能与硅基底表面的基团产生吸附和反应，是一种优良的金属 Al 前驱体。

接下来，三甲基铝（TMA）与吸附的羟基团发生反应，生成反应产物甲烷，如图 8-13（b）所示，反应式为

$$Al(CH_3)_{3(g)} + :Si{-}O{-}H_{(s)} \longrightarrow :Si{-}O{-}Al(CH_3)_{2(s)} + CH_{4(g)} \tag{8-25}$$

三甲基铝 TMA 与羟基不断发生反应，如图 8-13（c）所示，直到表面被全部钝化，铝原子与甲基团将覆盖在整个硅表面上。TMA 与 TMA 相互之间不会发生反应，反应被限定，在硅片表面只能生成单层，这导致 ALD 生成的膜层非常均匀，如图 8-13（d）所示。

然后，用惰性气体或氧气将反应后剩余的 TMA 分子和反应产物甲烷一起用真空泵抽出到腔室外，完成反应的前半段，有时也称“半反应”。

将 TMA 和甲烷抽出后，水蒸气被脉冲地输入反应腔，开始进行反应的后半段，即进行热 ALD 反应。

水蒸气中的水分子会很快与悬挂的甲基团 Al-CH_3发生反应，形成 Al-O 键和新的表面羟基团，并吸附在硅基底表面，如图 8-13（e）所示。氢与甲基团反应生成甲烷，过量的水蒸气不会和表面羟基团发生反应，与反应产物甲烷一起用真空泵抽出，完成一个完整的周期，生成第一层氧化铝单原子层。后半段的反应式为

$$2H_2O_{(g)} + :Si{-}O{-}Al(CH_3)_{2(s)} \longrightarrow :Si{-}O{-}Al(OH)_{2(s)} + 2CH_{4(g)} \tag{8-26}$$

而后，等待再次 TMA 的脉冲输入，开始下一个周期，再次生成甲烷。

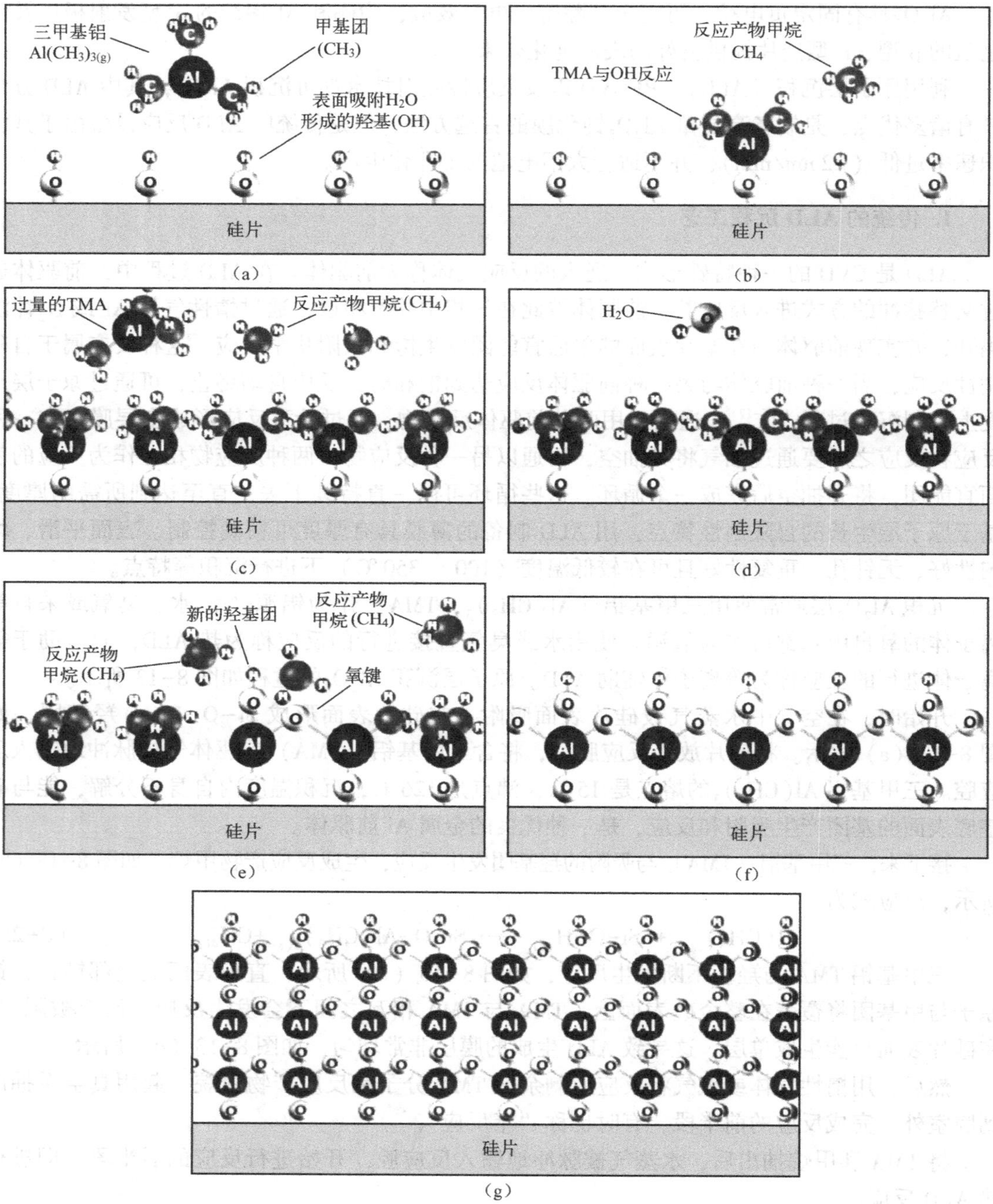

图 8-13　原子层沉积 Al_2O_3的过程示意图

重复上述过程，再次产生完全的钝化单原子层，如图 8-13（f）所示。

脉冲式交体输入 TMA 和水蒸气，3 个周期后，得到 3 个原子层，如图 8-13（g）所示。每个周期大约沉积 0.1 nm。每个周期包括脉冲和真空泵抽气时间，大约需要 3s。

在第 2 个反应步骤中，除了采用脉冲注入水蒸气的热 ALD 工艺，还可采用等离子体辅助 ALD 工艺，如图 8-14 所示。

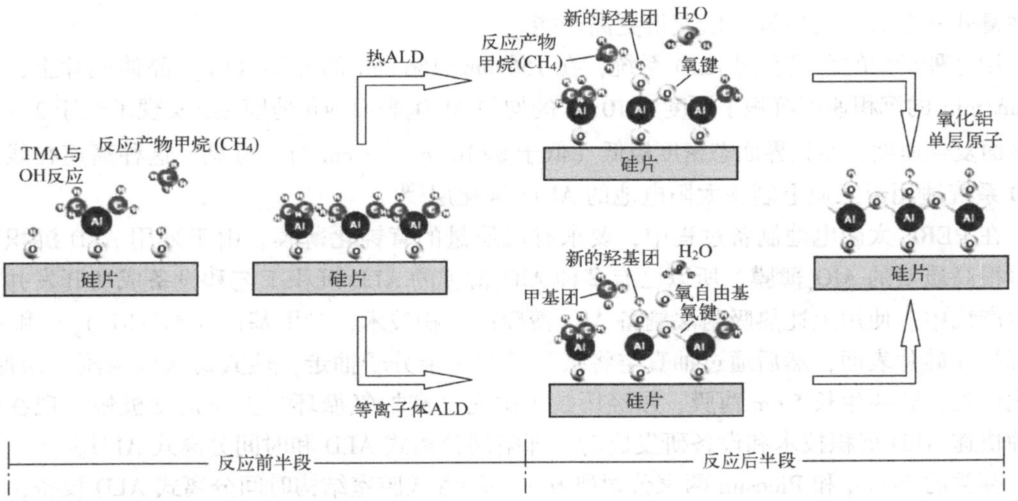

图 8-14 热 ALD 工艺和等离子体 ALD 工艺示意图

等离子体 ALD 工艺是在硅片上方激发形成氧等离子体，其中大量的氧自由基能与甲基团及硅片表面的铝反应，形成单层氧化铝原子层。通常采用远程感应耦合等离子体（ICP）源的沉积系统进行沉积，由于等离子体源不在沉积腔内，等离子体不会直接轰击硅片表面，可避免在沉积过程中等离子体损伤硅片。

在传统的 ALD 工艺中，通过交替改变前驱体气体进行两步反应，在两个“半反应”之间，反应腔室须要经过惰性气体的吹扫清洗，以避免发生寄生的化学气相反应影响 ALD 工艺。虽然表面上生长只需几毫秒的时间就能完成，但是将残余的前驱工艺气体和反应产物排出腔室的真空泵抽气过程却需要几秒，导致生长膜层速度很慢（一般约为 2 nm/min），所以传统的 ALD 工艺并不适合太阳电池的工业化生产。

2. “空间 ALD”的高速沉积工艺

Poodt 等人提出了一种称为“空间 ALD”的高速沉积方法[19]。这种方法将两个“半反应”的反应气体在空间上进行隔离，取消了传统工艺中两步反应中间的真空泵抽气步骤，使沉积速率提高到 70 nm/min。空间 ALD 装置原理示意图如图 8-15 所示。荷兰国家应用科学研究院已开发出试验样机，这种空间隔离通过旋转位于圆形反应腔下部的硅片，TMA 和水蒸气从反应腔的顶端进入，这两种前驱体之间用压缩氮气流所形成的气体支撑盘隔离开。由于两个反应区域已被氮气流密封，可有效地避免工艺气体之间的相互干扰，可在常压条件

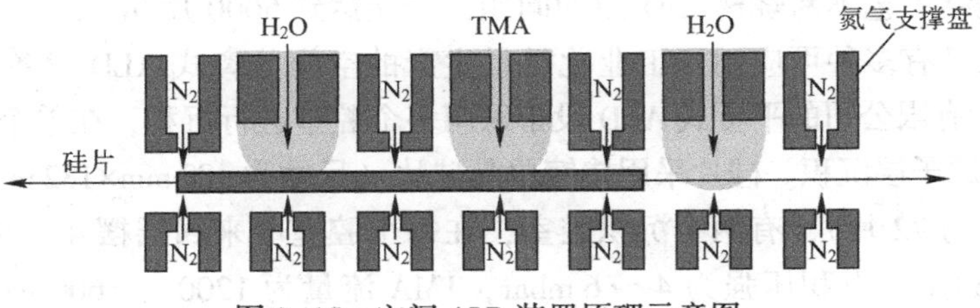

图 8-15 空间 ALD 装置原理示意图

下实施沉积。有的空间 ALD 设备还在硅片背面增设附加的气体支撑盘，实现了双面漂浮硅片往复式和单方向的传输，以获得更高产能。

用这种新型的在线空间 ALD 系统，在 156 mm×156 mm 的 n 型（Cz）晶体硅片上，以约 30 nm/min 的沉积速率沉积了厚度为 10 nm 的均匀 Al_2O_3表面钝化薄膜层，实现了低于 2.9 cm/s 的表面复合速度，而且界面态密度极低（低于 $8\times10^{10}eV^{-1}\cdot cm^{-2}$）。可见，这种高速在线空间 ALD 系统适用于工业上制备太阳电池的 Al_2O_3钝化层[20]。

在 PERC 太阳电池制备过程中，要求有高质量的背钝化薄膜。由于采用 ALD 沉积可以获得很高质量的 AlO_x薄膜，所以已有多种 AlO_x薄膜的 ALD 沉积工艺和设备成功开发并被用于生产线中。使用上述热吸附法制备 AlO_x薄膜的沉积技术，二甲基铝（$Al(CH_3)_3$）和 O_2轮流沉积在硅片表面，然后通过抽真空将吸附后的多余分子抽走，使其每次仅吸附一层原子。由此可见，若要生长 5 nm 薄膜，须经历数十次充气和抽气循环，生长速度极慢。现在已有两种快速 ALD 沉积技术和设备研发成功，即空间分离式 ALD 和时间分离式 ALD。

芬兰的 Bcncq 和 Picosun 两家公司研发了一种管式腔室结构时间分离式 ALD 设备，但因这种设备每次充气后都要抽空，沉积速率慢，加之背表面有绕镀现象，故未能获得大规模使用。

空间分离式 ALD 设备是将非真空腔室分成多个由氮气隔离的区域，每个区域中设置线状源，当太阳电池硅片穿过这些狭缝时，在其表面分别吸附 $Al(CH_3)_3$ 和 O_2原子，形成 AlO_x原子层。硅片移动可以是来回往复的（Solaytec 公司设备采用的方式），也可以是直线的（Lcvitcch 公司设备采用的方式）。Solaytec 公司的设备无需传动装置，依靠上下气流的动态平衡，使硅片在多个气流区域悬浮移动，对于 5 nm 厚度的膜层，产能可达 5000 片/h。这种设备成本较低，但要求硅片的质量和尺寸一致好，满足硅片的重力和浮力平衡条件。这项要求导致其应用上受到一定的限制。

Lcvitcch 公司的设备采用履带支撑硅片。在硅片通过较长的一些气流腔室后，即可完成镀膜过程，并能防止背表面的绕镀，工艺过程稳定，产能可达 4800 片/h。

理想能源公司的空间分离式 ALD 设备采用低真空方式，设备造价较低。它设计了多片大载板的腔室，可以形成均匀的薄膜；气体喷淋系统紧凑，沉积速率高；TMA 与 H_2O 的分离效果好，副反应少；与 PECVD 方式相比，由于不生成等离子体，所以设备内腔沉积的废物少，维护方便；TMA 耗材低。

微导公司研发了板式连续 ALD 设备与管式批次 ALD 设备相结合的 AlO_x镀膜系统，采用时间隔离法制备 AlO_x薄膜：首先制备氧化膜层钝化前表面的 n 型层，然后在太阳电池前表面和背表面沉积 AlO_x膜，从而避免了绕镀现象。这种系统不仅获得了较好钝化性能，还解决了传统银浆烧结工艺不易烧透 AlO_x膜的问题，产能达到 5000 片/h。

现在，已在已有多种可应用于工业化批量生产的空间分离式 ALD 设备。例如，理想能源设备（上海）有限公司的平板式 ALD 设备采用多个腔室进行沉积，在单个腔室中石墨框左右来回摇摆实现原子层沉积。硅片采用掺镓单晶硅片（尺寸为 182 mm×182 mm、厚度 165 μm，单个载板装片量为 72 片），有两个沉积腔室，在每个腔室中来回摇摆 4 ～ 8 次，工艺参数：温度为 180 ～ 260 ℃，沉积压强为 4 ～ 6 mbar，TMA 流量为 1200 ～ 1600 sccm，H_2O 流量为 900 ～ 1300 sccm，可沉积 6 ～ 12 nm 的氧化铝，能够实现 23.4%以上的量产效率。

3. 各种沉积工艺的比较[21]

在以电阻率为 1.3 Ω · cm 的 p 型区熔硅（FZ-Si）为基底的太阳电池上，采用等离子体辅助、热生长和空间 ALD 法沉积 Al_2O_3钝化层，测量了太阳电池有效少子寿命 τ_{eff}随注入密度 Δn 变化的曲线，如图 8-16 所示。所有 Al_2O_3膜层在沉积后均经过了（400±50)℃、约 15 min 的后退火处理。在所测试注入密度范围内，等离子体 ALD 法沉积所得的 Al_2O_3膜上测得的有效的少子寿命值为 3～4.8 ms。当 $\Delta n = 10^{15}\ cm^{-3}$时，少子寿命为 4.8 ms，远高于通常情况下晶体硅片本征少子寿命的经验上限值。空间 ALD 高速沉积技术可获得与传统的低速（<2 nm/min）热 ALD 沉积技术同样好的表面钝化效果。

除了空间 ALD 技术，PECVD 和溅射技术也适用于沉积表面钝化层Al_2O_3 膜[22]。

利用 PECVD 在电阻率为 1 Ω · cm 的 p 型区熔硅上得到 SRV 值为 10 cm/s；在类似的硅材料上，采用反应性溅射技术得到 SRV 值为 55 cm/s。PECVD 方法通常采用在线式（in-line）微波远程 PECVD 系统、TMA 和氮氧化合物作为工艺气体。溅射方法通常在 RF 磁控溅射系统中，采用铝靶，在 O_2/Ar 气氛中进行 RF 溅射。

图 8-17 显示了用空间 ALD、PECVD 和 RF 溅射三种方法，在电阻率为1.3 Ω · cm 的 p 型区熔硅片上沉积 Al_2O_3钝化膜，所测得的有效少子寿命和表面复合速率。空间 ALD 和 PECVD 工艺可获得小于 10 cm/s 的 S_{max}值，溅射法为 35～70 cm/s[21]。

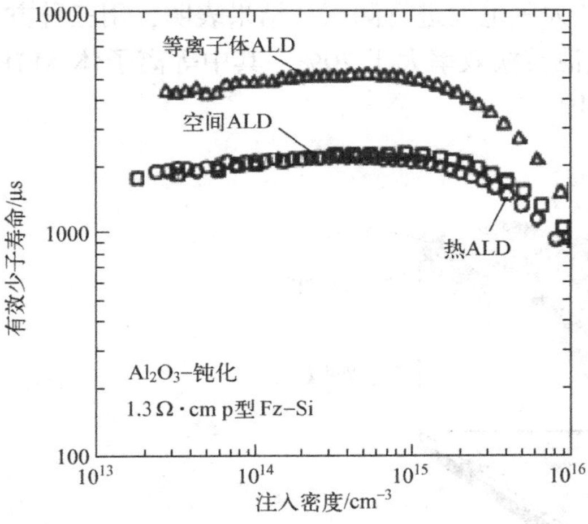

图 8-16 在不同 ALD 工艺下太阳电池的有效少子寿命 τ_{eff}

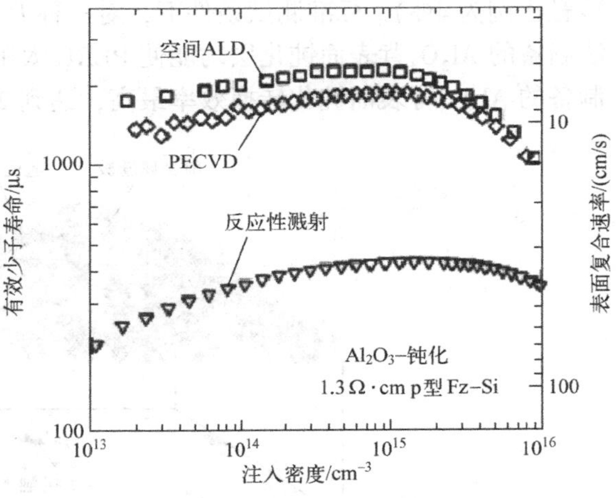

图 8-17 空间 ALD、PECVD 和 RF 溅射技术沉积 Al_2O_3钝化膜的太阳电池的有效少子寿命 τ_{eff}

所制备的 Al_2O_3膜必须经过电极浆料的烧结程序，其温度为 800～920 ℃。图 8-18 显示了烧结后的表面复合速率。采用空间 ALD 沉积的 Al_2O_3烧结稳定性最好，烧结后的 SRV 值约为 20 cm/s。而在线式（in-line）PECVD 沉积的 Al_2O_3膜，在烧结后 SRV 值介于 30～80 cm/s 之间。而溅射法制备的 Al_2O_3膜在烧结后，表面复合速率明显上升，SRV 值介于 300～800 cm/s 之间，而 PECVD 法和空间 ALD 法制备 Al_2O_3，与现有太阳电池的丝网印刷工艺相容，溅射法制备 Al_2O_3须要进一步研究。

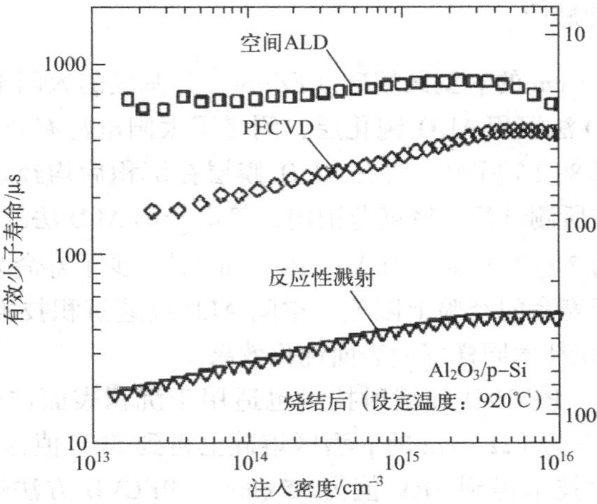

图 8-18　空间 ALD、PECVD 和溅射技术沉积 Al_2O_3钝化膜，烧结后太阳电池的表面复合速率

分别采用等离子体 ALD、热 ALD 和溅射法这三种方法制备的 Al_2O_3钝化层，应用于发射极及背表面钝化的太阳电池（PERC）。图 8-19 显示了这种太阳电池的结构，在方块电阻为 100Ω/□的 n^+型前发射极上，采用 PECVD 制备 SiN_x薄膜作为前表面钝化层，前表面栅线的制备采用铝的浅掩膜蒸发，而背表面经过点接触开槽后由铝蒸发覆盖进行金属化（背金属接触比例为 4%）。标准测试条件下，对三种 PERC 太阳电池进行测试，结果表明，用三种方法制备的 Al_2O_3背表面钝化层均能使 PERC 太阳电池转换效率大于 20%，其中等离子体 ALD 制备的 Al_2O_3背表面钝化转换效率最高，达到 21.4%。

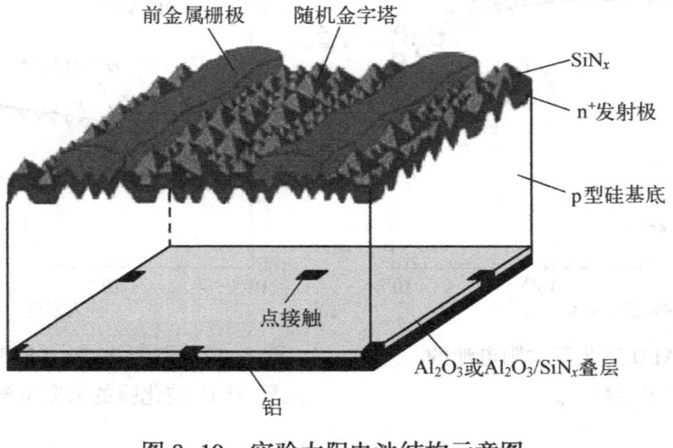

图 8-19　实验太阳电池结构示意图

空间 ALD 与 PECVD 两种工艺都能在较低温度下沉积 Al_2O_3，且钝化作用显著，热稳定性优良。与 PECVD 相比，空间 ALD 技术由于减少了 TMA 的气体消耗，并能消除反应室壁上的寄生沉积，能制备高质量、无针孔膜，且具有沉积设备占地面积较小等优点，在应用于太阳电池制造方面更有优势。

Al_2O_3用于钝化 p 型硅表面具有诸多有利点，但 Al_2O_3是介电材料，电荷传导能力差，须要通过激光开槽与硅形成局部接触；而且三甲基铝是易燃易爆危险品，使用时还要注意气源的安全性，这些因素都会影响制造成本。对此，陈兵兵等人试图采用低成本的溶胶-凝胶法制备 Al_2O_3薄膜作为 p 型硅太阳电池背表面钝化层，利用在具有结构的硅背表面上露出 Al_2O_3薄膜金字塔顶端的硅与铝形成局部接触，避免激光开槽，以期降低生产成本[23]，如图 8-20 所示。由于绒面的金字塔顶端通常是参差不齐的，所以采用这种方法须要解决局部接触的均匀性问题。

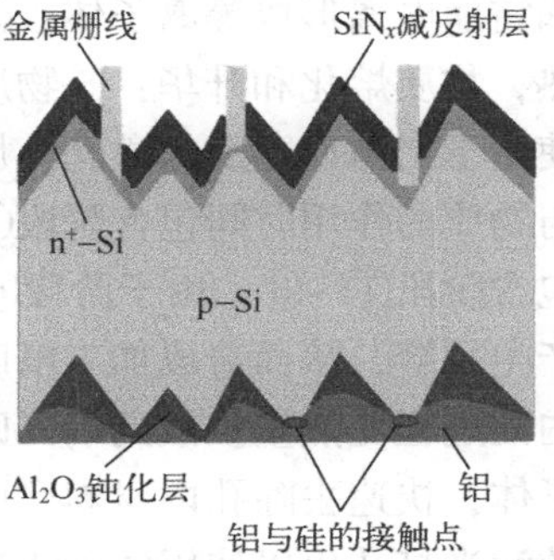

图 8-20 溶胶-凝胶法制备 p 型硅太阳电池背表面 Al_2O_3 钝化层的太阳电池结构示意图

8.5 激光消融开孔

如上所述，对于 PERC 太阳电池，制备了太阳电池背表面钝化膜后，还须采用激光消融技术在背表面开出窗口，以便背电极与太阳电池基极接触，收集载流子。激光器的工作原理与硅片刻蚀机中所用的激光器相似（参见第 7 章 7.1.2 节），下面对其打孔机理进行介绍。

激光束经过光学系统的整形、传输和聚焦后，在焦点处可得到直径为数微米至十几微米的小光斑，光束功率密度可高达 $10^5 \sim 10^{15}$ W/cm^2。当激光功率密度达到 $10^5 \sim 10^6$ W/cm^{2}时，即可使材料熔化或气化。一般用于非金属材料的切割和焊接所需功率密度范围为 $10^2 \sim 10^4$ W/cm^2；用于打孔和金属材料加工所需功率密度范围为 $10^4 \sim 10^6$ W/cm^2。

硅片的激光打孔过程是从激光照射硅材料表面开始的。当聚焦的高能激光束照射到被加工的硅材料表面时，硅材料吸收激光能量后迅速升温，使其表面温度瞬间达到硅材料的蒸发温度。这时，硅材料发生剧烈相变，首先出现液相，继而出现气相，热能的持续增加导致硅蒸气携液相硅材料以较高的压力从孔的底部喷出，从而完成打孔过程。硅物质的熔化和蒸发是激光成孔的两个基本过程。

如图 8-21 所示，从加热材料的宏观过程来看，可形象地将激光打孔过程分为 5 个阶段：第 1 阶段为前缘，第 2～4 阶段为稳定输出阶段，第 5 阶段为尾缘。进入第 1 阶段后，硅材料开始加热；进入第 5 阶段后，加热临近终止，气化及熔化趋于结束，形成锥形孔底。

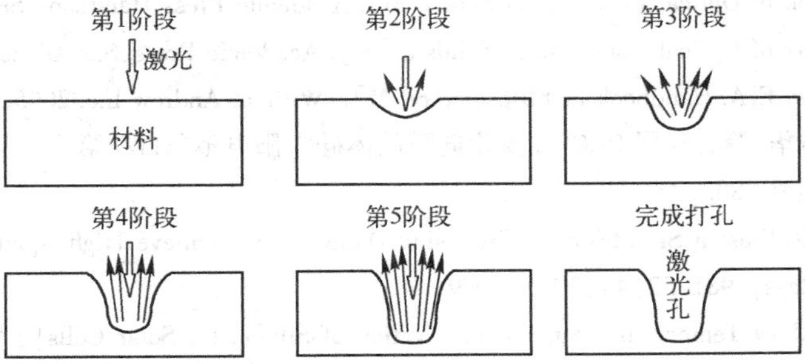

图 8-21 激光打孔过程

从微观的角度分析，脉冲激光打孔的过程也可分成 5 个阶段：①通过热激发或光激发（包括单光子和多光子电离）产生导带电子；②导带电子在光场中吸收能量，通过焦耳加热和雪崩电离形成等离子体；③等离子体通过电子声子耦合，将能量传递给晶格；④晶格被加热，物质熔化和升华；⑤物质的热扩散和声冲击波引起其周围物质结构变化，形成激光孔。使用不同脉冲宽度的激光，加工过程中所包含的时段也不同：对于ns～μs级脉冲，光脉冲与物质的作用时间包含阶段①～⑤；对于ps～ns级脉冲，包含阶段①～④；对于fs级脉冲，包含阶段①～③。由于阶段④和⑤的加热时间长，所以会引起非加工区域的融化、再凝固和产生裂缝，从而造成加工精度降低和材料损伤。对于超短脉冲激光，由于其热量沉积到材料内的过程比热量扩散到周围区域的过程更快，可避免发生熔化，使材料直接升华和形成等离子体，快速去除孔内材料[24]。现在，考虑到设备成本和加工效率等因素，PERC太阳电池的激光打孔仍以使用纳秒激光器为主。

激光打孔所需功率密度范围的下限是指激光脉冲在终了的瞬间材料被破坏，开始形成凹坑时的激光功率密度；其上限是指当激光作用于材料形成等离子体时的激光功率密度，如$10^7 \sim 10^8$ W/cm^2。

激光器的激光波长可以是可见光波长（如532 nm），也可以是红外辐射波长（如1064 nm）。所开窗口形状以直线状为主，也可为线段状或点状。通过调整激光频率，可以控制开孔（圆点）的覆盖率。窗口图形尺寸精度小于15 μm。根据输出激光脉冲宽度的不同，激光器可分为皮秒激光器和纳秒激光器两种。皮秒激光对硅片表面损伤小，但其设备价格昂贵；而纳秒激光（2～100 ns）对硅片表面损伤稍大，但其设备价格较低。

传统的激光设备工作台为旋转平台，现在多用可连续运行的直线式平台，在激光开窗口过程中，它可以使硅片连续向前移动，从而显著提高开孔速率（可达3800～8000片/h）。

与机械钻孔、电火花加工等开孔方式相比，激光打孔具有显著优点：可获得大的深径比；适合数量多、密度高的群孔加工；速度快，效率高，孔壁较规整；多孔加工时的尺寸形状一致；属于非接触式加工，不会污染硅片。

参考文献

[1] McEvoy A J, Markvart T, Castañer L. Solar Cells: Materials, Manufacture and Operation[M]. Elsevier Science, 2005.

[2] Hovol H J. Solar Cells Semiconductors and Semimetals[M]. Academic Press, 1975.

[3] Palik E D. Handbook of Optical Constants of Solids[M]. Academic Press Handbook Series, Orlando. 1985.

[4] Palik E D. Handbook of Optical Constants of Solids Ⅱ[M]. Academic Press, San Diego. 1991.

[5] Tompkins H G, Irene E A. Handbook of Ellipsometry[M]. William Andrew Inc. 2005.

[6] 屈盛，毛和璜，韩增华，等. 双层PECVD氮化硅膜晶体硅太阳电池[C]//第十一届中国光伏大会会议论文集. 南京，2010：76-80.

[7] Hezel R, Schörner R. Plasma Si Nitride-A Promising Dielectric to Achieve High-quality Silicon MIS/IL Solar Cells[J]. J Appl Phys, 1981, 52(4): 3076-3079.

[8] Hezel R, Jaeger K. Low Temperature Surface Passivation of Silicon for Solar Cells[J]. Journal of the Electrochemical Society, 1989, 136(2): 518-523.

[9] Glunz S W, Biro D, Rein S, et al. Field-effect Passivation of the SiO-Si Surface[J]. J Appl Phys, 1999, 7, 86(1): 683-691.

[10] Zhao J, Wang A, Green M A. 24.5% Efficiency Silicon PERT Cells on MCZ Substrates and 24.7% Efficiency PERL Cells on FZ Substrates[J]. Prog. Photovoltaic Res Appl, 1999(7): 471-474.

[11] Schmidt J, Kerr M, Cuevas A. Surface Passivation of Silicon Solar Cells Using Plasma-enhanced Chemical-vapour-deposited SiN Films and Thin Thermal SiO_2/Plasma SiN Stacks[J].Semiconductor Science and Technology,2001,16(3):164-170.

[12] Agostinelli G, Vitanov P,Alexieva Z,et al. Surface Passivation of Silicon by Means of Negative Charge Dielectorcs[C]//Proceedings of the 19th European PVSEC,WIP. Paris,2004:132.

[13] Hoex B, Heil S B S,Langereis E,et al. Ultralow Surface Recombination of c-Si. Substrates Passivated by Plasma-assisted Atomic Layer Deposited Al_2O_3[J]. Appl Phys. Lett,2006,89(4):042112,1-3.

[14] Terlinden N M,Dingemans G,Van de Sanden M C M,et al. Role of Field-effect. on c-Si Surface Passivation by Ultrathin(2-20 nm)Atomic Layer Deposited Al_2O_3[J]. Appl Phys Lett,2010,96(11):112101,1-3.

[15] George S M. Atomic Layer Deposition:An Overview[J]. Chemical Reviews, 2010(110):111-131.

[16] Leskelä M,Ritala M. Atomic Layer Deposition Chemistry:Recent Developments and Future Challenges[J]. Angewandte Chemie International Edition,2003(42):5548-5554.

[17] Profijt H B,Potts S E,Van de Sanden M C M et al. Plasma-assisted Atomic Layer Deposition:Basics,Opportunities,and Challenges[J]. Journal of Vacuum Science & Technology A: Vacuum, Surfaces, and Films, 2011(29):050801,1-26.

[18] Elliott S D,Scarel G,Wiemer C,et al. Ozone-Based Atomic Layer Deposition of Alumina from TMA:Growth, Morphology, and Reaction Mechanism[J]. Chemistry of Materials,2006(18):3764-3773.

[19] Toodt P,Lankhorst A,Roozeboom F,et al. High-speed Spatial Atomic-layer Deposition of Aluminum Oxide Layers for Solar Cell Passivation[J]. Advanced Materials,2010,22(32):3568-3567.

[20] Florian W,Walter S,Roger G,et al. High-rate Atomic Layer Deposition of Al_2O_3 for the Surface Passivation of Si Solar Cells[J]. Energy Procedia,2011(8):301-306.

[21] Jan S,Florian W,Boris V,et al. 工业化 Al_2O_3 沉积技术在硅太阳电池表面钝化中的应用研究[C]//Photovoltaics International,2010(10):36.

[22] Dingemans G, Van de Sanden M C M, Kessels W M M. Influence of the Deposition Temperature on the c-Si Surface Passivation by Al_2O_3 Films Synthesized by ALD and PECVD[J]. Electrochemical and Solid-state Letters, 2010, 13(3):76-79.

[23] 陈兵兵,沈艳娇,陈剑辉,等. 溶胶-凝胶法制备 Al_2O_3 钝化背表面硅太阳电池[C]. 第十六届中国光伏学术大会(CPVC 16),B 晶体硅材料及太阳电池技术,天津,2016.

[24] 朱立汀. 皮秒激光在薄膜太阳能电池加工中的应用[C]. 上海市激光学会年会,上海,2009:81-84.

第 9 章　电极的丝网印刷、烧结和载流子注入退火

在太阳电池的制造过程中，为了制备太阳电池接触电极，须要利用丝网印刷技术在硅片上印刷金属浆料。金属浆料经烧结后，在太阳电池的表面形成正面电极（也称上电极或前电极）和背面电极（也称下电极或底电极），通过这些电极收集并输送电池的电流，如图 9-1 所示。将单体太阳电池的电极串联焊接，形成电池串，再将电池串串联/并联制得太阳电池组件。正面栅状电极分为主栅电极和副栅电极，其结构如图 9-2（a）所示。栅状电极宽度小，有时也称栅线电极或栅线。图 9-2（b）所示为太阳电池正面栅极实物照片。

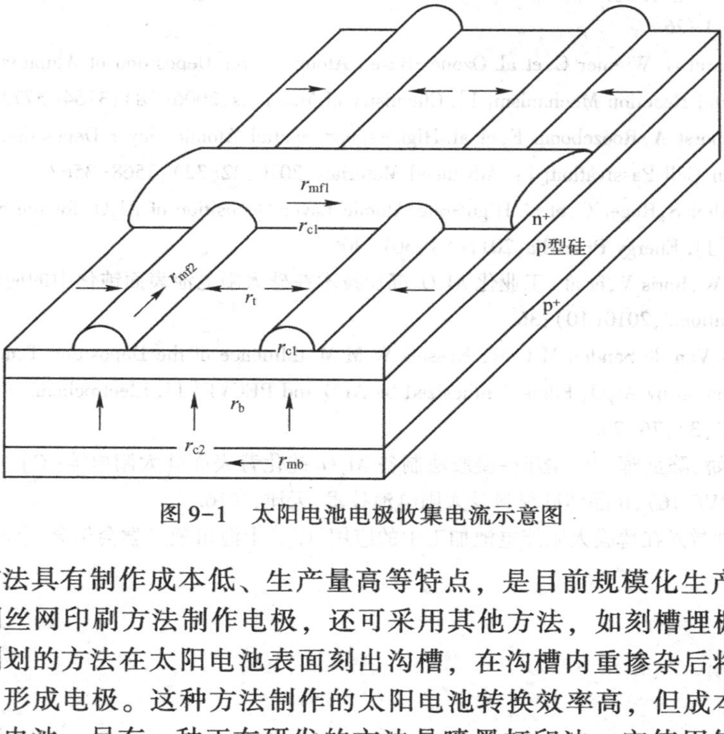

图 9-1　太阳电池电极收集电流示意图

丝网印刷方法具有制作成本低、生产量高等特点，是目前规模化生产中普遍采用的方法。除了采用丝网印刷方法制作电极，还可采用其他方法，如刻槽埋栅法，即使用激光刻划或机械刻划的方法在太阳电池表面刻出沟槽，在沟槽内重掺杂后将金属电极材料填充在沟槽内，形成电极。这种方法制作的太阳电池转换效率高，但成本也高，一般用于制作高效太阳电池。另有一种正在研发的方法是喷墨打印法，它使用气体带动金属浆料从特制的喷枪嘴喷出，沉积到太阳电池表面形成电极，这种方法形成的电极具有较好的高宽比，但设备和工艺尚未成熟，尚不能应用于规模化生产。也有人研究用模板印刷方法，以期提高太阳电池转换效率。

丝网印刷金属浆料并进行高温烧结，除了形成欧姆接触，还有其他重要作用，例如，“烧穿” SiN_x膜，进行氢钝化，在太阳电池背面形成背面场等。这是制造出高转换效率太阳电池的重要工序之一，也是制造太阳电池过程中较难掌握的工序之一，所以在此进行比较详细的介绍。

电极浆料印刷和烧结的工艺流程如图 9-3 所示。

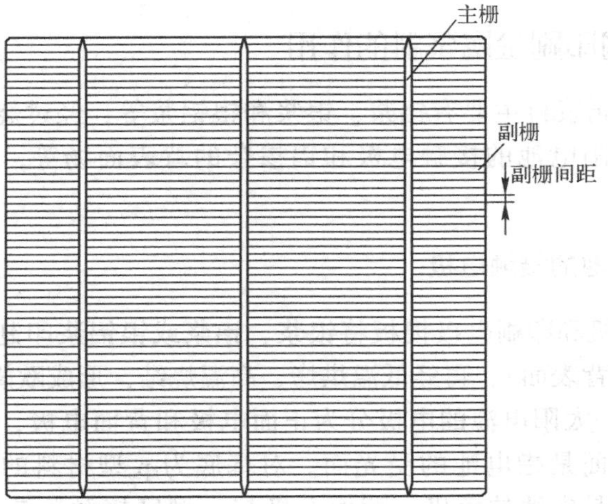

（a）结构

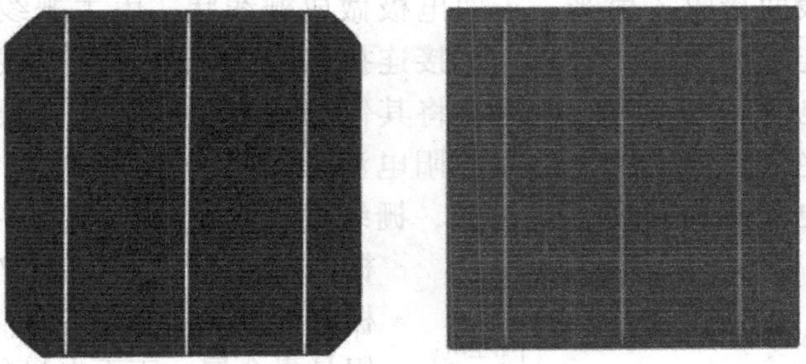

（b）实物照片

图 9-2 太阳电池正面栅极结构和实物照片

9.1 电极的丝网印刷

进行丝网印刷时，首先应设计印刷图案，并制作成网版。网版上须要形成图形部分的网孔是通透的，非图形部分网孔是闭塞的。印刷时，在网版上铺展浆料，刮刀的刀刃紧贴网版的丝网表面横向刮动浆料，并施加适当的压力使网版与硅片接触，将浆料挤出网孔后黏附在硅片上。由于网版与硅片之间留有间隙，网版将利用自身的张力与硅片瞬间接触后立即脱离硅片回弹，挤出网孔的浆料与丝网分离，在硅片的表面按照网版图形限定的区域黏附上浆料，如图 9-4 所示。

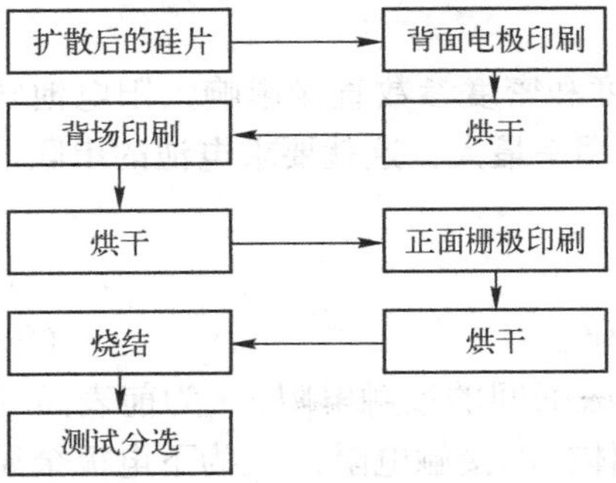

图 9-3 电极浆料印刷和烧结的工艺流程

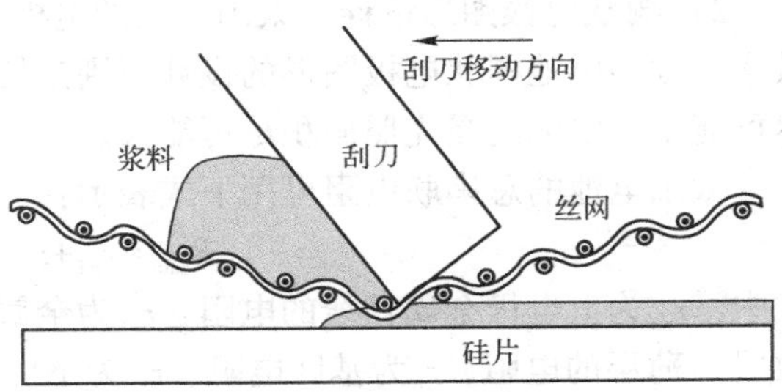

图 9-4 丝网印刷工艺示意图

9.1.1 丝网印刷金属浆料的作用

丝网印刷的金属浆料主要有铝浆、银浆和银铝浆等，经过烧结后对太阳电池有多种作用，主要是形成太阳电池的接触电极和铝掺杂的背表面场等，显著提高了太阳电池转换效率。

1. 形成太阳电池的接触电极

通过丝网印刷机和印刷电极模板将银浆、铝浆或银铝浆印制在硅片的正面（或称前表面）和背面（或称背表面），再经低温烘烤、高温烧结，形成欧姆接触电极。

1）电极结构 太阳电池的电极分为正面电极和背面电极，分别位于电池的正面和背面两个表面上，正面是指电池的受光面。对基底为p型材料的晶体硅太阳电池，正面电极与n型区接触，是电池的负极；背面电极与p型区接触，是电池的正极，如图9-5所示。为使太阳电池表面接收入射光，正面电极做成栅线状，由主栅线和副栅线两部分构成。主栅线是一边连接副栅线，另一边直接连接到太阳电池外部引线的粗栅线。副栅线则是为了收集太阳电池扩散层内的电流并将其传输到主栅线的宽度很窄的细栅线。为了增大透光面积，使绝大部分入射光进入太阳电池，同时保持良好的导电性，使通过电池正面扩散层的方块电阻尽可能多收集电流，栅线宽度要尽可能小，厚度要尽可能大。细栅线宽度通常为40～75 μm。由于栅线电极细而长，须用具有高导电率的银浆制造。银是贵金属，正面电极的银浆比较昂贵，为降低成本，主电极可设计成镂空结构，即带孔的主电极，焊接后整体导电率不会受到明显影响。

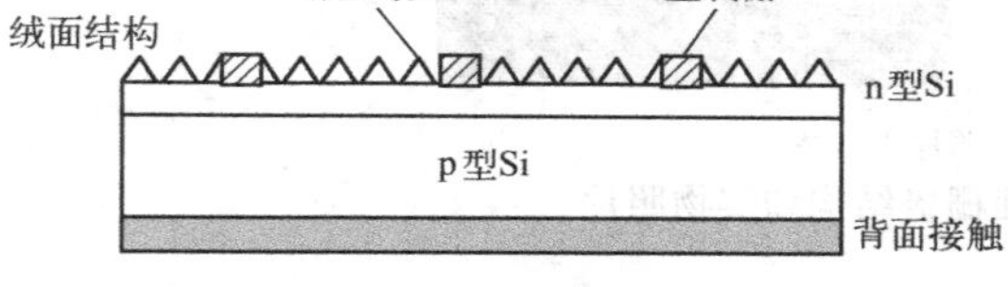

图9-5 太阳电池的电极结构剖面示意图

太阳电池背面电极是2～4根银主电极，再加上用铝浆烧结后覆盖太阳电池全部背表面，可有效地收集太阳电池内的电流。也有的用银铝浆栅线，呈网格状交叉布满整个背表面，再加印主电极。

现在，太阳电池电极结构正在向多主栅设计方向发展。对于双面PERC太阳电池，多主栅设计尤为重要。通过精细的设计和制作，PERC太阳电池（特别是双面PERC太阳电池，即PERC+）的主栅从5栅或6栅增加到9栅或12栅，不仅减小了前表面和背表面的电极遮光率，还因背铝栅线宽度和间距的减小而降低了太阳电池的栅线接触电阻，从而显著提高太阳电池转换效率。

2）栅状电极图形设计 太阳电池的电极形状、宽度和密度参数直接影响太阳电池转换效率。太阳电池栅状电极图形的设计原则是使入射光利用率最大，这就要求电池的串联电阻尽可能小、电池的受光照面积尽可能大。

太阳电池的总串联电阻可用下式表示：

$$R_{sum}=r_{mf}+r_{c1}+r_t+r_b+r_{c2}+r_{mb} \tag{9-1}$$

式中，r_{mf}为上电极金属栅线的电阻，r_{c1}为金属栅线和前表面间的接触电阻，r_t为前表面（扩散层）薄层的电阻，r_b为基区电阻，r_{c2}为下电极与半导体硅的接触电阻，r_{mb}为下电极金属栅线的电阻。

一般情况下，r_m、r_{c1}、r_b和r_{c2}都比较小，r_t是串联电阻的主要部分。

对于如图 9-6（a）所示的长条平行栅线电极，r_t正比于$\frac{R_s\left(\frac{L}{W}\right)}{m^2}$，即

$$r_t \propto \frac{R_s\left(\frac{L}{W}\right)}{m^2} \tag{9-2}$$

式中，R_s为扩散层方块电阻，L 为电池横向尺寸，W 为电池纵向尺寸，m 为横向栅线条数。为了降低 r_t，必须增加栅线数，但这会使太阳电池的光照作用面积减少。

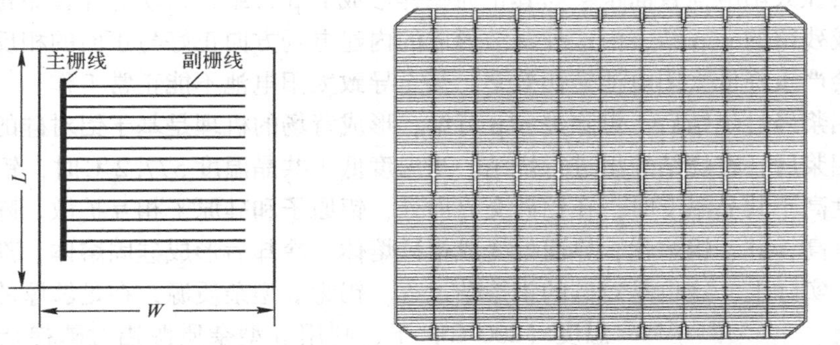

（a）太阳电池的栅线电极布置示意图　（b）产业化166 mm×166 mm9BB单晶硅太阳电池电极设计

图 9-6　太阳电池的栅线电极设计

对于 166 mm×166 mm 的单晶硅太阳电池，副栅线均匀平行分布，根数为 90 ～ 150，相邻副栅线的间距为 1. 10 ～ 1. 85 mm，栅线宽度为 20 ～ 60 μm。最靠近边缘的副栅中心线到太阳电池边缘的距离为 0. 80 ～ 0. 85 mm。

对于平行分布的主栅线，现在普遍使用 9 根主栅线，如图 9-6（b）所示。随着晶体硅太阳电池尺寸的增加，主栅线根数也会相应增加。例如，对于 182 mm×182 mm 太阳电池，可采用 11BB 或 16BB 等，主栅线对应的宽度为 30 ～ 300 μm。如果太阳电池背面采用铝主栅线，则应增加主栅线宽度。

太阳电池印刷电极浆料湿重与电极的宽度和厚度相关。例如，对于 156 mm×156 mm 太阳电池，若其副栅线的宽度为 0. 045 mm，副栅线根数为 101，两条副栅中心线之间的距离为 1. 54 mm，主栅线为 4 条，主栅线宽度为 1. 0 mm，就可以依据表 9-1 选择太阳电池印刷电极浆料湿重。

表 9-1　太阳电池印刷电极浆料湿重　　单位：g

电 池 种 类	背面电极印刷	背电场印刷	正面电极印刷
156 mm 单晶硅电池（M156）	0. 04 ～ 0. 06	1. 20 ～ 1. 40	0. 10 ～ 0. 12
156 mm 多晶硅电池（P156）	0. 04 ～ 0. 06	1. 20 ～ 1. 40	0. 10 ～ 0. 12

3）镂空主栅　为了节约银浆用量，现在太阳电池的主栅通常采用镂空设计方式，如图 9-7 所示。因为主栅的上面还要覆盖焊带，所以主栅镂空后不会降低其导电性。

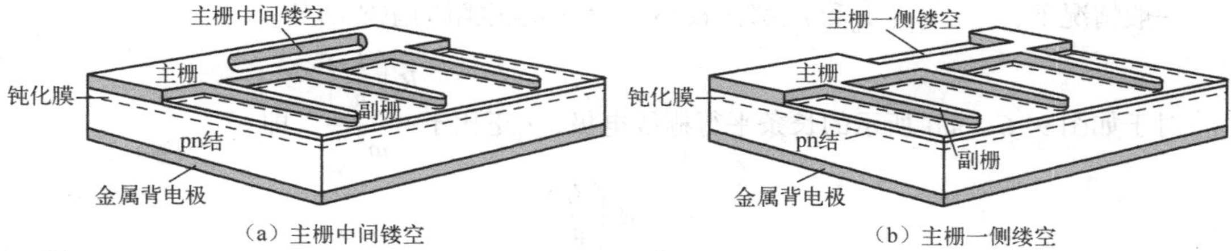

（a）主栅中间镂空　（b）主栅一侧镂空

图 9-7　主栅镂空示意图

2. 除去背结，形成背面场

磷扩散后在太阳电池背面也会与其正面一样形成 n^+p 背结，即使硅片背靠背放置进行扩散，也会形成残留的 n^+p 结，由这种背结形成的内建电场方向正好与正面的相反，如果不除去背结，将会严重降低太阳电池转换效率，甚至导致太阳电池不能正常工作。

印刷的铝浆经过烧结后，可除去 n^+p 背结，形成背场的机理是基于铝对硅的掺杂。硅片表面印刷上铝浆后，在烧结炉里进行烧结，当温度低于共晶温度 577.2℃时，铝与硅不发生作用；当温度高于共晶温度时，在铝硅交界面处，铝原子和硅原子相互扩散。随着时间的增加和温度的升高，硅、铝熔化，界面处变成铝硅熔体，冷却后形成硅固熔体，部分铝析出形成再结晶层。实际上，这也是对硅的铝掺杂过程，铝为 p 型杂质源，在足够厚的铝层和合金温度（800℃）下，利用 p 型杂质源铝对磷掺杂的补偿作用能有效地除去 n^+p 背结。同时，在太阳电池背面产生一个 p^+ 浓掺杂层，与电池基底 p 区形成 pp^+ 浓度结，建立从 p 区指向 p^+ 区的自建电场，称为背面场，如图 9-8 所示[1]。背电场能产生与太阳电池 pn 结光生电压极性相同的光生电压，从而提高了电池的开路电压。由于光生载流子受到背电场加速，增加了载流子的有效扩散长度，同时还能驱使少数载流子离开表面，降低复合率，其结果是既增加了短路电流，又降低了暗电流，同时还减小了电极的接触电阻。此外，铝扩散还有吸杂的作用，而且铝吸杂可在相对较低的温度下进行，可避免烧结过程中沉积的杂质通过体缺陷溶入硅中。现在用铝全面覆盖太阳电池背表面形成背面场的方法已成为晶体硅太阳电池普遍采用的生产工艺。

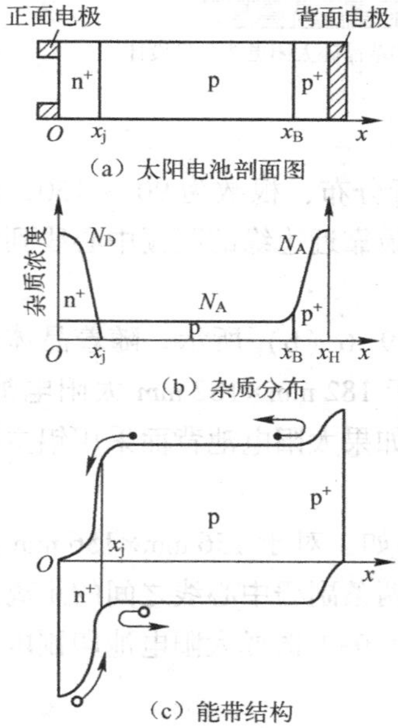

（a）太阳电池剖面图
（b）杂质分布
（c）能带结构

图 9-8　背面场能带结构

除了丝网印铝浆烧结或真空蒸发铝膜方法，制作背面场也可采用浓硼（对 p 型硅）或浓磷（对 n 型硅）扩散等方法。

9.1.2　丝网印刷用材料、工具和设备

丝网印刷技术的主要原材料是金属电极浆料，承印物是硅片，主要工具是网版和刮刀，设备是丝网印刷机。

1. 丝网印刷用金属电极浆料

制作太阳电池电极的浆料通常由银、铝等导电金属粉末组成的功能组分、低熔点玻璃等

材料组成的黏结组分和有机载体混合而成。

由丝网印刷金属浆料制成的电极属于厚膜电路电极。

1）金属粉末材料 金属粉末所占的比例决定了厚膜电极的电学性能和机械性能，如电阻率、可焊性和成本。金属粉末材料用化学方法或超音速喷射方法制成。

厚膜电极中各金属颗粒之间通过接触和隧穿等方式导电。

选择的金属粉末材料必须具备下列条件：能与硅形成欧姆接触，接触电阻小，导电率高，接触牢固和化学稳定性好，材料本身纯度高。在金属材料中，银的熔点为 961.78 ℃，电阻率为 $1.586\times10^{-6}\Omega\cdot cm$（20 ℃时）；银的特征氧化数为+1，其活性较低；银有很好的柔韧性和延展性，导电性和导热性都很好。为减少电极遮光面积，正面电极必须设计成细栅状，具有高导电性能的银材料能较好地满足栅状电极的导电性要求，同时银-硅合金和银-铝合金的共熔温度较低，使其也能满足工艺上的要求。

图 9-9 所示为银-硅合金体系相图，银-硅合金的最低共熔温度为 830 ℃。图 9-10 所示为银-铝合金体系相图，银-铝合金的最低共熔温度为 566 ℃。图 9-11 所示为银-铅合金体系相图。

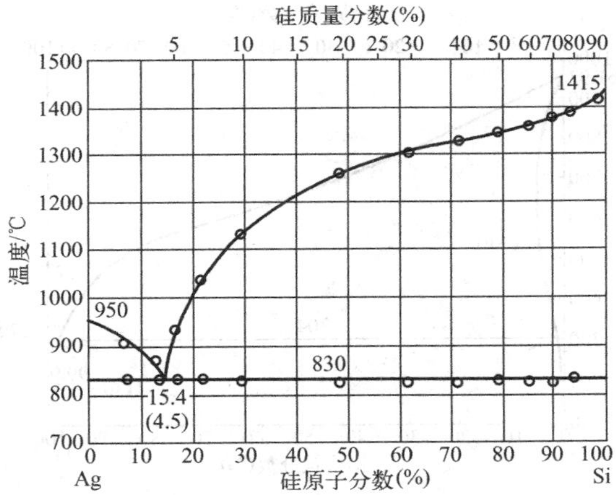

图 9-9 银-硅合金体系相图

用金属银粉做成银浆，掺加含氧化铅的硼酸玻璃粉（主要成分为 PbO、B_2O_3 和 SiO_2）。银浆的作用是通过高温烧结时玻璃粉中的硼酸成分与正面具有电绝缘性的减反射膜氮化硅反应，并刻蚀穿透氮化硅薄膜，让银渗入到硅中形成局部区域的电接触。铅的作用是通过银-铅-硅共熔，降低银的熔点，银-铅二元合金系统的最低液相温度为 304 ℃。

银与硅形成欧姆接触的机理是：在一定温度下，浆料中的有机物挥发，留下的玻璃料在减反射膜表面聚集，熔蚀掉氮化硅减反射膜后，与 Si 发生氧化还原反应：

$$2PbO+Si = 2Pb+SiO_2 \tag{9-3}$$

也有研究认为，氧化铅与氮化硅直接反应生成二氧化硅和铅，并逸出氮气[2]，反应式为

$$4PbO+2SiN_x \longrightarrow 4Pb+2SiO_2+xN_2\uparrow \tag{9-4}$$

PbO 与 Si 发生氧化还原反应时，还原出的金属 Pb 呈液态，与 Ag 相遇时，形成 Pb-Ag 熔体。由于玻璃料对硅片表面的腐蚀具有各向异性，反应后将在硅片表面产生腐蚀坑，银和 n 型硅片之间形成一层玻璃体。在高温条件下，在玻璃体下沉过程中，携带并溶解了部分金

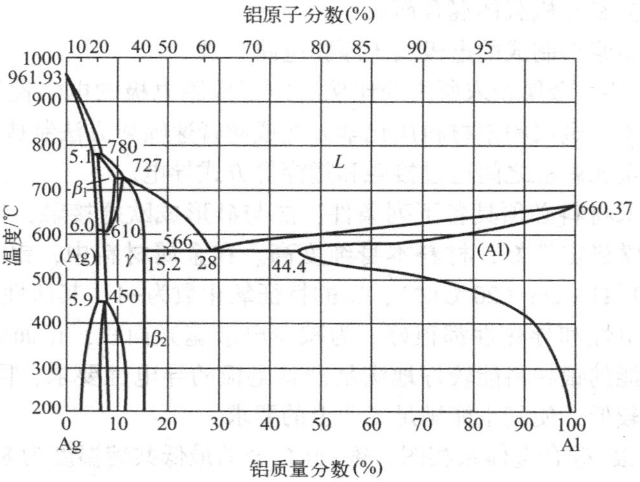

图 9-10　银-铝合金体系相图

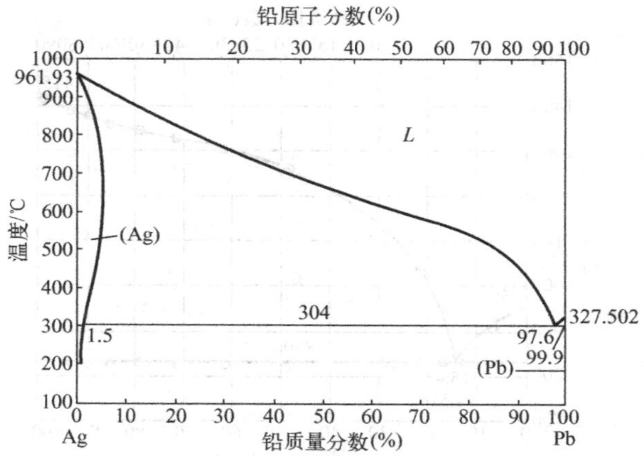

图 9-11　银-铅合金体系相图

属银[3-4]，进行如下固相反应：

$$4Ag_{(glass)}+O_{2(g)}\longrightarrow 2Ag_2O_{(glass)} \tag{9-5}$$

$$4Ag_{(glass)}+2O^{-2}_{(glass)}+Si(s)\longrightarrow 4Ag_{(s)}+SiO_{2(glass)} \tag{9-6}$$

式中，下标（glass）表示处于玻璃态中，（g）表示处于气态，（s）表示处于固态。

Ag 和被腐蚀的 Si 同时溶入浆料中，冷却时浆料中的 Pb 和 Ag 分离，多余的 Si 在硅片上外延生长，从玻璃中析出的 Ag 粒则在硅片表面随机生长，在晶面上结晶，与硅片表面形成欧姆接触。为了获得优良的欧姆接触，银浆中还须掺少量的Ⅳ、Ⅴ族或过渡族元素，共同烧结而成。材料成分、厚膜工艺和固相反应等因素使银-硅界面状态比较复杂，其能带结构、势垒高度与理论值相差较大，欧姆接触性能通常由经验值确定。

综合考虑烧结温度、导电性能、附着力以及材料成本等因素，用于太阳电池的正面和背面的高导电性和可焊接电极浆料的功能组分选用银是最合适的，银浆料中的银含量大于70%。当然，由于银是半导体硅的深能级杂质，对非平衡少数载流子起复合中心的作用，会影响太阳电池转换效率，因此在电极设计时应尽可能减小它与硅基片的接触面积。

铝具有良好的导电性能，电阻率为 $2.65\times10^{-6}\Omega\cdot cm$(20℃时)，是一种 p 型掺杂剂。使用铝作为晶体硅太阳电池的 p 型接触电极材料，能形成低电阻的欧姆接触，改善太阳电池填充因子 FF。铝的熔点低（为660.37℃），铝与硅的共晶温度更低（为577.2℃），铝-硅合金体系相图如图 9-12 所示[5]。使用铝浆制作背电极的另一项重要作用是形成铝背场。在铝浆烧结后，p 型的铝掺杂使原本掺硼的 p 型硅片背面形成数微米厚的重掺杂 p^+型 Si 层，形成 pp^+浓度结，有效阻挡了电子向背表面移动，降低了背表面的少数载流子复合速度，提高了太阳电池的开路电压 U_{oc}和转换效率。

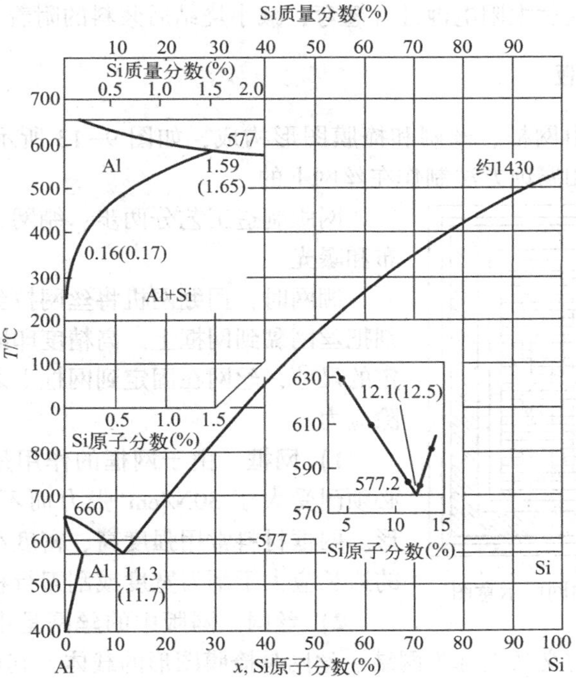

图 9-12　铝-硅合金体系相图

使用铝浆，在硅片背面形成的 Al 重掺杂区，在除去背面 np 结的同时还进行有效的吸杂，增长少子寿命，提高转换效率；同时，通过铝膜对长波光的反射，增强对长波光的吸收，提高短路电流 I_{sc}；金属铝具有优良的导热性，其热传导率为 0.343Cal/(cm·s·℃)；金属铝的延展性和化学稳定性均比较好，在空气中其表面能形成一层致密的氧化膜，不易进一步氧化。此外，铝、硅的共熔点低，可在较低温度下进行烧结；铝的价格较低。总之，采用铝浆黏结制作太阳电池电极很适合大规模生产的工艺要求。

2）黏结材料　低熔点玻璃起黏结的作用，它关系到厚膜电极对硅基片的附着力。低熔点玻璃粉料须在球磨机中研磨到适合丝网印刷的颗粒度（直径为 1～3 μm）。为了使电极浆料印刷烧结后能与硅基片形成良好的欧姆接触，还应添加一些特定的掺杂剂。

3）有机载体材料　有机载体是金属粉末和低熔点玻璃粉料的临时黏结剂。它包括有机高分子聚合物、有机溶剂、有机添加剂等。它调节浆料的黏度，改变其流变性，改变固体粒子的浸润性，金属粉末的悬浮性和流动性，以及浆料整体的触变性。浆料的触变性决定了印刷质量的优劣。具有触变性的浆料，在加上压力或搅拌剪切应力时，浆料的黏度下降，撤除应力后，黏度恢复。丝网印刷过程中，浆料添加到丝网上，能黏在丝网上；当印刷头在丝网掩膜上加压拖动浆料时，浆料黏度降低，能透过网孔；刷头停止运动后，浆料黏在丝网上，不再流动。浆料黏度必须通过添加有机载体调节到规定值。流动性太强会减小电极图形边沿锐度，流动性弱会导致漏印。

浆料制造过程是将这些金属粉末和低熔点玻璃粉料放在搅拌器中与有机载体湿混，进行充分搅拌和分散后形成膏状的厚膜浆料。

浆料的质量对太阳电池性能有很大的影响。浆料配比成分的变化、组成材料热膨胀系数的差异等均会造成烧结后太阳电池硅片翘弯，减小烧结后浆料的附着力。

2. 丝网印刷用网版

丝网印刷的网版由网框、丝网和掩膜图形构成，如图 9-13 所示。丝网是绷在网框上的，掩膜图形是用照相腐蚀方法制作在丝网上的。

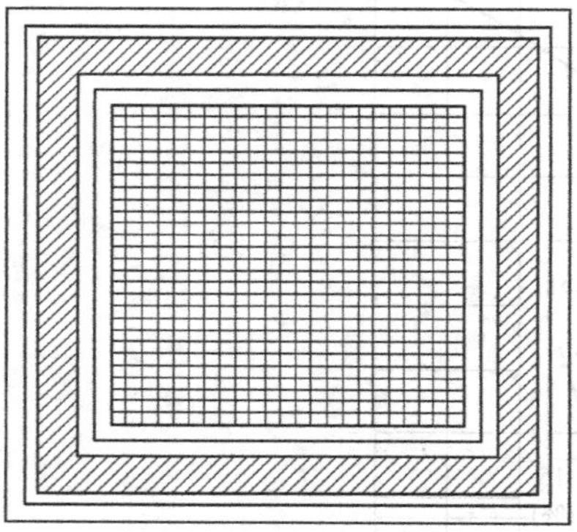

图 9-13　丝网印刷的网版示意图

网版制造工艺分两步：绷网、前处理；感光胶的涂布和曝光。

绷网时，用绷网机将丝网拉到合适张力后，用黏结剂把丝网黏到网框上。高精度印刷用的丝网必须具有稳定的尺寸，丝网在固定到网框上之后应静置数天，以消除应力。

1）网框　由于网框的作用是支撑丝网，网框材料必须耐受大于 30N/cm^2 张力而不会发生弯曲或扭曲变形。网框材料常用强度高、密度小的铝合金。金属网框的边长应大于刮刀宽度或刮刀行程的 2 倍。

2）丝网　网版中的丝网是由径网丝和纬网丝织成的，径网丝与纬网丝的交叉点称为网结。丝网是掩膜图形的载体，其作用是支撑设置电极图案所需的感光胶、控制电极浆料的挤出量和膜层厚度，同时利用其张力实现回弹脱离承印物（硅片）。

网丝材料有尼龙丝、不锈钢丝等。不锈钢丝网具有尺寸稳定性好、耐磨性好、不易变形等特点，因此多使用不锈钢丝网。

丝网的结构参数由丝网的结构决定，如图 9-14 所示。

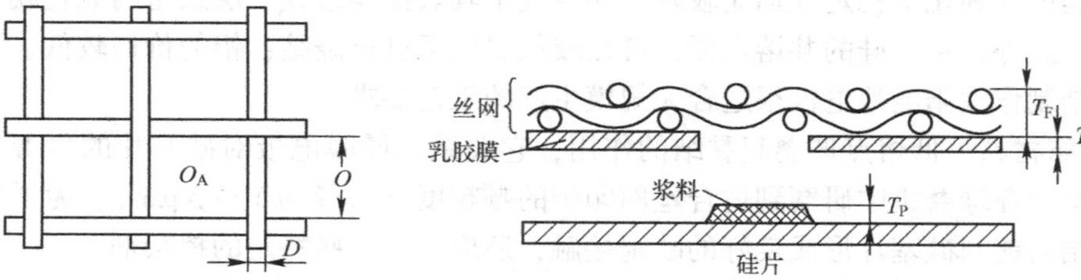

图 9-14　丝网的结构参数

☺ 线径 D：网丝的直径。

☺ 丝网的厚度 T_F：经纬相交的交叉线的总厚度。

☺ 开口（开孔）O：丝网孔边长，即丝网的网线之间的间隔距离。

☺ 丝网目数 M：每英寸内网孔的个数。

☺ 开口率（开孔率）O_A：开孔面积占丝网面积的百分比，即

$$O_A = O^2/(O+D)^2 \times 100\% \tag{9-7}$$

☺ 丝网印刷浆料厚度 T_P：可以通过浆料小柱理论计算[6]。浆料小柱理论假定，浆料通过丝网的网孔转移到硅片表面的初期，以小柱形状排列，小柱形状与网孔形状相同。图 9-15 所示为浆料小柱示意图。可通过计算单位丝网面积上浆料小柱数量来确定丝网印刷浆料厚度，也可利用丝网参数直接由单个小柱来确定印刷浆料厚度 T_P。

☺ 浆料挤出量（透浆量）Q：丝网单位面积内浆料透过网孔的总量（单位：μm），即

$$Q = T_F O_A \tag{9-8}$$

☺ 浆料透过体积 V：丝网厚度与开孔面积之积，即

$$V = T_F O^2 \tag{9-9}$$

☺ 丝网印刷电极图形的最小宽度 W：理论上等于网孔宽度，即 $W=O$。

☺ 丝网印刷浆料厚度 T_P：

$$T_P = T_F O_A + T_E \tag{9-10}$$

式中，T_E 为乳胶膜厚度。

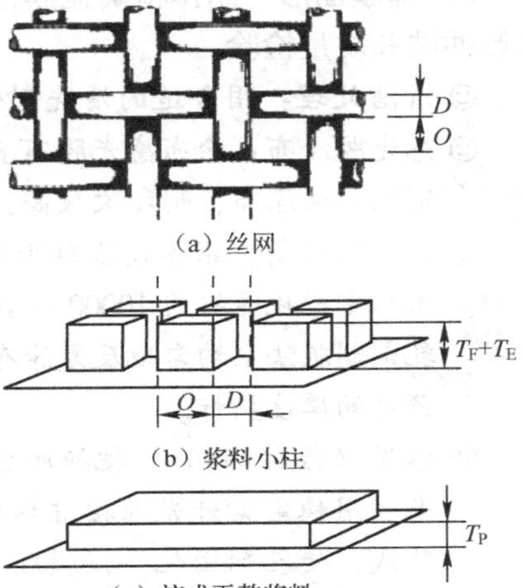

图 9-15 浆料小柱示意图

印刷膜厚度主要由丝网厚度决定，如图 9-16 所示。通常平织丝网的厚度略大于线径的 2 倍，由于太阳电池使用的不锈钢丝网的网线很细，丝网的厚度可按线径的 2 倍计算。压延丝网的厚度可以达到与线径基本相同，而 3D 丝网的厚度约为线径的 3 倍。通常使用的丝网是平织结构，其精度较高。

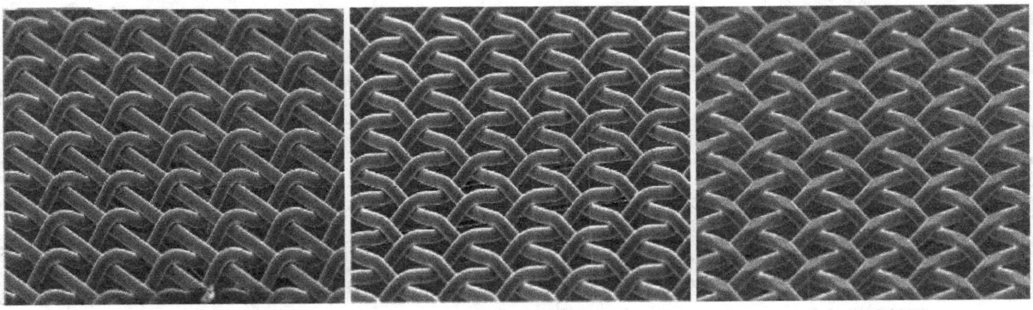
(a) 3D丝网　(b) 标准平织丝网　(c) 压延丝网

图 9-16 不同丝网结构有不同的丝网厚度

选择合适的丝网的开口率和浆料黏度可控制透过丝网的浆料量，丝网的开口率在 40%～60%之间选择，开口率过大容易引起浆料渗开。印刷太阳电池电极浆料时，通常采用开口率为 40%的丝网。图 9-17 所示的是开口率为 40%的丝网和其相对应的印刷制品。

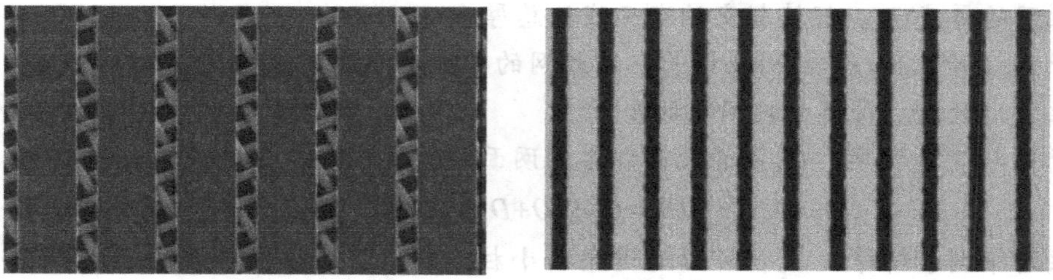

图 9-17　开口率为40%的丝网及其相对应的印刷制品

3）掩膜图形　制作精确掩膜图形工艺步骤包括丝网的清洁处理、感光胶涂布、曝光、显影冲洗和质量检验。

☺ 清洁处理：用合适的清洗剂处理后的丝网应完全亲水，丝网表面能形成均匀的水膜。

☺ 感光胶涂布：涂布感光胶有直接乳剂制版法和直接/间接制版法（用菲林膜）。直接乳剂制版法涂布，耐印次数高；菲林膜法制得的掩膜边缘清晰，厚度可以根据需要设定，但价格较高。菲林膜法贴膜前应用防静电布擦净。无论乳剂还是胶片都应充分干燥，工作室净化等级为10000～100000级、温度为（23±3）℃、湿度为（55±10)%RH。用乳剂制版法应均匀地反复涂布感光胶，在40℃下烘干后测定厚度，再涂布，直至达到预定的厚度指标。

☺ 曝光（俗称晒相）：把掩膜版紧贴在丝网的乳剂面上，置于曝光机（或曝光箱）上曝光。用稳定紫外光源按准确曝光时间进行均匀照射。掩膜版上透明的部位能透过紫外线，使乳剂固化。掩膜版上有黑色遮光层的部位未受紫外线作用，乳剂不会固化，可用水洗去。

☺ 显影冲洗：除去未曝光部分的乳胶。通常采用自动显影冲洗设备，也可用喷水器对曝光后的丝网喷水，待未曝光部分的乳剂膨胀后，再喷射空气去除乳剂，并擦净烘干，在网版上形成完整的电极图案。

☺ 质量检验：用放大镜和专用检查装置检查图案缺陷、开口部的宽度、电极图案位置的精确度、网版的厚度及张力。局部缺陷可用喷枪喷射修板溶剂进行修复。

3. 丝网印刷机和刮刀

1）丝网印刷机　丝网印刷工艺是在丝网印刷机中完成的，丝网印刷机分自动的和半自动的两种。太阳电池生产中常用自动丝网印刷机，它由置有硅片夹持机构的印刷台、机架、网版和印刷头组件等部件组成，其外形如图9-18所示。印刷台带有自动装片/卸片、自动校准定位装置和真空吸盘，可将基片固定在正确的位置上。印刷头组件由刮刀、速度压力控制器、溢流板等组成，刮刀的刀片用具有弹性的聚铵基甲酸酯制成。溢流板通常用金属材料制成。吸附硅片的印刷台面平整度误差应小于0.02 mm。印刷台面与网版应平行，平行度误差应小于0.04 mm，印刷台的重复定位精度应达到0.01 mm。

2）刮刀　刮刀按刀刃形状分为角刀和平刀两种，如图9-19所示，其作用是以合适的速度和角度将浆料压入丝网的漏孔中。印刷时，刮刀对丝网保持一定的压力，刃口压强在10～15 N/cm^{2}之间。若刮刀压力过大，容易使丝网变形，造成印刷后浆料的图形与丝网的图形不一致，也加剧刮刀和丝网的磨损；若刮刀压力过小，浆料会残留在丝网上，容易产生断线。

图 9-18 自动丝网印刷机

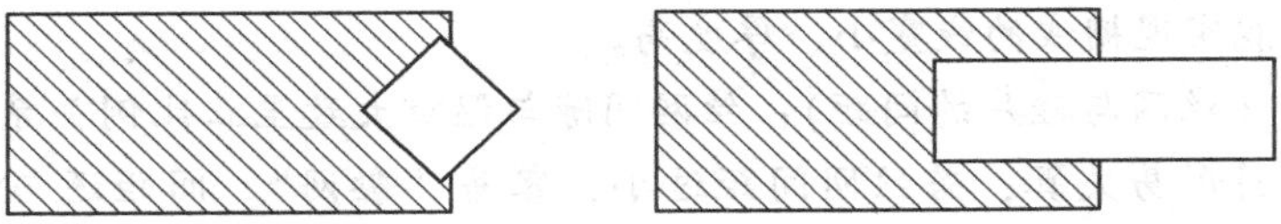

图 9-19 刮刀刀刃的形状

刮刀的材料一般为聚铵基甲酸酯或氟化橡胶，邵氏硬度为 HA 60 ～ 90。刮刀的硬度与所需印刷电极的技术要求有关。一般情况下，刮刀材料的硬度越大，印刷成的浆料图形精度越高。因此，正面栅线的印刷就须要选用硬度较高的刮刀。在其他参数不变的情况下，刮刀材料硬度越小，湿重就越大，栅极线高会增加，但线宽也会变大。确定刮刀材料的硬度应根据具体情况综合考虑。

9.1.3 电极的丝网印刷工艺

1. 工艺步骤

丝网印刷的工艺为：用银浆印刷太阳电池的背电极→烘干→用铝浆印刷背场→烘干→用银浆印刷电池正面的栅极 →烘干。背面银浆电极的厚度为 20 ～ 25 μm，烘干温度为 160 ～ 200 ℃；背场的铝浆厚度为 20 ～ 35 μm，烘干温度为 160 ～ 240 ℃；栅极厚度为 30 ～ 40 μm，烘干温度为 160 ～ 240 ℃。要求印刷图案完整、清晰、均匀、对称。烘干温度设定值和浆料厚度设定值应根据所使用的硅片和浆料的具体情况，经反复试验后确定。

丝网印刷时，印刷头组件将进行溢流行程和印刷行程两项操作。

在溢流行程中，溢流板推动浆料均匀铺展在整个丝网印刷面上。溢流板与丝网之间的距离控制很重要，间距过小时会同时进入印刷行程。溢流板运行速度过快或过慢均影响浆料均匀铺展。在印刷行程中，刮刀的刀片以一定的压力、速度和角度向前移动，推动浆料滚动着前移。同时，具有触变流体性能的浆料在黏性摩擦力作用下，使浆料层流之间产生切变。在刮刀的刀刃与丝网接触处，浆料的切变速率加大，使浆料的黏度下降，在刮刀的压力下，浆料注入网孔。当刮刀完成压印作业后，丝网回弹离开硅片表面，在硅片上产生一个低气压区，在大气压作用下浆料通过网孔推向硅片，黏附在硅片上，留下了网版图形浆料。同时，刮刀刮过整个版面后与网版一起离开硅片，而后丝网上的浆料用回浆刀刮回初始位置，完成一次印刷程序。

2. 工艺参数与印刷质量的关系

印刷的电极厚度与网版张力、乳胶厚度、浆料的黏滞性、刮刀参数和工艺参数有关。

☺ 印刷压力：在印刷过程中，刮刀应保持恒定的压力。若对丝网压力偏大，栅线高度下降，宽度上升，使网版和刮刀使用寿命降低，丝网变形；若压力过小，浆料容易残留在网孔中，造成“虚印”或“黏网”。实际设定参数时，刮刀刃口下降的位置应略低于硅片 0.3～0.4 mm。

☺ 印刷速度：印刷速度高，生产效率就高，但浆料湿重减小，印刷栅线的平整性变差；若印刷速度过慢，下浆量会增加过多。因此，只有在一定的印刷速度下湿重达到最大值，才能实现栅线的线宽小、厚度高。

☺ 丝网间距（丝网与硅片的间距）：丝网间隙与湿重大致呈正比例关系。若丝网间距过大，印刷图形易失真；若丝网间距过小，容易“黏网”。间距还与压力有关，间距小、压力大时，易产生“碎片”。通常，丝网与硅片的间距设定为网框内框的 1/300 左右比较合适。印刷机的零点位置应及时校正。

☺ 刮刀硬度：若刮刀硬度小，湿重就大，线高增加，线宽变大。

☺ 刮刀角度和刃口锐度：刮刀角度的调节范围为 45°～75°，其值的设定与浆料黏度有关。浆料黏度高，刮刀下压浆料的力应加大一些，角度应减小一些。随着刮刀印刷次数增加，刃口变钝，下浆量多，线宽大。当刮刀刃口处与丝网的角度小于 45°时，易黏网。

☺ 浆料的黏度：浆料的黏度与流动性成反比，黏度过大，透浆性差，易产生橘皮状小孔；浆料黏度过小，容易导致印刷的栅线图形变宽、形成气泡和毛边。

☺ 丝网线径、感光胶膜厚：对于相同目数的丝网，丝网的线径粗，浆料层厚；丝网线径细，浆料层薄。在一定范围内，感光胶膜越厚，栅线越高，但感光胶易脱落。

☺ 网版上升速度：网版上升速度过慢时，易造成黏片。

印刷时硅片被吸附于印刷台面，台面的水平度要高，印刷台面与网版平行，印刷台的重复定位精度应达到 0.01 mm。

此外，刮刀速度 v 和浆料黏度 η 的乘积有一个最佳值，此值与丝网性能、丝网与基片的间距等参数有关。

3. 丝网印刷工艺参数

1）丝网结构参数 确定工艺参数前，应先确定丝网结构参数。在整面涂布和宽线条图案的印刷中，当印刷压力保持不变时，印刷膜厚与透浆量成正比，因此可按计算所得的透浆量确定，透浆量等于丝网的厚度 T_F×开口率 O_A。当用细网线丝网印刷时，对于整面印刷涂布或粗线条图案印刷，印刷厚度与丝网厚度成正比例关系，网线越细，印刷膜厚越薄；但是印刷细线条图案时，由于印浆与基板的接触黏结力减小，部分浆料会黏附在乳剂膜壁和网线上，使印刷膜厚变薄。当印刷图案线条细到一定程度时，网版脱离时乳剂开口部上侧的印浆全残留在网版上，只有下侧的印浆留在太阳电池上，此时膜厚完全取决于线宽，如图 9-20 所示。

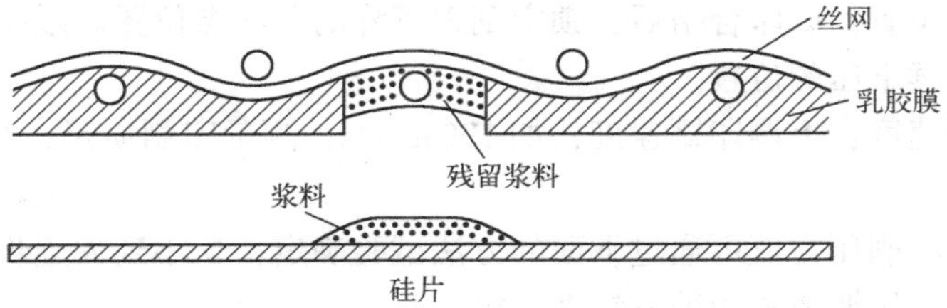

图 9-20 细栅线的印刷

太阳电池的栅线越细越好。栅线减小，印浆的高度必须相应地增高，于是印浆的黏度也应增加，而且通常网版的间距比较大，因此印刷时网版所受的压力也比较大。为了确保印刷精度，要求丝网印刷时不会发生塑性变形，印刷后丝网能恢复到原来的尺寸，因此应使用不容易变形的金属丝网。

印刷膜厚与栅线宽度的关系受多种因素的影响，在印刷 50 ～ 200 μm 的线宽范围内，大体呈线性递增关系。作为一个例子，印刷膜厚与栅线宽度的关系如图 9-21 所示[7]。

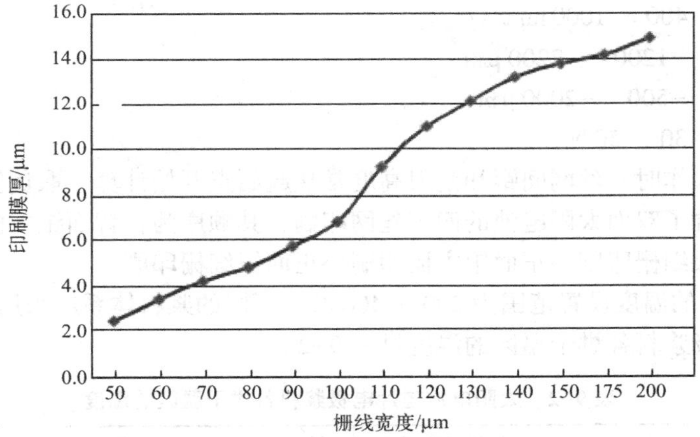

图 9-21 印刷膜厚与栅线宽度的关系

2）印刷参数的调整 丝网结构参数和印刷压力值确定后，即可按下述步骤调整印刷速度、间距和压力等参数。

（1）预设印刷速度：开始时先调整到较低的值，如 100 mm/s。

（2）设定印刷间距：如（1.4±0.1）mm。浆料印刷到硅片上，无黏片或虚印。

（3）设定印刷压力：压力由小到大逐渐增加，直到浆料的印刷厚度达到要求。印刷刮刀压力与印刷膜厚的关系如图 9-22 所示。

（4）试印刷：试印刷检验印刷浆料厚度是否符合设计要求，检查浆料形状平整，如果不符合要求，应在印刷速度固定的情况下进行微调。

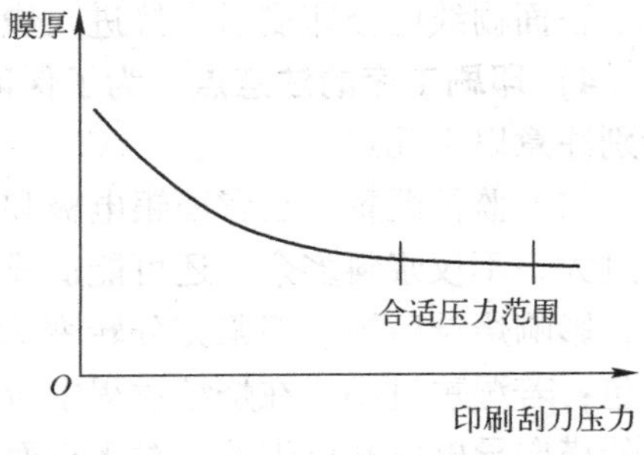

图 9-22 印刷刮刀压力与印刷膜厚的关系

（5）锁定刮刀位置：试印合格后，锁定刮刀下降的限止点位置。限止点位置是指，当压力加大时刮刀不继续下压的位置。

（6）确定印刷速度：上调印刷速度，如190 mm/s，测量印刷质量，如果过大，则减速，反之加速。

其中，刮刀的印刷压力值可通过下面的方法试验确定：从小到大逐步提高印刷压力，可采用调节定位式和气压调节式两种方法来确定。

调节定位式是通过调节刮刀的变形长度确定印刷压力。例如，当平胶刮刀的硬度为70HSA、角度为70°、长度为15 cm，网版的乳剂厚度为15 μm时，印刷刮刀的变形长度合适的范围为0.7～1.1 mm。

调节气压式是通过调节刮刀下降时气缸的压力确定印刷压力。例如，在平胶刮刀的硬度、角度、长度以及网版的乳剂厚度等因素与上面例子相同的情况下，合适的气缸的压力范围为0.225～0.275 MPa。

3）印刷工艺参数实例 对于常用的厚度为（180±20）μm的双面太阳电池硅片，印刷工艺参数如下所述。

☺ 印刷速度：400～1000 mm/s；

☺ 丝网间距：-1200～-2200 μm；

☺ 刮刀高度：-500～-2000 μm；

☺ 印刷压力：30～50 N。

注意，实际操作时，丝网间距和刮刀高度常从起始点开始计算，取负值。

以上参数包含了双面太阳电池的四道丝网印刷，其顺序为：背面银主栅印刷→背面铝细栅线印刷或背面银细栅印刷→正面银主栅印刷→正面银细栅印刷。

5个烘干温区的温度设置范围为200～400℃，不同的浆料体系应采用不同的烘干温度。太阳电池硅片电极浆料各烘干温区的温度见表9-2。

表9-2 太阳电池硅片电极浆料各烘干温区的温度

烘干温区	背电极烘干温度/℃	正电极烘干温度/℃	烘干温区	背电极烘干温度/℃	正电极烘干温度/℃
1	250	300	4	300	350
2	300	350	5	280	300
3	300	350			

正面栅线电极印刷后直接进入烧结炉，在烧结炉的烘干区中烘干。

4）印刷工序的注意点 为了保证印刷质量，防止出现各种各样的问题，印刷工序中应特别注意以下几点。

（1）监控湿重。当背面银电极和背面铝背场的印刷烘干后，应监控印刷后的湿重。若湿重过大，不仅浆料多余，还可能造成电极浆料在进高温区之前难以完全干燥和去除所有有机物，影响烧结后银、铝浆充分转变为金属银、铝，导致太阳电池片变形（俗称“弓片”）、鼓包；若湿重过小，在烧结过程中所有银、铝浆都会与硅共熔，全形成银、铝硅合金区域，降低横向导电率和可焊性。对于正面银电极的印刷，除了监控印刷后的“湿重”，还应注意副栅线的宽度。栅线宽度过大时，遮光面积增大，会使太阳电池转换效率下降。

（2）保持印刷台面平整和清洁。应保持太阳电池片背面和印刷台面平整，无碎片或异物，及时更换台面纸和清洗网版，避免出现隐裂片。

(3) 合理设置印刷参数。应合理设置印刷参数，调高网版和括刀相对于太阳电池片的距离、减小印刷压力和浆料的黏度、充分搅拌浆料、检查台面纸的透气性和对太阳电池片的真空吸力，防止黏片。

(4) 浆料黏度合适、网版清洁。为了防止正面银电极出现结点或断线，浆料黏度不应过大或浆料在网版内停留时间不应过长，致使浆料变干聚集成颗粒。网版内不应有异物，避免印刷时硬颗粒将网孔撑大，导致透过浆料过多，形成“结点”；或者堵塞网孔，减少浆料透过量，造成断栅。为了消除网版内的颗粒和异物，应及时用蘸有松油醇的无尘布清洁网版。

4. 电极栅线网版设计例子

与 9.1.2 节所介绍的电极栅线设计相对应网版设计实例见表 9-3。

表 9-3 网版设计实例

参　数	360 目网版	430 目网版	480 目网版	520 目网版
丝网材质	不锈钢	不锈钢	不锈钢	不锈钢
目数	360	430	480	520
网丝直径/μm	16	13	11	11
网纱厚度/μm	20	17 或 15	17 或 15	17 或 15
膜厚度/μm	10	8 或 6	8 或 6	8 或 6
总厚度/μm	30	31～35	31～35	31～35
张力/N	20	17～19	17～19	17～19
角度（°）	22.5	22.5 或 0	22.5 或 0	22.5 或 0

5. 电极丝网印刷的质量检测

副栅线宽度、高度，采用金相显微镜检测；印刷浆料湿重采用数字电子天平称重；印刷图形外观质量采用目测方法检查。

9.1.4 金属栅线电极的高宽比及其测试方法

位于太阳电池上表面的栅线电极形状设计应考虑太阳电池电学损失和光学损失两方面的因素，应尽量提高金属电极的高宽比。一种比较简单的方法是，采用两次印刷技术，以高精度印刷前后两次印刷电极浆料，提高电极的高宽比。还有其他多种方案可获得高宽比值较高的金属电极。例如，先在前表面丝网印刷宽度很小的栅线金属电极作为种子层，然后应用光诱导电镀的方法增厚银栅线电极，这样可以显著降低太阳电池的栅线电阻。

太阳电池电极栅线高宽比可用激光扫描共聚焦显微镜法测量[8]。激光扫描共聚焦显微镜（CLSM）是采用激光作为光源，在传统光学显微镜基础上采用共轭聚焦原理和装置，并利用计算机对被测量的对象进行数字图像分析、处理和输出系统。图 9-23 所示为 CLSM 系统的工作原理。测试太阳电池栅线高宽比的基本工作原理是首先由激光器发射一定波长(408 nm) 的激发光，经准直后通过扫描器内的照明针孔光阑形成点光源，由物镜聚焦于太阳电池电极栅线焦平面上，栅线上相应的被照射点受激发而发射出荧光，通过检测针孔光阑后到达检测器，并成像于光电探测器上。探测器输出的电信号通过计算机进行信号解析及图形重构，再通过计算机分析和模拟处理后得到栅线截面拟合曲线图，然后测量计算得出该截面的高度值和宽度值，进而计算出栅线的高宽比。图 9-24 所示为栅线高宽比的测试图。

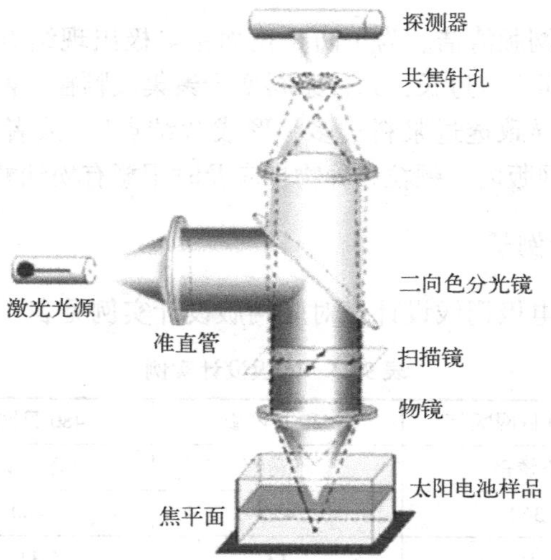

图 9-23　CLSM 系统的工作原理

具体的测试方法为：在图 9-24 中，沿横坐标方向选取 0 ～ 50 μm 宽度区间，得到的平均高度即为基准高度 h_0；沿纵坐标方向选取最高点，得到测试点的高度值 h'。纵坐标 h_0 和细栅线截面示意图的交点横坐标分别为 L_a 和 L_b，L_b 和 L_a 之差即为测试点的宽度值 L'。取多个截面的平均值即是该段的高度值 h_1、宽度值 L_1。

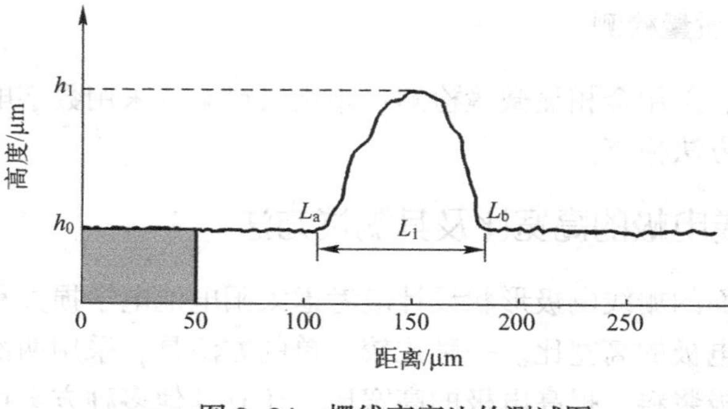

图 9-24　栅线高宽比的测试图

9.1.5　PERC 太阳电池的电极设计

如上所述，PERC 太阳电池的结构与常规太阳电池有较大的差别，其电极设计思路也不一样。

为了保证 PERC 太阳电池的金属栅线落在选择性发射极（SE）重掺区域内，通常应使重掺区宽度为 120 μm，而细栅线宽度为 35 ～ 45 μm。降低重掺区域的面积，可以有效降低少子复合速率和金属电极的表面饱和电流密度，提高短波光的量子效率。因此，须要提高丝网印刷的精度及其与重掺杂区域的对准精度，以减小栅极宽度，从而降低选择性发射极区域面积。由图 9-25 可见，SE 区域的掺杂浓度明显高于非 SE 区域的掺杂浓度。一般情况下，方阻可以达到 120 Ω · cm/□，而对于具有较高转换效率（23.1%）的 PERC 太阳电池，其方阻可以达到 150 Ω · cm/□[9-10]。

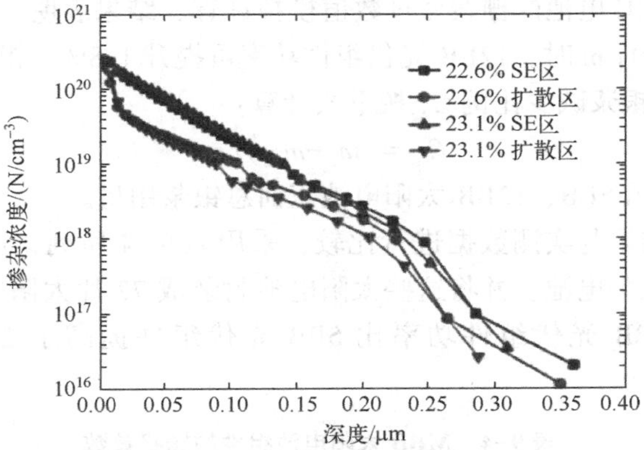

图 9-25　扩散区域和 SE 区域复掺杂浓度的深度分布

如果将 SE 区域的宽度从 120 μm 降低到 80 μm，SE 区域占比将从 8.08%降低到 5.39%，将细栅线宽度从 45 μm 降低到 35 μm，可以将前表面细栅面积从 3.03%降低到 2.36%，从而提升效率约 0.3%。为了达到这个目标，必须提高激光掺杂定位精度和细栅线的印刷精度：激光位置重复精度优于±15 μm，校准点对位精度优于±5 μm，网版印刷张力优于±15 μm，印刷台机械误差优于±15 μm。

另一种减小细栅宽度的有效方法是采用两次印刷以提高栅线的高宽比（通常下层用铝浆，上层用银浆），如图 9-26 所示。

现在，可以采用悬浮主栅技术或多主栅（MBB）技术对主栅进行改进。

悬浮主栅是指严格控制烧结温度和时间，使主栅不至于烧透钝化膜，从而减小金属与半导体接触的面积，减小载流子复合，如图 9-27 所示。多主栅（MBB）设计是将主栅数目从常规的 4～5 个增加到 9～12 个，这样可以显著提升组件功率，同时还能降低太阳电池的银浆消耗量。如果再采用圆形焊带，可进一步提升组件功率。

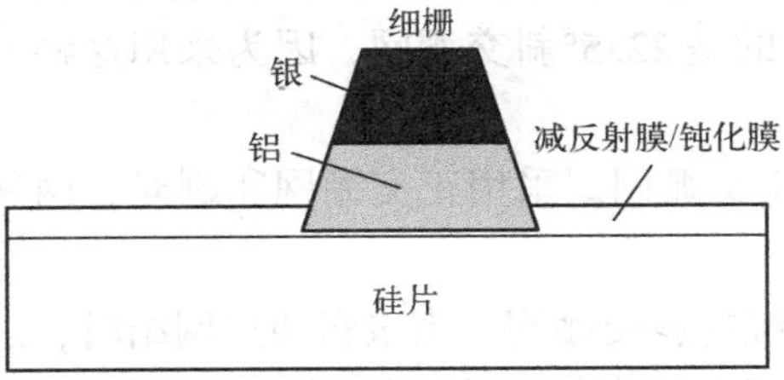

图 9-26　两次印刷细栅示意图

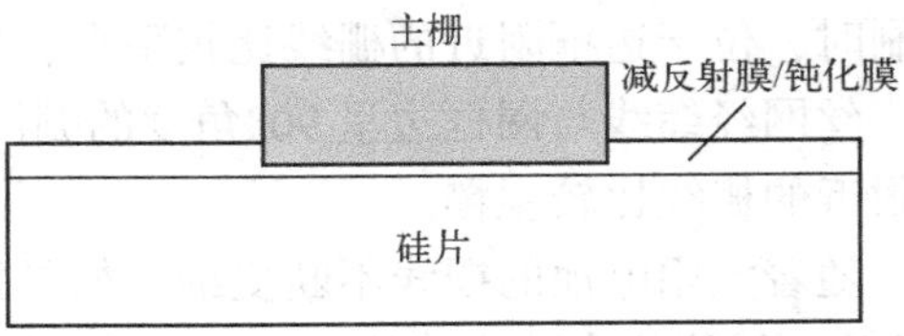

图 9-27　悬浮主栅示意图

9.1.6　多主栅（MBB）太阳电池的主栅电极设计及其银浆用量

采用多主栅电极设计不仅能提高太阳电池效率，还可以减少银浆用量。如上所述：一方面，太阳电池的工作电流随串联电阻减小而增大，太阳电池的串联电阻随其栅线宽度（主栅线和细栅线）的增大而减小；另一方面，太阳电池对入射光的遮挡面积随栅线电极宽度的增大而增大，从而使其短路电流随栅线电极宽度的增大而减小。因此，为了实现光损失和电损失的最小化，必须对太阳电池的栅线进行优化设计。

陈喜平等人对 PERC 电池的栅线做过数值模拟计算，结果表明[11]：与 5BB 光伏组件相比较，当细栅宽度为 40 μm 时，12BB 光伏组件功率可提升 1.8%，银浆减少比例（节省量）达到 43.38%。这里的银浆减少比例 C_{Ag} 按下式计算：

$$C_{Ag}=(m_5-m_{12})/m_5$$

式中，m_5、m_{12} 分别表示 5BB、12BB 太阳电池正面总银浆用量。

为了将模拟计算结果与实测数据进行比较，采用表 9-4 所列太阳电池栅极参数，批量制备了 5BB 和 12BB 太阳电池，并将这些太阳电池封装成 72 片太阳电池组件。当细栅宽度为 40 μm 时，实测 12BB 光伏组件功率比 5BB 光伏组件提高了 2.36%，银浆减少比例为 37.25%。

表 9-4　MBB 太阳电池组件的栅极参数

太阳电池类型	正面细栅 宽度×高度×根数	正面主栅 长度×宽度×高度×根数	正面主栅间连接线 长度×宽度×高度×根数
5BB	50 μm×15 μm×110	10000 μm×800 μm×13 μm×8	8306 μm×200 μm×13 μm×9
12BB	40 μm×13 μm×90	700 μm×600 μm×13 μm×12	11350 μm×120 μm×13 μm×13

模拟计算结果与实测数据存在一定的差异，究其原因，除模拟计算的参数取值与生产中实际参数值有差异外，可能与数值模拟采用一维模型有关。由于 PERC 太阳电池背面开孔，电极结构不同于常规背场太阳电池，如果采用三维模型模拟，结果的符合性可能会好一些。

9.1.7　无网结网版丝印技术

随着 PERC 等高效太阳电池的发展，太阳电池的栅线越来越细，传统的丝印技术已不能满足要求，尤其是网版的设计，须要做出重大改进。

对于通常的网版设计和网纱制版工艺，按照绷网时丝网的经纬线与网版边框角度的不同，可分为斜交绷网和正交绷网两种。

丝网经纬线与网框边呈一定倾斜角度的绷网，称为斜交绷网。斜交绷网的角度有多种，一般为 15°、22.5°、30°和 45°等，其中应用最广泛的是 22.5°斜交绷网，因为采用这种网版印刷时，位于边框附近的栅线比较平直、光滑。

丝网经纬线与网框边呈 90°角度的绷网，称为正交绷网。采用正交绷网印刷时，网版边框附近的栅线比较粗糙。

随着太阳电池的栅线不断变细，如果仍采用传统的斜交绷网，当浆料通过网结时，过墨（浆料）量往往会减少或增多，形成印刷线型高低不平，均匀性差，如图 9-28 所示。当须要进行二次栅极叠印时，如果印刷区域存在网结，栅线很难对准。为解决上述问题，近年开发了一种无网结网版丝印技术，设法使印制栅线的开口区域不存在网结[12]。

现在已实际应用的无网结丝印技术是采用正交绷网网版，将栅线开口处置于两个相邻经纱线之间，从而避开网结，如图 9-29（a）所示。对于使用网布目数较低的网版、印制不太细的

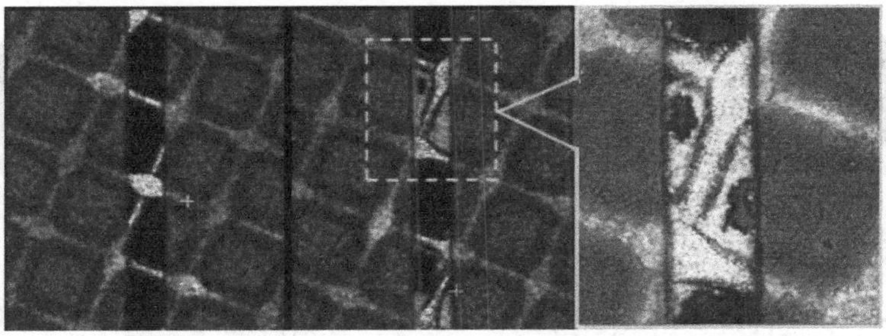

图 9-28 网结造成电极浆料过墨量不均匀

栅线，这种方法还是很有效的，但对于很细的栅线，由于难以消除网版的细微变形，要对准90°直角很困难，这时就须要对丝网进行抽丝处理，即减少印刷区域的网纱，如图 9-29（b）所示。

无网结网版制作工艺流程为：配制感光浆料备用→对已绷网进行脱脂→烘干→涂感光浆料膜→烘干曝光→显影→烘干→修版→再次曝光→封网。

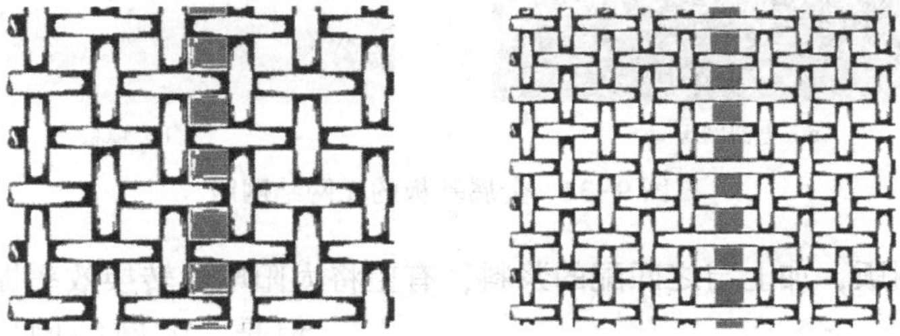

（a）栅线开口置于网版相邻经纱线之间　　（b）经抽丝处理后的网版

图 9-29 无网结网版

采用无网结网版印制细栅线时，应配置合适的电极浆料。所用浆料应具有较好的流平性、过墨性、塑性和湿重维持时间。

无网结网版印刷技术能使待印刷区域的浆料与硅片紧密接触，控制浆料的渗流，改善线型的平整性，提升高宽比，如图 9-30 和图 9-31 所示。与常规网版印刷工艺相比，在不改变网版或对其稍做改动的情况下，可以实现小于 30 μm 的线宽栅线的印刷，制得的太阳电池的光电性能明显得到提升。

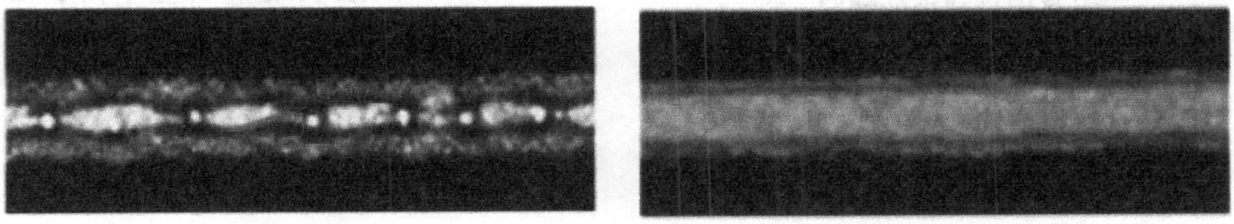

（a）常规网版　　（b）无网结网版

图 9-30 常规网版与无网结网版形成的栅线线型

另一种正在开发的技术是基于金属基板的无网结技术，如金属电铸网版和模板等，如图 9-32 所示。

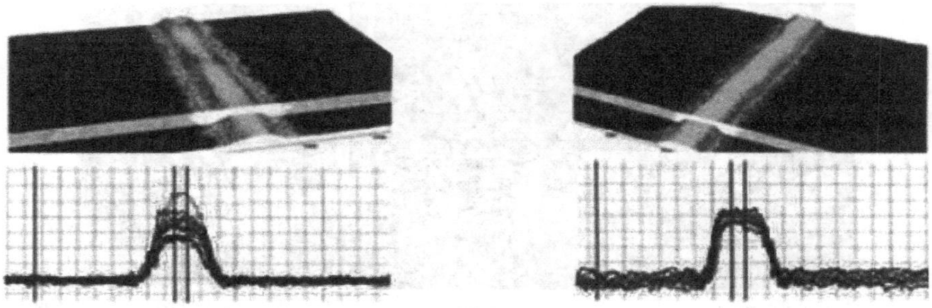

（a）常规网版　　（b）无网结网版

图 9-31　常规网版与无网结网版形成的栅线高宽比

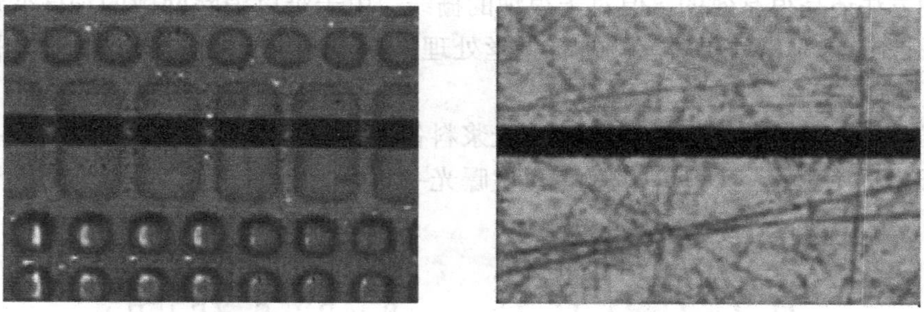

（a）电铸网版　　（b）模板

图 9-32　金属基板的无网结网版

利用无网结网版，加上与之匹配的浆料，有望将太阳电池转换效率提升 0.15%以上。

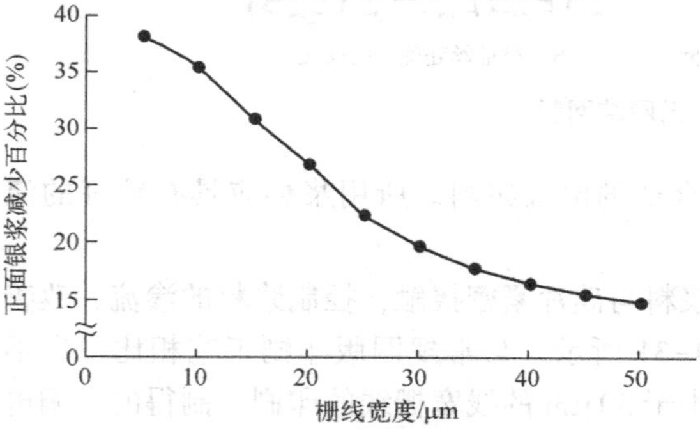

图 9-33　9BB 多栅太阳电池栅线宽度变化时银浆用量减少的情况

但是，无网结网版的制作工艺比较精细，工艺一致性不够理想，网版边框附近的栅线不够平整，成品率还有待提高。目前，整片太阳电池组件和 5BB 太阳电池组件正在逐步退出市场，取而代之的是半片太阳电池组件或叠瓦太阳电池组件。例如，采用 9 栅设计的 M2/M3/M6 硅片太阳电池所制得的 72 板型半片太阳电池组件，其功率比整片太阳电池组件功率提升约 5～8 W，而银浆用量明显下降，如图 9-33 所示。

9.2　电极浆料烧结

在硅片上印刷金属浆料后，须要通过烧结工序形成接触电极。

太阳电池的烧结工序要求是：正面电极浆料中的 Ag 穿过 SiN_x 反射膜扩散进硅片表面，但不可以到达太阳电池前面的 pn 结区；背面浆料中的 Al 和 Ag 扩散进背面硅薄层，使 Ag、Ag/Al、Al 与硅形成合金，实现优良的电极欧姆接触电极和 Al 背场，有效地收集太阳电池内的电子。

9.2.1　电极浆料烧结机理

烧结是指在高温下金属与硅形成合金，即正面栅极的银-硅合金、背场的铝-硅合金、背电极的银-铝-硅合金。烧结也是高温下对硅片进行扩散掺杂的过程，实际上它是一个融熔、扩散和物理化学反应的综合作用过程。

1. 浆料烧结原理

从本质上分析，金属浆料通过烧结形成厚膜电极的基本动力学原理是原子和分子从系统中不稳定的高能状态迁移至自由能最低状态的过程。浆料是高度分散的粉末系统，其中的固体颗粒具有很大的比表面积和很不规则的表面状态，加之在颗粒的细化加工过程中，受到物理和化学作用造成严重的晶格缺陷等，导致浆料系统具有很高的表面自由能，处于不稳定状态。按热力学定律，系统总是力求达到表面自由能最低的稳定状态，通过烧结过程，浆料中的颗粒由接触到结合，自由表面收缩、晶体间的间隙减小和晶体中的缺陷消失等过程降低了系统的自由能，使浆料系统转变为热力学稳定状态，最终形成密实的厚膜结构。

2. 浆料烧结物理过程

印有电极浆料的硅片经过烘干除碳过程，使浆料中的有机溶剂挥发，呈固态状的膜层紧贴在硅片上，然后进入烧结过程。烧结过程是要使金属电极和硅片合金化形成欧姆接触，其原理为：当电极浆料里的金属材料和半导体硅材料加热到共晶温度以上时，晶体硅原子以一定比例溶入熔融的电极合金材料中。晶体硅原子溶入的数目和速率取决于电极合金材料的温度和体积。电极金属材料的温度越高，溶入的硅原子数越多。合金温度升高到一定的值后，温度开始降低，溶入电极金属材料中的硅原子重新结晶，在金属和晶体接触界面上生长出一个外延层。当外延层内含有足够的与基质硅晶体材料导电类型相同的杂质量时，杂质浓度将高于基质硅材料的掺杂浓度，则可形成 pp^+或 nn^+浓度结，外延层与金属接触处将形成欧姆接触。因此，采用合金工艺可以同时获得 pp^+结（或 nn^+结）和欧姆接触。

3. 浆料烧结的作用

1）“烧穿” SiN_x 膜并形成欧姆接触　所谓欧姆接触是指金属与半导体接触时，不呈现整流效应的接触。

当金属与半导体接触时，其 *U*-*I* 特性有两种类型。一类是呈线性变化，不形成 pn 结势垒，不出现反向高阻，如图 9-34 中的曲线 a 所示，属于欧姆接触；另一类是在半导体内产生非平衡载流子的注入效应，属整流接触，类似二极管特性，如图 9-34 中的曲线 b 所示。

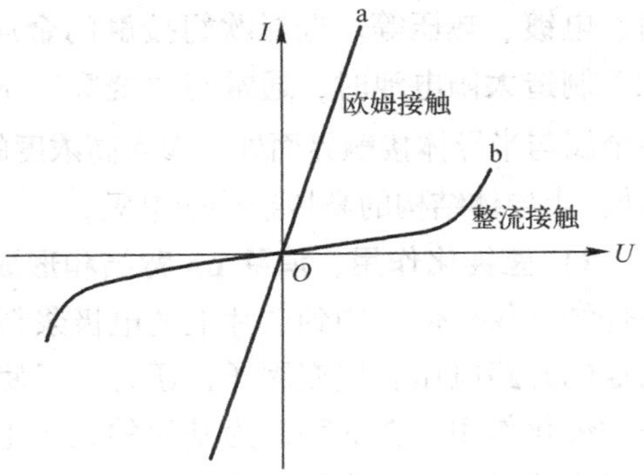

图 9-34　欧姆接触时的 *U*-*I* 特性曲线

图 9-35 所示为金属与 p 型半导体接触能带图。通常情况下，其结合处会形成金属-半导体

结势垒（称为肖特基势垒）。这种接触具有整流效应，结电阻很大。

当采用功率函数较低的金属时，形成的金属-半导体结势垒高度较低，载流子容易通过热离子发射效应越过势垒，进入金属，实现欧姆接触，如图 9-35（b）所示。半导体表面高掺杂浓度时，半导体-金属结合处的表面耗尽区变窄，载流子能隧穿势垒进入金属，获得欧姆接触，如图 9-35（c）所示。

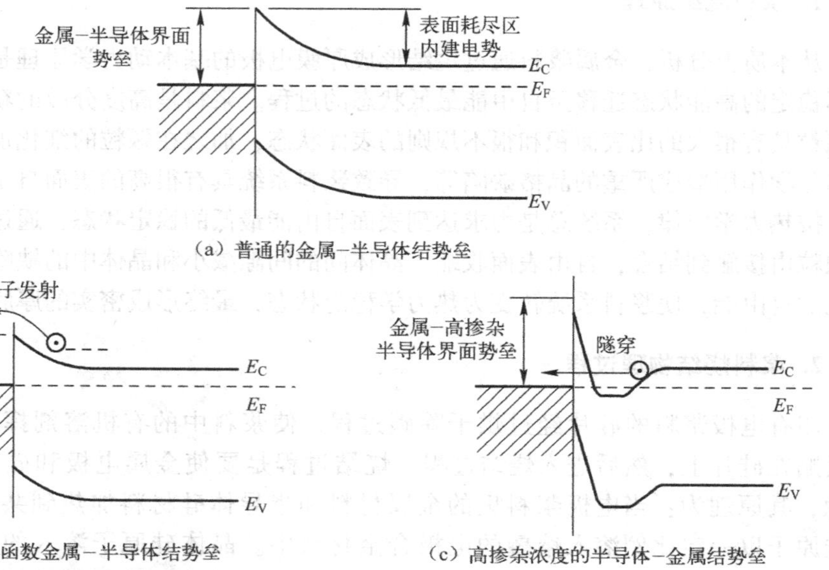

图 9-35　金属与 p 型半导体接触能带图

太阳电池电极的金属材料与半导体之间形成的接触必须是一种无整流效应的低电阻欧姆接触。太阳电池电极的欧姆接触通常采用高掺杂浓度的半导体-金属接触。金属与半导体硅片接触时有很高的掺杂浓度（通常会大于 $10^{19}cm^{-3}$），在接触界面上形成的单边突变结空间电荷区很薄，界面势垒宽度很窄，导带底的电子可以很方便地隧穿禁带宽度直接进入金属，致使金属-硅半导体界面上的电压降变得很小，形成良好的欧姆接触。

高掺杂浓度的半导体-金属欧姆接触电极的制造工艺有很多种，如合金化、蒸发、溅射、电镀、热压等。选择欧姆接触的金属材料时，除了接触电阻，还应要考虑工艺可实现性。制造太阳电池时，通常与“烧穿” SiN_x 膜等工艺结合在一起，采用扩散和合金的方法，在金属与半导体接触界面处，掺入高浓度的施主或受主杂质，形成具有 $m-n^+-m$ 或 $m-p^+-p$ 型金属-半导体结构的高掺杂接触电极。

2）氢钝化作用、消除 pn 背结和形成 pp^+ 结背面场　在太阳电池制造过程中，通过高温下烧结不仅可使印刷到硅片上的电极浆料形成太阳电池的欧姆接触电极和浓度结，提高太阳电池的开路电压和填充因子，还有利于使 PECVD 工艺所引入的氢向体内扩散，从而起到良好的钝化作用。在 p 型硅为基片的太阳电池中，Al 电极浆料烧结后还能补偿电池背面由扩散工序残留下来 n 型层中的 p 型施主杂质，从而得到以 Al 为受主杂质的 p^+ 层，在消除 pn^+ 背结的同时还形成 pp^+ 结背面场[13]。

优化烧结工艺对改善太阳电池转换效率非常重要。太阳电池表面的氮化硅介质膜 SiN_x:H 中包含氢，在电极浆料的烧结过程中，需要较高的温度，高温提供了使 SiN_x:H 中N-H 和 Si-H 键断裂的热能，氢将在短时间的高温热处理中释放，并扩散到硅片中，不仅能钝化硅材料界面的悬挂键，而且能深入硅材料内部进行钝化[14-15]。

在 700 ℃以上烧结后硅片少子寿命的变化很大，如图 9-36 所示[16]。但是，当烧结温度过高（超过 1100 ℃）时，氮化硅中的氢将全部逸出[17]，从而降低表面钝化效果，因此通常将烧结温度控制在 700 ℃左右。

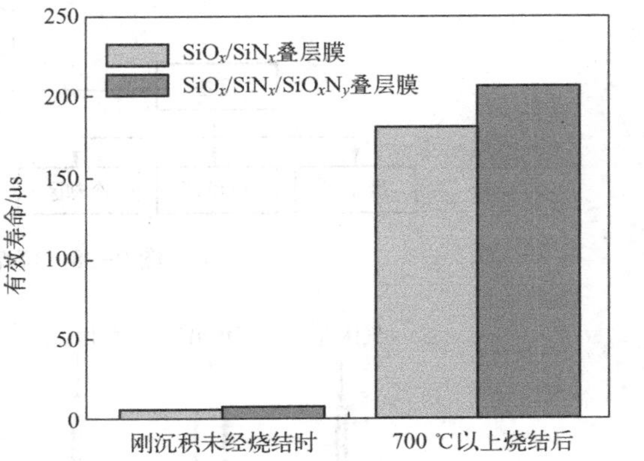

图 9-36　700 ℃以上烧结前后不同介质膜的钝化效果

9.2.2　电极浆料烧结设备及工艺

网带式烧结炉的总体要求是：网带运行平稳、温度均匀、气流稳定，能耗低、废气排放符合环保要求，且工作可靠。网带式烧结炉的外形如图 9-37 所示。

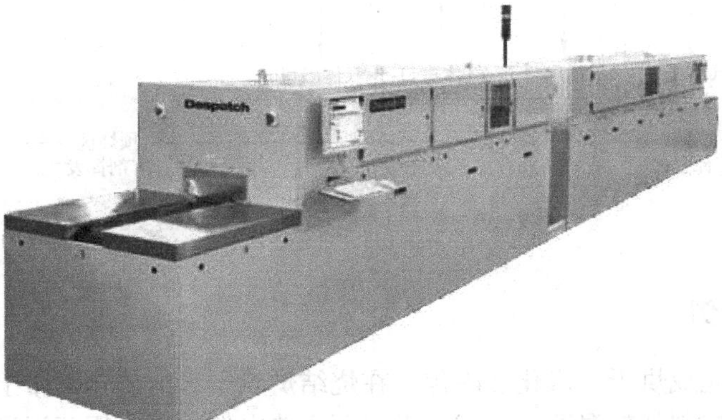

图 9-37　网带式烧结炉的外形

太阳电池浆料的烧结过程分为 4 个阶段：烘干炭化、除焦、快速加热烧结和降温冷却。第 1 阶段：烧结温度从室温升至 300 ℃，浆料中的溶剂挥发；第 2 阶段：在含氧气氛中，温度从 300 ℃升至 500 ℃，浆料中的有机树脂分解，一部分逸出，另一部分炭化；第 3 阶段：温度升到 600 ℃以上，完成合金化过程；第 4 阶段：降温冷却。

1. 烧结设备结构

烧结炉内设置有两个烧结温区，即烘干区和烧结区，每个区又分若干个分区，分别用于去除浆料中的有机溶剂和形成良好的欧姆接触电极，形成背场。

烧结设备结构框图如图 9-38 所示，结构分区示意图如图 9-39 所示。

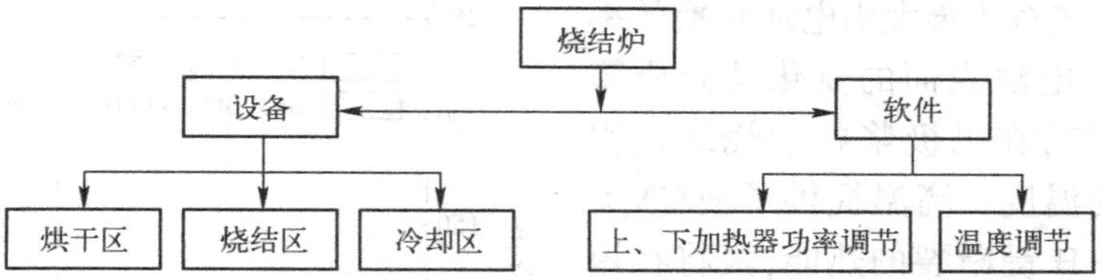

图 9-38　烧结设备结构框图

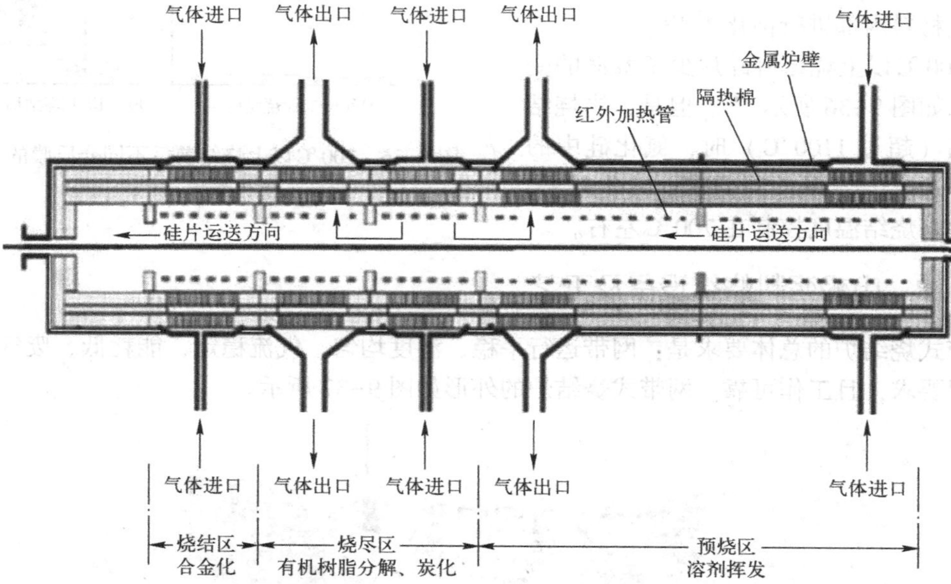

图 9-39　烧结设备结构分区示意图

2. 浆料烧结示例

(1) 烘干区内完成烘干、炭化和除焦。在烧结炉烘干区的传输网带上方和下方都装有加热部件，由温控仪控制加热温度。区域中设有两个热电偶，一个用于温度控制，另一个用于过温保护。为了将硅片的印刷浆料溶剂挥发烘干、有机树脂分解排出和炭化除焦，应设置正确的烧结温度和升/降温速率。为了减少烧结炉炉腔内的热量损失和保持恒定的温度，在炉腔内部四周安装有隔热板，炉腔外的两边安装有铝反射板。有的烧结炉在烘干区上部增设了对流加热器。经过预加热器加热和过滤的空气通过风机输入到温度可控的加热器，再将热空气输送到炉腔中，经过烘干区排出；同时，将硅片的浆料中挥发出来的焦油带到炉腔外，避免热焦油在出口处冷凝，重新回流到炉腔内。在烘干、炭化过程中，应正确调节输入/输出的空气总量，使气流稳定。

(2) 烧结区内进行快速加热烧结。在红外加热设备中，通过石英玻璃红外加热管加热，使炉腔室内的温度可快速上升到约 1000 ℃。通常炉腔内的加热箱分成 4 个独立的加热系统，每个腔室的温度独立可调，从一个区到下一个区形成阶梯上升的温度分布，太阳电池片流转到最后一个区时，可在很短时间内达到高温，每个区域的横向温度分布应均匀。腔室的抽风口设置有加热装置，并使腔室内的废气流快速排出，以避免在管道出口处冷凝而污染硅片。

在每个加热区域都安装两个热电偶，分别用于控制温度和过温报警。在最后一个温区中，两个热电偶安装在传送带的正上方 20 mm 处，测量形成欧姆接触的“共晶”温度值。炉子温区的实际温度值直接显示在液晶显示屏上。在高温区出口处的侧壁、顶部和底部均设置了通水冷却系统，可以使温度快速下降。为了使大部分热量都辐射到腔室内，所有加热室周围都设置了保温层，外层覆盖铝反射板，这样不仅能降低能耗，还能延长红外灯管使用寿命。

(3) 冷却区内进行降温冷却。炉内设有循环水冷却装置，冷却水管道安装在输送带的上部和下部，用于冷却输送带和太阳电池片。循环水管道的上方和下方安装有风速可调的冷却风扇，上部风扇通过冷却管道将空气输送到传送带和太阳电池片，下部风扇吸走通过传送带周围和太阳电池片底部的空气。

3. 浆料烧结工艺参数

在烧结工序中，通常采用红外线加热或电阻加热的快速烧结方式。设定烧结工艺参数，特别是设定烧结温度曲线时，应考虑烧结炉的特点（如烧结温区数目、高温区长度、传输带速度等）、待烧结硅片的性质（如厚度、电阻率、扩散方块电阻）、电极金属浆料的性质、浆料印刷厚度和铝背场浆料印刷厚度等因素。

与烧结炉的炉区设置相对应，浆料的烧结程序也分 4 个阶段：温度从室温升至 300 ℃，烘干浆料，并使溶剂挥发；在含氧气氛中，温度从 300 ℃升至 500 ℃，使浆料中有机树脂分解、炭化，当温度升到 400 ℃以上时，浆料中的玻璃体已开始软化；快速加热使温度上升到 600 ℃以上，进行合金化烧结过程；最后降温冷却，完成整个烧结过程。

图 9-40 显示了烧结温度曲线实例。烧结炉分 16 个温区，温度分别设置为 360 ℃、360 ℃、370 ℃、370 ℃、370 ℃、370 ℃、400 ℃、460 ℃、510 ℃、575 ℃、650 ℃、690 ℃、735 ℃、755 ℃、805 ℃、550 ℃；链带速度为 12500 mm/min。

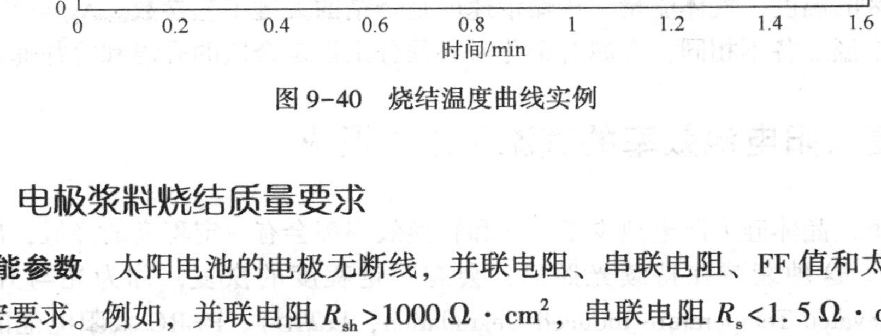

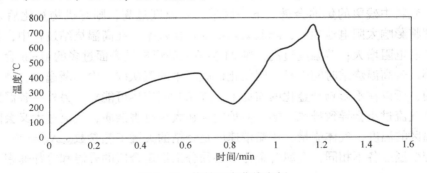

图 9-40 烧结温度曲线实例

9.2.3 电极浆料烧结质量要求

1) 电性能参数 太阳电池的电极无断线，并联电阻、串联电阻、FF 值和太阳电池转换效率达到设定要求。例如，并联电阻 $R_{sh}>1000\ \Omega\cdot cm^2$，串联电阻 $R_s<1.5\ \Omega\cdot cm^2$，单晶硅太阳电池转换效率>19%，多晶硅太阳电池转换效率>17.5%。现在，有的生产线已实现单晶硅太阳电池转换效率>20%，多晶硅太阳电池转换效率>18.5%。

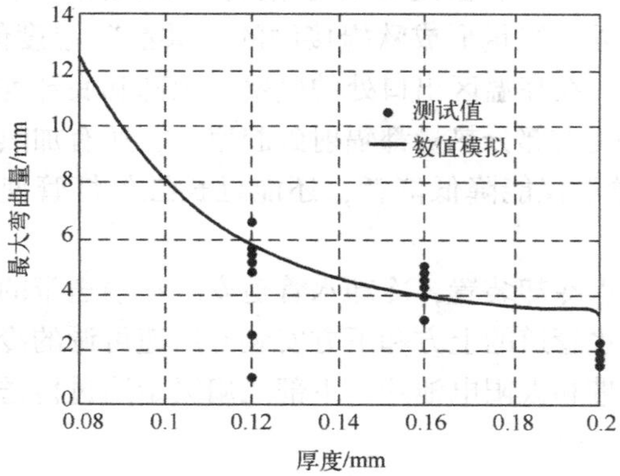

图 9-41　烧结后硅片的最大弯曲量与硅片厚度的关系

2）烧结后的外观　氮化硅表面颜色均匀，无明显的色差；电极图案完整、清晰、对称；无缺口、裂纹、虚印，无斑点、脏污，无铝包或铝珠；背电场铝膜牢固、颜色均匀。

由于硅片的热膨胀系数（$3.5\times10^{-6}K^{-1}$）与背面接触的铝层的膨胀系数（$23\times10^{-6}K^{-1}$）不同，烧结后铝层收缩会导致硅片变形（硅片翘曲）。硅片越薄、铝层越厚、烧结温度越高，硅片的弯曲量越大，如图 9-41 所示[18]。

太阳电池最大弯曲度应不超过预先规定的要求。表 9-5 列出了太阳电池最大弯曲度要求的实例。

表 9-5　太阳电池最大弯曲度要求实例　　单位：μm

太阳电池种类	A	B	C
125 mm 单晶硅或多晶硅太阳电池（M125、P125）	≤2	2~4	>4
156 mm 单晶硅或多晶硅太阳电池（M156、P156）	≤3	3~5	>5

通常采用改变印刷浆料的成分和配比、减小铝层厚度和降低烧结温度等方法来减小硅片的弯曲量。

3）电极与硅片的附着力等方面的要求　硅片与浆料烧结后的附着力通过拉力测试检验。

4）烧结工序的注意点　为确保烧结质量，烧结温度的控制非常重要。进行高温烧结前，应保证浆料中的有机物已挥发干净。如果烘干、炭化、除焦过程温度过低，则不能充分除去焦油，浆料中残留的焦油会进入下一区域；若温度过高，则有机物炭化后残留在电极中。这些都将影响太阳电池性能，降低太阳电池转换效率。在高温烧结过程中，如果温度过低将导致串联电阻增大；若温度过高，则 Al 会溶入硅形成硅表面过多的Al-Si 合金层，使并联电阻减小。若高温烧结时间过长，则氮化硅膜层中的氢从硅片中不断逸出，减弱氢对硅片的钝化作用，所以在不影响合金化的前提下，烧结时间应尽可能短。另外，各温区的气流应保持平衡，气流过小会导致排风不畅，使炉内存在大量有害杂质，气流过大又会降低炉温。

各个温区的温度、气体流量、传输带速度是烧结的关键工艺参数。Ag 与 Si、Al 与 Si 形成合金的相变温度各不相同，金属合金化时必须分别设定合适的升温和冷却速率。

9.3　恢复太阳电池效率的载流子注入退火

在光照下，晶体硅太阳电池少子寿命和转换效率都会有一定程度的降低，出现光致衰减（LID）现象。这种衰减在持续光照后，会有一定程度的恢复，称为光与升温诱导衰减（Light and elevated Temperature Induced Degradation，LeTID）。PERC 太阳电池的 LeTID 衰减尤为明显。通常认为，LeTID 实质上是由过剩载流子诱导产生的，因此也可称之为 CID（Caricr-inducced Dcgradation）。p 型 C-Si PERC 太阳电池、双面 PERC 太阳电池（PERC+）

和 n 型硅太阳电池都存在 LeTID。由于 PERC 太阳电池的性能受到掺杂类型、电池结构、工艺流程的顺序和条件等因素的影响，导致 LeTID 现象具有多样性和复杂性，其形成机理也尚无定论。有关 LeTID 现象的研究状况将在附录 A 中介绍。显然，克服光致衰减对发展 PERC 太阳电池至关重要。

按照光致衰减（LID）现象的实验研究和机理分析的初步结果，现在普遍采用太阳电池电极浆料烧结后，接着进行载流子注入退火工艺处理，使得太阳电池先加速衰退后再恢复，以减少太阳电池使用期内的 LeTID。同时，载流子注入退火处理还可以增加约 0.1%的太阳电池转换效率，提高经济效益。

在太阳电池生产过程中，有两种载流子注入处理方法：光注入退火和电注入退火，这两种方式各有利弊。

最早进入太阳电池生产线的是光注入退火设备，但因其能耗和设备价格较高，所以电注入退火设备获得了广泛应用。典型的电注入工艺是将 200～400 片太阳电池片叠放在一起，加上约 110 ℃的温度，退火时间为 70 min，在电极上施加适当的电流。电流大小的控制很重要，其量级为数安培至数十安培（视叠放太阳电池片的数量而定）。这项技术的主要特点是功耗低，100 MW 产能的设备能耗仅为 15 kW，而且设备的价格也比较低。但是，由于太阳电池栅线电极的电阻及接触电阻有差异，导致多片太阳电池片叠合后，流经每片太阳电池的电流所产生的载流子数量不同，这就使得太阳电池之间的再生效果不同，处理后衰减恢复的均匀性不佳。当然，可以通过分选太阳电池片，使其电性能保持一致，但这会增加太阳电池片的制造成本。另外，硅片的叠放与收片，不仅增加了工序，还会影响其成品率。为了简化设备，有些生产线将电注入设备放置在退火炉与测试机之间，但因电注入退火时间较长，这种设计还须要解决工艺流程中的节拍匹配问题。

现在，随着技术的进步，综合比较性价比后，光注入退火工艺和设备正在逐步展现其优势。光注入退火设备的炉体是隧道式的，炉体内的光源一般采用 LED 光源，其辐照强度通常须要达到 1 个标准太阳辐照光通量的 20～40 倍。LED 光源的光谱可以是单色的、多色的，或类太阳光谱。退火炉在利用 LED 光源辐照的同时，也能加热硅片，产生 50～250 ℃的温度。因此，还须要采用风冷或水冷方式调节炉温，达到工艺所需的设定温度。一般辐照退火时的工艺温度约为 200 ℃。高光强和高退火温度可缩短处理时间。在这种处理工艺中，载流子主要是由光照产生的，与电接触无关，其衰减恢复的均匀性优于电注入退火方式。而且，这种处理方法简单，方便与太阳电池烧结炉联接，甚至可将其设计成电极烧结-光注入退火一体机，从而省却一套测试仪、分选机和上/下片机械手，从而使其更适合规模化生产。这种工艺的不足之处是能耗较高，以金属网带光照退火炉为例，100 MW 产能的设备能耗达到 114 kW。同时，这类设备的造价也高于电注入退火设备。

陶瓷辊道式退火设备采用陶瓷或磨砂石英辊道作为输运硅片的载体，陶瓷辊在原位转动，硅片随辊转动前行。由于退火炉内没有大热熔量的金属网带进出高温区，不会损失大量的热量，这不仅可有效保持炉内温度，而且加快了硅片的升温和降温速率。这种退火炉可显著降低能耗。产能达 100 MW 的单列退火炉的功耗为 30 kW，产能达 200 MW 的双列退火炉的能耗仅为 50 kW。由于这种退火炉具有较好的性价比，在生产中已越来越多地被选用。陶瓷辊道式烧结退火一体炉内硅片的传输如图 9-42 所示[19]。

图 9-42　陶瓷辊道式烧结退火一体炉内硅片的传输

9.4　太阳电池质量检测

烧结后的太阳电池须要检验其质量。在生产中，主要测试的是太阳电池的 $U-I$ 特性曲线，从 $U-I$ 特性曲线可以得知太阳电池的短路电流、开路电压以及最大输出功率等参数，并按电压、电流和功率值分档，或根据太阳电池转换效率分级，为封装太阳电池组件做好准备。

1. 标准测试条件

☺ 光源辐照度：1000 W/m^2；

☺ 测试温度：25 ℃；

☺ AM1.5：地面太阳光谱辐照度分布。

2. 主要测试参数

1）短路电流 I_{sc}　是指在一定的温度和辐照条件下，太阳电池在端电压为零时的输出电流。将 pn 结短路（$U=0$），这时所得的电流为短路电流 I_{sc}，它与太阳电池的面积大小有关，面积越大，I_{sc}越大。I_{sc}与入射光的辐照度成正比。

2）开路电压 U_{oc}　是指在一定的温度和辐照度条件下，太阳电池在空载情况下的端电压，用 U_{oc}表示。pn 结开路，即 $I=0$，此时 pn 结两端的电压即为开路电压，它与太阳电池面积大小无关，与入射光谱辐照度的对数成正比。

3）最大功率 P_{max}　是指在太阳电池的 $U-I$ 特性曲线上对应最大功率 P_{max}（电流电压乘积为最大值）的点，又称最佳工作点。

$$P_{max}=I_{mp}U_{mp}=U_{oc}I_{sc}\mathrm{FF} \tag{9-11}$$

4）最佳工作电压 U_{mp}　是指太阳电池 $U-I$ 特性曲线上最大功率点所对应的电压。

5）最佳工作电流 I_{mp}　是指太阳电池 $U-I$ 特性曲线上最大功率点所对应的电流。

6）填充因子 FF　是指太阳电池的最大功率与开路电压和短路电流乘积之比，即

$$\mathrm{FF}=I_{mp}U_{mp}/(I_{sc}U_{oc}) \tag{9-12}$$

式中，$I_{sc}U_{oc}$是太阳电池的极限输出功率，I_mU_m是太阳电池的最大输出功率。

7）转换效率 η　是指受光照时太阳电池的最大功率与入射到该太阳电池上的全部辐射

功率$P_{总}$的百分比，即

$$\eta = I_{sc}U_{oc}FF/P_{总} = U_{mp}I_{mp}/(A_tP_{in}) \tag{9-13}$$

式中：U_{mp}和I_{mp}分别为最大输出功率点对应的电压和电流；A_t为太阳电池的总面积；P_{in}为单位面积入射光的功率。

8）光谱响应SR（λ） 当波长不同的单色光分别照射太阳电池时，由于光子能量不同，以及太阳电池对光的反射、吸收、光生载流子的收集效率等因素，对于不同波长λ的光，即使以相同的辐照度照射，也会产生不同的短路电流。所测得的短路电流密度$I_{sc}(\lambda)$与辐照度$E(\lambda)$之比，即单位辐照度所产生的短路电流密度随波长变化的函数关系，就是太阳电池的光谱响应SR(λ)：

$$SR(\lambda) = dI_{sc}(\lambda)/dE(\lambda) \tag{9-14}$$

辐照度以能量计时为光谱响应；辐照度以光子数计时为等光子光谱响应。

将所测得的光谱响应的峰值取为1，对光谱分布进行归一化，即可得到相对光谱响应。

在太阳电池测试和工程应用中，通常用的是等能量相对光谱响应，简称光谱响应SR(λ)。

9）外量子效率EQE（External Quantum Efficiency） 是指在给定波长的光照射下，太阳电池所收集并输出光电流的最大电子数目与所吸收的光子数目之比，即

$$EQE(\lambda) = [hc/(q\lambda)] \cdot SR(\lambda) \tag{9-15}$$

式中，SR(λ)为太阳电池的光谱响应。

10）内量子效率IQE（Internal Quantum Efficiency） 是指在给定波长的光照射下，太阳电池所收集并输出光电流的最大电子数目与所吸收的光子数目之比，即

$$IQE(\lambda) = EQE(\lambda)/[1-R(\lambda)-T(\lambda)] \tag{9-16}$$

式中，$R(\lambda)$为反射率，$T(\lambda)$为透射率。

通常情况下，太阳电池的透射率很小，计算时可以将其忽略。

内量子效率反映太阳电池的载流子复合损失。

11）电流温度系数α 是指在规定的试验条件下，被测太阳电池的温度每变化1℃，太阳电池短路电流的变化值。对于一般晶体硅太阳电池，$\alpha=+0.1\%/℃$。

12）电压温度系数β 是指在规定的试验条件下，温度每变化1℃，被测太阳电池开路电压的变化值。对于一般晶体硅太阳电池，$\beta=-0.38\%/℃$。

13）串联电阻R_s 串联电阻R_s包括作为正面电极的金属栅线的电阻r_{mf}、金属栅线和前表面间的接触电阻r_{c1}、前表面扩散层的电阻r_t、基区电阻r_b、下电极与半导体硅的接触电阻r_{c2}、上电极金属栅线的电阻r_{mb}。

$$R_s = r_{mf}+r_{c1}+r_t+r_b+r_{c2}+r_{mb} \tag{9-17}$$

在这些电阻中，r_t是主要的。

14）并联电阻R_{sh} 是指太阳电池内部跨接太阳电池两端的等效电阻。

3. 主要测试设备

测试太阳电池性能的主要设备是晶体硅太阳电池测试仪。它主要测试太阳电池的U–I特性曲线和最佳工作电压、最佳工作电流、峰值功率、转换效率、开路电压、短路电流、填充因子等参数。太阳电池的U–I特性曲线如图9-43所示。

太阳电池测试仪由太阳模拟器、电子负载和计算机控制与处理器等部分组成。太阳模拟器通常采用闪光脉冲式太阳模拟器，它包括电光源及其驱动电源、光学系统和滤光装置等部分。电子负载由电子线路组成，用以代替可变电阻作为测试太阳电池 $U-I$ 特性用的负载。电子负载与计算机相连，该计算机具有采集、处理、显示和存储测试数据等功能，给出需要的测试结果。晶体硅太阳电池测试设备的原理、结构与使用方法将在第12.2节详细叙述。

图9-44所示为太阳电池的测试分选设备，它能同时完成太阳电池的测试和分选工序。

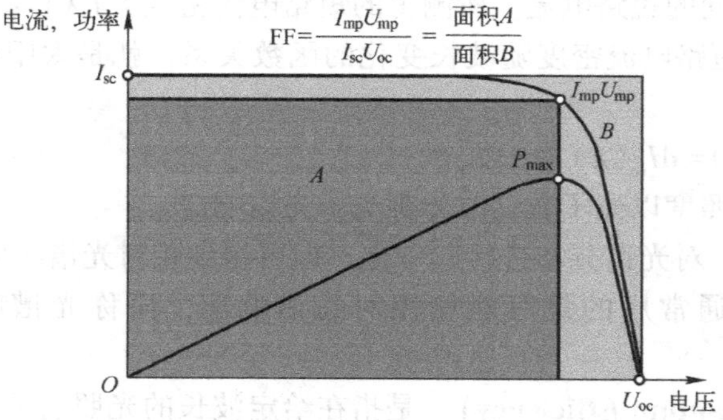

图9-43 太阳电池的 $U-I$ 特性曲线

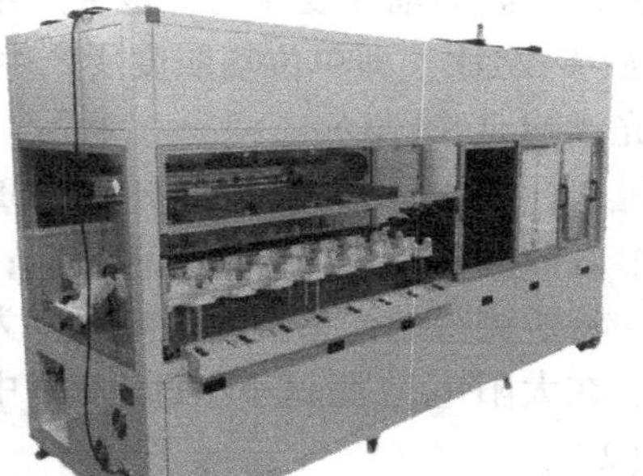

图9-44 太阳电池测试分选设备

量子效率采用光谱响应测试仪来测试。其测量原理是光源通过单色仪射出的波长不同的单色光，分别照射太阳电池，测定短路电流。对应于每个波长，求得短路电流密度与辐照度之比，获得单位辐照度所产生的短路电流密度随波长变化的函数关系，即光谱响应 SR(λ)。由式（9-15）可以得到外量子效率，然后测量反射率，通过式（9-16）计算得到内量子效率，计算时可以忽略透射率。

参考文献

[1] 金步平,等．太阳能光伏发电系统[M]．北京:电子工业出版社,2016.

[2] Hörteis M,Gutberlet T,Reller A,et al. High-Temperature Contact Formation on n-Type Silicon:Basic Reactions and Contact Model for Seed-Layer Contacts[J]. Advanced functional materials,2010,20(3):476-484.

[3] Cho S B,Hong K K,Huh J Y,et al. Role of the Ambient Oxygen on the Silver Thick-Film Contact Formation for Crystalline Silicon Solar Cells[J]. Current Applied Physics,2010(10):222-225.

[4] Hilali M M,Sridharan S,Khadilkar C,et al. Effect of Glass Frit Chemistry on the Physical and Electrical Properties of Thick-Film Ag Contacts for Silicon Solar Cells[J]. Journal of Electronic Materials,2006,35(11):2041-2047.

[5] T B Massalski. Binary Alloy Phase Diagrams[M]. USA:ASM International,1992.

[6] 虎轩东,等．厚膜微电子技术[M]．成都:电子元件与材料编辑部,1989.

[7] 诸富,康宏．21世纪丝网印刷的实力和在电子工学上的应用[EB/OL](2020-07-24)[2022-08-09]. http://www.docin.com/p-2412646794.html.

[8] 中华人民共和国工业和信息化部．光伏电池电极栅线高宽比的测量 激光扫描共聚焦显微镜法[S]．北京:中国电子技术标准化研究院,2021.1.

[9] 倪志春．下一代PERC技术产品开发机产业化研究[C]//第十五届中国太阳能级硅及光伏发电研讨会(15th CSPV),上海:2019.

[10] 张忠卫．后PERC时代高效晶硅电池量产技术路线探讨[C]//第十五届中国太阳能级硅及光伏发电研

讨会(15th CSPV),上海:2019.
[11] 陈喜平,黄纬,王肖飞,等. MBB 太阳电池栅线的设计优化[J]. 太阳能学报,2020,41(12):132-137.
[12] 任军刚,屈小勇,马继奎,等. 无网结网版在晶硅太阳能电池中的应用[J]. 电子世界,2017 (7):110-111.
[13] Shreesh N,Ajcet R. An Optimized Rapid Aluminum Back Surface Field Technique for Silicon Solar Cells[J]. IEEE Transactions on Electron Devices,1999,46(7):1363-1370.
[14] Agostinelli G,Choulat P,Dekkers H F W,et al. Silicon Solar Cells on Ultra-thin Substrates for Large Scale Production[C]//Proceedings of the 21st European Photovoltaic Solar Energy Conference,Dresden,Germany,2006.
[15] Hofmann M,Kambor S,Schmidt C,et al. Firing Stable Surface Passivation Using All-PECVD Stacks of SiO_x:H and SiN_x:H[C]//Proceedings of the 22nd European Photovoltaic,Milan,Italy,2007,1030-1033.
[16] Lee D Y,Lee H H,Ahn J Y,et al. A New Back Surface Passivation Stack for Thin Crystalline Silicon Solar Cells with Screen-printed Back Contacts[J]. Solar Energy Materials & Solar Cells,2010(95):26-29.
[17] Aberle A G. Crystalline silicon solar cells:advanced surface passivation and analysis[M]. Centre for Photovoltaic Engineering. University of New South Wales,1999.
[18] Amstel T van,Bennett I J. Towards a Better Understanding of the Thermo-mechanical Behavior of H-pattern Cells During Metallization[C]//Photovoltaic Specialists Conference,2008,33rd IEEE:1-5.
[19] 袁向东. 陶瓷辊道式太阳电池烧结退火炉[C]. 第十三届中国太阳能级硅及光伏发电研讨会(13th CSPV),徐州:2017.

第 10 章　高转换效率晶体硅太阳电池

10.1　硅基异质结（SHJ）太阳电池

硅基异质结（SHJ）太阳电池中最具代表性的是本征薄层异质结（Heterojunction with Intrinsic Thin-layer，HIT）太阳电池，这是一种单晶硅和非晶型硅结合的异质结太阳电池，可以获得非常低的表面复合速率。这类太阳电池具有效率高、制造成本低等特点[1]，最初由日本三洋公司开发并实现产业化生产。日本三洋公司开发的硅基异质结 HIT 太阳电池转换效率为 24.7%[2]；由日本松下公司制备的 HIT 太阳电池的转换效率为 25.57%[3]，创造了硅基太阳电池的最高纪录。

1. HIT 太阳电池的结构特点

HIT 太阳电池具有对称结构，如图 10-1 所示。HIT 太阳电池通常用 n 型单晶硅片，厚度不超过 200 μm，其正面（受光面）是 p-i 型 a-Si 膜（膜厚为 5～10 nm），背面是 i-n 型 a-Si 膜（膜厚为 5～10 nm），正面和背面外层为具有抗反射作用的透明导电层（TCO），最外层为栅状银电极。由于 HIT 太阳电池使用 a-Si 形成 pn 结，可以在低于 200 ℃的温度下制造，而常规晶体硅太阳电池采用热扩散方法形成 pn 结，扩散时须要加热到 800 ℃以上。相比之下，HIT 太阳电池大幅度降低了制造工艺温度，加上其对称结构特征，可消除因热量或者成膜时所引起的硅片的变形和热损伤，有利于高效制造薄硅片太阳电池。

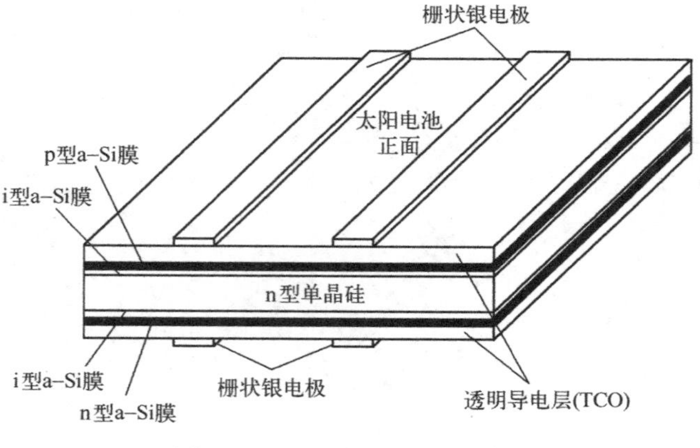

图 10-1　HIT 太阳电池的结构

通常的晶体硅太阳电池使用 SiO_2 或 SiN_x 等介质膜来作为钝化层，而 HIT 太阳电池以 a-Si 膜作为表面钝化层。a-Si 和晶体硅相比，能隙更宽；由于是异质结，内建电场升高；同时，界面处的内建电场位于结晶表面侧的耗尽层内，这一电场对太阳电池性能也有较大的影响。两个电场同时作用的结果是，一方面载流子在内建电场作用下分离，另一方面载流子分离后到达晶体表面处也难以复合，因此 HIT 太阳电池可显著提高太阳电池的开路电压（U_{oc}）。

图 10-2 所示为 n 型晶体硅基双面 HIT 太阳电池的能带结构。

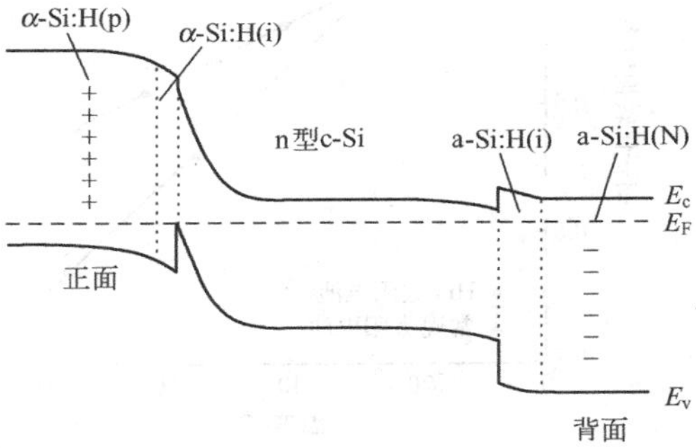

图 10-2 n 型晶体硅基双面 HIT 太阳电池的能带结构图

2. HIT 太阳电池的结构钝化

图 10-3 所示为在黑暗条件下 HIT 太阳电池的 U-I 特性，并与没有 i 型 a-Si 层的 pn 异质结太阳电池黑暗状态时的 U-I 特性做了比较。由图 10-3 可见，在 0.4 V 附近，pn 异质结太阳电池的正向电流特性发生了显著变化，这是由于 a-Si 顶层中存在高密度间隙态，造成了异质结耗尽层的载流子再复合。如果在顶层和晶体硅之间插入约 5 nm 的 i 型 a-Si 层，形成 HIT 结构，则顶层内的内建电场能有效地抑制载流子复合，可降低反向饱和电流密度约 2 个数量级，提高 U_{oc}。

HIT 结构的反向饱和电流密度的明显下降，表明异质结界面已被有效钝化。采用微波反射光电导衰减（μPCD）法测定少子寿命，结果表明，HIT 结构的钝化性能优于化学钝化（CP），更优于热氧化法[1]。

图 10-4 所示为 HIT 太阳电池少子寿命与 U_{oc} 的关系。由图 10-4 可见，少子寿命与 U_{oc} 成正比关系。在制备过程中，减少对 a-Si 膜的损伤，提高单晶硅片表面的洁净度，可以提高少子寿命和 U_{oc}。

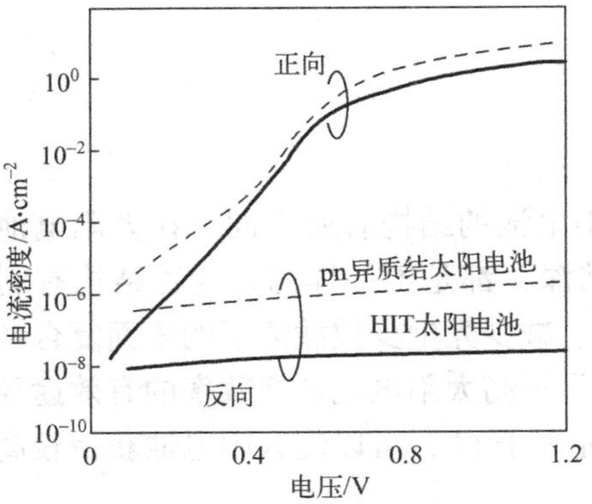

图 10-3 在黑暗条件下 HIT 太阳电池的 U-I 特性比较

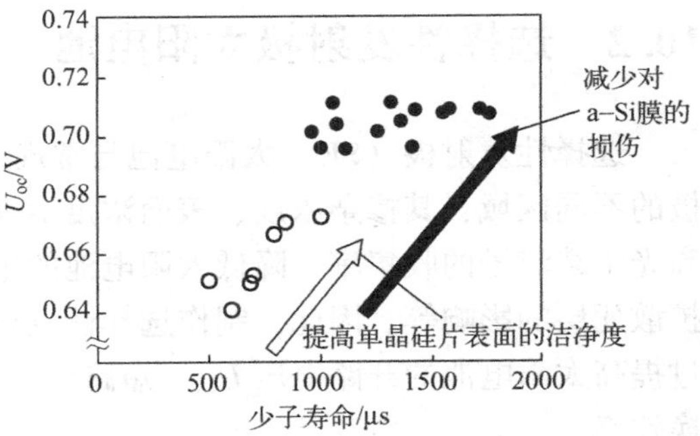

图 10-4 HIT 太阳电池少子寿命与 U_{oc} 的关系

3. HIT 太阳电池的温度特性

晶体硅太阳电池的输出电压和转换效率随温度上升而减小，其变化率呈线性关系。图 10-5 所示为 HIT 太阳电池转换效率与温度的关系。由图 10-5 可见，HIT 太阳电池的温度依赖性优于常规的晶体硅太阳电池，更适合在高温条件下使用。输出电压随温度变化的比率称为电压温度系数。图 10-6 所示为 HIT 太阳电池温度系数与 U_{oc} 的关系，U_{oc} 越高，输出电压温度系数越小。可见 HIT 太阳电池的高 U_{oc}、高转换效率可显著改善太阳电池的温度特性。

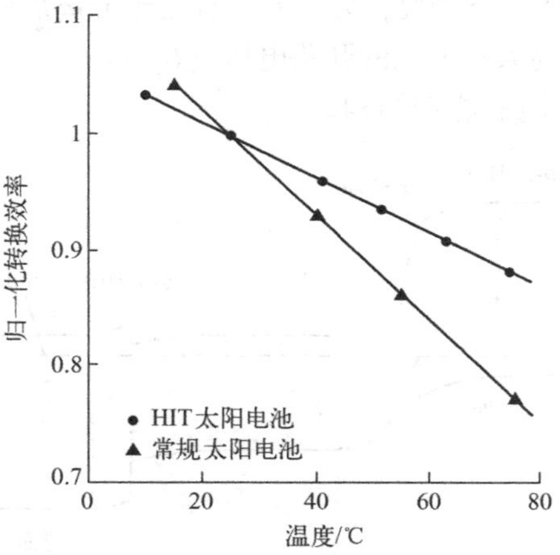

图 10-5　HIT 太阳电池转换效率与温度的关系

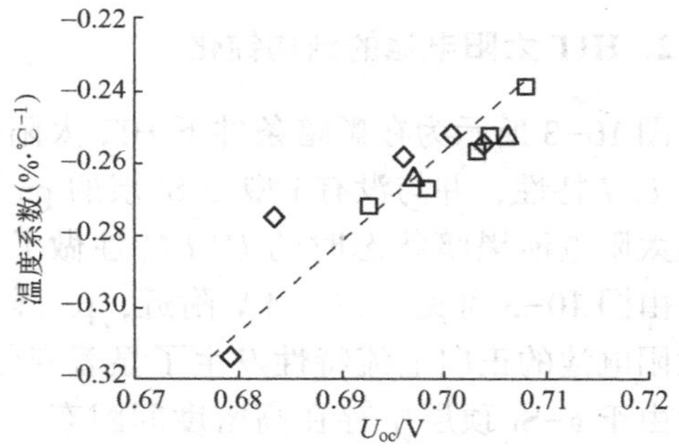

图 10-6　HIT 太阳电池温度系数与 U_{oc} 的关系

正反对称形的“HIT 双功率”太阳电池能有效利用地面反射光，增加太阳电池的输出功率，与单面接收光照射的太阳电池结构相比，平均年输出电能可提高 6%～10%。

中山大学太阳能系统研究所沈辉教授带领的团队正在尝试制备各种类型的硅基异质结太阳电池，如 n-CdS/p-c-Si 异质结太阳电池[4]、WO_3/n-Si 异质结太阳电池[5]、利用 OMO（Oxide/Metal/Oxide）多层膜结构作为发射极的硅基异质结太阳电池[6]。

张悦、郁操、杨苗等人对窗口层（包括非晶硅叠层以及 TCO 层）进行优化，通过降低非晶硅薄膜厚度以及降低 TCO 载流子浓度，使 SHJ 太阳电池的短路电流密度从 38.9 mA · cm^{-2} 提高到 40.74 mA · cm^{-2}，制备了 239 cm^2 的大面积 SHJ 太阳电池，其转换效率达到了 22.4%[7]。

10.2　选择性发射极太阳电池

选择性发射极（SE）太阳电池与常规 BSF 太阳电池的结构有所不同，在太阳电池发射极的不同区域，其掺杂浓度、表面浓度 N 和扩散结深 x 都是不一样的。这种结构有利于提高光生载流子的收集率、降低太阳电池的串联电阻、减少光生少数载流子的表面复合和减小扩散死层的影响等。因此，制作选择性发射极结构是提高太阳电池转换效率的有效途径。通过提高太阳电池的开路电压 U_{oc}、短路电流 I_{sc} 和填充因子 FF，可以使太阳电池获得较高的转换效率。

1. 选择性发射极太阳电池结构

选择性发射极（SE）结构设计是在太阳电池的电极栅线与栅线之间受光区域对应的活性区形成低掺杂浅扩散区，太阳电池的电极栅线下部区域形成高掺杂深扩散区；在电极间隔区形成与常规太阳电池一样的 np 结，在低掺杂区和高掺杂区交界处形成横向 n^+n 高低结，在电极栅线下形成 n^+p 结。所以与常规 BSF 太阳电池相比，选择性发射极太阳电池电极栅线处多了一个横向 n^+n 高低结和一个 n^+p 结。图 10-7 所示为选择性发射极太阳电池结构示意图。

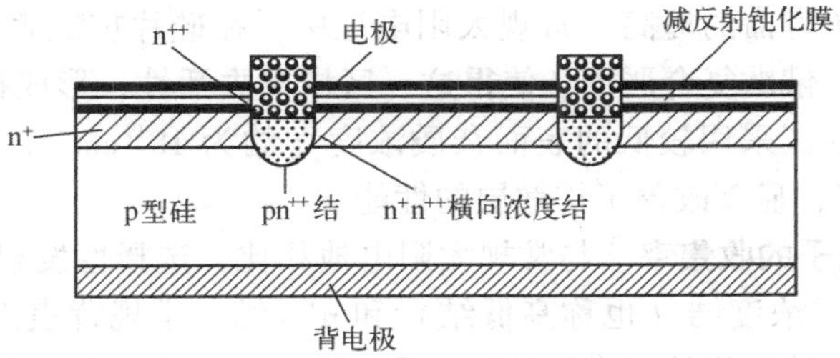

图 10-7　选择性发射极太阳电池结构示意图

2. 选择性发射极结构的优点

1）减少光生少数载流子的表面复合　太阳电池的光生载流子的寿命与硅片的表面复合关系很大。表面复合可以分为 3 种：辐射复合、俄歇复合、通过复合中心的复合。硅片表面存在悬挂键、表面缺陷及其他深能级中心，相应的表面电子能态在禁带中形成复合中心能级。光生少数载流子表面复合主要是通过复合中心进行的。

表面复合率 U_s 与表面处的非平衡少数载流子浓度 Δp_s 成正比，即

$$U_s = S\Delta p_s \tag{10-1}$$

式中，S 为表面复合速度。

表面复合速度 S 也与表面处的掺杂浓度 N_s 有关。表面处掺杂浓度越高，表面复合越严重。选择性发射极太阳电池在活性区的表面杂质浓度比常规太阳电池低，可以显著减少光生少数载流子的表面复合。同时，在较低的表面杂质浓度下，硅片表面的钝化效果也更好。钝化后可进一步减少表面复合。

2）减小扩散死层的影响　常规太阳电池中，在接近扩散表面处，杂质浓度通常高达 $10^{20}\ \mathrm{cm^{-3}}$ 以上。硅是间接带隙半导体材料，当掺杂浓度大于 $10^{17}\mathrm{cm^{-3}}$ 时，其体复合以俄歇复合为主。俄歇复合与掺杂浓度密切相关。俄歇复合率可以表示为

$$U_{\text{Auger}} = C_n(n^2p - n_0^2p_0) + C_p(np^2 - n_0p_0^2) \tag{10-2}$$

少数载流子的寿命 τ 为非平衡少数载流子浓度 Δp 与复合率 U 的比值，即

$$\tau = \Delta p / U \tag{10-3}$$

式中，τ 与复合率成反比。

n 型半导体材料的少数载流子的俄歇复合寿命为

$$\tau_{\text{Auger}} = \frac{1}{C_n n^2 + C_p n\Delta p} \tag{10-4}$$

在低注入的情况下，非平衡少数载流子的浓度可以忽略，载流子的俄歇复合寿命可表示为

$$\tau_{\text{Auger}} = \frac{1}{(C_n N_D^2)} \tag{10-5}$$

以上各式中：C_n 和 C_p 分别为电子和空穴的俄歇复合系数，$C_n = (1.7 \sim 2.8)\times10^{-31}\mathrm{cm^6/s}$，$C_p = (0.99 \sim 1.2)\times10^{-31}\mathrm{cm^6/s}$；$n$ 为电子浓度；p 为空穴浓度；n_0 为热平衡时电子浓度；p_0 为热平衡时空穴浓度；$\Delta p = p - p_0$ 为非平衡空穴浓度；N_D 为半导体材料的掺杂浓度。以 n 型半导体材料为例，当掺杂浓度 $N_D = 5\times10^{18}\mathrm{cm^{-3}}$ 时，由式（10-5）得 $\tau \approx 0.14 \sim 0.24\ \mu\mathrm{s}$，可见俄歇复合

严重影响了少数载流子寿命的提高。常规太阳电池中，在硅片扩散表面深度约为100 nm的范围内，杂质浓度高，俄歇复合严重，使得这一区域失去活性，形成扩散“死层”。选择性发射极太阳电池在活性区采用较低的表面杂质浓度（约为$10^{19}cm^{-3}$），减薄了“死层”，甚至可避免出现“死层”，显著改善了扩散层的性能。

3）提高光生载流子的收集率　与常规太阳电池相比，选择性发射极太阳电池的电极在栅线处增加了横向$n^{++}n^{+}$浓度结（也称高低结）和$n^{+}p$结。常规背表面场（BSF）太阳电池和选择性发射极太阳电池结构的能带图分别如图10-8（a）和（b）所示。扩散结中的内建电场将有利于n^{++}区和n^{+}区的空穴向p区流动，p区的电子往n^{+}区和n^{++}区流动。在图10-8中：qU_{p^+p}为p^+p浓度结的接触势垒高度；qU_{pn}为pn结的接触势垒高度；qU_{n^+n}为n^+n结的接触势垒高度；q为电子的电荷量；E_F为本征费米能级；E_c为导带底；E_v为价带顶。与常规太阳电池相比，选择性发射极太阳电池更有利于提高光生载流子的收集，而且特别有利于太阳电池表层有效收集短波光生载流子。

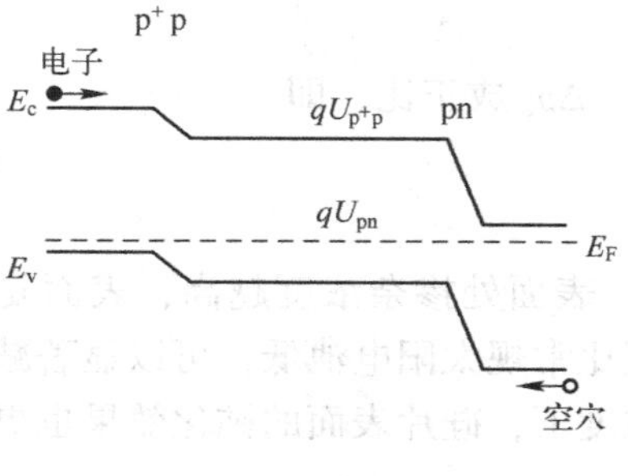

（a）常规背表面场（BSF）太阳电池结构的能带图

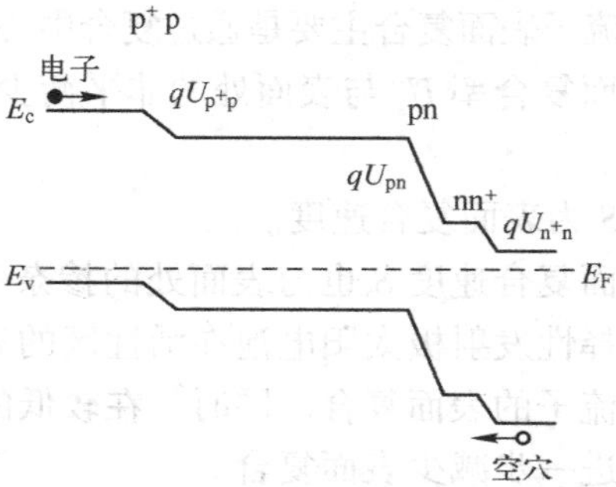

（b）选择性发射极太阳电池结构的能带图

图10-8　背表面场（BSF）太阳电池结构的能带图

4）提高太阳电池的输出电压　按照半导体理论，常规BSF太阳电池浓度结p^+p的接触势垒为[8]

$$qU_{D1}=qU_{p^+p}+qU_{pn}=kT\ln\frac{N_A^+}{N_A}+kT\ln\frac{N_AN_D}{n_i^2}=kT\ln\frac{N_A^+N_D}{n_i^2} \tag{10-6}$$

而选择性发射极太阳电池的接触势垒为

$$qU_{D2}=qU_{p^+p}+qU_{pn}+qU_{nn^+}=kT\ln\frac{N_A^+}{N_A}+kT\ln\frac{N_AN_D}{n_i^2}+kT\ln\frac{N_D^+}{N_D}=kT\ln\frac{N_A^+N_D^+}{n_i^2} \tag{10-7}$$

式中：k为波耳兹曼常数；T为热力学温度；N_A^+、N_A、N_D、N_D^+分别为p^+、p、n、n^+区的掺杂浓度。

由式（10-6）和式（10-7）可知，$U_{D2}>U_{D1}$，因此提高了太阳电池的输出电压。

5）降低太阳电池的串联电阻　太阳电池金属电极与硅片之间应形成良好的欧姆接触。太阳电池的金属电极与硅片的接触电阻是串联电阻的一部分。硅片的掺杂浓度越高，金属电极与硅片的接触电阻越小。

当硅片掺杂浓度较低（$<10^{19}cm^{-3}$）时，电流传输主要依赖于热电子发射；当掺杂浓度较高（$\geq10^{19}cm^{-3}$）时，势垒宽度变窄，导电主要依赖于隧道效应，接触电阻减小，变化可

相差几个数量级。当硅片的掺杂浓度约为 $10^{19}cm^{-3}$时，R_c的值约为 $0.1\Omega\cdot cm^2$；当掺杂浓度约为 $10^{20}cm^{-3}$时，R_c的值约为 $10^{-5}\Omega\cdot cm^2$。所以在太阳电池中，在硅与金属接触处，采用高的表面浓度（如 $10^{20}cm^{-3}$）可以得到低的接触电阻，以减小太阳电池的串联电阻。而且，深的扩散结可以防止电极金属向结区渗透，减少在禁带中引入电极金属杂质能级的概率。同时，由于在烧结电极时可采用相对高的温度和相对长的时间，不仅可使电极与硅片接触更优良，而且可适当放宽扩散制结时对温度和时间控制的严格要求。

根据如图 10-9 所示开路电压 U_{oc}与扩散层掺杂浓度的关系，栅极间隔区域的掺杂浓度宜在 $10^{19}cm^{-3}$左右。栅极间隔区域的掺杂浓度为 $10^{20}cm^{-3}$时可获得良好的欧姆接触。掺杂浓度更高的重掺杂会引起能带收缩，使太阳电池的开路电压下降。

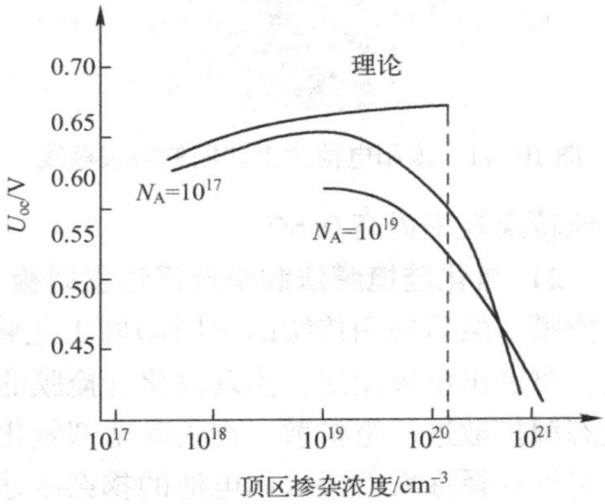

图 10-9　开路电压与扩散层掺杂浓度的关系

综上所述，选择性发射极太阳电池的结构特点是电极间受光区域的掺磷浓度低、pn 结的结深较浅，金属电极区域的掺磷浓度高、pn 结的结深较深。其优点是：在受光区域，减少表面复合和发射层复合，减小反向饱和电流密度，改善表面钝化效果和短波量子响应；在电极区域，形成良好的欧姆接触；减小串联电阻；提高光生载流子收集率，增加短路电流，防止烧结过程中金属等杂质进入耗尽区，最终提高太阳电池转换效率。

3. 选择性发射极太阳电池制备方法

现在已有多种方法制备选择性发射极太阳电池，如丝网印刷磷浆、掩膜腐蚀、激光掺杂和掩膜离子注入等，这些方法各有优缺点。

1）丝网印刷磷浆制备选择性发射极　丝网印刷磷浆制备选择性发射极太阳电池的制作工艺是：在硅片制绒后、扩散前增加一道磷浆印刷工序，在电极区域印刷的磷浆作为磷杂质源进行重扩散，得到电极区域高掺杂；在非电极区域进行低浓度掺杂，通过减少磷源量和扩散时间得到低掺杂、轻扩散的高方块电阻区域，满足选择性发射极太阳电池的结构要求。

制备丝网印刷磷浆选择性发射极太阳电池工艺流程如图 10-10 所示。

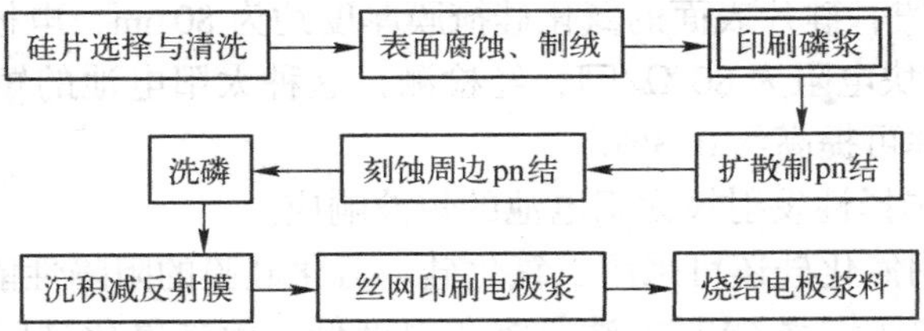

图 10-10　制备丝网印刷磷浆选择性发射极太阳电池工艺流程

为保证磷浆印刷的质量，要严格控制磷浆的成分、黏度、密度等；在印刷的过程中，应确保电极区域内都有磷源覆盖；磷源也不能溢到非电极区域。图 10-11 所示为太阳电池片

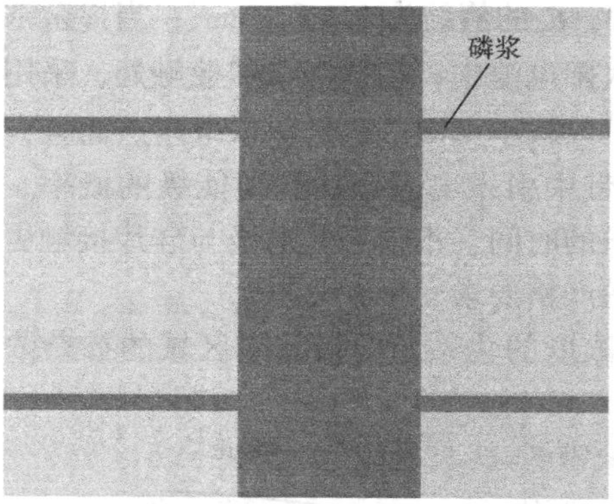

图 10-11　太阳电池片上印刷的磷浆栅线

上印刷的磷浆栅线。

为了实现太阳电池的不同区域有不同的掺杂浓度，须要分别进行重掺杂和轻掺杂扩散。采用的主要方式是：对轻扩散区域减少扩散时间，减小源流量；对重掺杂区域，适当提高扩散温度，提高扩散速度。在一个工程实例中，先通磷源进行轻掺杂扩散，然后不通磷源进行重掺杂扩散，扩散后分别测试主栅和非电极区域的方块电阻，得到主栅区域的方块电阻约为 30 Ω/□，非电极区约为 90 Ω/□，而常规太阳电池的平均方块电阻约为 45 Ω/□。通过制造工艺条件的优化，可将太阳电池转换效率提高 0.6%[9]。

2）氮化硅掩膜法制备选择性发射极　采用等离子增强 CVD 方法在硅片表面镀一层氮化硅掩膜，然后使用传统的丝网印刷工艺将含有一定量磷酸的腐蚀浆料印刷在氮化硅掩膜表面，腐蚀出电极图形，实现氮化硅掩膜的开窗，然后去除电极区下的氮化硅，经过三氯氧磷液态源扩散进行重扩散。在去除全部氮化硅掩膜后，再采用三氯氧磷液态源完成浅扩散，最终得到选择性发射极太阳电池的掺杂要求，其工艺流程如图 10-12 所示。这种方法相对于激光熔融和等离子体刻蚀等方法，更容易在现有生产线上实现批量生产。

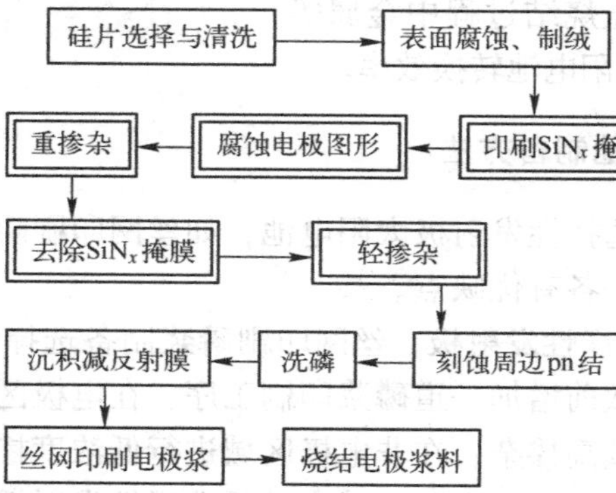

图 10-12　氮化硅掩膜法制备选择性发射极太阳电池的工艺流程图

举一个试验例子[10]，硅片表面的氮化硅掩膜厚度约为 80 nm，电极区重扩散方块电阻为 10 Ω/□，浅扩散区方块电阻为 80 Ω/□，经检测，这种太阳电池的短波响应明显优于常规太阳电池，其转换效率可提高约 0.3%。

图 10-13 所示为选择性发射极太阳电池的短波响应。

扩散掩膜除了采用氮化硅还可采用二氧化硅。氮化硅膜的阻隔性能优于二氧化硅膜，同时氮化硅膜可使用等离子增强 CVD 方法，沉积温度低，而二氧化硅膜一般采用高温热生长的方法，高温沉积对硅片会产生热损伤，降低硅片的少子寿命。因此，掩膜法制备选择性发射极太阳电池时，采用氮化硅作为扩散掩膜优于二氧化硅。

3）分区化学腐蚀法制备选择性发射极　采用化学腐蚀方法制备选择性发射极太阳电池的基本思路是，将受光面区域的重掺杂表面减薄，留下轻掺杂部分，制备出选择性发射极。制备

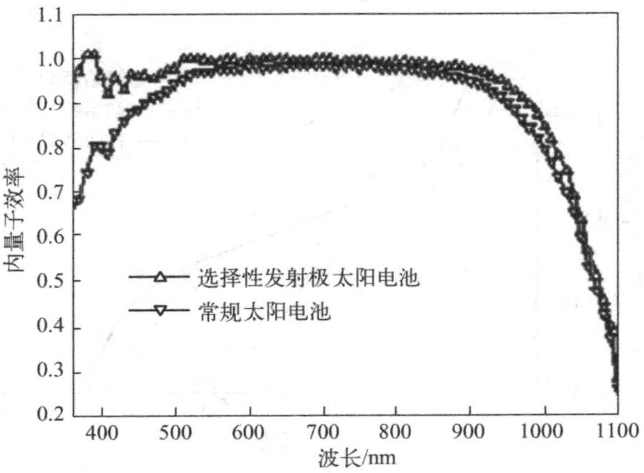

图 10-13　选择性发射极太阳电池的短波响应

工序是，先将硅片重扩散到预定的杂质浓度，在硅片扩散后，丝印一层保护性浆料，用于重掺杂区的掩膜，在酸性腐蚀液中对发射层掩膜以外的区域进行化学腐蚀，直到方块电阻达到指定值，再去除保护性浆料掩膜层，其余工艺流程与常规太阳电池的生产工艺相同，如图 10-14 所示。制作太阳电池后，蓝光波段量子响应提高，表明化学腐蚀已去除了“死层”。

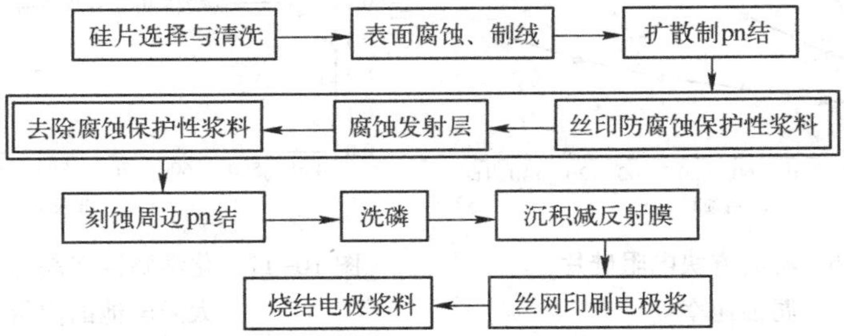

图 10-14　多晶硅化学腐蚀法制备选择性发射极太阳电池的工艺流程图

举一个试验例子[11]：采用 156 mm×156 mm、1～2 Ω · cm 硼掺杂多晶硅片，硅片厚度约为 200 μm；扩散采用管式扩散炉，扩散后采用扩展电阻法（SRP）表征磷表面浓度和结深。受浆料保护的高浓度扩散区域的宽度为 200～300 μm。图 10-15 所示为不同方块电阻硅片的载流子浓度分布。不同方块电阻的硅片具有不同的腐蚀速率，如图 10-16 所示。选取扩散方块电阻为 25 Ω/□的硅片，化学腐蚀后的方块电阻为 110 Ω/□。与均匀掺杂的方块电阻在 40～60 Ω/□范围内的多晶硅太阳电池相比，化学腐蚀去除死层后，表面浓度降低，在短波波长（350～400 nm）内量子效率绝对值提高约 10%，如图 10-17 所示。化学腐蚀 SE 太阳电池短路电流密度 J_{sc} 提高 0.58 mA/cm^2，开路电压 U_{oc} 提高 4 mV；但由于薄层电阻导致串联电阻提高，填充因子 FF 降低 1%，转换效率绝对值提高 0.2%。

4）激光掺杂法制备选择性发射极　激光掺杂法制备选择性发射极太阳电池的技术已渐趋成熟。由新南威尔士大学所研发的激光掺杂选择性发射极（LDSE）技术已接近产业化生产水平，实验室生产的小面积测试太阳电池最高转换效率可达 19.7%，工业上使用 156 mm× 156 mm 大面积硅片生产的太阳电池转换效率可达 19.0%[12]。

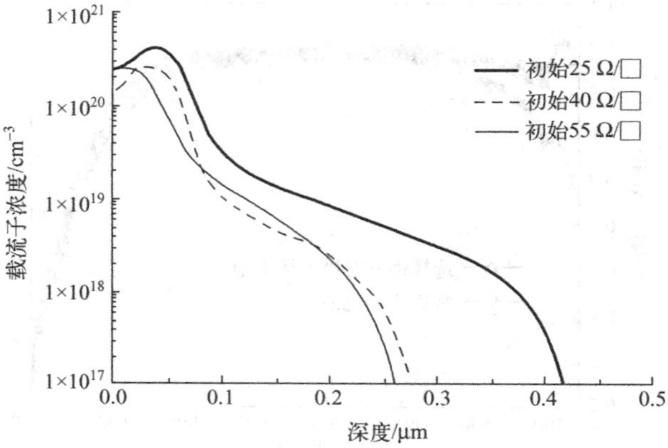

图 10-15　不同方块电阻硅片的载流子浓度分布

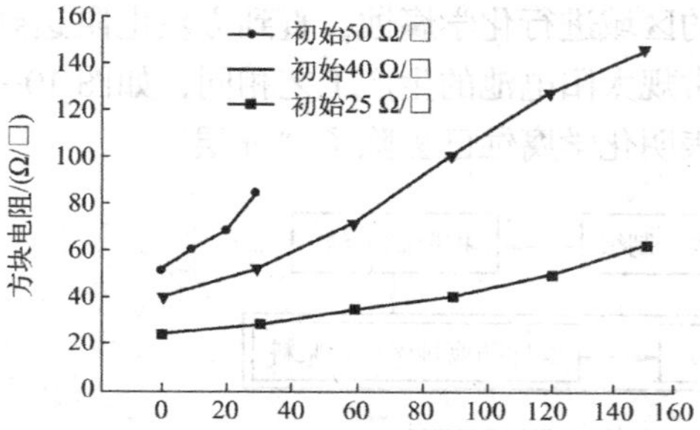

图 10-16　不同方块电阻硅片腐蚀速率

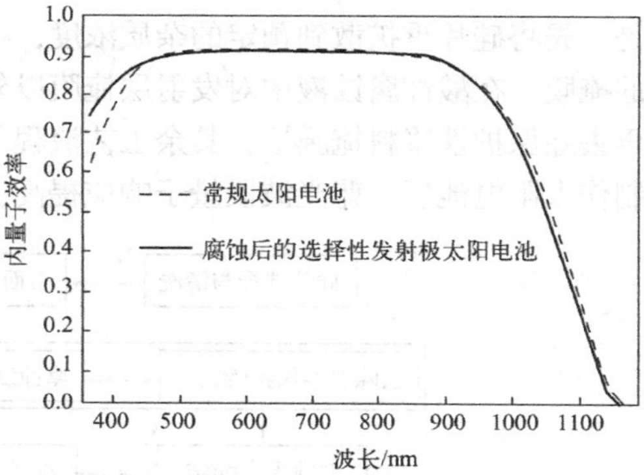

图 10-17　化学腐蚀多晶选择性发射极太阳电池的内量子效率

制备激光掺杂选择性发射极太阳电池的工艺流程如图 10-18 所示。

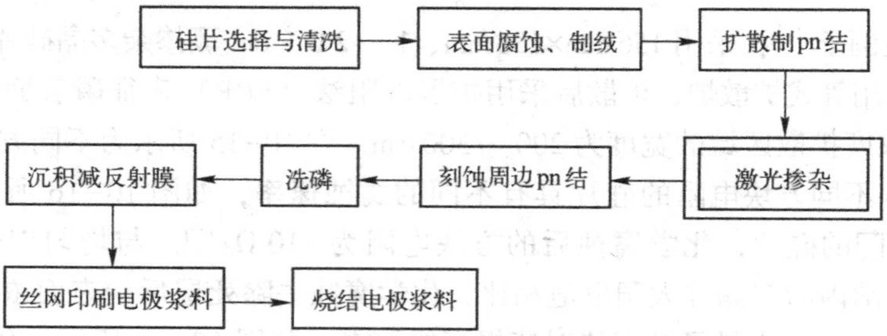

图 10-18　制备激光掺杂选择性发射极太阳电池的工艺流程

（1）激光掺杂原理：激光掺杂制备选择性发射极太阳电池的典型方法是激光熔融预沉积杂质源掺杂法，其基本原理是：激光作用在掺杂源和硅片表面，利用其高温加热，局部熔化材料，将预涂层的掺杂原子快速扩散到硅片表面；当激光移开后，硅片冷却并结晶，与掺杂原子形成合金，并形成重掺杂区。图 10-19 所示的是激光熔融预沉积杂质源掺杂方法示意图，这种方法称为 LIMPDI 法（Laser Induced Melting of Pre-deposited Impurity）。激光掺杂技术方案由高速振镜扫描系统和经过整形的激光束配以高速移动平台实现产业化生产。

激光掺杂的优点是电极线窄，可提高太阳电池有效吸光面积；掺杂时可将 SiN_x 钝化层一并去除；不需要高温加热处理，避免了由高温引起的晶格缺陷和杂质缺陷；不需要扩散掩膜设备，工艺流程简单；工艺过程中不产生有毒物质等。其主要缺点是加工效率低、掺杂工艺稳定性较差等。

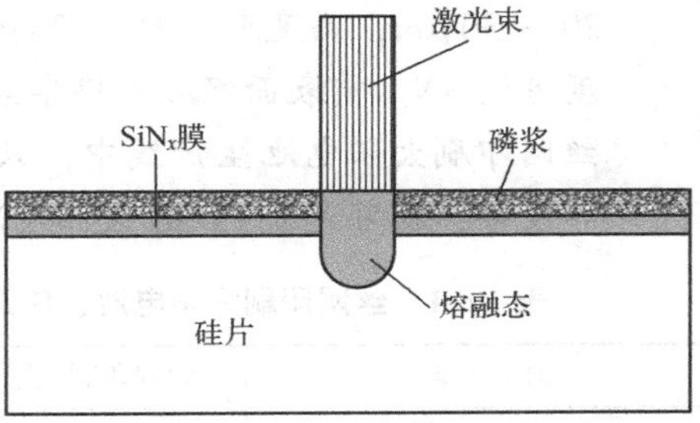

图 10-19　激光熔融预沉积杂质源掺杂方法示意图

（2）激光掺杂工艺：激光掺杂技术采用了低温的激光掺杂和开窗技术、自动对准快速电镀金属电极。硅片表面遮光损失率降至 3%；提高栅线细密度，可改善太阳电池填充因子，提高太阳电池开路电压到 670 mV；改善了蓝光响应，短路电流约有 10% 的提升。与丝网印刷太阳电池相比，转换效率至少提高 1%，而且不需要光学对准技术，生产效率高，制造成本低。如果同时采用后表面钝化和点接触技术，太阳电池转化效率有望提高至 22%。

激光掺杂选择性发射极工艺分为单面掺杂工艺和双面掺杂工艺两类。

☺ 单面激光掺杂选择性发射极工艺：图 10-20 所示的是单面激光掺杂太阳电池的结构示意图。太阳电池前表面采用激光掺杂和快速光诱导电镀制备的金属电极，而背表面则采用传统的丝网印刷铝背场工艺。

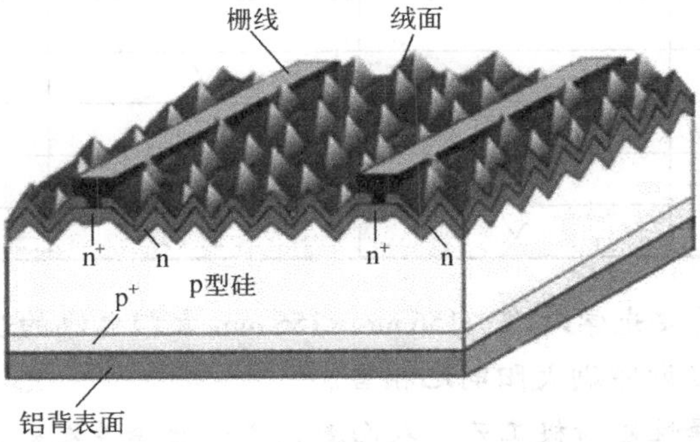

图 10-20　单面激光掺杂太阳电池的结构示意图

表 10-1 列出了丝网印刷太阳电池、单面 LDSE 太阳电池和双面 LDSE 太阳电池加工步骤。

单面 LDSE 太阳电池的加工步骤是硅片经过制绒后，进行 200 Ω/□的浅发射极掺杂，然后湿法刻蚀去除边缘 pn 结和 PSG；采用 PECVD 技术在硅片表面沉积氮化硅层；在太阳电池背表面印刷银浆电极和铝背电场，并烧结。之后在太阳电池前表面涂布磷掺杂剂，并通过激光束熔化硅片表面电极区域，见图 10-19，一方面，硅与磷掺杂源熔融再结晶，形成选择性发射极的重掺杂区域，掺杂浓度很高，方块电阻可达 5 Ω/□；另一方面，去除了刻蚀区域的氮化硅层，形成作为自对准电镀层的窗口，未被刻蚀的氮化硅层作为电镀时的掩膜。最后，进行光诱导电镀（LIP）和烧结。LIP 过程包括数秒的快速镀镍、烧结以及数分钟的快速镀铜步骤，并加制极薄的银或锡封盖层以防止铜污染到组件密封层。由LDSE形成的金属电极极细，宽度仅为20～30μm，高度可达15～20μm，横截面呈半圆形，附着性优良，金属线的剥离强度可达3N。前表面经激光掺杂后进行电镀及电极烧结。由LDSE加工步骤可见，在丝网印刷太阳电池生产线中，只须添加掺杂剂涂布设备、激光器、电镀槽和烧结炉等设备，就可完成LDSE太阳电池的制造。

表10-1　丝网印刷太阳电池、单面LDSE太阳电池和双面LDSE太阳电池加工步骤

加工步骤	丝网印刷太阳电池	单面LDSE太阳电池	双面LDSE太阳电池
损伤刻蚀、制绒	√	√	√
扩散	√	√	√
去除PSG/边缘刻蚀	√	√	√
PECVD SiN_x	√	√	√
丝网印刷及干燥	正面网印银浆	×	×
	干燥	×	×
	背面网印银浆	背面网印银浆	×
	干燥	干燥	×
	背面网印铝浆	背面网印铝浆	×
链式烧结炉烘烤	√	√	×
涂源	×	√	√
激光掺杂	×	×	正面、背面
镍/铜/银电镀	×	√	√
镍烧结	×	√	√
背面金属化	×	×	√
测试	√	√	√

由于这项技术不需要光学对准，156mm×156mm太阳电池的生产速率可达2400片/h，加工成本与标准丝网印刷太阳电池相当。

☺ 双面激光掺杂选择性发射极工艺：双面激光掺杂选择性发射极（D-LDSE）太阳电池结构与PERL太阳电池相似，其设计特点为高质量背表面钝化层、硅片背表面局部区域的小面积点接触以及点接触处的高浓度掺杂。其太阳电池结构如图10-21所示，

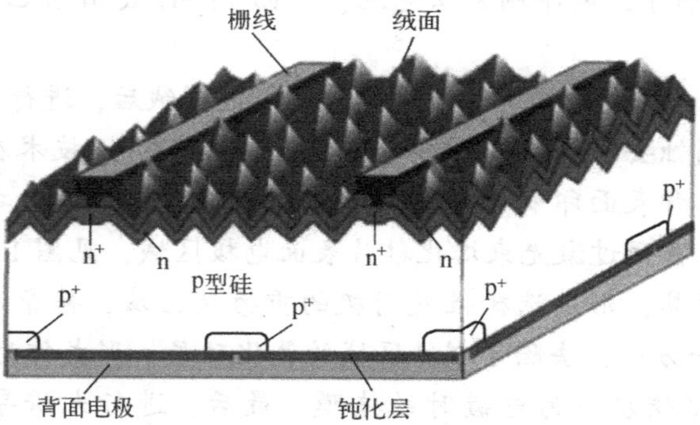

图10-21　双面激光掺杂选择性发射极（D-LDSE）太阳电池结构示意图

加工步骤是在单面 LDSE 太阳电池的基础上，通过前、后表面同时进行激光掺杂工艺制备背表面钝化层，见表 10-1。生产 D-LDSE 太阳电池时，无须使用丝网印刷设备和金属浆料。

由于 D-LDSE 太阳电池不采用丝网印刷工艺，太阳电池转换效率有望达到 22%，所以制造成本将进一步下降。

提高激光掺杂速度，改善电镀可靠性和黏合度，采用合适的连续式激光器代替纳秒级 Q-开关激光器是生产这类太阳电池在今后须要进一步研究的问题。

5）喷墨打印法制备选择性发射极电极　这种方法是通过喷墨打印机将导电浆料印刷到太阳电池的发射极，制造选择性发射极太阳电池。它可以形成比传统丝网印刷技术精细的电极结构和更大的高宽比，而且可以通过调整喷墨打印机程序方便地控制太阳电池发射极电极的印刷图案，优化太阳电池性能。新开发的喷印沉积系统的定位精度误差可小于 5 μm，远高于传统印刷 20 μm 的定位精度。Innovalight 公司开发的 Cougar 工艺通过在发射极电极区域印刷直径为 1～3 nm 的重掺杂纳米硅墨颗粒，实现了发射极选择性重掺杂[13]。喷墨打印法制备选择性发射极电极工艺过程如图 10-22 所示。

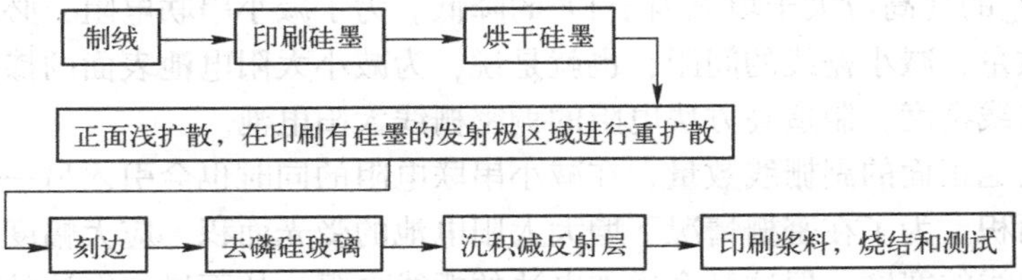

图 10-22　喷墨打印法制备选择性发射极电极工艺过程

Cougar 工艺实际上只是在传统的晶体硅太阳电池工艺基础上增加了两道简单的工序，实现了选择性扩散。图 10-23 所示的是 Cougar 工艺制作的选择性发射极太阳电池与常规工艺太阳电池内量子效率的对比，可以看出，这种选择性发射极太阳电池有良好的短波响应。

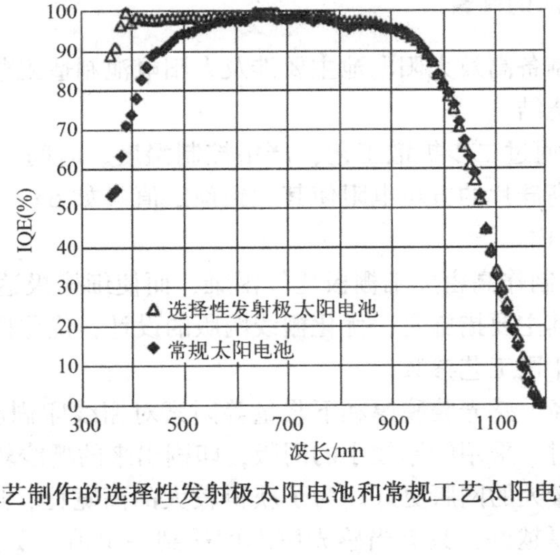

图 10-23　Cougar 工艺制作的选择性发射极太阳电池和常规工艺太阳电池内量子效率的对比

10.3 浅结密栅太阳电池

浅结密栅太阳电池的结构如同常规太阳电池，只是电池发射区的掺杂浓度降低，栅极数量增多，密度增加，目的在于减慢电池的表面复合速率，改善短波光谱响应，增大电池的开路电压和短路电流，提高电池的转换效率。

1. 浅结密栅太阳电池的设计思路

在常规太阳电池中，为使硅表面与金属栅线之间形成良好的欧姆接触，须要在发射区重掺杂，这会在硅材料中引起缺陷和晶格应力，使表面复合速率加快，短波光谱响应下降，开路电压和短路电流减小，导致转换效率降低。

如果采用在发射区进行轻掺杂，即高方块电阻工艺，就能减慢太阳电池表面的少子复合速率，降低反向饱和电流密度，提高短波响应，最终使开路电压和短路电流提升，但轻掺杂导致串联电阻增加，填充因子下降，所以要使太阳电池的最终转化效率有所提升，开路电压U_{oc}和短路电流I_{sc}的提高应大于填充因子FF的降低。为了减小串联电阻，必须增加太阳电池正面的副栅线数量，减小栅线的间距，也就是说，为减小太阳电池表面的掺杂浓度，必须增加太阳电池的栅线密度，制造高方块电阻的稠密栅线太阳电池。

增加太阳电池正面的副栅线数量，在减小串联电阻的同时也会引入另一个问题，即减小了电池的受光面积。为了在密栅情况下增大太阳电池的受光面积，应大幅度减小正面副栅线的宽度、减小栅线的宽度，但这又会增加电池的栅线电阻，从而增加电池的串联电阻。为了减小太阳电池的栅线电阻，必须增加栅线的高度，即增大栅线的高宽比。减小细栅线的宽度、增大细栅线的高宽比，成了实现高阻密栅太阳电池的关键问题。采用高精度的丝网印刷机和改进印刷工艺，特别是选择优质浆料和优化网版参数，是制备高阻密栅晶体硅太阳电池的基本条件。

2. 浅结密栅太阳电池的制备

采用高阻密栅设计制备高效太阳电池主要涉及太阳电池制造工艺中的三项工序，即扩散掺杂、丝网印刷和栅极烧结。

1）扩散掺杂工序 通过二步扩散工艺，严格控制温度、时间、氮流量和氧气流量等参数，优化扩散工艺，提高硅片的方块电阻使其达到预定值（如65～75 Ω/□），且将方块电阻的均匀性控制在5%以内。

2）丝网印刷工序 制作高密度细栅极比较困难，而使细栅极达到一定的高宽比，确保栅极的导电率就更难。其主要措施是：优化栅线网版的设计，优化栅线的数目和密度；选用合适的银浆；精细调节印刷工艺参数。

关于网版目数、线径、感光胶膜厚和下浆量等因素对栅线印刷质量的影响，试验表明：当网版目数、线径相同时，采用纱厚较小的网版，印刷出来的栅线较均匀；当网版目数、线径均不同时，采用下浆量大的网版更好。为了获得较大的高宽比，通常会加大感光胶厚度，但实际上并非感光胶越厚越好，只有当感光胶厚度达到一定值（如15～20 μm）时，栅线的高宽比才最大，效率最高。此外，与常规的单次印刷栅线技术相比，采用二次印刷栅线技术，可有效提高栅线的高宽比，降低太阳电池的接触电阻，但对印刷设备和工艺的要求也会相应提高。

制作细密栅太阳电池时，银浆的选择除了考虑银浆的黏稠度，烧结后与电池高方块电阻发射结表面的接触性能也很重要。不同银浆的接触性能不一样，有的浆料形成的电极与发射结表面的界面接触层较薄，其接触电阻也就较小，有利于改善填充因子 FF。

3）栅极烧结工序　为实现太阳电池高方块电阻和高导电率细栅线的要求，银浆烧结合金化工艺也很重要。图 10-24 所示为不同烧结温度对太阳电池印刷银浆的作用。制备太阳电池时，应通过比常规太阳电池更精细的试验，优化各段烧结温度和时间，才能获得高转换效率的密栅太阳电池。

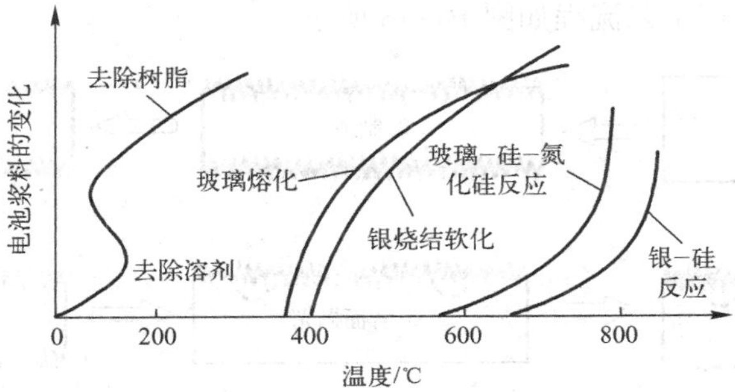

图 10-24　不同烧结温度对太阳电池印刷银浆的作用

3. 浅结密栅太阳电池的实例

156 mm×156 mm 高阻密栅太阳电池实例如下。

p 型单晶硅片，厚度为 180 μm；方块电阻为 80～90 Ω/□；副栅线的宽度为 0.045 mm；副栅线数为 101；最边缘的副栅线中心线到电池边缘的距离为 1.0 mm；两根副栅线中心线之间的距离为 1.54 mm；主栅线 4 条，宽度为 1.0 mm；印刷外观要求电极图形完整、位置准确、厚薄均匀。

10.4　钝化发射极和背接触（PERC）太阳电池

钝化发射极和背接触（Passivated Emitter and Rear Cell，PERC）高效太阳电池最早是由澳大利亚新南威尔士大学研制出来的。这种太阳电池采用低电阻率的 p 型硅片衬底、倒金字塔绒面结构，在其正面和背面进行双面钝化，背电极通过一些分离的小孔穿过钝化层与衬底接触。PERC 太阳电池的结构如图 10-25 所示。

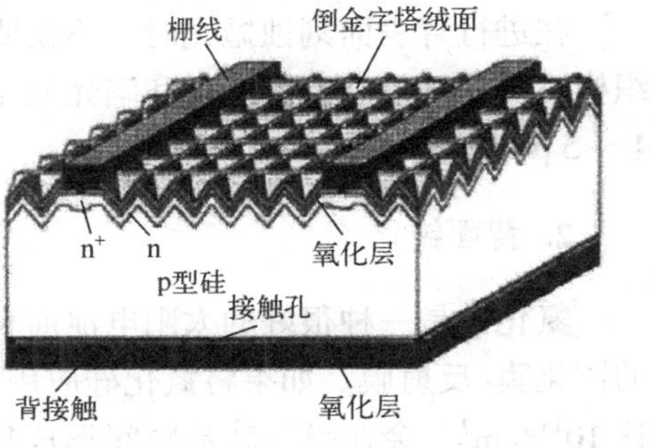

图 10-25　PERC 太阳电池的结构

在 p 型基底常规太阳电池中，铝作为背电极，同时形成铝掺杂的背场，其优点很突出。然而，铝背电极也有缺点，例如：高掺杂浓度，导致复合增大，少子寿命降低；硅和铝的热膨胀系数不同，薄片太阳电池烧结后，易产生弯曲；铝的反射率也不尽如人意。显然，在 PERC 太阳电池结构中增设 AlO_x 与 SiN_x 钝化层/反射层，可以克服上述缺点，而且通过栅状背电极设计，可方便地制成双面太阳电池 PERC+，从而进一步提高光电转换效率。

与常规铝背场结构相比，PREC 太阳电池结构的主要不同点是：在常规太阳电池的扩散工序和丝网印刷工序之间须要插入两道工序——沉积背面钝化层和激光开孔，然后丝网印刷铝浆，烧结，铝浆通过激光开孔与硅基底形成背面接触；此外，在通常情况下，硅片背部或多或少会残存一些绒面结构，须要在沉积背面钝化层前，通过背面抛光处理工序将其去除，以降低硅片背面表面积，减小背表面复合速率，并且改善表面的平整度，还可以增加太阳电池在长波波段的内反射率，反射率均值随着抛光深度的增大而增加。

PREC 太阳电池生产工艺流程如图 10-26 所示。

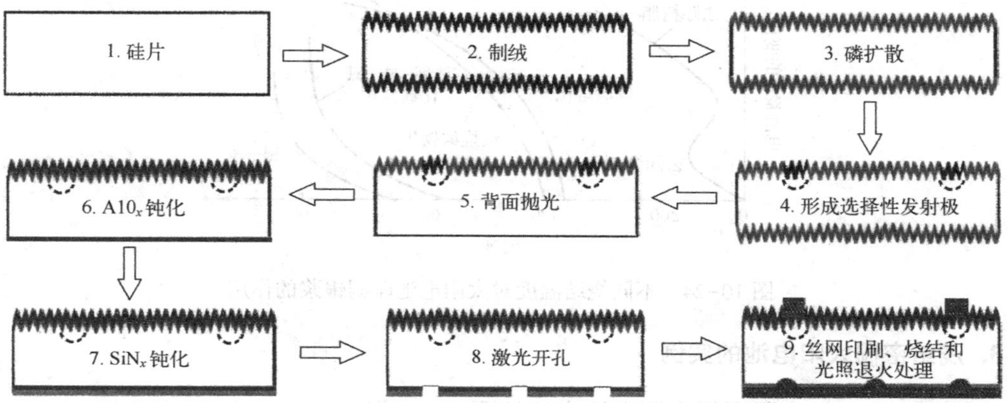

图 10-26　PREC 太阳电池生产工艺流程

1. 背面抛光

背面抛光工序相对比较简单，可通过如下两种方式进行。

（1）酸刻蚀抛光：调整常规太阳电池去边和去背面结的工艺配方，增加 HF 比例，即可方便地进行抛光。采用这种方法时，应控制好刻蚀量，过量刻蚀会减小太阳电池吸收光层厚度，且增加碎片率。

（2）碱刻蚀抛光：用碱溶液对背面进行抛光，其正面原有的 PSG 保护着正面 pn 结。若能控制好刻蚀量，其表面少子寿命可略高于酸刻蚀抛光的表面少子寿命。

在进行背表面刻蚀抛光时，不仅要保证足以去除磷和金字塔尖顶，还要保留一定的表面织构，以达到最佳电极接触和陷光效果。现在采用较多的 ALD 沉积钝化工艺是从表面去除 4～5 μm 厚的硅层。

2. 背面钝化

氮化硅是一种很好的太阳电池前表面的钝化膜/反射膜，但它不适合作为太阳电池背面的钝化膜/反射膜。如果将氮化硅应用于 p 型硅表面作为钝化膜，由于其固定正电荷密度高达 $10^{13}/cm^3$，会在膜与硅基底间形成反型层，从而导致寄生分流，额外增加短路电流的损耗。如果采用氧化铝作为硅的背表面钝化膜，则由于硅片表面通常会生成一个自然氧化层，而氧化铝与硅表面的氧化层接触时，界面处存在高达$10^{13}/cm^3$的高密度固定负电荷，这会产生很好的场效应钝化作用；同时，在热处理工序中，氧化铝膜还会产生氢，氢能饱和硅片表面的悬挂键，从而实现化学钝化。因此，虽然氧化铝膜的折射率偏低（为1.65～1.76），不适合作为p型硅太阳电池前表面的抗反射膜，但却很适合作为太阳电池背面的钝化膜。

如上所述，使用ALD技术和设备可沉积出质量优异的氧化铝膜，但也存在一些不足之处。首先，ALD沉积是由单原子层叠加而成的，沉积速率很慢，而作为反射层，对膜层的厚度有一定的要求（通常为100～130 nm），显然采用ALD技术沉积如此厚的氧化铝膜是不现实的；其次，在铝背场浆料金属化烧结过程中，氧化铝膜易受损伤，即丝网印刷的金属铝会穿透氧化铝层，因此须要加以保护。针对这些问题，较好的解决方法是采用双层膜设计，即先沉积氧化铝薄层，再在其上覆盖较厚的氮化硅层。氮化硅层不仅具有较高的折射率（为2.05），而且可采用PECVD设备实现快速沉积，这样既满足了太阳电池内部反射层的要求，又保护了氧化铝钝化膜。氧化铝膜层厚度通常为5～8 nm，氮化硅层的厚度为90～120 nm，具体的参数由太阳电池材料、结构、工艺和选用的设备性能来确定。现在，很多设备制造企业正在进行各种改进，尽量简化工艺，缩短时间，提高效率。例如，将PECVD系统与ALD系统衔接，在不中断真空状态的条件下，在一个系统内沉积氮化硅膜，将其覆盖在氧化铝膜上，高效制备背面钝化膜/反射膜。

3. 激光开孔

PERC太阳电池与常规太阳电池的区别是其背面增设了AlO_x、SiN_x双层钝化膜/反射膜。这种双层介质膜是绝缘的。为了实现金属铝电极与硅基底电接触，须要采用激光消融技术对介质膜开槽或开孔，以便背电极印刷烧结后，硅基底能与铝电极形成良好的欧姆接触。

太阳电池激光开孔的图形参数通常由初步估计和实地试验相结合的方式来确定。

孔径和孔间距是主要的开孔图形参数。由于孔径取决于激光光斑的大小，因此也常以光斑直径和光斑间距来表征开孔图形。光斑直径是指激光开孔形成单个孔洞的直径，它是铝穿透钝化层形成铝硅合金接触的最小单元。光斑直径与激光脉冲能量（即激光脉冲功率和频率）成正比。当频率固定时，光斑直径与激光功率成正比。光斑间距是指相邻光斑中心点之间的距离，它等于激光的扫描速度除以频率，因此可以通过控制扫描速度和频率得到所需的光斑间距以及相邻光斑的重叠程度，从而得到点状孔或线形孔。

开孔图形参数的获得与所采用的激光设备性能和工艺参数有很大关系。以现在国内应用较多的帝尔双线纳秒激光消融设备为例，其激光器参数为：激光器波长532 nm；最大功率35 W；最大频率100～1500 kHz；脉冲宽度≤5 ns；脉冲能量稳定性< 2%（RMS）；激光器寿命大于5万小时（1年，激光功率衰减<10%；2年，激光功率衰减<15%）。激光工艺参数为：光斑尺寸（35±5）μm；光斑尺寸精度±5 μm；图形精度±10 μm；扫描头速度>40 m/s。

在确定开孔图形参数的试验过程中，通常选用生产工艺参数组合，即按激光功率、激光频率和扫描速度三项工艺参数分组，进行激光开孔，在太阳电池样品上形成预设的开孔图形，再在3D显微镜下扫描测定开孔孔径，然后通过太阳模拟器测定不同开孔图形下的太阳电池效率等光电参数，以求得最佳工艺参数组合。

通常，当光斑间距大于光斑直径时，开孔图形呈点状。如图10-27所示：当光斑间距约等于光斑直径时，开孔图形呈点线状。当光斑间距小于光斑直径较多时，相邻光斑重叠程度增大，开孔图形呈线状。有研究表明：当光斑间距略大于光斑直径时，电性能较好。

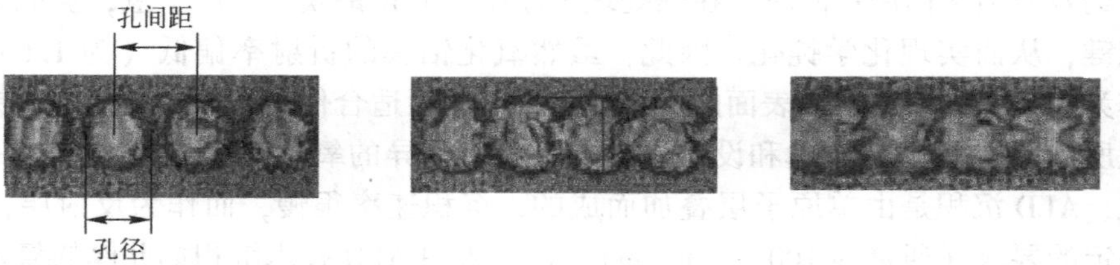

（a）分立点状　（b）点线状　（c）线状

图 10-27　激光开孔图形

为了对背面钝化膜开窗，须要考虑背膜钝化效果、太阳电池串联电阻及填充因子、铝浆填充效果等因素。有实验研究表明，当激光开窗面积占总钝化面积约 5.5%时，PERC 太阳电池的转换效率较高，且铝浆填充效果好[14]。

现在，已有多种可应用于 PERC 太阳电池开孔的激光设备。例如：德国 3D-Micromac 激光系统，该系统与采用基于旋转工作台的系统设计不同，它允许硅片连续前向移动。待加工的硅片放置在气垫上，当气垫在传感器阵列下穿行时，可实时检测出硅片几何形状和位置，这样可以消除硅片移动过程中的等待期，从而实现连续生产；其光源采用红外激光，开孔的图案可以是点状或短线状；系统具有单通道和双通道两种配置，生产速率分别为 3800 片/h 和 8000 片/h。德国 Innolas 公司开发的激光设备采用旋转平台设计，配置纳秒激光源，维护成本较低，支持点线和虚线等图案的烧蚀，额定生产速率为 6000 片/h。

我国企业多选用帝尔、大族等公司的设备。帝尔激光设备实物照片如图 10-28 所示，它采用在线式生产模式，使用双线设置，每条线配置一个独立的激光器系统。硅片从载具（称为卡塞盒）中运送至传输带上，再传输至激光工艺腔体中。硅片在工艺腔体中通过摄像定位后进行激光加工，在加工结束后由传输带直接传输至下游设备的进料工位。该设备具有较高的产能与生产灵活性：适合尺寸为 166 mm×166 mm ～ 210 mm×210 mm 的硅片，适用硅片厚度为 150 ～ 220 μm；图形精度为±15 μm（对于 166 mm×166 mm 硅片）或±20 μm（对于

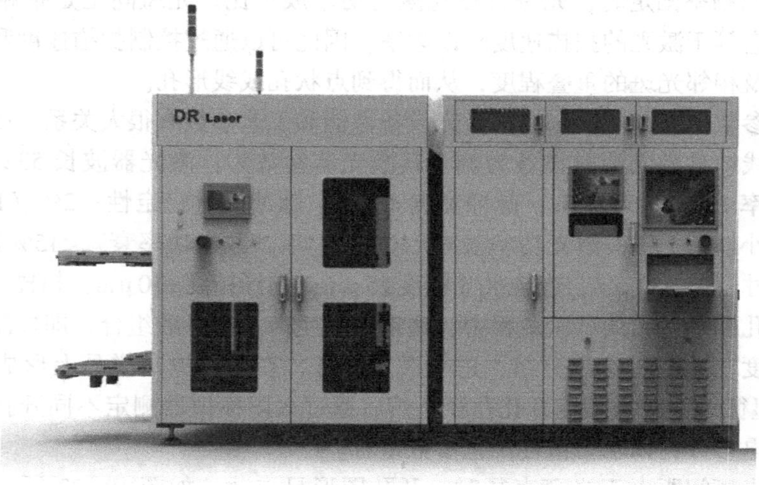

图 10-28　帝尔激光设备实物照片

210 mm×210 mm 硅片）；上/下料方式采用 AGV 系统，双层双轨进出；对于 210 mm×210 mm 硅片，当线间距为 1. 1 mm 时，设备的产能为 6300 片/h；碎片率≤0. 03%；设备主体尺寸为 4200 mm（长）×2600 mm（宽）×2200 mm（高）。

10. 5 PERL 和 PERT 结构太阳电池

PERC（Passivated Emitter and Rear Cell）、PERL（Passivated Emitter, Rear Locally Diffused）、PERT（Passivated Emitter, Rear Totally Diffused）太阳电池是澳大利亚新南威尔士大学研制的高效电池。PERC 太阳电池采用低电阻率的 p 型硅片衬底、倒金字塔绒面结构，正面和背面进行双面钝化，背电极通过一些分离的小孔穿过钝化层与衬底接触。20 世纪末，新南威尔士大学又对 PERC 太阳电池进行改进，在其结构的基础上，在电池的背电极与衬底的接触孔处进行定域扩散，即采用液态源 BBr_3 浓硼掺杂，并利用三氯乙烯生长氧化层制备出高质量的双面钝化层，显著降低了背面接触孔处的薄层电阻，缩短了孔间距，减少了横向电阻，这种电池称为 PERL 太阳电池，其结构如图 10-29 所示。2001 年，在约 1. 0 Ω · cm 的 p 型 FZ 硅片上制作了 4 cm^2 的 PERL 太阳电池，开路电压达到 706 mV，短路电流为 42. 2 mA/cm^2，填充因子为 82. 8%，转换效率达到 24. 7%，创造了当时的世界纪录[15]，并保持了十多年。与此同时，还研制成了 PERT 太阳电池，除了在电池背面的电极与衬底的接触孔处进行浓硼掺杂，也在其他区域进行淡硼掺杂，使电池可以在高电阻率的衬底上实现高转换效率，其结构如图 10-30 所示。

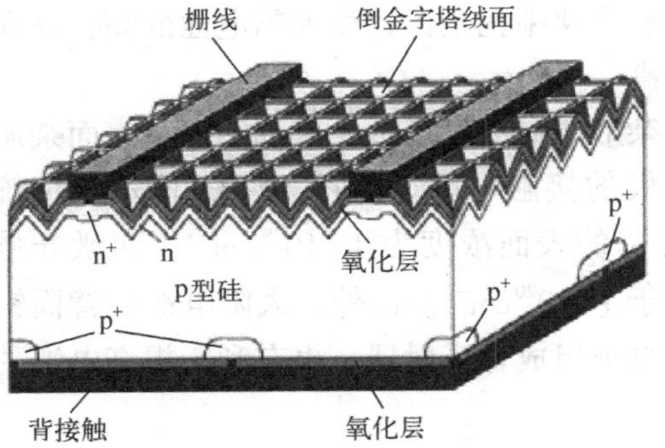

图 10-29 PERL 太阳电池结构

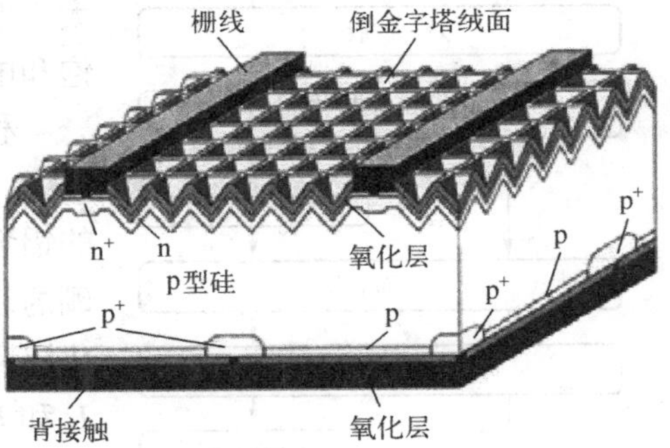

图 10-30 PERT 太阳电池结构

以往，产业化太阳电池主要采用丝网印刷铝背场工艺，称为 BSF 太阳电池。由于铝背场工艺的背面复合速率较大（约为 1000 cm/s），电池的长波响应较差，因此背面局域扩散是改善背面长波响应的有效方法。

陈丽萍、王永谦、钱洪强等人试图改进 PERL 太阳电池的背面钝化结构，利用激光掺杂技术[16]研究了采用背面钝化、背面局部接触的方法制备具有 PERL 结构单晶硅太阳电池[17]。这种太阳电池采用 p 型 Cz 单晶硅片，尺寸为 125 mm×125 mm，电阻率为 1 ～ 3 Ω · cm，厚度为 200 μm。使用 Roth&Rau 公司的平板 PECVD 沉积 SiN_x，正面膜厚为 80 nm，背面膜厚为 200 nm；使用 Mv-system 公司的 PECVD 在背面沉积厚度为 100 nm 的 SiO_2，形成 SiO_2/SiN_x 叠层背钝化介质层；在 SiO_2 沉积过程中通入乙硼烷，气体流量比[SiH_4]:[N_2O]:[B_2H_6]=

10∶20∶0.5 sccm，这层掺硼的 SiO_2 作为硼源经 355 nm 波长的激光掺杂工艺对背面进行定域、小面积的硼扩散后，形成局部背场 p^+ 区；再溅射铝层，并烧结形成具有背反射器功能的背电极；在电池正面，经电镀形成正面电极，最终制成 PERL 太阳电池。为了比较，还制备了全铝背场的单晶硅太阳电池，两种太阳电池的背面结构和工艺流程分别如图 10-31 和图 10-32 所示。

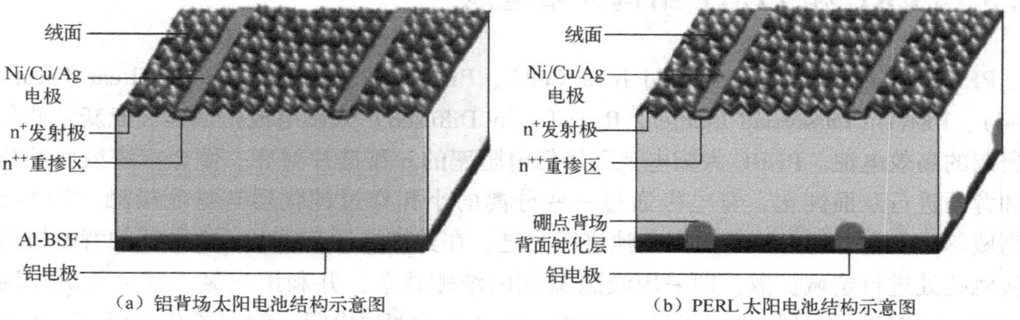

图 10-31　不同背结构太阳电池的结构示意图

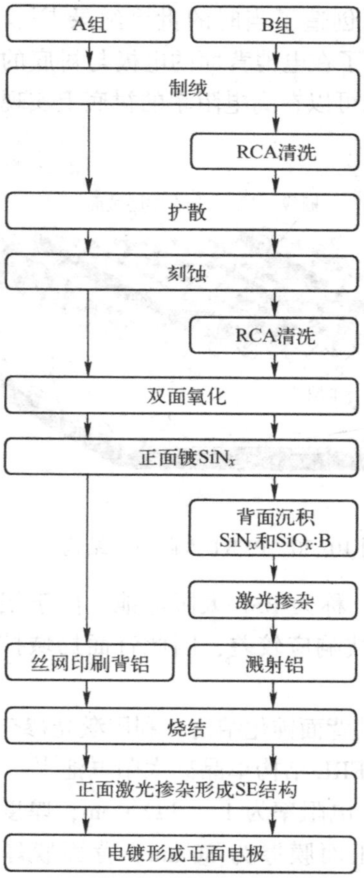

图 10-32　不同背结构的太阳电池工艺流程图

对太阳电池的性能进行了测试，结果表明：背面钝化减小了背表面的复合速率，减小了 PERL 太阳电池的反向饱和电流密度，改善了光谱响应，提高了开路电压、短路电流密度。PERL 太阳电池的非结区反向饱和电流密度比全铝背场太阳电池的低。受背面点接触特性影响，PERL 太阳电池的结区复合速率比全铝背场太阳电池的高，反向饱和电流密度偏高。

利用激光掺杂形成局部背场，还有利于提高表面杂质浓度，降低背电极的接触电阻。如图 10-33 所示，传统的铝浆烧结形成 p^+ 的表面浓度为 $1\times10^{19}\,cm^{-3}$，而激光掺硼的表面浓度高于 $1\times10^{20}\,cm^{-3}$。此外，太阳电池的背面钝化层和溅射的铝电极组成背反射器，也有利于提高电池的 J_{sc} 和 U_{oc}。

通过优化清洗方式、激光掺硼和烧结工艺，PERL 太阳电池转换效率达到 20.36%，其反射率（RF）、EQE 和 IQE 曲线如图 10-34 所示。

目前，采用背面钝化和背面局域铝背场的工业级 PERC 太阳电池已经从实验室逐步走向商品化，如德国 Solar World、Q-cells，中国天合光能、晶澳、阿特斯、晶科、南京中电等光伏企业都在进行研发。

由天合光能的光伏科学与技术国家重点实验室的研究人员在 156 mm×156 mm 工业级大面积 p 型单晶硅和多晶硅衬底上制备的背钝化结构太阳电池，经德国 Fraunhofer ISE 测试实验室测试，电池转换效率分别达到了 21.40%

和 20.76%，创造了世界纪录。其中，多晶硅太阳电池转换效率被写入由澳大利亚新南威尔士大学、美国可再生能源国家实验室（NREL）、日本国家先进工业科学和技术研究所、德国 Fraunhofer 太阳能系统研究所以及欧盟委员会联合研究中心联合发表的《太阳电池效率》中，刊登于光伏学术期刊《光伏进展》[18]。

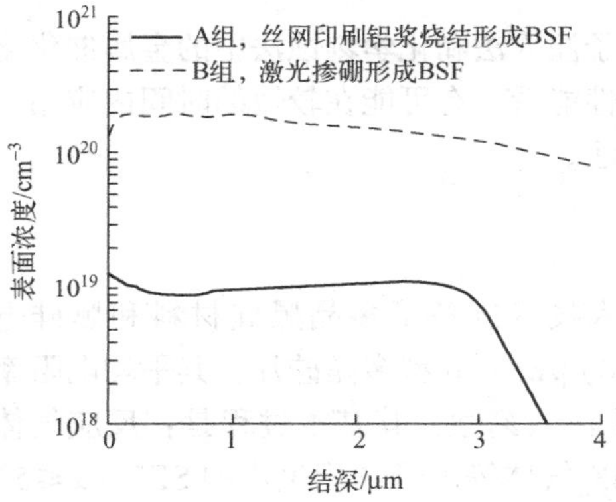

图 10-33 铝背场太阳电池与硼背场 PERL 电池的 ECV 曲线

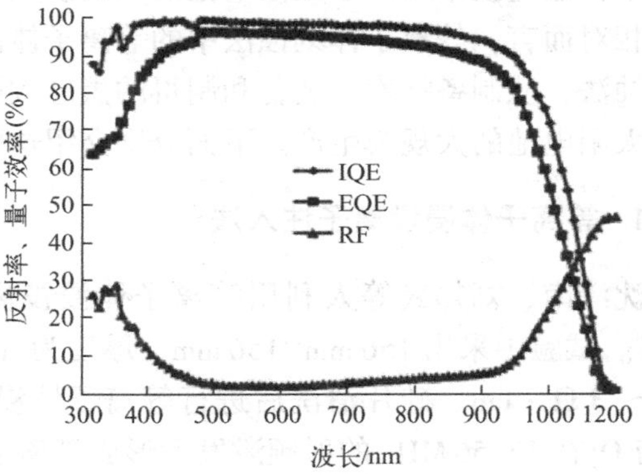

图 10-34 转换效率为 20.36%的 PERL 太阳电池的反射率（RF）、EQE、IQE 曲线

采用最新的高效背钝化 Honey Plus 晶体硅太阳电池，同时集成了多项自主研发的组件先进技术，包括高质量多晶硅、高性能高可靠的太阳电池背钝化技术、组件的高光学增益技术及先进低电阻连接技术，天合光能在 2014 年同时创造了基于 60 片 156 mm×156 mm 太阳电池的单晶组件（335.2 W）、多晶组件（324.5 W），经 TÜV Rheiland（莱茵）认证机构测试，也创造了世界纪录[19]。

现在 PERC 太阳电池的产能和产量正在不断增长，但是与 BSF 太阳电池相比，其光致衰减更明显。单晶 PERC 太阳电池的光衰特性主要来自硼氧对，基本可通过光照加退火工艺去除，但是对于多晶 PERC 太阳电池，其衰减机理尚不清晰，有待进一步研究。

10.6 黑硅太阳电池

近年来，黑硅太阳电池备受关注。所谓“黑硅”（Black Silicon），是指在晶体硅材料表面通过特殊方法形成一层纳米量级的织构（也称纳米绒面），其陷光性能特别优良，反射率接近于零，外观呈黑色。用黑硅制得的太阳电池在很宽的光谱范围（300～2000 nm）和很大的倾角范围内反射率极低，对入射阳光的吸收性能非常好，有望大幅度提高太阳电池转换效率。

黑硅太阳电池虽然能大幅度增加光吸收，但并不一定能将所吸收的光能有效转换为电能。与常规太阳电池相比，表面结构的显著改变会引起一系列问题。例如：黑硅的表面纳米织构可使其表面积增大 5 倍，少子的表面复合也将成比例增加；表面粗糙度增高，将导致后续扩散过程中杂质扩散不均匀，表面杂质浓度升高，扩散速度加快；沉积在深谷中的金属杂质难以被彻底清洗干净；纳米级的深凹孔也会影响 SiN_x 钝化薄膜的沉积，使其钝化效果减弱，少子寿命降低；等等。为了将黑硅应用于太阳电池制造，必须解决这些问题。

制备黑硅的技术主要有激光刻蚀技术[20-21]、等离子体刻蚀方法[22-23]、化学刻蚀和机械刻划[24]等，其各有优缺点。例如，就现有的技术看，利用脉冲激光刻蚀法制备，飞秒激光设备昂贵，生产效率低；利用反应离子刻蚀（RIE）法制备，设备昂贵，要求严格控制反应条件；利用机械刻划方式制备，容易在硅片表面产生硅碎末，且硅片破损率高。这些问题均不利于将这些技术应用于太阳电池的大规模生产。

相对而言，等离子体刻蚀法中的等离子体浸没离子注入法和化学刻蚀法中的金属催化化学刻蚀法，从制备技术、装备和制得的黑硅太阳电池性能看，有可能在较短的时间内应用于实际太阳电池的大规模生产。下面分别介绍这两种方法。

1. 等离子体浸没离子注入法

沈泽南、刘邦武等人利用等离子体浸没离子注入技术制备了多晶黑硅材料和黑硅电池[25]。试验中采用 156 mm×156 mm、厚度为（200±20）μm 的 p 型多晶硅片，其平均电阻率为 1 ～ 3 Ω · cm。硅片清洗后进行等离子体浸没离子注入刻蚀，其基本过程是：反应气体 SF_6与 O_2在 13. 56 MHz 的射频激发下形成等离子体，SF_6气体等离子体化生成的 SF_x^*（$x \leqslant 5$）活性基离子刻蚀硅片，产生 SiF_4气体；O_2气体等离子体化生成的 O^* 基离子用于 $Si_xO_yF_z$钝化侧壁，形成黑硅表面结构。

图 10-35 所示为多晶黑硅材料表面的原子力显微镜（AFM）图，由图可见硅表面形貌呈山峰状。黑硅材料表面 AFM 的高度分布图如图 10-36 所示，由图可见小山峰的高度为 50 ～ 150 nm，直径为 300 ～ 500 nm。根据图 10-36 可计算出黑硅表面的算术粗糙度为46 nm，表面方均根粗糙度为 53 nm。黑硅在 300 ～ 1100 nm 波段有较低的反射率，平均反射率为 7. 9%，低于酸制绒硅片反射率。黑硅太阳电池在 410 ～ 700 nm 波段具有较高的外量子效率。图 10-37 所示的是黑硅和酸制绒多晶硅表面的反射率曲线的对比。

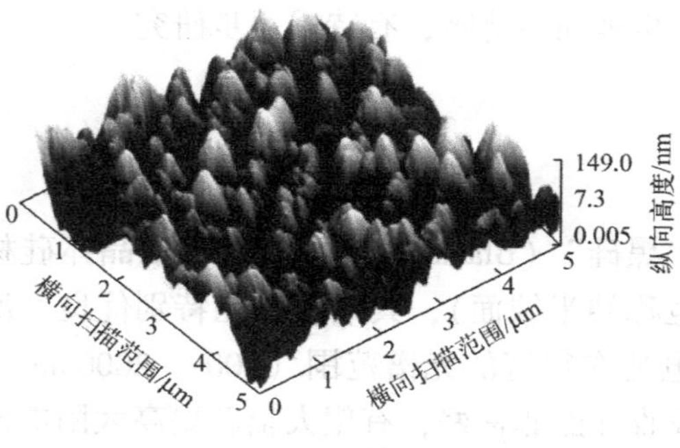

图 10-35　多晶黑硅材料表面的 AFM 图

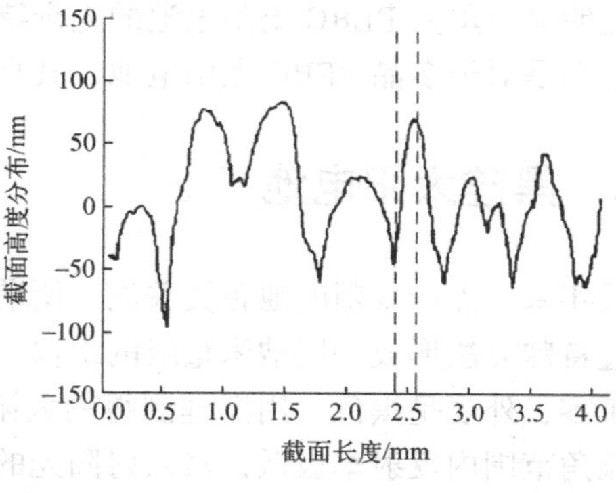

图 10-36　多晶黑硅材料表面 AFM 的高度分布图

图 10-38 所示为黑硅和酸制绒多晶硅表面上用 PECVD 沉积 70 ～ 80 nm SiN_x薄膜后的反射率曲线。与常规太阳电池相比，黑硅太阳电池具有优良的光学性能。由于表面结构的改变，磷扩散速度加快，同时改变太阳电池的生产工艺，将扩散温度控制在 825 ℃左右。已制得的黑硅太阳电池转换效率仅为 15. 88%。由于效率低于常规的酸制绒多晶硅太阳电池，要使这种方法应用于实际太阳电池生产，工艺有待改进。

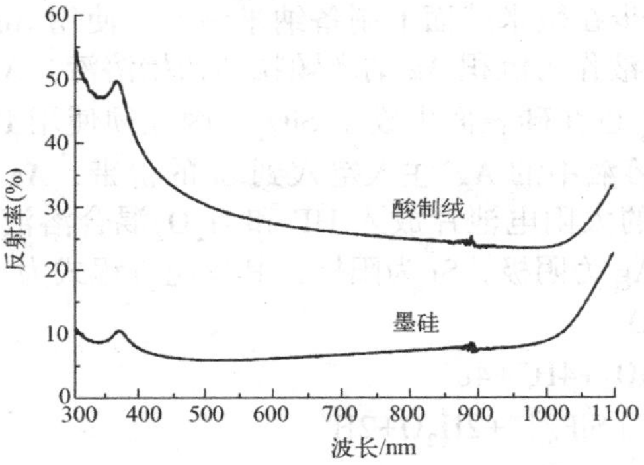

图 10-37　黑硅和酸制绒多晶硅表面的反射率曲线

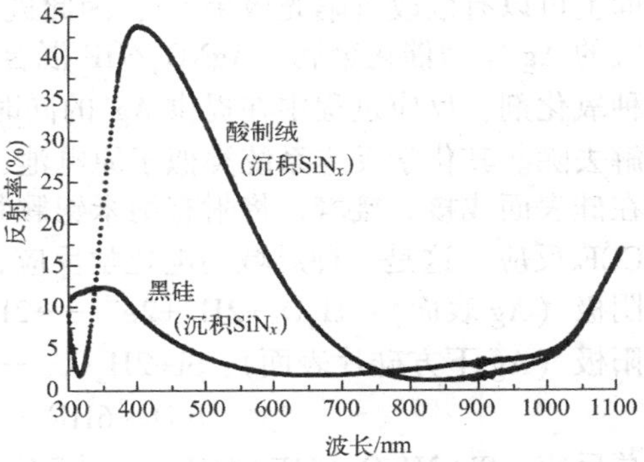

图 10-38　黑硅表面和酸制绒多晶硅表面沉积 SiN_x 薄膜后的反射率曲线

2. 金属催化化学刻蚀法

金属催化化学刻蚀法（Metal-Catalyzed Chemical Etching，MCCE）[26]也称湿法黑硅技术，主要采用 Ag、Au、Cu 等具有催化功能的金属粒子随机附着在硅表面，以硅为阳极、金属粒子为阴极，在硅表面构成微电化学反应通道，在金属粒子催化下通过化学溶液快速刻蚀硅基底，形成纳米结构。

韩长安、邹帅等人针对多晶硅材料研究了金属催化化学刻蚀法，制备了黑硅太阳电池[27]。使用 156 mm×156 mm，电阻率为 1～3 Ω · cm 的 p 型多晶硅片，同一批次分别采用常规技术和黑硅技术制备成太阳电池。制备多晶黑硅太阳电池时，在常规工艺基础上增加了纳米绒面制备工序，如图 10-39 所示。主要步骤如下所述。

（1）Ag 纳米颗粒的沉积：将常规工艺制绒后的多晶硅片置于 0.2 mol/L 的 $AgNO_3$ 溶液中，在硅片上生长出均匀分布的 Ag 纳米颗粒。

（2）金属催化化学刻蚀（MCCE）：将负载有 Ag 纳米颗粒的硅片置于 HF 和 H_2O_2 混合溶液中进行刻蚀。

（3）去除 Ag 颗粒：使用 HNO_3 和 HCl 溶液清洗硅片去除 Ag 颗粒。

（4）后刻蚀处理（Post-Etching）：对纳米结构进行修正刻蚀处理。

在常规酸制绒后，增加微米尺度的绒面结构，将太阳电池片在 400～1000 nm 波长范围的平均反射率从 35% 降至 26%，如图 10-40 中的曲线 a、b 所示。由于将纳米结构叠加到微

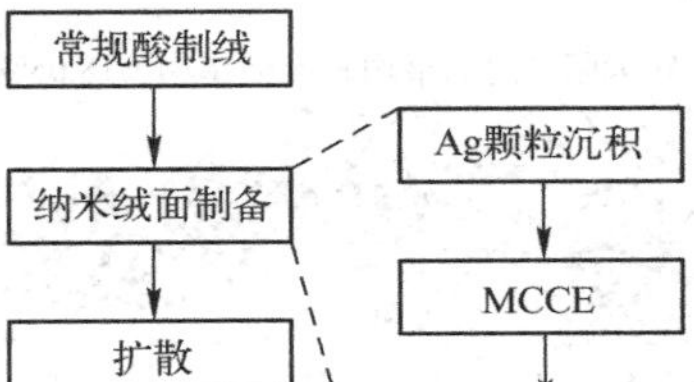

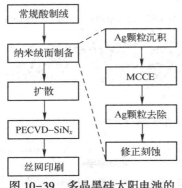

图 10-39　多晶黑硅太阳电池的制备工艺步骤

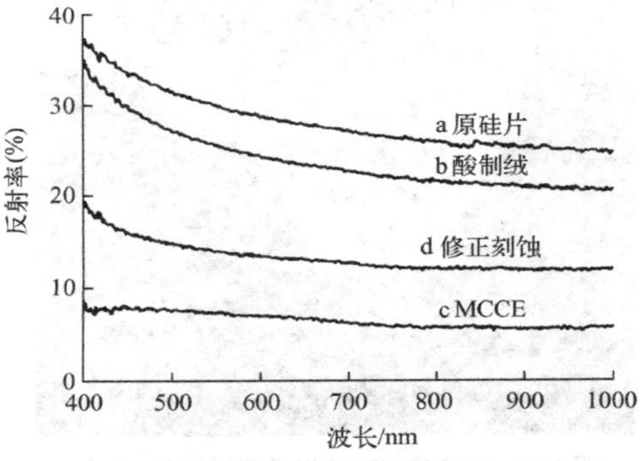

图 10-40　MCCE 工艺和酸制绒工艺硅片表面的反射率

米绒面上可以有效改善陷光效果[28]，因此进一步在微米绒面上制备纳米绒面。使用 Au、Pt 和便宜的 Ag 作为催化金属，$AgNO_3$/HF 混合溶液作为沉积 Ag 纳米颗粒的初始溶液。$AgNO_3$ 是一种氧化剂，反应过程中在提供 Ag^+的同时，也在硅表面生成了 SiO_2，因此须使用 HF 将其溶解去除。其化学反应系统类似于原电池，溶液中的 Ag^+注入空穴到 Si 的价带，Ag 被还原并在硅表面成核。接着，将附有纳米银颗粒的太阳电池片放入 HF 和 H_2O_2混合溶液中进行 MCCE 反应。这是一种局域的电化学反应，Ag 为阴极，Si 为阳极，其反应方程式为

阴极（Ag 表面）：$H_2O_2+2H^++2e^- \longrightarrow 2H_2O$

阳极（Ag 下方硅片表面）：$Si+2H_2O \longrightarrow SiO_2+4H^++4e^-$

$$SiO_2+6HF \longrightarrow [SiF_6]^-+2H_2O+2H^+$$

总反应：$Si+2H_2O_2+6F^-+4H^+ \longrightarrow [SiF_6]^-+4H_2O$ (10-8)

这里，H_2O_2作为氧化剂将 Si 氧化为 SiO_2，而 HF 作为刻蚀剂溶解 SiO_2生成物而被除去，不断刻蚀硅片。采用 $AgNO_3$、纳米 Ag 作为催化剂可大幅提高刻蚀速率。随着纳米 Ag 下方的硅片被快速刻蚀，表面上的纳米 Ag 颗粒不断深入到硅片的下部，刻蚀出深坑。

硅片经过 MCCE 刻蚀后，多晶硅太阳电池片表面形成一种类似于多孔硅的结构，纳米孔深约为 400 nm，反射率约为 5%，如图 10-40 中的曲线 c 所示。反射率可通过增加刻蚀时间进一步降低。将这种结构的多晶硅片制备成太阳电池，其转换效率不高，仅为 16%，其原因是：表面形成纳米结构后，表面积增大，光生载流子表面复合加重；纳米深孔导致后续磷扩散的不均匀性和表面杂质浓度增高；深坑内附着的 Ag 颗粒难以清洗干净，又增加了太阳电池表层的复合中心。这些因素使得太阳电池的开路电压和短路电流低于常规工艺太阳电池。

为了修正黑硅表面的纳米结构形貌，在 MCCE 工艺后，采用合适的刻蚀溶液对太阳电池片进行后刻蚀（Post-Etching）处理，适当减小纳米孔深度，获得直径为 20 ～ 50 nm、深度为 150 ～ 200 nm 的纳米结构，反射率约为 12%，如图 10-40 中的曲线 d 所示。

MCCE 工艺黑硅太阳电池的扫描电镜照片如图 10-41 所示。

在太阳电池片表面沉积 80 nm 的 SiN_x薄膜后，电池片的平均反射率为 5%，比常规太阳电池降低了 3%。经过工艺的优化，同一批次制备了 688 片的多晶黑硅太阳电池和参考太阳电池，其转换效率分布图如图 10-42 所示。688 片多晶黑硅太阳电池的平均转换效率约为 18.05%，最高达到 18.41%，已接近于美国国家可再生能源实验室 Branz 等人以 Ag 作为催化金属制得的单晶黑硅太阳电池的转换效率（为 18.2%）[29]。作为比较，1000 片参考太阳电池的平均转换效率为 17.52%，最高为 17.9%。

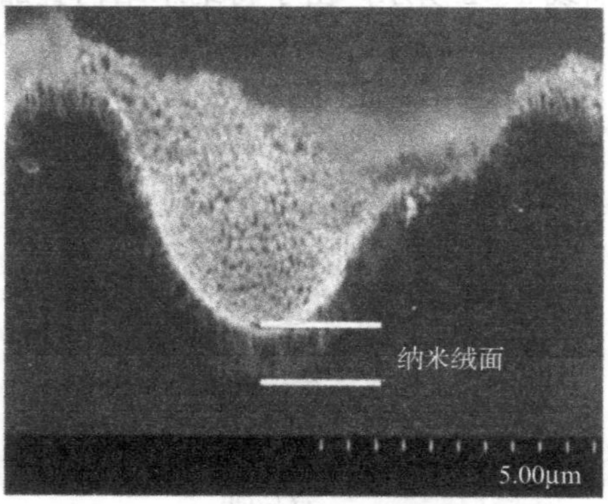

图 10-41　MCCE 工艺黑硅太阳电池的扫描电镜照片

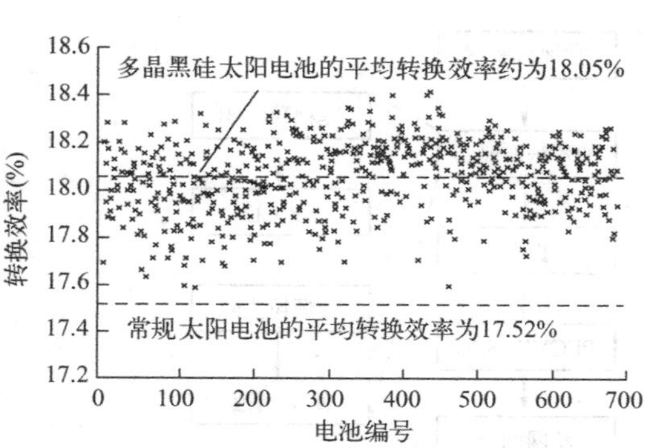

图 10-42　688 片多晶黑硅太阳电池的转换效率分布图

图 10-43 和图 10-44 所示分别为多晶黑硅太阳电池的 U-I 特性曲线和外量子效率曲线。由图可见，黑硅太阳电池在 300 ～ 600 nm 波长范围的外量子效率明显提高，具有较好的蓝光响应。

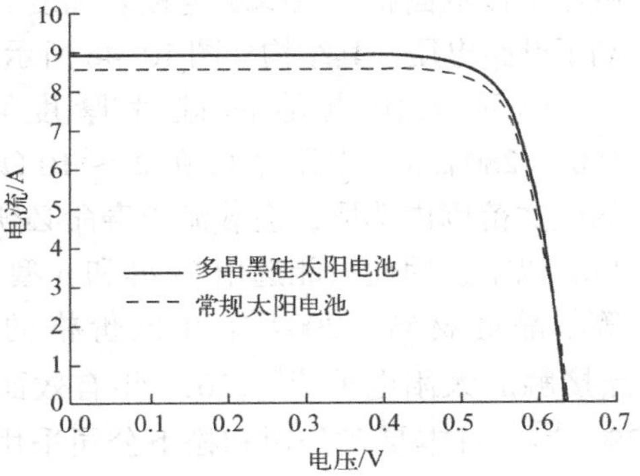

注：均采用同批次最高转换效率太阳电池数据

图 10-43　最高转换效率的多晶黑硅太阳电池和常规太阳电池的 U-I 特性曲线

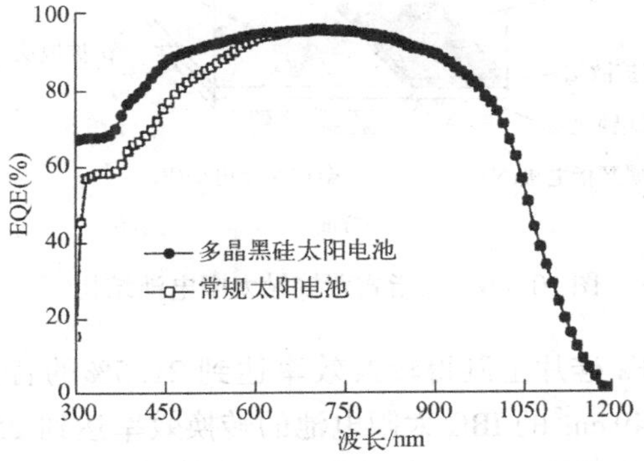

图 10-44　多晶黑硅太阳电池和常规太阳电池的外量子效率曲线

阿特斯公司在 2014 年底率先将湿法黑硅技术应用于产业化生产，实现了 0.4%（绝对值）的太阳电池转换效率增益，成本低于 RIE 黑硅技术[30]。

与传统的线切割多晶硅片相比，金刚线切割的速度较快、切出的硅片品质较稳定，可降低硅片成本。然而，金刚线切割得到的多晶硅片表面光滑，反射率高，会降低太阳电池的转换效率。由于现在硅片多是利用金刚线切割得到的，所以黑硅表面制绒处理工艺受到更多关注。除了上述干法与常规湿法（采用硝酸银溶剂）的黑硅制绒技术，还有一种采用特制添加剂的湿法制备技术，它无须使用硝酸银溶剂，制得的硅片表面如图 10-45 所示。这些黑硅制备工艺各有优缺点：与湿法制备相比，黑硅干法制备的太阳电池效率的提升更明显，但设备较贵，成本较高；常规湿法须使用硝酸银溶剂，为了消除或减小环境污染，必须增加处理成本；采用添加剂的湿法制备的太阳电池效率提升有限，但若与金刚线切割的硅片相搭配，可降低总体成本。

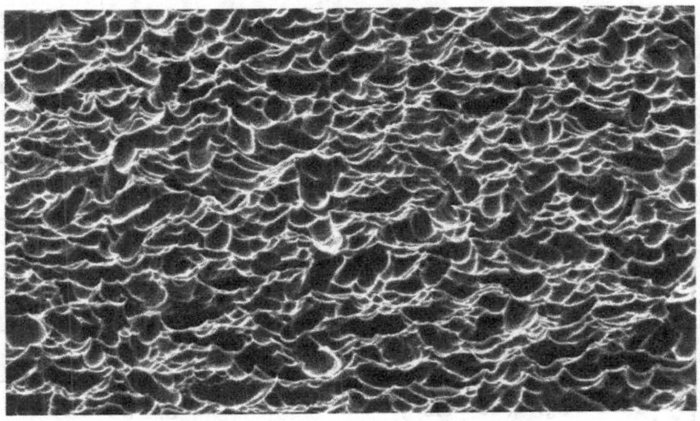

图 10-45　以添加剂法制绒的多晶硅片表面

10.7　叉指式背接触（IBC）太阳电池

叉指式背接触（Interdigitated Back Contact，IBC）太阳电池最早由美国 SunPower 公司研发而成。当时，这种太阳电池采用 n 型硅片作为衬底，载流子的寿命在 1 ms 以上；正面用浅磷扩散，形成前表面场，改善短波响应，避免出现“死层”；正面、背面都采用了热氧钝化，以减少表面复合和改善长波响应，太阳电池的正面采用绒面结构和减反射膜，提高了开

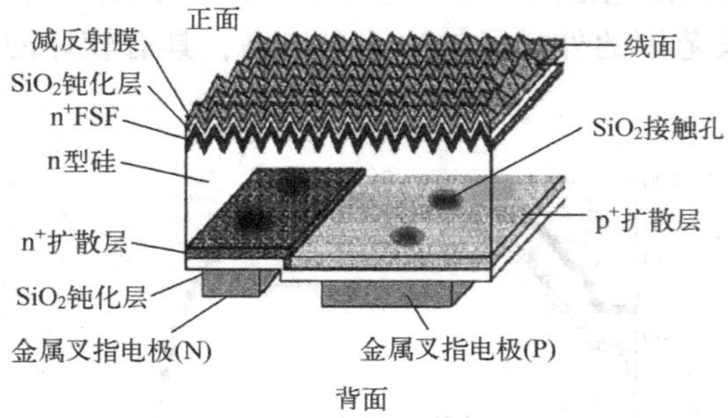

图 10-46　叉指式背接触太阳电池结构

路电压；pn 结靠近背面，正负接触电极呈叉指状，全部设置在太阳电池背面，前表面对光没有任何遮挡。电极和硅片采用定点接触，减小了接触面积，减少了电极表面复合，提高了开路电压，其结构如图 10-46 所示。

这种太阳电池的硅片厚度可在 160～280 μm，电阻率可在 2～10 Ω · cm 的较宽范围内选取，但载流子寿命必须达到 1 ms 以上，因此只能选用 Fz 硅和 n 型 Cz 硅等单晶硅材料。2004 年在低价格的 n 型 PV-Fz 硅片上制得转换效率达到 21.5%的背面点接触的太阳电池[31]。2016 年有效面积为 153.49 cm^2的 IBC 太阳电池的转换效率达到 25.2%[32]。日本夏普公司和松下公司采用异质结和全背接触相结合结构，分别获得了转换效率为 25.1%和 25.6%的太阳电池。[33-34]

天合光能公司一直致力于开发低成本制备 IBC 太阳电池的工业化生产技术。2014 年在中试线上实现了 6in IBC 太阳电池平均转换效率达到 22.9%[35]。天合光能公司徐冠超等人考虑到 IBC 太阳电池接触孔边缘区域的钝化效果不如其他钝化区域，借助于 Quokka 软件对背面接触孔图形进行了 3D 数值模拟优化设计，同时改进了网版印刷技术的分辨率和稳定性，从而减小了 IBC 太阳电池的单元电池尺寸，降低了局部背面场（BSF）和背面接触孔的面积比，有效减小了载流子在基体内部流动的串联电阻损失和载流子复合损失。经日本认证机构 JET 检测，在 6in 的 n 型硅片上制备的 IBC 太阳电池的转换效率达到 23.5%，打破了由天合光能公司自己保持了近两年的世界纪录[36]，见表 10-2。

表 10-2　IBC 太阳电池的数值模拟结果和日本认证机构 JET 的测试结果

指　标	接触孔直径为 200 μm 的太阳电池		接触孔直径为 20 μm 的太阳电池	
	数值模拟结果	JET 的测试结果	数值模拟结果	JET 的测试结果
U_{oc}/V	0.6832	0.6809	0.6900	0.6899
J_{sc}/(mA/cm^2)	41.80	41.94	42.10	42.08
FF（%）	8091	80.4	81.30	80.9
Eff（%）	23.1	23.0	23.6	23.5
R_s/（Ω · cm^2）	0.31		0.29	

10.8　薄氧化层钝化接触（TOP-Con）太阳电池

薄氧化层钝化接触（Thin Oxide Passivated Contact，TOP-Con）太阳电池采用很薄的氧化物钝化晶体硅表面，有效降低了表面复合速率，并以高掺杂硅薄膜实现选择性接触，避免了一些采用背面氧化物钝化高效太阳电池的背面开孔接触工艺，降低了太阳电池的制造成本[37-39]。由于这类太阳电池表面氧化层很薄，具有遂穿效应，所以早先也称之为遂穿氧化层钝化接触（TOP-Con）太阳电池。经过改进，这种太阳电池有多种形式，例如：德国

ISFH 研究所提出 POLO 结构，其前、后表面均设置薄氧化层，不仅将背面背场隔开，前表面发射区也被隔开；ECN 提出 PERPoly 太阳电池结构，其背表面使用钝化膜、减反射膜和栅状电极，构成双面太阳电池。目前，太阳电池结构基本形式已演变为：前表面电极采用 5 主栅、12 主栅或无主栅，绒面，复合钝化膜（AlO_x/SiN_x）；背表面抛光，超薄 SiO_2 钝化膜（2 nm），n^+多晶硅层，SiN_x钝化膜和银栅背电极。TOP-Con 太阳电池的结构如图 10-47 所示。TOP-Con 太阳电池的转换效率已达到 25%[40]。

从上述太阳电池结构可见，太阳电池制造工艺比较复杂，须要将其简化才能降低成本。可采用的工艺有：结合传统的全扩散工艺采用 LPCVD 制备多晶硅膜，即使用 LPCVD 先制备 SiO_2膜，然后在 600～700 ℃温度下制备本征非晶硅膜，而后在 850 ℃温度下对背表面进行单面硼扩散，同时完成对非晶硅膜的晶化退火处理，形成多晶硅层。为了避免在上述工艺中磷扩散形成绕镀层，磷扩散可改用离子注入工艺来实现。但离子注入工艺仍不能避开 LPCVD 生长本征非晶硅时的绕镀现象，现在多采用原位掺杂的 PECVD 制备多晶硅膜工艺，在同一台 PECVD 设备中完成制备 SiO_x膜和沉积掺磷非晶硅膜，然后进行退火晶化处理。基于原位掺杂的 PECVD 制备多晶硅膜的 n 型 TOP-Con 太阳电池工艺流程如图 10-48 所示。由于 PECVD 工艺可以在较低温度下实现单面沉积，大幅度简化了工艺，现在已有多家公司（如捷佳伟创、CT、SEMCO、Tempress、MeryerBurger 和 Centrotherm 等）推出了相关的制造设备。

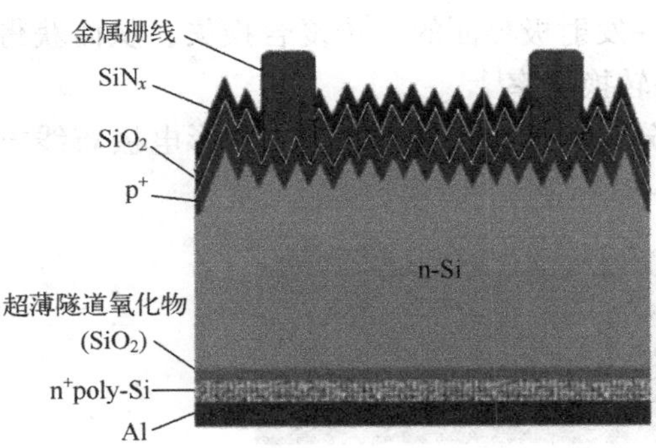

图 10-47　TOP-Con 太阳电池结构示意图

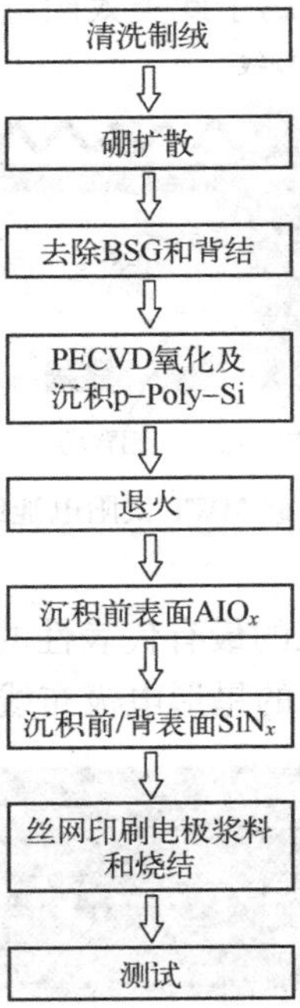

图 10-48　基于原位掺杂的 PECVD 制备多晶硅膜的 n 型 TOP-Con 太阳电池工艺流程

中国科学院微电子研究所的陶科、李强、侯彩霞等人正在开展这方面的研究。他们以 n 型单晶硅片为基底，研究了 PECVD 生长的硅薄膜微结构对 TOP-Con 样品钝化效果的影响。太阳电池以湿法化学生长的方式制备厚度约 1.5 nm 的隧穿氧化层。在此基础上，采用非晶硅/微晶硅混合层作为钝化层，以增强硅衬底的表面钝化效果，提高太阳电池的转换效率。混合层钝化层为10 nm的非晶硅薄膜和15 nm的微晶硅薄膜，少子寿命则达到3.2 ms，并能有效抑制非晶硅薄膜退火时在其表面上生成气泡，阻挡掺杂原子向硅衬底扩散。研究结果表明，采用混合型钝化层的太阳电池的开路电压和转换效率明显高于单独微晶硅钝化层太阳电池[41]。

在TOP-Con太阳电池的制备过程中，氧化层和多晶硅层的厚度控制很重要。无论从隧道效应导致导电作用考虑，还是从退火引起掺杂原子穿透氧化层进入晶体硅区域而引起导电作用考虑，氧化层过厚均会减弱导电性能，过薄又会减弱钝化性能。若多晶硅层过薄，会导致金属原子穿透多晶硅层进入单晶硅体内，降低钝化效果，而且烧结时易被烧穿；若多晶硅层过厚，会影响其透光性，特别是双面太阳电池，双面设置多晶硅层时，影响更为显著。有一种改进设计是在薄多晶硅层上加TCO透明导电膜，既能改善透光性，又增加了导电率[42]。

10.9 金属穿孔卷绕（MWT）太阳电池

背接触结构的太阳电池是将电池的主栅电极置于电池的背面，使电池正面的遮光面积减小，受光面积增大。金属穿孔卷绕（Metal Wrap Through，MWT）太阳电池和叉指式背接触（IBC）太阳电池均属于此类太阳电池。

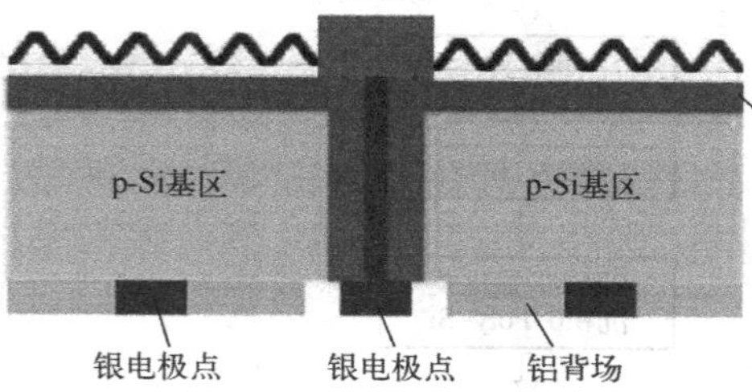

图10-49 p型硅MWT太阳电池结构示意图

p型硅MWT太阳电池结构如图10-49所示。MWT太阳电池利用激光打孔、背面布线等技术消除了电池正面的主栅电极，将正面电极细栅线收集的电流通过孔中的银电极引到背面，这样电池的正负电极点都分布在电池片的背面，减少了正面栅线的遮光面积，降低了银浆的耗量和金属电极-发射极界面的少子复合损失，从而获得高转换效率[42]。

MWT太阳电池的最有代表性的两种基本结构分别是德国FISE提出的H形电极布线方式和荷兰ECN提出的星形电极布线方式，如图10-50所示。

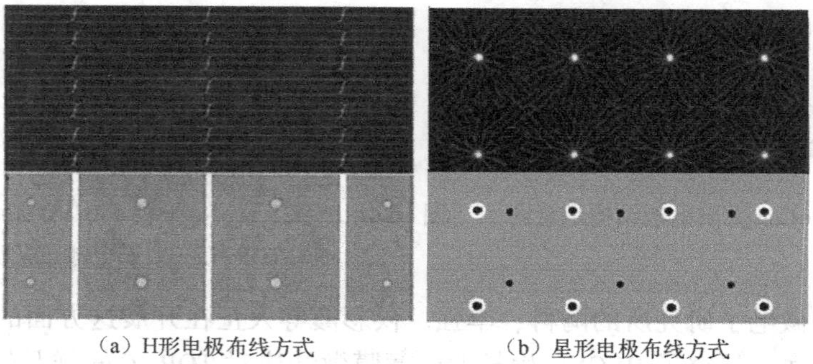

(a) H形电极布线方式 (b) 星形电极布线方式

图10-50 MWT太阳电池的两种基本电极布线方式

在图 10-50（a）所示的 H 形电极布线方式中，正面电极有 3 根较细的主栅线，每 3 根细栅线都要连接到主栅线的中心处，通过中心处的孔内银电极与背面的主栅线连接。为了减少细的主栅线的电阻损耗，每根主栅线上都需要 10～20 个孔，激光打孔数量较多（30～60 个）。

在图 10-50（b）所示的星形电极布线方式中，每个硅片采用 4×4 个小单元的重复单元对称布局，每个重复单元的细栅线都汇聚到单元中心孔，再连接到背面的银电极点，这种布局只需要 16 个分布均匀的孔，比较简单，现已被较多的企业采用。

在 MWT 太阳电池制造工艺中，需要激光打孔和孔眼保护等工序。与低功率、短波长的激光器相比，高功率、长波长的激光器打孔速度较快，适合规模化生产，但热损伤较大，容易产生隐裂。除了清洗制绒前激光打孔、双面扩散和激光划线隔离等工序，其他工艺流程与常规太阳电池的比较接近。图 10-51 所示的是 p 型硅 MWT 太阳电池基本制造工艺流程。在 MWT 太阳电池制造过程中，须要特别注意保护孔内壁的发射极，避免将其擦伤而导致电极漏电。相比于常规太阳电池，MWT 太阳电池效率可提高 0.3%～0.5%，现在已有阿特斯、南京日托光伏等公司实现量产。

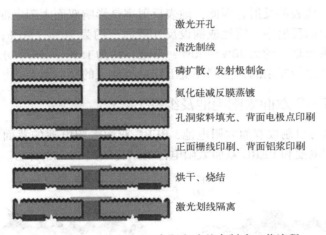

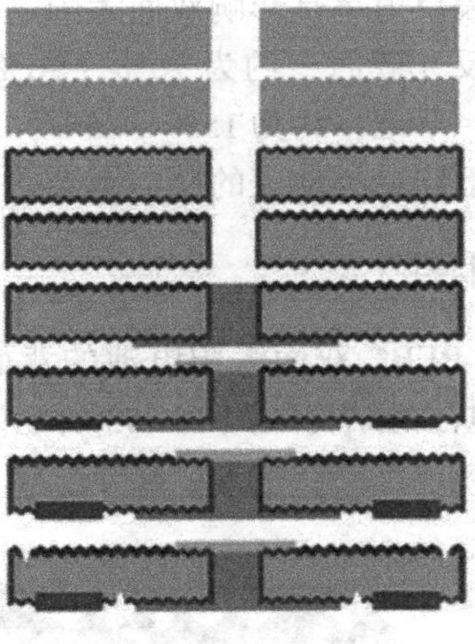

图 10-51　p 型硅 MWT 太阳电池基本制造工艺流程

MWT 太阳电池的正、负电极点都在电池背面，且不在同一条直线上，无法用一条焊带直接连接，若采用单面焊接，冷却后产生的应力易导致电池片弯曲、破碎。针对这些问题，ECN 等提出基于导电背板的 MWT 太阳电池封装技术，如图 10-52 所示。

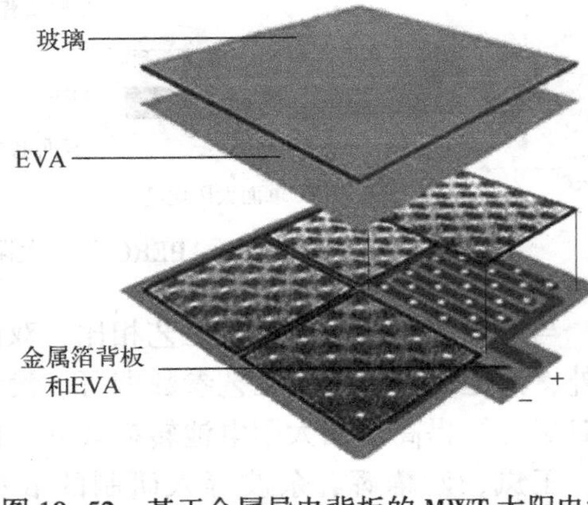

图 10-52　基于金属导电背板的 MWT 太阳电池组件封装结构示意图

在这种结构中，预先设计了与太阳电池电极匹配的金属箔电路布局，每个电池片通过柔性的导电胶与金属箔电路互连，从而形成完整的导电回路。这样使得太阳电池组件封装工艺变得非常简单，只须按以下步骤操作即可完成太阳电池制造：导电背板→印刷或点胶→EVA 打孔铺设→

MWT太阳电池片上料→上层EVA铺设→玻璃面板铺设→翻转→层压→打胶装框→安装接线盒。这种封装工艺实现无须使用高温自动焊接。由于金属箔面积远大于细长形的焊带，串联电阻小，封装功率损失可降低2%～4%。这种结构散热性能好，在户外使用时，温度可降低3～5℃，从而可增加约2%的发电量。MWT背接触技术还可以融合PERC结构、n型硅片和黑硅技术等，制备出低成本高效太阳电池。

10.10　双面太阳电池及组件

太阳电池/组件的正面接收来自太阳直射光的光能，其背面受到来自地表反射光的照射。如果能将太阳电池制作成背面也能吸收光能的双面太阳电池，并封装成双面组件，必将提高太阳电池/组件的光能利用效率。

双面太阳电池与单面太阳电池在结构上的主要区别是，双面太阳电池的背面电极须采用栅线电极，使入射光可以直接从背面进入太阳电池。同时，将双面太阳电池封装成双面太阳电池组件时，背面必须使用透明玻璃或透明背板，让背面的光能无阻挡地进入太阳电池。背面的入射光主要来自地表的反射，因此，地表反射率是影响双面太阳电池组件发电量增益的最重要的因素。地表的反射率：雪地或铺设反光膜时，约为70%～90%；水泥地和沙滩地，约为25%～40%；泥土地，约为20%～30%；草地，约为15%～25%；水面，接近10%。实际上，地表的情况是比较复杂的，不同环境下同一类地表的反射率会有很大差别。

10.10.1　PERC双面太阳电池及组件

PERC太阳电池可以制成双面太阳电池，PERC双面太阳电池的背面电极通常采用铝栅线。PERC单面太阳电池和PERC双面太阳电池的结构如图10-53所示。

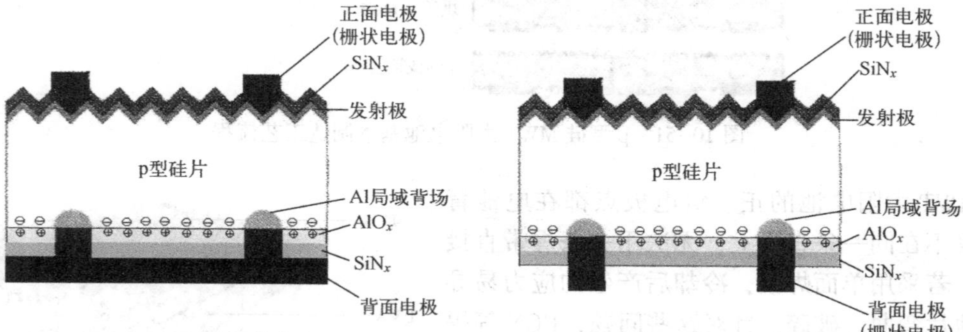

（a）PERC单面太阳电池　　（b）PERC双面太阳电池

图10-53　PERC单面太阳电池和PERC双面太阳电池的结构

与单面太阳电池的制造工艺相比，双面太阳电池的制造工艺中除背面电极须改为栅状电极外，其他工序仅微调工艺参数即可。设计原则是，首先考虑正面太阳电池光电转换效率，同时尽可能提高背面太阳电池转换效率，以实现组件功率输出最大化。

王岚、谢耀辉、余波等人研制的p型硅PERC双面太阳电池属于此类太阳电池的典型[43]：采用直拉（Cz）单晶硅片，面积为156.75 mm×156.75 mm，厚度为180～190 μm，硼掺杂，电阻率为1～3 Ω·cm；正面采用碱制绒工艺形成2～5 μm的均匀金字塔形绒面结构，背面刻蚀抛光呈较为平整的平面结构；采用负压液态磷源扩散，在正面形成结深约为 0.3 μm 的均匀发射结，方块电阻约 88 Ω/□；背表面通过 ALD 设备沉积一层厚度为 5～6 nm 的氧化铝薄膜，然后在其上堆叠沉积厚度约为 100 nm 的氮化硅钝化膜；正面采用 PECVD 沉积厚度约为 80 nm 的氮化硅薄膜；使用 532 nm 波长纳秒激光器对背表面的钝化膜开槽。5 主栅（5BB）PERC 双面太阳电池的正面和背面形貌如图 10-54 所示。研究表明，背面膜层的折射率和厚度对太阳电池转换效率有较大影响（在上述例子中，背面氮化硅膜层的折射率为 2.09，膜厚为 95～105 nm）。另外，还应选择合适的铝浆，以提高背面铝栅线的高宽比，降低串联电阻（在上述例子中，高宽比达到 18.67%）。这种双面太阳电池的正面平均转换效率达 21.67%，背面平均转换效率为 16.06%，双面率（Bifaciality，其定义为太阳电池背面效率与正面效率之比的百分数）为 74.11%，已可实现量产。

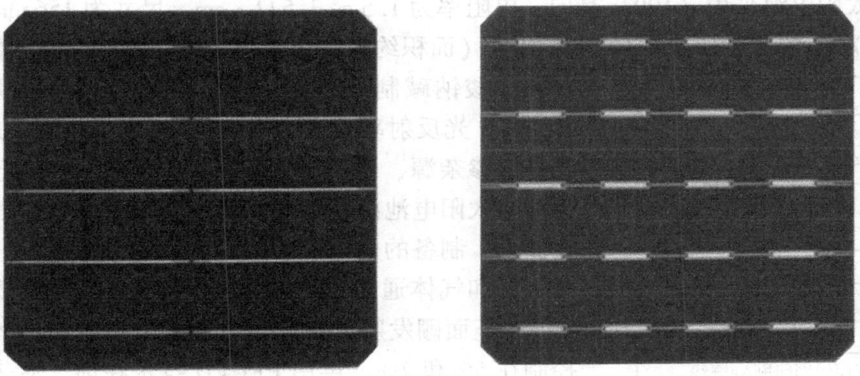

（a）正面　　（b）背面

图 10-54　5 主栅（5BB）PERC 双面太阳电池的正面和背面形貌

PERC 单面太阳电池组件和双面太阳电池组件结构如图 10-55 所示。

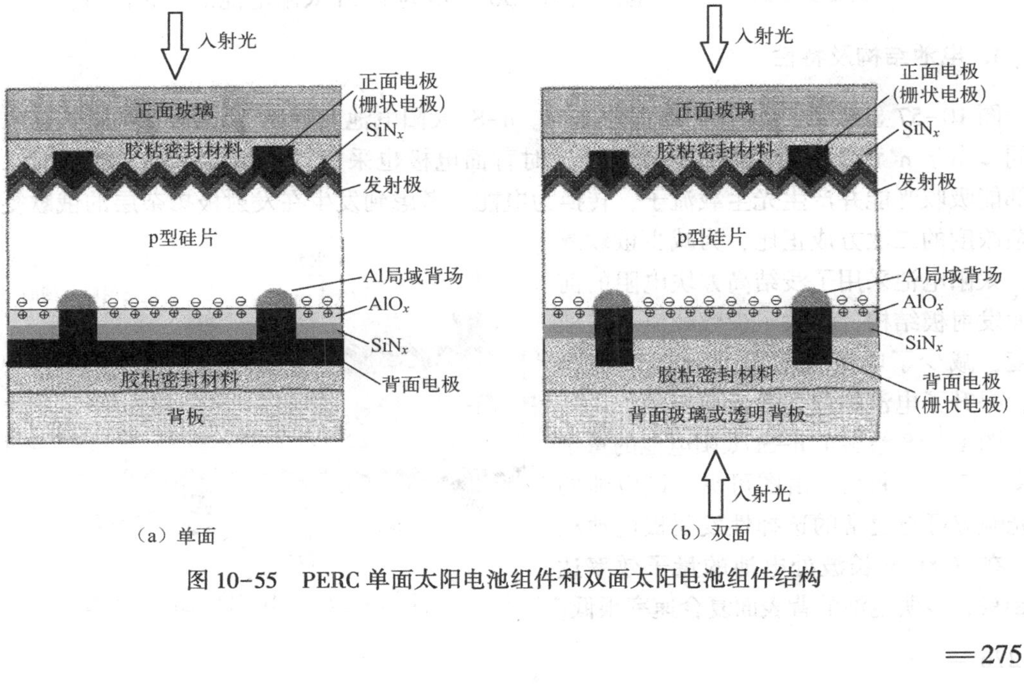

（a）单面　　（b）双面

图 10-55　PERC 单面太阳电池组件和双面太阳电池组件结构

10.10.2 PERT双面太阳电池及组件

除了前面介绍的PERC双面太阳电池及组件，还有PERT双面太阳电池及组件正在开发。

n型PERT双面太阳电池由于不存在光致衰减效应[44]，且背面会有较高的发电增益[45]，所以备受重视。

英利集团有限公司光伏材料与技术国家重点实验室的宋登元和熊景峰研发了双面发电前表面硼发射极高效率n-Si太阳电池及组件[46]，其转换效率最高达到20.08%，而且生产成本较低。由其封装而成的太阳电池组件能双面发电，且具有温度系数小、弱光响应特性良好和输出功率初始衰减小等特点，已实现批量生产。

双面太阳电池采用（100）晶向、电阻率为1.5～3.5Ω·cm，尺寸为156mm×156mm，厚度为180μm的准方形n型Cz单晶硅片（面积约为239 cm^2），采用常规的氢氧化钾、异丙醇和硅酸钠碱制绒工艺，制得良好的绒面结构，波长为900nm，光反射率低于9%。用管式扩散炉以BBr_3作为发射极的掺杂源、以POCl作为磷背场掺杂源，经过硼磷共扩散在太阳电池前表面形成硼p^+发射极，在背面形成磷n^+背面场，制备的发射极方块电阻为65Ω/□。通过优化装片方式和气体通源的工艺参数，减小磷/硼杂质的相互影响，使正面硼发射极和背面磷背场方块电阻的均匀性分别控制在5%和2%。再用PECVD技术在前、后表面沉积具有钝化作用的SiN_x减反射薄膜。在太阳电池前面和背面丝网印刷银栅线电极后，通过烧结炉一步共烧结，形成发射极和背场上的电极欧姆接触，制得双面结构的n-Si太阳电池。图10-56所示为n-Si太阳电池的制备流程。

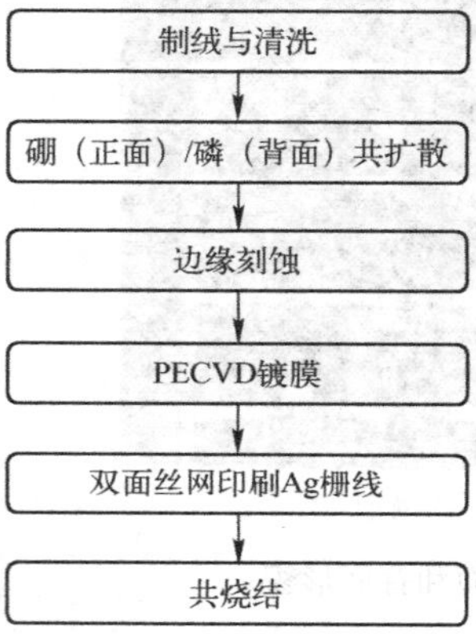

图10-56 n-Si太阳电池制备流程图

1. 电池结构及特性

图10-57显示了n-Si太阳电池的结构。n-Si太阳电池发射极与普通的p-Si太阳电池的相同。由于n^+背场由磷扩散掺杂制备，同时背面电极也采用栅线结构，所以电池前、后表面都能吸收光能并产生光生载流子，转换为电能。考虑到发生在发射极掺杂层的俄歇复合与掺杂浓度的二次方成正比，为减少俄歇复合，太阳电池采用了浅结高方块电阻的前表面发射极结构，增大了少数载流子扩散长度，减少了电池发射极“死层”的影响，提升了电池的蓝光光谱响应。

图10-58给出了n-Si太阳电池的量子效率（EQE）曲线。由图可见，该电池的蓝光响应可与通常的选择性发射极电池相当，在1000nm长波处电池的量子效率达到81%，表明电池的背表面复合速率很低。

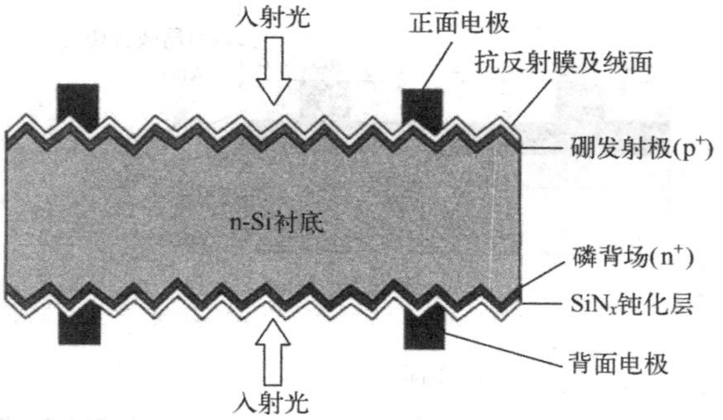

图10-57 n-Si太阳电池结构图

图 10-59 所示为正面光照射电池时的 $J-U$ 特性曲线。实验室条件下最好的太阳电池转换效率已达到 20.08%。当光从背面照射太阳电池时，由于背面的光生载流子到达正面 pn 结须贯穿几乎整个硅片，增加了体复合损失，引起转换效率降低（约 1.5%）。

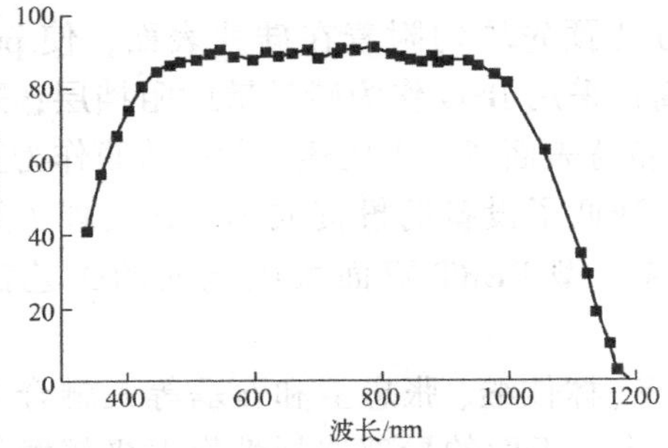

图 10-58　n-Si 太阳电池的量子效率（EQE）曲线

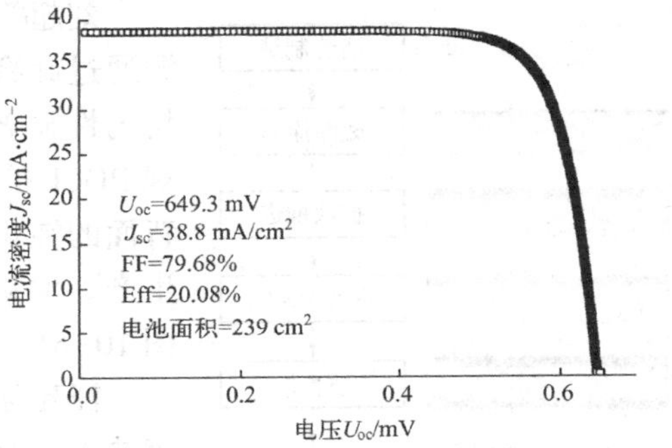

图 10-59　n-Si 电池光从正面照射时的 $J-U$ 特性曲线

2. 组件特性

将 60 片双面 n-Si 太阳电池层压封装成两种类型的组件：一种组件背面采用高反射率的非透明背板封装，光从组件的正面入射，穿透太阳电池的长波长光能通过背板的反射二次进入太阳电池；另一种组件采用双玻璃或透明背板材料封装，光从组件的正面和背面同时进入太阳电池，双面接收光能。户外测试表明，当组件安装在反射性能较好的白色地面上时，双面发电组件比常规组件的发电量高约 15%[46]。

依据 IEC 61215 标准检测组件特性，组件输出功率的初始衰减特性为，n-Si 太阳电池组件的 LID 约为 0.1%，而常规 p-Si 太阳电池组件的 LID 约为 1.4%，差距很明显。

图 10-60 所示为 n-Si 太阳电池组件的相对转换效率随入射光强度变化的曲线。由图可见，n-Si 太阳电池组件具有优良的弱光发电特性。在 200 W/m^{2}的弱光辐照下，n-Si 太阳电池组件的转换效率仅下降了 2.8%，而常规p-Si 太阳电池组件的转换效率下降了 5.2%。这是由于 n-Si 中的少子（空穴）的俘获截面远远小于 p-Si 中的少子（电子）的俘获截面，从而降低了太阳电池内肖克莱-里德-霍尔（SRH）复合速率，提高了太阳电池转换效率[47]。

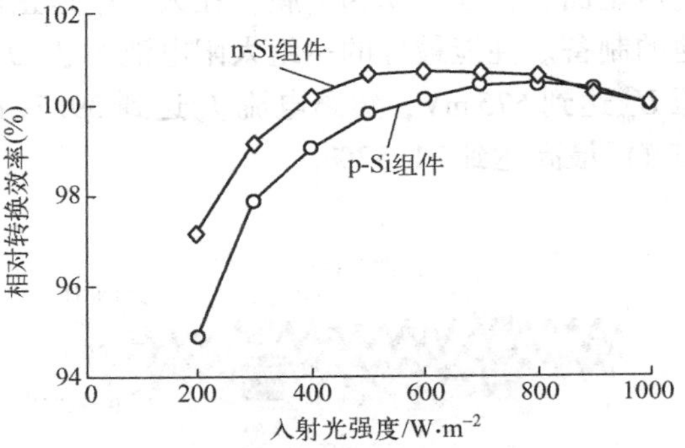

图 10-60　太阳电池组件效率随入射光强度变化的曲线

值得注意的是，已开发成的双面太阳电池选用 n-Si 作为衬底，与现在常用的 p-Si 衬底太阳电池相比具有诸多优点。由于 Cz 硼掺杂 p-Si 衬底中通常存在着有陷阱作用的硼氧对，会减少少子寿命，引起太阳电池初始转换效率的光致衰减[48]。而 Cz 磷掺杂 n-Si 衬底材料中的硼含量极低，几乎不存在由硼氧对导致的光致衰减；同时，n-Si 衬底对铁之类的金属杂质所引起的少子寿命减少比 p-Si 衬底的低，因此 n-Si 太阳电池具有高转换效率和高稳定性的特点。

上海大族新能源科技有限公司的刘超、张为国、张松、王佩然等人研究了采用涂硼扩磷的高效 n 型 PERT 双面太阳电池，其正面最高转换效率达到了 20.807%，平均效率达到了 20.5%以上[49]。

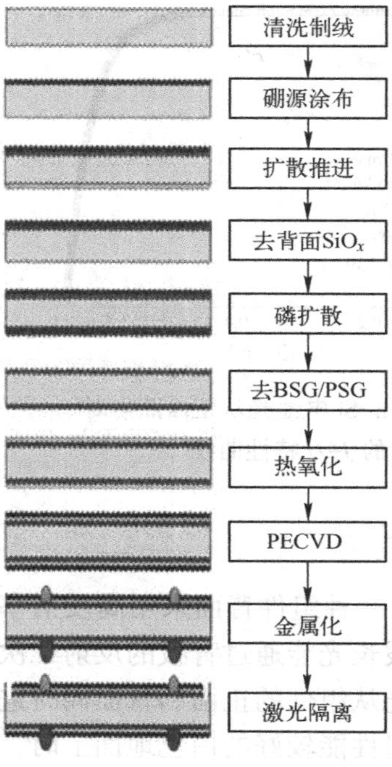

图 10-61 涂硼扩磷 N 型 PERT 双面太阳电池的工艺流程

刘超等人采用涂硼扩散推进的方式进行掺硼，使硼源通过旋涂的方法预先均匀附着在硅片表面，使 pn 结的均匀性显著提高；采用 BSG 作为磷扩散的阻挡层；采用常规 $POCl_3$扩散制备背表面场，采用热氧化硅薄膜作为正面和背面的钝化层，降低了设备的投资成本，并实现了产业化生产。涂硼扩磷 n 型 PERT 双面太阳电池的工艺流程如图 10-61 所示。

汪建强、郑飞、林佳继、张忠卫和石磊等人融合了正面短波吸收改善技术、正面的局部选择性发射极接触技术及背面的隧道氧化钝化接触技术（TOP Con），开发了一种新型双面太阳电池[50]。因选择性发射极接触与 TOP Con 相结合的技术路线，被命名为航天机电 Milky Way nPERT 路线。Milky Way GEN2 太阳电池的结构示意图如图 10-62 所示。

这种太阳电池采用 n 型 Cz 156 硅片，电阻率为 1～7 Ω · cm，厚度为 180 μm。经过清洗、制绒和 BBr_3硼扩散后，通过激光在硼发射结表面形成局部重掺区域，形成选择性硼发射结；而后在太阳电池背面，用浓度为 68%的硝酸溶液，在合适的温度下进行湿法化学氧化，生长厚度小于 200 nm 的超薄氧化层；通过磷（P）掺杂形成 P 掺杂硅薄膜，经高温退火形成隧道氧化钝化层结构；再在太阳电池正面和背面沉积 SiN_x膜，在太阳电池正面和背面丝网印刷金属浆料并烧结，完成太阳电池的制备。性能最好的一组太阳电池的 J-U 测试曲线如图 10-63 所示，太阳电池的开路电压 U_{oc}达到 675 mV，短路电流 J_{sc}达到 39.79 mA/cm²，填充因子 FF 达到 80.13%，转换效率（Eff）最高达到 21.52%。

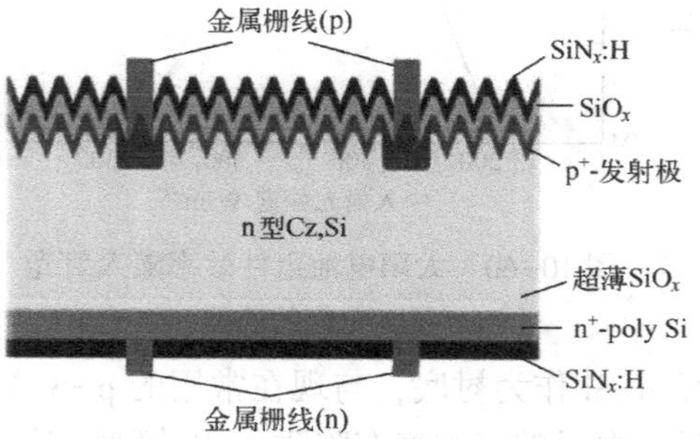

图 10-62 Milky Way GEN2 太阳电池的结构示意图

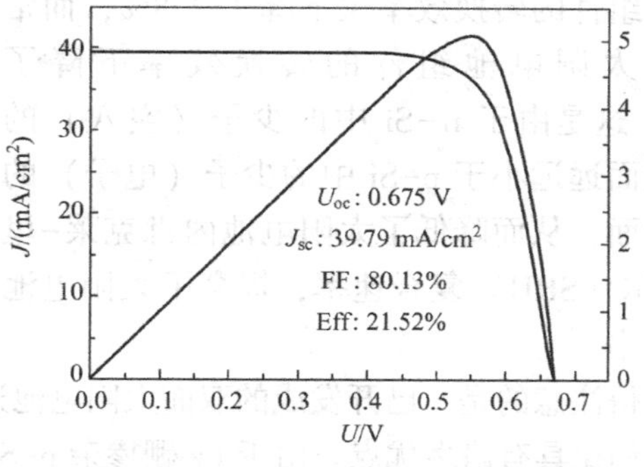

图 10-63 Milky Way GEN2 太阳电池 J-U 测试曲线

常州天合光能有限公司陈奕峰等人研制的 n 型高效双面太阳电池，其正面转换效率达到

21.5%，开路电压达到 668 mV；背面效率达到 20.8%。中试线生产的太阳电池的最高平均转换效率为 21.4%[51]。

某些将多种高效太阳电池技术结合在一起的太阳电池设计，已获得了较高的转换效率。例如，前面已介绍过的正面为局部选择性发射极接触及背面为隧道氧化钝化接触的 Milky Way nPERT 双面电池、异质结和全背接触相结合的 HJ-IBC 太阳电池等。贾锐、李强、陶科等人就前表面异质结结构对异质结-背接触（HJ-IBC）太阳电池的影响进行了模拟仿真研究[52]。这种太阳电池的结构如图 10-64 所示。研究结论为：IBC 太阳电池的表面设置本征非晶硅薄层和掺杂非晶硅薄层，作为前表面场，钝化 IBC 太阳电池的前表面，可以在前表面附近排斥少子而积累多子，降低前表面的复合速率，提升太阳电池的性能。

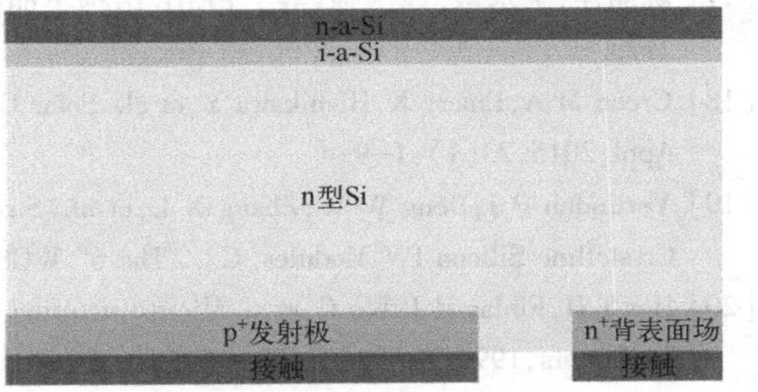

图 10-64　HJ-IBC 太阳电池的结构

参 考 文 献

[1] 中岛武,丸山英治,田中诚．高性能 HIT 太阳电池的特性及其应用前景[J]．上海电力,2006(4):374-374.

[2] Taguchi M,Yano A,Tohoda S,et al. 24.7% Record Efficiency HIT Solar Cell on Thin Silicon Wafer[J]. IEEE Journal of Photovoltaics,2014(4):96-99.

[3] Panasonic Press Release,Panasonic HIT® Solar Cell Achieves World's Highest Energy Conversion Efficiency of 25.6% at Research Level, 2014. http://news.panasonic.com/global/press/data/2014/04/en140410-4/en140410-4.html.

[4] 赵影文,沈辉．N-CdS/P-c-Si 异质结太阳电池[C]//第十六届中国光伏学术大会．B 晶体硅材料及太阳电池技术,天津,2016.

[5] 姚志荣,沈辉,李圣浩,等．氢掺杂氧化铟薄膜作为硅基异质结太阳电池窗口层的研究[C]//第十六届中国光伏学术大会(CPVC16)．B 晶体硅材料及太阳电池技术,天津,2016.

[6] 吴伟梁,包杰,刘宗涛,等．新型多功能发射极硅基异质结太阳电池[C]//第十六届中国光伏学术大会(CPVC16).B 晶体硅材料及太阳电池技术,天津,2016.

[7] 张悦,郁操,杨苗,等．高效硅异质结太阳电池窗口层优化[C]//第十六届中国光伏学术大会(CPVC16).B 晶体硅材料及太阳电池技术,天津,2016.

[8] 金步平,等．太阳能光伏发电系统[M]．北京:电子工业出版社,2016.

[9] 韩允,赵谩玲,徐征,等．磷浆法制备选择性发射极单晶硅太阳电池的研究[J]．太阳能学报,34(6):1015-1019.

[10] 艾凡凡,张光春,顾晓峰,等．氮化硅掩膜法制备选择性发射极晶体硅太阳电池[J]．人工晶体学报,2009,38(2):382-386.

[11] 魏青竹,马跃,王景霄,等．化学腐蚀法多晶硅选择性发射极太阳电池特性研究[J]．太阳能学报,2012,33(9):1469-1473.

[12] Matt Edwards. 低成本实现 22%效率:大规模生产激光掺杂选择性发射极太阳电池的前景[C]//Photovoltaics International,2012(11):31.

[13] Antoniadis Homer. Silicon Ink High Efficiency Solar Cells[C]//34th IEEE Photovoltaic Specialist Conference,2009(6):7-12.

[14] 严婷婷,乔琦,鲁科,等．高效背钝化电池(PERC)的开发与产业化[C]//第 15 届中国光伏学术年会

(CPVC15)研究简报集,北京,2015:35-37.

[15] Zhao J,Wang A,Ma G. High-efficiency PERL and PERT Silicon Solar Cells on FZ and MCZ Substrates[J]. Solar Energy Materials & Solar Cells,2001(65):429-435.

[16] Kluska S,Granek F. High-efficiency Silicon Solar Cells with Boron Local Back Surface Fields Formed by Laser Chemical Processing[J]. Electron Device Letters,2011,32(9):1257-1259.

[17] 陈丽萍,王永谦,钱洪强,等. PERL结构单晶硅太阳电池的研究[J]. 太阳能学报,2013(12):2170-2173.

[18] Green M A,Emery K,Hishikawa Y,et al. Solar Cell Efficiency Tables (Version 45)[J]. Prog Photovolt:Res Appl,2015,23(1):1-9.

[19] Verlinden P J,Deng W W,Zhang X L,et al. Strategy,Development and Mass Production of High-efficiency Crystalline Silicon PV Modules[C]//The 6th WCPEC,Kyoto,2014.

[20] Her T H,Finlay R J,Wu C,et al. Microstructuring of Silicon with Femtosecond Laser Pulses[J]. Applied Physics Letters,1998,73(12):1673-1675.

[21] 李平,王煜,冯国进,等. 超短激光脉冲对硅表面微构造的研究[J]. 中国激光,2006,33(12):1688-1691.

[22] Kumaravelu G,Alkaisi M M,Bittar A,et al. Damage Studies in Dry Etched Textured Silicon Surfaces[C]//First International Conference on Advanced Materials and Nanotechnology. Wellington,New Zealand,2003:108-110.

[23] Yoo J,Yu G,Yi J. Large-area Multicrystalline Silicon Solar Cell Fabrication Using Reactive Ion Etching(RIE)[J]. Solar Energy Materials & Solar Cells,2011,95(1):2-6.

[24] Spiegel M,Gerhards C,Huster F,et al. Industrially Attractive Front Contact Formation Methods for Mechanically V-textured Multicrystalline Silicon Solar Cells[J]. Solar Energy Materials and Solar Cells,2002,74(1-4):175-182.

[25] 沈泽南,刘邦武,夏洋,等. 多晶黑硅材料及其太阳电池应用研究[J]. 太阳能学报,2013,34(5):729-733.

[26] Huang Z P,Nadine G,Werner P,et al. Metal-assisted Chemical Etching of Silicon:A review[J]. Advanced Materials,2011,23(2):285-308.

[27] 韩长安,邹帅,李建江,等. 高效多晶黑硅电池的产线技术[J]. 太阳能学报,2013,34(12):2164-2169.

[28] Toor F,Branz H M,Page M R,et al. Multi-scale Surface Texture to Improve Blue Response of Nanoporous Black Silicon Solar Cells[J]. Applied Physics Letter,2011,99(10):103501,1-3.

[29] Oh J,Yuan H C,Branz H M. An 18.2%-efficient Black-silicon Solar Cell Achieved Through Control of Carrier Recombination in Nanostructures[J]. Nature Nanotechnology,2012,7(11):743-748.

[30] 阿特斯产业化湿法黑硅技术全解析[EB/OL].(2016-12-17)[2022-08-18]. https://www.docin.com/p-1812074563.html.

[31] Mulligan W P, Rose D H,Cudzinovic M J,et al. Manufacture of Solar Cells with 21% Efficiency[C]//19th European PVSEC,Paris,2004:387.

[32] Green M A,Emery K,Hishikawa Y,et al. Solar Cell Efficiency Tables (Version 47)[J]. Prog Photovolt:Res Appl,2016,24(1):3-11.

[33] Nakamura J,Katayama H,Koide N,et al. Development of Hetero-Junction Back Contact Si Solar Cells[C]//40th IEEE PVSC,Denver,2014.

[34] Masuko K,Shigematsu M,Hashiguchi T,et al. Achievement of more than 25% Conversion Efficiency with Crystalline Silicon Heterojunction Solar Cell[C]//40th IEEE PVSC,Denver,2014.

[35] Green M A,Emery K,Hishikawa Y,et al. Solar Cell Efficiency Tables (Version 39)[J]. Prog Photovolt:Res Appl,2012(20):12-20.

[36] 徐冠超,杨阳,张学玲,等. 基于低成本工业化技术制备高效 IBC 电池[C]//第十六届中国光伏学术大会(CPVC16). B 晶体硅材料及太阳电池技术,天津,2016.

[37] Feldmann F,Bivour M,Reichel C,et al. Passivated rear contacts for high-efficiency n-type Si solar cells providing high interface passivation quality and excellent transport characteristics[J]. Solar energy materials and solar cells,2014(120):270-274.

[38] Feldmann F,Simon M,Bivour M,et al. Carrier-selective contacts for Si solar cells[J]. Applied Physics Letters, 2014,104(18):181105.

[39] Tao Y,Upadhyaya V,Chen C W,et al. Large area tunnel oxide passivated rear contact n-type Si solar cells with 21.2% efficiency[J]. Progress in Photovoltaics:Research and Applications,2016.

[40] Stodolny M K,Lenes M,Wua Y,etal. n-Type polysilicon passivating contact for industrial bifacial n-type solar cells[J]. Solar Energy Materials & Solar Cells,2016,158:24-28.

[41] Hermle M,Feldmann F,Eisenlohr J,et al. Approaching Efficiencies above 25% with both sides-contacted Silicon Solar Cells[C]//2015 IEEE 42nd Photovoltaic Specialist Conference (PVSC),2015.

[42] MWT|日托光伏核心背板实现最优的背接触方案[EB/OL].(2021-01-19)[2022-0809]. https://solar.in-en.com/html/solar-2371840.shtml

[43] 王岚,谢耀辉,余波,等. 工业化双面 PERC 太阳电池研究[J]. 太阳能学报,2020,41(12):77-82

[44] 陶科,李强,侯彩霞,等. N 型衬底 TOP-Con 结构太阳电池的研究[C]//第十六届中国光伏学术大会(CPVC16). B 晶体硅材料及太阳电池技术,天津,2016.

[45] Sugibuchi K,Ishikawa N,Obara S. Bifacial-PV power output gain in the field test using "EarthON" high bifaciality solar cells[C]//28th European Photovoltaic Solar Energy Conference and Exhibition,Paris,2013.

[46] 宋登元. 双面发电高效率 N 型 Si 太阳电池及组件的研制[J]. 太阳能学报, 2013, 34 (12): 2146-2150.

[47] Gong C, Posthuma N, Dross F, et al. Comparison of n-and p-type High Efficiency Silicon Solar Cell Performance under Low Illumination Conditions [C]//23rd European Photovoltaic Solar Energy Conference, Valencia,2008.

[48] Schmidt J,Hezel R. Light-induced Degradation in CZ Silicon Solar Cells:Fundamental Understanding and Strategies for its Avoidance[C]//12th Workshop on Crystalline Silicon Solar Cell Materials and Processes,Breckenridge,2002.

[49] 刘超,张为国,张松,等. 采用涂硼扩磷的高效 N 型双面 PERT 太阳电池产业化研究[C]//第十六届中国光伏学术大会(CPVC16). B 晶体硅材料及太阳电池技术,天津,2016.

[50] 汪建强,郑飞,林佳继,等. 基于航天机电 Milky Way nPERT 路线的新型技术研究[C]//第十六届中国光伏学术大会(CPVC16). B 晶体硅材料及太阳电池技术,天津,2016.

[51] 陈奕峰. N 型高效双面电池组件关键技术研究[C]//第十六届中国光伏学术大会(CPVC16). B 晶体硅材料及太阳电池技术,天津,2016.

[52] 贾锐,李强,陶科,等. 前表面异质结结构对异质结-背接触(HJ-IBC)电池影响研究[C]//第十六届中国光伏学术大会(CPVC16). B 晶体硅材料及太阳电池技术,天津,2016.

第 11 章　太阳电池组件

太阳电池组件也称光伏组件，是一种具有外部封装及内部连接、能单独提供直流电输出的最小不可分割的太阳电池组合装置。

单体太阳电池输出电压低（仅为 0.6 ～ 0.7 V），输出电流小，厚度薄（约为 0.15 ～ 0.20 mm），性能脆，怕受潮，不适宜在通常的环境条件下使用。为了使太阳电池能适应实际使用条件，须要将单体太阳电池串/并联后，进行封装保护，引出电极导线，制成数瓦到数百瓦不同输出功率的太阳电池组件。

组件封装生产工艺直接关系到太阳电池组件的输出电参数、工作寿命、可靠性和成本。

11.1　太阳电池的串联和并联

1. 太阳电池的串联

太阳电池串联时，其串联组合的特性曲线是单个太阳电池特性曲线的电压相加。性能参数不同的太阳电池串联组合的特性曲线如图 11-1（a）所示；性能参数基本相同的太阳电池

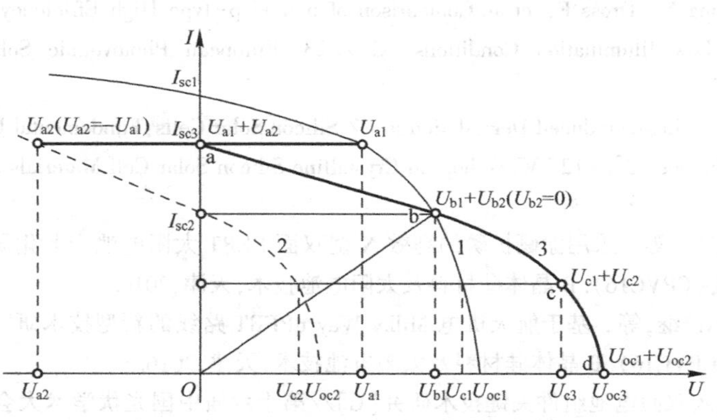

（a）性能参数不同的太阳电池串联组合的特性曲线

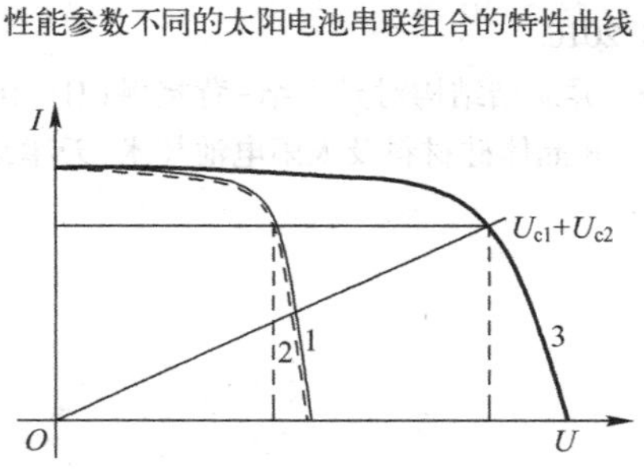

（b）性能参数基本相同的太阳电池串联组合的特性曲线

图 11-1　太阳电池串联组合的特性曲线

串联组合的特性曲线如图 11-1（b）所示。图 11-1（a）中特性曲线 3 上的 a、b、c 和 d 点的电压值分别为单体太阳电池 1 和 2 特性曲线上对应点的电压值之和。

由图 11-1（a）可清楚地看到，在曲线 b 处，太阳电池组合的电压全由太阳电池 2 提供。在曲线 a 处，太阳电池 1 处于反偏状态，太阳电池 2 提供的正偏压 U_{a1} 恰好等于在太阳电池 2 的反偏压 U_{a2}，电流 I_a 为太阳电池组合的 I_{sc}。太阳电池组合的最佳工作电流 I_m 必定小于短路电流较低的太阳电池 2 的短路电流，$I_m<I_{sc2}$。

太阳电池组件是由多个太阳电池并联和/或串联组成的，其特性曲线同样可按上述方法叠加获得。

当 n 个参数不同的太阳电池串联时，其电池组的开路电压 U_{oc} 为各子电池开路电压之和；短路电流在各子电池的最大、最小短路电流之间；工作电压 U_m 近似为子电池的工作电压之和，如果出现有性能特别差的电池，估算工作电压时通常会将其剔除，即有

$$\left.\begin{array}{c} U_{oc}=\sum\limits_{i=1}^{n} U_{oci} \\ I_{sci\ min} < I_{sc} < I_{sci\ max} \\ U_m \approx \sum\limits_{i=1}^{n} U_{mi} \end{array}\right\} \tag{11-1}$$

为了防止串联太阳电池组在接近短路电流使用时，个别性能差的太阳电池发生反偏击穿，必须在各子电池旁边安装旁路二极管。

2. 太阳电池的并联

太阳电池并联时，其并联组合的特性曲线是单个太阳电池的特性曲线上对应点的电流相加。性能参数不同的太阳电池并联组合的特性曲线如图 11-2（a）所示；性能参数基本相同的太阳电池并联组合的特性曲线如图 11-2（b）所示。图 11-2（a）中特性曲线 3 上的 a、b、c 和 d 点的电流值分别为单体太阳电池 1 和 2 特性曲线上对应点的电流值之和。

由图 11-2（a）可见，在 c 处，太阳电池组合的电流全由太阳电池 1 提供；在 d 处，并联组合的电压 U 已大于 U_{oc2}，太阳电池 1 向太阳电池 2 供电，即太阳电池 2 已成为太阳电池 1 的负载，并且太阳电池 1 的正向电流等于太阳电池 2 的反向电流，太阳电池组合处于开路状态。太阳电池组合 3 的开路电压和最佳工作电流 I_m 均受制于性能较差的太阳电池 2 的开路电压。

当 n 个参数不同的太阳电池并联时，其太阳电池组的短路电流 I_{sc} 为各子电池短路电流 I_{sc} 之和；开路电压 U_{oc} 在各子电池的最大、最小开路电压之间；工作电流 I_m 近似地为子电池的工作电流之和，如果出现有性能特别差的电池，估算工作电流时通常会将其剔除，即有

$$\left.\begin{array}{c} I_{sc}=\sum\limits_{i=1}^{n} I_{sci} \\ U_{sci\ min} < U_{oc} < U_{oci\ max} \\ I_m \approx \sum\limits_{i=1}^{n} I_{mi} \end{array}\right\} \tag{11-2}$$

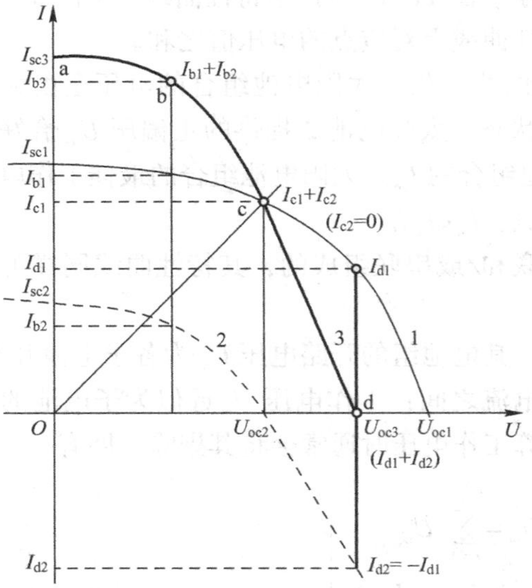

（a）性能参数不同的太阳电池并联组合的特性曲线

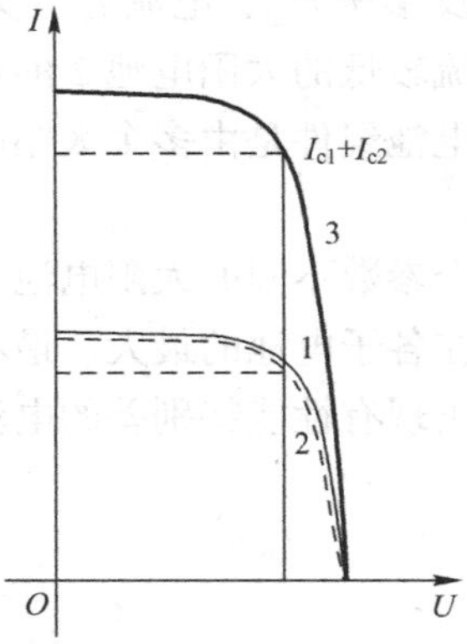

（b）性能参数基本相同的太阳电池并联组合的特性曲线

图 11-2　太阳电池并联组合的特性曲线

从上述分析可知，封装太阳电池组件时，单体太阳电池必须经过测试、分选，尽可能将性能接近的太阳电池配对封装，以提高太阳电池组件的转换效率。

同时，为了防止并联太阳电池组在接近开路时发生电流倒流到个别性能差的太阳电池，必须在各并联太阳电池前安装串联二极管。

在太阳电池组件使用时，由于各种原因使组件性能变差时，还有可能引起热斑效应，导致组件失效，这方面的内容将在 12.4 节中讨论。

11.2　太阳电池组件的结构

太阳电池组件结构如图 11-3 所示，由玻璃、太阳电池串、EVA 和背板等部分组成。玻璃面板是太阳电池的正面保护层，因为位于正面，所以它必须是透明玻璃。TPT 背板是背面保护层；EVA 胶膜是太阳电池与玻璃面板和 TPT 背板之间的黏结胶膜，也必须是透明材料。此外，还有互连条、汇流条和接线盒等。互连条和汇流条都是焊在电极之间起电连接作用的金属连接件。

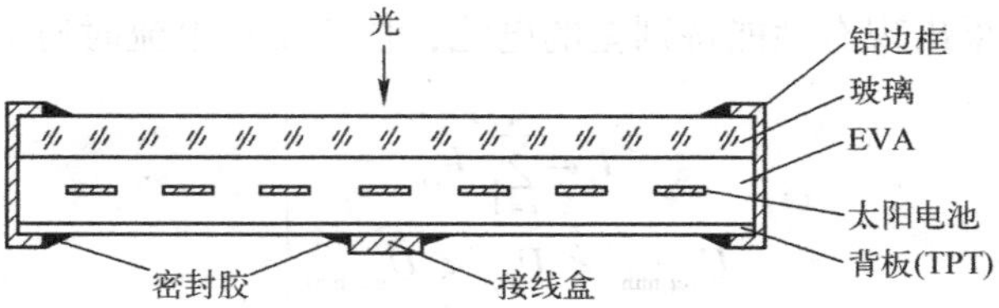

图 11-3　太阳电池组件结构

11.3　太阳电池组件的封装材料

1. 面板

面板采用低铁钢化绒面玻璃。低铁钢化玻璃透过率高，也称白玻璃，其厚度为(3.2±0.2) mm或（10.0±0.2) mm，钢化性能应符合GB 9964—1988的要求。封装后的组件抗冲击性能达到GB/T 9535—1998《地面用晶体硅光伏组件　设计鉴定和定型》中规定的性能指标；在320～1100 nm光谱波长范围内，透光率达91%以上，如图11-4所示；对大于1200 nm的红外光有较高的反射率，而且耐太阳光紫外辐射性能优良。使用时，玻璃应保持清洁，无尘、无水汽、无手印。

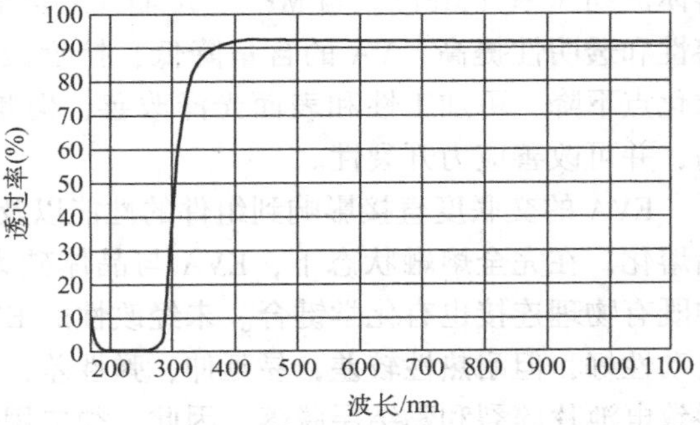

图11-4　低铁钢化玻璃的透过率

用作光伏组件封装材料的钢化玻璃的主要质量要求如下。

1）透过率　在可见光波段内透过率不小于91%。

2）钢化质量　根据《钢化玻璃》国家标准相关条款的规定进行试验，在50 mm×50 mm的区域内碎片数必须超过40个。

3）弯曲度　玻璃不允许有波形弯曲，弓形弯曲不允许超过0.2%。

4）厚度　玻璃厚度为3.2 mm，允许偏差为0.2 mm；对于60 pcs的156太阳电池组件，尺寸为1643 mm×985 mm，允许偏差为0.5 mm，两条对角线长度允许偏差为0.7 mm。

5）内部气泡　玻璃内部不允许有长度大于1 mm的集中的气泡。对于长度小于1 mm的气泡每平方米也不得超过6个；不允许有结石、裂纹、缺角。每平方米玻璃表面上宽度小于0.1 mm、长度小于15 mm的划伤数量不多于2条，宽度为0.1～0.5 mm、长度小于10 mm的划伤不超过1条。

2. 胶粘剂

晶体硅太阳电池与玻璃面板和背板之间的黏结是通过胶粘材料来实现的。常用的胶粘材料有两种，即EVA胶膜和POE胶膜。

1）EVA胶膜　EVA胶膜是乙烯与醋酸乙烯酯的共聚物，其化学式结构为

$$
\begin{array}{c}
(CH_2 — CH_2) — (CH—CH_2) \\
| \\
O \\
| \\
O — O — CH_2
\end{array}
$$

EVA是一种热熔胶粘剂，常温下无黏性，厚度在0.4～0.6 mm之间，表面平整，厚度均匀，内含交联剂、抗紫外剂和抗氧化剂等，能在约140 ℃的固化温度下实现胶连接，采用

挤压成型方法，快速固化或以常规固化工艺形成稳定的胶层。在抽真空热压条件下发生熔融交联固化后，变成有弹性的透明材料，具有优良的柔韧性、耐候性和化学稳定性。对内能与太阳电池串黏结形成三明治式的包封结构，对外能够黏结上层保护材料玻璃和下层保护材料TPT（聚氟乙烯复合膜），与之黏合密封。对于太阳电池来说，EVA是一种很好的封装材料。

EVA共聚物的物理、化学性能主要取决于分子链上醋酸乙烯酯（VA）的含量及产品的熔体流动速率（MFI）。当MFI一定而VA含量增加时，EVA的弹性、柔韧性、黏结性、相溶性和透明性提高，VA的含量降低，接近聚乙烯的性能。当VA含量一定时，MFI降低，软化点下降，可加工性和表面光泽改善，但是强度降低；当VA含量增大时，耐冲击性提高，并可改善应力开裂性。

EVA的交联度直接影响到组件的性能以及使用寿命。EVA在温度达到80℃以上时才开始熔化，在完全熔融状态下，EVA与晶体硅太阳电池片、玻璃、TPT产生黏合，这个过程中既有物理连接也有化学键合。未经改性的EVA透明、柔软，有热熔黏合性，熔融温度低、流动性好，但耐热性较差，易延伸，弹性差，内聚强度低，抗蠕变性差，易产生热胀冷缩而导致电池片碎裂和黏结层脱落。因此，须要用化学交联的方式对EVA进行改性，在EVA中添加有机过氧化物交联剂。当EVA加热到一定温度时，交联剂分解产生自由基，引发EVA分子之间的结合，形成三维网状结构，使EVA胶层交联固化。当交联度达到60%以上时，能承受大气的变化，不再发生热胀冷缩。

测定交联度的方法是通过二甲苯萃取样品中未交联的EVA，剩下的未溶物就是已经交联的EVA。假设样品总量为W_1，未溶物的质量为W_2，那么EVA的交联度就为$W_2/W_1\times 100\%$。

EVA的厚度为0.3～0.8 mm，宽度有1100 mm、800 mm和600 mm等多种规格。

EVA的固化条件有以下几种：快速型，加热至135℃，恒温15～20 min；慢速型，加热至145℃，恒温30～40 min。层压时，最高温度一般不大于150℃。

固化后的性能要求：透光率大于90%；交联度大于75%；玻璃/胶膜剥离强度大于30 N/cm，TPT/胶膜剥离强度大于15 N/cm；在−40～80℃温度范围内尺寸稳定；耐紫外线辐射性能良好。

存放EVA材料时应注意：成卷封闭保存，保存温度低于30℃，避免沾污，避免接触水、油、有机溶剂和长期暴露在大气中，避免膜层之间加压。

近几年，进行太阳电池组件层压时，EVA的固化时间不断缩短，透光率显著提高，紫外稳定性不断改善；还开发出了用于太阳电池背面的高反光EVA和白色EVA，以及用于太阳电池正面的高透紫EVA和用于太阳电池背面的低透紫EVA。

2）POE胶膜 POE是聚（乙烯-α-烯烃）共聚物，其分子结构为

$$\left[\left(CH_2 - CH_2 \right)_x \left(CH_2 - \underset{\underset{CH_3}{|}}{\underset{(CH_2)_n}{|}}{CH} \right)_y \right]_m$$

POE胶膜的性能比EVA胶膜更优良，它是由韩国SKC公司首先研发出来的。POE胶膜与玻璃和TPT的黏结特性大于100 N/cm，水蒸气透过率小于4.0 g/(m² · d)，高抗PID特性

$\rho=10^{16}\ \Omega\cdot cm$，这些性能明显优于常规的 EVA 胶膜，而且不产生酸性物质，组件长期可靠性也很好。

POE 胶膜特别适用于双面 PERC 太阳电池制备的双玻璃组件。这种胶膜会阻止背板玻璃上的 Na^+ 透过封装材料进入背面 Al_2O_3/SiN_x 钝化膜，从而防止由于 Na^+ 的渗入而减弱背表面负电荷的场致钝化作用。陶氏化学公司对双玻璃组件实验验证表明，使用 POE 胶膜在经过 38℃和 100%RH 处理后，水蒸气透过率（WVTR）为 3.3 g/(m² · d)，远小于使用传统的 EVA 的水蒸气透过率［EVA 封装的组件的 WVTR 为 34 g/(m² · d)］，从而使双玻璃组件的 PID 明显优于 EVA 封装组件。此外，POE 膜的电阻率比 EVA 胶膜要高 2～3 个数量级。杭州福斯特公司设计的双玻璃 PERC 太阳电池组件，其正面使用高透光性的 EVA，背表面使用抗 PID 特性的 POE。显然，在 POE 与 EVA 具有相近的层压特性的情况下，这是一种好的搭配方式。

3. 背板

太阳电池组件背板材料分为有机材料和无机材料两大类，其中有机材料类又可分为双面含氟有机材料、单面含氟有机材料和不含氟有机材料 3 类，无机材料主要为玻璃和金属板。按照生产工艺的不同，太阳电池组件背板材料可分为复合型、涂覆型和共挤型 3 类。复合型背板多以用 PVF 或 PVDF 树脂加工而成的氟膜，通过胶粘剂与 PET 基膜黏结复合形成。涂覆型背板主要以 FEVE、PVDF 等为主体树脂制备成的氟碳涂料，采用涂覆方式与 PET 基膜通过化学键合成膜。多层膜背板和单层膜背板的制作方式示意图如图 11-5 所示。

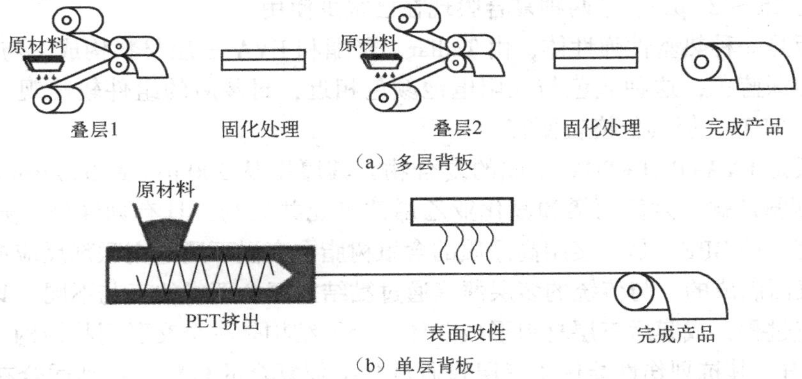

图 11-5　多层膜背板和单层膜背板的制作方式示意图

聚氟乙烯复合膜 TPT 是现在使用最多的太阳电池背面的封装保护膜。TPT 也称热塑聚氟乙烯弹性薄膜。除了 TPT 背板，还有 TPE、BBF 等背板。

TPT 是 PVF +PET+ PVF 的三层复合膜。复合膜的纵向收缩率不大于 1.5%。TPT 三层复合结构的外层为聚氟乙烯膜（Polyvinyl Fluoride Film，PVF）保护层，具有良好的抗环境侵蚀能力，PVF 用杜邦公司生产的 Tedlar，厚度约为 0.17～0.35 mm。中间层是聚酯薄膜，具有良好的绝缘性能，内层 PVF 须经表面处理，与 EVA 具有良好的黏结性能。这种复合结构能有效防止水、氧、腐蚀性气液体（如酸雨）等对 EVA 和太阳电池片的侵蚀。EVA 的弹性和 TPT 的坚韧性结合，增强了太阳电池组件的抗振性能。

背板必须确保太阳电池组件在室外使用 25 年后仍有良好的绝缘性能、阻水性和耐老化性能。背板性能要求中的水蒸气透过率十分重要。水蒸气的渗透会影响 EVA（乙烯-醋酸乙烯共聚物）的黏结性能，导致背板与 EVA 脱离，进入的湿气会氧化太阳电池片。透湿性测试方法主要有称重法和红外线检定法两类。称重法的原理是，先将一定量的干燥剂（可用无水氯化钙）放入容器中，在容器口放置受试验的 TPT，并用蜡密封，使容器内形成一个封闭的空间，将容器放入恒温恒湿的环境中，水蒸气透过 TPT 后被干燥剂吸收，经过一定时间后，测定容器质量的增加量，即可计算出 TPT 的水蒸气透过率。红外线检定法是用受试 TPT 隔成两个独立的气流系统，一侧为具有稳定相对湿度的氮气流，另一侧为干燥的氮气流，通过红外湿度检测传感器测量出干氮气中湿度的增加，从而获得 TPT 的水蒸气透过率。红外线检定法的检测速度比称重法快且准确可靠。

TPT 的典型特性为：厚度为 280 μm；颜色为白色或黑色；热收缩率（MD/TD）<1.5%(150 ℃，30 min 后测试)；对 EVA 的剥离强度>40 N/cm；水蒸气透过率<1.5 g/m^2·24 h；电气强度≥50 kV/mm；抗紫外线老化性能优良，使用寿命可达 25 年。

PVDF 树脂与 PVF 树脂结构相近，但其含氟量为 59%，远大于 PVF 的 41%，比 PVF 有更好的耐候性，在 TPT 中通常用 PVDF 替代 PVF，其黄变指数和老化后的机械强度等性能都更为优良。

为了确保与 EVA 的黏结强度，组件层压时 TPT 的表面必须保持清洁，不得沾污或受潮，同时 TPT 表面无褶皱，无明显划伤，尺寸符合规定要求。

与 TPT 类似结构的背板还有 Tedlar/铝/Tedlar 和 Tedlar/铁/Tedlar 复合膜，其中铝膜和铁膜的厚度为 25 ～ 30 μm。这两种复合膜现在已很少使用。

TPE 背板是一种热塑性弹性体，由 Tedlar、聚酯和 EVA 三层材料构成，与 EVA 接触面的颜色可以为深蓝色，这种颜色与太阳电池颜色相近，封装后的组件较美观。TPE 的耐候性能虽略逊于 TPT，但其价格较便宜。

BBF 背板是 EVA+PET+THV 制成的复合物，其厚度从 200 μm 到 350 μm 不等。其中，THV 树脂是四氟乙烯、六氟丙烯和氟化亚乙烯的三元共聚物，具有韧性好、光学透明度好等特点。还有一种 BPF，是直接用高品质的含氟树脂在高温下通过交联剂反应成膜于聚酯薄膜（PET）表面制成的。与传统的多层薄膜通过黏结剂复合而成的工艺不同，其成膜过程是一种化学反应过程，成膜后三层材料形成一体，分子结构是一个交联网状结构，表面氟树脂膜硬度高达 3H，其抗划伤性能优于三层膜通过黏结剂复合的材料，特别适合在风沙较多的沙漠地区使用。

近几年，除了改进含氟膜和 PET 中间层的背板，还开发出来一些不用氟膜或无 PET 的背板。例如，使用 PTE 作为基膜，外层使用对紫外辐射稳定的聚酯膜（P），形成 PPE（改性聚酯/聚酯/聚乙烯）膜。浙江中聚材料公司采用三层共挤型背板，三层全是 PO（Po1yolefin）膜。与含氟膜相比，这些膜具有更好的环境友好性能。

现在，在有些太阳电池组件封装工艺中，为了进一步增加进入太阳电池的入射光能，会背板后面再增加一层反光贴条或反光贴膜。

4. 互连条和汇流条

互连条和汇流条的作用是一样的，它们都是在电极之间起电连接作用的金属连接件，通常采用涂锡的铜合金带，因此也称之为涂锡铜带、涂锡带或焊带。只是互连条用于收集单个太阳电池片上的电荷并将电池片互相连接成电池串，而汇流条用于收集电池串的电流并连接到组件接线盒。互连条和汇流条分为含铅和无铅两种。它们由导电性能和加工延展性能优良的专用铜及锡合金涂层复合而成，对其性能要求是：可焊性和抗腐蚀性能优良；长期工作在 -40～100 ℃的热振情况下不脱落。互连条和汇流条依据其载流能力和机械强度选用，常用的互连条规格为 7A/mm^2。

焊接太阳电池时，采用圆形互连条（焊丝、焊带），入射到焊丝上的光经焊丝、EVA、玻璃反射后，可再次进入太阳电池内部，增加光能利用率，如图 11-6 所示。特别是 MBB 太阳电池，由于其主栅数量多，这种作用会更加明显。

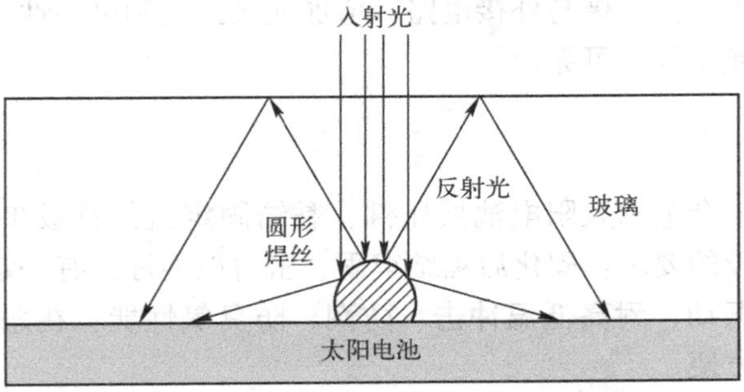

图 11-6　入射到圆形互连条焊丝表面的光反射到玻璃前表面界面再反射回太阳电池内的光路径示意图

由图 11-6 可见，太阳光入射到焊丝表面后，再反射到玻璃前表面界面上，当入射角大于全反射角时，玻璃内表面反射的光将再次进入太阳电池内部，被太阳电池所吸收，从而增加光电转换效率。

在实际生产中，太阳电池金属焊丝经焊接后，截面形状接近半圆形（半径约为 0.2 mm），玻璃全反射角为 41°～42°（视玻璃折射率而定）。考虑焊丝的实际反射率和光反射过程中的损失，可以假设太阳电池对圆形焊丝反射光的有效利用率约为 30%，由此估算出可提高效率约 0.04%（对应于功率提升 0.25%）。同时还可估算出相对 5BB 光伏组件，12BB 光伏组件的焊带串联电阻引起的功率损失将降低 0.33%，功率提升约 1.8%[1]。

另外，在实际生产中，也有采用半圆形或三角形金属焊丝的。

5. 助焊剂

助焊剂的作用是在焊接时去除互连条和汇流条上的氧化层，减小焊锡表面张力，提高焊接性能。晶体硅太阳电池电极性能退化是造成组件性能退化或失效的根本原因之一。助焊剂的 pH 值接近中性，不能选用一般电子工业使用的有机酸助焊剂，否则会对太阳电池片产生较严重的腐蚀。太阳电池专用助焊剂应满足以下要求：

（1）助焊性能优良。

（2）助焊剂应为中性，对电池基片、银浆及 EVA 无腐蚀性。

（3）焊接后无残渣余留，免清洗；无污染、无毒害。

（4）储存时不易燃烧，性能稳定，室温储存期为 1～1.5 年。

助焊剂应在通风、干燥的环境下使用，应远离火源、避免日晒、避免直接接触皮肤。若有接触，应及时用清水冲洗；如果不小心进入眼睛，除了立即用清水冲洗，还应及时求医。

6. 铝合金边框

铝合金边框的主要作用是：提高组件的机械强度，便于组件的安装和运输；保护玻璃边缘；结合在其周边注射硅胶等措施，增加组件的密封性能。

7. 接线盒

用于连接组件的正、负电极与外接电路，增加连接强度和可靠性。接线盒的结构要求是接触电阻小，电极连接牢固、可靠。

8. 硅胶

用于黏结并密封铝合金和太阳电池层压件、黏结固定组件背板 TPT 上的接线盒，并具有密封作用。选用硅胶的要求：固化后黏结牢固、密封性能好，有一定的弹性；具有优良的耐候、抗紫外线、耐振动、耐高低温冲击、防潮、防臭氧性能，在恶劣环境下化学稳定性好；单组分胶，使用方便。

11.4 太阳电池组件的封装工艺

太阳电池组件的封装工序可在全自动或半自动的封装设备中进行，自动组件封装设备制成的产品性能一致性好，生产效率高。对于人工封装方式，应按如图 11-7 所示的工艺流程进行。

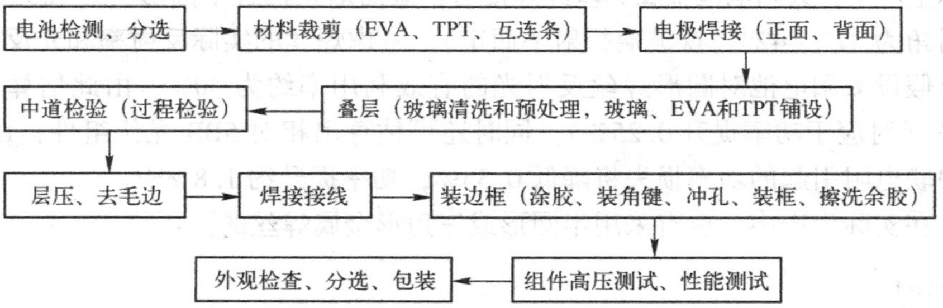

图 11-7　太阳电池组件封装工艺流程

1. 太阳电池分类和分选

为提高太阳电池组件的转换效率，封装时必须将性能一致或相近的太阳电池匹配组合。太阳电池有多种分类方法，如按以下一些方法进行分类。

（1）硅片的结晶性质：单晶硅、多晶硅。

（2）尺寸：如 156 mm、158 mm、166 mm、182 mm、210 mm 等。

（3）主栅线条数：5BB、9BB、MBB。

（4）转换效率：如按 0.1%间隔分挡。

（5）颜色：目测分选和测试机 AI 分选，如浅蓝色、深蓝色、暗红色、黑色、暗紫色等。

（6）外观分级：目测检查电池片有无缺口、崩边、划痕、花斑、隐裂、色差、绕镀、水印、气泡、栅线印刷不良、漏浆以及表面氧化情况等。

表 11-1 所列为太阳电池分级指标实例。

表 11-1　太阳电池分级指标实例

A1 级	转换效率≥18%（单晶）或 17.5%（多晶）；正面无挂浆、无裂纹；细栅线断线≤0.5 mm，不超过 3 条且不连续分布；缺角和崩口≤0.5 mm²，不超过 3 个，层压后无明显色差
A2 级	转换效率≥18%（单晶）或 17.5%（多晶）；正面无挂浆；边缘裂纹≤2 mm，不超过 1 条；细栅线断线≤1 mm，不超过 3 条且不连续分布；缺角和崩口≤1 mm²，不超过 3 个，层压后无明显色差
B 级	转换效率≥17.5%（单晶）或 17%（多晶）；正面无挂浆；边缘裂纹≤5 mm 不超过 1 条；细栅线断线≤1 mm，不超过 3 条且不连续分布；缺角和崩口≤1 mm²，不超过 3 个，层压后稍有色差

注：太阳电池片分类分级时，大多数是按照每个组件所需的电池片数量分包的，如 60 片。

2. 材料裁剪

根据产品规格要求裁剪 EVA、TPT、互连条和汇流条。裁剪的 EVA、背板 TPT 尺寸误差为±2 mm。对于互连条和汇流条，应先裁剪，然后用助焊剂浸泡 15～20 min，晾干后使用。

3. 电极焊接

太阳电池的电极焊接和互连通常由自动焊接机完成，也有用手工焊接的，基本工序如下所述。

1）单体太阳电池正面电极的焊接　在太阳电池正面（负极）的主栅线上焊接互连条，引出电池片的负极。互连条是镀锡的铜带，其长度约为电池边长的 2 倍。互连条的一半焊在主栅线上，另一半留待电池背面焊接时与背面电极相连，如图 11-8 所示。焊接时，电池片的负极朝上，置于焊台上；互连条平放在电池片的主栅线上，端头置于离电池片的主栅端点约 2 mm 处；从超出互连条端点边缘 0.5 mm 处起始，沿互连条均匀地焊接。

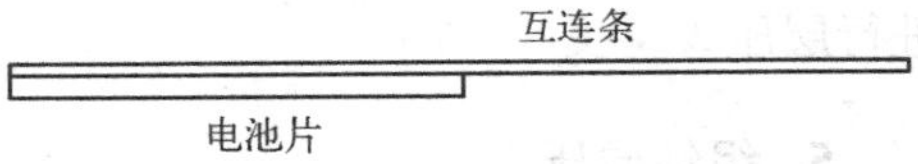

图 11-8　在单体太阳电池正面主栅电极上焊接互连条

2）电池串的焊接　串焊是将单体太阳电池串联焊接成电池串。其焊接方法是将单体太阳电池正面电极（负极）上的互连条的另一半焊接到相邻的下一个电池的背面电极（正极）上，依次将 N 个单体太阳电池串联焊接形成一个电池串，最后在组件串的正、负极焊引出导线。串焊前，将单体太阳电池片置于串焊模具台上，电池片正极朝上，互连条的未焊部分放置在右边，将电池片铺好准备焊接。一次摆放 4 个电池片，并按产品规格要求确定片间距。用模具板对串联电池片进行定位，以便获得齐整的电池串。从左至右沿互连条均匀地焊接。焊接起始点应在距离电池片正极的主栅线左边端点边缘 2 mm 处。每串电池片的主栅线都应在一条直线上，偏差不得超过 1 mm。完成一个电池串的焊接后，将其放置在 PCB 上。

3）自动焊接机　太阳电池自动焊接机包括全自动串焊机和全自动单片焊接机。与手工焊接相比，自动焊接机具有焊接速度快，焊锡均匀，质量一致性、可靠性高，表面美观等优点。串焊机的焊接可靠性特别重要，直接关系到组件质量，焊接可靠性差是导致太阳电池组件早期失效的主要原因。由于焊带基材为纯铜，铜的膨胀系数约为硅片的 6 倍，焊带与太阳电池片电极焊接时，必然会因温度变化而受力。此外，焊台的温度、助焊剂的涂布、电烙铁的温度等都会影响焊接质量。使用全自动串焊机可以大幅度提高焊接可靠性。

串焊过程包括：备品上料；CCD太阳电池片外观检测；喷涂助焊剂；焊接台预热；自动移载电池片，同时检测电池片是否合格；焊带铺设；焊接；成品自动收集到产品料盘中；等等。

整个串焊过程均由设备自动完成。人工放置好待焊太阳电池片料盘后，按启动按钮，设备自动拉带焊接；焊接时，设备自动提示剩余电池片数量；当电池片用完时，设备自动停机，更换待焊料盘及成品料盘后，再开始下一轮焊接过程，如此循环往复。

为了提高焊接质量、降低生产成本，现在生产过程中均使用自动焊接机。

4. 组件叠层

利用互连条焊接将太阳电池片连接成电池串后，在钢化玻璃上由下向上依次叠放EVA、电池串、EVA、背板，从而形成叠层件。

叠层工艺分以下两步进行。

（1）先将钢化玻璃置于工作台上（如果是绒面玻璃，应将绒面朝上放置）。再放置一层EVA（绒面朝上），将电池串头尾的正、负极按照设计的要求进行摆放，对电池串之间的间隙进行固定，再用汇流条对电池串进行焊接。然后铺另一层EVA，绒面应朝向电池片，然后铺背板，按组件设计规定的位置在EVA和TPT上切开一个方形电极引出口，开口长度略大于回流带宽度，但相差不得超过2 mm。电池组件的正极和负极从小孔处引出后，用透明胶带将引出的汇流条固定在背板上。再用双面胶固定EVA和TPT，形成待层压的组件。

摆放电池串时，必须先把电池串夹在两个PCB当中，然后将一对夹着电池串的PCB同时向一个方向翻转，移去上层PCB，使电池串布栅线电极的一面朝上。

（2）在测试台上检测层压件的电压、电流，检查内部是否有异物，一切正常后就可以进行层压。

5. 组件层压

由玻璃面板、电池串、EVA胶膜和背板组成的太阳电池组件叠层件的胶合是在层压机中完成的。太阳电池组件层压机有多种形式，例如：半自动层压机、全自动层压机（如图11-9所示）；单腔室层压机、多腔室层压机；单层层压机、多层层压机（如图11-10所示）。在多层层压机中，太阳电池组件是通过层压下腔室侧面设置的密封通道进出的。但无论何种形式的层压机，其基本层压工艺原理是一样的。目前应用较多的是双层层压机，但从能耗的角度考虑，多层层压机是今后的发展趋势。在此，为了说明层压工艺原理，先介绍传统的单腔室层压机。

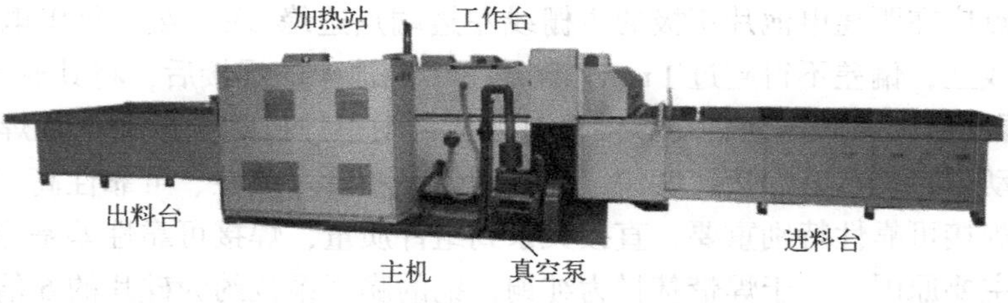

图11-9　太阳电池组件全自动层压机

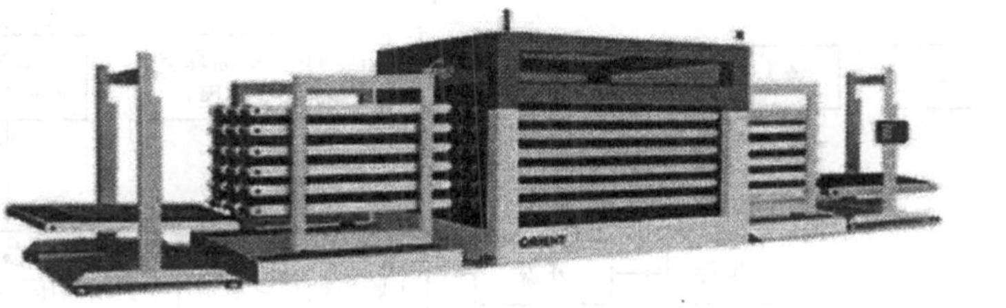

图 11-10　太阳电池组件多层层压机

层压机主要由进料台、工作台、出料台、加热站、真空泵等部件构成，其外形如图 11-9 所示。其中包括组件加热系统、真空系统、控制及操作系统、组件流转传运送系统、组件冷却的风冷系统、组件及人身安全防护系统、层压机各系统工作状况的监控系统及报警系统等。

层压机的工作台上置有组件层压腔室，它由上、下腔室组成，如图 11-11 所示。其中：下腔室固定在底座上，其底部放置太阳电池组件；上腔室下层为硅胶膜，类似于气囊，充气时能变形。上腔室可通过 4 个液压缸平稳抬升和回落，以便装卸太阳电池组件。

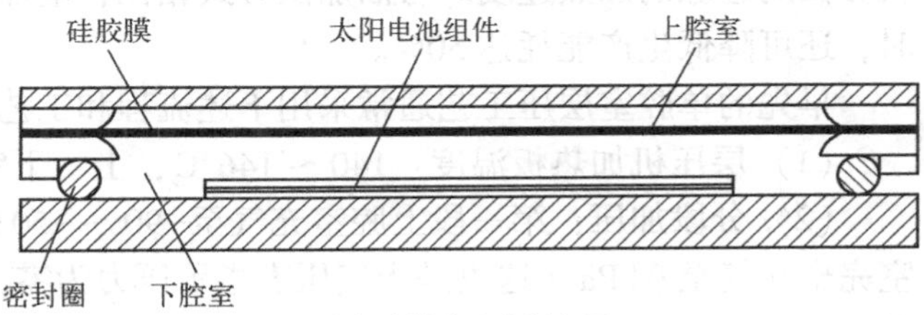

（a）上腔室未充气加压

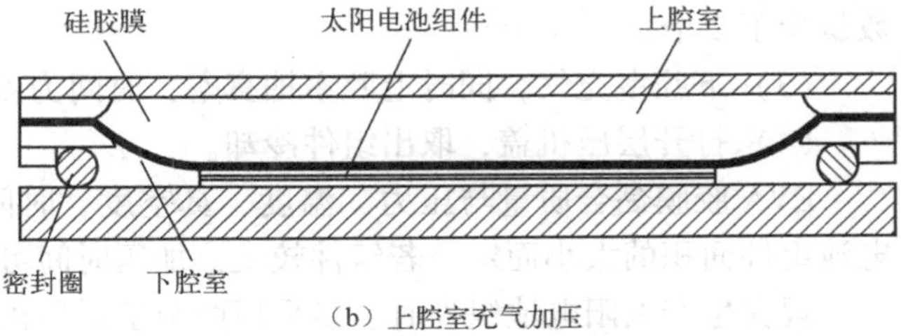

（b）上腔室充气加压

图 11-11　层压机工作台上的组件层压腔室

组件层压过程为：放置待层压组件后，合上箱盖，启动加热，让 EVA 软化、熔融，当加热温度达到设定值时，EVA 已完全熔融；上、下腔室开始抽真空，排除 EVA 与电池、玻璃、背板之间的空气，让 EVA 填充太阳电池组件内的空隙；抽真空时间达到设定值后，上腔室充气，下腔室继续抽真空，太阳电池组件上方的上腔室硅胶膜在大气压力作用下开始变形，如图 11-9（b）所示；随着气压的增高，挤压太阳电池组件的作用力同步加大，使熔融状态的 EVA 充满太阳电池组件内部所有间隙，同时排出间隙中的气泡，加压过程可以分三段进行，每段的压力逐级增加，玻璃、电池片、TPT 通过 EVA 胶膜紧紧黏合在一起；然后，上腔室按设定时间保持压力，下腔室保持真空，使 EVA 充分交联固化，完成组件封装；而后，下腔室充气，上腔室抽真空，打开箱盖，冷却后取出制得的层压组件；进入下一轮组件的封装。层压流程如图 11-12 所示。层压温度和层压时间应根据 EVA 的性质设定。进行层压前，必须检查层压机设定参数。进行层压时，应按层压机的操作规程进行操作。层压完成后，应检查太阳电池组件质量。

在层压机的部件中，加热系统属于关键部件，它关乎太阳电池组件加温的均匀性和整机能耗，它分为油加热或电加热两种方式。目前，国产的层压机大多采用油加热方式，但这种方式存在污染环境、易燃、易爆等问题。电加热方式的优点是加热速度快、能耗低、体积小等，但其热传导过程容易形成温度梯度，导致光伏组件受热不均匀。为了改进加热板温度的均匀性，现已开发出在加热板中嵌入陶瓷电加热器的点阵式电加热方式[2]。例如，尺寸为 12000 mm×2800 mm 的加热板，嵌入了 12800 个独立的陶瓷电加热器，按品字形分布，划分

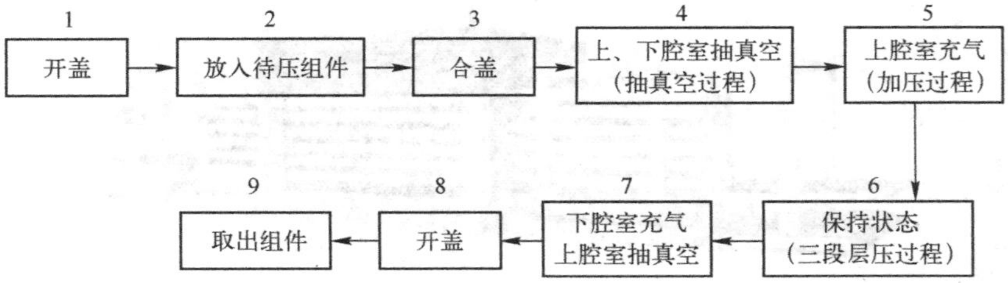

图 11-12　单腔室层压机分3段加压的层压流程

为60个加热区域，加热板的温度控制精度可达±1℃；在加热板的11800 mm×2600 mm有效加热面积内，静态光伏组件表面温度均匀度达±1.5℃，层压过程中（动态）组件表面温度均匀度为±2.5℃。在点阵式电加热技术的基础上，现在又开发出双面电加热方式：双面电加热层压机的腔室上盖具有红外辐射加热功能，使真空腔体中的组件受热更均匀；下腔室仍然采用点阵式电加热方式，显著减少因单一热传导方式引起的光伏组件翘曲，加快了组件背板和四周边缘的加热速度。与油加热方式相比，电加热方式在有效降低组件的层压成本的同时，还可降低生产能耗达50%。

早先的单腔室层压工艺通常采用下述流程和工艺参数。

（1）层压机加热板温度：140～146℃，上、下室抽气4～6 min。

（2）分段加压：第一段上腔室充气至-90～-50 kPa，恒温固化2～4 min；第二段上腔室完全充气至0 kPa（这里是指气压表指示压力为零，即与一个大气压（101.325 kPa）的偏差为零，-90～-50 kPa也是气压表指示压力），恒温固化8～11 min。压合后每平方米气泡数量少于2个。

（3）下腔室充气，同时上腔室抽真空，时间为40～60 s。

（4）打开层压机盖，取出组件冷却。

EVA胶膜黏合质量与压力、温度、真空度、时间的设置密切相关。加压的时间视太阳电池组件面积的大小而定，若组件较大，加压时间可长一些。

现在生产太阳电池组件时，多采用两腔室层压机，其层压流程为：在第1腔室中按单腔室的流程（见图11-12），完成步骤（7），消除气泡；而后在常压下，转移到第2腔室中，再从步骤（7）开始，充气，分三段加压，完成交联固化，直至取出组件成品。这种在两腔室中完成层压的方法不仅能使太阳电池组件的质量更优良，也可以缩短层压时的加压时间，提高生产效率，特别适合玻璃背板双玻璃太阳电池组件的封装。

在两腔室层压机中分三段加压太阳电池组件层压工序参数实例见表11-2。

表11-2　在两腔室层压机中分三段加压太阳电池组件层压工序参数实例

参　数	第1腔室	第2腔室	参　数	第1腔室	第2腔室
层压温度/℃	144±3	144±3	二段加压值/kPa	-40.0	-40.0
抽真空时间/s	300	0	二段加压保持时间/s	5	5
上腔抽真空延迟时间/s	0	0	三段加压值/kPa	-20.0	-20.0
一段加压值/kPa	-60.0	-60.0	层压时间/s	80	380
一段加压保持时间/s	5	5	下腔抽真空时间/s	900	900
			下腔充气时间/s	20	20

6. 组件修边、安装外框和接线盒

1）修边　在层压工序中，EVA 熔化后会在大气压力作用下向外延伸，并固化形成毛边。待层压组件冷却到室温后，应用刀片紧贴玻璃边缘切除这些毛边。

2）安装外框　将内置太阳电池串的层压组件装进注有硅胶的铝边框中，各条边框间用角键连接，以加强组件的强度和密封性能。

装框工序是在装框机中完成的。首先沿着铝边框四周的内槽匀速注入硅胶，将边框放在装框机四周的定位模上，再将组件放置在装框机的中间面板上，硅胶将填充铝边框与玻璃组件之间的缝隙。

3）安装接线盒　在组件背面设置有硅胶黏结专用接线盒，用于连接外电路。接线盒位于引出导线处。接线盒分为灌胶和非灌胶两种。如果安装非灌胶接线盒，则用单组分室温固化脱醇或脱肟硅胶与背板进行黏结；如果安装灌胶接线盒，则先用单组分胶将接线盒四周黏结在背板上，然后用双组分灌注接线盒内部。举个例子，所用的硅胶为 1521 双组分硅胶，A 和 B 组分的质量配比为 A : B = 6 : 1；体积配比为 A : B = 3 : 1。黏结接线盒后，将组件的引出线焊接到接线盒的电极端子上，并密封组件引出电极开口区域，以避免组件内的电极暴露于外界环境中。黏结接线盒前，应检查连接的旁路二极管的电极极性是否正确。

7. 组件封装的注意事项

封装太阳电池组件时，应注意保持工具和太阳电池片等材料的清洁，须戴手套操作；特别是电池片应轻捡轻放，避免损坏；互连条和汇流条泡制后必须晾干；控制焊接温度和时间，防止电池片的虚焊、过焊；电极极性应连接正确；层压机、装框机和测试仪等均应按操作规程要求进行操作、维护和保养。

11.5　太阳电池组件的电位诱发衰减（PID）效应

常规太阳电池组件在光伏电站中工作三四年后，转换效率有可能会大幅衰减，这种现象常称为组件的电位诱发衰减（Potential Induced Degradation，PID）效应[3]。

PID 效应与太阳电池、玻璃、胶膜、温度、湿度和电压有关，其形成原因尚不完全清楚。太阳电池本身的性能是引发 PID 的关键因素。研究表明，提高反射层的折射率可以有效减少 PID 现象的发生。含 Si 量多的减反射层比含 N 量多的 SiN_x 减反射层抗 PID 更好些。当减反射层的折射率大于 2.2 时，PID 消失；当折射率减小时，PID 加重；当折射率小于 2.08 时，组件很难通过 PID 测试。

有试验表明，玻璃和胶膜对 PID 现象有较大的影响。这可能与高温、高湿下光伏组件使用的含钠玻璃表面析出 Na_2O、MgO 等碱性物质有关。EVA 和 PVB 封装的组件在湿热老化时容易产生 PID 现象。

Koch S. 等人认为，PID 现象与胶膜、太阳电池表面的关系很大，并假设 Na^+ 在电压下从玻璃向电池片移动，移动的速度受胶膜、温度、湿度和电压的影响，Na^+ 扩散进入电池，在发射极富集，到 pn 结后被中和，降低了电池的转换效率[4]。也有研究认为，正价离子 $(H_2O)nH^+$ 而非金属离子才是 PID 现象的起因。

由于湿度是产生 PID 现象的重要因素之一，还可进一步认为，水汽会通过封边的硅胶或背板进入组件内部[5]，EVA 的酯键在遇到水后发生分解，产生可以移动的醋酸（CH_3COOH），反应式如下：

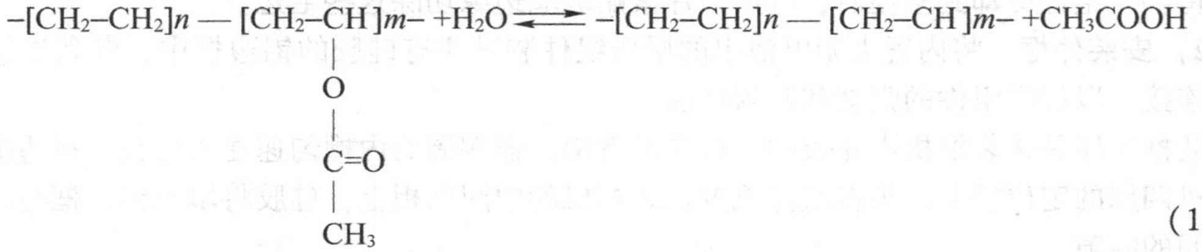

（11-3）

醋酸和玻璃表面析出的碱反应后，产生 Na^+。在外加电场的作用下，Na^+移动到太阳电池表面并富集在减反射层，产生 PID 现象。当加热组件时，水汽脱离组件。由于 EVA 的酯键水解是一个可逆过程，失去水分后，可以自由移动的羧酸根（CH_3COO^-）与 EVA 上的乙烯醇（—CH_2—CHOH—）反应而重新成为酯键，并连接到 EVA 主链上而被固定。相应地，Na^+也因失去羧酸根而停止移动，从而使得 PID 减弱甚至消失。如果上述分析成立，则降低 EVA 中含有的醋酸含量可以减缓 PID。试验表明，适当降低 EVA 中 VA 的含量，使用含低醋酸乙烯的 EVA 可以减缓 PID 现象的产生。可见选择合适的组件封装方式和材料将是抗 PID 的关键。

如果将组件的背板改为玻璃，则组件的防潮性能会有大幅度改善，从而显著延缓 PID 现象的产生。

11.6 半片太阳电池组件

随着太阳电池转换效率的不断提高，现在晶体硅太阳电池组件的平均额定工作电流已提高到 8～10 A。由于电池组件内部的焊带有一定的电阻，工作时电池组件将产生功率损耗，并转化为焦耳热。若组件内的电池面积缩减 50%，电流也就减小一半，功耗将减小到原来的 1/4，焦耳热也会同步下降。为了提高太阳电池组件的转换效率，现在已开发了用半片太阳电池封装的组件，称之为半片太阳电池组件，如图 11-13 所示。

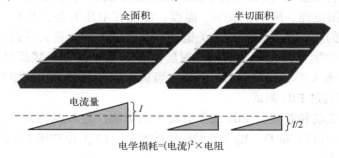

图 11-13 半片电池的电流和功耗

1. 半片太阳电池组件的结构

半片太阳电池组件结构分为串联结构、串联-并联结构、并联-串联结构等方式。如果组件采用半片太阳电池串联结构，因半片太阳电池的电流减半、电压不变，所以组件电压倍增。组件电压倍增可能增加系统的成本，影响使用时的安全性。为了使半片太阳电池组件的整体输出电压、电流与常规太阳电池组件一致，通常会采用串联-并联结构设计，将两个子组件并联使用，如图 11-14（a）所示。半片太阳电池组件的主流版型都采用两分式设计，上半部分与下半部分为并联关系，共用旁路二极管，从整片组件的中间引出线，适合竖排安装，如图 11-14（b）所示。作为实例，图中标注的组件尺寸是隆基乐叶 120 片单面半片组件尺寸[6]。

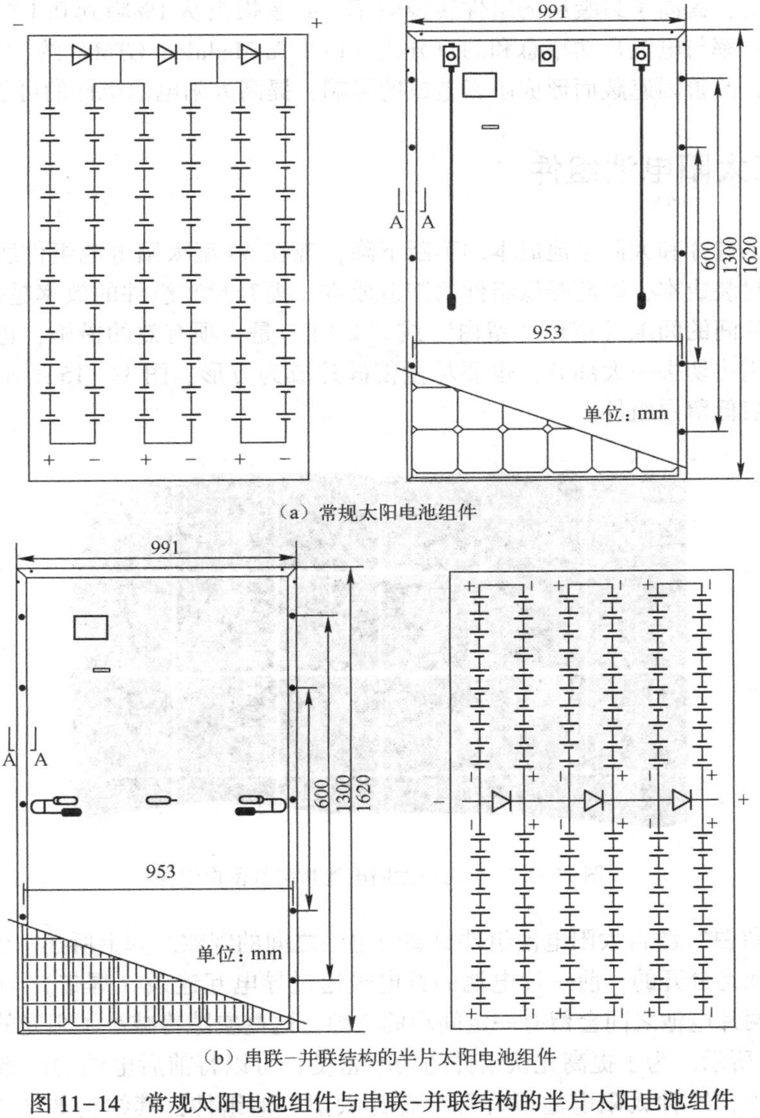

图 11-14　常规太阳电池组件与串联-并联结构的半片太阳电池组件

2. 半片太阳电池组件的封装

半片太阳电池组件的封装材料、方式及工序与常规太阳电池组件基本相同，均采用钢化玻璃面板、EVA 胶膜和 TPE（TPT、EPE）背板等材料，以层压方式在层压机上进行封装。在工艺上：新增切片环节，须要配置激光切片机；调整太阳电池版图，有串焊和层叠工艺；组件的接线盒采用三分体接线盒。由于太阳电池片数量增加1倍，电池串联焊接的时间也会增加1倍；汇流带引出线从组件背面的中间引出，有可能导致引出线处的电池损坏（裂片或隐裂）。现在已有半片太阳电池组件中间引出线的自动焊接设备，有助于批量化生产的实现。

3. 半片太阳电池组件的特点

与常规太阳电池组件相比，半片太阳电池组件的优点是减少了组件内部电路损耗，降低了组件工作温度，提高了封装后的组件转换效率。封装损失从1%降到0.1%～0.3%，从而增加组件输出功率与电池片功率总和的百分比（Cell To Module，CTM）约1%，而且有利于降低热斑效应，改善因遮蔽而形成阴影造成的影响，提高太阳电池组件的可靠性和安全性。

11.7 叠瓦太阳电池组件

随着硅料、硅片和太阳电池成本的不断下降，现在60型太阳电池组件所用电池的成本已经低于组件封装成本，因此降低组件的制造成本，提升封装组件的效率越来越受到重视。缩小太阳电池片间的间隙（俗称“留白”或“露白”）是一项有效的措施，也就是说宁可将圆形单晶硅片周边切去一大部分，也要尽量使硅片成为方形。图11-15所示的是一种小切角太阳电池封装低留白组件。

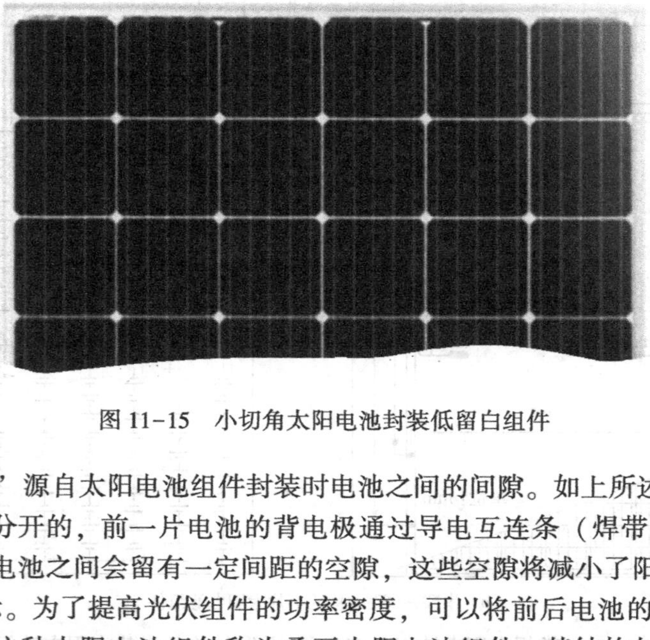

图11-15　小切角太阳电池封装低留白组件

另一种“留白”源自太阳电池组件封装时电池之间的间隙。如上所述，常规太阳电池组件封装时，电池是分开的，前一片电池的背电极通过导电互连条（焊带）与后一片电池的主栅极相连，两片电池之间会留有一定间距的空隙，这些空隙将减小了阳光的收集面积，如图11-16（a）所示。为了提高光伏组件的功率密度，可以将前后电池的电极直接叠合，用导电胶黏合相连，这种太阳电池组件称为叠瓦太阳电池组件，其结构如图11-16（b）所

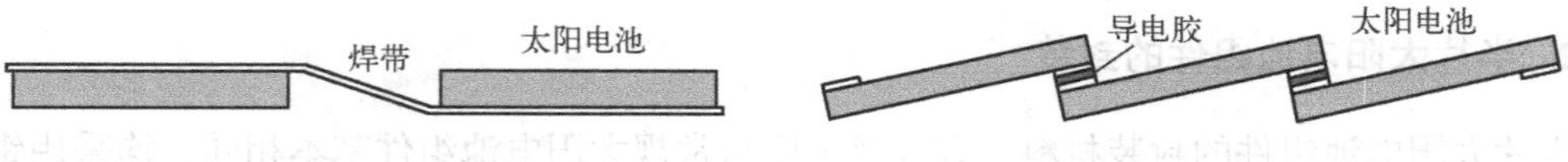

（a）常规组件中太阳电池之间的连接　　（b）叠瓦组件中太阳电池之间的连接

图11-16　太阳电池组件中太阳电池连接方式示意图

示。在制作过程中，先将电池片切割成按叠瓦结构设计要求（包括电池尺寸和栅线图形排布等）的小片，并涂覆上导电胶，再将电池片串联焊接制成电池串，然后将电池串联（或串并联）排版后层压成组件。

叠瓦太阳电池组件和常规太阳电池组件的电路结构如图 11-17 所示。

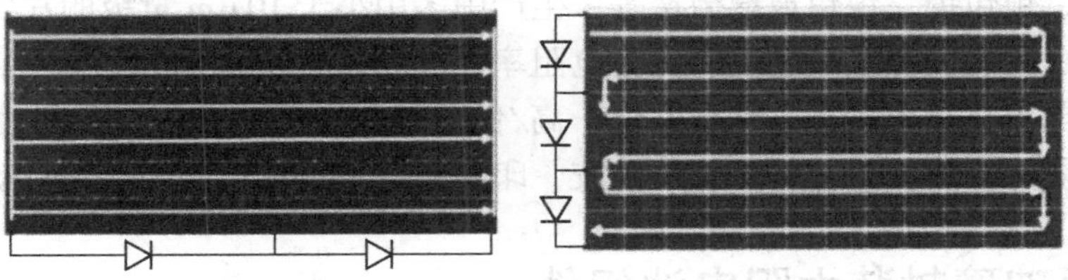

（a）叠瓦太阳电池组件电路结构　　（b）常规太阳电池组件电路结构

图 11-17　叠瓦太阳电池组件和常规太阳电池组件的电路结构

叠瓦太阳电池组件中电池串间用导电胶连接的示意图如图 11-18 所示。

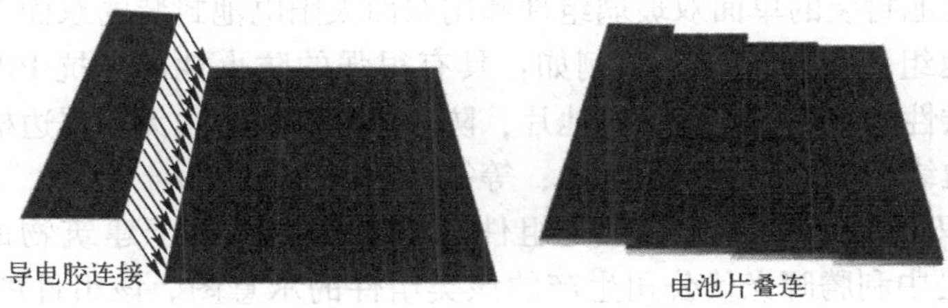

图 11-18　叠瓦太阳电池组件中电池串间用导电胶连接的示意图

利用叠瓦技术可以较好地缩小“留白”。以 60 型面积大小相当的版型为例，叠瓦太阳电池组件可以封装 66～68 片电池，平均多封装约 13%，提升功率约 10%。为了更好地分析这项性能，定义了两个指标：太阳电池与组件效率差 Δ、组件面积增加率 γ。

$$\Delta=\eta_{\text{cell}}-\eta_{\text{module}} \tag{11-4}$$

式中，η_{cell}为抽检电池效率均值，η_{module}抽检组件效率均值。

$$\gamma=(S_{\text{module}}-S_{\text{cell}})/S_{\text{module}} \tag{11-5}$$

式中，S_{module}为组件面积，S_{cell}为电池总面积。

鉴衡认证对一些产品进行测试，结果表明，与常规太阳电池组件相比，叠瓦太阳电池组件面积增加率降低约 7.8%，效率差减少约 0.9%，即采用同样效率的太阳电池，太阳电池组件效率可以提升 0.9%[7]。

叠瓦太阳电池组件也可像半片太阳电池组件那样设计成小电流、低损耗的电池连接方式，以便降低组件的功率损耗。

在叠瓦太阳电池组件生产工艺中，除须要增加电池片激光划片、导电胶涂覆、电池片排布、电池串焊接和电池串 EL 检验等前道工序外，从叠层工序开始，此后的工艺与常规太阳电池组件生产工艺一样，因此其组件生产线与现有组件生产线基本兼容。

此外，这种封装形式还能降低由于遮挡和隐裂造成太阳电池组件输出功率下降的负面影响；组件的版式和大小的调整也比较方便；与金属焊带相比，选择合适的导电胶，叠瓦式的连接方式还有可能部分化解组件层压时电池片的应力，减小电池片的隐裂等损伤。

生产过程中比较关键的工序是导电胶涂覆，其匀均性和一致性直接影响太阳电池组件质量。与常规太阳电池的焊带焊接不同，叠瓦太阳电池组件中的电池串间是用导电胶连接的，因此导电胶黏结剂、导电金属粒子的选择、黏结工艺（包括返修工艺）控制都很重要。现在，可供选择的导电胶粘结剂主要有丙稀酸、有机硅、有机氟和环氧树脂等；导电金属粒子有银、银包铜、银包镍、银包玻璃微珠等，生产中多用小于10 μm量级的片状或球形组合银粉。导电胶要求具有较低接触电阻、低体电阻率、高粘接性能、耐候性及长期性能稳定性。不同类型的导电胶在涂覆工艺、粘结性能、高/低温性能、固化速度、耐候性和可返修性等方面存在较大差异。涂覆工艺有点胶、喷胶、印刷等方式。现在已开发出自动涂胶设备。

11.8　双面玻璃封装太阳电池组件

采用玻璃作为背板的太阳电池组件通常称为双面玻璃封装太阳电池组件。这类太阳电池组件取消了传统聚合物材料的背板和铝边框，正反两面都采用玻璃封装结构。它又分为两类：用常规太阳电池封装的单面双玻璃组件和用双面太阳电池封装的双面双玻璃组件。双面玻璃封装太阳电池组件有很多优点，例如：具有很强的防火性能，抗PID性能，抗盐雾、酸碱和沙尘的耐候性能；能有效保护电池片，防止电池片隐裂；无金属边框，免接地，安装更方便；可减少边缘积尘，降低维护成本；等等。

现在有两类双面玻璃封装太阳电池组件，其中一类多用于建筑物的屋顶、幕墙等，图11-19所示的是中利腾晖光伏公司生产的该类组件的示意图。该组件的正反两面均由厚度不小于3.2 mm的钢化玻璃封装。通常，正面用超白钢化玻璃，背面用普通钢化玻璃。电池片正面和背面的EVA封装材料均采用透明EVA。该太阳电池组件的透光率可达到10%～70%（视电池片的安装数量而定）。该太阳电池组件无边框。

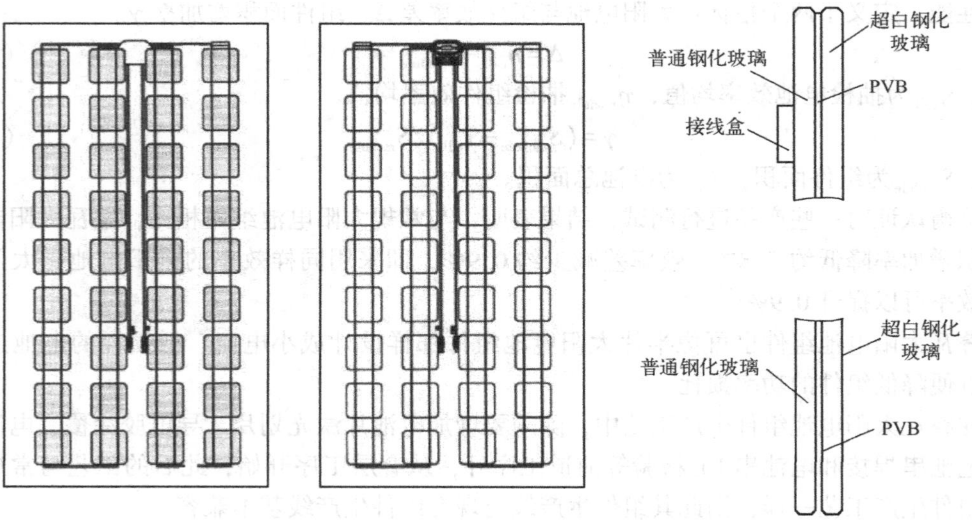

图11-19　中利腾晖光伏公司生产的半透明双面玻璃封装太阳电池组件的示意图

另一类是替代现有常规组件用于电站建设的透明双面玻璃太阳电池组件，图11-20所示的是天合光能公司开发的该类太阳电池组件的示意图[8]。该组件取消了铝边框，实现了免接地，降低了组件成本和系统 BOS 成本。图 11-21 所示的是双面玻璃封装太阳电池组件和常规安装边框的太阳电池组件的结构示意图。这类组件为了减小质量、提高发电效率，正反两面都使用薄玻璃，由厚度为 2.5 mm 的强化玻璃封装。太阳电池片布满整个组件，正面的 EVA 封装材料采用透明 EVA，背面的 EVA 封装材料采用白色 EVA。白色 EVA 的反射性能尽量达到传统组件的白色聚合物背板 TPT、KPE 或 PET 的反射率，这样可以减少功率损失。背面玻璃中部开孔，太阳电池引出线通过开孔与背面接线盒相连。当然，这种太阳电池组件也可正反两面均采用透明 EVA，制成半透明组件，用于建筑物的屋顶、幕墙等场合。

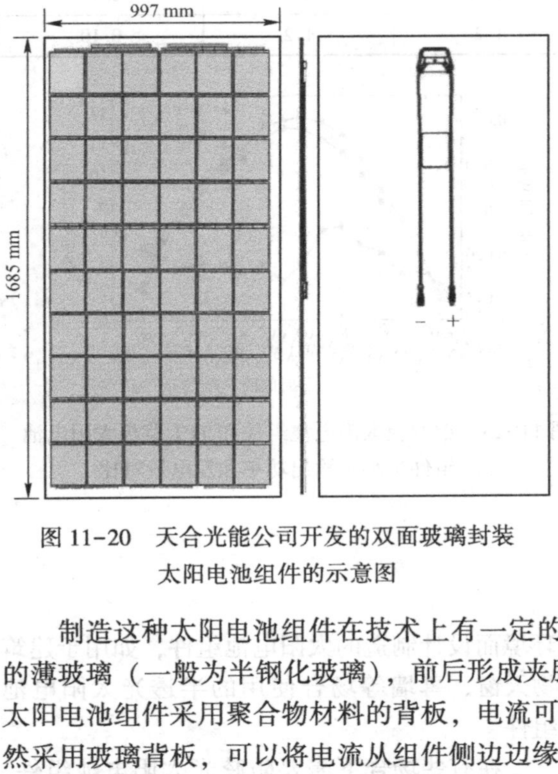

图 11-20　天合光能公司开发的双面玻璃封装太阳电池组件的示意图

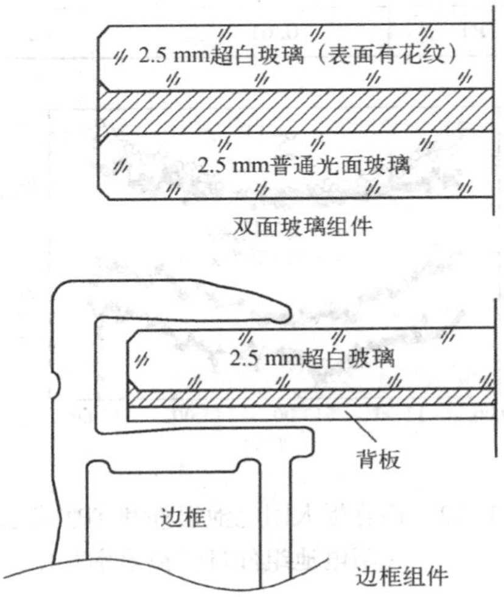

图 11-21　双面玻璃封装太阳电池组件与常规安装边框的太阳电池组件的结构示意图

制造这种太阳电池组件在技术上有一定的难度。为减轻质量，前后玻璃都采用 2.5 mm 的薄玻璃（一般为半钢化玻璃），前后形成夹胶结构，强度能达到甚至超过边框组件。传统太阳电池组件采用聚合物材料的背板，电流可方便地通过背板开孔引出到背面接线盒上。虽然采用玻璃背板，可以将电流从组件侧边边缘引出到接线盒，但可靠性不高，绝缘性能、低温冲击性较差。较好的设计是，通过背面玻璃开孔将内部电路引出，这就须要解决薄玻璃的高效打孔问题。

11.9　金属背板太阳电池组件

太阳电池组件采用 TPT 材料作为背板，虽然具有耐腐蚀、阻燃等优点，强度也能满足组件封装要求，但其缺点是导热率低，不利于太阳电池散热，影响太阳电池组件的转换效率。为了提高背板的导热性，尝试用铝合金作为组件的背板材料，目前已封装出 1200 mm×800 mm 金属背板组件[9]。金属铝和 TPT 材料的热、光性能比较见表 11-3。所使用的铝组件背板是单面镀有黑色阳极氧化膜（厚度为 0.15 mm）的 5052 型铝合金，封装方法与常规

TPT 背板组件基本相同，封装时须保持铝合金背板的洁净度和平整性。与 TPT 背板组件的对比试验表明，铝背板太阳电池组件的电池温度明显低于 TPT 背板组件（平均降低 6 ℃以上），日平均转换效率提高大于 10%，输出功率和发电量增量均提高了 4%，测试结果如图 11-22 和图 11-23 所示。通过对小面积金属背板太阳电池组件的绝缘性能和黏结性能进行测试，结果表明可以满足使用要求。从这类太阳电池组件的降温性能和电性能增幅看，它有着较好的发展前景。

表 11-3　金属铝和 TPT 材料的热、光性能比较

材　料	导热系数 λ /W · m^{-1} · K^{-1}	透过率 τ (%)	吸收率 α (%)	发射率 γ (%)	厚度 δ /mm
铝合金	144.00	0.04	4.0	87.0	0.15
TPT	0.61	12	1.2	1.2	0.10

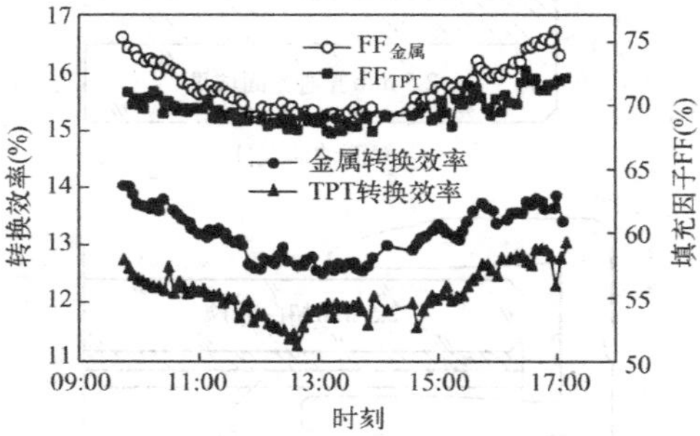

图 11-22　铝背板太阳电池组件和 TPT 背板太阳电池组件日转换效率对比

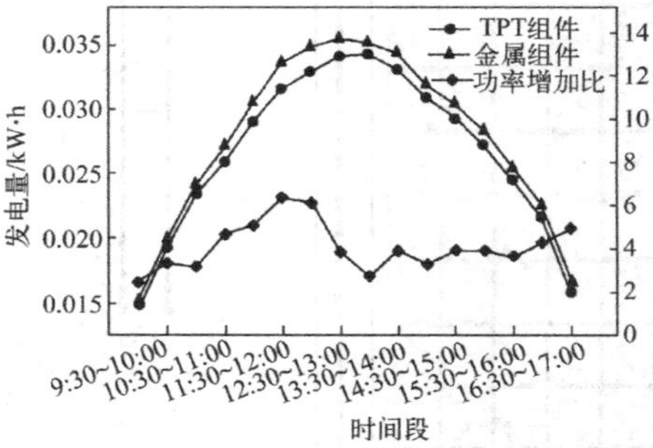

图 11-23　铝背板太阳电池组件和 TPT 背板太阳电池组件半小时输出功率和发电量对比

11.10　特种太阳电池组件

特种太阳电池组件是针对特种用途和使用环境而设计制造的太阳电池组件，如用于建筑物天窗、幕墙等场合使用的半透光太阳电池组件。

在有些场合下需要防眩光太阳电池组件，它的面板玻璃采用表面具有深纹理的超透玻璃，能有效地改变入射太阳光的反射光方向，从向一个方向反射变成向多个方向散开，将常规组件的防眩光指数从大于 22 降到小于 15，显示出较好的防眩光效果。图 11-24（b）所示的是利腾晖光伏公司生产的组件。图 11-25 所示为常规太阳电池组件玻璃表面和防眩光太阳电池组件玻璃表面的光反射示意图。这种太阳电池组件适用于机场、高速公路、铁路、航道等对防光污染要求较高的场合。

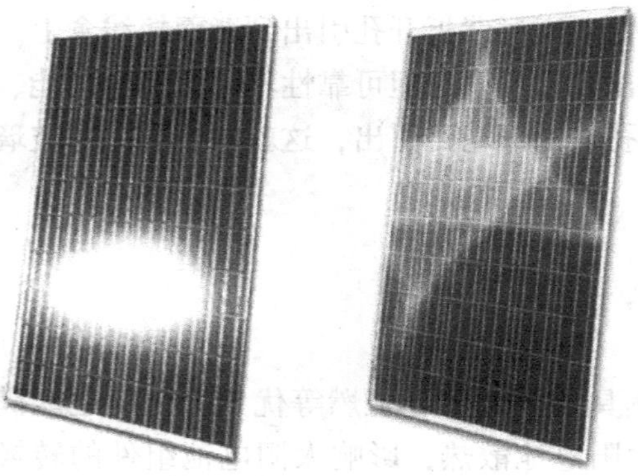

（a）常规组件　　（b）防眩光组件

图 11-24　常规组件表面和防眩光组件表面的防眩光效果比较

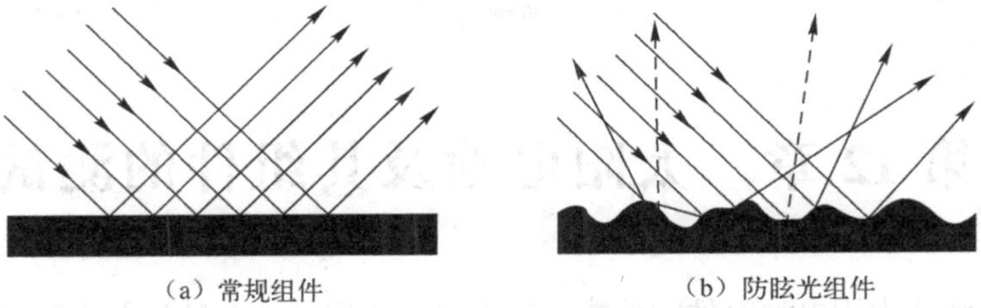

图 11-25　常规太阳电池组件玻璃表面和防眩光太阳电池组件玻璃表面的光反射示意图

11.11　太阳电池组件的性能测试

安装接线盒后，须要测试太阳电池组件的输出特性，标定组件输出功率，测试组件的电气强度和绝缘强度、电位诱发衰减效应（PID），确定组件的质量等级。

参考文献

[1] 孔凡建，段永波，严荣飞．晶体硅太阳电池组件的串联电阻损失及改善[J]. 太阳能学报，2012，33(1)：13-17.

[2] 傅家勤．光伏组件层压机的加热方式研究及发展趋势展望[J]. 太阳能，2021，(12)：26-29.

[3] Hacke P，Terwilliger K，Smith R，et al. System voltage potential-induced degradation mechanisms in PV modules and methods for test[C]//Photovoltaic Specialists Conference（PVSC），2011 37th IEEE. IEEE，2011：000814-000820.

[4] Koch S，Seidel C，Grunow P，et al. Polarization effects and tests for crystalline silicon cells[J]. 26th EU PVSEC，2011：1726-1731.

[5] 李民．光伏组件的 PID 效应和封装材料的关系. Solarzoom 光伏太阳能网，2013-06-25.

[6] 高效组件如何诞生？隆基的组件生产工艺详解来啦！[EB/OL].（2020-02-05）[2022-08-26]. https://news.solarbe.com/202002/05/320279.html.

[7] 纪振双．叠瓦组件的潜在优势及技术成熟度到底如何？[EB/OL].（2019-12-05）[2022-08-26]. https://www.sohu.com/a/358442569_257552.

[8] 徐建美，冯志强，Pierre Verlinden，等．高质量高可靠的组件产品新技术——晶硅双玻组件[J]. Pvtech Pro，中文专业版，2014(5)：57-60.

[9] 李光明，刘祖明，廖华，等. 金属背板型单晶硅光伏组件的电性能研究[J]. 太阳能学报，2013，34(7)：1141-1148.

第 12 章　太阳电池及其组件的测试

衡量太阳电池或太阳电池组件的性能，最重要的依据是 *I-U* 特性及由其确定的最大输出功率和转换效率。由于太阳光辐射随时间、地点和气候状况而变化，因此须要规定在标准测试条件（Standard Test Condition，STC）下进行测量，才能比较不同太阳电池性能的优劣，并估算出实际应用时太阳电池的性能参数。标准测试条件包括电池的温度、总的辐照度和光谱分布。

太阳电池的光电性能参数的测试对于获得高转换效率太阳电池组件是非常重要的。在设计与制造太阳电池组件时，一个很重要的要求是组件中的电池性能要尽可能一致。当太阳电池组与外电路相连接时，串联电池组合中的单体电池的电流与流过负载的电流相同，单体电池的电压将由电流来调节，通过叠加每个电池的电流和电压可得到 n 个电池组合的 *I-U* 特性。在特定辐照度和负荷条件下，太阳电池组件的最大输出电流受到电流最低的太阳电池的牵制。

当串联的太阳电池数量越多，它们的 *I-U* 特性越不一致，即太阳电池组件中电池之间的不匹配情况越严重时，在组件短路条件下，不匹配电池上消耗的功率也越多，整个组件的转换效率也越低。只有当所有太阳电池完全匹配时，在短路条件下太阳电池组件内部才不会消耗功率，并且组件整体转换效率等于单块电池的转换效率之和。

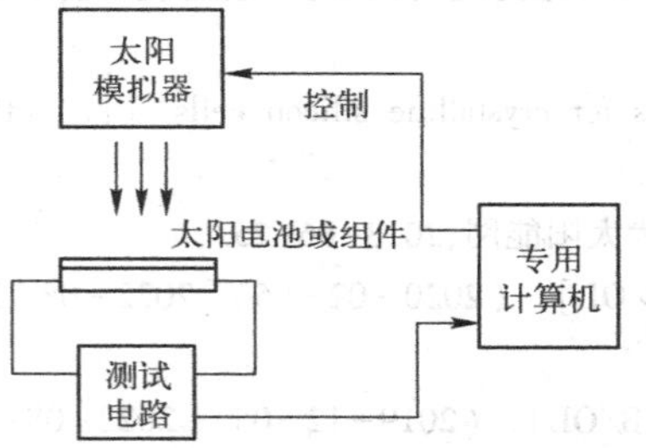

图 12-1　太阳电池/组件测试系统框图

太阳电池测试系统主要由太阳模拟器、测试电路和专用计算机三部分组成，如图 12-1 所示。太阳模拟器包括电光源、滤光器和光路部件等；测试电路主要是钳位电压式电子负载；专用计算机主要用于控制光学系统和处理数据等。实际上，现在的太阳模拟器通常包含了测试电路和专用计算机。

测量系统中最重要的部件是模拟太阳光的光源，其光谱应尽量接近于地面太阳光谱，如氙灯。无论是自然光还是太阳模拟器，其性能都存在空间不均匀性和时间不稳定性。室外阳光测试时，在测试平面上的光照比较均匀（差异小于 1%），在短时间（几分钟）内的稳定性也比较好。长弧氙灯太阳模拟器也能获得较好的空间均匀性，但是灯的测试时间通常在 1～20 ms 范围内。多闪氙灯使用的是连续脉冲光源，每次闪光测量 *I-U* 特性曲线上的一个点。连续氙灯模拟器的测试范围比较广，测试面积可达数平方米。

在光照下太阳电池组件的 *I-U* 特性曲线与温度相关，U_{oc} 和 P_{max} 会随温度的升高而变化，所以在 STC 中规定了固定的温度值。真正须要测量的温度应该是太阳电池的结温，实际上只能测试太阳电池或组件背表面的温度，这必然会引起测量误差，因此测试结果通常须要通过温度系数来修正。

测量时，还须要配置专门标定过的标准太阳电池，用于设定和测量模拟太阳器的辐照度。

12.1　太阳辐射的基本特性

地面上的太阳光由两部分组成，一部分直接来自太阳照射（称之为直接辐射），另一部分则来自大气层或周围环境的散射（称之为天空辐射），两部分相加为太阳总辐射。如果没有云层反射或严重的大气污染，直接辐射占总辐射的 75%以上。

在室外测试太阳电池时，应在天气晴朗、天空没有浮云或严重的气流影响，太阳高度角变化较小的稳定阳光辐照条件下进行。

表征太阳辐射性能的主要物理量如下所述。

（1）辐射照度：入射到单位面积上的太阳辐射功率，常用单位是 W/m^2 或 mW/cm^2。

（2）太阳光谱：对空间应用，规定的标准辐照度为 1367 W/m^2；对地面应用，规定的标准辐照度为 1000 W/m^2。实际上，地面上比较常见的阳光辐射照度是在 600～900 W/m^2 范围内，只有在中午时才可能达到 1000 W/m^2。在大气层以外，太阳光谱十分接近于 6000 K 的黑体辐射光谱，称为 AM0 光谱。在地面上，太阳光透过大气层后被部分吸收，这种吸收与大气层的厚度及组成有关。由于太阳高度角和气候条件随时间变化，致使照射到地面上的太阳光谱也随时间变化。为了测试太阳电池的性能，须要规定一个不随时间变化的标准的地面太阳光谱分布。现有的标准规定，在晴朗的气候条件下，当太阳透过大气层到达地面所经过的路程为大气层厚度的 1.5 倍、对应的太阳的天顶角为 48.19°时，其光谱为标准地面太阳光谱，这称为 AM1.5 标准太阳光谱。

标准太阳光谱辐照度分布如图 12-2 所示[1]。太阳光辐射（包括直射光和散射光）相应于 AM1.5 光谱分布，在与水平面成 37°的倾斜面上，总辐照度为 1000 W/m^2，地面的反射率为 0.2，气象条件如下：大气中水含量为 1.42 cm；大气中臭氧含量为 0.34 cm；混浊度为 0.27（0.5 μm 处）。

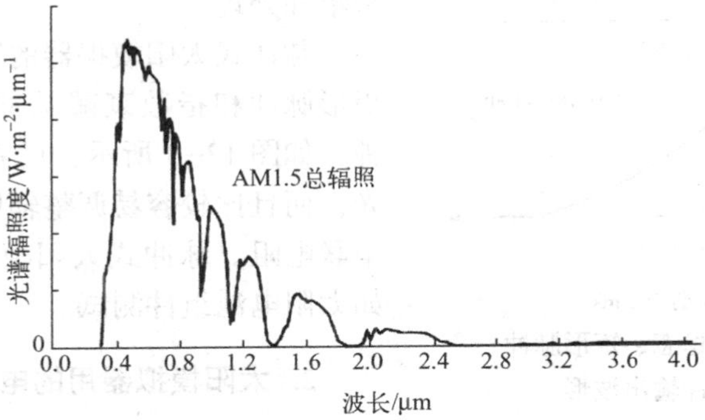

图 12-2　标准太阳光谱辐照度分布

注：一些相关术语定义如下。

（1）混浊度：由于悬浮在大气中的固体或液体颗粒（去除外）对太阳辐射的吸收和散射，所引起的大气透明度降低。按照 Angström 的定义，大气混浊度与波长 1000 nm 的消光系数 t 和大气消光函数公式中波长指数 ε 的关系为 $\alpha_{D.}=t\lambda^{-\varepsilon}$。$t<0.1$，表示大气很清澈；$t>0.2$，表示大气很混浊。$\varepsilon$ 的平均值取决于大气中粒子尺寸的分布，Angström 采用的近似值为 1.3。

（2）可沉积水蒸气含量：截面积为 1 cm^2 的垂直大气柱中，所含有的可沉积水蒸气的体积（cm^3），以相应的垂直水柱高度（cm）表示。

（3）臭氧含量：在标准温度和压力条件下，截面积为 1 cm^2 的垂直大气条柱中所含臭氧的体积（cm^3）。

（4）辐照度不均匀度：在规定面积的被照射表面不同位置上的辐照度的不均匀性。

（5）辐照度不稳定性：在规定时段内被照射表面上的辐照度随时间变化的不稳定性。

12.2 太阳模拟器

为了实现1000 W/m^{2}的辐照度、AM1.5的太阳光谱、均匀而稳定的标准地面阳光条件，须要采用人造光源模拟太阳的辐照和光谱，通常称之为太阳模拟器。

1. 太阳模拟器组成

太阳模拟器通常由三部分组成：光源及其供电电源、光学系统（透镜和滤光片）、控制部件，还可包含 *I*-*U* 特性数据采集系统、电子负载以及运行软件[2]。按照太阳模拟器在测试循环中的运行方式，可分为稳态、单脉冲和多脉冲三种类型。单脉冲太阳模拟器可进一步分为在单次闪光期间获得整个 *I*-*U* 特性的长脉冲系统和在单次闪光期间测得一个 *I*-*U* 特性数据点的短脉冲系统。

稳态太阳模拟器的特点是，在工作时输出的光辐射强度稳定不变。这类连续发光的太阳模拟器比较适合小面积测试。如果制造大面积测试光源，其光学系统和供电系统结构会变得复杂。脉冲式太阳模拟器工作时，辐射以毫秒量级的脉冲发光形式输出，可实现输出很强的瞬间辐射功率，而驱动电源的平均功率却很小，因此测量速度快、能耗低。由于测试工作须在极短的时间内完成，这就要求采用计算机进行数据采集和处理。

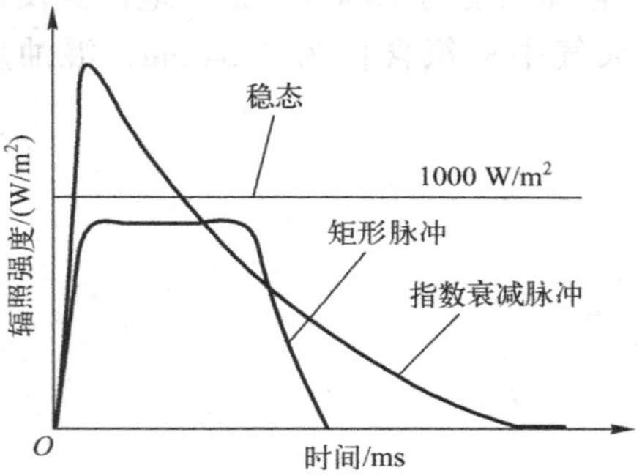

注：测量周期为2 ms

图12-3　太阳模拟器的稳态、矩形脉冲和指数衰减脉冲输出波形

脉冲式太阳模拟器的脉冲光输出波形可分为矩形脉冲和指数衰减脉冲（也称闪光脉冲）两种，如图12-3所示，后者不仅可以输出脉冲强光，而且比较容易调整辐照强度，从而便于测量串联电阻。脉冲式太阳模拟器适合大面积测试，如太阳电池组件测试。

2. 太阳模拟器用的电光源

太阳模拟器的主要部件是光源、光学透镜系统及滤光装置。电光源通常采用卤钨灯和氙灯。

☺ 卤钨灯：卤钨灯的背面须配置镀有介质膜的反射镜，要求反射镜既能反射可见光，又能透射红外线。卤钨灯输出光的色温为3400 K，经反射镜反射后，加强了可见光，减弱了红外线，使其光谱接近太阳光谱。卤钨灯的缺点是寿命短，一般为100～200 h，须要经常更换。

☺ 氙灯：氙灯的光谱分布比较接近于太阳光谱，但必须用滤光片滤除0.8～0.1 μm之间的红外线，使用不同的滤光片可获得与AM0或AM1.5接近的太阳光谱，适用于制造高精度的太阳模拟器。图12-4所示为氙灯光源光谱分布与AM1.5太阳光光谱分布的比较。氙灯模拟器的缺点是被照射表面上的辐照度均匀性较差，为了得到均匀的光斑须要配置复杂的光学系统，同时氙灯的驱动电源也比较复杂，价格昂贵。

☺ 脉冲氙灯：脉冲氙灯的光谱特性比稳态氙灯更接近于太阳光谱，可在短时间内发射出很强的辐射光，高发光强度有利于增大测试距离，获得大面积的均匀光斑。现在的太阳模拟器多采用脉冲氙灯。

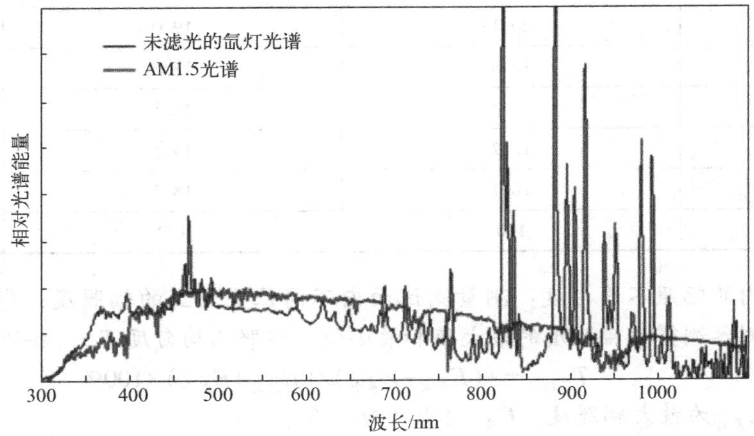

图 12-4 氙灯光源光谱分布与 AM1.5 太阳光光谱分布的比较

3. 太阳模拟器的性能参数

太阳模拟器的主要性能参数包括有效辐照度、光谱匹配、辐照不均匀度和辐照时间不稳定度等。

☺ 有效辐照度：在 *I–U* 特性测试过程中，辐照度可能会变化，有效辐照度是指采集所有数据过程中辐照度的平均值。

☺ 光谱范围：IEC 60904—3 中定义了 AM1.5 总辐照的太阳标准光谱分布。太阳模拟器的波长范围限定为 400 ～ 1100 nm，划分为 6 段，每段的辐照度对应总的辐照度都有一个确定的比值，见表 12-1。

表 12-1 IEC 60904—3 给出的总的标准太阳光谱辐照度分布

	波长范围/nm	与波长 400 ～ 1100 nm 范围内总的辐照度的比值（%）
1	400 ～ 500	18.5
2	500 ～ 600	20.1
3	600 ～ 700	18.3
4	700 ～ 800	14.8
5	800 ～ 900	12.2
6	900 ～ 1100	16.1

☺ 光谱匹配：太阳模拟器的光谱匹配是指与 IEC 60904—3 中规定的 AM1.5 标准光谱辐照度的偏差。每个波段的光谱匹配是计算模拟器的光谱与太阳光谱比值得到的，即每个指定的波段内太阳模拟器实测的辐照度与总辐照度的百分比对应太阳光谱要求的辐照度与总辐照度的百分比的比值。光谱匹配计算实例见表 12-2。

表 12-2　光谱匹配计算实例

波长范围/nm	AM1.5，与 400～1100 nm 范围内总的辐照度的比值（%）	典型太阳模拟器的光谱占比（%）	比率　A 级 0.75～1.25
400～500	18.5	17.6	0.95
500～600	20.1	19.0	0.94
600～700	18.3	17.6	0.96
700～800	14.8	13.1	0.89
800～900	12.2	14.5	1.19
900～1100	16.1	18.2	1.13
400～1100	100	100	⇨A 级

☺ 测试面内的辐照不均匀度：测量测试面内不同位置点上的辐照度，得到整个测试面内用探测器测得的辐照度的最大值和最小值。辐照不均匀度 $T_{不均匀}$ 按下式计算：

$$T_{不均匀}=\pm(E_{最大}-E_{最小})/(E_{最大}+E_{最小})\times100\% \tag{12-1}$$

式中，$E_{最大}$ 为最大辐照度，$E_{最小}$ 为最小辐照度。

☺ 辐照时间不稳定度：测试面上同一点的辐照度是随时间变化的。在一定的测试周期内，辐照时间不稳定度 $T_{不稳定}$ 按下式计算：

$$T_{不稳定}=\pm(E_{最大}-E_{最小})/(E_{最大}+E_{最小})\times100\% \tag{12-2}$$

辐照时间不稳定度分为短期不稳定度（STI）和长期不稳定度（LTI）。

☆ 短期不稳定度（STI）：STI 与 $I-U$ 特性测试过程中的单个数据点（辐照度、电流、电压）的采样时间有关。在 $I-U$ 特性曲线中，不同数据点的时间不稳定度的值是不同的，短期不稳定度由最差条件来确定。对于没有辐照度监控的成批太阳电池片或者组件的 $I-U$ 特性测试，STI 与辐照测量的时间周期有关。

☆ 长期不稳定度（LTI）：长期不稳定度所指定的时间周期是整个 $I-U$ 特性曲线的测试时间。

4. 太阳模拟器等级及评定

太阳模拟器等级根据光谱匹配、空间不均匀度和时间稳定度进行分类，每类分为 3 个等级：A、B 和 C，因而每个模拟器以光谱匹配、测试面内的辐照不均匀度和辐照时间不稳定度为顺序的 3 个字母来标定等级（如 CBA）。光谱匹配、辐照不均匀度和辐照时间不稳定度的指标由表 12-3 给出。对于光谱匹配，根据表 12-2 中的 6 个间隔与表 12-3 中的数据相比较，即可得到相应的级别。

表 12-3　太阳模拟器等级的定义

类　别	光 谱 匹 配	辐照不均匀度	辐照时间不稳定度	
			辐照短期不稳定度 STI	辐照长期不稳定度 LTI
A	0.75～1.25	±2%	±0.5%	±2%
B	0.6～1.4	±5%	±2%	±5%
C	0.4～2.0	±10%	±10%	±10%

表 12-4 给出了一个太阳模拟器等级的示例，其中的光谱匹配等级是从一个未进行滤波处理的氙灯获得的。辐照不均匀度的等级与特定的组件尺寸有关。

表 12-4　太阳模拟器等级的示例

等　级	光谱匹配	特定组件尺寸的辐照不均匀度	辐照时间不稳定度
CBB	0.81 在 400～500 nm（A） 0.71 在 500～600 nm（B） 0.69 在 600～700 nm（B） 0.74 在 700～800 nm（B） 1.56 在 800～900 nm（C） 1.74 在 900～1100 nm（C）	在 100 cm×170 cm 的范围内为 2.8%	STI 评估：组件的电流、电压和辐照度同时测量，通道之间的触发延时小于 10ns。测试时间内辐照度变化小于 0.5%(A)； LTI（整个 $I-U$ 特性测试时间小于 10 ms）= 3.5%(B)
	最差的等级 = C	等级 = B	等级 = B

表 12-5 给出了太阳模拟器光电性能主要技术参数实例。

表 12-5　太阳模拟器光电性能主要技术参数实例

技术参数	型号 A	型号 B
光谱范围	符合 IEC 60904—9 要求（A 级）	
辐照强度/mW/cm²	100（调节范围为 70～120 mW/cm²）	
辐照不均匀度	±2%	±3%
辐照不稳定度	±2%	±3%
测试结果一致性	±0.5%	±1%
电性能测试误差	±1%	±2%
单次闪光时间/ms	10	10
有效测试面积	1200 mm×2000 mm	
有效测试范围/W	10～300	
测量电压/V	1～10（分辨率为 1 mV）	
测量电流/A	100～20（分辨率为 1 mA）	
测试参数	I_{sc}、U_{oc}、P_{max}、U_m、I_m、FF、EFF 和 T_{emp}	
数据采集点数	8000	

5. 太阳模拟器主要性能的检测

1）光谱匹配　太阳模拟器的光谱匹配可用多种方法测试：由光栅式单色仪或分立探测器组成的光谱辐射计；电荷耦合器件（CCD）或光敏二极管阵列光谱仪；由带通滤光片组成的多个探测器部件；带有多个带通滤光片的单个探测器；等等。检测时，应避免杂散光对探测器干扰，探测器的光谱响应在所需要的波长范围内，其时间常数应与模拟器的脉冲宽度相匹配。光谱辐照度数据采集范围应覆盖 400～1100 nm。6 段波长的百分比分布应根据表 12-1确定。通过太阳模拟器的光谱与太阳光谱相比，计算每个波段的光谱匹配。

通过数据比较可得到光谱匹配的级别如下。

☺ A 级：每个波段的光谱匹配在 0.75～1.25 之间；

☺ B 级：每个波段的光谱匹配在 0.6～1.4 之间；

☺ C 级：每个波段的光谱匹配在 0.4～2.0 之间。

根据表 12-1 中规定的各个波段和表 12-3 规定的光谱匹配度确定相应的级别。

由于在脉冲太阳模拟器的脉冲光发生期间，光谱匹配可能会改变，因而光谱辐照度测试的积分时间应和数据获取时间相一致，并在此时间周期内计算光谱匹配。同时，由于在太阳模拟器的运行时间内，其光谱匹配可能会改变，所以光谱匹配应按规定进行定期检查。

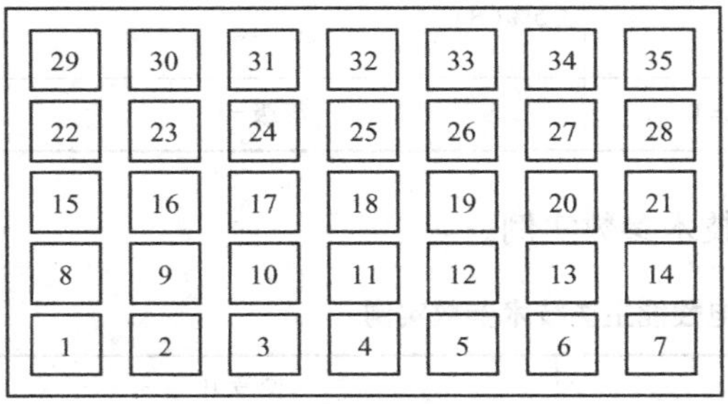

图 12-5　在测量太阳电池组件时，应将组件分成若干个小区进行测量

2）辐照不均匀度的检测　在测量单体太阳电池辐照不均匀度时，应使用不超过待测电池面积 1/4 的检测电池进行检测。在测量太阳电池组件时，应使用不超过待测组件面积 1/10 的检测电池进行检测。例如，将太阳电池组件分成 35 个小区进行测量，如图 12-5 所示。在测量大面积组件时，将指定被测面均分成不少于 64 份，均匀度探测器的最大尺寸应取下列二项较小者：①指定测试面积的 1/64；②400 cm^2。探测器应使用小组件，其有效表面的尺寸应不小于太阳电池片 80% 的封装密度，总测试面积应覆盖整个指定被测试面，测试位置应均匀覆盖指定的被测试面。测试结果由式（12-1）计算得到。

3）辐照的时间不稳定度检测　在一定的时间间隔内（整个 *I–U* 特性测试时间），测量被测试面上同一点的辐照度，并按式（12-2）计算辐照的时间不稳定度，短期不稳定度（STI）和长期不稳定度（LTI）都须要进行评估。

（1）对用于 *I–U* 特性测试的太阳模拟器，*I–U* 特性数据采集系统可认为是太阳模拟器的组成部分。如果太阳模拟器不包括数据采集系统，则应预先指定数据采集时间。

☺ 脉冲太阳模拟器 STI 的确定：当有 3 条独立的数据输入线存储辐照度、电流和电压的值时，因为同时触发 3 个多通道的时间通常小于 10 ns，STI 为 A 级（如果波长范围 400～1100 nm）或 A+级（如果光谱波长范围 300～1200 nm）；当每个数据组（辐照度、电流、电压）相继采集时（如图 12-6 所示），应考虑连续测量之间可能存在的时间延迟，首先测定获取两个连续数据组的时间，然后相继测定数据组时间内最坏情况下的辐照度变化数据，并用式（12-2）和表 12-3 确定 STI。

☺ 稳态太阳模拟器的 STI 的确定：当有 3 条独立的数据输入线存储辐照度、电流和电压的值时，STI 为 A 级；对于无法同时测量辐照度、电流和电压的稳态太阳模拟器，应先测定采集两个连续数据组（辐照度、电流和电压）的时间，同时考虑测量之间可能的时间延迟，然后相继测定数据组时间内最坏情况下的辐照度变化数据，再用式（12-2）和表 12-3 确定 STI。

☺ 脉冲太阳模拟器 LTI 的确定：对于长脉冲太阳模拟器，LTI 由数据采集期间测量数据集的辐照度值变化来确定，见图 12-6（a）；对于多闪光系统，LTI 由测定整个 *I–U*

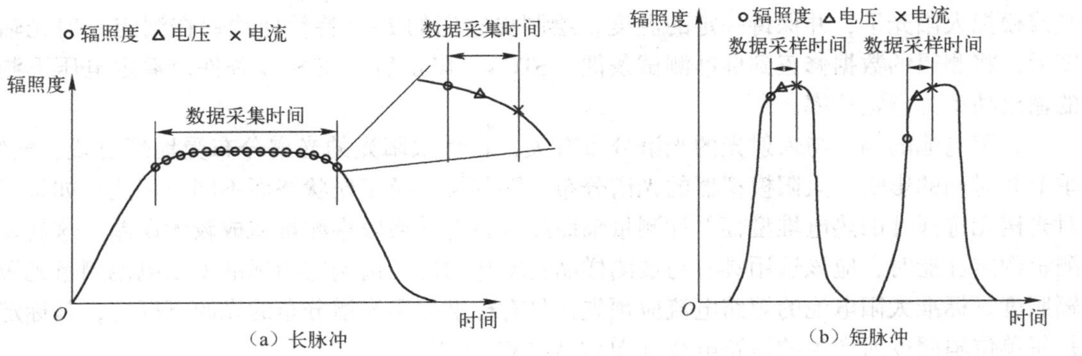

（a）长脉冲　　（b）短脉冲

图 12-6　太阳模拟器的 STI 评估

特性曲线的所有数据组的最大辐照度值变化确定，见图 12-6（b）。

☺ 数据组中不包括辐照度测量的脉冲/稳态太阳模拟器 LTI 的确定：首先在测量 $I-U$ 特性前、后测量辐照度，然后根据这两组辐照度值计算确定 LTI 。测量时，辐照度的最大平均间隔应与 $I-U$ 特性数据点之间的时间间隔相对应。

（2）对用于耐久性辐照测试的辐射曝晒（Irradiance Exposure）太阳模拟器来说，其 LTI 指标非常重要。首先在一定的时间内（若制造商未做规定，则至少测量 100 次，每隔 1 h 测量一次），用辐照度传感器测量最大辐照度和最小辐照度（如果是多灯系统，须在测试面积内规定一些具有代表性的测试点），然后用式（12-2）和表 12-3 确定 LTI。

12.3　太阳电池测试

太阳电池的性能测试包括电学测试、光学测试、热学测试、力学测试、可靠性测试、稳定性测试和外观测试等。太阳电池的这些性能均应符合相关标准的要求，其测试均须按相关标准的规定进行。

12.3.1　光电性能测试

测试太阳电池的光电性能主要是测量其 $I-U$ 特性[3]。$I-U$ 特性与测试条件有关，因此必须在规定的标准测试条件下进行测量，或者将测量结果换算到标准测试条件下的数值。标准测试条件包括标准太阳光（标准光谱和标准辐照度）和标准测试温度，温度可以人工控制。测试光源可选用太阳模拟器等人造光源或自然太阳光。人造光源的光谱取决于光源的种类、滤光器和反光器系统。当采用人造光源时，辐照度应用标准太阳电池的短路电流标定值校准。标定值是指标准测试条件下太阳电池的短路电流与辐照度的比值。为了减小光谱失配时引起的误差，测试光源的光谱应尽量接近标准太阳光光谱，选用与被测太阳电池光谱响应基本相同的标准太阳电池。

1. 光电性能测量原理

测量太阳电池或组件的光电性能的方法，是将被测太阳电池或组件置于稳定的自然太阳光或模拟太阳光下，并保持一定的温度，绘制出它们的 *I*–*U* 特性曲线。在测定入射光辐照度后，将测得的数据修正到标准测试条件（STC）。修正后，在 STC 条件及额定电压下测得的输出功率为额定功率。

太阳电池的响应与入射光的光谱分布有关，自然太阳光的光谱分布受地理位置、气候、季节和时间的影响，太阳模拟器的光谱分布又随其类型及工作状态而不同。因此，如果采用对光谱无选择性的热电堆型辐射计测量辐照度，将对转换效率测量造成较大误差。这就要求测量额定性能时，应该选用具有与被测样品基本相同的光谱响应的标准太阳电池测量光源的辐照度。标准太阳电池的短路电流应预先在具有标准太阳光谱分布的光源下标定，其标定值是每单位辐照度所产生的短路电流［单位 $A/(W \cdot m^{-2})$］。

在用标准太阳电池测量辐照度时，已自动计入光谱分布改变的影响，因此，采用这种方法测量户外太阳电池的光电性能时，可放宽对地理位置和气象条件的要求；在室内测量太阳电池的光电性能时，也可降低对太阳模拟器光谱精度的要求。当标准太阳电池和被测太阳电池的时间常数很接近时，还可以降低对太阳辐照度稳定性的要求。采用标准太阳电池测量辐照度，可以实现在合理的公差范围内，按照太阳电池的光谱响应来计算太阳电池或组件置于任何已知光谱度分布的光源辐照下的光电性能。

2. *I*–*U* 特性的测试电路

测量 *I*–*U* 特性的电路框图如图 12–7 所示。在测量太阳电池的电压和电流时，为了减小接触电阻影响，应采用 4 引线法，即从被测件的端点单独引出电压线和电流线，避免由太阳电池汇流条和封装接线上的电压降而产生的测量误差。如果不采用四线制测量法，则会引入测量误差，如图 12–8 所示。

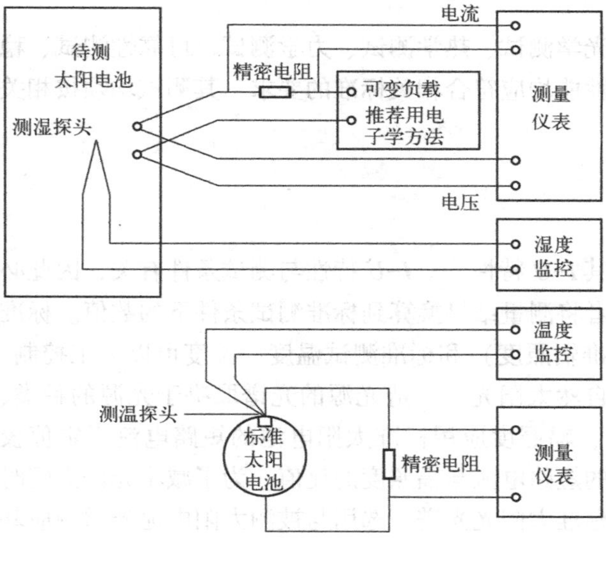

图 12–7　测量 *I*–*U* 特性的电路框图

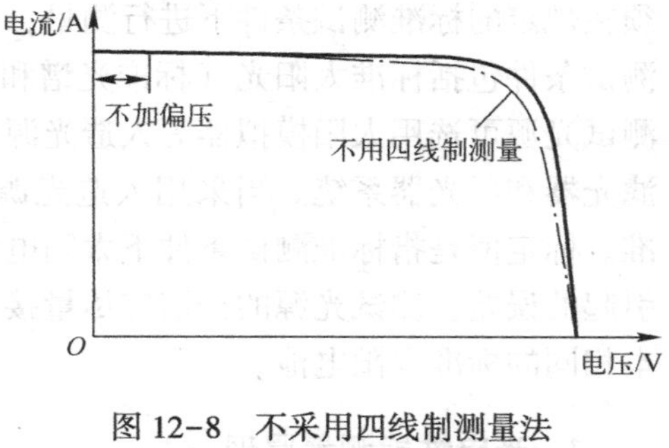

图 12–8　不采用四线制测量法引入的测量误差

为了准确测量 I_{sc}，应施加偏压；测量 $I-U$ 特性曲线，应采用 512 点、4.3 μs/数据点。当负载为容性时，应采用一次闪光；当负载为阻性时，应采用多次闪光。

3. 太阳电池的测试项目

太阳电池的测试项目包括开路电压 U_{oc}、短路电流 I_{sc}、最佳工作电压 U_m、最佳工作电流 I_m、最大输出功率 P_m、转换效率 η、填充因子 FF、$I-U$ 特性曲线、短路电流温度系数 α（简称电流温度系数）、开路电压温度系数 β（简称电压温度系数）、内部串联电阻 R_s、内部并联电阻 R_{sb}。

4. 光电性能测试的要求

1）标准测试条件　标准规定：地面标准阳光光谱采用 AM1.5 标准阳光光谱，总辐照度为 1000 W/m^2，标准测试温度为 25 ℃。对于定标测试，标准测试温度的允许误差为±1 ℃；对于非定标准测试，温度允许误差为±2 ℃。如果受测试条件的限制，只能在非标准条件下进行测试，则必须将测量结果换算成标准测试条件的数据。

2）测量仪器与器具

（1）标准太阳电池：标准太阳电池是专门标定过的太阳电池，用于传递标定值、测量自然太阳光或模拟太阳光的辐照度、设定太阳模拟器的辐照度、测试与其有相似光谱响应、光学特性和尺寸的太阳电池的性能。

标准太阳电池分为三级：一级标准太阳电池、二级标准太阳电池和工作标准太阳电池。一级标准太阳电池以与世界辐射计基准（W. R. R）相一致的辐射计、标准探测器或可溯源到国际单位制的标准光源为基准进行标定。二级标准太阳电池在自然太阳光或模拟太阳光下对照一级标准太阳电池进行标定。工作标准太阳电池在自然太阳光或模拟太阳光下对照二级标准太阳电池进行标定。

工作标准太阳电池应定期与二级标准太阳电池对比，二级标准太阳电池则须定期到有二级标准标定资质的部门进行校验，定期校验周期通常为一年。标准太阳电池最主要的参数是积分响应 Q(mA/mW)或在标准状态下的短路电流、光谱响应 $Q(\lambda)$和温度系数。

标准太阳电池的标定值是在 AM1.5 光谱分布、1000 W/m^{2}光辐照度、(25±2) ℃电池温度条件下，标准太阳电池输出的短路电流值，这个值代表了在规定光谱条件下光源输出的辐照度能量的计量。在标准太阳电池的传递过程中，首先使用标准太阳电池的标定值（短路电流）对光源的辐照度进行标定，然后往下传递，工作标准太阳电池应用二级标准太阳电池进行标定。

标准太阳电池的测试简称定标测试，其他太阳电池和组件的测试为非定标测试。在非定标测试中，一般用 AM1.5 工作标准太阳电池校准辐照度。

对标准太阳电池的性能要求是：光伏特性稳定，在需要的辐照度范围内输出信号应与辐照度成线性，不应含旁路二极管，电气连接应采用四线制连接方式。

标准太阳电池应具有测量自身温度的装置，温度测量不确定度均应优于±2 ℃。

实际使用标准太阳电池时，可并联一个精密电阻，使标准太阳电池在充分接近短路状态下使用，精密电阻应满足下式的要求：

$$I_{sc}R_{cal}<0.03U_{oc} \tag{12-3}$$

式中，R_{cal}为精密电阻的电阻值，I_{sc}为标准光伏器件在标准条件下的短路电流，U_{oc}为标准光伏器件在标准条件下的开路电压。

对标准太阳电池的上述要求也同样适用于标准太阳电池组件，同时要求标准太阳电池组件中的分立电池的短路电流和填充因子的不匹配度应在±2%以内。

（2）电压表：电压表的内阻应不低于20kΩ/V，精度应不低于0.5级。

（3）电流表：电流表内阻应尽可能小；保证在测量短路电流时，被测太阳电池两端的电压不超过开路电压的3%。电流值也可按欧姆定律用数字毫伏表测量取样电阻两端电压降进行测定。

（4）取样电阻：必须采用四端精密电阻，其精确度应不低于±0.2%。太阳电池短路电流和取样电阻值的乘积应不超过电池开路电压的3%。

（5）负载电阻：应能从零平滑地调节到10kΩ以上。必须有足够的功率容量，以保证在测量时不会因通电发热而影响测量精度。当可变电阻不能满足上述条件时，应采用等效的电子可变负载。

（6）函数记录仪：用于记录太阳电池的I–U特性曲线，其精度应不低于0.5级。

（7）温度计：温度计或测温系统的仪器误差应不超过±0.5℃，测量系统的时间响应不大于1s。测量探头的体积和形状应能满足安装时贴近太阳电池的pn结的要求。

（8）室内测试光源：太阳模拟器的光谱分布、辐照均匀度及稳定性等性能均应按表12-3的规定符合相应等级太阳模拟器性能的要求。

5. 单体太阳电池的基本测试方法

在所规定的测试项目中，开路电压和短路电流可以用电压表和电流表直接测量，其他参数应从I–U特性曲线求出。太阳电池I–U特性应使用太阳模拟器在标准条件下或标准地面阳光条件下测定。如果受客观条件所限，在非标准条件下进行测试，则应将测试结果换算为标准测试条件下的结果。

测量单体太阳电池时的测试温度必须恒定为标准测试温度。控制太阳电池组件或方阵的测试温度，可以采用脉冲式太阳模拟器或采用遮光法。遮光法是测试前先用光板盖住被测太阳电池，只在测试期内才让被测电池受到光照。模拟太阳光的辐照度必须用标准太阳电池校准，不允许用其他辐射测量仪表校准。用于校准辐照度的标准太阳电池应与待测太阳电池具有基本相同的光谱响应。

1）从非标准测试条件换算到标准测试条件 当测试温度、辐照度与标准测试条件不相符时，可用以下换算公式校正到标准测试条件：

$$I_2=I_1+I_{sc}\left(\frac{I_{SR}}{I_{MR}}-1\right)+\alpha(T_2-T_1) \tag{12-4}$$

$$U_2=U_1-R_s(I_2-I_1)-KI_2(T_2-T_1)+\beta(T_2-T_1) \tag{12-5}$$

式中：I_1、U_1为待校正的特性曲线的坐标点；I_2、U_2为校正后的特性曲线的对应坐标点；I_{sc}为所测试太阳电池的短路电流；I_{MR}为标准太阳电池在实测条件下的短路电流，测量I_{MR}时，如有必要，应对标准太阳电池的温度进行修正；I_{SR}为标准太阳电池在标准的或其他希望的辐照度下的短路电流；T_1为测试温度；T_2为标准测试温度；R_s为所测太阳电池的内部串联电阻；K为曲线校正因子，与电压、电流测试值有关，一般可取$K=1.25\times10^{-3}$ Ω/℃；α为所测太阳电池在标准辐照度下、所需温度范围内的短路电流温度系数；β 为和上述短路电流温度系数相对应的开路电压温度系数。注：以上各参数的单位必须统一。

式（12-4）中等号右侧第二项为辐照度修正，第三项为温度修正；式（12-5）中等号右侧第二项为串联电阻修正，第三项为曲线修正，第四项为温度修正。

2）太阳电池内部串联电阻的测量

（1）测量原理：太阳电池的串联电阻是一个分布函数，其构成比较复杂。在有负载的情况下，应在最佳负载附近测量串联电阻。

常用的方法是采用两种光强照射太阳电池，通过负载的改变使通过电池 pn 结的电流不变，从而结电压也相同，然后由测得的电流和电压值求出电池的串联电阻值。

设太阳电池在一定光强下得到负载曲线 1，然后改变光强，得到电池的另一条负载曲线 2，如图 12-9 所示。取曲线 1 上最佳工作点 P，对应的电流密度和电压分别为 I_P 和 U_P。再在曲线 2 上选一点 Q，对应的电流密度和电压分别为 I_Q 和 U_Q。让其所对应的 I_Q 满足下列关系：

$$I_{sc1}-I_P=I_{sc2}-I_Q \tag{12-6}$$

这表明太阳电池在两种光强照射时，通过负载的调整，使通过 pn 结的电流相同。虽然在两种不同光照和负载状态下，但结电流是相同的，其结电压也应该相同。于是得到：

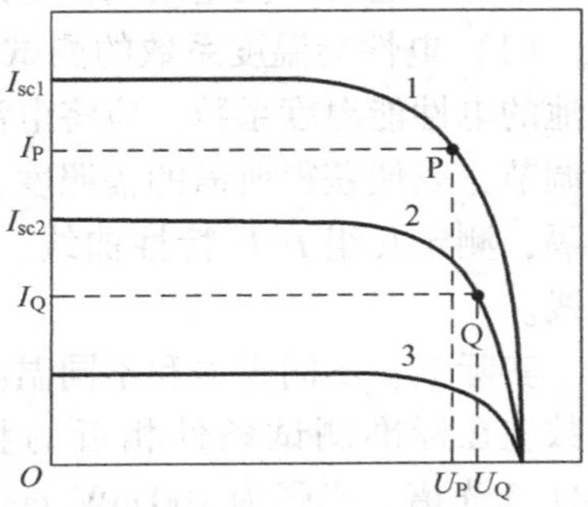

图 12-9　测量太阳电池串联电阻的 I-U 特性曲线

$$I_QR_s+U_Q=I_PR_s+U_P \tag{12-7}$$

根据式（12-6）和式（12-7）得：

$$R_s=\frac{U_Q-U_P}{I_P-I_Q}=\frac{V_Q-V_P}{I_{sc1}-I_{sc2}} \tag{12-8}$$

（2）测量方法：在太阳模拟器光照下测量太阳电池内部串联电阻，所用装置与测量 I-U 特性的装置相同。要求测试平面上的辐照度能在 600 ～ 1200 W/m^2 范围内调节。

用两种不同的辐照度，大致取值为 900 ～ 1100 W/m^2，分别测得两条 I-U 特性曲线，见图 12-9。要求辐照度改变期间温度变化不超过 2 ℃。在两条 I-U 特性曲线的最大功率点附近各选择一点 P 和 Q，使其满足：

$$\Delta I=I_{sc1}-I_p=I_{sc2}-I_Q \tag{12-9}$$

并按式（12-8）计算 R_{s1}，即

$$R_{s1}=\frac{U_Q-U_P}{I_{sc1}-I_{sc2}} \tag{12-10}$$

保持温度不变，将辐照度改变到 700 W/m^2 左右，再绘制一条 I-U 特性曲线 3，见图 12-9。从曲线 2 和 3 计算出 R_{s3}，从曲线 1 和 3 计算出 R_{s2}。

再按下式计算被测太阳电池的内部串联电阻：

$$R_s=\frac{R_{s1}+R_{s2}+R_{s3}}{3} \tag{12-11}$$

串联电阻的测量实例见表 12-6。

表12-6 串联电阻的测量实例（$\Delta I=800\,mA$）

测 量 点	辐照度/（W/m^2）	串联电阻测量值/mΩ
1	1000	29
2	800	28
3	600	29
平均值		29

3）太阳电池温度系数的测量 太阳电池温度系数包括短路电流温度系数α和开路电压温度系数β。α和β随辐照情况变化而改变，并与温度有关，因此测量α和β必须在规定的辐照条件下进行。测量结果只适用于一定的温度范围，这一范围应根据需要确定。

（1）电性能温度系数的测试原理：使用太阳电池时，电池的温度会有变化。为了测试电池的电性能温度系数，应将电池置于温度可调节的恒温器上，并使其与光源之间的距离可以调节，以便获得所需的辐照度。在一定的光强和温度范围内，以固定的光强和固定的温度间隔，测定几组$I-U$特性曲线，求得各光强下太阳电池的电流或电压随温度变化的关系曲线。

实际上，不同光强和不同温度范围内电流或电压对温度的变化速率是不同的，所以温度系数应在标准测试条件相近的状态下测试。例如，设定温度范围为-50～+100℃，在AM1.5光谱、光强为$100\,mW/cm^2$标准状态下，先在太阳电池温度为标准温度25℃（记为T_0）时测定电池的电流密度I_{sc0}和电压U_{oc0}。然后提高温度约10℃，稳定后电池温度为T_1，测得的电流和电压分别为I_{sc1}和U_{oc1}；再提高温度约10℃，稳定后电池温度为T_2，测得的电流和电压分别为I_{sc2}和U_{oc2}。则电流和电压的温度系数α和β分别为

$$\alpha=\frac{1}{2}\left[\frac{I_{sc1}-I_{sc0}}{T_1-T_0}+\frac{I_{sc2}-I_{sc1}}{T_2-T_1}\right] \tag{12-12}$$

$$\beta=\frac{1}{2}\left[\frac{U_{oc1}-U_{oc0}}{T_1-T_0}+\frac{U_{oc2}-U_{oc1}}{T_2-T_1}\right]$$

如果构成组件或方阵的单体太阳电池和已测试的太阳电池的材料和工艺相同，那么它的电流密度和电压的温度系数各为

$$\alpha'=N_p\alpha \tag{12-13}$$

$$\beta'=N_s\beta$$

式中：α和β分别是单体太阳电池的电流和电压温度系数；α'和β'分别是组件或方阵的电流和电压温度系数；N_p为并联的单体太阳电池数目；N_s为串联的单体太阳电池数目。

显然，测试温度系数时，温度的精确测量很重要，通常用热电偶直接测量。

（2）温度系数测量方法：用太阳模拟器作为测试光源时，最好使用脉冲式太阳模拟器。温度传感器应贴附在被测试的太阳电池上，尽量靠近电池的pn结处。被测器件安装在能控制温度的测试架上，接触面应有良好的热传导性。应在恒定的标准测试温度下温度测试。

测试时，辐照度监测仪（或标准太阳电池）和被测太阳电池并排放置在测试平面的有效辐照区内。用辐照度监测仪（或标准太阳电池）校准辐照度。将温度调节到所需温度范围的最低点，测量开路电压和短路电流。然后将温度升高10℃，稳定后再测量开路电压和短路电流。继续升高温度，每次升高10℃，直到所需温度范围的最高点。用统计方法处理

数据，绘制短路电流-温度以及开路电压-温度两条曲线。在所需温度范围的中间点处，求出上述两条曲线的斜率，即 α 和 β。

太阳电池组件和方阵的温度系数可根据单体太阳电池的温度系数以及单体太阳电池串联和并联个数由式（12-13）计算出。

当温度低于环境温度时，为了防止被测器件的表面形成冷凝水珠，可以用干燥的氮气进行保护，必要时在真空中测试。

(3) 温度系数的测量实例：按上述方法测定太阳电池组件的短路电流温度系数 α、开路电压温度系数 β 和功率温度系数 γ。

① 电流温度系数的测定：电流温度系数的测量结果见表 12-7，如图 12-10 所示。

表 12-7　电流温度系数的测量结果

温度系数 α/(A/℃)	0.0046
温度系数 α(×100%/K)	0.0568

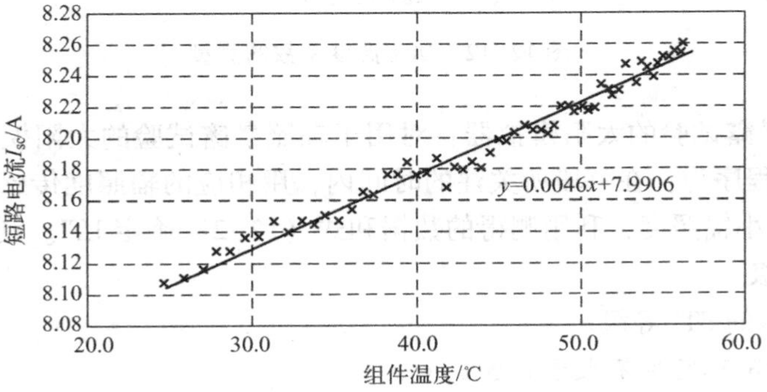

图 12-10　电流温度系数的测量

② 电压温度系数的测量：电压温度系数的测量结果见表 12-8，如图 12-11 所示。

表 12-8　电压温度系数的测量结果

温度系数 β/(V/℃)	-0.1298
温度系数 β(×100%/K)	-0.3551

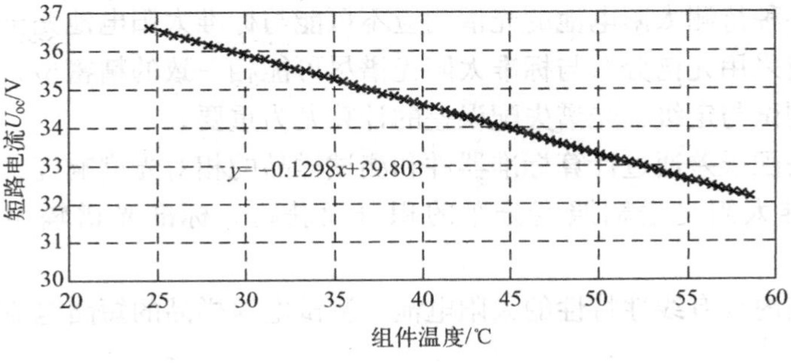

图 12-11　电压温度系数的测量

③ 功率温度系数的测量：功率温度系数的测量结果见表12-9，如图12-12所示。

表12-9　功率温度系数的测量结果

温度系数 γ/(W/℃)	-1.0848
温度系数 γ(×100%/K)	-0.5072

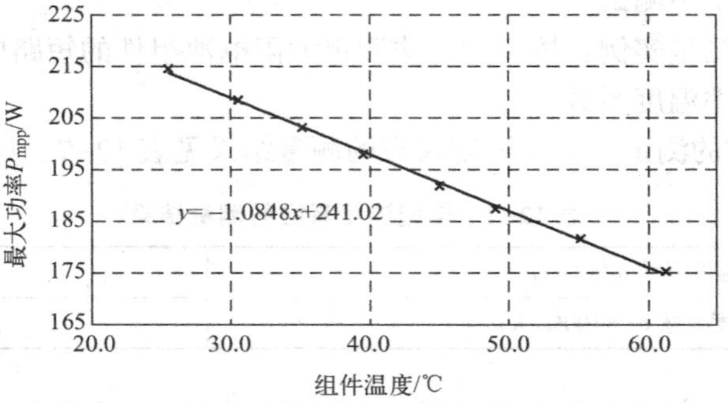

图12-12　功率温度系数的测量

④ 用于辐照暴露试验的太阳模拟器：对用于辐照暴露试验的太阳模拟器，主要技术指标是LTI，其测定程序为：在一段所关注的时间内，用相应的辐照度传感器测试辐照度，确定最大辐照度与最小辐照度，利用测得的数据和式（12-2）确定LTI。利用算得的LTI值和表12-3确定其等级。

⑤ 太阳模拟器的STI等级。

☺ A级：辐照不稳定度不大于0.5%；

☺ B级：辐照不稳定度不大于2%；

☺ C级：辐照不稳定度不大于10%。

4）太阳电池测量的光谱失配误差的计算　在太阳电池测量过程中，在测试电池样品和标准器件之间的光谱响应失配与测试光谱和标准光谱之间的失配共同影响下，将造成短路电流测试误差。

只有当太阳模拟器的光谱和标准太阳光谱完全一致，或者被测太阳电池的光谱响应和标准太阳电池的光谱响应完全相同时，才能消除光谱失配误差。实际上，由于结构、材料和工艺的不一致性，各种待测太阳电池的光谱响应不可能与标准太阳电池完全一致。因此，为了改善光谱匹配，应采用光谱分布与标准太阳光谱尽可能相一致的精密型太阳模拟器。对标准太阳电池的性能测试与定级，光谱失配误差的计算尤为重要。

通常，光谱失配误差通过计算标准器件和测试样品的相对光谱响应、太阳模拟器的相对光谱辐照度和标准太阳光谱辐照度分布的积分而获得。标准光谱辐照度分布数据由GB 6497—1986给出。

对在测试范围内具有线性特性的太阳电池，测试电池样品的短路电流密度测试误差由下式计算：

$$\text{光谱失配误差}=\frac{J_4-J_3}{J_3}\times100\%=\left(\frac{A_1A_4}{A_2A_3}\cdot\frac{J_2}{J_1}-1\right)\times100\% \tag{12-14}$$

式中：$J_1=\int s_{1\lambda}G_{s\lambda}\mathrm{d}\lambda$；$J_2=\int s_{1\lambda}G_{t\lambda}\mathrm{d}\lambda$；$J_3=\int s_{2\lambda}G_{s\lambda}\mathrm{d}\lambda$；$J_4=\int s_{2\lambda}G_{t\lambda}\mathrm{d}\lambda$；测量的相对光谱响应和相对光谱辐照度乘积的积分分别为

$$A_1=\int k_1 s_{1\lambda} k_3 G_{s\lambda}\mathrm{d}\lambda = k_1 k_3 J_1$$

$$A_2=\int k_1 s_{1\lambda} k_4 G_{t\lambda}\mathrm{d}\lambda = k_1 k_4 J_2$$

$$A_3=\int k_2 s_{2\lambda} k_3 G_{s\lambda}\mathrm{d}\lambda = k_2 k_3 J_3$$

$$A_4=\int k_2 s_{2\lambda} k_4 G_{t\lambda}\mathrm{d}\lambda = k_2 k_4 J_4$$

式中：J_1为标准太阳电池在具有 1000 W · m^{-2}辐照度和标准光谱分布的太阳辐射下的短路电流密度（A · m^{-2}）；J_2为标准太阳电池在自然或模拟的太阳辐射下测得的短路电流密度（A · m^{-2}）；$s_{1\lambda}$为标准太阳电池在波长 λ 处的绝对光谱响应（A · W^{-1}）；$k_1s_{1\lambda}$为标准太阳电池在波长 λ 处的相对光谱响应；J_3为测试样品在具有 1000 W · m^{-2}辐照度和标准光谱分布的太阳辐射下的短路电流密度（A · m^{-2}）；J_4为测试样品在自然或模拟的太阳辐射下测得的短路电流密度（A · m^{-2}）；$s_{2\lambda}$为测试样品在波长 λ 处的绝对光谱响应（A · W^{-1}）；$k_2s_{2\lambda}$为测试样品在波长 λ 处的相对光谱响应；$G_{s\lambda}$为标准光谱辐照度分布中波长 λ 处的绝对光谱辐照度（W · m^{-2} · μm^{-1}）；$k_3G_{s\lambda}$为标准光谱辐照度分布中波长 λ 处的相对光谱辐照度；$G_{t\lambda}$为自然或模拟的太阳辐射在波长 λ 处的绝对光谱辐照度（W · m^{-2} · μm^{-1}）；$k_4G_{t\lambda}$为自然或模拟的太阳辐射在波长 λ 处的相对光谱辐照度。

5）太阳电池相对光谱响应的测量　测量单结太阳电池的相对光谱响应时，用其响应范围内一系列不同波长的单色光均匀照射温度可控的太阳电池，并在每一波长下测量短路电流密度和辐照度。绘制电流密度除以辐照度随波长变化的曲线。也可以通过改变单色仪的入射狭缝的宽度保持恒定的辐照度，直接由电流密度读数获得相对光谱响应曲线。

注意：这里的“光”和“太阳光”是广义概念，既包括可见光也包括红外光和紫外光。

辐照度监测器可以是真空热电偶或热释电辐射计，也可以使用标定过的相对光谱响应已知的标准太阳电池作为辐照度监测器。这时，所测试的样品的相对光谱响应由下式计算：

$$k_2 s_{2\lambda} = k_1 s_{1\lambda} J_{\mathrm{mt}\lambda} / J_{\mathrm{mr}\lambda} \tag{12-15}$$

式中：$k_1s_{1\lambda}$为标准太阳电池在波长为 λ 时的相对光谱响应；$k_2s_{2\lambda}$为测试样品在波长 λ 下的相对光谱响应；$J_{\mathrm{mr}\lambda}$为标准太阳电池在波长为 λ 时测量的短路电流密度；$J_{\mathrm{mt}\lambda}$为测试样品在波长 λ 下测量的短路电流密度。

在安装测试装置和进行测量时，应注意测量平面上辐照度的均匀性；定期检测滤光片透射曲线以发现是否有谐波透射；在所有辐照度和全部波长范围内，器件的短路电流与光强的关系应呈线性；负载电阻器的电阻值应尽可能小，以保证尽可能接近短路条件，应定期校准负载电阻器和检测接触电阻。

图 12-13（a）所示的是使用单色仪产生单色光的测试装置示意图；图 12-13（b）所示的是用滤光片产生单色光的测试装置示意图。这里的单色光是指窄波段光束。光源通常用 1000 W 的卤钨灯，灯的色温稳定在 3200 K。待测太阳电池和辐照度监测器固定在具有温度控制器的可旋转支架的两端，使两者都可精确地在同一位置接受单色光束。同时，固定支架

上设置有滑轨，通过调整位置使来自分光仪的光束可同时照射待测太阳电池和辐照度监测器。

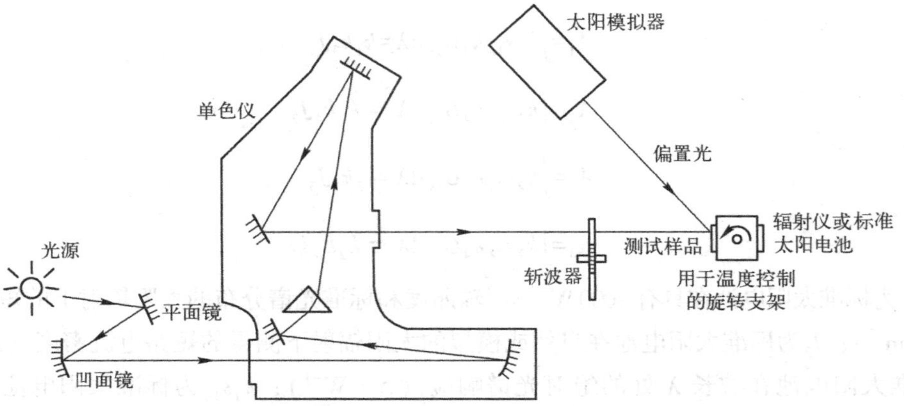

（a）使用单色仪测量光谱响应

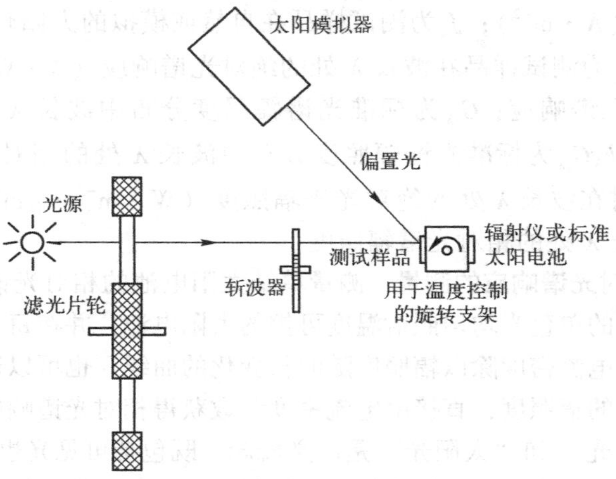

（b）使用滤光片测量光谱响应

图 12-13　测量太阳电池光谱响应示意图

滤光片轮配置的窄波段滤光片的数量，应能以不超过 50 nm 的波长间隔覆盖太阳电池的整个响应范围。滤色片的边带应小于 0.2%。滤光片的排布应使光源通过每个滤光片依次照射待测太阳电池和辐照度监测器。

当太阳电池的响应随光强呈线性变化时，电池的短路电流（通过测电阻两端的电压间接获得）和真空热电偶或辐射仪的电压可用数字电压表或电位差计测得。如果使用直流方法，发射光束、待测样品和辐照度监测器应置于暗箱里，并避免热和电磁场引入的误差。如果发射光束通过低频斩波，则输出电压要进行放大和整流。

对于非线性器件，必须使用经过斩波的单色光束，并且使用稳态模拟光源产生偏置光，增加辐照度到预期的照射水平（如 $1000\,W\cdot m^{-2}$）。对于线性器件，通常也要使用偏置光，除非能确认不设偏置光不会明显改变所测得的光谱响应。

测量时，加偏置光是为了消除太阳电池材料中存在陷阱所引入的测量误差。晶体硅太阳电池的硅材料中存在陷阱，这种掺杂半导体材料中的陷阱通常为少子陷阱。当太阳电池处于非平衡状态情况下时，禁带中的杂质能级对光生载流子具有陷落收容作用，这称为陷阱效应。为了消除陷阱效应对测试带来的影响，须要加偏置光，用偏置光产生的光生载流子填充陷阱中心，并使其始终处于饱和状态。选择合适的偏置光的强度，能使测量的光谱响应达到最大值。

脉冲式光谱响应测量方法如图 12-14 所示。简单地说，脉冲式光谱响应是由待测太阳电池的短路电流与光谱标准太阳电池的短路电流的比值决定的。

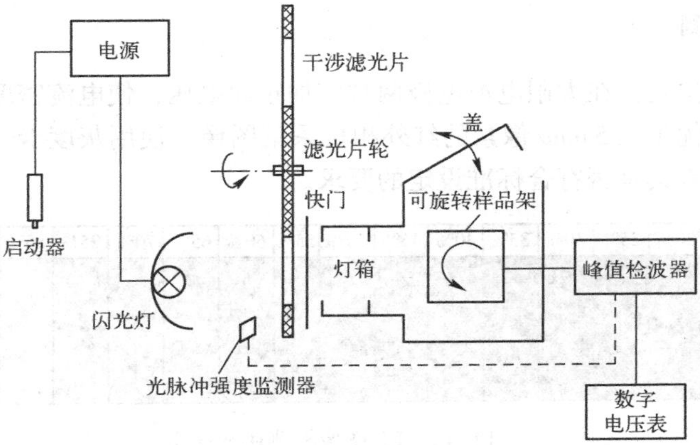

图 12-14　脉冲式光谱响应测量方法

6）在室外阳光下的太阳电池测试　在室外阳光下的太阳电池测试与室内模拟器作为光源的太阳电池测试基本相同，但测试场地及周围环境、气候及阳光条件、电池的安装等方面应符合下列要求。

（1）测试场地及周围环境：测试场地周围的地面应空旷，不存在遮光、反射光及散射光的物体，特别是不应有高反射性的物体，如冰雪、白灰和亮沙子等。

（2）气候及阳光条件：天气晴朗，太阳周围无云层遮挡；阳光总辐照度不低于标准总辐射量的 80%；天空散射光不大于总辐射量的 25%；在测试周期内，辐照的不稳定度应优于±1%。

（3）安装要求：被测太阳电池和标准太阳电池应安装在同一平面上，并尽量靠近；测试平面的法线和入射光线的夹角应不大于 5°。

太阳电池光电性能的检测应按照 IEC 60904-1-1：2017《Photovoltaic devices - Part 1-1：Measurement of current-voltage characteristics of multi-junction photovoltaic（PV）devices》和 IEC 60904-3：2016《Photovoltaic devices - Part 3：Measurement principles for terrestrial photovoltaic（PV）solar devices with reference spectral irradiance data》标准规定进行。

12.3.2　其他性能测试

1. 最大功率初始光衰减率

太阳电池最大功率初始光致衰减率 η 由下式定义：

$$\eta=\frac{P_1-P_0}{P_0}(\%)$$

式中，P_0为光致衰减前太阳电池最大功率，P_1为光致衰减后太阳电池最大功率。

最大功率初始光致衰减率的测试与测试条件（如辐照度、辐照时间和太阳电池温度）相关，测试时应预先设定测试条件。例如，按以下条件和方法进行测试：对检测未经过预处理的太阳电池的电性能，在太阳电池温度不超过80℃，辐照度为800～1100 W/m^{2}的室外自然光或模拟光源照射下，保持5 h，再次检测其电性能，并按上面的公式计算η值。

2. EL图像检测

简单的测试方法是，在太阳电池电极两端施加正向电压，使电流密度与电池短路电流密度相当，用分辨率优于0.5 mm/像素的红外相机采集图像。使用灰度卡（如图12-15所示）对比灰度差异，检查其是否符合标准设定的要求。

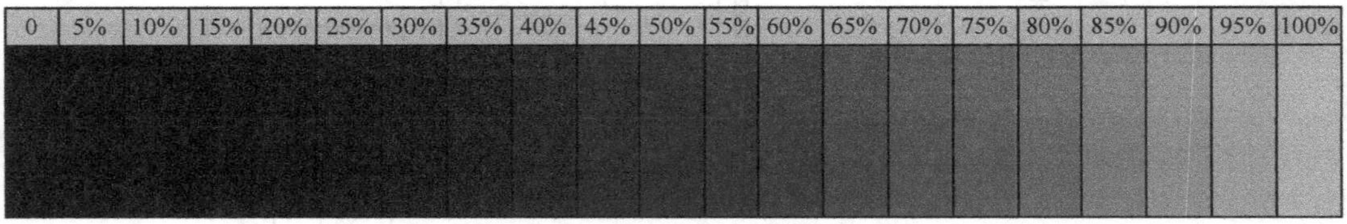

图12-15　EL图像检测用灰度卡

3. 电极拉力测试

电极焊接的可靠性很重要。将互连条焊接在太阳电池片主栅上，焊带与主栅线应结合良好，无虚焊、过焊现象。这里介绍一种简单的电极焊接拉力测试方法。

互连条焊接完成后，将太阳电池样品放入150℃烘箱中，保持（老化）30 min；冷却后，放置样品，如图12-16（a）所示，在起焊点把焊带的自由端折弯180°，用精度优于0.01N的拉力试验机，以15 mm/s的速度测试其拉力（单位为N）。

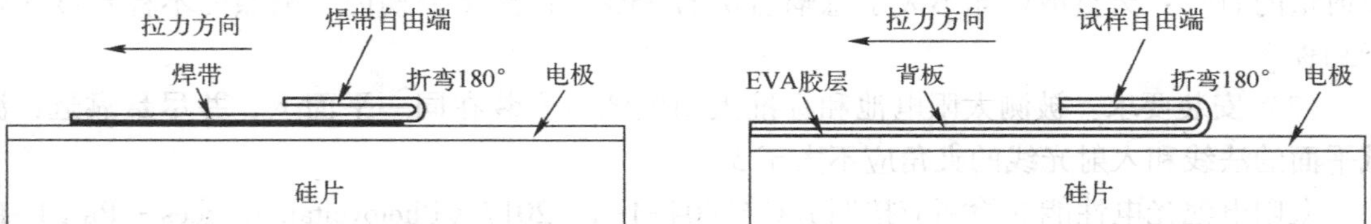

（a）电极拉力测试　（b）背板+EVA试样拉力测试

图12-16　太阳电池的拉力试验示意图

4. 背面铝电极上EVA的剥离强度

太阳电池背面铝电极与背板上的EVA的胶粘性，可以用其剥离强度来表征。将太阳电池片、EVA与背板层压，冷却后再制作试样，在电池背面刻出宽度为(10±2) mm的背板和EVA试样条，然后撕开一段EVA和背板作为试样条的自由端；平放样品，在(30±5)℃温度下保持12 h；而后，将试条自由端以180°折弯，再用拉力试验机以水平方向匀速施加拉力，测得剥离强度（单位为N/mm），如图12-16（b）所示。

5. 常规水煮试验

将测试用太阳电池片样品浸没在温度为(75±2) ℃的去离子水水浴里，保持20 min；水煮后将电池片用热风吹干，观察水煮过程及水煮烘干后样品状态。要求水煮过程中无气泡，水煮后用3M胶带粘结无膜层脱落，烘干后观察铝背场表面是否发黑、有无凸起凹陷。

6. 热循环试验

太阳电池层压封装组件后，按照IEC 61215-1-1：2016《Terrestrial photovoltaic（PV）modules - Design qualification and type approval - Part 1-1：Special requirements for testing of crystalline silicon photovoltaic（PV）modules》规定进行热循环试验。

7. 湿-热试验

太阳电池层压封装组件后，按照IEC 61215-1-1：2016规定进行湿-热试验。

8. 机械载荷试验

太阳电池层压封装组件后，按照IEC 61215-1-1：2016规定进行机械载荷试验。

9. 热斑耐久试验

太阳电池层压封装组件后，按照IEC 61215-1-1：2016规定进行热斑耐久试验。这项试验是为了检验太阳电池承受热斑加热效应的能力。

10. PID试验

太阳电池层压封装成组件后，按照IEC TS 62804-1：2015《Photovoltaic（PV）modules. Test methods for the detection of potential-induced degradation. Crystalline silicon》规定进行PID试验。

11. 外观质量检验

太阳电池的外观质量检验通常在照度不小于800 lx的白色光源照明下进行，不同的缺陷用不同的方式检验，例如：缺口、缺角、隐裂、发黄、断栅等用目测方式检验；尺寸精度、印刷栅极偏移等用精度优于0.02 mm的游标卡尺或菲林尺检验；电池弯曲变形等用精度优于0.01 mm的塞尺检验；等等。

12.4 太阳电池组件测试

12.4.1 太阳电池组件的光电性能测试

测量太阳电池光电性能参数的总原则同样适用于太阳电池组件参数测量。进行组件参数测量和校准辐照度时，均须采用标准组件。这些标准组件在生产中通常称为参考组件。在室内测试时，参考组件的结构、材料、形状、尺寸等都要尽可能与待测组件相同。在室外阳光下测试时，可以采用尺寸较小、形状不完全相同的参考组件。对于双面太阳电池组件，还应测试其双面率。

1. 室内组件光电参数测试系统

太阳电池组件测试系统包括太阳模拟器、电子负载、高速数据采集器、数据处理/显示/存储设备等。

由于双面太阳电池/组件结构的特殊性和使用环境的多样性，确立与之配套的光电参数测试标准方法有一定的难度，目前尚无相关国际标准、国家标准和行业标准。本书附录B中介绍了几种现有的相关测试方法。

2. 室内组件光电参数测试过程

在组件测试前，通常被测组件要放置6h以上，保证组件内部温度达到(25±2)℃。

脉冲式组件测试系统的工作过程如下：启动脉冲太阳模拟器光源；用标准太阳电池（或组件）的短路电流将太阳模拟器输出的辐照度标定为标准辐照度。

当光源的光辐照度达到预定的要求时，控制器触发电子负载，以电压或电流的方式扫描组件的 $I-U$ 特性。电子负载完成扫描组件 $I-U$ 特性的时间，应与脉冲太阳模拟器光源所发出的脉冲光中辐照度相对稳定的区间吻合；同时，数据采集器同步采集组件两端的电压、组件的输出电流（实际测量的是负载电阻两端的电压）、标准太阳电池的输出电流所表征的光辐照度（实际测量的是标准太阳电池负载电阻上的电压）以及温度传感器输出的温度信号。

在规定的时间内，电子负载以电流方式（或者以电压方式）从 $I-U$ 特性曲线的短路端向开路端（或者从开路端向短路端）扫描，采集全部数据。控制器在标准光辐照度和标准温度下将被测量组件的输出电流和电压归一化；控制器存储经过修正的电流和电压数据，并通过显示器显示这些数据。

在测量过程中，测试系统记录并保存系统自身安装的经过标定的参考太阳电池输出的短路电流，用以在后续的测量中对辐照度的波动进行自动修正。

3. 组件测试异常状况处理

1）$I-U$ 特性曲线异常 组件测试后，如果发现 $I-U$ 特性曲线异常，并经EL红外成像测试复核，认定太阳电池确有问题，应分析原因。必要时，应对其进行返修处理。

图12-17显示了组件测试中 $I-U$ 特性曲线异常状况及红外成像测试情况。

2）功率异常电池片的超限判定 测试太阳电池组件后，测得的功率值在规格上、下合格控制线内则为正常，如图12-18所示。对功率值超出规格上/下控制线的超限太阳电池组件，应重新进行测试，重测后只要在上下规格线范围内，记录后仍可视为正常；若重测后仍超过上下控制线，则记录数据后应该另行处理。

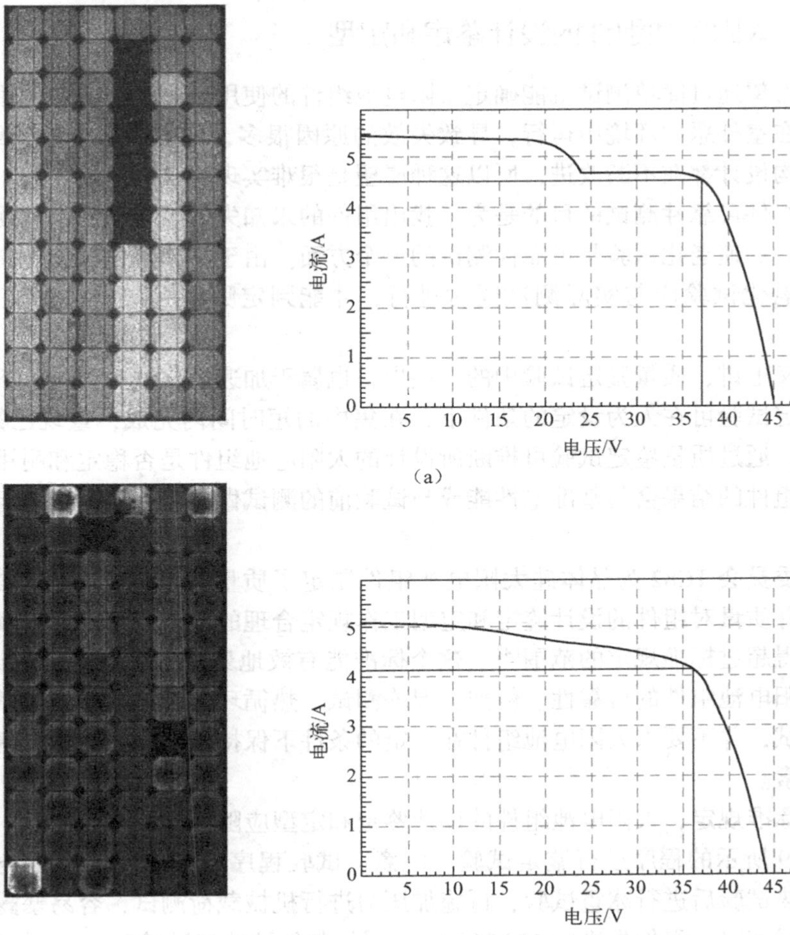

图 12-17　组件测试中 I-U 特性曲线异常状况及红外成像测试

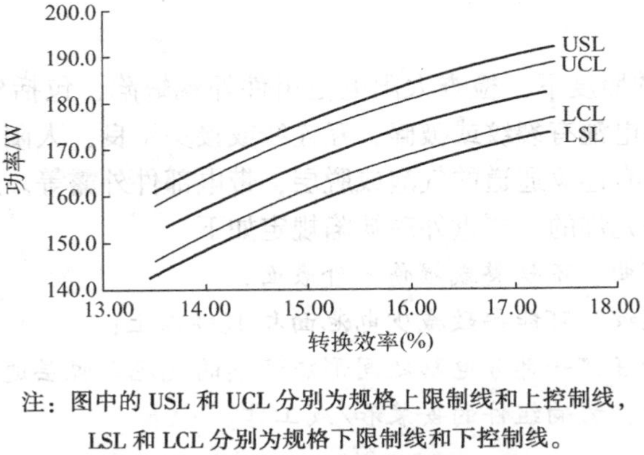

注：图中的 USL 和 UCL 分别为规格上限制线和上控制线，
LSL 和 LCL 分别为规格下限制线和下控制线。

图 12-18　太阳电池标称转换效率与组件实际功率对照

12.4.2 太阳电池组件的设计鉴定和定型

人们总是希望通过简单测试就能确定太阳电池组件的使用寿命，但因地面用晶体硅太阳电池组件长期在室外恶劣环境中运行，导致失效的原因很多，加上太阳电池和组件的材料、制造工艺和结构设计都在不断改进，所以这种愿望是很难实现的。

太阳电池组件可靠性测试的目的是为了找出组件的未知失效因素和确定其受已知失效因素影响的程度。加速老化试验是可靠性测试的一个方面。由于加速老化试验也会造成某些失效，因此加速老化试验应与实际测试同时进行，才能判定哪些失效是由加速老化试验引起的。

从某种意义上讲，质量鉴定试验中的一些项目也属于加速老化试验，但并不等同于寿命测试。质量鉴定试验可在人为设定的条件下，在集中的短时间内完成，重现已知失效因素，如脱层等缺陷。通过质量鉴定试验可推断所设计的太阳电池组件是否稳定和耐用。质量鉴定试验后，检测组件的结果会与基准电性能或与试验前的测试做比较，从而判定组件的设计是否成功。

国际电工委员会TC82为晶体硅太阳电池组件制定了质量鉴定标准IEC 61215，为了保证太阳电池组件质量对组件的设计鉴定和定型工作规定合理的要求，组件在其额定寿命内电性能的衰减不得超过标准规定的范围[4]。这个标准能有效地暴露太阳电池组件设计的缺陷，衡量晶体硅太阳电池组件的可靠性。例如，湿冻测试、热循环测试、电绝缘测试等一系列与安全相关的测试，并不要求太阳电池组件在一定的条件下保持电性能，而是强调组件不能出现任何危险因素。

按照相关标准规定，太阳电池组件的设计鉴定和定型应随机抽取8个组件，并把组件分组，按图12-19所示的程序进行鉴定试验。注意，试验程序中的前后次序是经过缜密考虑的。例如：湿热试验后进行冰雹试验，再施加压力进行机械载荷测试，容易暴露组件的封装问题和组件脱层情况；组件先进行15 kW · h · m^{-2}的紫外预处理试验后，再进行热循环测试和湿冻测试，对使用胶带封装的组件，可检验其胶带是否会脱层。

1. 外观检查

在不低于1000 lx的照度下，检查太阳电池组件外观缺陷，包括外表面开裂、弯曲、不规整或损伤，单体太阳电池有裂纹或破碎，互连线或接头不良，太阳电池互相接触或与边框接触，密封材料失效，有连续通道的气泡或脱层，带电部件外露等。通常，除严重外观缺陷外，其他的外观情况是允许的。严重外观缺陷规定如下：

☺ 破碎、开裂、弯曲、不规整或损伤的外表面；
☺ 太阳电池存在裂纹，可能导致减少电池面积10%以上；
☺ 在组件的边缘和任何一部分电路之间形成连续的气泡或脱层通道；
☺ 丧失机械完整性，影响组件的安装和/或工作。

2. 最大功率的确定

最大功率的确定是指确定太阳电池组件在各种环境试验前后的最大功率。

确定太阳电池组件最大功率时，应采用自然阳光或A级模拟器和标准太阳电池。如

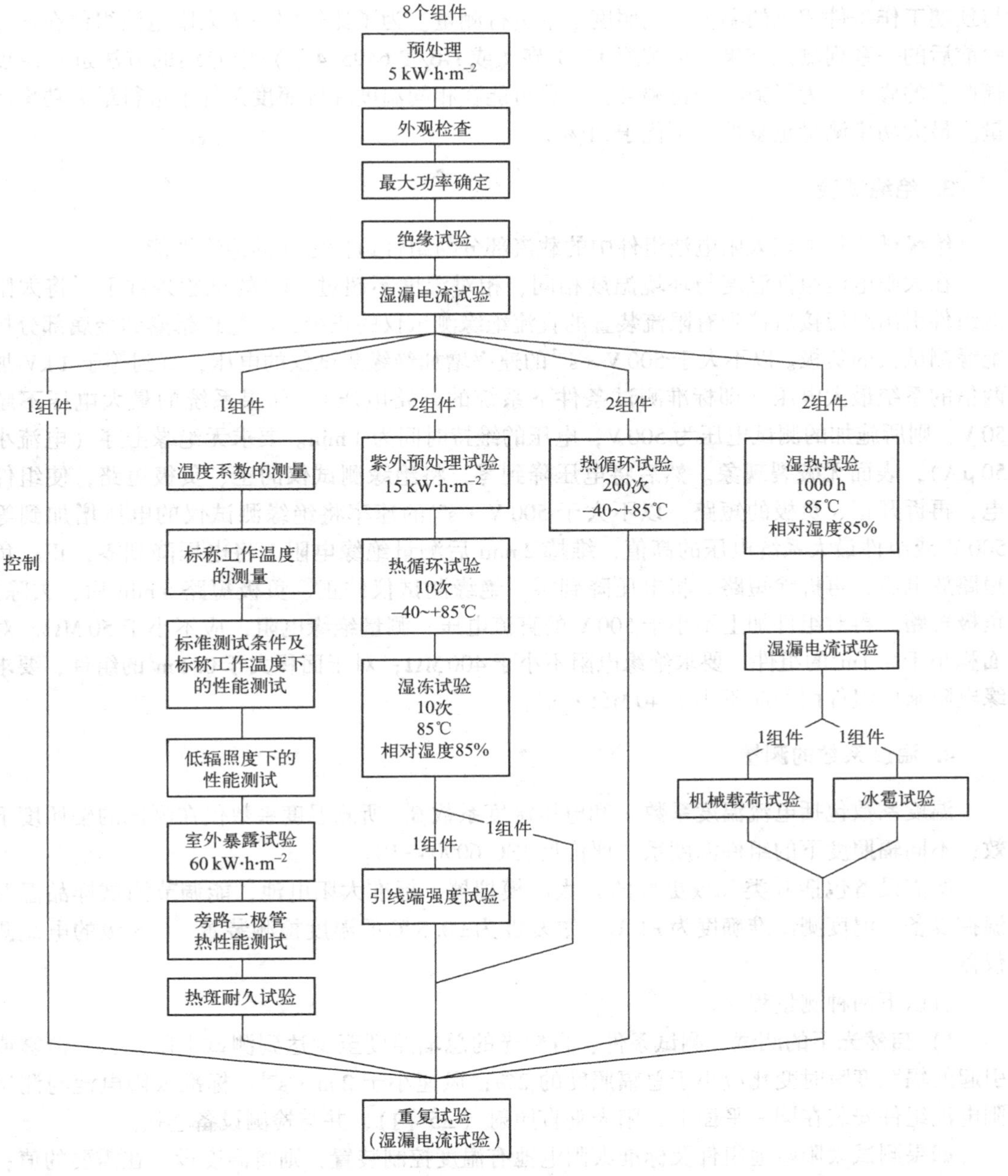

注：在标准参考环境条件下，可用太阳电池的平均平衡结温代替标称工作温度。

图 12-19　鉴定试验程序

果使用 B 级模拟器，应使用与测试样品采用相同技术制造（有相同光谱相应）且尺寸相同的标准太阳电池。采用的支架应使测试样品与标准太阳电池在与入射光线垂直的相同平面上。使用精度为±1 ℃、重复性为±0.5 ℃的温度测试装置，0.5 级的电流测试仪器，测试组件在特定辐照度和温度条件（推荐电池温度范围为 25 ～ 50 ℃，辐照度范围为 700 ～ 1100 W · m^{-2}）下的 I–U 特性。如果太阳电池组件是为特定条件下工作而设计的，可以采用与预期工作条件相近的温度及辐照度水平进行测量。为了比较同一个太阳电池组件在环境试验前后的一系列测试结果，可按第12.3节（或GB/T 6495.4[5]）中介绍的方法进行温度和辐照度的修正。为了减小修正幅度，应尽可能在相同温度和辐照度条件下进行最大功率的测量。最大功率测量重复性必须优于±1%。

3. 绝缘试验

绝缘试验将测定太阳电池组件中的载流部分与组件边框之间的绝缘性能。

在太阳电池组件温度与环境温度相同、相对湿度不超过75%的试验条件下，将太阳电池组件引出线短接后接到有限流装置的直流绝缘测试仪的正极，将组件暴露的金属部分接到绝缘测试仪的负极。以不大于500 V·s^{-1}的速率增加绝缘测试仪的电压，直到等于1 kV加上两倍的系统最大电压（即标准测试条件下系统的开路电压）。如果系统的最大电压不超过50 V，则所施加的测试电压为500 V，电压的维持时间为1 min。要求无绝缘击穿（电流小于50 μA），表面无破裂现象。然后将电压降到零，将绝缘测试仪的正、负极短路，使组件放电，再拆开正、负极的短路。以不大于500 V·s^{-1}的速率将绝缘测试仪的电压增加到等于500 V或组件最大系统电压的高值，维持2 min后测量绝缘电阻。将电压降到零，正、负极短路放电后，再拆除短路。将电压降到零，绝缘测试仪的正、负极短路5 min后，去除正、负极短路，再对组件加上不小于500 V的直流电压，测量绝缘电阻，应不小于50 MΩ。对于面积小于0.1m^{2}的组件，要求绝缘电阻不小于400 MΩ；对于面积大于0.1m^{2}的组件，要求绝缘电阻乘以组件面积应不小于40 MΩ·m^2。

4. 温度系数的测量

温度系数包括电流温度系数α和电压温度系数β。所测温度系数仅在测试的辐照度下有效；不同辐照度下的组件温度系数评价见IEC 60904-10。

所需设备包括B类（或更好的）太阳模拟器，标准太阳电池，能调节测试样品温度的温控设备，温度测试准确度为±1 ℃、重复性为±0.5 ℃的温度检测装置，0.5级的电流测试仪器。

有以下两种测量程序。

1）自然光下的测试 测试条件：自然光的总辐照度至少达到测试上限；云、薄雾或烟引起的辐照度瞬时变化应小于总辐照度的2%；风速小于2 m·s^{-1}。标准太阳电池与测试太阳电池组件安装在同一平面上，阳光垂直照射（±5°内），并与检测设备连接。

如果测试太阳电池组件及标准太阳电池有温度控制装置，则将温度设定在需要的值；如果没有，则对测试太阳电池组件和标准太阳电池采取遮挡阳光和避风等措施，直到其温度均匀，与周围环境温度相差在±1 ℃以内，或先使测试样品冷却到低于须要测试的温度后再自然升温，让测试样品达到一个稳定的温度。标准太阳电池温度应稳定在测量温度的±1 ℃以内。在移开遮挡后立即进行测试。记录样品的I-U特性曲线和温度，同时记录标准器件的短路电流和温度。

辐照度G_0可根据标准太阳电池的短路电流（I_{sc}）测试值进行计算，并修正到标准测试条件下的值I_{rc}。使用标准太阳电池已知的温度系数（α_{rc}）进行标准太阳电池温度T_m的修正，即

$$G_0=\frac{1000\ \mathrm{W\cdot m^{-2}}\times I_{sc}}{I_{rc}}\times[1-\alpha_{rc}(T_m-25\ ℃)] \tag{12-16}$$

式中，α_{rc}是 25 ℃和 1000 W/m²下的相关温度系数（$℃^{-1}$）。

通过控制器或将测试太阳电池组件交替曝晒和遮挡的方法调整组件的温度，使其达到并保持每次测试所需的温度。也可让测试太阳电池组件自然加热到所需的温度，在加热过程中周期性地记录数据。

在记录每组数据期间，要确保测试太阳电池组件和标准太阳电池的温度稳定（变化在±1 ℃以内）；辐照度变化在±1%以内，应在 1000 W/m²时记录所有数据或转换到该辐照度的值。

重复上述步骤，所关注的太阳电池组件温度至少要有 30 ℃的变化范围，至少有 4 个相等温度间隔。每种试验条件下至少进行 3 次测试。

整个测试工作应尽快进行（须在 2 h 内完成），以减少光谱变化，否则须进行光谱修正。

2）太阳模拟器下的测试　将测试太阳电池组件安装在可改变温度的设备中，将标准太阳电池连接测试仪器，置于模拟器光束下。根据 *I–U* 特性曲线测量标准（GB/T 6495.1）确定太阳电池组件在室温及所要求的辐照度下的短路电流。使用标准太阳电池使整个试验期间的辐照度维持在同一个水平上。加热或冷却太阳电池组件到所需的温度，测量 I_{sc}、U_{oc}和峰值功率。

在至少 30 ℃所关注的温度范围内，以大约 5 ℃的温度间隔改变太阳电池组件的温度，重复测量 I_{sc}、U_{oc}和峰值功率。

注意，对每个温度均应测量完整的 *I–U* 特性，以确定随温度变化的最大工作点电压和最大工作点电流。

3）计算温度系数　绘制 I_{sc}、U_{oc}和 P_{max}与温度的函数图，构建最小二乘拟合曲线；根据最小二乘法拟合的电流、电压和峰值功率的直线斜率，计算短路电流温度系数 α、开路电压温度系数 β 和最大功率温度系数 δ。须要注意以下三点：

（1）根据 IEC 60904-10 确定试验太阳电池组件是否可以认为是线性组件。

（2）所测量的温度系数仅在测试的辐照度水平上有效。相对温度系数可用百分数表示（等于计算的 α、β 和 δ 除以 25 ℃时的电流、电压和最大功率值）。

（3）因为太阳电池组件的填充因子是温度的函数，所示使用 α 和 β 的乘积不足以表示最大功率的温度系数。

5. 太阳电池标称工作温度（NOCT）的测量

标称工作温度定义为在标准参考环境（SRE）情况下，敞开式支架安装的太阳电池的平均平衡结温，作为太阳电池组件在现场工作时的参考温度，用于比较不同组件的性能。标准参考环境（SRE）条件：倾角为当地太阳正午时使阳光垂直照射太阳电池组件；总辐照度为 800 W · m⁻²；环境温度为 20 ℃；风速为 1 m · s⁻¹；电负荷为零（开路）。实际上，太阳电池组件的真实工作温度取决于安装的方式、辐照度、风速、环境温度、地面和周围物体的反射辐射与发射辐射。

测定标称工作温度的方法有两种：基本方法和参考平板方法。

1）基本方法　太阳电池结温（T_J）基本上是环境温度（T_{amb}）、平均风速（v_w）和入射到太

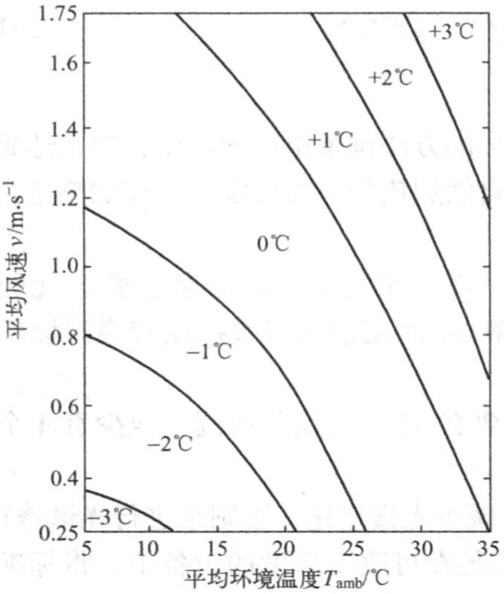

图 12-20　标称工作温度校正因子

阳电池组件有效表面的太阳总辐照度(E_G)的函数。温度差(T_J-T_{amb})在很大程度上不依赖于环境温度，在400 W · m^{-2}的辐照度以上大体正比于辐照度。在适宜的风速范围内，作出(T_J-T_{amb})对E_G的曲线，外推到标准参考环境辐照度800 W · m^{-2}得到(T_J-T_{amb})值，再加上20 ℃，即可得到初步的标称工作温度值。最后利用图12-20，由测试期内的平均温度和风速的校正因子对初步的标称工作温度进行修正，得到温度为20 ℃和风速为1 m · s^{-1}时的值。

测试时，太阳电池组件周围应无遮挡物，其底边应高于地平面0.6 m，与水平面的倾角为45°±5°，安装在一个平面阵列内，平面阵列在试验组件平面的各个方向上至少可延伸0.6 m。对于敞开式安装的太阳电池组件，应用黑色铝板填充平面阵列的剩余表面。

辐射强度计安装在距试验方阵0.3 m以内，与太阳电池组件处于同一平面上。用于测量环境温度的传感器安装在遮光且通风良好的风速传感器附近，其时间常数应小于组件的时间常数；用于测量太阳电池温度的传感器应焊接或用导热脂黏结在试验组件中部的太阳电池背面。

确保试验组件开路，选择当地无云少风的气候条件和中午10:00～14:00时段、不大于5 s的间隔内，用测温准确度为±1 ℃的数据采集系统记录辐照度、环境温度、电池温度、风速和风向参数数据。

至少选10个可采用的数据点，覆盖300 W · m^{-2}以上的辐照度范围，绘制(T_J-T_{amb})随辐照度变化的曲线，通过这些数据点用回归分析做拟合。确定在800 W · m^{-2}时的(T_J-T_{amb})值，再加上20 ℃，即为标称工作温度的初步值。计算平均环境温度T_{amb}，平均风速v，并由图12-20确定修正因子。修正因子与初步的标称工作温度之和即为组件的标称工作温度值，它是校正到20 ℃、1 m · s^{-1}时的值。另外，再选择其他两天重复上述程序，取3个标称工作温度的平均值，即可得到每个试验组件的标称工作温度。

下列数据属于无效数据，应予剔除：

☺ 在辐照度低于400 W/m^{2}时的数据。

☺ 辐照度在10 min内的变化量超过（最大值-最小值)/10后，间隔不超过10 min的数据。

☺ 在(0.25～1.75) m/s风速范围外的数据。

☺ 环境温度不在5～35 ℃范围内的数据。

☺ 测试期间环境温度变化超过5℃时的数据。

☺ 疾风（风速超过4 m/s）过后10 min内的数据。

☺ 当风向在东向或西向±20°范围内时的数据。

2）参考平板方法　另一种太阳电池标称工作温度（NOCT）的测量方法是间接测量方法，称为参考平板法，它比基本方法更快捷，但仅能应用于与试验时所用的参考平板有同样环境温度响应的太阳电池组件。带有前玻璃和后塑料的晶体硅太阳电池组件属于此类。参考平板的校准采用与基本方法相同的程序。

参考平板由硬质铝合金制成，尺寸如图 12-21 所示（单位：mm），前表面应涂刷亚光黑漆，背表面应涂刷亮光白漆。采用两个热电偶进行测量参考平板的温度。将距热电偶节点 25 mm 内的绝缘材料去除后，用绝缘的导热胶将热电偶分别黏贴在刻槽内。应制备三块参考平板，并用与基本方法一样的程序进行校准，其中一个作为控制参考。所测定的稳态温度应在 46～50 ℃范围内，三个平板温度差不大于 1 ℃。在进行测量之前，应将参考平板的稳态温度和控制平板的温度进行对比，如果测得参考平板的温度差超过 1 ℃，则应查明原因并修正。

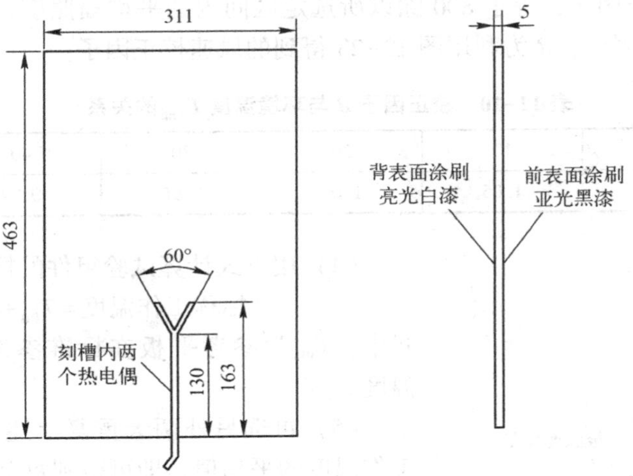

图 12-21　参考平板

用参考平板法测量标称工作温度的装置示意图如图 12-22 所示。

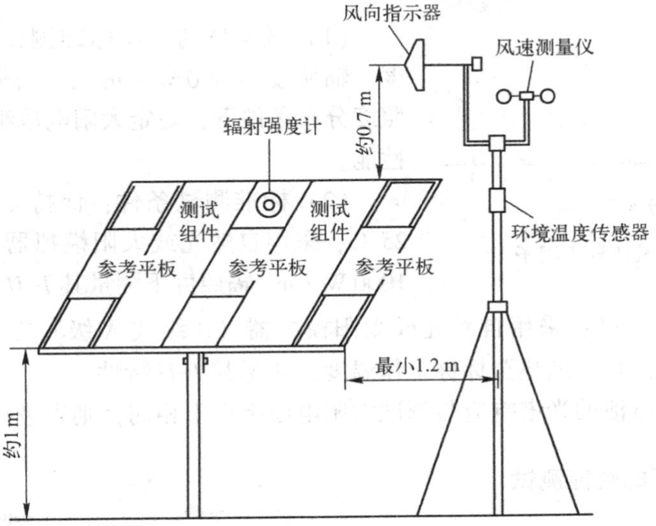

图 12-22　用参考平板法测量标称工作温度的装置示意图

根据选定区间的有效数据点计算出参考平板的平均温度 T_P。

对于每个太阳电池组件，利用选择区间内的每个有效数据点计算试验组件的标称工作温度。

（1）取太阳电池的平均温度为 T_J，并计算 ΔT_{JP}，即

$$\Delta T_{JP}=T_J-T_P \tag{12-17}$$

如果 ΔT_{JP} 的变化超过 4 ℃，则应采用基本方法。

（2）取所有 ΔT_{JP} 的平均值，得到 ΔT_{JPm}。

（3）将 ΔT_{JPm} 修正到标准参考环境下的值（$\Delta T'_{JPm}$），即

$$\Delta T'_{JPm}=f/(BR)\cdot\Delta T_{JPm} \tag{12-18}$$

式中：f 为辐照度校正因子，等于 800 除以所选定区间内的平均辐照度；B 为利用表 12-10 得到的环境温度校正因子；R 为利用图 12-23 得到的风速校正因子。

表 12-10　校正因子 B 与环境温度 T_{amb} 的关系

T_{amb}/℃	0	10	20	30	40	50
B	1.09	1.05	1.00	0.96	0.92	0.87

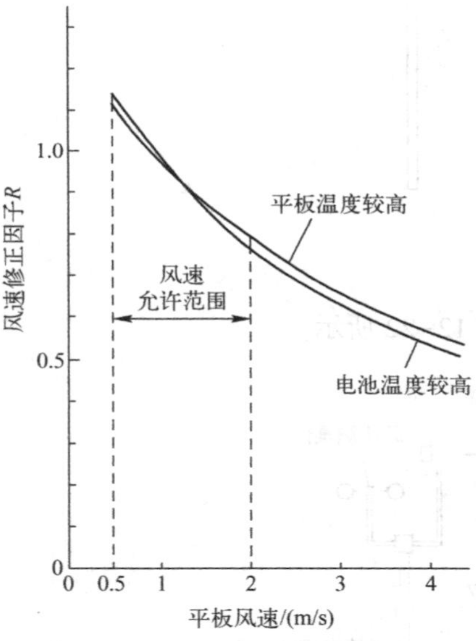

图 12-23　风速校正因子

（4）用下式计算试验组件的标称工作温度：

$$\text{标称工作温度}=T_{PR}+\Delta T'_{JPm} \tag{12-19}$$

式中，T_{PR} 为参考平板在标准参考环境下平均稳态温度。

（5）再选另外两天重复上述程序，取 3 个标称工作温度的平均值，即可得到每个试验组件的标称工作温度。

6. 标准测试条件和标称工作温度下的性能测试

（1）试验目的：在标准测试条件、标称工作温度、辐照度为 800 W · m^{-2}，且满足标准太阳光谱辐照度分布条件下，确定太阳电池组件随负荷变化的电性能。

（2）标准测试条件：保持太阳电池组件温度为 25 ℃，采用自然光或太阳模拟器（B 级或 A 级）在 1000 W · m^{-2} 辐照度下测量其 I–U 特性。

（3）标称工作温度：采用自然光或太阳模拟器（B 级或 A 级）在 800 W · m^{-2} 辐照度下，将太阳电池组件均匀加热至标称工作温度，测量其 I–U 特性。

如果标准太阳电池的光谱响应与测试太阳电池组件不相同，则须进行光谱失配修正。

7. 低辐照度下的性能测试

在工作温度为 25 ℃和辐照度为 200 W · m^{-2} 的自然光或太阳模拟器（B 级或 A 级）条件下，确定太阳电池组件随负荷变化的电性能。在自然光或 A 类太阳模拟器条件下，测量太

阳电池组件的 I–U 特性。用中性滤光器或其他不影响光谱辐照度分布的技术将辐照度降低至特定值，必要时进行温度和辐照度的修正。

8. 室外暴露试验

该试验用于初步评价太阳电池组件经受室外条件暴露的能力，揭示在实验室试验中可能检测不出来的综合衰减效应。但因试验时间短和试验条件随环境变化，其结果仅作为可能存在的问题的提示。

将太阳电池组件安装在室外，在一般室外气候条件下，使用精度为±5%的太阳辐照度监测仪，使组件与辐照度监测仪在同一平面上，并安装热斑保护设备。将太阳电池组件短路，使组件受到的总辐射量为60 kW · h · m^{-2}，进行外观、标准条件下的性能和绝缘试验，要求无严重外观缺陷，标准测试条件下的最大输出功率衰减不超过试验前的5%，绝缘电阻与初始试验的要求相同。

9. 热斑耐久试验

该试验用于确定太阳电池组件经受热斑加热效应的能力，如焊点熔化或封装材料老化。太阳电池裂纹或不匹配、内部连接失效、局部被遮光等均会引起这种缺陷。

1）热斑效应　所谓热斑效应，是指一个太阳电池或一组太阳电池被遮光或损坏时，会引起太阳电池组件发热的现象。

当 s 个太阳电池串联时，电池串两端的电压为所有电池电压之和，如图 12–24 所示。当 s 个太阳电池并联时，并联电池组两端的电流为所有太阳电池电流之和。

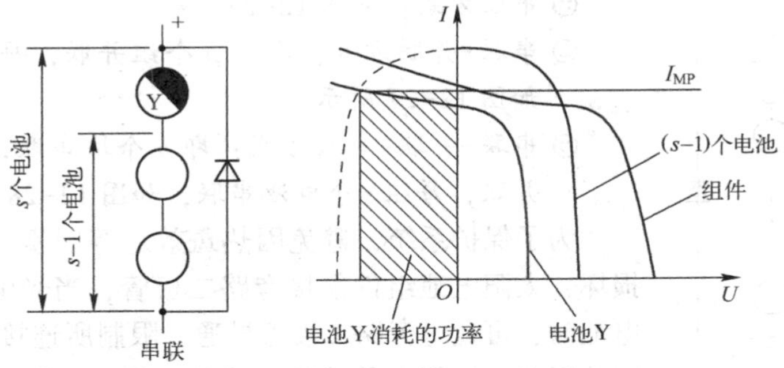

图 12–24　A类太阳电池的热斑效应

当串联组件中的一个太阳电池或一组太阳电池被遮光或损坏时，电池的短路电流会降低，如图 12–24 所示。此时，由于工作电流超过了被遮光电池的短路电流，使被遮光电池处于反向偏置状态，必定消耗功率，从而引起太阳电池组件过热，即热斑效应。图 12–24描述了由一组串联电池构成的太阳电池组件中，电池 Y 被部分遮光，它消耗的功率等于组件电流与电池 Y 两端形成的反向电压的乘积。对任意辐照度水平，当太阳电池组件短路时，被遮光电池 Y 消耗的功率最大，此时加在电池 Y 上的反向电压等于组件中其余（s–1）个电池产生的电压，在图 12–24 中对应于电池 Y 的反向 I–U 特性曲线与（s–1）个电池的正向 I–U 特性曲线的镜像的交点所确定的阴影矩形，这个阴影矩形代表的就是最大消耗功率。

不同太阳电池的反向特性差别很大，须要根据其反向特性曲线与图12-25中所示的“试验界限”的交点，把太阳电池分成电压限制型（A类）和电流限制型（B类）两类。B类太阳电池随电压升高其电流增加的速度远大于A类电池。图12-24中所示的一个损坏或遮光电池的最大功率消耗的情况属于A类，这种情况发生在反向曲线与（$s-1$）个太阳电池的正向$I-U$特性曲线的镜像相交处（最大功率点）。而图12-26表示一个B类太阳电池在完全遮光时的最大功率消耗的情况。注意，此时消耗的功率可能仅是组件总有效功率的一部分。热斑试验的基本目的是测试在热斑效应最严重的情况下，即组件热斑消耗功率最大时，太阳电池组件在光照下耐受热斑处所产生热量的能力。

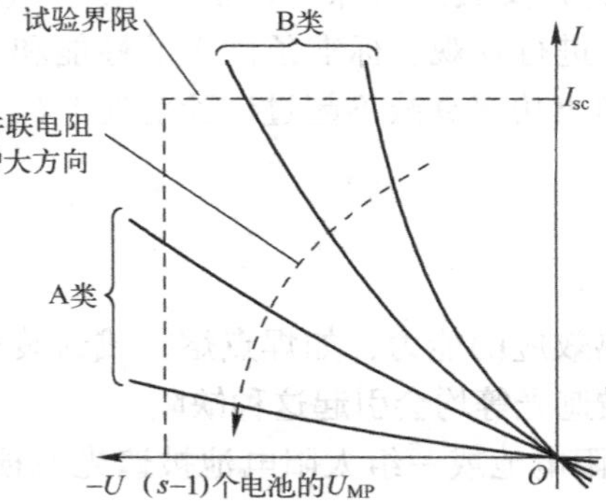

图12-25 反向特性

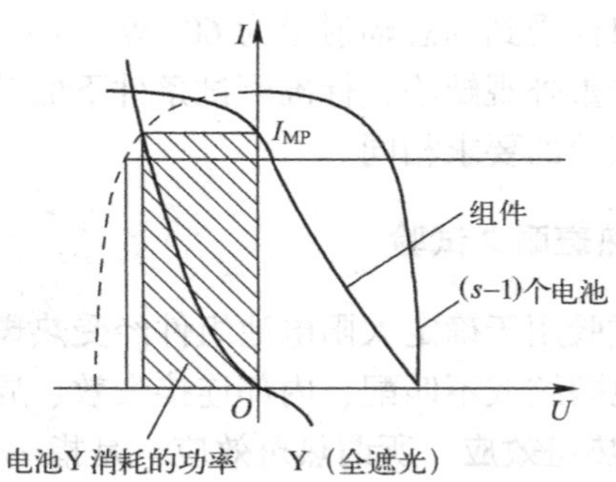

图12-26 B类太阳电池的热斑效应

2）内部电池连接的类型 太阳电池组件中的电池可以按下列方式之一进行连接。

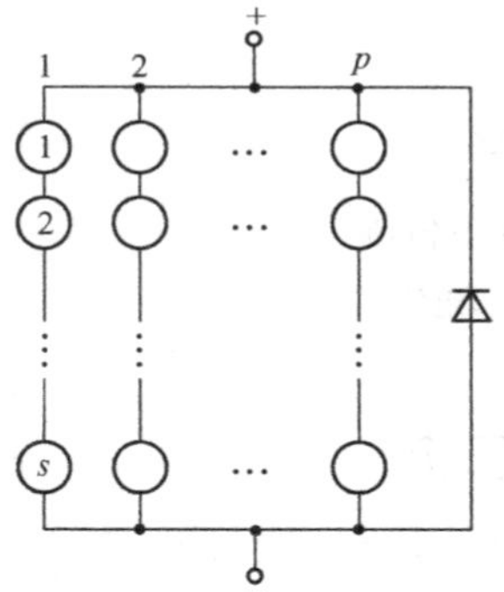

图12-27 串联-并联方式

☺ 串联方式：见图12-24。

☺ 串联-并联方式：即将p个组并联，每组s个电池串联，如图12-27所示。

☺ 串联-并联-串联方式：即b个块串联，每个块有p个组并联，每组s个电池串联，如图12-28所示。

为了保护系统，避免因热斑效应等因素导致性能衰退甚至损坏，太阳电池组件须接旁路二极管，当光电流不能流过太阳电池时，可通过旁路二极管导通，限制所连接电池的反向电压，因此旁路二极管也是试验电路的一部分。图12-29所示为旁路二极管保护作用示意图。

不同太阳电池结构须要规定不同的热斑试验程序。太阳电池组件短路时，其内部功率消耗最大。

3）试验设备

☺ 2个辐射源：辐射源1为稳态太阳模拟器或自然阳光，其辐照度不低于700 W·m^{-2}，不均匀度不超过±2%，瞬时稳定度在±5%以内；辐射源2为C类（或更好的）稳态太阳模拟器或自然阳光，其辐照度为1000 W·m^{-2}（偏差为±10%）。

☺ $I-U$特性曲线测试仪。

☺ 一组不透明盖板，遮光增量为5%，用于单片太阳电池遮光试验。

☺ 温度探测器。

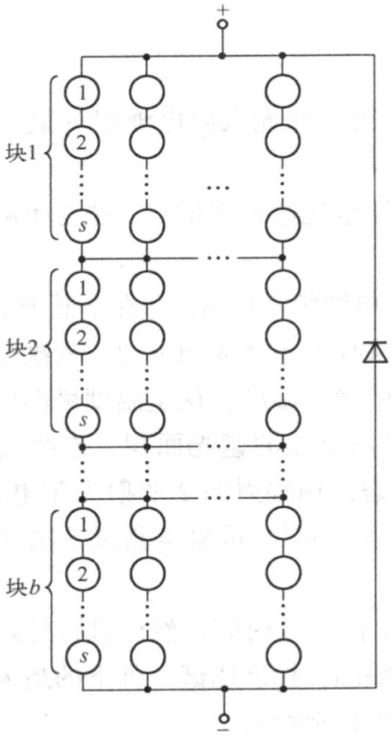

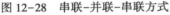

图 12-28　串联-并联-串联方式

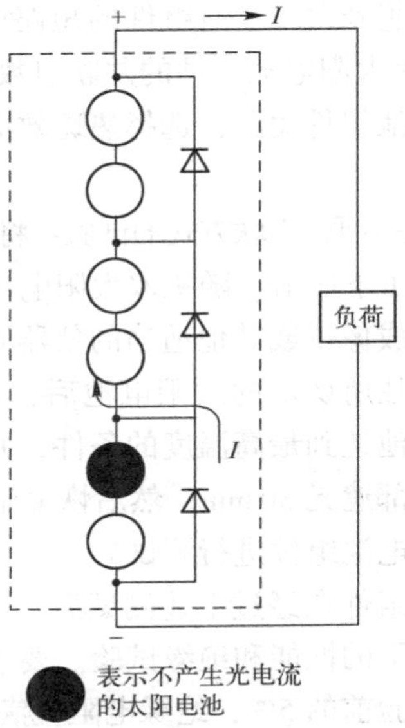

图 12-29　旁路二极管保护作用示意图

所有试验应在环境温度为(25±5) ℃、风速小于 2 m/s 条件下进行。在试验前，太阳电池组件应安装热斑保护装置。

4）试验方法

（1）串联方式的试验：使用辐射源 1，在不低于 700 W · m^{-2}的照射条件下，测试不遮光太阳电池组件的 I–U 特性和最大功率时的电流 I_{MP1}。使太阳电池组件短路，用下列方法选择热斑效应最严重的太阳电池：用辐照度不低于 700 W · m^{-2}的辐射源 1 照射太阳电池组件，用温度探测器测定组件内最热的太阳电池；或者依次完全挡住每个太阳电池，选择短路电流减小量最大的电池。在这一过程中，辐照度应稳定，其变化量不得超过 5%。

在上述规定的辐照度（±3%内）下，完全挡住选定的太阳电池，检查太阳电池组件的 I_{sc}是否比不遮光时所测得的 I_{MP1}小。如果发生这种情况，则逐渐减小对所选择太阳电池的遮光面积，直到太阳电池组件的 I_{sc}最接近 I_{MP1}，此时在该电池内消耗的功率达到最大值；如果不发生这种情况，则这个太阳电池就不符合单个电池最大消耗功率的条件。此时，继续完全挡住所选择的太阳电池。

用辐射源 2 照射太阳电池组件，记录 I_{sc}值，保持组件消耗功率为最大的状态，必要时重新调整遮光，使 I_{sc}维持在特定值。1 h 后，挡住太阳电池组件不受照射，并验证 I_{sc}不超过 I_{MP1}的 1/10。30 min 后，恢复辐照度到 1000 W · m^{-2}。重复本测试 5 次（使用辐射源 2 照射太阳电池组件进行测试）。

（2）串联-并联方式的试验：在辐射源 1 下照射（不低于 700 W · m^{-2}），测试不遮光的太阳电池组件 I–U 特性，假定所有串联组产生的电流相同，用下列方程计算热斑最大功率消耗时对应的短路电流 I_{sc}^*：

$$I_{sc}^* = I_{sc}\frac{p-1}{p} + \frac{I_{MP}}{p} \tag{12-20}$$

式中，I_{sc}为不遮光太阳电池组件的短路电流（A），I_{MP}为不遮光太阳电池组件最大功率时的电流（A），p为太阳电池组件的并联组数。

使太阳电池组件短路，选择热斑效应最严重的太阳电池进行测试，方法与串联方式的测试方法相同。

（3）串联-并联-串联方式的试验：将不遮光的太阳电池组件短路，并在不低于700 W · m^{-2}的稳定辐射源1下照射。随机取太阳电池组件中至少30%的单体太阳电池，依次完全挡住每个电池，用热成像仪或其他适当的仪器测量太阳电池的稳定温度，认定温度最高的一个太阳电池。完全挡住所认定的太阳电池后，再逐渐减小对该电池的遮光面积，连续监测电池温度，确定该电池达到最高温度的条件，并保持遮光状态，用辐射源2照射太阳电池组件1 h后，将组件全部遮光30 min，然后恢复辐照度到1000 W · m^{-2}。重复本测试5次（使用辐射源2照射太阳电池组件进行测试）。

太阳电池组件在经过上述测试后，再经过1 h以上的恢复时间，然后进行外观检查以及标准试验条件下的性能和绝缘试验。要求无严重外观缺陷，标准测试条件下的最大输出功率衰减不超过试验前的5%，绝缘电阻应满足初始试验同样的要求。

10. 紫外预处理试验

在太阳电池组件进行热循环/湿冻试验前，应进行紫外（UV）辐照预处理，以确定相关材料及黏结的紫外衰减。

1）试验设备 主要设备为试验箱、测温装置、辐射计和紫外光源。

试验箱应带有窗口，可以固定紫外光源、组件和温度控制装置，能为太阳电池组件提供温度为(60±5) ℃的干燥环境。测温装置是测试和记录太阳电池组件温度的装置，其准确度为±2 ℃，温度传感器应黏结在靠近组件背面或正面的中部；如果有多个组件同时进行试验，只须监测其中一个有代表性的组件的温度即可。测试照射到太阳电池组件试验平面上紫外辐照度的辐射计的波长范围为280～320 nm和320～385 nm，准确度为±15%。紫外辐射光源能产生所需的辐照度，在太阳电池组件试验平面上，其辐照度均匀性为±15%，无波长小于280 nm的辐射。

2）试验方法 用校准后的辐射计测量太阳电池组件试验平面上的辐照度，确保波长为280～385 nm的辐照度不超过250 W · m^{-2}（约等于5倍自然光水平），且在整个测量平面上的辐照度均匀性达到±15%。将太阳电池组件开路并安装在测试平面上，紫外线垂直辐照于太阳电池组件正面。使太阳电池组件经受波长在280～385 nm范围内的紫外辐射为15 kW · h · m^{-2}，其中波长为280～320 nm的紫外辐射至少为5 kW · h · m^{-2}。在试验过程中，维持太阳电池组件的温度为(60±5) ℃。

试验后进行外观检查、标准测试条件下I-U特性测量、绝缘测试，要求太阳电池组件无严重外观缺陷；在标准测试条件下，最大输出功率衰减不大于试验前测试值的5%；绝缘电阻应满足初始测量值的要求。

11. 热循环试验

热循环试验用于检验太阳电池组件因温度重复变化而引起的热失配、疲劳和应力的能力。例如，加速热循环试验会将使封装部件产生膨胀或收缩，从而直接检测出系统中封装的太阳电池、互连条及其他连接材料的缺陷。试验中，要求对太阳电池组件通以等于标准测试条件下最大功率点的电流，这一正向偏置电流模拟了电流对焊接点的实际影响，可以将不合格焊点暴露出来。

所需测试设备：具有自动温度控制且能与周围空气自由循环的气候室，避免水分凝结在太阳电池组件表面；导热率小的组件支承架；准确度为±1 ℃的组件温度测量/记录仪，温度传感器应置于组件中部的前或后表面；能对组件施以最大功率点电流的仪器以及监测各组件电流的监测仪。

试验程序：将太阳电池组件装入气候室。若太阳电池组件的边框导电不好，则应将其安装在一个金属框架上。将温度传感器连接到温度监测仪，将太阳电池组件的正、负极分别连接到电流仪的正、负极。在 200 次热循环试验中，对太阳电池组件施加等于标准测试条件下最大功率点的电流（准确度为±2%）。仅在太阳电池组件温度超过 25 ℃时保持流过的电流。50 次的热循环试验不要求施加电流。关闭气候室，按图 12-30 所示的时间分布，使太阳电池组件的温度在(−40±2) ℃与(+85±2) ℃之间循环。最高温度与最低温度之间温度变化的速率不超过 100 ℃/h，在每个极端温度下，应至少保持稳定 10 min。每次循环时间不超过 6 h，循环的次数在图 12-19 所示的相应的方框中做了规定，若组件的热容量很大可增加循环时间。在整个试验过程中，记录太阳电池组件的温度并监测通过组件的电流。

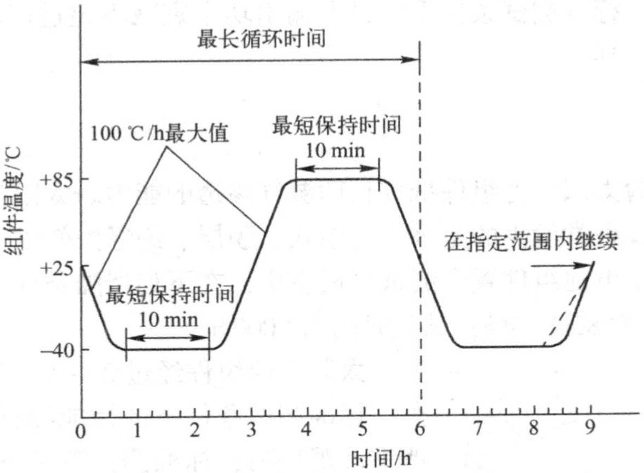

图 12-30　热循环试验

经过至少 1 h 的恢复时间后，进行外观检查、标准测试条件下的性能测试和绝缘测试，要求无严重外观缺陷，试验过程中无电流中断现象，标准测试条件下的最大输出功率衰减不超过试验前的 5%，绝缘电阻应与初始试验的要求一样。

12. 湿冻试验

湿冻试验用于检验太阳电池组件经受高温、高湿试验后再经受零度以下低温的能力。

所需设备：温度和湿度可自动控制的气候室，气候室中有安装或支撑太阳电池组件的装置，并保证周围的空气能自由循环，安装或支撑装置的热传导应尽量小；准确度为±1 ℃的测温仪器；监测组件内部电路连续性的仪器。

试验程序：在太阳电池组件中部的前或后表面安置温度传感器后，将其装入气候室。将温度传感器接入温度监测仪。关闭气候室，使太阳电池组件完成图 12-31 所示的 10 次循环。最高温度和最低温度应在所设定值的±2 ℃以内，室温以上各温度下，相对湿度应保持在所设定值的±5%以内。在整个试验过程中，记录太阳电池组件的温度。

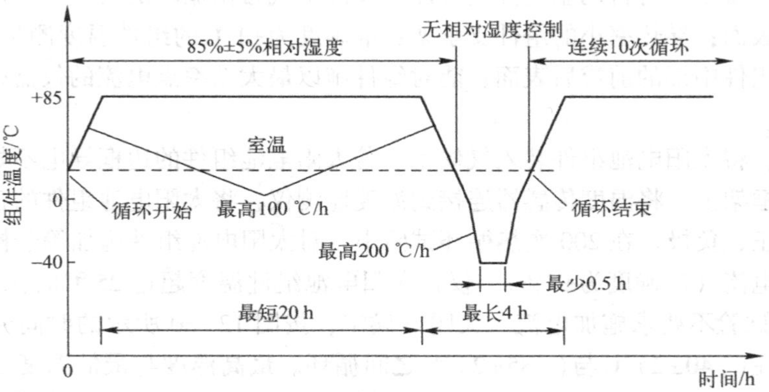

图 12-31　湿冷循环

经过 2 ～ 4 h 的恢复时间后，进行外观检查、标准测试条件下的性能测试和绝缘测试，要求无严重外观缺陷，标准测试条件下的最大输出功率衰减不超过试验前的 5%，绝缘电阻应与初始试验的要求一样。

13. 湿热试验

湿热试验用于检验太阳电池组件抵抗长期湿气渗透的能力。太阳电池组件在高温高湿下很容易有水蒸气渗入，最常发生的是水蒸气渗入、脱层、绝缘失效以及湿漏电流。

在室温下，将太阳电池组件置于测试气候室中，在下列严酷条件进行试验：试验温度为 (85±2) ℃；相对湿度为 85%±5%；试验时间为 1000 h。

图 12-32　湿热试验设备

太阳电池组件经过 2 ～ 4 h 恢复期后，进行外观检查、标准测试条件下的性能测试和绝缘测试。要求无严重外观缺陷，标准测试条件下的最大输出功率衰减不超过试验前的 5%，绝缘电阻应与初始试验的要求一样。

湿热试验设备如图 12-32 所示。

14. 引线端强度试验

引线端强度试验用于检验引线端与太阳电池组件体的附着牢固性。引线端类型分为以下三类。

☺ A 型：直接自太阳电池板引出的导线；

☺ B 型：接线片、接线螺栓、螺钉等；

☺ C 型：接插件。

对所有引出线均应进行试验。其试验程序是在标准大气条件下进行 1 h 测量和试验的预处理。

☺ A 型引出端的拉力和弯曲试验：测试引线端承受载重的能力，拉力不能超过太阳电池组件重量。弯曲试验循环实施 10 次，每次循环为各相反方向均弯曲一次。

☺ B 型引出端的拉力和弯曲试验：对于引出端暴露在外的太阳电池组件，应与 A 型引出端的试验一样；如果引出端封闭于保护盒内，则按太阳电池组件制造厂所推荐型号和尺寸的电缆与盒内引出端相接，并从密封套的孔中穿出；将盒盖放置原处，再按 A 型试验方法进行试验。

☺ 转矩试验：按 GB/T 2423.29 中规定的方法试验[6]，对所有引出端均应进行试验，严酷度为Ⅰ。除永久固定的特定设计外，螺母、螺钉均应能松启。

☺ C 型引出端采用太阳电池组件制造厂推荐型号和尺寸的电缆与接插件线盒输出端相接，然后按与 A 型引出端相同的试验方法进行试验。

完成上述试验后，应进行外观检查和标准测试条件下的性能试验，要求无机械损坏迹象，标准测试条件下的最大输出功率衰减不超过试验前的 5%。

15. 湿漏电流试验

湿漏电流试验的目的是评价太阳电池组件在潮湿工作条件下的绝缘性能，验证雨、雾、露水或融雪的湿气不会进入组件内部电路的工作部分。如果湿气能进入，可能会引起腐蚀、漏电或安全事故。

湿漏电流试验设备如图 12-33 所示。设备中有足以放入太阳电池组件及其边框的浅槽或容器，槽内的溶液为符合以下要求的水或溶液：电阻率不大于 3500 Ω · cm，表面张力不大于 3 N · m^{-2}，温度为(22±3) ℃。

另外，还有盛有相同溶液的喷淋器，能提供 500 V 或组件系统电压的最大值和具有限流功能的直流电源，电阻绝缘测量仪。

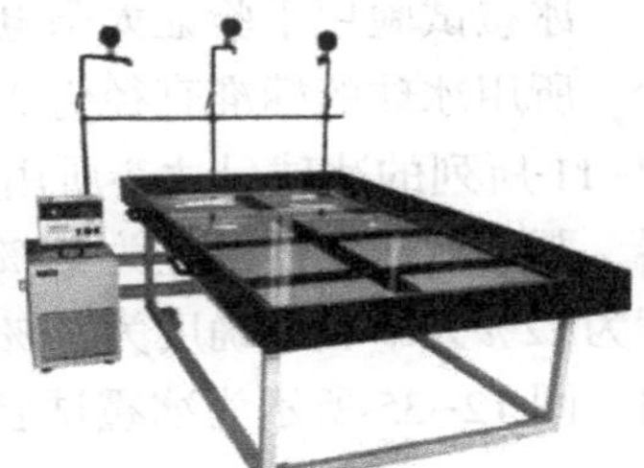

图 12-33　湿漏电流试验设备

试验程序：现场安装并接线，仪器设备不能引入太阳电池组件的漏电流。

容器内的溶液深度应有效覆盖太阳电池组件及其边框所有表面，但不能浸泡引线入口。引线入口应用溶液彻底喷淋。如果太阳电池组件使用接插件连接器，应将接插件浸泡在溶液中；将太阳电池组件输出端短接并连接到测试设备的正极，用金属导体将测试液体连接到负极；以不超过 500 V/s 的速率增压至 500 V，保持 2 min，测试绝缘电阻；将电压降到零，将测试设备的引出端短路，以释放太阳电池组件内部的电荷。

测试应满足下列要求：对于面积小于 0.1 m^2 的太阳组件，绝缘电阻不小于 400 MΩ；对于面积大于 0.1 m^2 的太阳组件，测试绝缘电阻乘以组件面积应不小于 40 MΩ · m^2。

16. 机械载荷试验

机械载荷试验检验太阳电池组件经受风、雪或冰块等静态载荷的能力。主要试验设备是安装太阳电池组件的且能自由偏转的刚性试验平台，组件内部电路的连续性监测仪器，均匀加重或加压的负荷。

图 12-34　机械载荷试验装置

测试程序：安装太阳电池组件及监测仪，将组件安装于坚固的支架上。在太阳电池组件前表面和后表面上，逐步将负荷加到 2400 Pa（均匀分布）。负荷可采用气动加压，或覆盖在整个表面上的重量，对于后者，太阳电池组件应水平放置。保持此负荷 1 h，重复 3 次。在背表面上做同样的试验，也重复 3 次。图 12-34 所示为机械载荷试验装置。

2400 Pa 相当于 130 km/h 风速的压力（约为 ±800 Pa），对于阵风，安全系数为 3。若要试验太阳电池组件承受冰雪的重压能力，进行最后一次循环时，负荷应从 2400 Pa 增至 5400 Pa。

试验过程中，应无间歇断路或漏电现象发生；试验后进行外观检查、标准测试条件下的性能和绝缘试验，要求无严重外观缺陷，标准测试条件下的最大输出功率衰减不超过试验前的 5%，绝缘电阻应与初始试验的要求一样。

17. 冰雹试验

冰雹试验用于验证太阳电池组件经受冰雹撞击的能力。

所用冰球的标准直径为 25 mm，其直径和质量误差不大于±5%。对于特殊环境，可用表 12-11 所列的冰球尺寸，所用设备为温度为(−10±5) ℃的冷冻箱、温度为(4±2) ℃的储冰器、驱动冰球速度误差为±5%的冰球发射器、与撞击表面垂直的太阳电池组件支架、准确度为±2%天平和准确度为±2%冰球速度测量仪。速度传感器距试验太阳电池组件表面 1 m 以内。图 12-35 所示为冰雹试验设备示意图。图 12-36 所示为冰雹试验设备实例。

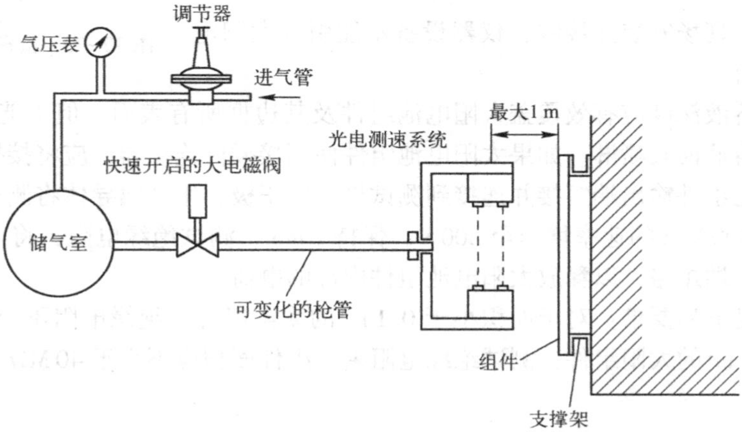

图 12-35　冰雹试验设备示意图

表 12-11　冰球质量与试验速度

直径/mm	质量/g	试验速度/m·s^{-1}	直径/mm	质量/g	试验速度/m·s^{-1}
12.5	0.94	16.0	45	43.9	30.7
15	1.63	17.8	55	80.2	33.9
25	7.53	23.0	65	132.0	36.7
35	20.7	27.2	75	203.0	39.5

图 12-36　冰雹试验设备实例

试验程序：①利用模具和冷冻箱制备足够试验所需尺寸的冰球。②检查每个冰球的尺寸、质量，冰球的直径在要求值的±5%范围内；质量在表 12-11 中相应标称值的±5%范围内。使用前，置冰球于储存容器中至少 1 h。确保所有与冰球接触的发射器表面温度均接近室温。对模拟靶试验发射几次，调节发射器，使冰球速度在表 12-11 中相应试验速度的±5%范围内。安装太阳电池组件，使其碰撞面与冰球的路径相垂直。将冰球置于发射器中，瞄准表 12-12 指定的第一个撞击位置并发射。冰球从容器内移出到撞击在太阳电池组件上的时间间隔不应超过 60 s。检查太阳电池组件的碰撞区域，指定位置偏差不大于 10 mm。标出损坏情况，记录下撞击影响。

如果太阳电池组件未损坏，则对表 12-12 中的其他撞击位置进行试验，如图 12-37 所示。

表 12-12　撞击位置

撞击编号	位　置
1	组件窗口一角，距边框 50 mm 以内
2	组件一边，距边框 12 mm 以内
3，4	单体太阳电池边沿上，靠近电极焊点
5，6	在太阳电池组件窗口上，距组件在支撑架上的安装点 12 mm 以内
7，8	太阳电池间最小空间上的点
9，10	在太阳电池组件窗口上，距第 7 次和第 8 次撞击位置最远的点
11	对冰雹撞击最易损坏的任意点

试验后进行外观检查、标准测试条件下的性能和绝缘试验，要求无严重外观缺陷，标准测试条件下的最大输出功率衰减不超过试验前的 5%，绝缘电阻应与初始试验的要求一样。

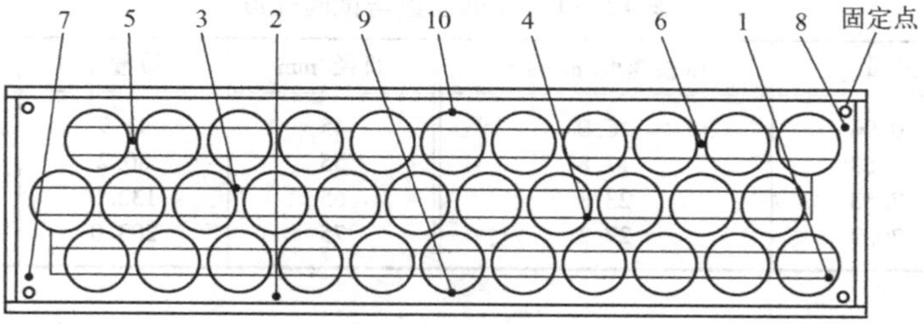

图 12-37　撞击位置示意图

18. 旁路二极管热性能试验

旁路二极管热性能试验用于评价旁路二极管的热设计和太阳电池组件防热斑效应性能的长期可靠性。

现场旁路二极管的失效经常与二极管过热有关。这项试验可确定在最坏的情况下二极管的发热情况，并与其标称温度下的发热情况进行比较。

如果试验时不能接触到试验太阳电池组件的旁路二极管，则应准备一个与试验组件相近的样品，旁路二极管的安装应与试验的标准太阳电池组件相同，使得试验时可以测量二极管的温度。后续的试验按通常情况进行。对这个特定的试验样品只须进行二极管热试验，无须进行其他试验。

试验设备：加热器，能将太阳电池组件加热到(75±5) ℃；组件温度测量/记录仪，准确度为±1 ℃；旁路二极管温度测量仪，应尽可能减小对二极管特性或热传导途径的影响；电流表，能测量短路电流 1.25 倍的电流；组件电流监测仪。

将安装在太阳电池组件中的隔离二极管短路，确定组件在标准测试条件下的短路电流值，采用制造商推荐的最小规格的导线连接组件的输出端，并连接接线盒，盖上盒盖。如果太阳电池组件安装了两个旁路二极管，则须要用连接线确保所有电流都流过每个二极管。然后加热太阳电池组件到(75±5) ℃，对组件施加等于标准测试条件下短路电流（±2%）的电流，1 h 后测量每个旁路二极管的温度。利用二极管制造商提供的信息，以及测得的二极管外壳温度和二极管消耗的功率，按下式计算结温：

$$T_j = T_{case} + R_{THjc} U_D I_D \tag{12-21}$$

式中，T_j为二极管的结温，T_{case}为二极管的外壳温度，R_{THjc}为制造商提供的关系到从二极管的结温到外壳温度的热阻值，U_D为二极管电压，I_D为二极管电流。

如果二极管有热沉设计降低工作温度，试验可在(43±3) ℃温度和 1 kW · m^{-2}辐照度的无风环境中热沉能达到的温度下进行。

将太阳电池组件电流增加到标准测试条件下短路电流的 1.25 倍，在(75±5) ℃温度条件下保持通过组件电流 1 h，验证二极管是否仍能正常工作。

进行外观检查、标准测试条件下的性能和绝缘试验后，应满足如下要求：二极管结温不超过二极管的最高额定结温；无严重外观缺陷；最大输出功率的衰减不超过试验前测试值的5%；绝缘电阻应满足初始试验的同样要求；在结束试验后，二极管仍能工作。

12.4.3　太阳电池组件的安全鉴定

鉴定太阳电池组件安全性主要有两个标准：IEC 61730-1 光伏组件安全鉴定-结构要求[7]和 IEC 61730-2 光伏组件安全鉴定-测试要求[8]。

IEC 61730 是关于太阳电池组件安全结构要求的，使其在预测的寿命期内提供安全电气与机械运作，并对组件由于机械和环境影响所产生的电击、失火与个人伤害的保护措施进行评估。

1. 太阳电池组件的应用等级

IEC 61730 规定了太阳电池组件的应用等级，分成 A、B、C 三级。

1）A 级　在公众可接近的、危险电压、危险功率条件下应用。通过本等级鉴定的太阳电池组件可用于公众可能接触的、大于直流 50 V 或 240 W 以上的系统。通过本应用等级鉴定的太阳电池组件满足安全等级Ⅱ的要求，安全等级由 IEC 61140[9]规定。

2）B 级　限制接近的、危险电压、危险功率条件下应用。通过本等级鉴定的太阳电池组件可用于以围栏、特定区划或其他措施限制公众接近的系统。通过本应用等级鉴定的太阳电池组件只提供了基本的绝缘保护，满足 IEC 61140 中规定的安全等级 0 的要求。

3）C 级　限定电压、限定功率条件下应用。通过本等级鉴定的太阳电池组件只能用于公众有可能接触的、低于直流 50 V 和 240W 的系统。通过本应用等级鉴定的太阳电池组件满足 IEC 61140 中规定的安全等级Ⅲ的要求。

IEC 61140 将电气设备按防护措施分成以下四类。

☺ 0 类设备：采用基本绝缘作为基本防护措施，没有故障防护措施。

☺ Ⅰ类设备：采用基本绝缘作为基本防护措施，采用保护连接作为故障防护措施。

☺ Ⅱ类设备：采用基本绝缘作为基本防护措施，附加绝缘作为故障防护措施，能提供基本防护和故障防护功能的加强绝缘。

☺ Ⅲ类设备：将电压限制到特低电压值作为基本防护措施，且不具有故障防护措施。

其中，防护分为以下两类。

☺ 基本防护：无故障条件下的电击防护。

☺ 故障防护：单一故障条件下的电击防护。

绝缘分为以下四类。

☺ 基本绝缘：为危险带电部分提供基本防护的绝缘。

☺ 附加绝缘：除基本绝缘外，用于故障防护附加的单独绝缘。

☺ 加强绝缘：危险带电部分上具有相当于双重绝缘的电击防护等级的绝缘。

☺ 双重绝缘：由基本绝缘和附加绝缘构成的绝缘。

2. 太阳电池组件安全鉴定的结构要求和试验

IEC 61730-1 对组件的金属部件、聚合物材料、玻璃结构材料、内部导线和载流部件、接线、接地、接线盒和导线管等部件规定了结构要求。

IEC 61730-2 提出了组件安全鉴定的试验要求和测试步骤，如图 12-38 所示。

太阳电池组件安全鉴定检测流程中所进行的试验包括以下 6 种。

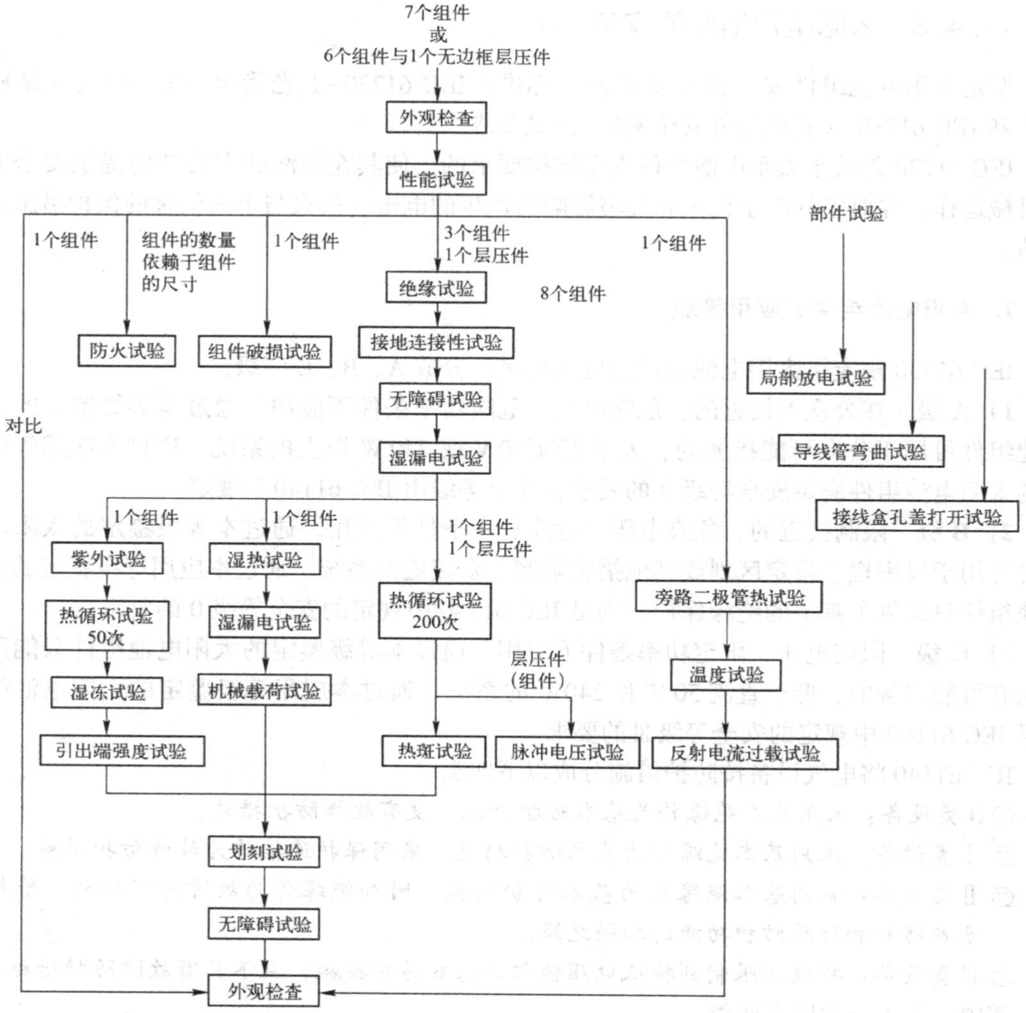

图 12-38　太阳电池组件安全鉴定检测流程

1）预处理试验　包括热循环试验、湿冷试验、湿热试验、紫外试验。

2）基本检查　外观检查。

3）电击危险试验　评估太阳电池组件因结构设计、环境或操作失误而引起的带电，对人员可能产生电击伤害的危害程度，包括以下5类。

（1）无障碍试验：确定非绝缘电路是否会对操作人员产生电击危险。要求测试期间，测试夹具和组件电路间的电阻不小于1 MΩ。

（2）划刻试验：测定由聚合材料制作的太阳电池组件的前后表面是否能经受安装和运行期间的例行操作，并且对操作人员没有触电的危险。用特定的刀具按要求刻划太阳电池组件表面，检测组件表面有无明显划痕、有无线路暴露、是否影响组件性能。

（3）接地连续性试验：检查在太阳电池组件中暴露的导体表面之间是否导通，只有全部导通时才可统一接地。

主要测试设备是电压表和恒流电源（能提供太阳电池组件最大过电流保护电流 1.5 倍的电流）。

将恒流源的一端按推荐的接地方式连接到指定的接地点，另一端连接到与它相邻的裸露导体上，连接点应选择与接地点有最大电通道距离的点；将电压表的两端连接到电流引线处的导体上。通入 1.5 倍（±10%）组件最大过电流保护电流，时间至少 1 s，测量电路电流和相应的电压降。要求选定的裸露导体和其他任意导体之间的电阻应小于 0.1 Ω。

（4）脉冲电压试验：检验太阳电池组件绝缘部分抗过电压的能力。在太阳电池组件外壳和组件引线电路间施加特定要求的脉冲电压，要求试验后没有明显的绝缘击穿和表面破裂，不产生明显的外观缺陷。

（5）绝缘试验、湿漏电试验、引出端强度试验。

4）火灾试验　评估组件的防火灾能力，包括以下 5 项。

（1）温度试验：确定构成太阳电池组件的各个部件和材料的最高耐受温度。测定组件在标准辐照度 1 kW/m^2下开路和短路时的各结构部件和材料的温度。测量时，温度不超过太阳电池组件表面、材料或结构件的温度极限。部件或材料的温度极限已在标准中做了明确规定，见表 12-13。要求太阳电池组件的任何部分没有开裂、弯曲、烧焦或类似的损伤。

表 12-13　部件和材料的温度极限

部件或材料	温度极限
绝缘材料	③
聚合物	①
纤维	90 ℃
薄片型酚类聚合物	125 ℃
模压型酚类聚合物	150 ℃
现场接线引出端，金属部件	环境温度之上 30 ℃
现场电缆可能接触的接线盒	①与④之中的大者，或者②
带绝缘的导体	④
支架表面（边框）及其相邻的结构件	90 ℃

注：① 材料的相对热指数（RTI）减去 20 ℃。

② 如果有标记说明了可以使用的导线的最低额定温度，则在接线盒内的引出端的温度可以大于设定值，但最高不能超过 90 ℃。

③ 可以用比规定值更高的温度，只要确定更高的温度不会引起火灾或电击危险。

④ 不能超过导体的额定温度。

（2）热斑试验：按规定进行。

（3）防火试验：确定太阳电池组件的耐火等级，分为 A、B 和 C 三级，最低耐火等级为 C 级，最高耐火等级为 A 级。建筑物上安装的太阳电池组件必须达到 C 级。为此须要对太阳电池组件进行飞火试验和表面延烧试验。

（4）旁路二极管热试验：按规定进行。

（5）反向电流过载试验：确定在反向电流的条件下，过电流保护装置开启前，太阳电池组件点火或燃烧的危险指数。将太阳电池组件按照设定的方式包裹在粗棉布和薄纱布之中，对组件施加大小为组件过电流保护等级电流（根据厂商提供）1.35倍的反向电流，并维持2h。要求测试过程中，太阳电池组件不燃烧，粗棉布和薄纱布没有燃烧和烧焦，组件仍能达到湿漏电试验的要求。

5）机械应力试验 测试机械故障可能引起的组件损伤，包括组件破损试验与机械载荷试验。

（1）组件破损试验：目的是使切割或打孔的伤害减到最小。采用特定的撞击物对太阳电池组件进行撞击试验。撞击物通常为皮质撞击袋，其中装有规定质量的铅弹或小球（直径为2.5～3.0mm）。要求试验后太阳电池组件不破裂；或者出现破裂时，没有产生直径76mm（3in）的球可以自由通过的裂缝或开口；当发生破损时，撞击5min内选定10块最大的无裂纹碎片以g计量的质量不超过样品以mm计量的厚度的16倍，并且没有产生大于6.5cm^2的碎片。

（2）机械载荷试验：按规定进行。

6）部件试验 包括以下3项。

（1）局部放电试验：用于太阳电池组件上层或基层的聚合物材料。这些材料如果不满足IEC规定的绝缘要求，则必须进行局部放电测试。测试电压以低于系统最大电压的值开始增加，增速为系统最大电压的10%，到达局部放电点后，再将电压降低到局部放电电压熄灭点。当放电电荷密度降到1pC时认为已经到达了熄灭电压。对10个太阳电池组件进行测试，如果局部放电熄灭电压的平均值减去标准差大于厂商所提供系统电压的1.5倍，则可认定太阳电池组件的固体绝缘性测试通过。

（2）导线管弯曲试验：用于太阳电池组件接线盒配线系统的导线管，应确保能承受住在组件安装期间和安装后对导线管所施加的压力。将规定长度的导线管按照要求固定后，依据导线管的规格对其施加规定的弯曲载荷，并维持60s。要求试验后太阳电池组件接线盒的外壁没有裂痕或未与导线管脱离。

（3）接线盒孔盖打开试验：接线盒孔盖应能在保持在应力条件下，现场安装配线时方便打开。试验中，采用特定工具对孔盖垂直加44.5N的力，1h后测量孔盖与接线盒壳体的移位情况。然后取下孔盖，用刀刃沿孔的边缘划一圈，去除留在边上的碎屑。要求孔盖受力后仍保持原位，孔盖和孔之间的距离不超过0.75mm，不留下任何锋利的边缘或造成接线盒损坏，孔盖可以顺利地被打开。

针对太阳电池组件的不同应用等级，可按表12-14中的规定确定试验项目。

表12-14 太阳电池组件应用等级及其必需的试验程序[3]

应用等级			试验
A	B	C	
			预处理试验：
○	○	○	热循环试验（50次/200次）
○	○	○	湿冷试验（10次）
○	○	○	湿热试验（1000次）
○	○	○	紫外试验
			基本检查：
○	○	○	外观检查

续表

应用等级			试　　验
A	B	C	
			电击危险试验：
○	○	—	无障碍试验
○	○	—	刻划试验
○	○	○	接地连续性试验
○	○*	—	脉冲电压试验
○	○*	—	绝缘试验
○	○	—	湿漏电试验
○	○	○	引出端强度试验
			火灾试验：
○	○	○	温度试验
○	○	○	热斑试验
○**	—	—	防火试验
○	○	—	反向电流过载试验
			机械应力试验：
○	—	○	组件破损试验
○	○	○	机械载荷试验
			结构试验：
○	—	—	局部放电试验
○	○	—	导线管弯曲试验
○	○	○	接线盒孔盖打开试验

注：○ 表示必需的试验；—表示不需要的试验；* 表示与等级 A 不同的试验；* * 表示安装于建筑物顶层的太阳电池组件的最低耐火等级 C 级。

12.4.4　太阳电池组件的其他试验

对于地面用太阳电池组件，除了上述设计鉴定和定型要求，还有一些其他试验要求。

1. 盐雾试验

在近海环境中使用的太阳电池组件，应进行盐雾试验[10-11]。
太阳电池组件的安装倾角（组件上表面与垂直方向的夹角）应在 15°～30°之间。
通常的测试条件如下所述。

☺ 盐雾浓度：5%氯化钠水溶液；
☺ 试验温度：35 ℃；
☺ 喷雾量：1～2 mL/(h · 80 cm^2)；
☺ 酸碱值：6.5～7.2［温度为(35±2) ℃时的 pH 值］；
☺ 保持时间：16 h，24 h，48 h，96 h，168 h，336 h，672 h；
☺ 试验容差：盐雾浓度为±1%，试验温度为±2 ℃。

为了模拟实际的盐雾环境，可以采用循环式盐雾试验[12]。首先将太阳电池组件放入温度为15～35℃、盐雾浓度为5%的盐雾柜中，保持2h；而后将太阳电池组件转移到温度为40℃、相对湿度为93%的湿度柜内，并保持一段时间；再将太阳电池组件移入盐雾柜中；如此循环往复，直到规定的循环次数；最后将太阳电池组件清洗吹干，置于标准大气条件下1～2h以恢复原状。试验后，应无严重影响正常工作性能的机械损伤或腐蚀，最大功率的减少不应大于初始值的5%，还应满足绝缘测试的要求。

2. 电势诱导衰减（PID）检测

太阳电池组件存在电势诱导衰减（Potential Induced Degradation，PID）效应。

PID测试有以下两种加速测试方式。

（1）在25℃且小于60%RH的湿度下，在太阳电池组件玻璃表面和边框上覆盖铝箔、铜箔，再在组件的输出端与表面覆盖物之间施加电压，测试周期为7天（168h）。

（2）在温度为(60±2)℃、湿度为(85±5)%RH，或者温度为(85±2)℃、湿度为(85±5)%RH的环境下，将-1kV直流电施加在太阳电池组件输出端和铝框上96h。这是生产中使用较多的加速测试方法。

测试前，太阳电池组件应在开路状态下进行5～5.5kW·h/m^{2}辐照，以消除组件早期衰减。对太阳电池组件进行功率、湿漏电测试并进行EL成像。PID试验结束后，再次进行功率、湿漏电测试并进行EL成像。将测试前、后的结果进行比较。当发生PID时，EL成像显示出部分太阳电池片发黑。

在第（1）种方式中，太阳电池组件内发黑的太阳电池片是随机分布的；而在第（2）种方式中，太阳电池片发黑的现象首先发生在靠近铝框处。

据报道，晶澳公司的多晶硅太阳电池组件已成功通过IEC62804标准[13]的双85抗PID测试（测试条件为-1kV、85℃、85%RH、96h）。

3. 储存

（1）高温储存：太阳电池组件应置于(85±2)℃的高温环境下储存16h。

（2）低温储存：太阳电池组件应置于(-40±3)℃的低温环境下储存16h。

（3）恒定湿热储存：太阳组件应在相对湿度为90%～95%、温度为(40±2)℃的湿热环境下存放96h。试验后，应进行电性能测试及外观检查，绝缘电阻小于1MΩ的太阳电池组件为不合格品。

4. 振动、冲击

太阳电池组件应在良好的包装条件下进行振动及冲击试验。试验条件如下所述。

☺ 振动频率：10～55Hz；

☺ 振幅：0.35mm；

☺ 振动时间：法向20min，切向20min；

☺ 冲击波形：半正弦、梯形、后峰锯齿形，持续时间为11ms；

☺ 冲击的峰值加速度：150m/s；

☺ 冲击次数：法向、切向各3次。

上述试验可用组件测试仪[14]完成。

12.4.5　太阳电池组件的可靠性测试

质量鉴定测试的某些项目是加速老化测试，不能等同于可靠性测试，但是标准质量鉴定程序中的一些特定测试项目改变后可以用作可靠性测试。例如，通过增加热循环总循环次数直到太阳电池组件失效，增加 UV 辐照量使太阳电池组件失效，将质量鉴定测试与压力测试组合起来进行测试，将湿热测试结合施加高偏置电压进行测试等，能直接或间接地反映太阳电池组件的可靠性。

12.5　太阳电池组件的室外测试

太阳电池在 STC 条件下测得的电性能参数可与不同实验室和不同 PV 电池之间的测量结果进行比较。但是，它并不能与太阳电池在室外实际工作条件下的性能进行比较。因为太阳电池在室外工作时，会经历不同的辐照条件和工作温度。

室外系统的性能评价方法之一是在接近于表 12-15 列出的性能测试条件（PTC）下，对系统在一段时间（通常是 1 个月）内的性能进行评估。通过数据过滤和拟合得到一个线性方程，然后应用这个方程来测试 PTC 条件下的太阳电池性能。另一种系统评估方法是测量室外独立太阳电池组件的一系列参数，然后把这些参数转换到标准测试条件下进行评估。

表 12-15　性能测试条件（PTC）

类　型	辐照度/(W/m^2)	环境温度/℃	风速/(m/s)
平板，以固定角度倾斜	1000（总辐照度）	20	1
聚光	850（直射）	20	1

在评估太阳电池组件时，主要关心的是组件的能量输出，而不是某特定条件下的功率输出。能量评估通常是在 5 种气候条件下测量数据。5 种气候条件为：晴天，气温高；晴天，气温低；多云，气温高；多云，气温低；气温适宜。在 5 种天气条件下分别测定太阳电池组件每小时的功率输出后，可获得每种气候条件下太阳电池组件的能量输出。太阳电池组件的能量输出可在实验室内测量，也可在室外条件下测量。

在室外阳光下，太阳电池组件测试采用室外太阳能光伏测试系统[15]。室外太阳能光伏测试系统由室外 I–U 特性测试系统、太阳辐照度计、风向/风速计、温/湿度计等部件组成，如图 12-39 所示。系统可对太阳能光伏电站的环境进行监测，对太阳电池组件在自然光照和不同天气条件下的性能进行评估。测试数据及项目包括辐射量、温度、风速、组件背板温度、I–U 特性曲线、STC、最大功率、温度系数、效率衰减、热斑耐久性等，可同时检测功率、系统转换效率、使用寿命、系统转换效率衰减等。

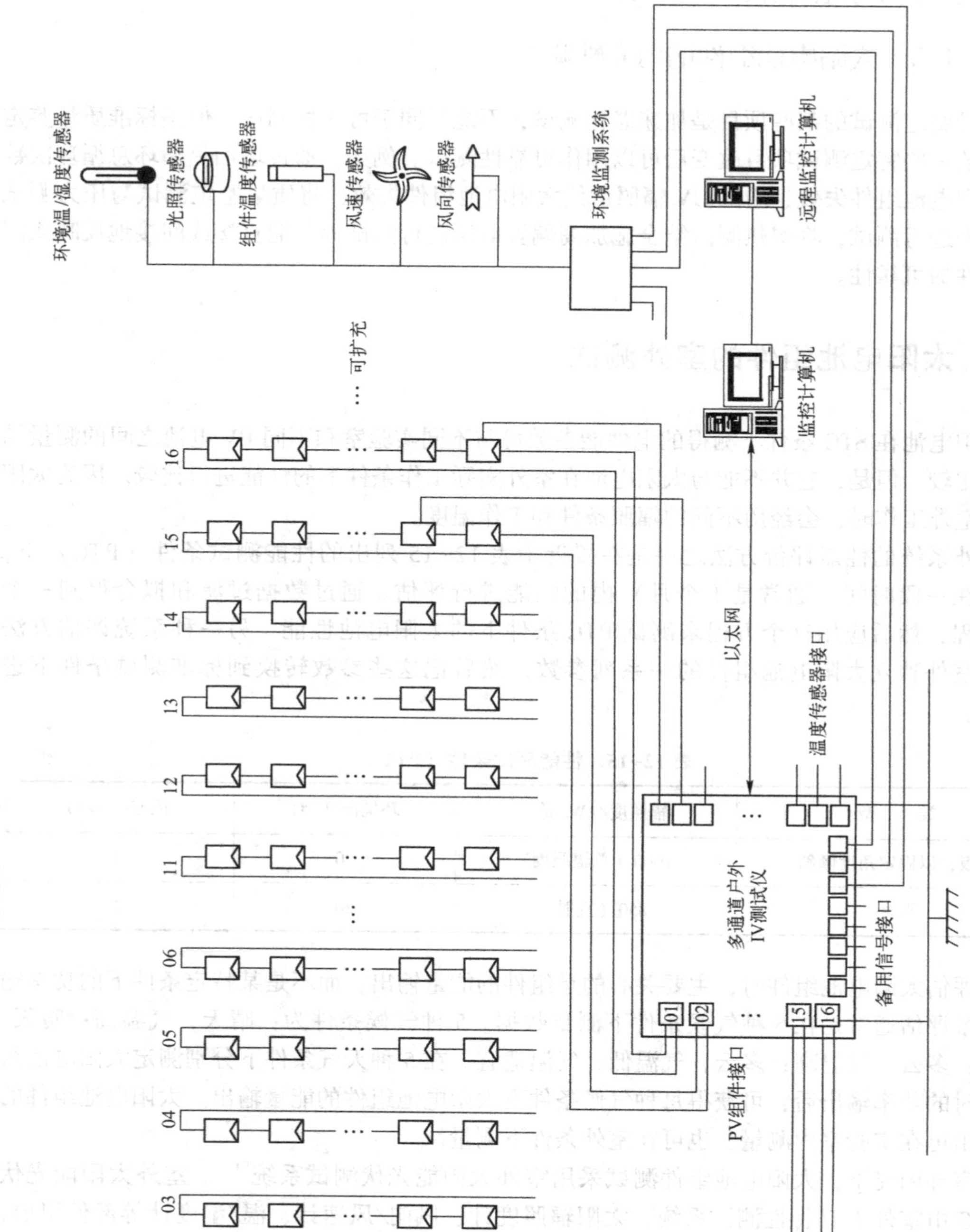

图12-39 室外太阳能光伏测试系统

12.6　太阳电池和组件的诊断测试

在太阳电池和组件产品研究、开发和生产过程中，诊断测试很有价值，目前已有以下多种诊断测试方法。

☺ 无光照下太阳电池的 I–U 特性曲线可表明太阳电池作为 pn 结的工作特性，可用于测量串联电阻、并联电阻和二极管的品质因子。

☺ 太阳电池光谱响应能反映太阳电池的反射等光学损失和载流子的复合损失信息。光谱响应是性能测试中光谱不匹配校正的基础。

☺ 电致发光（EL）检测可以检测晶体硅太阳电池及组件中的隐性缺陷，包括硅材料缺陷、扩散缺陷、印刷缺陷、烧结缺陷，以及组件封装过程中的裂纹等。

☺ 光诱导电流（LBIC）检测是太阳电池和组件诊断的有效方法。例如，通过扫描经过太阳电池前表面的激光斑和测量合成电流，很容易区分出输出衰减的位置，确定多晶硅太阳电池的裂痕。

☺ 直接使用红外成像摄像机能测量出太阳电池组件和方阵表面的温度变化。当太阳电池组件内的电池由于某种原因使其工作在反偏置状态时，局部区域会发热，其温度会高出周围电池温度 20～40℃，产生热斑效应。通过红外成像技术能很容易地探测到热斑位置。

☺ 超声波技术是一种非破坏性试验方法，能在不破坏太阳电池组件的情况下，检测出封装材料中的气泡和脱层，检查晶体硅太阳电池组件的焊接性能。

不同原理的检测设备有不同的性能、特点、功能和用途。例如，PL 和 EL 红外成像仪器使用的是激光光源激发或注电流激发，测量方式是整体成像，测量速度快，测量所获得的是整幅红外图像；而光诱导电流（LBIC）使用多波长激光激发，采用多点扫描方式，测量速度慢，可测量光诱导电流、反射率、量子效率和载流子扩散长度等比较精确的数据。

12.6.1　电致发光（EL）测试

基于电致发光（ELectroluminescence）原理，利用近红外检测的方法，可以检测晶体硅太阳电池及其组件中的隐性缺陷，包括硅材料缺陷、扩散缺陷、印刷缺陷、烧结缺陷，以及组件封装过程中的裂纹等。EL 测试技术广泛应用于晶体硅太阳电池及其组件的检验。

1. EL 测试的原理

太阳电池电致发光是指在太阳能电池两端加入正向偏压时，pn 结势垒区和扩散区注入了少数载流子，这些非平衡少数载流子不断与多数载流子复合而发光。采用 CCD 器件接收电致发光或采用 CCD 相机拍摄，经过计算机处理后可以显示出太阳电池的复合辐射分布图像，如图 12-40 所示。由于电致发光强度很低，而且发光波长在近红外区域，所以要求 CCD 器件必须在 900～1100 nm 波长范围内具有高灵敏度和低噪声。EL 测试的整个过程必须在暗室中进行。测得的 EL 发光强度与太阳电池片的少子寿命（或少子扩散长度）和电流密度成正比，发光图像的明暗能较清晰地反映太阳电池中少子扩散长度较低的缺陷区域，从而发现太阳电池及其组件中存在的隐性缺陷。

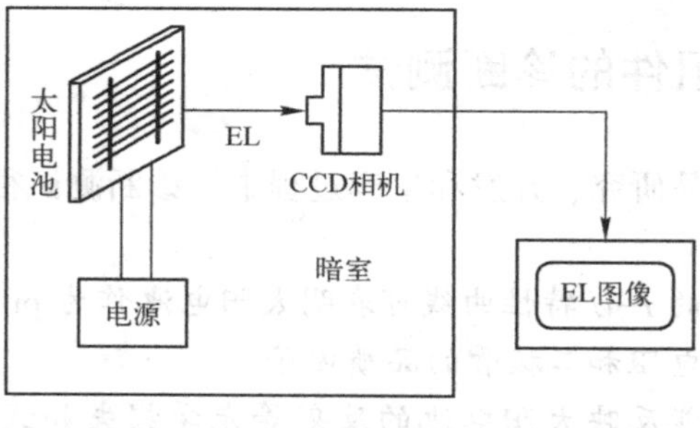

图 12-40　太阳电池片缺陷 EL 测试原理

2. EL 测试常见缺陷及分析

（1）破片：通常，EL 测试图中的黑块反映太阳电池组件封装过程的焊接和层压工序中形成的破碎硅片。

（2）隐裂：太阳电池片沿着对角的线状图形通常是电池片的隐裂纹，大多由生产过程中受到压力产生。单晶硅片的比较清楚；多晶硅电池片有时较难区分是多晶硅的晶界还是隐裂纹。

（3）断栅：EL 测试图中沿太阳电池片主栅线的暗线通常反映电池片的断栅，注入的电流在断栅附近处的电流密度很小甚至为零，导致断栅处 EL 发光强度较弱或不发光。

（4）烧结缺陷：EL 测试图中存在一些黑点时，往往反映了烧结工序工艺参数不佳或烧结设备存在缺陷时导致的大面积网带印。

（5）黑芯片：在 EL 测试图中显示太阳电池片中心到边缘逐渐变亮的同心圆，生产中称之为"黑芯片"，这通常是由硅片的材料缺陷造成的。

（6）电池片混挡：太阳电池组件的 EL 测试图中若某个电池片发光强度明显低于组件中其他电池片，通常是电池片的电流或电压分挡时混入参数不一致的电池片。

（7）电池片电阻不均匀：EL 测试图显示太阳电池片表面发光强度不均匀，表明电池片电阻不均匀。

（8）电池片存在表面漏电时，EL 测试图中将出现清晰的亮点，通常这是由加工过程中刻蚀、扩散不均、污染等造成的。

图 12-41 所示为 EL 测试图中太阳电池的各种缺陷，图 12-42 所示为由多种缺陷太阳电池封装的太阳电池组件。

3. 太阳电池和组件缺陷 EL 检测仪

1）太阳电池缺陷 EL 检测仪性能参数实例

☺ 适用对象：125/156 单晶硅太阳电池和多晶硅太阳电池；

☺ 工作环境温度：0～25 ℃；

☺ 工作环境湿度：20%～70%RH；

☺ 操作方式：离线式；

☺ 电源参数：单相 220 V/10 A，最大加载电压为 10 V，最大加载电流为 12 A；

☺ 主要配置：测试机台（含照相机）+计算机+专业软件。

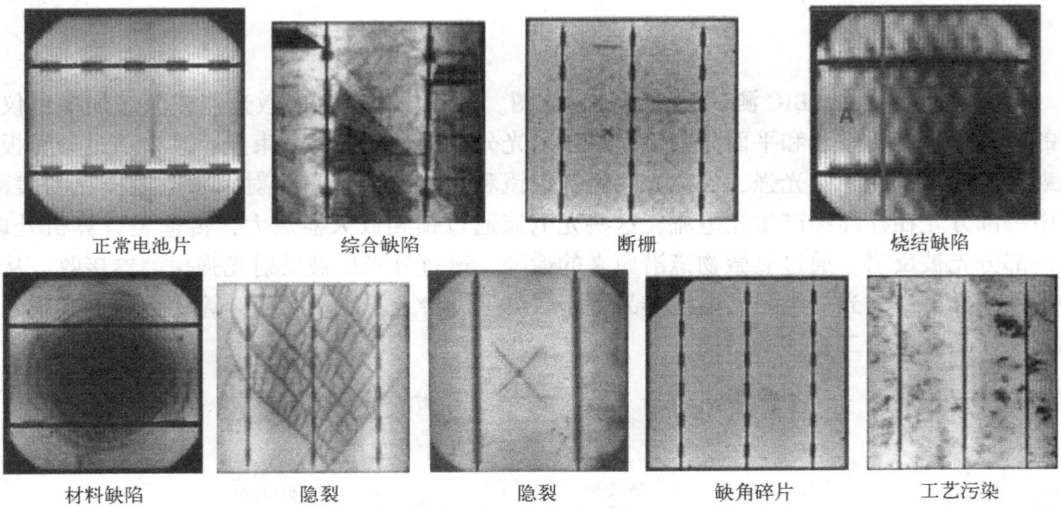

图 12-41　EL 测试图中太阳电池的各种缺陷

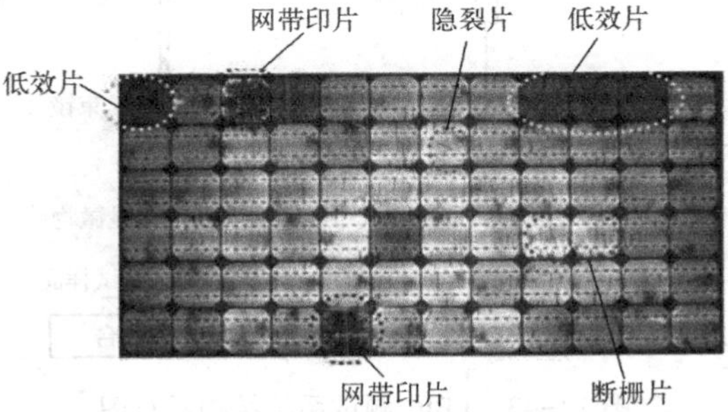

图 12-42　由多种缺陷太阳电池封装的太阳电池组件

2）太阳电池组件缺陷 EL 检测仪性能参数实例

☺ 适用对象：单晶硅、多晶硅及薄膜太阳电池组件；
☺ 兼容尺寸：可测组件最大尺寸为 1200 mm×1700 mm；
☺ 工作环境温度：0～25 ℃；
☺ 工作环境湿度：20%～70%RH；
☺ 操作方式：离线式；
☺ 测试方式：非接触式；
☺ 电源参数：单相 220 V/10 A，最大加载电压为 60 V，最大加载电流为 10 A；
☺ 有效测量面积：1200 mm×1700 mm（可据需求放大尺寸）；
☺ 主要配置：测试机台（含照相机）+计算机+专业软件。

可根据需求增加杂质检测功能模块。

12.6.2　光诱导电流（LBIC）测试

光诱导电流（Light Beam Induced Current，LBIC）测试技术用于检测太阳电池表面由光束扫描引起的微弱电流，从而获取反映太阳电池内部缺陷分布等信息，它是一种精确度较高的无损探测技术。

1. LBIC 系统结构

图 12-43 所示为 LBIC 测试系统结构示意图。测试原理是，由激光器或氙灯加单色仪产生的单色光束经斩波器和平面分束镜，将入射光分成相互垂直的两束光，其中透过分光板的光束用于探测入射光的光强，反射光束经扩束镜和显微物镜聚焦照射太阳电池样品的表面，其中一部分光在样品中产生光电流，这些光电流通过锁相放大器放大，传输至计算机处理；另一部分光被反射，通过显微物镜沿原来的途径，透过分光板被反射光强探测器接收，从而测定被测样品反射光的光强。电池样品置于二维平动台上，平动台由计算机控制，实现入射光束在样品上进行二维移动扫描。

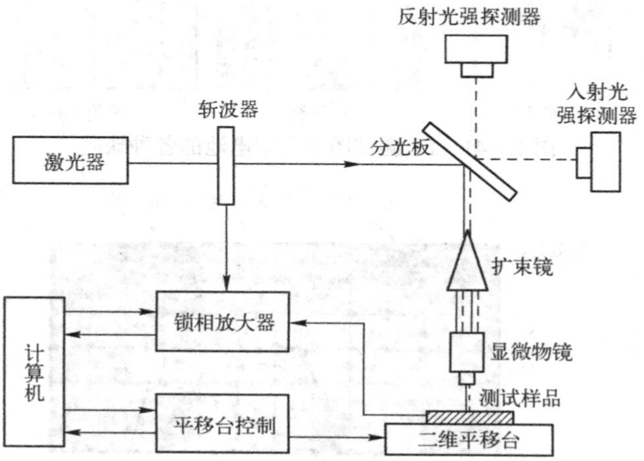

图 12-43　LBIC 测试系统结构示意图

LBIC 检测可分几种模式，对太阳电池检测时，主要采用光斑扫描面平行于 pn 结的标准模式，如图 12-44 所示。LBIC 电流信号可由电极 A 和 B 或电极 A 和 C 导出。

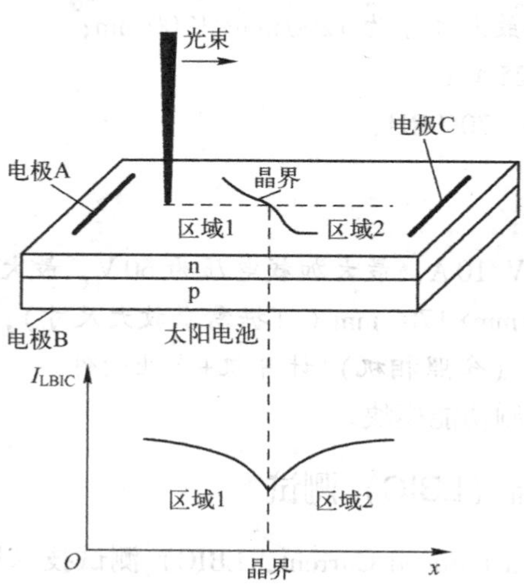

图 12-44　LBIC 检测原理图

太阳电池的反射包括直接反射和漫反射。为了准确测定反射信号，漫反射信号由椭球形的反射镜收集，用硅光电探测器测量。LBIC 的反射光检测原理图如图 12-45 所示。计算表面反射率 R 时，总反射量应为直接反射量与漫反射量之和。

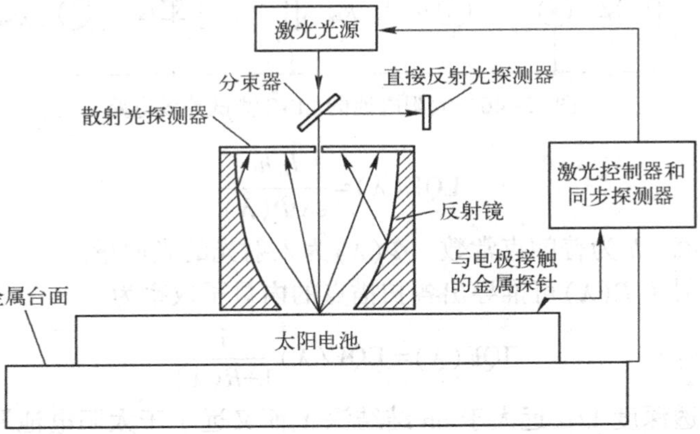

图 12-45 LBIC 的反射光检测原理图

2. LBIC 测试原理

用 4 个激光器发出光斑直径为 100 μm，波长分别为 407 nm、662 nm、852 nm 和 973 nm 的激光束照射样品，测量太阳电池的短路电流（诱导电流）及表面反射率，获得 4 种不同波长的太阳电池内量子效率；通过选用 2 个以上激光器所测得的短路电流（诱导电流）和表面反射率随激发光波长的变化数据，计算出少子扩散长度[16]。

不同入射光波长在材料中具有不同的吸收系数和透射深度，随着光波波长的增加，透射深度呈指数增加，见表 12-16。在不同入射光波长照射下，所测得的 LBIC 信号反映了被测材料不同深度内的信息。

表 12-16 不同波长的光的光子能量 E 及其在单晶硅中的吸收系数 α 和透射深度 δ

λ/nm	E/eV	α/m	δ /μm
457	2.71	195.00	0.52
514	2.41	82.60	1.21
633	1.96	31.70	3.15
780	1.59	9.70	10.30
905	1.37	2.74	36.50
980	1.27	0.91	111.00

整个太阳电池可分为光照区和非光照区两部分。太阳电池的 LBIC 测试等效电路如图 12-46 所示，整个太阳电池由这两部分并联而成。光照区域远小于非光照区域，测得的电流信号 I_T 仅与光照区域的太阳电池特性有关，$I_T = I_s$。

若使用了两种以上波长的光线进行测量，则可根据测量数据计算出少子扩散长度，其原理如下：每个扫描点（光照的微小区域）在波长为 λ 的光照下的外量子效率为

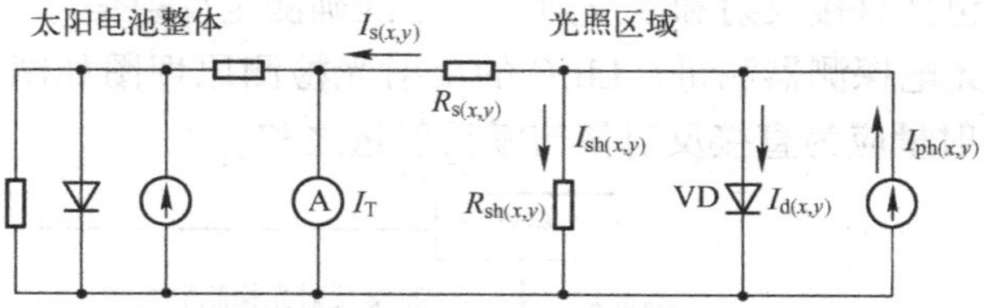

图 12-46　太阳电池的 LBIC 测试等效电路

$$\mathrm{EQE}(\lambda)=\frac{I_{sc}hc}{e\lambda\Phi(\lambda)} \tag{12-22}$$

式中，I_{sc}为短路电流，h 为普朗克常数，$\Phi(\lambda)$为入射光的光通量。

结合各点的反射率 $R(\lambda)$可推导出各扫描点的内量子效率为

$$\mathrm{IQE}(\lambda)=\mathrm{EQE}(\lambda)\frac{1}{1-R(\lambda)} \tag{12-23}$$

若入射光的穿透深度 $1/\alpha$ 远大于 pn 结结深 X_j 而又远小于太阳电池厚度，并且扩散长度小于样品厚度的 1/3，则 $\mathrm{IQE}(\lambda)$与载流子有效扩散长度 L_{eff}存在以下关系：[17]

$$\mathrm{IQE}(\lambda)^{-1}=1+\alpha(\lambda)^{-1}\frac{\cos\theta}{L_{eff}} \tag{12-24}$$

$$x_j \ll \alpha(\lambda)^{-1} \ll W/\cos\theta,\quad L_{eff}<\frac{W}{3}$$

式中，α 为波长为 λ 的光的吸收系数，W 为样品厚度，θ 为光子在太阳电池中的运动轨迹与垂直于样品表面的平均夹角。

对于没有表面织构的样品，式（12-24）可写为

$$\mathrm{IQE}(\lambda)^{-1}=1+\frac{1}{\alpha(\lambda)L_{eff}} \tag{12-25}$$

由式（12-25）可见，$1/\mathrm{IQE}(\lambda)$对 $1/\alpha(\lambda)$的曲线是一条直线，而扩散长度 L_{eff}是该直线在横轴上的截距，即$L_{eff}=-\frac{1}{\alpha(\lambda)}$。实际应用时，$L_{eff}$值通常在 800～1000 nm 波长范围内，它是对多组测试值进行拟合得到的。

图 12-47 所示为用光谱椭圆法和透射方法测得的硅材料的穿透深度与波长的关系曲线。

由于 LBIC 图像可测定太阳电池的内外量子效率以及载流子有效扩散长度分布，所以能反映出由层错、位错、晶界等缺陷引起的太阳电池的少数载流子复合区域的分布情况。

LBIC 信号是通过将光束聚焦在样品上逐点扫描得到的，光斑和步距越小，扫描图像分辨率越高、越清晰，但测试时间也就越长。

LBIC 检测仪的主要性能参数示例如下。

☺ 扫描区域：最大 210 mm×210 mm；

☺ 测试电流范围：1 μA～1 mA；

☺ 光源波长：407 nm、662 nm、852 nm 和 973 nm；

☺ 光斑直径：100 μm；

☺ 扫描步长：0.25 mm、0.5 mm、1 mm、2 mm、4 mm、8 mm 和 16 mm；

☺ 扫描速度：50 点/s；

☺ 可以单点或连续扫描方式进行测试。

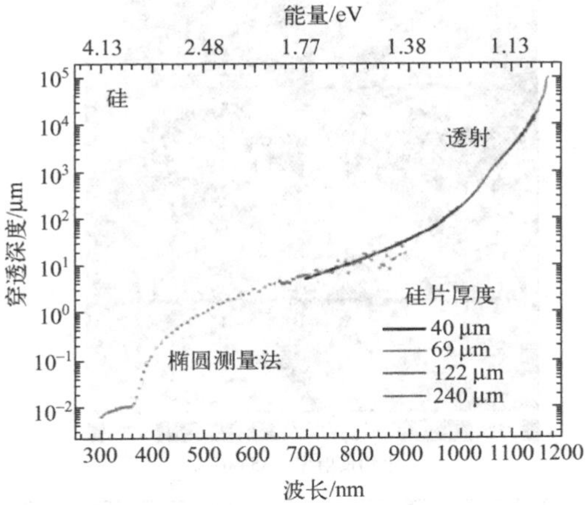

图 12-47　硅材料的穿透深度与波长的关系

3. LBIC 测试的例子

1）LBIC 测试太阳电池的例子[18]　采用 LBIC 测试太阳电池的例子如图 12-48 至图 12-51 所示（见书后彩色插页）。图中蓝色区域对应高复合区，红色区域对应低复合区。

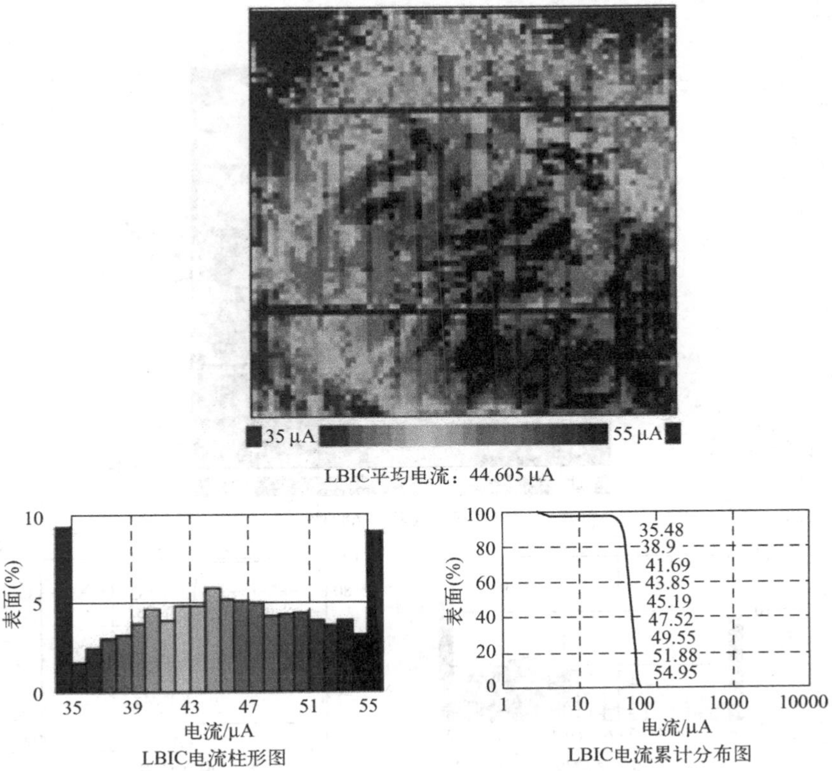

图 12-48　LBIC 电流测试例子

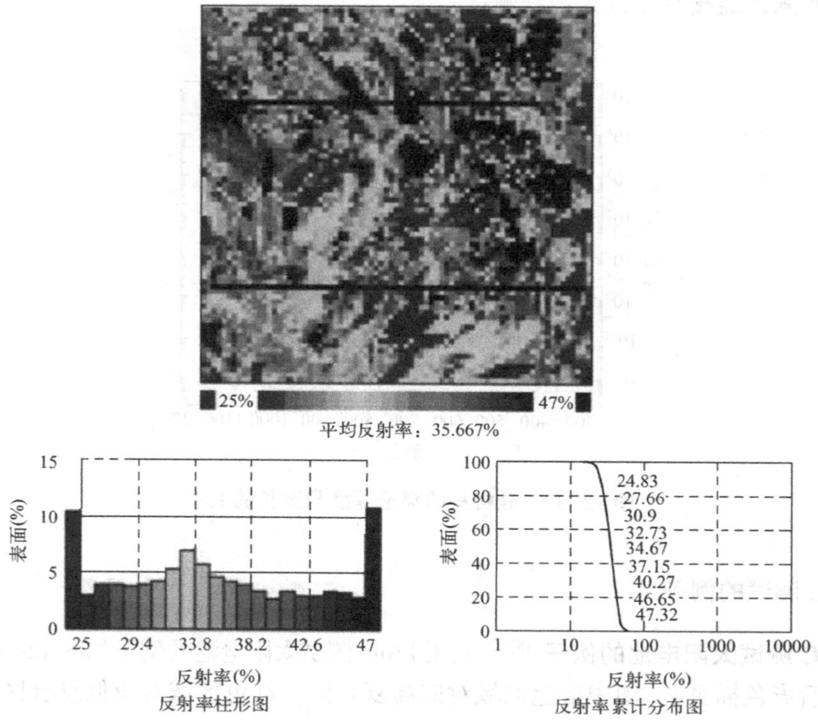

图 12-49　LBIC 反射率测试例子

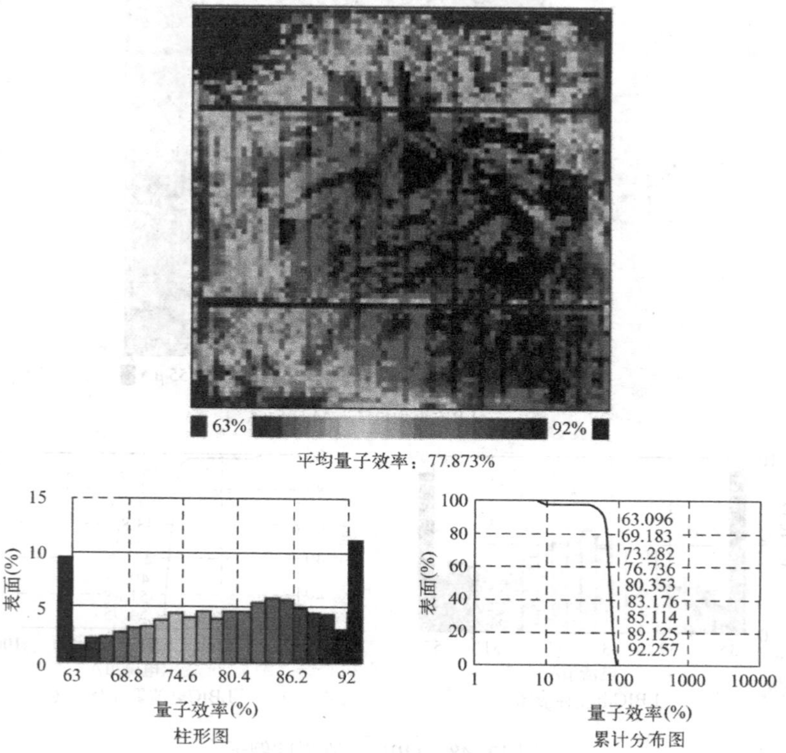

图 12-50　LBIC 内量子效率测试例子

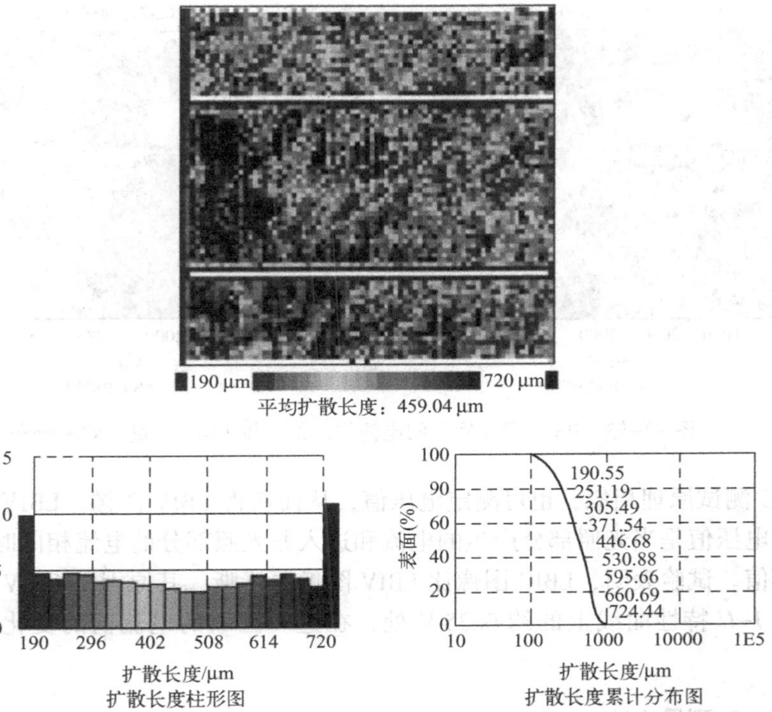

图 12-51　LBIC 扩散长度测试例子

2）太阳电池的 LBIC 测试分析案例　Rabha 等人用 LBIC 测试技术研究了多晶硅太阳电池发射极的多孔硅钝化处理（简称 PS 处理）对其性能的影响[19]。在其所用 LBIC 系统中，光源为 He-Ne 激光器（波长为 633 nm），光斑直径为 15 μm。扫描模式见图 12-44，太阳电池 p 区和 n 区分别连接电极 A 和电极 B。LBIC 测试样品表面的扫描区域在晶界附近，面积为 1.5～4.0 mm^2，扫描间距为 10 μm。图 12-52 所示为 PS 处理前后太阳电池样品的 LBIC 图像。图中深色区域对应高复合区，浅色区域对应低复合区，可明显看出，经过 PS 处理后，样品晶粒内和晶界处的 LBIC 电流信号均有不同程度增强。结合样品扫描区域各点的入射光强度和反射光强度数据，可得到样品的内量子效率（IQE）分布图，如图 12-53 所示（见书后彩色插页）。从图中可看出，IQE 值在 PS 处理前后得到了很大的改善，处理前 IQE 值在 36%～51%之间，处理后增加到 37%～75%。

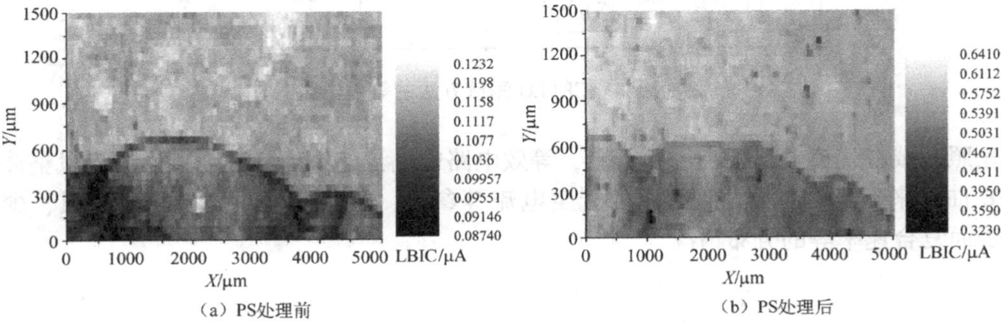

图 12-52　PS 处理前后太阳电池样品的 LBIC 图像

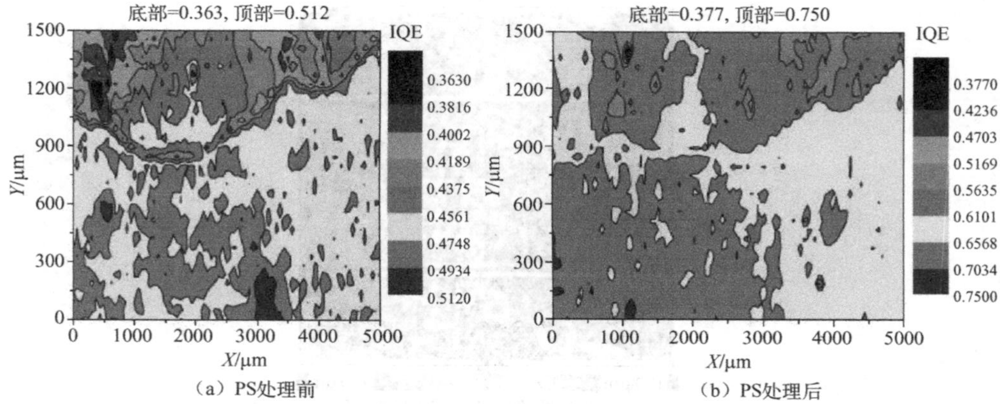

（a）PS处理前　　（b）PS处理后

图 12-53　PS 处理前后太阳电池样品的二维 LBIC 内量子效率分布

与 LBIC 测试原理相似，也可测定电压值，从而获得 LBIV 图像。LBIV 中所测得的太阳电池两端的电压值是当光照部分产生的电流和进入非光照部分的电流相同时的电压值，并非是开路电压值。试验表明，LBIC 图像比 LBIV 图像更清晰，其原因是 LBIV 测得的电压值集中分布在暗 *I–U* 特性曲线上的约 0. 35 V 处，在这一区域的电流值的变化远大于电压值的变化。

4. CELLO 测量方法

由 LBIC 的测试可得样品的短路电流、量子效率、少子扩散长度的分布情况。Carstensen 等人在 LBIC 基础上进行了改进，提出了 CELLO 测试方法[20]。

CELLO 测试方法的等效电路如图 12-54 所示。太阳电池的串联电阻分为两部分：发射极电阻 R_b和其余部分串联电阻 R_s。图中虚线内显示了光照区域的二极管和与其并联的电流源。图中，R_b是光照区域到电极的横向电阻，I_d为二极管的饱和电流，U_d 为偏置电压。

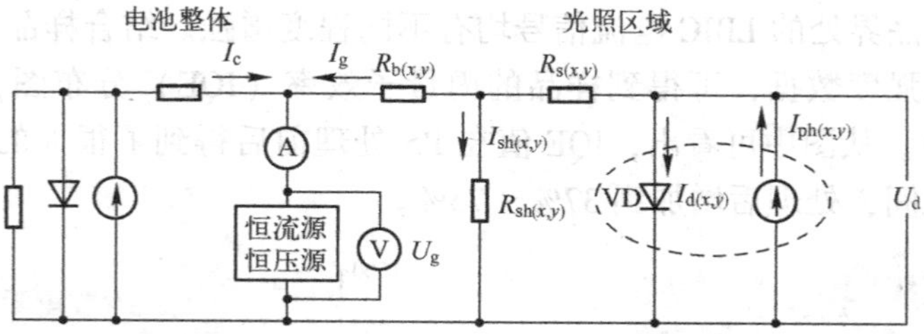

图 12-54　CELLO 测试方法的等效电路

光照区域占整个电池极小的一部分，等效电路中电池整体部分参数可通过测量整体电池的 *I–U* 曲线来确定。测定光照区域的光生电流等参数，能获得电池的串并联电阻、少子寿命和表面复合速率等的分布情况。

12.6.3　其他诊断测试方法

1. 光致发光（PL）测试

PL 测试是测试原材料硅片质量的有效方法之一。如图 12-55 所示，利用光致发光（PL）原理，以能量大于半导体硅片禁带宽度的光照射硅片，激发硅片中的载流子形成激发态，当撤去光源后，处于激发态的电子属于亚稳态，在短时间内会回到基态，释放出波长大于激发光波长的光子。这些光子大多为红外光子。红外光子被灵敏的 CCD 相机捕获，得到硅片的红外辐射图像，图像中的红外辐射分布情况反映了硅片中的杂质和缺陷信息。硅片红外辐射 PL 图像中的暗斑表明硅片中对应的区域存在较多的缺陷、位错或杂质，形成大量复合中心，在光照下，产生的载流子很快在此处复合，光致红外发光强度低，使该区域呈现黑色，也就是说，光致发光强度反比于缺陷密度及复合中心浓度。通常测得的是相对值，适合硅片的分选。当然，在特定条件下，通过标准测试技术对光致发光信号进行标定后，也可用于定量测试。

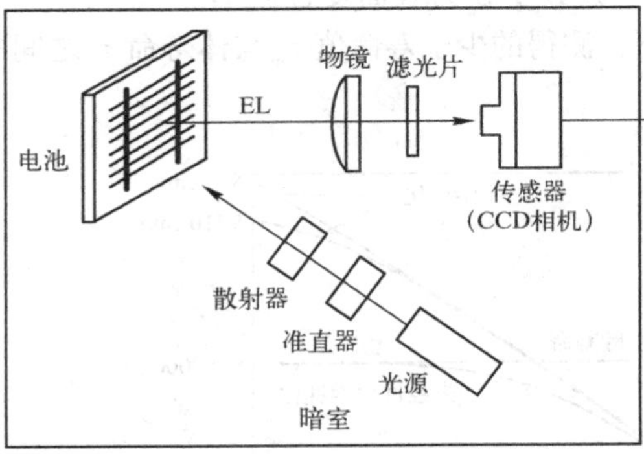

图 12-55　光致发光（PL）测试原理图

2. 微波光电导衰减法（μPCD）测试

微波光电导衰减法（Microwave Photoconductivity Decay，μPCD）主要用于对硅片的少子寿命进行快速、无接触、无损伤测量。使用波长为 904 nm 的激光照射硅片，光子注入硅片的深度约为 30 μm，激发硅片产生电子-空穴对，导致硅片样品导电率增加。当停止激光照射时，硅片的导电率将随时间呈指数减小，间接地反映了少数载流子的衰减趋势。因此，通过微波探测导电率随时间变化的趋势可测得载流子的寿命。图 12-56 所示为微波光电导衰减法（μPCD）原理图。

由 μPCD 测得的少子寿命值 τ_m 包括体寿命 τ_b 和表面复合所产生的表面寿命 τ_s。τ_m 可由下式表示：

$$\frac{1}{\tau_m}=\frac{1}{\tau_b}+\frac{1}{\tau_d+\tau_s} \tag{12-26}$$

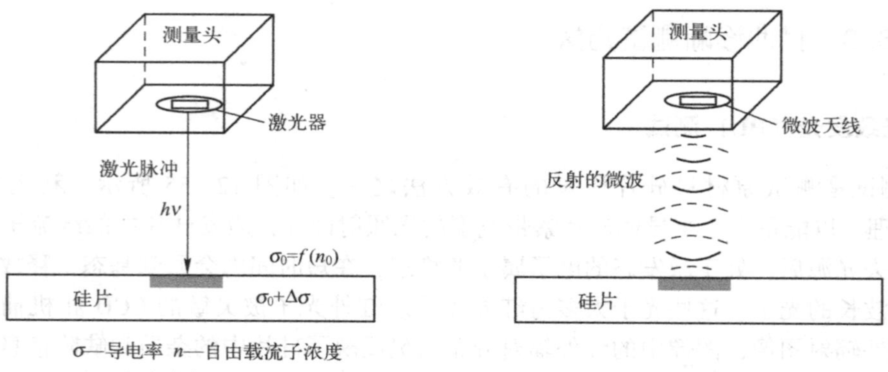

（a）激光激发载流子　　（b）微波探测导电率

图 12-56　微波光电导衰减法（μPCD）原理图

式中：τ_d为少子从样品体内扩散到表面所需时间，$\tau_d=\dfrac{d^2}{\pi^2 D_{n,p}}$；$\tau_s=\dfrac{d}{2S}$；$d$ 为样品厚度；$D_{n,p}$表示电子扩散系数 D_n 或空穴扩散系数 D_p；S 为表面复合速率。

在不同表面复合速率的情况下，测得的少子寿命值 τ_m与体寿命 τ_b之间的关系如图 12-57 所示。

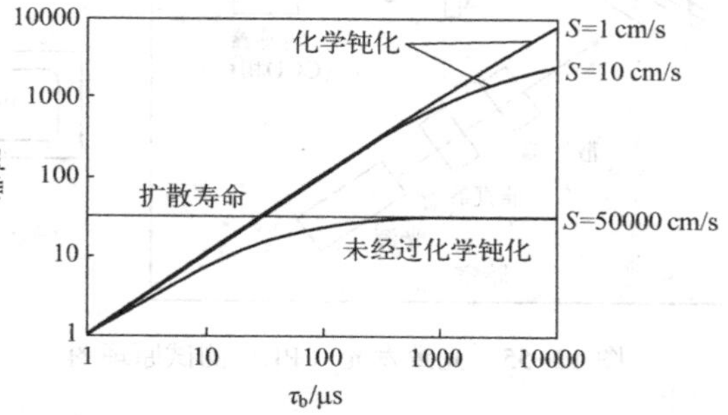

图 12-57　不同表面复合速率的情况下测得的少子寿命值 τ_m与体寿命 τ_b之间的关系

由图 12-57 可见，对于厚度确定的样品，扩散寿命也是确定的。在测试体寿命值较高的样品时，如果表面复合速率越大，则测量值与实际的体寿命值的偏差会越大。对于表面复合速率较小的硅片，如 S 值为 1 cm/s 或 10 cm/s 的样品，即使有 1000 μs 数量级的体寿命，测试寿命与体寿命偏差仍然较小。因此，当须要测量体寿命值时，应对样品表面进行钝化，以降低样品的表面复合速率。

前面已讨论过，可有多种方法对太阳电池的表面钝化，如通过热氧化在硅片表面形成 SiO_2层等。一种比较简单的方法是在硅片上涂碘进行化学钝化，即将碘酒均匀地涂在硅片的正面和反面，然后将其置于透明塑料袋中，排除气泡，封好袋口，进行测量。由于太阳电池用硅片表面大都较粗糙，时有损伤，因此在化学钝化前，须要用 95%HNO3+5%HF 进行预处理。

μPCD 设备的性能指标实例如下。

☺ 硅片电阻率范围：0.1～1000 Ω · cm；

☺ 激光波长：904 nm；
☺ 光斑直径：1 mm；
☺ 少子寿命测试范围：0. 1 μs ～ 30 ms；
☺ 扫描步长：0. 5 mm，1 mm，2 mm，4 mm，8 mm，16 mm；
☺ 测试分辨率：0. 1%；
☺ 测试时间：30 ms/点；
☺ 可进行单点或连续扫描（mapping）测试。

对硅片的测试例子如图 12-58 所示（见书后彩色插页）。

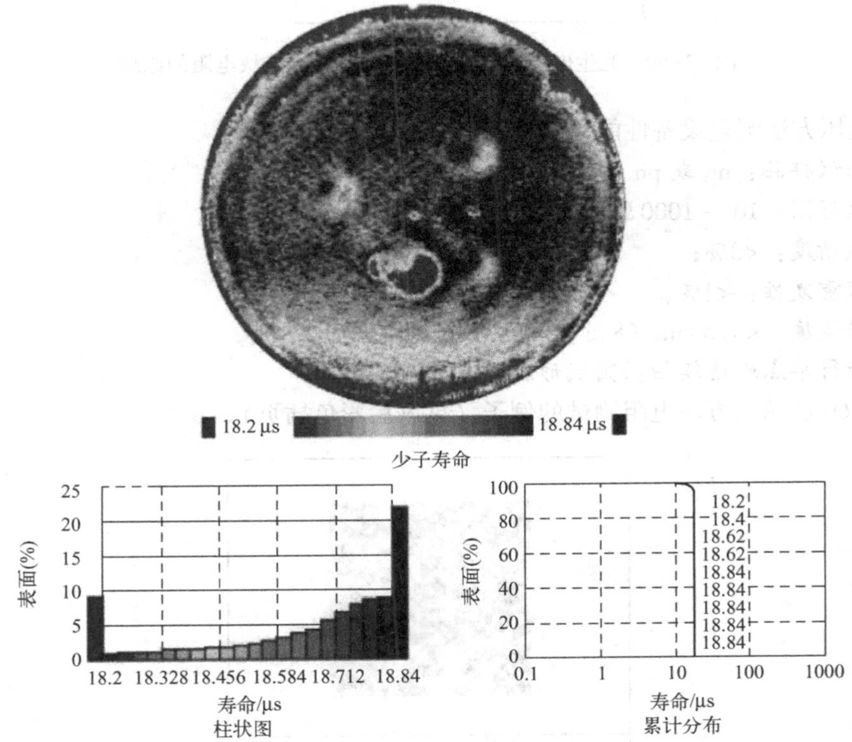

图 12-58　硅片的少子寿命测试例子

3. 方块电阻扫描（SHR）测试

进行方块电阻扫描测试时，使用表面光生电压测量方法对具有 pn 结或 np 结结构表层的方块电阻进行无接触测量。其测试原理是：SHR 的测试探头中心有一个 LED 光源，光源的频率可以调整；在光源窗口旁边有一个环形电容，电容上有两个同心圆环形电极；光注入产生电子-空穴对，pn 结或 np 结的内建电场将电子与空穴分离，从而在光激发位置产生表面电势，该表面电势将沿横向方向衰减，而衰减的快慢反映了表层方块电阻的大小。通过环形电容内外两个电极上测得的电势差，可间接地计算出材料的方块电阻。为了实现连续扫描测量，激发光被调制成具有一定频率的交变光。图 12-59 所示为光生电压方法测量扩散硅片表层方块电阻的原理。

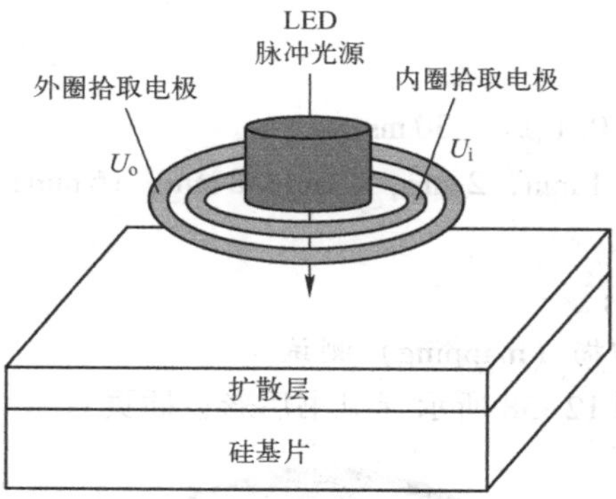

图 12-59　光生电压方法测量扩散硅片表层方块电阻的原理

光生电压方法测量设备性能指标实例如下。

☺ 可测试样品：np 或 pn 结构；

☺ 测试范围：10 ~ 1000 Ω/□；

☺ 测试精度：<3%；

☺ 测试重复性：<1%；

☺ 扫描速度：<1.5 min（8 in 硅片，分辨率为 8 mm）；

☺ 可进行单点或连续扫描测试形成图像。

图 12-60 所示为方块电阻测试的例子（见书后彩色插页）。

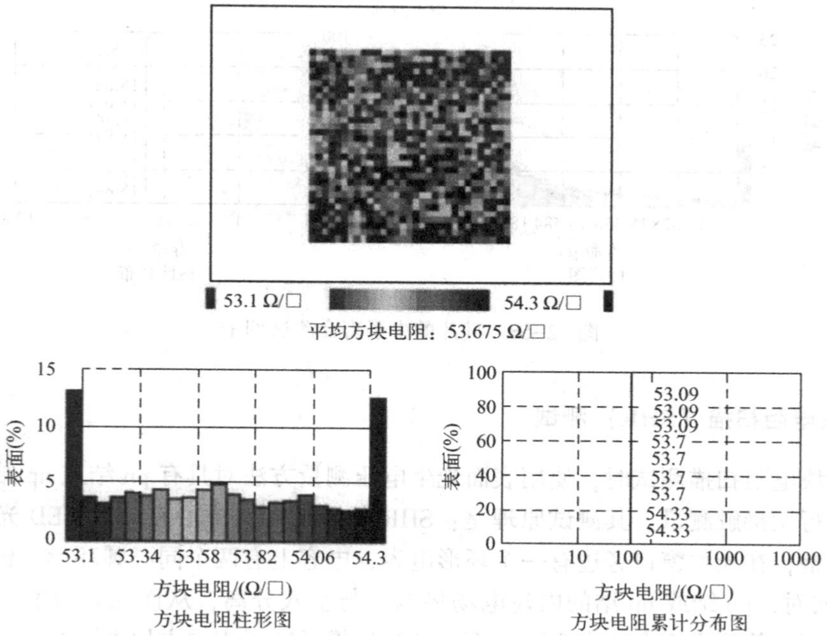

图 12-60　方块电阻测试例子

4. 串联电阻扫描（Corescan）测试

Corescan 的扫描头包含一个光源和金属探针，其测试原理图如图 12-61 所示。测试过程中，将太阳电池短路连接，扫描头以固定的扫描间距、速度移动，光源照射在太阳电池上产生光生电流，在太阳电池表面移动的金属探针用于测量光照位置的电压值，该电压值表征了太阳电池正面的串联电阻的大小。

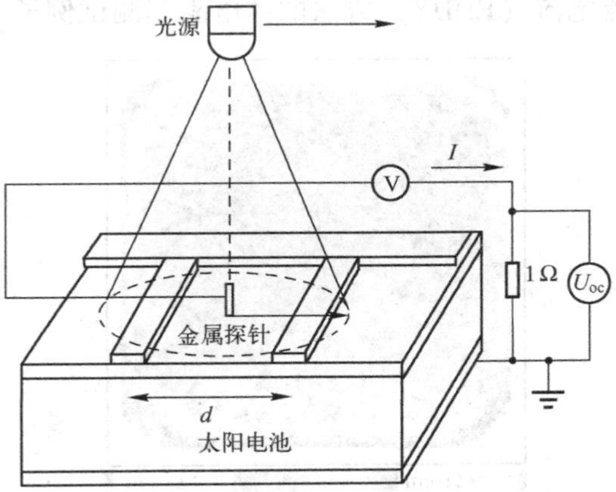

图 12-61　串联电阻扫描（Corescan）测试原理图

5. 涡流电流（EDDY）方法的体电阻率测试

体电阻率测试原理是，当导电材料靠近通以交流电的线圈时，线圈的磁场会在导体内部感应出涡流电流。材料的导电率越大，涡流电流也越大。涡流电流的大小可通过测量材料上的电能损耗间接地测定。系统输出的信号正比于线圈维持恒定振荡所消耗的电源功率。由于系统输出信号的最大值介于金属电阻率与绝缘体电阻率之间，所以同一个涡流电流信号会对应于两个不同的电阻率值。由于在测量电阻率较小的样品时，频率失调现象更加显著，所以还须要通过测量频率失调情况来区分这两个信号。图 12-62 所示为涡流电流方法测量硅材料体电阻率的原理。

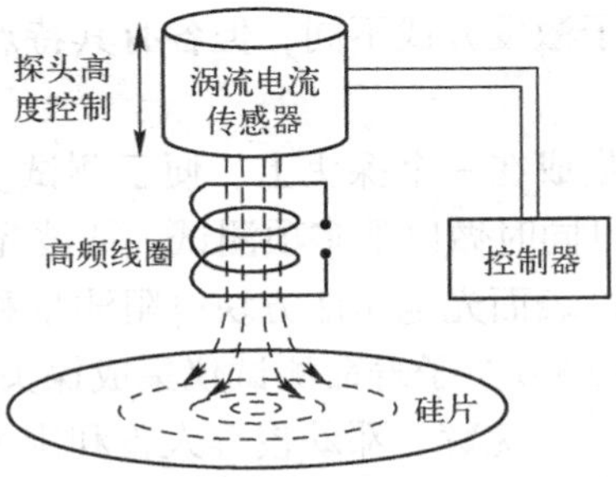

图 12-62　涡流电流方法测量硅材料体电阻率的原理

涡流电流体电阻率测量的性能指标实例如下。

☺ 测试范围：0.5～20 Ω·cm；

☺ 厚度范围：200～10000 μm；

☺ 测试精度：<4%；

☺ 测试重复性：<2%；

☺ 测试速度：100 ms/点。

可进行单点或连续扫描测试形成图像。

图 12-63 所示为涡流电流（EDDY）方法的体电阻率测试例子（见书后彩色插页）。

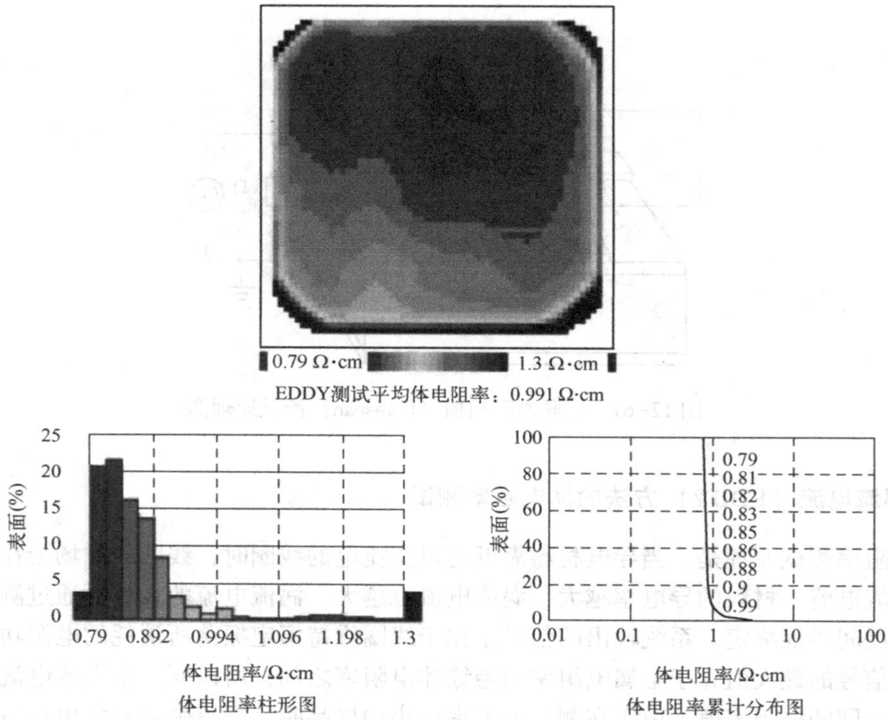

图 12-63　涡流电流（EDDY）方法的体电阻率测试例子

以上诊断方法各有特长，如果结合使用，诊断能力将会更强。例如，EL 和 PL 都属于红外成像检测技术，只是载流子激发方武不同，但各有其特点，结合在一起使用可获得更多的硅片的缺陷和杂质的信息。

有的检测仪器将多种功能集成在一个探头上，便于测试。例如，匈牙利 Semilab 公司制造的 WT2000 少子寿命测试仪可同时做以下多项测试：微波光电导衰减法少子寿命测量、光诱导电流测量、光反射率测量、表面光电压法方块电阻测量和涡流法体电阻率测量。所有测试均采用无接触方式进行。WT2000 少子寿命测试仪集成探头结构如图 12-64 所示，其外形如图 12-65 所示。中山大学艾斌、沈辉、邓幼俊等人曾利用 WT2000 少子寿命测试仪研究了太阳电池的多项性能[18]，艾斌博士为本书提供了多个测试实例。

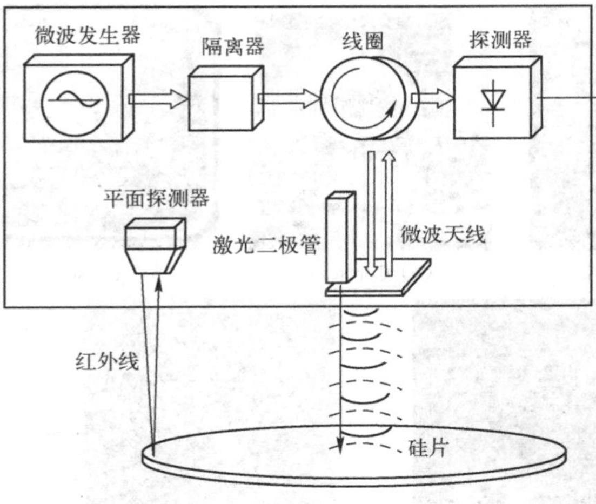

图 12-64　WT2000 少子寿命测试仪集成探头结构示意图

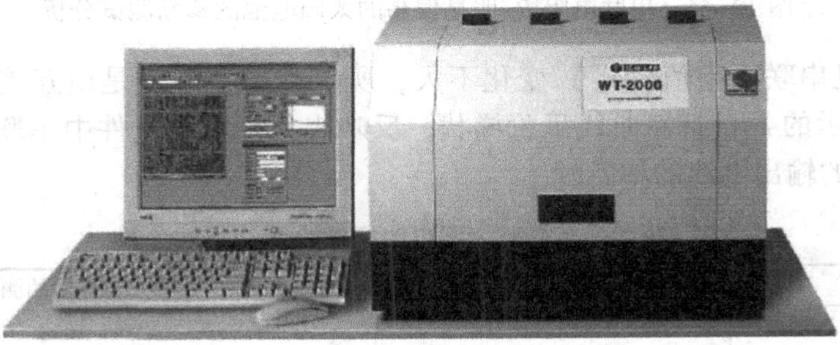

图 12-65　WT2000 少子寿命测试仪外形

12.6.4　诊断测试性能分析举例

本节针对测试数据异常的太阳电池的诊断测试分析列举两个例子。

李召彬、王祺等人对电参数测试数据中串联电阻 R_s 明显偏高的太阳电池进行了诊断测试分析[21]。电致发光测试的 EL 图像显示太阳电池下半部分偏黑，如图 12-66（a）所示；通过串联电阻扫描（Corescan）得知太阳电池下部缺陷处的电压高达 150 mV，如图 12-66（b）所示；腐蚀除去正面电极及氮化硅薄膜后，用方块电阻扫描（SHR）测试其方块电阻，显示有缺陷区域与正常无缺陷区域的方块电阻值没有明显的差异，如图 12-66（c）所示；同时该太阳电池的电参数测试表明其反向漏电很大，用红外测试获得的红外测试图像显示出漏电的主要位置，如图 12-66（d）中硅片下部的斑点所示，很明显该区域内存在异物；进一步用显微镜观察可见到异物大小约为 3 μm，如图 12-66（e）所示。（图 12-66 见书后彩色插页）

Markvar 等人[22]用 20 W 的太阳电池组件连接电阻负载，置于户外，进行实时运行。在曝光运行前，对太阳电池组件进行光照条件和暗条件下的 *I-U* 特性测试，连续运行 4 年后，用脉冲氙灯模拟器在 STC 条件下测量太阳电池组件的性能，与初始测量结果比较，P_{max} 值下降了 9.8%，见表 12-17。从表中可见，FF 下降了 6.3%，是 P_{max} 值下降的主要原因。由暗

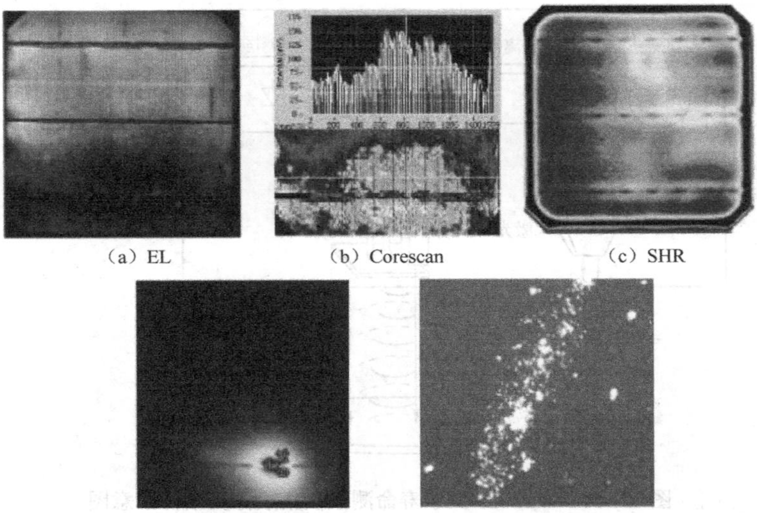

（a）EL （b）Corescan （c）SHR

（d）IR （e）Microscope

图 12-66　串联电阻 R_s 明显偏高的太阳电池的诊断测试分析

*I–U*特性测量可见串联电阻值（R_s）变化不大，所以性能下降不是由互连条的电连接引起的。图 12-67 所示的 *I–U* 特性曲线呈阶梯状，反映出太阳电池组件中串联的一个或多个单体太阳电池之间的输出电流的不匹配。

表 12-17　多晶硅太阳电池组件的 *I–U* 特性参数

特 性 参 数	初始测量值	曝光运行后的测量值
U_{oc}/V	21.1	20.8
I_{sc}/A	1.18	1.15
FF	0.733	0.687
P_{max}/W	18.2	16.4
R_s/Ω	0.60	0.43

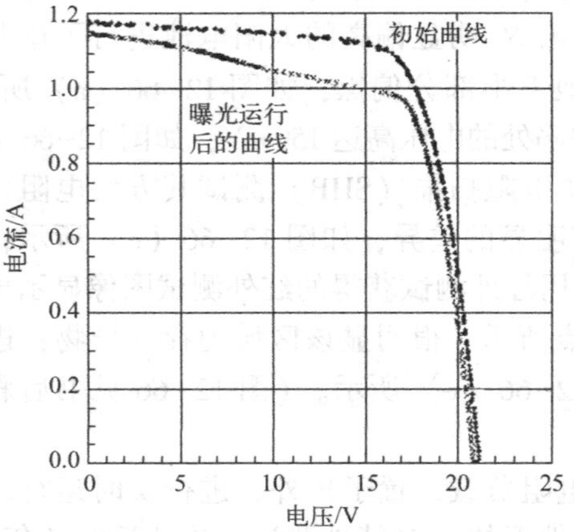

图 12-67　多晶硅太阳电池组件在室外运行 4 年后，STC 条件下的光照 *I–U* 特性曲线

为了分析性能下降的原因，先对太阳电池组件施加正向偏置电压 22 V（1A），把单体太阳电池加热数分钟，再使用红外摄像机对太阳电池组件背表面进行红外摄像，结果显示太阳电池的温度比环境温度高约 1 ℃。这样的结果表示用施加正向偏置方法并不能找到性能下降的原因。在光照条件下，如果将太阳电池组件短路，容易引起热斑。若持续短路数分钟，发现其中一个太阳电池的热斑温度比其他太阳电池高 6 ℃以上，用红外摄像机很容易发现处于反偏置状态的太阳电池，仔细检查发现该太阳电池存在条状裂纹，导致太阳电池的电流输出比其他太阳电池低约 10%，造成了填充因子的降低。

12.7　太阳电池和组件的认证

太阳电池组件运行寿命直接关系到太阳能光伏发电成本。有的太阳电池组件经历数十年的日晒雨淋、酷暑寒冬，仍能维持其发电功能而没有安全问题；而有的太阳电池组件则质量不佳，仅使用数年后其性能就发生问题。要确保太阳电池组件的使用寿命，就必须有良好太阳电池组件的质量。IEC 已制定了 IEC61215 等标准，可作为太阳电池组件质量测试的依据。德国 TUV、美国 UL 等机构根据这些 IEC 标准对太阳电池组件做检测试验，其结果可以得到很多国家的认可，太阳电池组件制造商只须通过其中一家机构的检验，即可获得全球很多国家的承认。

产品认证的定义是，由第三方通过检验评定企业的质量管理体系和样品型式试验来确认企业的产品、过程或服务是否符合特定要求，是否具备持续稳定地生产符合标准要求产品的能力，并给予书面证明的程序。

现在世界上很多国家和地区设立了自己的产品认证机构，使用不同的认证标志。如 UL 美国保险商实验室安全试验和鉴定认证、CE 欧盟安全认证、TüV 技术检验协会莱茵公司认证、VDE 德国电气工程师协会认证、中国 CCC 强制性产品认证和 CCTP 标志、CQC 北京鉴衡认证中心认证、CQC 中国质量认证中心认证等。如果一个企业的产品通过了著名认证机构的产品认证，就可获得认证机构颁发的认证证书，并允许在认证的产品上加贴认证标志。

产品认证就是对产品的质量和安全性的认定的过程，由可信的测试实验室和认证机构来实施，具有认证标志的产品表明该产品已经通过测试，质量和安全性均符合标准要求，消费者可放心使用。

参 考 文 献

[1] GB/T 6495. 3—1996 光伏器件 第 3 部分:地面用光伏器件的测量原理及标准光谱辐照度数据 .

[2] IEC 60904-9:2020,Photovoltaic Devices Part 9:Solar Simulator Performance Requirements.

[3] IEC 60904-1:2006,Photovoltaic Devices-Part 1:Measurement of Photovoltaic Current-voltage Characteristics.

[4] IEC 61215-2:2005,Crystalline Silicon Terrestrial Photovoltaic (PV) Modules-Design Qualification and Type Approval.

[5] GB/T 6495. 4—1996 晶体硅光伏度器件的 *I-U* 实测特性的温度和辐照度修正方法 .

[6] GB/T 2423. 29—1999 电工电子产品环境试验 第 2 部分:试验方法 试验 U:引出端及整体安装件强度 .

[7] IEC 61730-1 Photovoltaic (PV) module safety qualification -Part 1:Requirements for construction.

[8] IEC 61730-2 Photovoltaic (PV) module safety qualification-Part 2. Requirements for testing.

[9] IEC 61140:2001 Protection against electric shock-Common aspects for installation and equipment.

[10] IEC 61701:Salt mist corrosion testing of photovoltaic (PV) module.

[11] IEC 68-2-11 Test Ka:Salt mist.

[12] IEC 68-2-52 Test Kb:Salt mist,cyclic.

[13] IEC 62804 1. 0 DRAFT D-System voltage durability test for crystalline silicon modules-design qualification and type approval.

[14] 百度百科 . 组件测试仪 . (2022-07-22)[2022-11-04]. https://baike. baidu. com/item/组件测试仪/10697390?fr=aladdin.

[15]天祥太阳能源科技有限公司．太阳能光伏户外(内)测试方案及产品介绍[EB/OL].(2012-04-16)[2022-09-21]. https://www.docin.com/p-384007886.html.

[16] Jellison G E, Budai J D, Bennett C J C, et al. High-resolution X-ray and Light Beam Induced Current(LBIC) Measurements of Multicrystalline Silicon Solar Cells[C]. Photovoltaic Specialists Conference (PVSC), Honolulu, 2010 35th IEEE. 001715-001720.

[17] Basore P A. Numerical Modeling of Textured Silicon Solar Cells Using PC-1D[J]. IEEE Transactions on Electron Devices, 1990, 37(2): 337-343.

[18] 艾斌,沈辉,邓幼俊．WT-2000少子寿命测试仪的原理及性能[C]//第十届中国太阳能光伏会议论文集．2008: 927-931.

[19] Rabha M B, Dimassi W, Bouaïcha M, et al. Laser-beam-induced Current Mapping Evaluation of Porous Silicon-based Passivation in Polycrystalline Silicon Solar Cells[J]. Solar Energy, 2009, 83(5): 721-725.

[20] Carstensen J, Popkirov G, Bahr J, et al. CELLO: An Advanced LBIC Measurement Technique for Solar Cell Local Characterization[J]. Solar Energy Materials and Solar Cells, 2003, 76(4): 599-611.

[21] 李召彬,王祺,丁奕,等．晶体硅太阳电池的缺陷检测及分析[J]．太阳能．2013(03): 36-40.

[22] Markvart T, Castaner L. Solar Cells: Materials, Manufacture and Operation[M]. ELSEVIER, 2005.

附录 A　太阳电池的光致衰减现象及桶理论

在光照条件下，晶体硅太阳电池的少子寿命和转换效率都会有一定程度的降低。研究表明，p 型单晶硅太阳电池的光致衰减（LID）是由硼氧复合体（B-O）引起的（Boron-Oxide LID，BO-LID），而后的研究进一步表明，LID 也与金属杂质相关。多晶硅太阳电池的 LID 与单晶硅太阳电池不完全相同。2015 年，Kcrstcn 等人发现，在持续光照 2000 h 后，衰减会表现出恢复特性，并将这种衰减称为光与温升导致的衰减（Light and elevated Temperature Induced Degradation，LeTID）。Kcrstcn 等人明确了 LeTID 过程中光照和温升产生的诱导作用，并认为 LeTID 实质上是由过剩载流子诱导产生的，因此也可称之为 CID（Caricr-induccd Dcgradation）。在 p 型 C-Si PERC 太阳电池、双面 PERC 太阳电池（PERC+）和 n 型硅太阳电池都存在 LeTID。显然，克服 LID 对于发展 PERC 太阳电池是十分重要的。

由于 PERC 太阳电池的 LeTID 现象与电池材料质量、电池结构和制造工艺诸因素相关，导致 LeTID 现象产生的原因很复杂，其形成机理尚无定论。尽管对 LeTID 现象的研究很多，也提出了不少模型（如高浓度金属熔解分散导致衰减恢复的缺陷模型[1]，在三态模型基础上提出的四态模型和五态模型[2]等），但这些模型都不能解释所有的实验现象。下面介绍一种具有典型性的假设模型，即由斯图尔特·“斯图伊”·韦纳姆（Stuart‘Stuey’Wenham）教授提出的氢诱导的衰减（HID）模型，他用“氢桶”中的氢转移来对其理论做形象化的描述，形成了“斯图伊（Stuey）桶理论”[3]。

间隙原子氢作为缺陷，在没有其他元素或物质参与的情况下，会导致载流子复合，诱导太阳电池衰减。斯图尔特用氢的“桶”来表征氢在太阳电池器件中的状态转变和位置移动，如图 A-1 所示。电极烧结后，太阳电池器件中的氢也许只能用弱键俘获或储存——形成桶 1(B_1)和桶 2(B_2)。在 LeTID 条件下（约 70℃，1 个太阳），光和热破坏这些键，释放氢，流入桶 3(B_3)，导致性能衰减。最初，因为 B_1和 B_2非常满（氢浓度高），流入 B_3的速率很快，导致衰减速率快。开始充填 B_3时，因为它要么钝化其他缺陷，要么被分散，充填量少，衰减速率低。随着 B_1和 B_2的排空（氢浓度降低），流入 B_3的速率开始降低，而 B_3充填量则逐步加大，使氢离开 B_3的速率增加，导致衰减速率进一步降低。这一过程一直持续到 B_1和 B_2进入 B_3的速率等于 B_3排空的速率，衰减在最小值处保持稳定。随着过程的继续，B_1和 B_2几乎是空的，只有少量氢缓慢地滴入 B_3，此时 B_3排空得更快，太阳电池器件开始恢复。当所有 3 个桶都是空的时，器件被完全恢复，所有的氢要么已被分散，要么处在一个稳定的键中，不再被 LeTID 测试条件所改变。

在 SiN_x沉积后，太阳电池器件从一大桶的含氢 SiN_x介质开始，经过烧结，氢被分散在硅中，储存在桶中。例如：储存在在发射极或重掺杂区、晶界或位错等缺陷处；或者键合到其他杂质或掺杂上；或者储存在在分子中；等等。每个桶中的氢在不同的条件下被捕获和释放。烧结后快速冷却时，从较高温度的溶解度下固定氢，使其浓度远大于室温溶解度；氢主要以含 H-B 的形式存在于分子中。分子（B_1）在退火过程中离解，形成 H-B 对，进入 B_2。

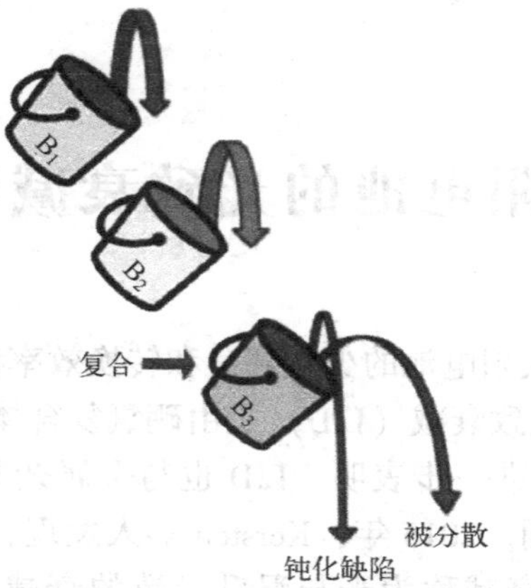

图 A-1　斯图伊（Stuey）的"桶理论"
（氢在被分散或稳定成键之前通过状态移动而导致 LeTID/HID 衰减和恢复）

然后，H-B 对（B_2）进入 B_3；H-B 对可以轻易地被光照加热等外加因素打开。光照产生的间隙氢可作为氢源参与或导致复合过程。

通过载流子注入，可以打破 H-B 键（B_2），从而清除 B_2，并在短期内使太阳电池达到稳定状态，如果 B_1（H_2分子）不被清除，达到稳定状态所需的时间会加长。在约 160 ℃温度下暗退火会导致分子的离解和 H-B 的积累；在没有排空 B_2的情况下，会从 B_1转移到 B_2，使 B_2充入得更满，直接进入 B_3，导致更快、更显著的初始衰减发生；同时，由于在黑暗下退火，B_1被部分清除，导致更快的恢复发生。

从氢诱导复合导致太阳电池性能衰减的角度考虑，通过完全去除氢来消除衰减应该是最佳方式。然而，从提高太阳电池效率考虑，钝化缺陷氢是必不可少的。因此，最优方案应该是先在氢桶中加入足够的氢，然后清除多余的有害氢。这就要求选择合适的处理条件（温度、时间、冷却速率、注入水平等），从而有效地改善太阳电池的性能稳定性。

斯图尔特还提出了氢诱导复合的机理，他认为氢自身可能导致复合。氢是一种负 U 杂质。这意味着它的施主能级 H^+位于受主能级 H^-之上，以及不存在稳定的中性状态 H^0。H^0原子会降低它的能量，使其转换为 H^+或 H^-。这种转换取决于费米能级（E_F）的位置。图 A-2 所示为基于费米能级的硅中氢的电荷状态密度的百分比（图中，$E_{mid-gap}$表示能隙中央的能量）。

H(+/-)能级是形成 H^+或 H^-的概率相等时的 E_F位置，并且正好定位于轻掺杂 n 型硅的中间能隙以上[4]。如果 E_F是在此 H(+/-)之上（n 型），间隙原子氢几乎完全以 H^-的形式存在。在这种情况下，它是作为受主起作用的。如果 E_F低于 H(+/-)（p 型，本征的或非常轻掺杂的 n 型），间隙原子氢几乎完全以 H^+的形式存在。在这种情况下，氢即便是本征硅（E_F处于能隙中间）间隙原子，它仍然充当施主，这意味着如果存在比 p 型掺杂杂质更多的间隙原子氢，氢可以将 p 型硅转变为 n 型硅。也就是说，如果硅中有足够浓度的氢存在，氢可以控制 E_F，将其"钉"在 H(+/-)能级处。因此，任何额外的氢将有可能形成 H^+或 H^-的相同概率，维持 E_F在 H(+/-)能级处。

斯图尔特意识到超过将 E_F"钉"在具有 H^+或 H^-相同概率的 H(+/-)能级上所需的那些过量的间隙原子氢，将导致 H^0的最大化和产生大量的 H^0。斯图尔特将其称为 H^0的"自动

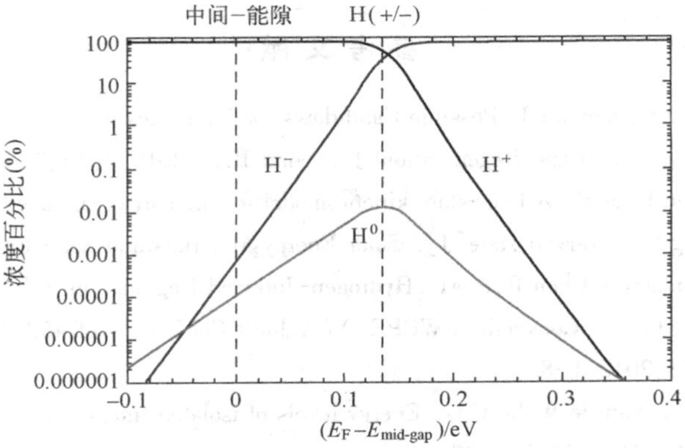

图 A-2 基于费米能级的硅中氢的电荷态密度的百分比

生成”，因为氢本身创造了最大化 H^0的条件，形成了一个动态系统。按照范德瓦勒（Van de Walle）等人认为，H^0是热力学不稳定的，在热平衡时不存在 H^0[5]。正是由于 H^0是不稳定的，它几乎会立即给出或获取一个电子而改变为 H^+或 H^-；而后为保持氢的平衡百分比浓度，另一个 H^0必须从 H^+或 H^-形成；等等。这样的动态情况可能导致复合；例如，根据式（A-1）和式（A-2），为了保持氢浓度的百分比，H^0可以获取电子形成 H^-，H^-失去一个电子或捕获一个空穴形成 H^0；随着失去电子和空穴，导致复合。

$$H^0+e^-\rightarrow H^- \quad (A-1)$$

$$H^-+h^+\rightarrow H^0 \quad (A-2)$$

上述导致 LeTID/HID 现象的机制尚未得到明确的证明。图 A-3 表明在多晶硅中，在整个厚度范围内，氢浓度从 1×10^{19}到 $1\times10^{20}/cm^3$，可以大大超过掺杂杂质浓度。

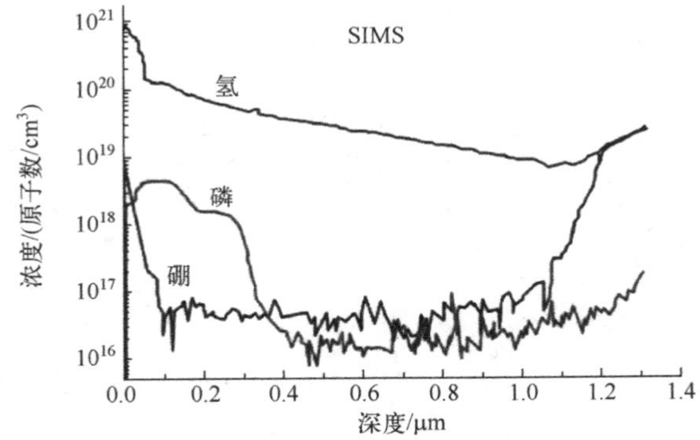

图 A-3 在 350℃、20 min 条件下，在 Roth & Rau 远程等离子体 PECVD 系统中沉积的玻璃衬底上的 n+型多晶硅薄层中氢、磷、硼的 SIMS（二次离子质谱）分布

另外，当处于降解状态的太阳电池样品放置在室温下黑暗中定期测量时，可以见到在没有加热或光照的情况下也能恢复的现象。这可能是自动产生 H^0的证据，这里氢本身为最大化 H^0创造了条件，而不需要外部因素。

参考文献

[1] Brcdemeier D, Walter D C, Schmidt J. Possible Candidates for Impurities in mc-Si Wafers Responsible for Light-Induced Life time Degradation and Regeneration[J]. Solar RRL, 2018, 2(1): 1700159.

[2] Fung T H, Kim M, Chen D, et al. A four-state kinetic model for the carrier-induced degradation in multicrystalline silicon: Introducing the reservoir state[J]. Solar Energy Materials and Solar Cells, 2018, 184(1): 48-56.

[3] née Wenham A C, Wenham S, Chen R, et a1. Hydrogen-Induced Degradation[C]. 2018 IEEE 7th World Conference on Photovoltaic Energy Conversion (WCPEC) (A Joint Conference of 45th IEEE PVSC, 28th PVSEC & 34th EU PVSEC). IEEE, 2018: 1-8.

[4] Herring C, Johnson N M, Van de Walle C G. Energy levels of isolated interstitial hydrogen in silicon[J], Physical Review B, 2001, 64(12): 125209. 1-27.

[5] Van de Walle C G, Neugebauer J. Hydrogen in semiconductors[J]. Annu. Rev. Mater. Res. 2006, 36: 179-198.

附录B 双面太阳电池/组件的光电性能测试

双面太阳电池可显著提升太阳电池转换效率（约10%以上），而制造成本又不会明显增加，因此其产量占比正在逐年提升。但是，针对这种太阳电池背面效率的测试和分档尚存在不确定性，导致光伏发电系统中太阳电池组件支架的设计和逆变器的选用等存在一定的困难，这就影响了双面太阳电池背面发电能力的充分利用。现在，国内外已针对双面太阳电池组件的功率标定方法进行了研究，并形成IEC标准（如IE C60904-1-2）、SEMI标准（如5661B标准草案）、中国光伏协会标准（如《双面发电光伏组件电参数测试方法》标准草案）、CQC企标、TUV莱茵标准、TUV北德标准等。

在下面介绍的目前流行的一些测试方法中，有部分内容引用了IEC 60904-1-2中的测试方法[1]。

测试太阳电池组件时，首先应按被测组件的大小使用挡板限制测试区域，同时应在组件非曝光侧的合适距离上放置遮光板，如图B-1所示。挡板与遮光板应采用在与被测组件的光谱响应相对应的波长范围内具有最小反射系数的材料，以提高测试准确度。无反射背景材料可选用正反两面的反射率不大于7%、透射率不大于5%的材料。

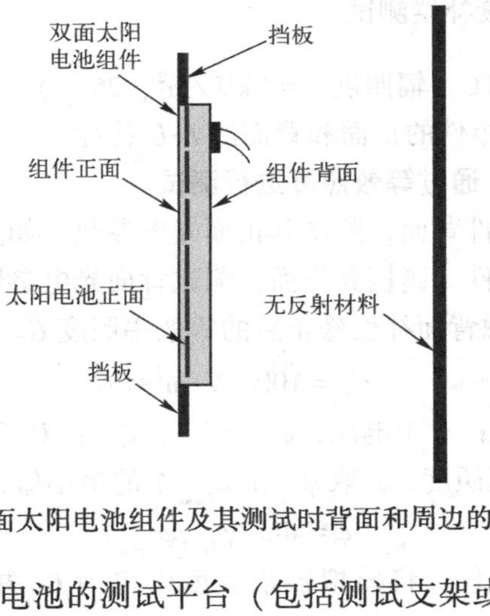

图B-1 双面太阳电池组件及其测试时背面和周边的遮光设置

安装测试样品和标准太阳电池的测试平台（包括测试支架或轨道）的平面应与入射光垂直。测试环境条件：温度为(25±1)℃，湿度为(50±20)%RH。通常，须要重复测量5次，然后取平均值。

1. 测试方法一：单独测试太阳电池/组件正面和背面的输出功率

在标准测试条件下（STC，辐照度$G=1\,kW/m^2$，25℃），使用经标准太阳电池校准过的测试仪，测试太阳电池/组件的正面和背面的输出功率，然后将其相加。室内双面太阳电池正面和背面特性的测试示意图如图B-2所示。测试步骤如下所述。

（1）遮挡太阳电池/组件的背面，在 1 kW/m² 辐照度下测试其正面的功率 P_f。

（2）遮挡太阳电池/组件的正面，在 200～1000 W/m² 辐照度下测试其背面的功率 P_r。

（3）按下式计算输出功率：

$$P = P_f + P_r \tag{B-1}$$

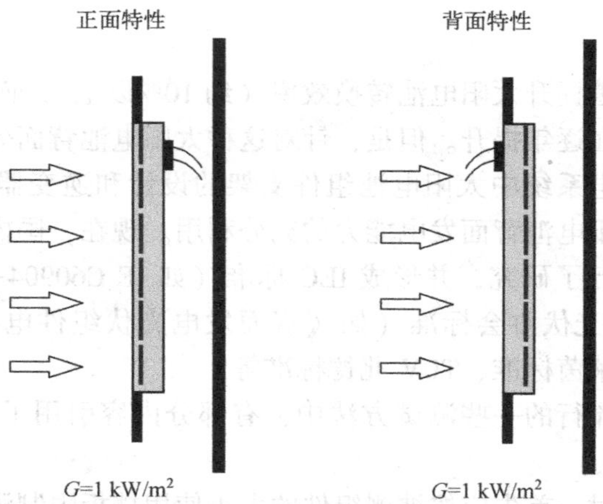

图 B-2　室内双面太阳电池正面和背面特性的测试示意图

这种测试方法比较简单，但不能充分反映双面太阳电池真实的效率增益情况。

2. 测试方法二：辐照度补偿测试

在标准测试条件下（STC，辐照度 $G=1\ \text{kW/m}^2$，25 ℃），使用经过标准太阳电池校准过的测试仪，测试太阳电池/组件的正面和背面的 $I-U$ 特性。

1）引入“双面系数”，通过等效照度进行测试

（1）遮挡太阳电池/组件背面，测试其正面光电参数，如正面短路电流 $l_{\text{sc fron}}$。

（2）翻转太阳电池/组件，遮挡其正面，测试背面光电参数，如背面短路电流 $I_{\text{sc rear}}$。

（3）通过计算得到考虑背面补偿修正后的等效辐照度 G_{E_i}，它是双面系数 φ 的函数：

$$G_{E_i} = 1000\ \text{W/m}^2 + \varphi G_{r_i} \tag{B-2}$$

对于电流，$\varphi_{Isc} = I_{scr}/l_{scf}$；对于电压，$\varphi_{Voc} = V_{oc,r}/V_{oc,f}$；对于功率，$\varphi_{Pmax} = P_{max,r}/P_{max,f}$。$G_{r_i}$ 是照射在太阳电池背面的辐照度。φ 取 $\varphi_{I_{sc}}$ 和 $\varphi_{P_{max}}$ 中的最小值，即

$$\varphi = \text{Min}(\varphi_{I_{sc}}, \varphi_{P_{max}}) \tag{B-3}$$

（4）翻转太阳电池/组件，将模拟器辐照度设定为 G_{E_i} 并对其进行测试，获得所需的数据。

例如，对于具有 $\varphi = 80\%$ 的双面器件，须在正面照射，$G_{E_2} = 1160\ \text{W/m}^2$，以提供 $G_{r_i} = 200\ \text{W/m}^2$ 的等价辐照度。同样的方法也可以用于评估双面光伏器件的弱光特性。

2）引入“双面器件增益因子”，直接计算功率和电流

（1）遮挡太阳电池/组件背面，测试正面电参数，如功率、电流。

（2）翻转太阳电池/组件，遮挡其正面，测试背面电参数，如功率、电流。

（3）按下式计算双面太阳电池组件最大功率：

$$P_{\max,\mathrm{BiFi}}=P_{\max,\mathrm{f}}\cdot(1+R) \tag{B-4}$$

式中，R 为双面器件增益因子：

$$R=\alpha\cdot\frac{P_{\max,\mathrm{r}}}{P_{\max,\mathrm{f}}} \tag{B-5}$$

式中：R 为双面发电增益率；α 为反射系数，与组件运行条件（如地理位置、光照条件、地面/水面条件、组件安装方式和角度、时间/季节等）有关，在双面太阳电池组件典型的应用条件下，可统一取值为 0.135；$P_{\max,\mathrm{f}}$ 为双面太阳电池组件正面最大功率（单位为 W）；$P_{\max,\mathrm{r}}$ 为双面太阳电池组件背面最大功率值（单位为 W）。

双面太阳电池组件短路电流 $I_{\mathrm{sc,BiFi}}$ 的测试和计算方法与此类似。

3. 测试方法三：双面太阳电池双面同步光照测试

这是目前应用较多的测试方法。正面仍使用 STC 光源，背面可用低辐照度直射光源或散射光源，因此这种方法可以模拟双面太阳电池在实际应用时的光照环境，能直接测得双面太阳电池正面、背面各自独立的 I–U 特性曲线和双面同时光照时的 I–U 特性曲线，以及对应的各项参数。

（1）测出背面 I–U 特性曲线。辐照度可按需调整。

（2）在双面同步光照条件下，测出综合 I–U 特性曲线。例如：正面辐照度为 1.0 个太阳，背面辐照度为 0.2 个太阳。

（3）测出正面 I–U 特性曲线。辐照度为 1.0 个太阳。

室内双面同步光照测试方法原理图如图 B-3 所示。

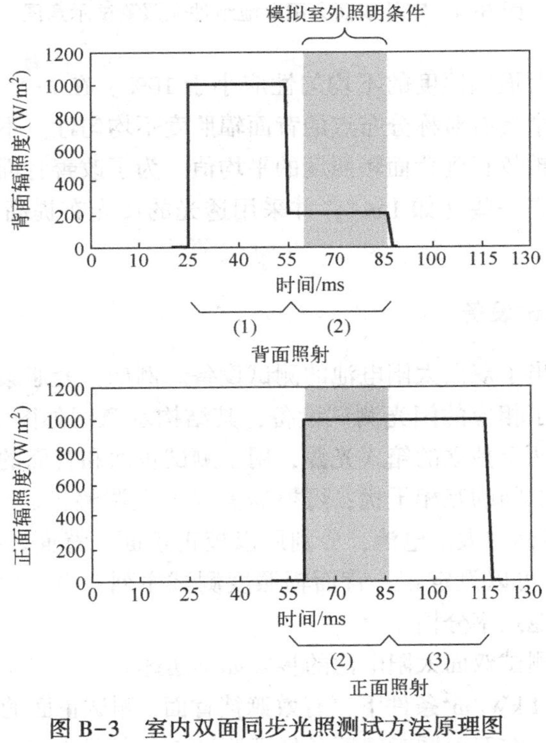

图 B-3　室内双面同步光照测试方法原理图

4. 其他测试方法

例如，另一种等效辐照度测试方法的基本测试过程为：先用同步光照方法测定双面太阳电池/组件的综合输出功率，用于标定测试仪的辐照度；然后调整测试仪的正面光强，改变照射到同一太阳电池/组件上的辐照度，使其达到用同步光照方法测定的功率，这个辐照度值即为“等效辐照度”；再在此等效辐照度下，测试待测太阳电池/组件。

5. 室外双面照明测量

室外双面太阳电池组件光照测试示意图如图 B-4 所示。

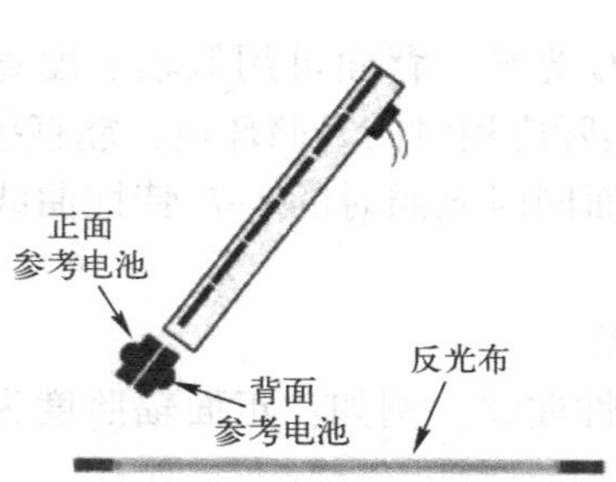

（a）参考电池与反光布设置

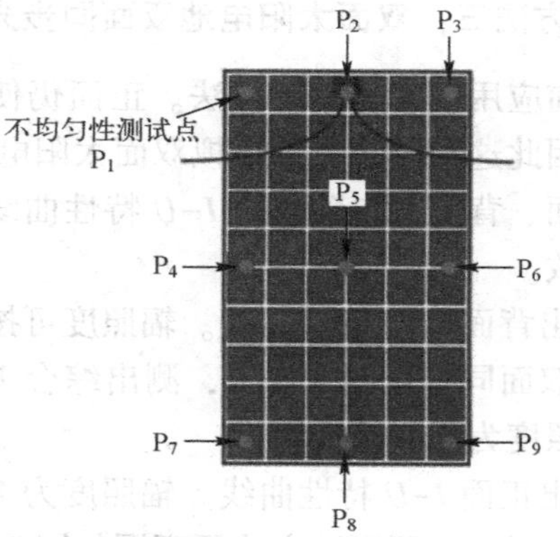

（b）不均匀性的测试点分布和导线连接位置

图 B-4　室外双面太阳电池组件光照测试示意图

这种室外测试要求背面辐照度的不均匀性应小于 10%。在 I–U 表征前后，应使用另一个参考电池测量至少 5 个具有对称分布点的背面辐照度不均匀性。不均匀性也可用多个参考器件测量。参考电池应被校正到背面辐照度的平均值。为了改善背面辐照度的均匀性，被测器件的安装位置应尽量高一些（如 1 m），并采用透光的反光布提高太阳电池背表面的反射均匀性。

6. 双面太阳电池测试设备

现在已有公司开发出了双面太阳电池的测试设备。例如：爱旭康太阳能科技有限公司按同步光照测试方式开发了相应的闪光测试设备，其结构示意图如图 B-5 所示。这种测试设备具有以下特点：设有两个独立的箱式光源，用于测试正面和背面的光电参数，而且光源间设有隔离屏障，避免光源间的互相干扰；可根据需要独立调整正面/背面光源对太阳电池的辐照度；正面/背面均有标准太阳电池，分别用以校正正面、背面转换效率等光电参数；测试速率可达 3000 片/h；可以设定正、背面辐照度测试序列，自动完成多个辐照度值测试，便于正面和背面太阳电池效率分档。

利用这种测试设备测试双面太阳电池的步骤如下所述。

（1）在辐照强度为 1 kW/m^{2}条件下，有效遮挡背面，测试正面的 I–U 特性曲线。

（2）模拟自然环境，在双面同时辐照条件下测试 I–U 特性曲线。

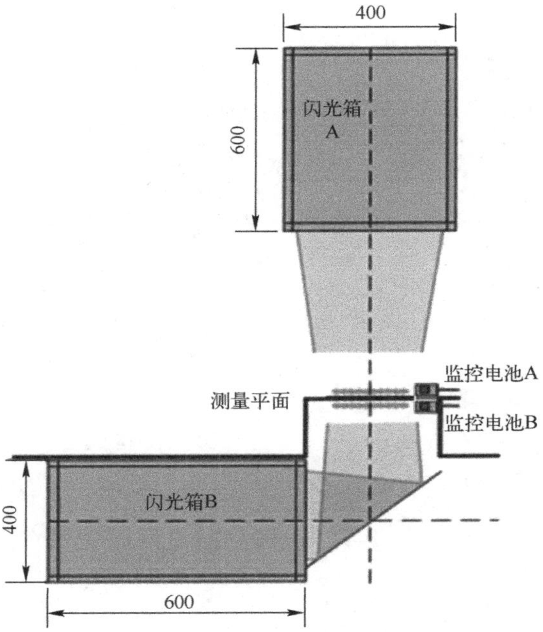

图 B-5　双面太阳电池闪光测试设备结构示意图

（3）在辐照强度为 1 kW/m^{2}下，有效遮挡正面，测试背面的 $I-U$ 特性曲线。

此外，这种设备还可方便地模拟户外光照条件下的组件测试。

参 考 文 献

[1]曾祥超,张鹤仙,王水威,等. 双面光伏组件 $I-V$ 测试方法研究[J]. 太阳能学报,2021,42(3):370-374.

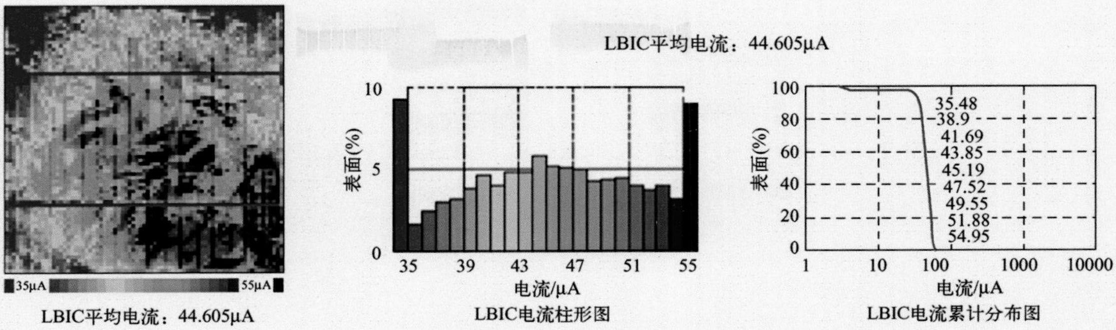

◎ 图12-48 LBIC 电流测试例子

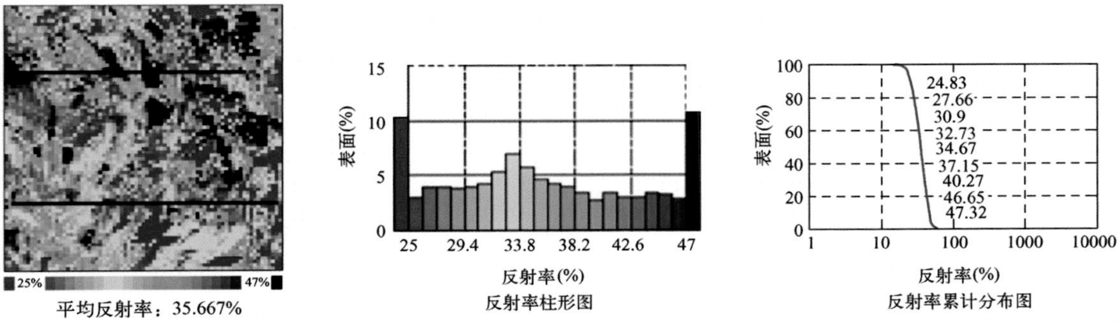

◎ 图12-49 LBIC 反射率测试例子

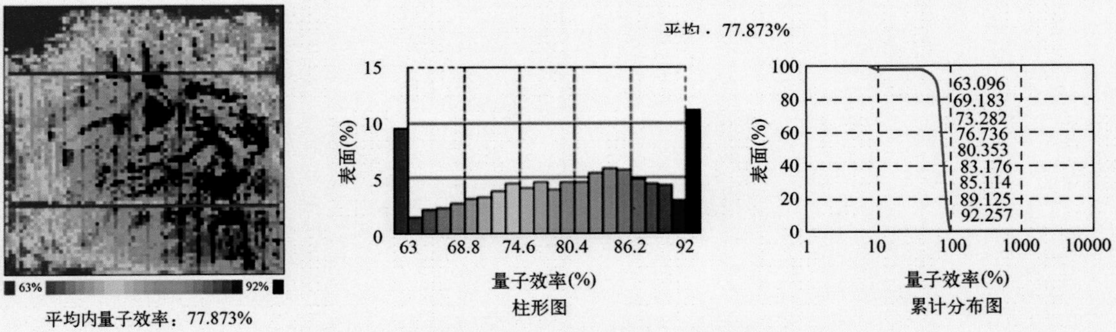

◎ 图12-50 LBIC 内量子效率测试例子

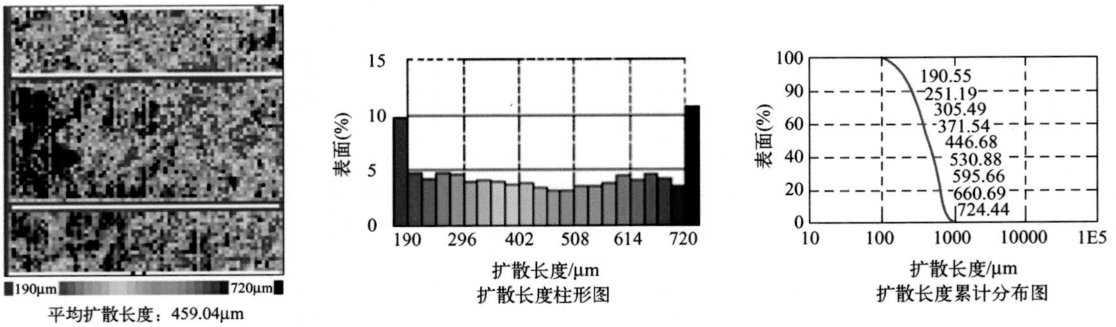

◎ 图12-51 LBIC 扩散长度测试例子

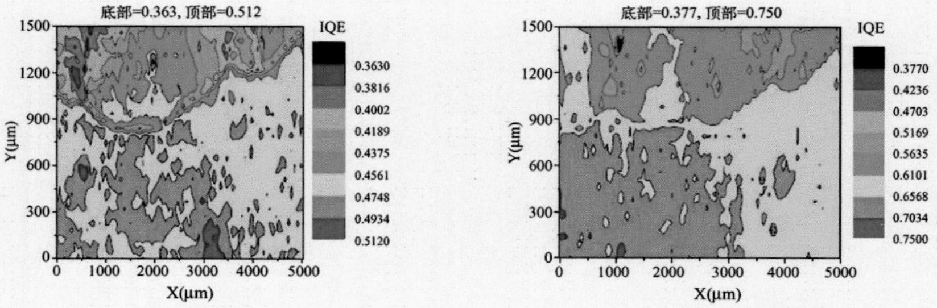

（a）PS处理前　　（b）PS处理后

◎ 图12-53 PS处理前后电池样品的二维LBIC 内量子效率分布

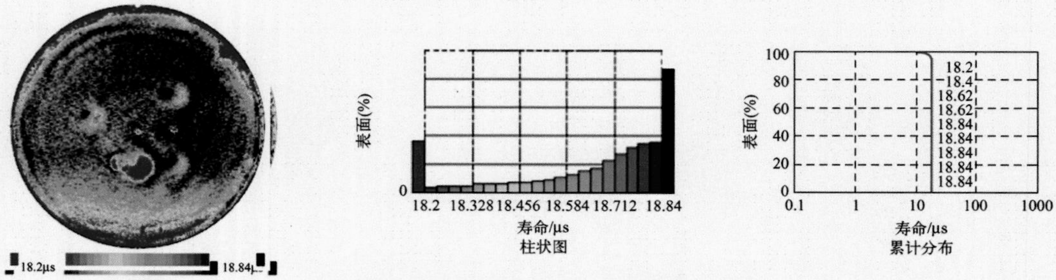

◎ 图12-58 硅片的少子寿命测试例子

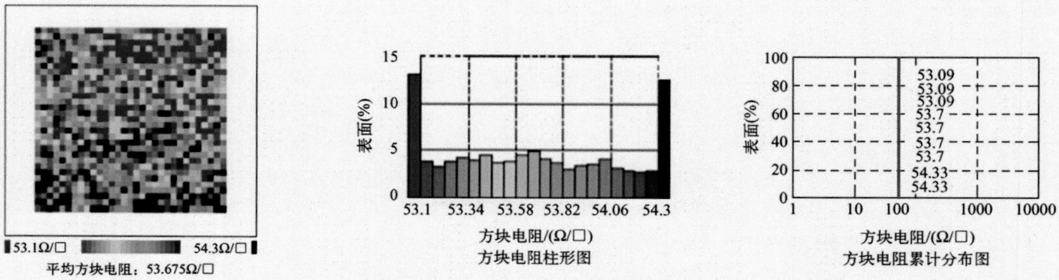

◎ 图12-60 方块电阻测试例子

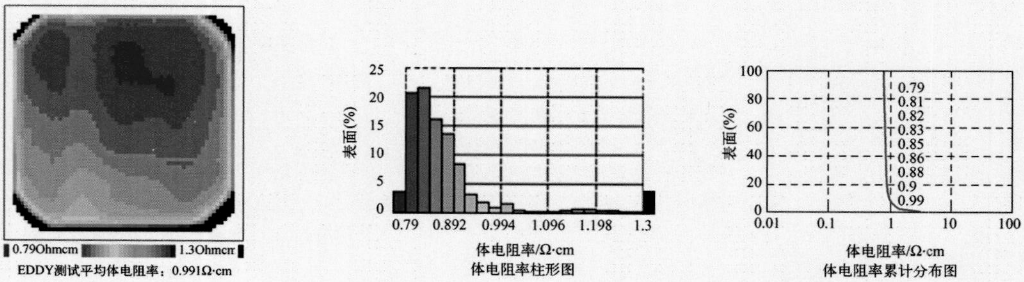

◎ 图12-63 涡流电流（EDDY）方法的体电阻率测试例子

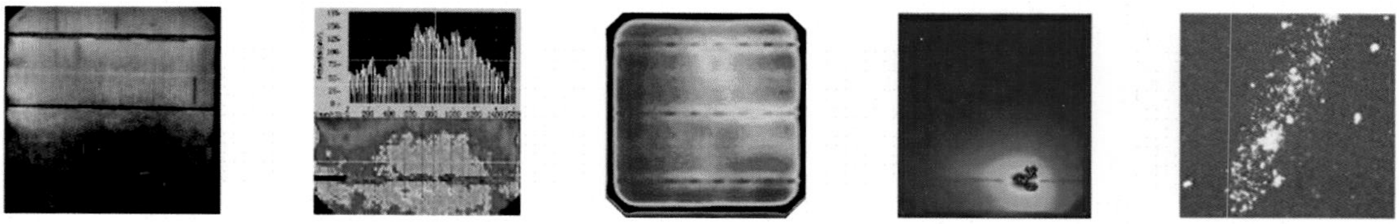

（a）EL　（b）Corescan　（c）SHR　（d）IR　（e）Microscope

◎ 图12-66 串联电阻R_S明显偏高的太阳电池的诊断测试分析